普通高等教育"十一五"国家级规划教材

电路理论基础

王 勇 龙建忠 方 勇 李 军 编著

科学出版社

北 京

内 容 简 介

　　本书全面系统地介绍了电路分析的基本原理和基本分析方法,内容包括:电路分析导论,电路元件,线性电路基本分析方法,线性电路的输入/输出时域分析,线性电路的正弦稳态分析,拉普拉斯变换和 s 域分析,双口网络,图论及线性电路矩阵分析法,有源滤波器分析和设计。书中还以附录的形式介绍了 PSpice、EWB 等 EDA 工具在线性电路分析中的应用。并在相关章节的复习思考题中提供了相应的练习。

　　本书可作为高等院校电子信息、电气工程、自动控制、通信工程、计算机科学与技术等专业的教材,也可作为成人教育的教材和相关专业科技人员的参考书。

图书在版编目(CIP)数据

电路理论基础/王勇等编著. —北京:科学出版社,2005
(普通高等教育"十一五"国家级规划教材)
ISBN 978-7-03-015697-6

Ⅰ.电…　Ⅱ.王…　Ⅲ.电路理论-高等学校-教材　Ⅳ.TM13

中国版本图书馆 CIP 数据核字(2005)第 062602 号

责任编辑:匡　敏　潘斯斯　于宏丽 / 责任校对:张怡君
责任印制:徐晓晨 / 封面设计:陈　敬

科学出版社出版

北京东黄城根北街 16 号
邮政编码:100717
http://www.sciencep.com

北京中石油彩色印刷有限责任公司 印刷
科学出版社发行　各地新华书店经销

*

2005 年 8 月第 一 版　　开本:B5(720×1000)
2017 年 1 月第十次印刷　　印张:28 1/2
字数:539 000

定　价:58.00 元
(如有印装质量问题,我社负责调换)

前　言

　　电路理论课是国家教育部规定的综合性大学电子信息类专业的专业基础课与专业主干课,也是电气工程、控制科学与工程、计算机科学与技术等各类专业必修的专业基础课或专业主干课。1982年以来,我们一直从事这门课程的教学。根据原国家教委1983年制定的该课程教学大纲和1991年制定的教学基本要求,我们编写了这门课的讲义,并以该讲义为基础,融入多年的教学改革成果和电路系统理论的新技术与新方法,编成了《电路与系统理论》(1996年出版)、《电路系统分析与设计》(2002年出版)。电路理论课已经成为四川大学精品课程,根据国家教育部1998年新专业的基本要求和学分制教学改革的要求,我们在《电路系统分析与设计》(2002年出版)一书的基础上重新编写了本书。

　　本书内容由三部分组成:

　　(1)电路分析基础,即第1~7章,主要介绍了电路分析的三种基本规律(电路元件约束规律、电路拓扑结构约束规律和基本信号规律);电路分析的基本方法;电路基本定理及其应用。

　　(2)网络系统理论,即第8~10章,重点阐述了现代电路系统分析理论和计算机辅助分析技术。

　　(3)现代电路系统设计,即第11~12章,介绍了现代滤波器设计基础、有源 RC 滤波器设计方法、现代集成滤波器设计和计算机辅助设计技术。

　　本书的主要特点是:

　　第一,将电路系统分析与设计有机地融合在一起,既系统地阐述了理论,又突出了工程应用,做到了理论联系实际,理论与实用技术相结合。

　　第二,将电路理论与系统理论有机地融合在一起,既将现代系统理论的观点、方法用于电路理论中,又将电路理论中的新方法、新成果推广到系统中;既反映了科学发展的趋势,也有利于对学生创新能力的培养。

　　第三,将电路分析基础、网络系统理论和电路系统综合设计有机地融合在一起,避免了三部分内容独立设课,造成学时过多、交叉重复的问题,有利于学生学习。

　　第四,广泛应用了计算机技术,全书突出了物理概念的论述和基本方法的应用;以有源电路系统为研究对象,例题丰富,并且具有典型性和启发性。

　　本书可以作为电子信息类、电气信息类和计算机类专业的本科生教材,也可供研究生和工程技术人员参考。

　　本书由王勇、龙建忠负责主编,其中王勇编写了第6章、第8章、第11章、第

12 章,龙建忠编写了第 1 章、第 2 章、第 5 章,方勇编写了第 3 章、第 4 章、第 7 章,李军编写了第 9 章、第 10 章;我院研究生蒋鸿宇、何毅、王红宁、李霏、唐海洋参加了部分习题的编写和绘制插图工作。

四川大学电子信息学院全体同仁给予了许多帮助,院领导对本课程给予了许多支持,借本书出版之机,向他们表示最真挚的谢意!

本书在出版中得到了四川大学精品课程建设基金资助,在此,向四川大学校领导、学校教学指导委员会和教务处领导表示真挚的谢意!

由于编者水平所限,书中难免有错误和不当之处,恳请读者批评指正。

编者

2009 年 5 月于四川大学

目　录

前言

第1章　电路分析导论 ··· 1

1.1　引言 ·· 1

1.2　电路模型和集中参数假设 ······················· 1

1.3　电路的基本变量和关联参考方向 ············· 4

1.4　功率和能量——电路的复合变量 ············· 6

1.5　基尔霍夫电流定律与电荷守恒公理 ········· 8

1.6　基尔霍夫电压定律与能量守恒公理 ········ 10

1.7　特勒根定理 ·· 12

1.8　总结与思考 ·· 15

    1.8.1　总结 ··· 15

    1.8.2　思考 ··· 16

习题1 ··· 16

第2章　电路元件与电路分类 ························· 19

2.1　二端电路元件的数学抽象及描述 ·········· 19

    2.1.1　二端电阻 ···································· 19

    2.1.2　二端电容 ···································· 25

    2.1.3　二端电感 ···································· 30

    2.1.4*　二端忆阻元件 ························ 33

2.2　独立电源 ··· 34

2.3　基本信号 ··· 39

    2.3.1　复指数信号 ································ 39

    2.3.2　单位阶跃信号 ···························· 40

    2.3.3　单位斜坡信号 ···························· 42

    2.3.4　单位冲击信号 ···························· 42

2.4　多端电路元件的数学抽象及其描述 ········ 45

    2.4.1　多端电阻 ···································· 46

    2.4.2　多端电感 ···································· 60

    2.4.3　多端电容 ···································· 62

2.5　电路元件的基本组与器件造型的概念 ····· 63

2.6　电路分类 ··· 63

2.7 总结与思考 ·· 64
  2.7.1 总结 ·· 64
  2.7.2 思考 ·· 67
习题2 ·· 68

第3章 电路分析的基本方法 ································ 76
3.1 电阻电路等效分析法 ······································ 76
  3.1.1 电阻的串联和并联 ······································ 76
  3.1.2 电阻的三角形连接与星形连接 ···························· 77
  3.1.3 电阻电路等效分析法应用示例 ···························· 81
3.2 支路电流法 ·· 88
3.3 节点分析法 ·· 90
3.4 网孔电流法 ·· 99
3.5 总结与思考 ·· 107
  3.5.1 总结 ·· 107
  3.5.2 思考 ·· 111
习题3 ·· 111

第4章 电路定理 ·· 117
4.1 叠加定理 ·· 117
4.2 替代定理 ·· 121
4.3 戴维南定理与诺顿定理 ···································· 124
  4.3.1 戴维南定理 ·· 124
  4.3.2 诺顿定理 ·· 126
  4.3.3 定理使用的技巧 ·· 127
4.4 互易定理 ·· 134
4.5 对偶原理 ·· 137
4.6 最大功率传输定理 ·· 139
4.7 总结与思考 ·· 140
  4.7.1 总结 ·· 140
  4.7.2 思考 ·· 142
习题4 ·· 142

第5章 电路的时域分析 ···································· 147
5.1 一阶电路分析 ·· 147
  5.1.1 一阶电路的零输入响应 ·································· 147
  5.1.2 一阶电路的零状态响应 ·································· 154
  5.1.3 一阶电路的完全响应 ···································· 158
  5.1.4 一阶电路的三要素分析法 ································ 161

5.2　一般电路系统I/O 微分方程的建立和求解 ·················· 164

   5.2.1　电路系统I/O 微分方程的建立和求解 ··············· 164

   5.2.2　初始条件的确定 ······························ 168

   5.2.3　电路系统微分方程的求解 ······················ 174

5.3　冲击响应和阶跃响应 ······························ 181

5.4　卷积与零状态响应 ······························· 187

   5.4.1　卷积的定理 ······························· 187

   5.4.2　卷积的几何解释 ··························· 190

   5.4.3　卷积的性质 ······························· 192

5.5　卷积积分应用 ································· 196

5.6　总结与思考 ·································· 199

   5.6.1　总结 ································· 199

   5.6.2　思考 ································· 200

习题 5 ······································· 201

第6章　正弦电路的稳态分析 ···························· 208

6.1　正弦稳态分析基础 ······························· 208

   6.1.1　正弦信号的基本概念 ························· 208

   6.1.2　线性时不变电路的正弦稳态响应和正弦量的相量 ········ 209

   6.1.3　基尔霍夫定律的相量形式 ······················ 212

6.2　阻抗、导纳和相量模型 ······························ 214

   6.2.1　二端电路元件 VCR 的相量形式 ·················· 214

   6.2.2　多端电路元件 VCR 的相量形式 ·················· 218

   6.2.3　阻抗和导纳 ······························· 219

6.3　相量分析法 ·································· 224

   6.3.1　等效变换分析法 ··························· 224

   6.3.2　相代数方程描述电路法 ······················ 225

6.4　正弦电路的功率 ······························· 230

   6.4.1　二端网络的功率 ··························· 230

   6.4.2　正弦稳态的最大功率传输条件 ·················· 235

6.5　非正弦周期信号激励下电路的稳态分析 ·················· 237

   6.5.1　电子技术中的非正弦周期信号 ·················· 237

   6.5.2　非正弦周期信号的正弦稳态响应 ················· 239

   6.5.3　非正弦周期信号的功率 ······················ 240

6.6　谐振电路 ··································· 241

   6.6.1　串联谐振电路 ··························· 242

   6.6.2　并联谐振电路 ··························· 246

6.6.3 耦合谐振电路 ･･ 248

6.7 总结与思考 ･･ 251

 6.7.1 总结 ･･･ 251

 6.7.2 思考 ･･･ 253

习题6 ･･ 254

第7章 三相电路 ･･･ 259

7.1 三相交流电路 ･･･ 259

 7.1.1 三相电源 ･･･ 259

 7.1.2 三相电源的连接 ･･･････････････････････････････････ 260

 7.1.3 三相负载的连接 ･･･････････････････････････････････ 262

 7.1.4 三相电路 ･･･ 262

7.2 对称三相电路的计算 ･･･････････････････････････････････ 262

7.3 三相电路的功率及测量 ･････････････････････････････････ 265

 7.3.1 有功功率(平均功率)P ･･････････････････････････ 265

 7.3.2 无功功率Q ･･･････････････････････････････････････ 266

 7.3.3 视在功率S ･･････････････････････････････････････ 266

 7.3.4 瞬时功率p ･･････････････････････････････････････ 266

 7.3.5 测量方法 ･･･ 267

7.4 不对称三相电路的计算 ･････････････････････････････････ 270

7.5 总结与思考 ･･ 272

 7.5.1 总结 ･･･ 272

 7.5.2 思考 ･･･ 274

习题7 ･･ 274

第8章 电路的复频域分析方法 ･････････････････････････ 277

8.1 拉普拉斯变换的定义 ･･･････････････････････････････････ 277

8.2 拉普拉斯变换的基本性质 ･･･････････････････････････････ 278

8.3 拉普拉斯反变换 ･･･ 282

8.4 复频域电路分析方法 ･･･････････････････････････････････ 285

 8.4.1 基本电路元件的复频域模型 ･･･････････････････････ 285

 8.4.2 复频域电路分析方法 ･･･････････････････････････････ 288

8.5 网络函数的定义 ･･･ 291

8.6 网络函数的零点和极点 ･････････････････････････････････ 293

8.7 网络函数的瞬态响应 ･･･････････････････････････････････ 295

 8.7.1 极点与自由响应和强迫响应 ･･･････････････････････ 295

8.7.2 零、极点与冲击响应 ……………………………………… 297

8.8 网络的正弦稳态响应 ……………………………………………… 299

8.9 网络的稳定性分析 ………………………………………………… 303

8.10 总结与思考 ………………………………………………………… 307

  8.10.1 总结 ………………………………………………………… 307

  8.10.2 思考 ………………………………………………………… 295

习题 8 ……………………………………………………………………… 309

第9章 双口网络 ……………………………………………………… 313

9.1 双口网络的参数 …………………………………………………… 313

  9.1.1 短路导纳参数(y 参数) ……………………………… 313

  9.1.2 开路阻抗参数(z 参数) ……………………………… 315

  9.1.3 混合参数 …………………………………………………… 317

  9.1.4 传输参数 …………………………………………………… 319

  9.1.5 双口网络参数之间的关系 ………………………………… 321

9.2 双口网络的等效电路 ……………………………………………… 327

9.3 双口网络的相互连接 ……………………………………………… 329

  9.3.1 双口网络的串联 …………………………………………… 330

  9.3.2 双口网络的并联 …………………………………………… 331

  9.3.3 双口网络的级联 …………………………………………… 332

  9.3.4 双口网络的混联 …………………………………………… 333

*9.4 双口网络有效连接的判别和实现 ……………………………… 334

9.5 双口网络的黑箱分析法 …………………………………………… 336

9.6 总结与思考 ………………………………………………………… 338

  9.6.1 总结 ………………………………………………………… 338

  9.6.2 思考 ………………………………………………………… 339

习题 9 ……………………………………………………………………… 339

第10章 图论及LTI电路系统的矩阵分析法 …………………… 345

10.1 图论基础 …………………………………………………………… 345

  10.1.1 图 …………………………………………………………… 346

  10.1.2 回路 ………………………………………………………… 347

  10.1.3 树 …………………………………………………………… 347

  10.1.4 割集 ………………………………………………………… 348

  10.1.5 基本回路与基本割集 ……………………………………… 349

10.2 电路系统的图矩阵表示 ………………………………………… 349

  10.2.1 关联矩阵 …………………………………………………… 349

　　　　10.2.2　基本割集矩阵 ·· 352

　　　　10.2.3　基本回路矩阵 ·· 353

　　　　10.2.4　图矩阵间的关系 ·· 356

　　　　10.2.5　支路变量之间的基本关系 ································ 356

　　10.3　支路电压电流关系——VCR 方程 ······························ 358

　　10.4　节点分析法和基本割集分析法 ································· 362

　　　　10.4.1　节点分析法 ·· 362

　　　　10.4.2　基本割集分析法 ·· 367

　　10.5　网孔分析法和基本回路分析法 ································· 370

＊10.6　改进节点分析法 ·· 374

　　10.7　总结与思考 ··· 378

　　　　10.7.1　总结 ·· 378

　　　　10.7.2　思考 ·· 381

　　习题10 ·· 382

第11章　滤波器设计 ··· 387

　　11.1　滤波器设计基础 ··· 387

　　　　11.1.1　滤波器的定义和分类 ···································· 387

　　　　11.1.2　频率和阻抗的归一化 ···································· 389

　　　　11.1.3　滤波器的幅频特性设计 ·································· 390

　　11.2　有源 RC 滤波器的设计方法 ··································· 402

　　　　11.2.1　有源 RC 滤波器的元件 ································· 402

　　　　11.2.2　有源滤波器的级联实现 ·································· 402

　　　　11.2.3　典型二阶有源滤波器设计 ································ 404

　　11.3　有源 RC 滤波器的计算机辅助设计 ····························· 409

　　　　11.3.1　低通滤波器的计算机辅助设计 ···························· 409

　　　　11.3.2　高通滤波器的计算机辅助设计 ···························· 412

　　11.4　总结与思考 ··· 414

　　　　11.4.1　总结 ·· 415

　　　　11.4.2　思考 ·· 415

　　习题11 ·· 415

第12章　计算机辅助设计 ··· 417

　　12.1　计算机辅助设计基础 ··· 417

　　　　12.1.1　计算机辅助设计技术简介 ································ 417

　　　　12.1.2　SPICE 简介 ·· 418

　　12.2　Multisim2001 软件基础 ·· 419

　　　　12.2.1　Multisim2001 简介 ······································ 419

　　　12.2.2　Multisim2001 基本操作　　　…………………………………　421

12.3　Multisim2001 高级应用　…………………………………　425

　　　12.3.1　直流工作点分析　………………………………………　425

　　　12.3.2　瞬态分析　…………………………………………………　429

　　　12.3.3　交流分析　…………………………………………………　430

　　　12.3.4　扫描分析　…………………………………………………　432

12.4　Multisim2001 应用实例——有源带通滤波器的仿真　…………　433

12.5　总结与思考　…………………………………………………………　437

　　　12.5.1　总结　………………………………………………………　437

　　　12.5.2　思考　………………………………………………………　438

习题12　………………………………………………………………………　438

主要参考文献　………………………………………………………………　440

附录　…………………………………………………………………………　441

第1章 电路分析导论

内 容 提 要

本章在集中参数假设的条件下,导出了电路模型的基本概念,介绍了描述电路的基本变量和复合变量,给出了关联参考方向的约定。

重点介绍了电路分析的理论基础:电荷守恒公理和能量守恒公理,由此导出了电路必须遵守的两大约束规律之一——拓扑(或称结构)约束规律:基尔霍夫定律和特勒根定理。

1.1 引 言

在当今时代,人们的生活中已离不开电话(手机)、电视、音响、照明……工作中离不开计算机、测试仪表、控制装置、识别系统……尽管它们形状各异,性能不同,但都建立在一个共同的理论基础——电路理论基础之上。

电路理论由两个分支构成:电路分析、电路综合(设计)。电路分析是在给定电路系统的结构和元件参数之后,求解电路输入(激励)与输出(响应)之间的规律;电路综合是在给定电路系统的输入(激励)与输出(响应)之间的规律(或技术指标)的基础上,设计出电路系统(包括结构和元件参数)。本书在重点介绍电路分析的同时,也简要讨论电路综合(设计)。

电路分析必须满足两大约束规律:拓扑(结构)约束规律和元件约束规律。它们是电路分析与计算的基础,但它们又是建立在电荷守恒公理和能量守恒公理基础之上的。在这些理论基础之上,导出了一些重要的电路定理和各种基本分析方法。

电路理论是一门融合理论与工程应用的学科,我们既要学习和掌握它的基本概念、基本理论规律、基本分析方法,又要注重它的工程应用,与时俱进,不断创新!

电路理论是现代电子信息技术的重要基础,它既为后续课程模拟电子技术、数字电子技术、信号与系统、自控原理、通信原理等奠定了坚实的基础,又培养了读者成为一名科学家或工程师必备的分析问题和解决问题的能力。

1.2 电路模型和集中参数假设

在工农业生产、国防、科研和日常生活中,为实现电能的产生、传输、分配和转换,电信号的采集、交换、传输及处理,信息的存储,电量的测试等任务,人们设计、制造出各种实际电路元件(如电阻器、电容器、变压器、晶体管、运算放大器),再将实际电路元件按一定的互连规律连接起来,以完成上述各种任务,这就形成了电路系统,通常人们称它们为实际电路。

为了研究实际电路系统的特性,必须进行科学抽象与概括,用一些反映其电磁本质属性的理想化元件按照一定的互连规律连接起来,成为有某种功能的组合体,来表征实际电路系统,这就是电路模型。它是对实际电路系统的抽象和概括。电路理论研究的对象就是电路模型。因为给客观事物建立一个理想化模型,再以此模型为对象进行定性或定量分析,然后根据分析的结果得出合乎客观事物实际情况的科学结论,是人们在长期科学实验中总结出来的一种自然科学研究方法。例如,力学中的质点模型,电学中的点电荷模型,原子物理学中的原子模型等。虽然模型并不是原来的客观事物,而仅仅是客观事物的符合一定条件的科学抽象,但它本身又有严格的定义。一个理想化模型可能与一个原物相对应,也可能用几个理想化模型的组合来最佳逼近原物。

电路理论以电路模型为研究对象,采用这种模拟的方法是必要的和可能的。因为在实际电路系统中,各种器件的工作过程都与电路的电磁现象有关。例如,电阻器的电阻是由于电场和磁场的能量与热能及其他形式能量的相互转换而形成的;电感线圈中磁场能量的存储与变化,决定于电路中的磁场分布情况;电容器中电场能量的存储与变化,决定于电路中的电场分布状态……这就是说,任何一个实际电路元件或由它们组成的实际电路都与其电磁特性有关。如果以实际电路为研究对象,必然是所有实际元件的电磁性能交织在一起,不仅使问题复杂化,甚至无法进行分析研究。所以只能采用模拟的概念,假设实际器件或电路中的电磁过程可以分别研究,从而可以用集中参数元件(即理想化元件)构成电路元件模型。每一种集中参数元件都只表示一种基本的电磁过程,反映一个物理本质特征,可以用数学方法精确定义。例如,理想的电阻元件是一种只表示消耗电能,产生焦耳热效应的器件;理想电容器只表示电荷及电场能量的存储;理想电感元件只表示磁链和磁场能量的存储等。这样任何实际电路元件均可以用这些理想化元件模型或它们的组合来表征。例如,一个实际电阻器,若只考虑电磁能转变为热能的特性,就可用一个理想电阻元件表示;若要表示由它引起磁场存在效应,就要用一个理想电阻与一个理想电感串联的模型表示;若还需表示由它引起电场存在的效应,就要用一个理想电阻与电容并联的模型表示。

上述所谓理想化元件(即集中参数元件)的假设,是指在似稳条件下,若电路元件的外部尺寸很小时,它的每个端钮上的电流和任意两个端钮之间的电压在任意时刻都有确定的值。也就是说,若实际电路的尺寸远小于电路正常工作时信号最高频率所对应的波长,实际电路中的电磁过程才可以分别研究,每一种物理本质才可以用一个理想化模型来表征。这种理想化元件模型就是集中参数元件,简称电路元件。

集中化假设可以用如下公式表示

$$l \ll \lambda \qquad\qquad (1.1a)$$

或

$$\tau \ll T \qquad\qquad (1.1b)$$

其中,l——实际电路的最大尺寸;

 λ——电路工作信号的波长;

 τ——信号从实际电路一端传到另一端所需时间,$\tau = \dfrac{l}{c}$,c 为光速;

 T——信号的周期,$T = \dfrac{1}{f}$,f 是信号频率。

 没有尺寸的实际电路在自然界中是不存在的,但具有一定尺寸又符合集中化假设的实际电路确实是普遍存在的。而当集中化假设满足之后的实际元件或电路,就可以不考虑空间因素,而仅看作是空间中的一个点。这时,就可以认为电路中流动的信号仅是时间的函数,而与空间坐标无关,电压和电流才可写为$i(t)$和$u(t)$,基尔霍夫定律才能应用。

 例1.1 一般音频电路的工作信号最高频率为$f_h = 25\text{kHz}$,最低工作信号频率为$f_l = 20\text{Hz}$,试判别该电路是否满足集中参数假设。

 解 因为

$$\lambda_h = \frac{c}{f_h} = 3 \times 10^8 / 25 \times 10^3 = 12(\text{km})$$

$$\lambda_l = \frac{c}{f_l} = 3 \times 10^8 / 20 = 15\,000(\text{km})$$

所以音频电路满足集中参数假设。

 例1.2 手机的工作信号频率为900MHz 和1800MHz,试判别该电路是否满足集中参数假设。

 解 因为

$$\lambda_1 = \frac{3 \times 10^8}{900 \times 10^6} = 0.33(m)$$

$$\lambda_2 = \frac{3 \times 10^8}{1800 \times 10^6} = 0.167(m)$$

 若采用分立元件来组装手机,元件与波长间差距不大,用这种集中参数电路一般是不行的,但若采用大规模集成电路,则用集中参数电路表示是可以的。

 例1.3 微波电路工作信号频率一般为$f = 300\text{MHz} \sim 300\text{GHz}$,对应的波长为$\lambda = 10\text{cm} \sim 1\text{mm}$,因此是不能用集中参数电路来描述的,而只能用分布参数电路来表示。

 理论和实践表明,集中参数元件具有以下重要性质:

 (1)在任意时刻,流入二端集中参数元件任一端点的电流等于从另一端点流出的电流,且两个端点对参考点的电位均有确定值。

（2）在任一时刻流入多端集中参数元件任一端点的电流等于从其他端点流出电流的代数和，且其任一端点对参考点的电位均有确定值。

不满足集中化假设的元件称为分布参数元件，由分布参数元件构成的电路叫作分布参数电路，而分布参数电路理论是建立在集中参数电路理论基础上的，一个分布参数电路可以看成是一串集中参数电路序列的极限，所以本书只讨论集中参数电路理论。

在电路系统理论中，电路通常也称网络或系统。一般网络定义为由许多不同个体根据某种机理或要求而交织在一起的，具有某种功能的集合体；系统定义为由若干相互作用和相互依赖的事物组合成的，具有特定功能的有机整体。一般讨论抽象规律时多用网络概念，研究具体问题时常用电路一词，而把系统看成是比电路更复杂、规模更大的组合体。但是近年来由于大规模集成电路技术的发展及各种复杂电路系统部件的采用，使系统、网络、电路及器件这些名词的划分发生了困难，它们当中的许多问题互相渗透，需要统一处理、分析和研究。因此，在电路系统理论中，电路、网络、系统三词通用，不再区别。

1.3　电路的基本变量和关联参考方向

在电路分析与设计中，为了定量地描述电路的状态或电路元件的特征，普遍采用两类变量，即基本变量和复合变量。

描述电路的基本变量为电压、电流、电荷、磁链。

电流　电荷质点的定向运动称为电流，其大小用单位时间内通过导体横截面的电荷量来计算，即

$$i(t) = \frac{\mathrm{d}q(t)}{\mathrm{d}t} \tag{1.2}$$

电流就其形成的原因可以分为三类：传导电流、运流电流、位移电流。若按电流大小和方向是否随时间变化又可以分为：直流（DC），用 I 表示；交流（AC），用 $i(t)$ 表示。电流的单位为安（A）。

电压　电场力把单位正电荷从电路的一点移到另一点所做的功称为电路中两点间电压，即

$$u(t) = \frac{\mathrm{d}W(t)}{\mathrm{d}q(t)} \tag{1.3}$$

电压也可以定义为电路中两点电位之差，而电位是指电路中任一点与参考点之间的电压，因为假设参考点的电位为零。即

$$U_{ab} = U_a - U_b = \int_a^b E \mathrm{d}l \tag{1.4}$$

其中，E 为电场强度。但注意，计算a、b两点间的电压，与所选择ab间的路径无关。

电压也分为直流电压、交流电压,分别用 U 和 $u(t)$ 表示,单位为伏(V)。

电荷 是构成物质原子的一个电特征,它表示带电粒子的电荷数,可分为恒定电荷、时变电荷。分别用 Q 和 $q(t)$ 表示,单位为库(C),一个电子的电荷量是 -1.602×10^{-19}C,而质子的电荷是正的,其电荷量与电子一样。当质子数与电子数相等时,原子呈中性。

磁链 一个匝数为 N 的线圈通过电流为 $i(t)$ 时,在线圈内部和外部建立磁场形成磁通 Ψ_L,磁通主要集中在线圈内部,与线圈相交链,称为磁链;$\Phi(t) = N\Psi_L$,单位为韦(Wb)。

磁链与电压之间恒满足如下关系

$$u(t) = \frac{\mathrm{d}\Phi(t)}{\mathrm{d}t} \tag{1.5}$$

例1.4 已知流入电路中某节点的总电荷由方程:$q(t) = 5t\sin 4\pi t$ (mC)确定,试求 $t = 0.5$s 时的电流 $i(t)$。

解 因为

$$i(t) = \frac{\mathrm{d}q(t)}{\mathrm{d}t} = \frac{\mathrm{d}}{\mathrm{d}t}(5t\sin 4\pi t) = (5\sin 4\pi t + 20\pi t\cos 4\pi t)(\mathrm{mA})$$

所以

$$i(t)|_{t=0.5} = 5\sin 2\pi + 10\pi\cos 2\pi = 10\pi = 31.42(\mathrm{mA})$$

例1.5 已知一个电源以2A的电流流过灯泡10s的时间,该灯泡发热发光消耗能量4.5kJ,试求灯泡两端的电压 u。

解 因为总电荷量

$$\Delta q(t) = i\Delta t = 2 \times (10 - 0) = 20(\mathrm{C})$$

所以

$$u = \frac{\Delta W}{\Delta q} = \frac{4.5 \times 10^3}{20} = 225(\mathrm{V})$$

电压和电流都是标量,为了分析和计算的需要,应选定参考方向。

电流、电压的参考方向在电路分析时是独立任意假设的。

电流、电压的实际方向是电流、电压的真实方向。习惯上规定正电荷移动的方向为电流的实际方向,但电路分析中很难直接确定电流的实际方向,因此规定当电流的参考方向与实际方向一致时,电流为正值,否则为负值,据此确定电流的实际方向。如图1-1所示中,$i = -3$A,表示电流 i 的实际方向与图中标示相反,应由B流向A。规定电位真正降低的方向为电压的实际方向,其高电压端标"＋",低电压端标"－",同时规定当电压参考方向与实际方向一致时,电压为正值,否则为负值。如图1-1,$u = 6$V,表示电压实际方向与图中假定的参考方向一致。

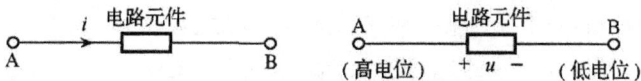

图1-1 确定电流的实际方向

在电路分析与设计中,为了计算方便,规范统一,通常将电路中电流和电压的参考方向取为一致,即假定电压的参考方向已选定,则电流必须从支路的高电位(+)流向低电位(−);或假定电流参考方向已选定,则电压的高电位(+)必须是电流进入的支路端。

例1.6 欧姆定律按关联一致参考方向,如图1-2(a)所示,应表述为

$$u(t) = Ri(t)$$

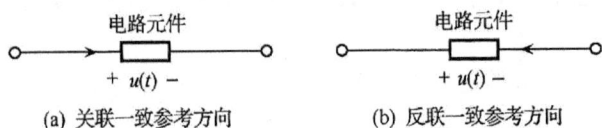

图1-2 关联参考方向的确定

若欧姆定律按图1-2(b),则应表述为

$$u(t) = - Ri(t)$$

本书约定,电路均按关联一致参考方向进行分析和计算。

1.4 功率和能量——电路的复合变量

通常在电路分析和设计中还广泛采用复合变量——功率和能量来表征电路的状态和特性,因为电路的工作状态总是伴随有电能与其他形式能量的互相转换。另一方面电子信息系统与电气设备中,对其中电路部件是有功率限制的,在实际使用时其电流和电压是不能超过额定值的,否则会损坏部件或设备,不能正常工作。

功率 是消耗或吸收能量的速率,或定义为电场力在单位时间内所做的功,单位为瓦(W)。

$$p(t) = \frac{\mathrm{d}W(t)}{\mathrm{d}t} \tag{1.6}$$

因为电路中,$u(t) = \dfrac{\mathrm{d}W}{\mathrm{d}q}$,$i(t) = \dfrac{\mathrm{d}q}{\mathrm{d}t}$,当 u、i 取并联一致参考方向时,功率可表述为

$$p(t) = \frac{\mathrm{d}W}{\mathrm{d}t} = \frac{\mathrm{d}W}{\mathrm{d}q} \cdot \frac{\mathrm{d}q}{\mathrm{d}t} = u(t)i(t) \tag{1.7}$$

上述所有分析中,采用统一单位制,即能量(J)、功率(W)、电压(V)、电流(A)、电荷(C)、磁链(Wb)、时间(s)。

在关联一致参考方向的条件下,若 $p(t) = u(t)i(t) > 0$,则表示元件消耗(或吸收)功率,若 $p(t) < 0$,则表示元件产生(或提供)功率。在一个电路中 $\sum p_{耗}(t) = \sum p_{供}(t)$,即功率守恒。

功率有时也可以用马力(hp)表示,1hp=0.735kW。

例1.7 在图1-3所示的电路中,已知:$i_1 = 12\mathrm{A}$,$i_3 = -13\mathrm{A}$,$i_4 = 1\mathrm{A}$,$u_1 = 10\mathrm{V}$,$u_4 = -5\mathrm{V}$ 试求:(1)电路中各元件的功率;(2)电路的总功率。

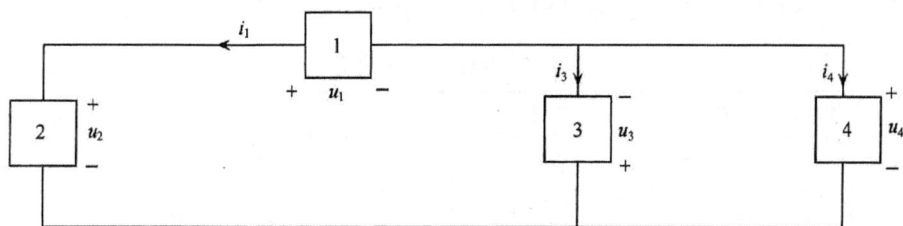

图1-3 例题1.7图

解 （1）计算各元件上功率

因为按照关联一致参考方向计算：$P=ui$ （u,i 为关联参考方向）

所以

$$P_1 = -u_1i_1 = -10 \times 12 = -120(\text{W}) \qquad \text{（产生）}$$
$$P_2 = u_2i_1 = (u_1 + u_4) \times i_1 = (10 - 5) \times 12 = 60(\text{W}) \qquad \text{（吸收）}$$
$$P_3 = -u_3i_3 = -(-u_4) \times i_3 = -5 \times (-13) = 65(\text{W}) \qquad \text{（吸收）}$$
$$P_4 = u_4i_4 = -5 \times 1 = -5(\text{W}) \qquad \text{（产生）}$$

（2）计算电路功率

因为

$$P_耗(t) = P_2 + P_3 = 125\text{W}$$
$$P_供(t) = P_1 + P_4 = -125\text{W}$$

所以

$$P(t) = P_耗 + P_供 = 125 + (-125) = 0(\text{W})$$

本题验证了电路中的功率守恒。

能量 是做功的本领，单位为焦(J)，即

$$W(t) = \int_{-\infty}^{t} p(\tau)\mathrm{d}\tau = \int_{-\infty}^{t} u(\tau)i(\tau)\mathrm{d}\tau \qquad (1.8)$$

在关联一致参考方向的条件下，若能量为正值，即 $W(t)>0$，则表示电路从外界吸收能量；若能量为负值，即 $W(t)<0$，则表示电路向外界提供能量。

一般用瓦·小时(W·h)作为电力系统的度量单位，即

$$1(\text{W} \cdot \text{h}) = 3600(\text{J})$$

例1.8 一个100W的电灯泡，4h需要消耗多少能量？

解 因为

$$W(t) = Pt$$

所以

$$W(t) = 100 \times 4 \times 60 \times 60 = 1440(\text{kJ})$$

若用瓦·小时表示，则

$$W(t) = Pt = 100 \times 4 = 400(\text{W} \cdot \text{h})$$

在实际应用中，有时感到国际单位(SI单位)太大或太小，一般可加上如表1-1

所示的国际单位制的词头,构成SI的十进倍数或分数单位。

表 1-1　SI 倍数与分数词头

分　率	名　　称		符　号	倍　率	名　　称		符　号
10^{24}	尧	yotta	Y	10^{-1}	分	deci	d
10^{21}	泽	zetta	Z	10^{-2}	厘	centi	c
10^{18}	艾	exa	E	10^{-3}	毫	milli	m
10^{16}	拍	peta	P	10^{-6}	微	micro	μ
10^{12}	太	tera	T	10^{-9}	纳	nano	n
10^{9}	吉	giga	G	10^{-12}	皮	pico	p
10^{6}	兆	mega	M	10^{-16}	飞	femto	f
10^{3}	千	kilo	k	10^{-18}	阿	atto	a
10^{2}	百	hecto	h	10^{-21}	仄	zepto	z
10	十	deca	da	10^{-24}	幺	yotto	y

1.5　基尔霍夫电流定律与电荷守恒公理

集中参数电路是由集中参数元件按一定规律连接而成的。电路中每一个二端

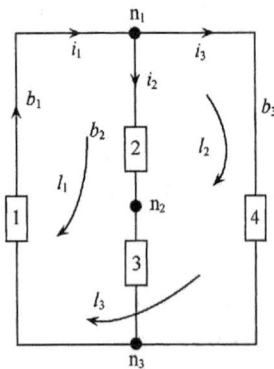

元件称为一条支路,而把两条或两条以上支路的连接点称为节点,例如,图 1-4 中的 n_1、n_2、n_3;为了电路分析的方便,一般也可将流过同一电流的几个元件的组合称为支路,例如,图 1-4 中有三条支路 b_1、b_2、b_3;电路中的任一闭合路径称为回路,例如,图 1-4 中的 l_1、l_2、l_3;如果回路内部不含有另外支路,而又常将这种特殊回路称为网孔,如 l_1、l_2。

电路中流经支路的电流称为支路电流,支路两端的电压称为支路电压,它们是电路分析中用得最多的两个变量,电路的基本规律也将用它们来描述。

图 1-4　集中参数电路中的
参数元件

电路的基本规律包括两个方面,一个是电路整体应遵守的规律,另一个是电路局部的各个组成部分应遵守的规律。或者说,一个是电路元件互连为一个电路整体支路电压和支路电流各自应遵守的基本规律,另一个是每一个支路元件上电压与电流应遵守的基本规律。前者人们称为电路的拓扑规律,即基尔霍夫定律和特勒根定理;后者称为电路的元件规律,或称支路电压-电流关系(VCR)。本章只讨论前者,后者在第 2 章介绍。

基尔霍夫定律是德国物理学家基尔霍夫(Kirchhoff)于 1847 年确立的。该定律由电压定律和电流定律组成,它们分别是建立在电荷守恒公理和能量守恒公理基础上的,下面分别介绍。

电荷守恒公理　电路中的电荷既不能创生,也不能消灭,只能在电路中连续流

动,而不能在电路中任一节点上堆积,即每一瞬间电荷的堆积率为零。对电路中任一节点或高斯面有

$$\sum_{k=1}^{B} q_k(t) = 0 \qquad (\forall t) \tag{1.9}$$

或

$$\sum_{k=1}^{B} q_k(t_{0-}) = \sum_{k=1}^{B} q_k(t_{0+}) \qquad (\forall t) \tag{1.10}$$

基尔霍夫电流定律 对于任一集中参数电路中的任一节点,在任一时刻,流出(或流进)该节点的所有支路电流的代数和为零。即

$$\sum_{k=1}^{B} i_{bk}(t) = 0 \qquad (\forall t) \tag{1.11}$$

将电荷守恒公理应用于集中参数电路,因为 $i(t) = \dfrac{\mathrm{d}q(t)}{\mathrm{d}t}$,将式(1.9)两边微分,即

$$\frac{\mathrm{d}}{\mathrm{d}t} \sum_{k=1}^{B} q_k(t) = \sum_{k=1}^{B} \frac{\mathrm{d}q_k(t)}{\mathrm{d}t} = \sum_{k=1}^{B} i_{bk}(t) = 0$$

式(1.11)被称为基尔霍夫电流定律(KCL)。

KCL 也可以表述为如下形式,即

$$\sum_{k=1}^{B} i_{k\text{入}}(t) = \sum_{k=1}^{B} i_{k\text{出}}(t) \qquad (\forall t) \tag{1.12}$$

例1.9 图1-4电路中,节点 n_1 的 KCL 可表述为

$$-i_1(t) + i_2(t) + i_3(t) = 0$$

或

$$i_1(t) = i_2(t) + i_3(t)$$

通常,约定流进节点的电流为负,流出节点的电流为正。i_k 为流进节点的第 k 支路的电流,B 为节点处的支路数。

基尔霍夫电流定律还可以推广到任一高斯面(即任意形状的封闭曲面或割集),所以 KCL 又可以表述为对于任一集中参数电路中的任一高斯面,在任一时刻,流出高斯面的所有支路电流的代数和为零,即

$$\sum_{k=1}^{C} i_{bk}(t) = 0 \qquad (\forall t) \tag{1.13}$$

例1.10 图1-5所示的晶体管放大器中,高斯面 s_1 的电流应满足 $I_e = I_b + I_c$,这正是晶体管的电流分配关系。

不难证明,KCL 的上述两种表述(即节点和高斯面)是等价的。

KCL 只适用于集中参数电路,不适用于分布参数电路。KCL 仅仅是对集中参数电路中任意节点或高斯面加的一种线性拓扑约束,与各支路元件的性质无关。对于一个具有 N 个节点,B 条支路的电路来说,独立的 KCL 方程只有 $N-1$ 个,KCL

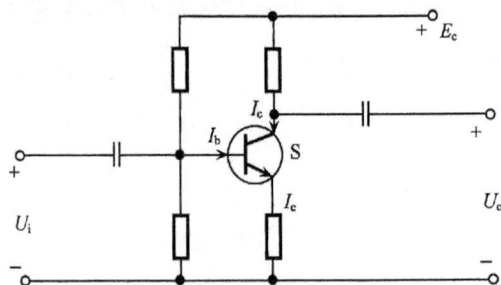

图 1-5　例题 1.10 图

方程是一个以 +1、0、−1 为系数的线性齐次方程，±1 和 0 仅仅表示支路电流与节点或高斯面的关联关系，而与 $i_k(t)$ 本身数值的正负无关。

KCL 可以采用矩阵形式表述，这将留待以后讨论。

1.6　基尔霍夫电压定律与能量守恒公理

能量守恒公理　任一时刻电路中的能量既不能创生，也不能消灭，只能由一种形式的能量转变为另一种形式的能量，即能量守恒。对电路有

$$\sum_{k=1}^{B} W_k(t) = 0 \qquad (\forall t) \tag{1.14}$$

基尔霍夫电压定律　对于任一集中参数电路中的任一回路，在任一时刻，沿此回路任一方向巡行一周，则回路中各支路电压的代数和为零。即

$$\sum_{k=1}^{B} u_{bk}(t) = 0 \qquad (\forall t) \tag{1.15}$$

因为

$$u(t) = \frac{\mathrm{d}W(q)}{\mathrm{d}q}$$

$$i(t) = \frac{\mathrm{d}q(t)}{\mathrm{d}t}$$

若对式(1.14)两边微分，即

$$\frac{\mathrm{d}}{\mathrm{d}t} \sum_{k=1}^{B} W_k(t) = \sum_{k=1}^{B} \frac{\mathrm{d}W_k(t)}{\mathrm{d}t} = \sum_{k=1}^{B} \frac{\mathrm{d}W_k(t)}{\mathrm{d}q} \cdot \frac{\mathrm{d}q(t)}{\mathrm{d}t} = \sum_{k=1}^{B} u_{bk}(t) i_{bk}(t) = 0$$

因为对任一回路而言，可以证明支路电流 $i_{bk}(t)$ 并非线性相关，即 $\sum\limits_{k=1}^{B} i_{bk}(t) \neq 0$

所以必有

$$\sum_{k=1}^{B} u_{bk}(t) = 0 \qquad (\forall t)$$

式(1.15)即为基尔霍夫电压定律(KVL)的数学表达式。

在公式(1.15)中，u_k 为回路中的第 k 条支路电压，B 为回路中的支路数。回路的巡行方向可以任意选取，可选顺时针方向，也可选逆时针方向。当支路电压的参考方向与巡行方向一致时，取正；反之取负。

例 1.11 已知电路如图 1-6 所示，且 $U_1=3\text{V}$，$U_2=5\text{V}$，$U_4=-7\text{V}$，$U_5=8\text{V}$，$U_6=4\text{V}$，试求 U_3 和端口电压 U_{ab}。

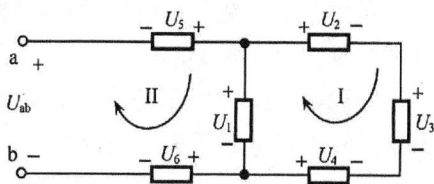

解 （1）求 U_3：选顺时针方向为回路 I 的电流方向，由 KVL 得

$$-U_1+U_2+U_3-U_4=0$$

即

$$U_3=U_1-U_2+U_4=3-5+(-7)=-9(\text{V})$$

（2）求 U_{ab}。

方法 1：因为回路 II 未闭合，本来 KVL 不能应用，但由于待求支路为 U_{ab}，所以当将 U_{ab} 加入考虑后，就可以得到广义的回路 II，由于可以将 KVL 推广应用于回路 II，得

$$U_1+U_6-U_{ab}-U_5=0$$

因此

$$U_{ab}=U_1+U_6-U_5=3+4-8=-1(\text{V})$$

方法 2：端口电压 U_{ab} 也可由另一个广义回路 III 求得，此时 KVL 为

$$-U_5+U_2+U_3-U_4+U_6-U_{ab}=0$$

即

$$U_{ab}=-U_5+U_2+U_3-U_4+U_6$$
$$=-8+5+(-9)-(-7)+4=-1(\text{V})$$

这两种方法计算结果相同。由此可得出如下重要结论：计算两点之间电压与所选路径无关。

同样，KVL 只适用于集中参数电路，不适用于分布参数电路。

KVL 也仅仅是对集中参数电路任一回路（包括广义回路）中各支路电压加的一种线性拓扑约束，与各支路元件性质无关。KVL 的独立方程数等于 $B-(N-1)$。

KVL 方程是一个以 $+1$、0、-1 为系数的线性齐次方程，± 1 和 0 仅仅表示支路电压与回路的关联关系，而与 $u_k(t)$ 本身数值的正负无关。

KCL 和 KVL 奠定了集中参数电路分析计算的基础，而它们的物理实质是电荷守恒公理与能量守恒公理，所以电路理论的基础是这两个公理。

图 1-6　例题 1.11 图

1.7 特勒根定理

集中参数电路拓扑结构约束规律除了基尔霍夫电流定律和电压定律之外,还有特勒根(Tellegen)定理。

特勒根定理 对于任一个具有 N 个节点,B 条支路的集中参数电路,若其支路电压和支路电流用矢量表示为

$$\boldsymbol{u}_b(t) = [u_{b1}(t), u_{b2}(t), \cdots, u_{bB}(t)]^T$$

$$\boldsymbol{i}_b(t) = [i_{b1}(t), i_{b2}(t), \cdots, i_{bB}(t)]^T$$

则不论各支路元件性质是什么,恒有

$$\boldsymbol{u}_b^T(t)\boldsymbol{i}_b(t) = 0 \qquad (\forall\, t) \tag{1.16}$$

或

$$\sum_{k=1}^{B} u_{bk}(t)i_{bk}(t) = 0 \qquad (\forall\, t) \tag{1.17}$$

其中,u_{bk} 和 i_{bk} 表示第 k 条支路的支路电压和支路电流。

特勒根定理是由基尔霍夫定律推导出来的,定理证明将在以后给出。显然 KCL、KVL 和特勒根定理只要任意两个即可表征电路中支路电流或支路电压的约束关系,所以只有两个是独立的。特勒根定理为电路理论计算提供了重要途径。同样特勒根定理也只适用于集中参数电路,也仅仅是对 u_b 和 i_b 的线性拓扑约束,与电路元件的性质无关。

特勒根定理的式(1.16)和式(1.17)是等价的,因为任一支路的 $u_{bk}(t)i_{bk}(t) = p_k(t)$,所以特勒根定理的物理意义的解释是,在任一时刻,任一集中参数电路的各支路所吸收或提供的瞬时功率之和为零。或者说,集中参数电路中独立电源向电路提供的功率总和,恒等于电路中所有无源元件吸收的功率总和,即瞬时功率守恒。

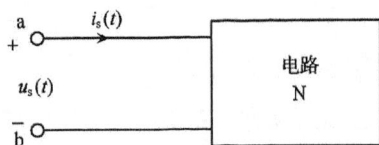

图 1-7 例题 1.12 图

例1.12 设电路 N 是由 B 个正电阻组成的二端电路,并设 N 中任意支路电流 i_k 与支路电压 u_k 取关联一致参考方向,且满足

$$\begin{cases} |i_k| \leqslant |i_s| \\ |u_k| \leqslant |u_s| \end{cases}$$

u_s 和 i_s 为端口电压与电流。如图 1-7 所示。

证明:ab 端口输入电阻 R_i 不大于 N 中 B 个电阻的串联值 $R_串$。

证明 因为 Tellegen 定理

$$\sum_{k=1}^{B} u_{bk}(t)i_{bk}(t) = 0$$

所以对图 1-7 所示电路有

$$-u_s(t)i_s(t) + \sum_{k=1}^{B} u_k(t)i_k(t) = 0$$

即

$$u_s(t)i_s(t) = \sum_{k=1}^{B} u_k(t)i_k(t) = \sum_{k=1}^{B} R_k i_k(t) \cdot i_k(t) = \sum_{k=1}^{B} R_k \cdot i_k^2(t) \qquad (1)$$

又因为 ab 端口输入电阻

$$R_i = \frac{u_{ab}}{i} = \frac{u_s(t)}{i_s(t)}$$

所以对式(1)两端同除以 $i_s^2(t)$,得

$$R_i = \sum_{k=1}^{B} R_k \cdot \frac{i_k^2(t)}{i_s^2(t)} = \sum_{k=1}^{B} R_k \cdot \frac{|i_k(t)|^2}{|i_s(t)|^2}$$

又因为
$$\begin{cases} R_{\text{串}} = \sum_{k=1}^{B} R_k \\ |i_s(t)| \geqslant |i_k(t)| \end{cases} \qquad \text{(电阻串联公式见第 2 章)}$$

所以

$$R_i \leqslant R_{\text{串}}$$

特勒根定理还可以进一步推广到两个同构网络,所谓同构网络是两个由集中参数元件构成的电网络 N 和 N',若节点数相等,支路数也相等,且所有支路与节点间的连接规律一样,则称这两个电网络为同构网络。显然,同构网络具有相同的拓扑结构,但支路元件性质不一定相同。两个同构电网络中支路电压与电流间的约束关系,可以用广义特勒根定理来描述。

广义特勒根定理 若两个集中参数元件构成的同构网络 N 和 N',其支路电压和电流分别为 $u_b(t)$、$i_b(t)$ 和 $u_b'(t)$、$i_b'(t)$,则对任一时刻 t,恒有

$$\left. \begin{aligned} u_b^T(t)i_b'(t) = 0 \qquad (\forall\, t) \\ u_b'^T(t)i_b(t) = 0 \qquad (\forall\, t) \end{aligned} \right\} \qquad (1.18)$$

或

$$\left. \begin{aligned} \sum_{k=1}^{B} u_{bk}(t)i_{bk}'(t) = 0 \qquad (\forall\, t) \\ \sum_{k=1}^{B} u_{bk}'(t)i_{bk}(t) = 0 \qquad (\forall\, t) \end{aligned} \right\} \qquad (1.19)$$

显然,式(1.18)和式(1.19)是等价的。

因为 u_{bk} 与 i_{bk}' 不是同一个网络中同一条支路上的电压和电流,它们的乘积没有什么物理意义,所以广义特勒根定理仅仅是同构网络必须遵守的一个数学关系。但是由于其表述的是电压和电流的乘积,所以又可以称之为似功率守恒。

广义特勒根定理也可以理解为同一个集中参数电路在不同的时刻支路电压与支路电流的乘积,即

$$
\left.\begin{array}{ll}
\sum\limits_{k=1}^{B} u_{bk}(t_1)i_{bk}(t_2) = 0, & t_1 > 0 \\[3mm]
\sum\limits_{k=1}^{B} u_{bk}(t_2)i_{bk}(t_1) = 0, & t_2 > 0
\end{array}\right\} \qquad (1.20)
$$

例1.13 已知图1-8所示由线性正电阻构成的网络N,对于给定不同的负载R_2和不同的输入U_1,作了两次测量,数据如下:

(1) $R_2 = 2\Omega, U_1 = 4V$ 时 $I_1 = 2A, U_2 = 2V$;

(2) $R_2 = 1\Omega, \hat{U}_1 = 6V$ 时 $\hat{I}_1 = 4A$。

试求:$\hat{U}_2$。

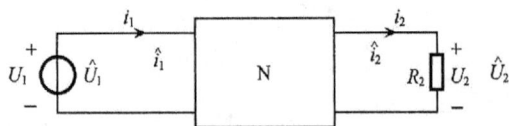

图1-8 例题1.13图

解 由广义Tellegen定理式(1.19)得

$$
\begin{cases}
-U_1\hat{i}_1 + U_2\hat{i}_2 + \sum\limits_{k=1}^{B} U_{bk}(t)\hat{i}_{bk}(t) = 0 \\[3mm]
-\hat{U}_1 i_1 + \hat{U}_2 i_2 + \sum\limits_{k=1}^{B} \hat{U}_{bk}(t) i_{bk}(t) = 0
\end{cases}
$$

因为网络 N 由 N 个线性正电阻组成,即$U_{bk}=R_{bk}i_{bk}$,$\hat{U}_{bk}=R_{bk}\hat{i}_{bk}$

所以

$$
\begin{cases}
-U_1\hat{i}_1 + U_2\hat{i}_2 + \sum\limits_{k=1}^{B} R_{bk}i_{bk}\hat{i}_{bk} = 0 \\[3mm]
-\hat{U}_1 i_1 + \hat{U}_2 i_2 + \sum\limits_{k=1}^{B} R_{bk}\hat{i}_{bk}i_{bk} = 0
\end{cases}
$$

即

$$
-U_1\hat{i}_1 + U_2\hat{i}_2 = -\hat{U}_1 i_1 + \hat{U}_2 i_2
$$

代入数值得

$$
-4 \times 4 + 2 \times \frac{\hat{U}_2}{1} = -6 \times 2 + \hat{U}_2 \times \frac{2}{2}
$$

所以

$$
\hat{U}_2 = 4V
$$

在实际工作中,由于电路元件的数值随着各种外在因素的影响而变化,所以支路电压和电流也将随之而变化。通常人们把变化后的网络称为扰动网络,则特勒根第三定律可作如下表述。

特勒根第三定理 若任一集中参数网络 N 的扰动网络 N′ 的支路电压矢量和电流矢量为

$$u_b(t) = u_b(t) + \Delta u_b(t)$$

$$i_b(t) = i_b(t) + \Delta i_b(t)$$

则对任一时刻恒有

$$i_b^T(t)\Delta u_b(t) = u_b^T(t)\Delta i_b(t) \qquad (\forall\, t) \tag{1.21}$$

特勒根定理是电路理论中非常重要的定理,应用非常广泛,进一步的讨论留待以后进行。

特勒根定理可以用基尔霍夫电流定律(KCL)和电压定律(KVL)进行理论证明,因此电路的拓扑(结构)约束的这三个规律中,只有两个是独立的,即只要任用其中两个规律就可以完整地描述电路的拓扑约束规律。

1.8 总结与思考

1.8.1 总结

本章重点 电路的拓扑(结构)约束规律

本章难点 关联参考方向

(1) 电路理论是建立在集中参数假设条件下的,即 $l \ll \lambda$ 或 $\tau \ll T$。

(2) 电路模型是在集中参数假设条件下,由实际电路进行物理抽象而得到的理想化模型,它是科学研究的方法手段,电路理论研究的对象是电路模型,而不是实际电路。

(3) 描述电路的基本变量是电压、电流、电荷、磁链,它们之间恒满足如下规律,即

$$i(t) = \frac{dq(t)}{dt}, \qquad u(t) = \frac{d\Phi(t)}{dt}$$

(4) 电路分析中约定使用关联一致参考方向,它规定,若电压参考方向已任意设定,则电流方向必须为从高电位(+)端流向低电位(−)端。

(5) 描述电路的复合变量是功率和能量,它们要受电路额定工作状态的限制,在关联一致参考方向下,有

① $p(t) = u(t)i(t)$ (W)[若 $p(t) > 0$,消耗功率;$p(t) < 0$,提供功率]。

② $W(t) = \int_{-\infty}^{t} p(\tau)d\tau = \int_{-\infty}^{t} u(\tau)i(\tau)d\tau$ (J)[若 $W(t) > 0$,耗能;$W(t) < 0$,供能]。

(6) 任何集中参数电路必须遵循以下三个定律中任意两个。

① KCL:对于任意集中参数电路中的任意一个节点或高斯面(割集),在任一时刻,流出该节点或高斯面(割集)的电流代数和为零。

$$\sum_{k=1}^{B} i_{bk}(t) = 0 \qquad (\forall\, t)$$

它的物理实质是电荷守恒公理

$$\sum q_k(t) = 0$$

② KVL:对于任意集中参数电路中的任一闭合回路(含广义回路),在任一时刻,沿此回路任一巡行方向巡行一周,则回路中各支路的电压降的代数和为零。

$$\sum_{k=1}^{B} u_{bk}(t) = 0 \qquad (\forall t)$$

它的物理实质是能量守恒公理

$$\sum W_k(t) = 0$$

③ Tellegen 定理:对于任意集中参数电路,在任一时刻,其支路电压与支路电流的乘积之和为零。

$$\sum_{k=1}^{B} u_{bk}(t) i_{bk}(t) = 0 \qquad (\forall t)$$

它的物理实质是瞬时功率守恒。

1.8.2 思考

(1) 为什么电路的研究对象不能用实际电路,而必须用电路模型?

(2) 为什么电路分析中必须采用关联一致参考方向?若都采用实际方向可行吗?

(3) 当电路中给定元件额定功率或能量限制之后,元件上的电压和电流是否可任意取值?若用反并联方向(如电源),吸收功率和产生功率的计算公式应如何表述?

(4) KCL 仅仅是对连接于节点或高斯面的支路电流的约束,它还能约束回路电流或网孔电流吗?它为什么与各支路元件的性质无关呢?

(5) KVL 仅仅是对同一个回路中各支路电压的约束,它还能约束节点电压、树支电压吗?它为什么与支路元件性质无关?计算两点间电压是否与所选路径有关?

习 题 1

1.1 单项选择题,从下列各题给定的答案中,选出一个正确答案,填入括号中。

(1) 计算机的工作频率是 1GHz,其对应的波长是( )m。

　　A. 0.3;　　　　B. 3;　　　　C. 0.33;　　　　D. 3.3

(2) 若流过某节点的电流 $i = (3t^2 - t)$A,则 t 为 1~2s 之间进入该节点的电荷总量是( )C。

　　A. 55　　　　B. 5.5;　　　　C. 34;　　　　D. 2

(3) 若一个接 120V 电源的电炉,其工作电流为 15A,电炉消耗电能为 30kJ,则电炉使用的时间是( )s。

A. 16.67;　　　　B. 166.67;　　　　C. 200;　　　　D. 250

(4) 若一个电路有 12 条支路,可列 8 个独立的 KVL 方程,则可列出的独立 KCL 方程数是
(　　)。

A. 8;　　　　　　B. 12;　　　　　C. 5;　　　　　D. 4

(5) 图1-9 中,电流 i 应为(　　)A。

A. e^{-t};　　　　B. $\cos t$;　　　　C. $e^{-t} - \cos t$;　　　D. $e^{-t} + \cos t$

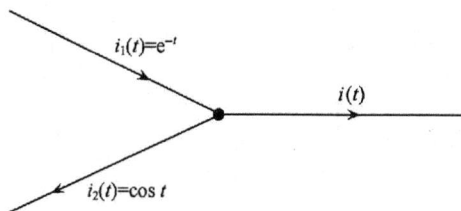

图 1-9　习题 1.1(5)图　　　　　　　图 1-10　习题 1.1(6)图

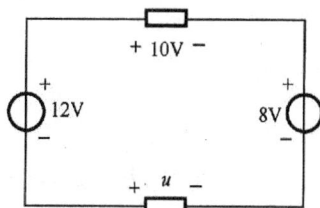

(6) 图1-10 中,电压 u 应为(　　)V。

A. 6;　　　　　　B. 14;　　　　　C. 30;　　　　　D. 10

1.2　已知图 1-11 中各个元件的参考方向及参数值,(1)试判定元件中电流与电压的实际
方向。(2)求出各元件的功率,并说明是产生还是消耗功率。

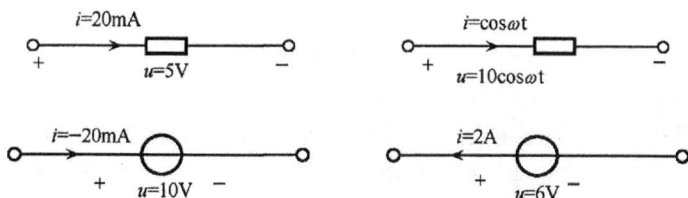

图 1-11　习题 1.2 图

1.3　电视机用一根 10m 的馈线和它的天线相互连接,当接收的信号频率为 203MHz(即 10
频道),试问:

(1) 馈线接天线端点与接电视机端点瞬时电流是否相等?

(2) 馈线是否可用集中参数元件逼近?

1.4　已知电路如图 1-12 所示,各电路元件的电压、电流已给定,试求:(1)各元件吸收的功
率;(2)电路的总功率。

1.5　在图 1-13 中,已知 $U_1 = 10\text{V}, U_2 = 5\text{V}, U_4 = -3\text{V}, U_6 = 2\text{V}, U_7 = -3\text{V}, U_{12} = 8\text{V}$,能否
求出所有支路电压? 若能,试确定它们。若不能,试求出尽可能多的支路电压。

1.6　在图 1-13 中,若采用关联一致参考方向,且已知 $I_1 = 2\text{A}, I_4 = 5\text{A}, I_7 = -5\text{A}, I_{10} = -3\text{A}, I_3 = 1\text{A}$,试求出尽可能多的支路电流。

1.7　图 1-13 所示电路,若支路电压和支路电流采用关联一致参考方向,试证明:

$$I_1 + I_2 + I_3 + I_4 = 0$$
$$I_6 + I_7 + I_8 + I_{10} = 0$$

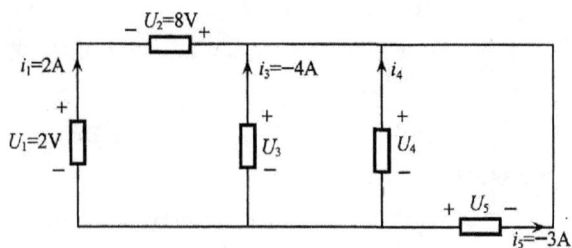

图 1-12　习题 1.4 图

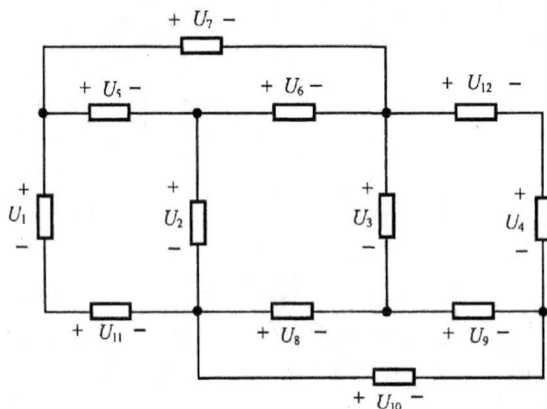

图 1-13　习题 1.5 图

1.8　已知图 1-14 中，$U_{ab}=5V$，试求 U_s。

1.9　根据题 1.6 中所求得各支路电压和支路电流的数值，验证特勒根定理的正确性。

1.10　已知线性时不变电阻网络如图 1-15 所示，当 $R_2=1\Omega$ 时，若 $U_1=6V$，则 $i_1=1A$，$U_2=1V$；当 $R_2=2\Omega$ 时，若 $U_1'=5V$，则 $i_1=1A$，试求第二种情况下的电压 U_2'。

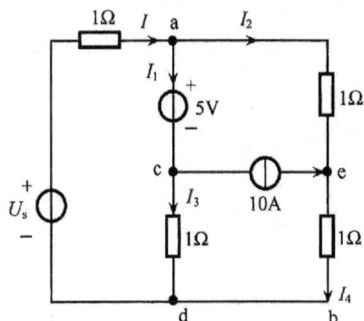

图 1-14　习题 1.8 图

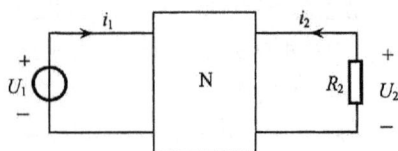

图 1-15　习题 1.10 图

第2章　电路元件与电路分类

内 容 提 要

本章的目的就是系统地介绍集中参数电路分析、研究的基本依据,两类约束规律之一——电路的元件约束规律(VCR)。

本章从基本变量出发,定义了两类电路元件——二端电路元件和多端电路元件。重点讨论了线性时不变二端元件VCR、电路模型、基本性质、连接公式及应用;常用多端电路元件的VCR、电路模型、基本性质及分析应用。最后简要介绍了电路的分类。

本章强调线性与非线性、非时变与时变、无源与有源、短路与开路、串联与并联、阶跃与冲击、跃变与不跃变、虚地与虚断、同名端、逆变性等基本概念。本章是本书的重要基础。

2.1　二端电路元件的数学抽象及描述

具有两个端点的集中参数元件称为二端电路元件,依据4个基本变量之间的两两约束关系可以定义二端电阻、二端电容、二端电感、二端忆阻,下面分别介绍。

2.1.1　二端电阻

一个二端电路元件,如果对于所有的时间t,其端点的电压瞬时值$u(t)$和通过其中的电流瞬时值$i(t)$之间的关系,可用如下代数方程来决定时,即

$$f[u(t), i(t), t] = 0 \qquad (\forall\ t) \qquad (2.1)$$

则此二端元件称为二端电阻。

对所有的时间t,式(2.1)在几何上确定为$u\text{-}i$平面上的一簇曲线,所以也可以说:如果对所有的时间t,二端元件上的$u(t)$、$i(t)$之间的关系可以由$u\text{-}i$平面上的一簇曲线所确定,则此元件称为二端电阻。

因为二端电阻的电压瞬时值与电流瞬时值之间仅受代数关系约束,所以二端电阻是一种瞬时性元件或无记忆元件。

根据式(2.1)描述的二端电阻可以分为四类,即非线性时变电阻、非线性时不变电阻、线性时变电阻和线性时不变电阻。

如果定义既满足可加性,又满足齐次性的函数为线性函数,即若$f(x)$满足

(1) 可加性 $\qquad\qquad f(x_1 + x_2) = f(x_1) + f(x_2) \qquad\qquad (2.2a)$

(2) 齐次性 $$f(ax)=af(x) \qquad (2.2b)$$

则称 $f(x)$ 为线性函数。

显然,线性函数在几何上的图形为过原点的直线。根据公式(2.2a)和式(2.2b),可以得出如下定义。

如果对所有时间 t,二端电阻的 $u(t)$ 与 $i(t)$ 之间的关系,既满足可加性,又满足齐次性,或 $u(t)$ 与 $i(t)$ 之间的关系可用一簇在 $u\text{-}i$ 平面上过原点的直线所确定,则称该元件为线性二端电阻;否则,即为非线性二端电阻。它们的电路符号如图2-1所示。

图2-1   线性电阻和非线性电阻电路符号

PN结二极管的电路模型就是非线性电阻,其特性曲线如图2-2所示。而图2-3所示的则是理想二极管的特性曲线。

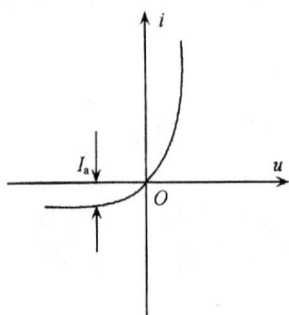

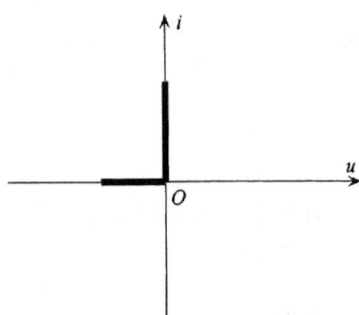

图2-2   实际二极管的特性曲线   图2-3   理想二极管的特性曲线

电路中使用广泛的是线性时不变电阻,其特性方程可表示为

$$\left. \begin{aligned} u(t) &= f[i(t)] = Ri(t) \qquad (\forall\, t) \\ i(t) &= f^{-1}[u(t)] = Gu(t) \qquad (\forall\, t) \end{aligned} \right\} \qquad (2.3)$$

在 $u\text{-}i$ 平面,式(2.3)表达的是一条过原点的直线,这条直线的斜率就是线性电阻(或电导)值。其实式(2.3)就是人们熟知的欧姆定律。

电路中常见的开路和短路就是线性时不变电阻的两个极端情况。如果一个二端元件,不论它两端电压为何值,其流过的电流均为零,则称为开路,其特性曲线就是 $u\text{-}i$ 平面上的 u 轴,如图2-4(a)所示。由于这个特性曲线的斜率为无穷大,所以 $R=\infty$ 或 $G=0$。与此相反,则称短路,其特性曲线为 $u\text{-}i$ 平面上的 i 轴,此时 $R=0$ 或 $G=\infty$,如图2-4(b)所示。

线性时不变电阻,在关联一致参考方向下,其消耗的功率为

$$p(t) = u(t)i(t) = Ri^2(t) = Gu^2(t) \qquad (2.4)$$

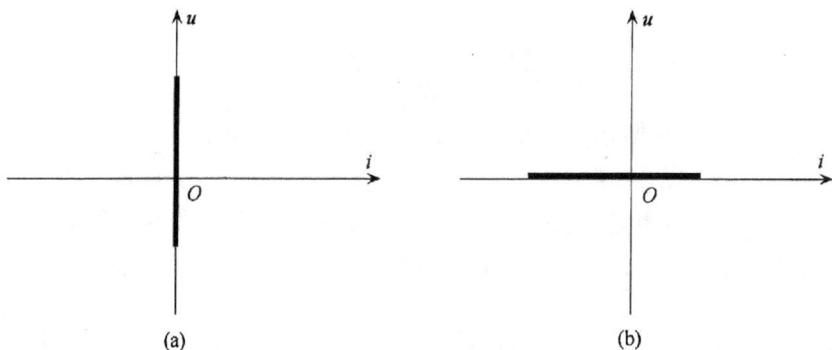

(a)　　　　　　　　　　　(b)

图 2-4　开路和短路情况的特性曲线

若线性时不变电阻为正电阻,则 $p(t)>0$,所以线性正电阻是耗能元件。线性时不变电阻的能量为

$$W(t) = \int_{-\infty}^{t} p(\zeta)\mathrm{d}\zeta = \int_{-\infty}^{t} Ri^2(\zeta)\mathrm{d}\zeta = \int_{-\infty}^{t} Gu^2(\zeta)\mathrm{d}\zeta \qquad (2.5)$$

则 $W(t)>0$,所以线性正电阻是无源元件。理论上可以证明,只要二端电阻的 u-i 特性曲线位于 u-i 二维平面的一、三象限,则该二端电阻就是无源的。只要 u-i 曲线位于 u-i 平面二、四象限,则是有源的。

例2.1　已知一个线性电阻 $R=4\Omega$ 及一个非线性电阻特性为 $u(t)=f[i(t)]=3i(t)-4i^2(t)$(V),流过的电流 $i(t)=\sin\omega t$(A),试确定在这两个元件上产生的电压 $u(t)$。

解　(1)线性电阻

$$u(t) = Ri(t) = 4\sin\omega t$$

(2)非线性电阻

$$u(t) = 3i(t) - 4i^2(t) = 3\sin\omega t - 4\sin^2\omega t$$
$$= \sin 3\omega t$$

显然,这个流控非线性电阻实际上为一个变频器。由此可得出如下结论:线性电阻上的响应与激励波形相同,而非线性电阻上的响应则是一个不同的波形。这就是说,非线性电阻具有波形变换特性。因此,非线性电阻被广泛地应用在整流器、信号发生器等电路中。

例2.2　将一支 $20\mathrm{k}\Omega$、1/8W 的金属膜电阻应用于直流电路时,最大允许施加多大电压? 最大允许通过多大电流?

解　因为

$$p(t)=Gu^2(t)$$

所以

$$|u(t)| = \sqrt{Rp(t)} = \sqrt{20\times 10^3 \times \frac{1}{8}} = 50\text{(V)}$$

而

$$|i(t)| = \frac{|u(t)|}{R} = \frac{50}{20 \times 10^3} = 2.5(\text{mA})$$

故在实际应用中,该电阻电流不得超过2.5mA,电压不得超过50V。

综上所述,从由欧姆定律定义的线性时不变电阻到由式(2.1)定义的二端电阻是一个飞跃,这时,电阻已不仅仅是一种能够用来将电能转变为热能的器件了。非线性电阻和时变电阻的波形变换和频率变换特性已经在电路设计中获得了广泛的应用。

从电阻的定义也可以看出,描述电阻$u\text{-}i$关系VCR的是代数方程,这表明电阻的基本特性,即电阻是一种即时性元件,任意时刻的电压,仅与该时刻的电流有关,而与过去的历史无关,也就是说电阻是一种无记忆性元件。

线性时不变(LTI)电阻应用广泛,所以本书重点介绍它。LTI电阻在电路中最基本的连接方式有两种,即串联和并联。

所谓串联就是电路中各电路元件首尾相连仅有一个公共节点,通过各元件的电流相等,如图2-5所示。

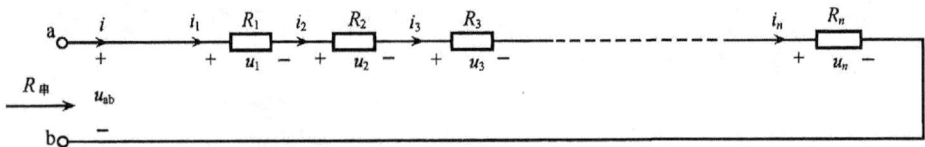

图2-5 电阻的串联

因为由KVL得

$$u_{ab} = u_1 + u_2 + u_3 + \cdots + u_n$$

依据欧姆定律以及串联定义

$$i = i_1 = i_2 = i_3 \cdots = i_n$$

所以

$$u_{ab} = R_1 i_1 + R_2 i_2 + R_3 i_3 + \cdots + R_n i_n$$
$$= (R_1 + R_2 + R_3 + \cdots + R_n)i$$

故

$$R_{\text{串}} = R_{ab} = \frac{u_{ab}}{i} = R_1 + R_2 + R_3 + \cdots + R_n \tag{2.6a}$$

即

$$R_{\text{串}} = \sum_{k=1}^{n} R_k \tag{2.6b}$$

所谓并联就是电路中所有电路元件都是首与首相连,尾与尾相连,即元件与元件间有两个公共节点,施加在每个电阻元件两端的电压是相等的。如图2-6所示。

因为对a点列KCL得

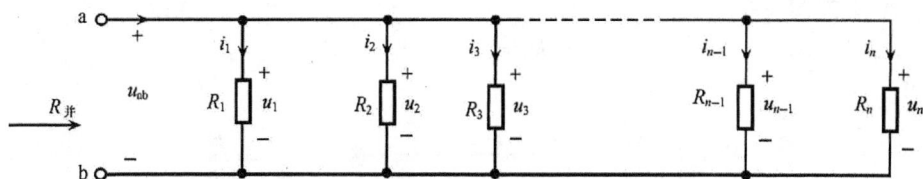

图 2-6　电阻的并联

$$i = i_1 + i_2 + i_3 + \cdots + i_n$$

依据欧姆定律以及并联定义

$$u_{ab} = u_1 = u_2 = \cdots = u_n$$

所以

$$i(t) = \frac{u_1}{R_1} + \frac{u_2}{R_2} + \frac{u_3}{R_3} + \cdots + \frac{u_n}{R_n}$$

$$= \left(\frac{1}{R_1} + \frac{1}{R_2} + \frac{1}{R_3} + \cdots + \frac{1}{R_n} \right) u_{ab}$$

$$= (G_1 + G_2 + G_3 + \cdots + G_n) u_{ab}$$

故

$$R_{并} = \left(\frac{i}{u_{ab}} \right)^{-1} = \left(\frac{1}{R_1} + \frac{1}{R_2} + \frac{1}{R_3} + \cdots + \frac{1}{R_n} \right)^{-1} \qquad (2.7a)$$

或

$$G_{并} = G_1 + G_2 + G_3 + \cdots + G_n$$

即

$$R_{并} = \sum_{k=1}^{n} \left(\frac{1}{R_k} \right)^{-1} \qquad (2.7b)$$

$$G_{并} = \sum_{k=1}^{n} G_k$$

例 2.3　试证明两个以上的电阻并联时,(1) 总电阻 $R_{并}$ 比这些电阻中阻值最小的还小;(2) 阻值都相等的 n 个电阻并联时,其总电阻 $R_{并} = \dfrac{R_1}{n}$。

证明　(1) 把并联的 n 个电阻从小到大排序,即

$$R_1 < R_2 < R_3 < \cdots < R_n$$

因为

$$R_{并} = \frac{1}{\dfrac{1}{R_1} + \dfrac{1}{R_2} + \dfrac{1}{R_3} + \cdots + \dfrac{1}{R_n}} = \frac{R_1}{1 + \dfrac{R_1}{R_2} + \dfrac{R_1}{R_3} + \cdots + \dfrac{R_1}{R_n}}$$

所以

$$R_{并} < R_1$$

（2）因为

$$R_1 = R_2 = R_3 = \cdots = R_n$$

所以

$$R_{\#} = \cfrac{1}{\cfrac{1}{R_1} + \cfrac{1}{R_2} + \cfrac{1}{R_3} + \cdots + \cfrac{1}{R_n}} = \cfrac{1}{\cfrac{n}{R_1}} = \cfrac{R_1}{n} \tag{2.8}$$

式(2.8)是电路计算中的一个重要公式。

例2.4　试求图2-7(a)所示无限梯形电路的端口电阻R_i。

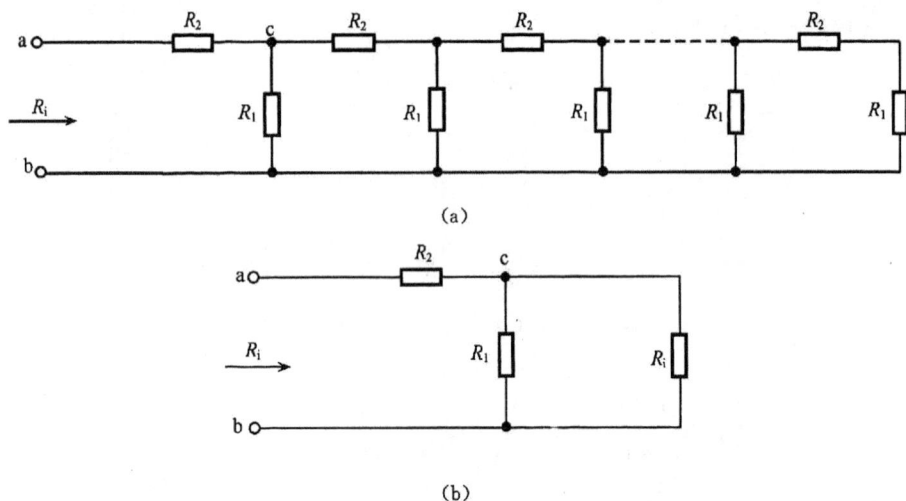

(a)

(b)

图2-7　例2.4图

解　因为梯形电路为无限，若$R_i = R_{ab}$，则也认为$R_i = R_{cb}$所以可将电路变换为图2-7(b)所示。故

$$R_i = R_2 + R_1 /\!/ R_i = R_2 + \frac{R_1 R_i}{R_1 + R_i}$$

即

$$R_i^2 - R_2 R_i - R_1 R_2 = 0$$

所以

$$R_i = \frac{R_2 \pm \sqrt{R_2^2 + 4 R_1 R_2}}{2}$$

因为电路中所有电阻均为LTI正电阻，R_i不能为负值。
所以

$$R_i = \frac{R_2 + \sqrt{R_2^2 + 4 R_1 R_2}}{2}$$

例2.5　已知电路如图2-8所示，试求出图2-8(a)中电压u_1和u_2，图2-8(b)中电流i_1和i_2。

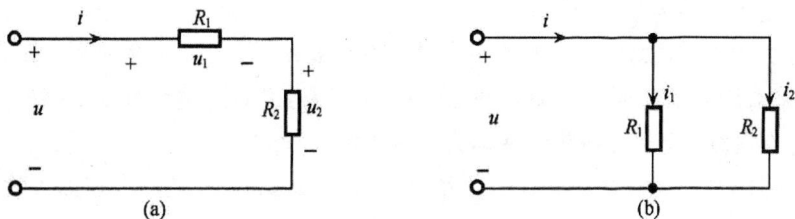

图 2-8　例 2.5 图

解　(1) 求 u_1 和 u_2。

在图 2-8(a)中,因为

$$i = \frac{u}{R_1 + R_2}$$

所以

$$u_1 = R_1 i = \frac{R_1}{R_1 + R_2} u$$

$$u_2 = R_2 i = \frac{R_2}{R_1 + R_2} u$$

(2) 求 i_1 和 i_2。

在图 2-8(b)中,因为

$$u = \frac{R_1 R_2}{R_1 + R_2} i = \frac{i}{G_1 + G_2}$$

所以

$$i_1 = \frac{u}{R_1} = \frac{R_2}{R_1 + R_2} i = \frac{G_1}{G_1 + G_2} i$$

$$i_2 = \frac{u}{R_2} = \frac{R_2}{R_1 + R_2} i = \frac{G_2}{G_1 + G_2} i$$

将上述特例推广到一般情况,即可得

分压公式　　　　$$u_i = \frac{R_i}{R_{\text{串}}} u = \frac{R_i}{\sum\limits_{k=1}^{n} R_k} u \qquad\qquad (2.9)$$

分流公式　　　　$$i_i = \frac{G_i}{G_{\text{并}}} i = \frac{G_i}{\sum\limits_{k=1}^{n} G_k} i \qquad\qquad (2.10)$$

以上所有公式可以推广到线性时变元件。

2.1.2　二端电容

一个二端电路元件,如果对于所有的时间 t,它所储存的电荷 $q(t)$ 和它两端点间的电压瞬时值 $u(t)$ 之间的关系可用如下代数方程来确定时,即

$$f[q(t), u(t), t] = 0 \qquad (\forall\, t) \qquad\qquad (2.11)$$

则此二端元件称为二端电容。

对所有的时间t,式(2.11)在几何上确定为u-q平面上的一簇曲线,所以也可以说,如果对所有的时间t,二端元件上的$u(t)$与$q(t)$之间的关系可以由u-q平面上的一簇特性曲线所确定,则此元件称为二端电容。

虽然$u(t)$与$q(t)$之间是代数关系,但是由于$u(t)$、$q(t)$之间存在如下规律,即

$$i(t) = \frac{\mathrm{d}q(t)}{\mathrm{d}t} = \frac{\partial f}{\partial u}\frac{\mathrm{d}u(t)}{\mathrm{d}t} + \frac{\partial f}{\partial t} \tag{2.12}$$

故二端电容具有记忆作用。电路中,凡是电压与电流之间存在微积分关系的元件均称为动态元件。因此,电容是一种动态元件。

如果对所有的时间t,二端电容的$q(t)$与$u(t)$之间的关系都可以由u-q平面上过原点的直线来描述,则称为线性电容器;否则,称为非线性电容器。如果$q(t)$与$u(t)$之间的关系仅由u-q平面上的一条曲线描述,则称为时不变电容;若是由一簇曲线描述,则称为时变电容。因此,与电阻情况类同,二端电容也可分为四类,即非线性时变电容、非线性时不变电容、线性时变电容和线性时不变电容,它们的电路符号如图2-9所示。

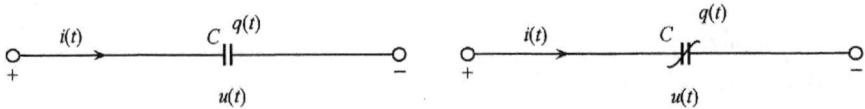

图2-9 线性电容和非线性电容电路符号

二端线性时变电容的电荷和电压瞬时值之间的关系可用如下方程来描述

$$q(t) = f[u(t), t] = C(t)u(t) \qquad (\forall\, t) \tag{2.13}$$

其中,$C(t)$是与电压无关的时变系数,它在任意时刻t_0的值表示电容特性曲线在t_0的斜率,称为该时刻的电容量,单位为法(F)。由式(2.12)可得到它的电压和电流之间的关系为

$$i(t) = \frac{\mathrm{d}q(t)}{\mathrm{d}t} = C(t)\frac{\mathrm{d}u(t)}{\mathrm{d}t} + u(t)\frac{\mathrm{d}C(t)}{\mathrm{d}t} \tag{2.14}$$

如果$C(t)$为常数,则称为线性不变电容。其u-q特性方程可表示为

$$q(t) = Cu(t) \qquad (\forall\, t) \tag{2.15}$$

线性时不变电容的电压和电流关系为

$$i(t) = \frac{\mathrm{d}q(t)}{\mathrm{d}t} = C\frac{\mathrm{d}u(t)}{\mathrm{d}t} \qquad (\forall\, t) \tag{2.16}$$

$$u(t) = \frac{1}{C}\int_{-\infty}^{t} i(\tau)\mathrm{d}\tau = u(t_0) + \frac{1}{C}\int_{t_0}^{t} i(\tau)\mathrm{d}\tau \qquad (\forall\, t) \tag{2.17}$$

任意时刻,线性时不变电容的功率为

$$p(t) = u(t)i(t) = Cu(t)\frac{\mathrm{d}u(t)}{\mathrm{d}t} \tag{2.18}$$

而 t 时刻电容获得的总能量为

$$W(t) = \int_{t_0}^{t} P(\zeta)\mathrm{d}\zeta = \frac{1}{2}C[u^2(t) - u^2(t_0)] = \frac{1}{2C}[q^2(t) - q^2(t_0)] \quad (2.19)$$

由此可以得出线性时不变电容的基本性质如下:

(1) 具有记忆特性。这就是说,线性时不变电容在某一时刻 t 的端电压 $u(t)$ 不仅取决于该时刻的电流值 $i(t)$,而且还与 $i(t)$ 在该时刻以前的全部历史有关,即电容电压具有记忆电流的作用。

(2) 在 $[t_0, t]$ 区间,电流若为有限值,则电容的端电压不能跃变,或认为电容可以阻止其电压突变,即满足换路定律

$$u(t_{0_-}) = u(t_{0_+}) \quad (2.20)$$

(3) 只有在初始电压为零的条件下,线性时不变电容的电压与电流之间才呈线性。

(4) 线性时不变正电容,由于 $W(t) > 0$,所以它是无源元件。

(5) 线性时不变正电容,当 $p(t) > 0$ 时,输入给电容的能量没有被消耗,而是作为电场能存储起来,当 $p(t) < 0$ 时,电容只是向外释放已存储的电场能,所以线性时不变正电容是储能元件。

例 2.6 已知图 2-10 所示电路中,$i(t) = 2\sin 2\pi t\,(\mathrm{A})$,$u(t) = 10\sin\left(2\pi t - \dfrac{\pi}{2}\right)(\mathrm{V})$。试求 (1) 确定图中 LTI 电路元件的性质及元件参数值;(2) 一周期内该元件吸收的电能量。

解 (1) 确定元件性质及参数。

因为元件是 LTI 元件,即 $C = $ 常数,于是可试探设为电容

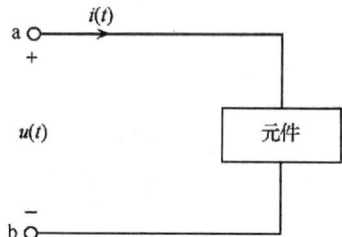
图 2-10 例 2.6 图

$$i_{\mathrm{C}}(t) = C\frac{\mathrm{d}u_{\mathrm{C}}(t)}{\mathrm{d}t}$$

所以

$$C = \frac{i(t)}{\dfrac{\mathrm{d}u(t)}{\mathrm{d}t}} = \frac{2\sin 2\pi t}{2\pi \times 10\sin 2\pi t} = \frac{1}{10\pi} = 0.0318(\mathrm{F})$$

(2) 求储能。

因为电容元件是储能元件,一周期内储能、放能各两次,所以能量总和应为零。

同样,非线性电容和线性电容、时变电容和时不变电容也有着本质的差别,它们在电路设计中也获得了广泛的应用。

LTI 电容在电路的中最基本的连接方式也是两种,即串联与并联。

线性时不变电容串联电路如图 2-11 所示,设每个电容均具有初始储能,即已被充电为

$$u_{C_1}(0_-),\ u_{C_2}(0_-),\cdots,\ u_{C_n}(0_-)$$

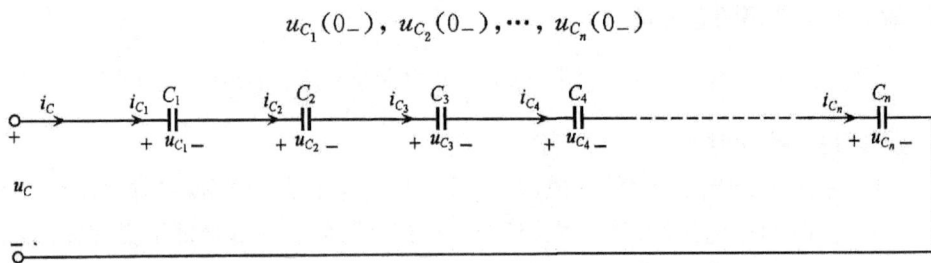

图 2-11 电容的串联

根据 KVL，可得

$$u_C = u_{C_1} + u_{C_2} + u_{C_3} + \cdots + u_{C_n}$$

而

$$\begin{cases} u_C = u_C(0_-) + \dfrac{1}{C}\displaystyle\int_{0_-}^{t} i_C(\tau)\mathrm{d}\tau \\ i_{C_1} = i_{C_2} = \cdots = i_{C_n} = i_C \end{cases}$$

于是可得

$$u_C = u_{C_1}(0_-) + \frac{1}{C_1}\int_{0_-}^{t} i_{C_1}(\tau)\mathrm{d}\tau + u_{C_2}(0_-) + \frac{1}{C_2}\int_{0_-}^{t} i_{C_2}(\tau)\mathrm{d}\tau + \cdots$$

$$= \left[u_{C_1}(0_-) + u_{C_2}(0_-) + \cdots + u_{C_n}(0_-) \right] + \left[\left(\frac{1}{C_1} + \frac{1}{C_2} + \cdots \frac{1}{C_n} \right)\int_{0_-}^{t} i_C(\tau)\mathrm{d}\tau \right]$$

所以 LTI 电容串联公式

$$\begin{cases} u_C(0_-) = \left[u_{C_1}(0_-) + u_{C_2}(0_-) + \cdots + u_{C_n}(0_-) \right] \\ \dfrac{1}{C_{串}} = \dfrac{1}{C_1} + \dfrac{1}{C_2} + \cdots + \dfrac{1}{C_n} \end{cases} \tag{2.21a}$$

或

$$\begin{cases} u_C(0_-) = \displaystyle\sum_{k=1}^{n} u_{C_k}(0_-) \\ \dfrac{1}{C_{串}} = \displaystyle\sum_{k=1}^{n} \dfrac{1}{C_k} \end{cases} \tag{2.21b}$$

对于两个电容串联，则串联公式可以表示为

$$C_{串} = \frac{C_1 C_2}{C_1 + C_2} \tag{2.21c}$$

LTI 电容并联电路如图 2-12 所示，设每个电容被充电到相同的数值

$$u_{C_1}(0_-) = u_{C_2}(0_-) = \cdots = u_{C_n}(0_-)$$

根据 KCL 可得

$$i_C = i_{C_1} + i_{C_2} + i_{C_3} + \cdots + i_{C_n}$$

因为

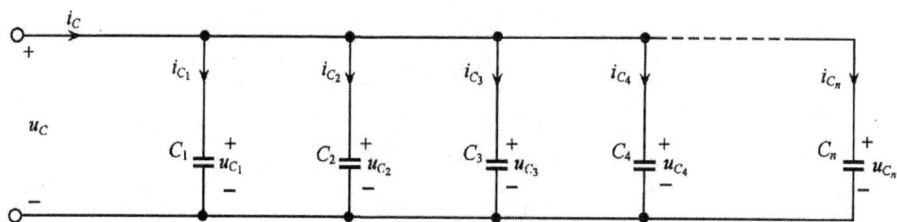

图 2-12　电容的并联

$$\begin{cases} i_C = C_{并} \dfrac{\mathrm{d}u_C}{\mathrm{d}t} \\ u_C = u_{C_1} = u_{C_2} = \cdots = u_{C_n} \end{cases}$$

于是得

$$C_{并} \frac{\mathrm{d}u_C}{\mathrm{d}t} = C_1 \frac{\mathrm{d}u_{C_1}}{\mathrm{d}t} + C_2 \frac{\mathrm{d}u_{C_2}}{\mathrm{d}t} + C_3 \frac{\mathrm{d}u_{C_3}}{\mathrm{d}t} + \cdots + C_n \frac{\mathrm{d}u_{C_n}}{\mathrm{d}t}$$

$$= [C_1 + C_2 + C_3 + \cdots + C_n] \frac{\mathrm{d}u_C}{\mathrm{d}t}$$

所以得 LTI 电容并联公式

$$\begin{cases} C_{并} = C_1 + C_2 + C_3 + \cdots + C_n \\ u_C(0_-) = u_{C_1}(0_-) = u_{C_2}(0_-) = \cdots = u_{C_n}(0_-) \end{cases} \tag{2.22a}$$

或

$$\begin{cases} C_{并} = \displaystyle\sum_{k=1}^{n} C_k \\ u_C(0_-) = u_{C_1}(0_-) = \cdots = u_{C_n}(0_-) \end{cases} \tag{2.22b}$$

例 2.7　LTI 正电容梯形电路如图 2-13 所示,试求:

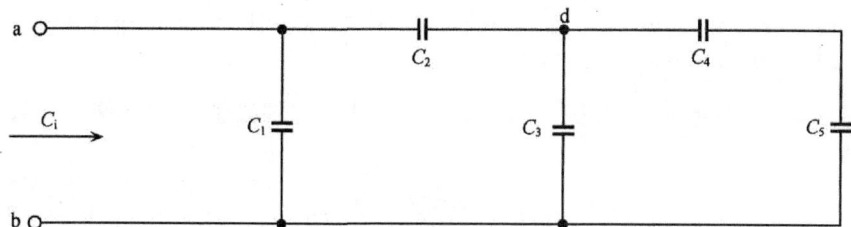

图 2-13　例 2.7 图

(1) a、b 两点间的总电容 C_i(即 C_{ab})。

(2) 若梯形环节增加为无限时,设每个电容都相等为 C,则求 C_i。

解　(1) 求 C_{ab}。

因为

$$C_i' = C_{db} = C_3 + \frac{1}{\dfrac{1}{C_4} + \dfrac{1}{C_5}} = C_3 + \frac{C_4 C_5}{C_4 + C_5}$$

$$C_i = C_{ab} = C_1 + \cfrac{1}{\cfrac{1}{C_2} + \cfrac{1}{C_{db}}} = C_1 + \frac{C_2 C_{db}}{C_2 + C_{db}}$$

$$= C_1 + \frac{C_2 C_4 C_5}{(C_2 + C_3)(C_4 + C_5) + C_4 C_5}$$

（2）当梯形环节为无限时，设 $C_{db} = C_i$，则得

$$C_i = C_1 + \cfrac{1}{\cfrac{1}{C_2} + \cfrac{1}{C_i}} = C + \frac{C C_i}{C + C_i} \qquad \text{（因为所有电容相等）}$$

即得

$$C_i^2 - C C_i - C^2 = 0$$

所以得

$$C_i = \frac{C \pm \sqrt{C^2 + 4C^2}}{2} = \frac{1 \pm \sqrt{5}}{2} C$$

因为 C 为 LTI 正电容，所以

$$C_i = \frac{1 + \sqrt{5}}{2} C \qquad \text{（F）}$$

2.1.3 二端电感

一个二端电路元件，如果对于所有时间 t，它的磁链 $\Phi(t)$ 与流过它的电流 $i(t)$ 之间的关系可用如下代数方程描述

$$f[\Phi(t), i(t), t] = 0 \qquad (\forall\ t) \tag{2.23}$$

则称该元件为二端电感。

式（2.23）在几何上确定为 $\Phi\text{-}i$ 平面上的一簇曲线，所以也可以说，如果对所有的时间 t，二端元件的 $\Phi(t)$ 与 $i(t)$ 之间的关系可以由 $\Phi\text{-}i$ 平面上的一簇曲线所确定，则称此元件为二端电感。

根据法拉第电磁感应定律，二端电感的电压 $u(t)$ 和磁链 $\Phi(t)$ 之间存在如下关系，即

$$u(t) = \frac{\mathrm{d}\Phi(t)}{\mathrm{d}t} \qquad (\forall\ t) \tag{2.24}$$

故二端电感具有记忆作用，是一个动态元件。

同理，二端电感也可分为非线性时变电感、非线性时不变电感、线性时变电感和线性时不变电感四类。其电路符号如图 2-14 所示。

图 2-14　线性电感和非线性电感符号

线性电感只不过是单调电感的特例,它可分为两类,一类是线性时变电感。其特性方程为

$$\Phi(t) = L(t)i(t) \qquad (\forall\ t) \tag{2.25}$$

其 u-i 关系为

$$u(t) = L(t)\frac{\mathrm{d}i(t)}{\mathrm{d}t} + i(t)\frac{\mathrm{d}L(t)}{\mathrm{d}t} \tag{2.26}$$

另一类是线性时不变电感。因为 $L(t)$ 为常数,所以有

$$\Phi(t) = Li(t) \qquad (\forall\ t) \tag{2.27}$$

其 u-i 关系为

$$u(t) = L\frac{\mathrm{d}i(t)}{\mathrm{d}t} \tag{2.28}$$

$$i(t) = \frac{1}{L}\int_{-\infty}^{t} u(\tau)\mathrm{d}\tau = i(t_0) + \frac{1}{L}\int_{t_0}^{t} u(\tau)\mathrm{d}\tau \tag{2.29}$$

任意时刻,线性时不变电感的功率为

$$p(t) = u(t)i(t) = Li(t)\frac{\mathrm{d}i(t)}{\mathrm{d}t} \tag{2.30}$$

而时刻 t 获得的总能量为

$$W(t) = \int_{t_0}^{t} p(\zeta)\mathrm{d}\zeta = \frac{1}{2}L\big[i^2(t) - i^2(t_0)\big] = \frac{1}{2L}\big[\Phi^2(t) - \Phi^2(t_0)\big] \tag{2.31}$$

由此可以得出线性时不变电感的基本性质:

(1) 具有记忆性,即电感电流具有记忆其电压的特性。

(2) 在 $[t_0, t]$ 区间,电压若为有限值,则电感中的电流不能跃变,或认为电感可以阻止其电流突变,即满足换路定律

$$i(t_{0_-}) = i(t_{0_+}) \tag{2.32}$$

(3) 只有在初始电流为零的条件下,线性时不变正电感的电压与电流之间才呈线性。

(4) 线性时不变正电感,由于 $W(t) > 0$,所以它是无源元件。

(5) 由式(2.29)不难看出,线性时不变正电感是一个储能元件。

最后必须指出,因为二端电感与二端电容是对偶元件,故以上所有特性方程和基本性质都可以通过对偶原理由二端电容方程和性质导出,所以不需赘述。

例 2.8 若有一个 8H 的 LTI 电感,其两端电压 $u(t)$ 为

$$u(t) = \begin{cases} 120t^2 & t > 0 \\ 0 & t < 0 \end{cases},$$ 且其初储能 $W(0) = 0$,试求流过该电感的电流 $i(t)$ 和在 $0 < t < 5\mathrm{s}$ 期间的储能。

解 (1) 求 $i(t)$。

因为 $i(t) = i(0) + \dfrac{1}{L}\displaystyle\int_0^t u(\tau)\mathrm{d}\tau$,而初储能为零,即 $i(0) = 0$。所以

$$i(t) = \frac{1}{8}\int_0^t 120\tau^2\mathrm{d}\tau = 15 \times \frac{t^3}{3} = 5t^3(\mathrm{A})$$

(2) 求 $W(t)$。

因为

$$W(t) = \frac{1}{2}L[i^2(t) - i^2(0)]$$

所以

$$W(t) = \frac{1}{2} \times 8[(5 \times 5^3)^2 - 0] = 1562.5(\text{kJ})$$

LTI 电感电路最基本的连接方式也有两种:串联与并联,与电容串联与并联的推导类似(或用对偶原理)可得

电感串联公式

$$\begin{cases} L_{串} = \sum_{k=1}^{n} L_k \\ i_{串}(0_-) = i_1(0_-) = i_2(0_-) = \cdots = i_k(0_-) \end{cases} \tag{2.33}$$

LTI 电感并联公式

$$\begin{cases} \dfrac{1}{L_{并}} = \sum_{k=1}^{n} \dfrac{1}{L_k} \\ i_{并}(0_-) = \sum_{k=1}^{n} i_k(0_-) \end{cases} \tag{2.34a}$$

若两个电感并联,则并联公式可表示为

$$L_{并} = \frac{L_1 L_2}{L_1 + L_2} \tag{2.34b}$$

例 2.9 已知电感电路如图 2-15 所示,其中 $i(t) = 4(2 - e^{-10t})\text{mA}$,$i_1(0_-) = 5\text{mA}$,试求:(1) L_{ab};(2) $u_{ab}(t)$;(3) $i_2(t)$。

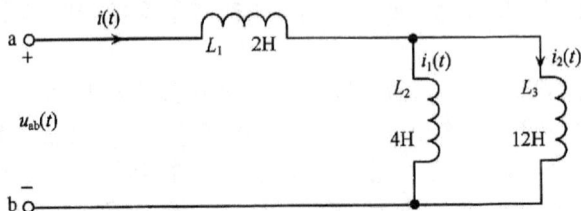

图 2-15 例 2.9 图

解 (1) 求 L_{ab}。

因为

$$L_{ab} = L_1 + L_2 /\!/ L_3$$

所以

$$L_{ab} = 2 + \frac{4 \times 12}{4 + 12} = 5(\text{H})$$

(2) 求 $u_{ab}(t)$。

因为

$$u_{ab}(t) = L_{ab} \frac{\mathrm{d}i(t)}{\mathrm{d}t}$$

所以

$$u_{ab}(t) = 5 \frac{\mathrm{d}}{\mathrm{d}t}[4(2 - \mathrm{e}^{-10t})] = 200\mathrm{e}^{-10t}(\mathrm{mV})$$

(3) 求 $i_2(t)$。

因为

$$i_2(t) = i_2(0) + \frac{1}{L}\int_0^t u_2(\tau)\mathrm{d}\tau$$

而

$$i_2(0) = i(0) - i_1(0) = [4(2 - \mathrm{e}^{-10t})]|_{t=0} - 5 = -1(\mathrm{mA})$$

$$u_2(t) = u_{ab}(t) - u_1(t) = 200\mathrm{e}^{-10t} - L_1\frac{\mathrm{d}i_1(t)}{\mathrm{d}t} = 120\mathrm{e}^{-10t}(\mathrm{mV})$$

所以

$$i_2(t) = -1 + \frac{1}{12}\int_0^t 120\mathrm{e}^{-10t}\mathrm{d}\tau = -1 - \mathrm{e}^{-10t} + 1(\mathrm{mA})$$

即

$$i_2(t) = -\mathrm{e}^{-10t}\ \mathrm{mA}$$

2.1.4* 二端忆阻元件

在电路理论中,人们研究的基本变量是 $u(t)$、$i(t)$、$q(t)$、$\Phi(t)$ 4 个,它们之间两两关系的组合数应有 6 个,除两个为普遍规律外,剩余 4 个应定义为四类元件,前面已讨论了三类,还剩下一类 q-Φ 关系。为此,定义反映电荷与磁链关系的元件为二端忆阻元件(memresistor)。虽然纯粹的实际忆阻器现在还没有生产出来,但已经可以用有源电路来实现它,它在建立电路模型及信息处理方面具有很大的优点。

对于任一时刻 t,如果二端元件的电荷与磁链之间的关系可用如下代数方程描述,即

$$f[\Phi(t), q(t), t] = 0 \qquad (\forall\ t) \tag{2.35}$$

则称此元件为二端忆阻元件。

非线性忆阻元件可以分为以下两个子类:

(1) 荷控忆阻元件。其特性方程为

$$\Phi(t) = f[q(t), t] = 0 \qquad (\forall\ t) \tag{2.36}$$

其电压、电流关系为

$$u(t) = \frac{\mathrm{d}\Phi(q)}{\mathrm{d}t} = \frac{\partial\Phi(q)}{\partial q}\frac{\partial q(t)}{\partial t} = M(q)i(t) \tag{2.37}$$

其中

$$M(q) = \frac{\mathrm{d}\Phi(q)}{\mathrm{d}q} \tag{2.38}$$

由式(2.37)可以看出,$M(q)$具有电阻的量纲,由式(2.38)可以看出$M(q)$的大小与q有关,即$M(q)$在任一瞬时t_0的值决定于其电流从$-\infty$到t_0的积分$q(t_0) = \int_{-\infty}^{t} i(\tau)\mathrm{d}\tau$。这就是说,$M(q)$的值既与忆阻电流的历史有关(即具有记忆性),又具有电阻的量纲,所以称之为忆阻元件,且将$M(q)$称为元件的增量忆阻参数。

从式(2.38)还可以看出,当$M(q)$确定之后,荷控忆阻元件特性就与线性时变电阻相似。

(2) 磁控忆阻元件。其特性方程为

$$q(t) = h[\Phi(t), t] \qquad (\forall\, t) \tag{2.39}$$

其电压、电流关系为

$$i(t) = \frac{\mathrm{d}q(\Phi)}{\mathrm{d}t} = \frac{\partial q(\Phi)}{\partial \Phi}\frac{\partial \Phi(t)}{\partial t} = W(\Phi)u(t) \tag{2.40}$$

其中

$$W(\Phi) = \frac{\partial q(\Phi)}{\partial \Phi} \tag{2.41}$$

称为忆导。这就是说,它既具有记忆电压的作用,又具有电导的量纲,所以$W(\Phi)$称为元件的增量忆导参数。

从式(2.40)可知,当$W(\Phi)$确定之后,磁控忆阻元件特性就与线性时变电阻相似。单调忆阻是既满足磁控,又满足荷控的忆阻元件,其特性方程为

$$q(t) = h[\Phi(t), t] = f^{-1}[\Phi(t), t] \qquad (\forall\, t) \tag{2.42}$$

当忆阻元件的q-Φ曲线为过原点的一直线时,$M(q) = R$或$W(\Phi) = G$,即忆阻元件退化为线性电阻元件,所以没有必要定义线性忆阻元件。

2.2 独立电源

独立电源包括电压源和电流源。

1. 理想电压源与理想电流源

1) 理想电压源

如果一个二端元件的端电压是定值或是一定时间的函数,并与流过其中的电流无关,则二端元件为理想的独立电压源,简称独立电压源。即

$$u(t) = u_s(t) \qquad (\forall\, i, i \in R) \tag{2.43}$$

其中,R表示实数集。

$u_s(t)$为常数时,称为直流电压源;$u(t)$为时间函数时,称为时变电压源。它们在

$i\text{-}u$ 平面上的特性曲线如图 2-16 所示。

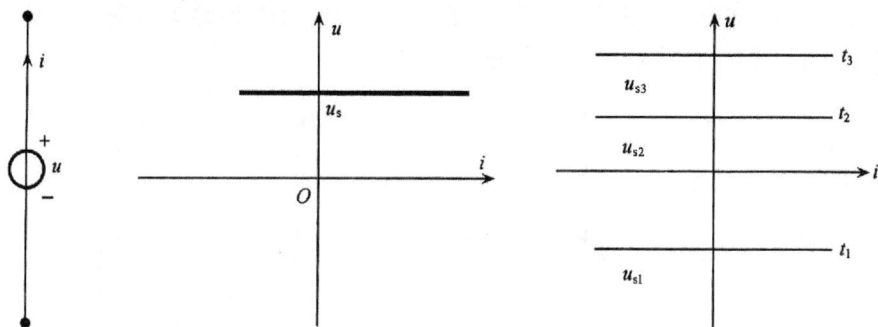

图 2-16 独立电压源电路符号、时变和时不变 $i\text{-}u$ 特性曲线

由图 2-16 不难看出独立电压源其实质就是一个非线性流控电阻。独立电压源是一种理想电源,不能严格表示任何实际物理器件,因为理想电源理论上可以提供无限大的能量,但是不少实际电源可以用理想电源来近似或逼近,例如,汽车蓄电池,只要流过的电流不超过几个安培,就可以认为端电压不变,是一个理想电压源;又如,家用电源插座,只要用电小于 20A,就可以看作理想电压源。

理想的独立电压源的基本连接方式有两种:串联与并联。

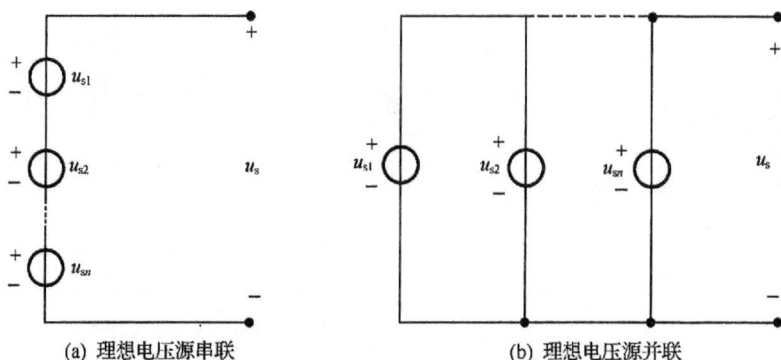

(a) 理想电压源串联   (b) 理想电压源并联

图 2-17 独立电压源的基本连接方式

根据 KVL,不难求得理想电压源的串联公式,即

$$u_{s\text{串}} = \sum_{k=1}^{n} u_{sk} \tag{2.44}$$

由于违背了 KVL,一般理想电压源不能并联,只有满足条件 $u_{s1} = u_{s2} = \cdots = u_{sk} = u_{s\text{并}}$,才能并联。

2) 理想电流源

如果一个二端元件流过的电流是定值或是一定的时间函数,而与其两端的电压无关,即

$$i(t) = i_s(t) \qquad (\forall u, u \in R) \tag{2.45}$$

则称此二端元件为理想的独立电流源,简称独立电流源。

当 $i_s(t)$ 为常数时称为直流电流源,当 $i_s(t)$ 为时间函数时称为时变电流源,它们在 i-u 平面上的特性曲线如图 2-18 所示。

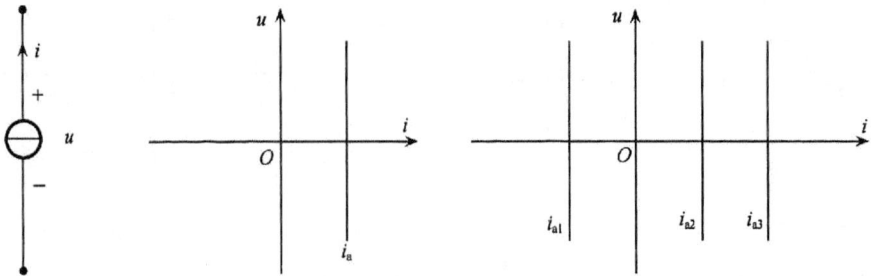

图 2-18 独立电流源电路符号、时变和时不变 i-u 特性曲线

由图 2-18 不难看出独立电流源其实质是非线性压控电阻。

同样,独立电流源也是物理元件的合理近似。理想的独立电流源的基本连接方式有两种,即串联和并联(见图 2-19)。

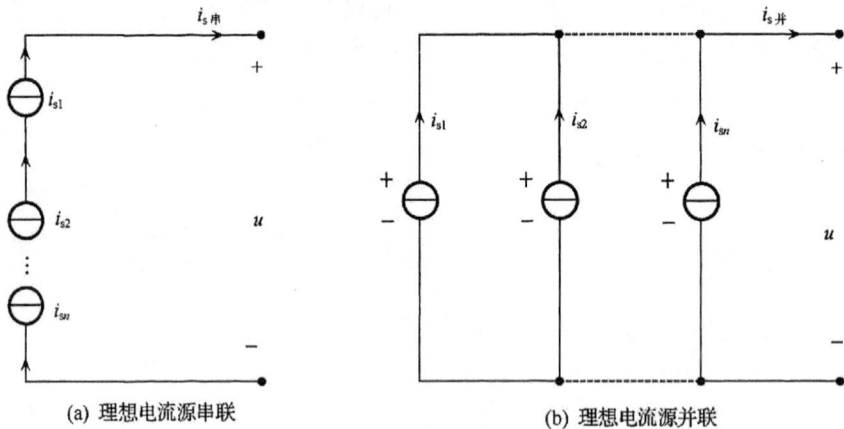

(a) 理想电流源串联   (b) 理想电流源并联

图 2-19 独立电流源的基本连接方式

根据 KCL,不难求得理想电流源的并联公式

$$i_{s\#} = \sum_{k=1}^{n} i_{sk} \tag{2.46}$$

由于违背了 KCL,一般理想电流源不能串联,只有满足条件 $i_{s1} = i_{s2} = \cdots = i_{sn}$,才能串联。

在功率计算时,通常独立电源取反关联方向。在此前提下,$p(t) = u(t)i(t) > 0$,表示电源供给功率;$p(t) < 0$,表示电源吸收功率。当然,也可以都统一用关联一致参考方向计算功率,这样更方便,此时 $p(t) > 0$ 表示电源消耗功率,$p(t) < 0$ 表示电源提供功率。

例2.10 已知图2-20所示电路中,理想电压源$u_s=20\text{V}$,理想电流源$i_s=2\text{A}$,电阻$R=5\Omega$,试求各电路元件的功率。

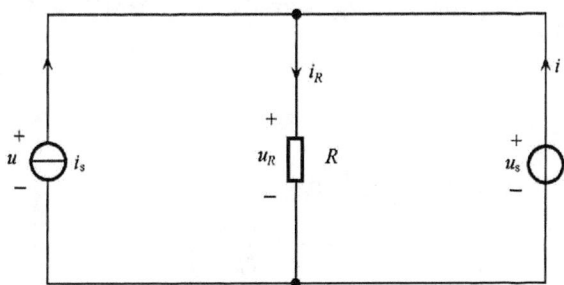

图2-20 例2.10图

解 因为$i_R=\dfrac{u_R}{R}$,而$u_R=u_s$,所以$i_R=\dfrac{20}{5}=4\text{A}$。

依据KCL

$$-i_s+i_R-i=0$$

所以

$$i=i_R-i_s=4-2=2(\text{A})$$

因为

$$P=ui \qquad (按关联一致参考方向)$$

所以

$$P_R=u_Ri_R=U_si_R=20\times4=80(\text{W}) \qquad (消耗)$$

$$P_{u_s}=-u_si=-20\times2=-40(\text{W}) \qquad (提供)$$

$$P_{i_s}=-ui_s=-u_si_s=-20\times2=-40(\text{W}) \qquad (提供)$$

显然,$P_R=P_{u_s}+P_{i_s}$计算正确。

2. 实际电压源与实际电流源

实际上理想电源是不存在的,电源总是含有内阻的。因此,下面就来讨论实际电源的两种模型及其变换:

1) 实际电压源

实际电压源在输出电流i变化时,其端电压u要随之变化,所以可以用一个理想电流源u_s与一个内阻R_s的串联模型来表示,如图2-21所示。模型中u_s等于实际电源的开路电压u_{oc},R_s等于输出电阻。当实际电压源两端接上负载电阻R_L时,电源电压u与输出电流i之间的关系,即它的VCR称为实际电压源的外特性(见图2-21)或负载特性。电源内阻R_s越小,实际电压源越接近理想电压源,外特性越平坦。因此,当实际电压源接上负载电阻R_L时,外特性可用下式描述(内阻R_s也可用R_o

表示）

$$u = u_s - R_s i = u_{oc} - R_o i \tag{2.47}$$

若已知开路电压u_{oc}、负载电阻R_L及其端电压u,则电源内阻R_o可求,即将$i = \dfrac{u}{R_L}$代入式(2.47)中,并对R_o求解可得

$$R_o = R_s = R_L\left(\frac{u_{oc}}{u} - 1\right) \tag{2.48}$$

式(2.48)常用来测定实际电压源的内阻。

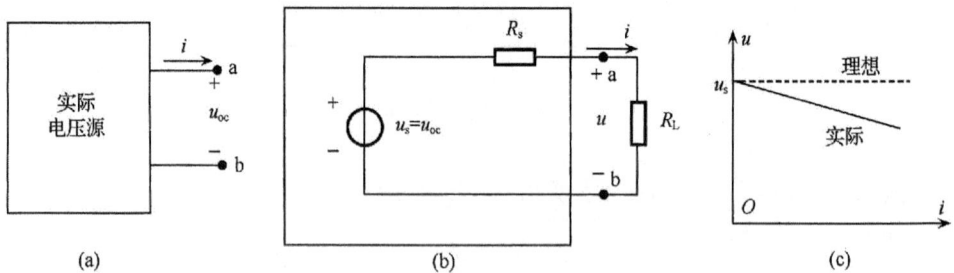

图 2-21 实际电压源模型

2) 实际电流源

实际电流源的端电压u变化时,它的输出电流i也将随之变化。当u增大时,i将减小,这相当于有一部分电流在理想电流源内部流动而送不出来。因此这种特性可以用一个理想电流源i_s和一个表现电流损失的电阻R_s相并联的模型来表征(见图 2-22)。

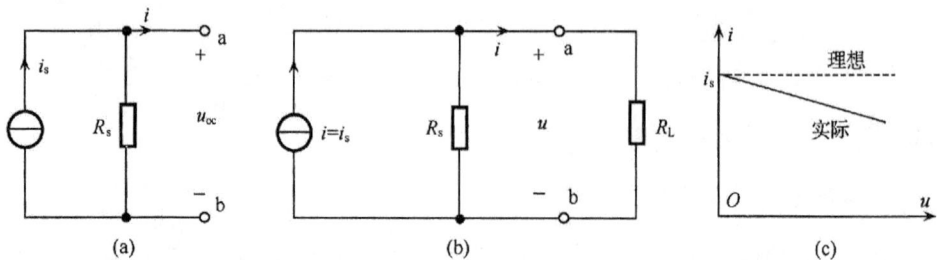

图 2-22 电流源模型

并联电阻R_s称为实际电流源的内阻或输出电阻,也可用R_o表示。显然,理想电流源i_s即为实际电流源输出端短路($u=0$)时的电流,用i_{sc}表示(注意,由于$u=0$,R_s中无电流),故$i_s = i_{sc}$,当实际电流源接上负载电阻R_L时,输出电流i与端电压u的关系(VCR),称为实际电流源的外特性或负载特性。外特性可以用下式表述,即

$$i = i_s - \frac{u}{R_s} = i_{sc} - \frac{u}{R_o} \tag{2.49}$$

实际电流源的内阻R_o也可由开路电压u_{oc}、负载电阻R_L及其上的电压u求得。

由图 2-22(a)可知

$$u_{oc} = R_s i_s = R_o i_{sc}$$

即

$$i_{sc} = \frac{u_{oc}}{R_o} \tag{2.50}$$

由图 2-22(b)可知,负载电阻 R_L 的端电压为

$$u = i_s \times \frac{R_s R_L}{R_s + R_L} = i_{sc} \times \frac{R_o R_L}{R_o + R_L} = \frac{u_{oc}}{R_o} \times \frac{R_o R_L}{R_o + R_L} = \frac{u_{oc} R_L}{R_o + R_L}$$

由此可得

$$R_s = R_o = R_L \left(\frac{u_{oc}}{u} - 1 \right)$$

可见,实际电流源与实际电压源有相同的公式。

2.3 基 本 信 号

独立电源的电压或电流可以是供给电路的信号源,也可以是供给电路电能的能源。信号源代表外界对电路的激励作用,它的数学模型是随时间变化的任意函数,所以有各种波形。为此,下面将讨论几种最典型的基本信号函数(波形):复指数信号、单位阶跃信号、单位冲击信号和单位斜坡信号。任意信号都可以由一系列基本信号组成。

2.3.1 复指数信号

复指数信号一般定义为

$$f(t) = k e^{st}, \quad -\infty < t < \infty \tag{2.51}$$

其中,$s = \sigma + j\omega$(σ 为 s 的实部,ω 为 s 的虚部);k 为信号的强度。

根据欧拉公式,上述复指数信号可展开为

$$f(t) = k e^{(\sigma + j\omega)t} = k e^{\sigma t} e^{j\omega t} = k e^{\sigma t} (\cos\omega t + j\sin\omega t)$$
$$= k e^{\sigma t} \cos\omega t + j k e^{\sigma t} \sin\omega t \tag{2.52}$$

由此,可以把复指数信号表示为两部分

$$\begin{cases} \text{Re}(k e^{st}) = k e^{\sigma t} \cos\omega t \\ \text{Im}(k e^{st}) = k e^{\sigma t} \sin\omega t \end{cases}, \quad -\infty < t < \infty \tag{2.53}$$

于是,可以得知复指数信号的物理意义:一个复指数信号可以分解为实部和虚部两部分,其中实部为时间的余弦函数,虚部为时间的正弦函数。指数因子 σ 表征正弦函数或余弦函数振幅随时间增长($\sigma > 0$)或衰减($\sigma < 0$)的变化情况,称为衰减因子。指数因子 ω 则表示正弦函数或余弦函数的角频率,称为振荡角频率。

复指数信号,根据 σ 和 ω 的取值不同,可以表征出人们熟悉的几种信号。

当 $\sigma=0, \omega=0$ 时,表征了直流信号
$$f(t) = k \tag{2.54}$$
当 $\sigma\neq0, \omega=0$ 时,表征了指数信号
$$f(t) = ke^{\sigma t} \tag{2.55}$$
当 $\sigma=0, \omega\neq0$ 时,表征了正弦与余弦信号
$$f(t) = k\cos\omega t + jk\sin\omega t \tag{2.56}$$

若只取 $f(t)$ 的实部,则 $f(t)=A\cos(\omega t+\phi)$,这就是本书使用的正弦信号,它由振幅 A、角频率 ω、初相 ϕ 三个要素决定。这就是说,复指数信号概括了直流信号、指数信号、正弦与余弦信号,所以它是一种重要信号,它在电路系统分析中占有重要地位。

2.3.2 单位阶跃信号

阶跃信号是一种最重要的理想信号模型之一,它在电路系统分析及其他科学技术领域中均占有重要地位。

单位阶跃信号的波形如图 2-23(a)所示,通常用 $U(t)$ 表示,定义为
$$U(t) = \begin{cases} 0, & t < 0 \\ 1, & t > 0 \end{cases} \tag{2.57}$$
在 $t=0$ 跳变点处函数值未定义$\left(\text{有时 } t=0 \text{ 处规定其函数值为 } U(0)=\dfrac{1}{2}\right)$。

单位阶跃信号又称为单位阶跃函数。它的物理意义是:在 $t=0$ 时对某一电路系统接入单位电源(可以是直流电压源或直流电流源),并且无限持续下去,如图 2-23(b)所示。

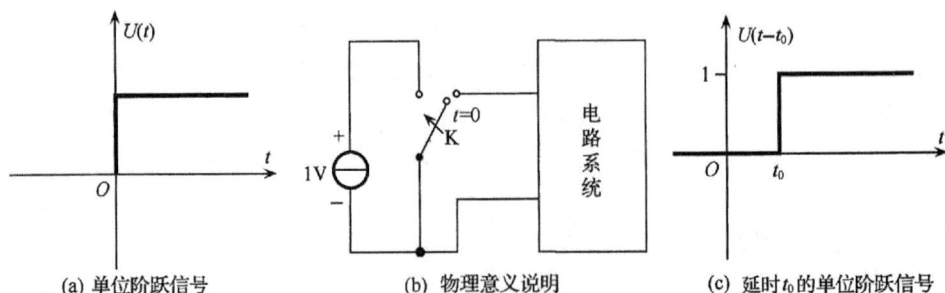

图 2-23 单位阶跃信号的波形

如果接入单位电源的时间推迟到 $t=t_0$ 时刻$(t_0 > 0)$,那么模拟的是一个延时的单位阶跃函数,其波形如图 2-23(c)所示,其定义为
$$U(t - t_0) = \begin{cases} 0, & t < t_0 \\ 1, & t > t_0 \end{cases} \tag{2.58}$$
从以上定义中可以看出,单位阶跃信号鲜明地表示出信号的单边特性,即信号

在某接入时刻t_0以前的幅度为零。利用单位阶跃信号的这一重要特性,可以方便地用数学表示式描述各种信号的接入特征,或规定任意波形的起始点。

图2-24表示了常见的几种函数波形。其实一个任意形状的波形均可以表示成无限多个阶跃信号的叠加,即

$$f(t) = f(0)U(t) + \int_0^t f^{(1)}(\tau)U(t-\tau)\mathrm{d}\tau \tag{2.59}$$

其证明类同下面冲击函数的结论,所以此处从略。

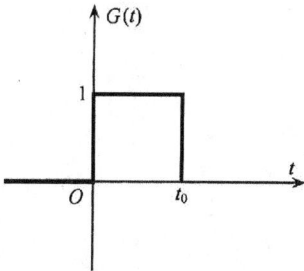

(a) 矩形脉冲 $G(t)=U(t)-U(t-t_0)$

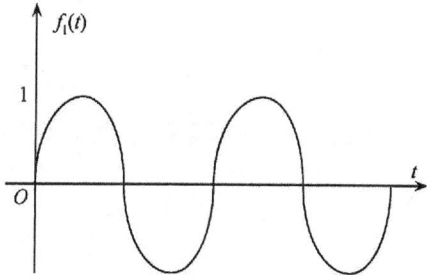

(b) 单边正弦信号 $f_1(t)=\sin t\, U(t)$

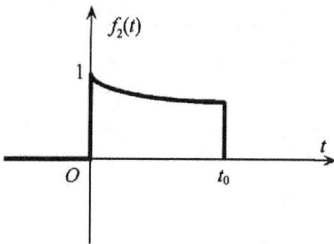

(c) 分段指数信号 $f_2(t)=\mathrm{e}^{-\alpha t}[U(t)-U(t-t_0)]$

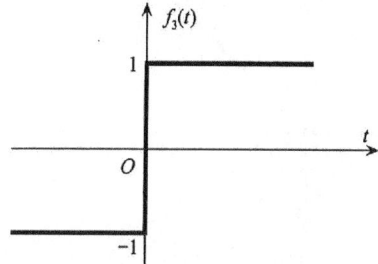

(d) 符号函数 $f_3(t)=\mathrm{sgn}(t)=2U(t)-1$

图2-24   常见的几种函数波形

例2.11   试求出图2-25(a)所示半波正弦信号的表达式。

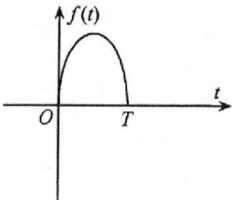

(a)

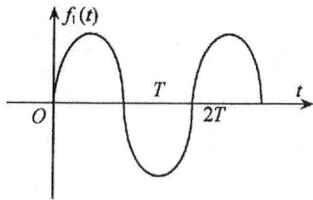

(b) $f_1(t)=(\sin\omega t)U(t)$

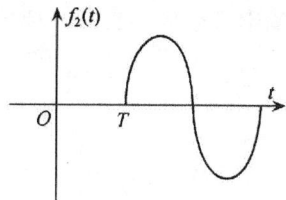

(c) $f_2(t)=[\sin\omega(t-T)]U(t-T)$

图2-25   例2.11图

解   因为图2-25(a)中的半波正弦信号可以看作是图2-25(b)所示正弦信号和图2-25(c)所示延迟时间T的正弦信号的叠加。所以图2-25(a)信号的表达式应为

$$f(t) = f_1(t) + f_2(t)$$

即

$$f(t) = (\sin\omega t)U(t) + [\sin\omega(t-T)]U(t-T)$$

2.3.3 单位斜坡信号

单位斜坡信号也是一种重要的典型信号,其波形如图2-26(a)所示,其定义为

$$r(t) = \begin{cases} t, & t > 0 \\ 0, & t < 0 \end{cases} \tag{2.60a}$$

或

$$r(t) = tU(t) \tag{2.60b}$$

而图2-26(b)所示延迟的单位斜坡信号定义为

$$r(t - t_0) = \begin{cases} t - t_0, & t > t_0 \\ 0, & t < t_0 \end{cases} \tag{2.61}$$

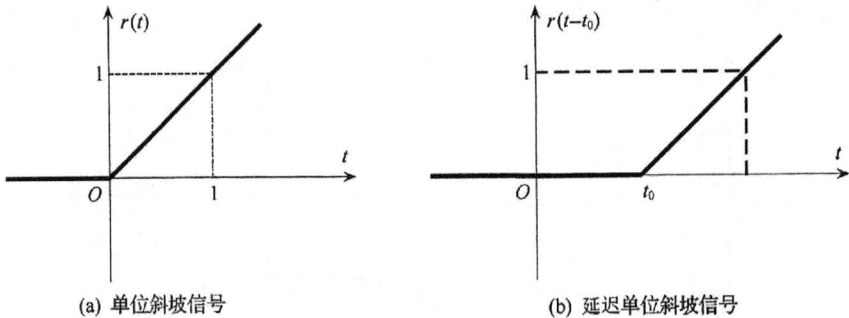

(a) 单位斜坡信号　　　　　(b) 延迟单位斜坡信号

图 2-26　单位斜坡信号波形

2.3.4 单位冲击信号

冲击信号也是一种最重要的理想信号模型,它在电路系统分析及其他科学领域中占有极其重要的地位。

单位冲击信号如图2-27所示,用$\delta(t)$表示,其定义为

$$\left. \begin{aligned} \delta(t) &= 0, & t \neq 0 \\ \delta(t) &= 奇异, & t = 0 \\ \int_{-\infty}^{\infty} \delta(t)\mathrm{d}t &= 1 \end{aligned} \right\} \tag{2.62}$$

这就是说,单位冲击信号是用面积来定义的,它只存在于$t=0$那一点,它对自变量的积分为一个单位面积。习惯上常把这个积分值叫作它的强度,标在波形旁,如图2-27(a)所示。若面积值为k,即是冲击强度为k,单位冲击信号可以认为是单位脉冲信号在宽$\Delta\tau \to 0$,高$\frac{1}{\Delta\tau} \to \infty$时的极限,即

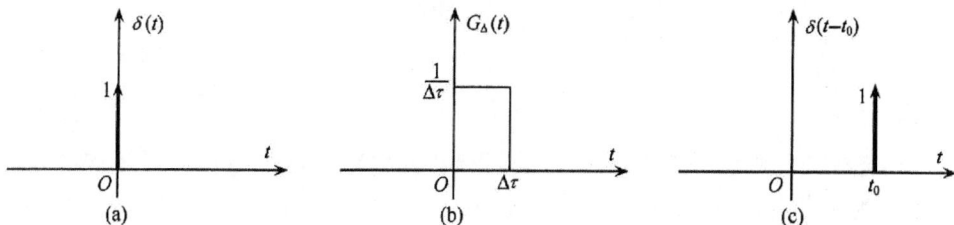

图 2-27 单位冲击函数及其数学意义

$$\lim_{\Delta r \to 0} G_\Delta(t) = \delta(t) \tag{2.63}$$

若冲击信号在 $t = t_0$ 时刻存在,则定义为

$$\left.\begin{array}{ll}\delta(t - t_0) = 0, & t \neq t_0 \\ \delta(t - t_0) = 奇异, & t = t_0 \\ \int_{-\infty}^{\infty} \delta(t - t_0)\mathrm{d}t = 1 \end{array}\right\} \tag{2.64}$$

$\delta(t)$ 信号与阶跃信号一样,是一种奇异信号。它是 1892 年英国电气工程师亥维赛在电工理论中首先采用的,1951 年由法国数学家施瓦兹用广义函数的概念所严格证明。它是某些物理现象的理想模型和抽象,它的无穷大振幅总是以有限值为基础的。例如,在一个突然换路的全电容回路,为实现电荷的瞬间传输,流过电容的电流就必然为冲击,但是电荷的值是有限的,只是传输的时间趋于零,所以才产生冲击电流。类似现象不胜枚举。

因为除 $t = 0$ 外,$\delta(t)$ 处处等于零,所以若任意一个信号 $f(t)$ 处处有界,且在 $t = 0$ 处连续,则有

$$f(t)\delta(t) = f(0)\delta(t) \tag{2.65}$$

两边积分得

$$\int_{-\infty}^{\infty} f(t)\delta(t)\mathrm{d}t = \int_{-\infty}^{\infty} f(0)\delta(t)\mathrm{d}t = f(0)\int_{-\infty}^{\infty} \delta(t)\mathrm{d}t$$

根据 $\delta(t)$ 信号的定义可得

$$\int_{-\infty}^{\infty} f(t)\delta(t)\mathrm{d}t = f(0) \tag{2.66}$$

式(2.66)表明,$\delta(t)$ 信号将信号 $f(t)$ 在 $t = 0$ 处的值筛选了出来,所以称为 $\delta(t)$ 信号的筛选性质或抽样性质,同理可得

$$\int_{-\infty}^{\infty} f(t)\delta(t - t_0)\mathrm{d}t = f(t_0) \tag{2.67}$$

冲击信号是一个偶函数,即

$$\delta(t) = \delta(-t) \tag{2.68}$$

利用 $\delta(t)$ 信号的抽样性,即可证明这个结论。

冲击信号与阶跃信号之间存在着密切关系,即

$$\delta(t) = \frac{dU(t)}{dt} \tag{2.69}$$

$$U(t) = \int_{-\infty}^{t} \delta(\tau) d\tau \tag{2.70}$$

这种关系从波形图中就可以明显看出,因为阶跃信号在 $t=0$ 处不连续,其变化率为无穷大,当 $t>0$ 时,阶跃信号的变化率为零。这就是说,阶跃信号对时间的变化率(即导数)为冲击信号。

引入了奇异信号的概念之后,对线性时不变电容和电感的电压与电流之间的关系可作进一步阐述。

在任意时刻 t,线性时不变电容的端电压与其中流过的电流之间的关系为

$$u_C(t) = \frac{1}{C} \int_{-\infty}^{t} i_C(\tau) d\tau$$

$$= \frac{1}{C} \int_{-\infty}^{0_-} i_C(\tau) d\tau + \frac{1}{C} \int_{0_+}^{t} i_C(\tau) d\tau$$

$$= u_C(0_-) + \frac{1}{C} \int_{0_+}^{t} i_C(\tau) d\tau, \qquad t \geqslant 0$$

即

$$u_C(t) = u_C(0_-)U(t) + \frac{1}{C} \int_{0_+}^{t} i_C(\tau) d\tau \tag{2.71}$$

对式(2.71)微分可得

$$C \frac{du_C(t)}{dt} = Cu_C(0_-)\delta(t) + i_C(t)$$

即

$$i_C(t) = C \frac{du_C(t)}{dt} - Cu_C(0_-)\delta(t) \tag{2.72}$$

由此,可以得出带有初始储能的线性时不变电容的时域电路模型,如图2-28所示。

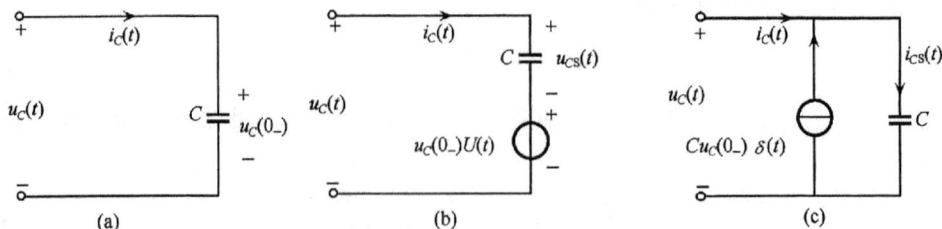

图2-28 初始储能线性时不变电容时域电路模型

在这里采用 0_- 系统是考虑到 $i_C(t)$ 可能含有冲击信号。如果 $i_C(t)$ 为有界,即不包括冲击信号,则可以不用区分 0_- 和 0_+。

根据对偶原理,可以立即得到在任意时刻 t,线性时不变电感的电压与电流关

系为

$$i_L(t) = i_L(0_-)U(t) + \frac{1}{L}\int_{0_+}^{t} u_L(\tau)\mathrm{d}\tau \tag{2.73}$$

$$u_L(t) = L\frac{\mathrm{d}i_L(t)}{\mathrm{d}t} - Li_L(0_-)\delta(t) \tag{2.74}$$

于是,可得到其时域电路模型如图 2-29 所示。

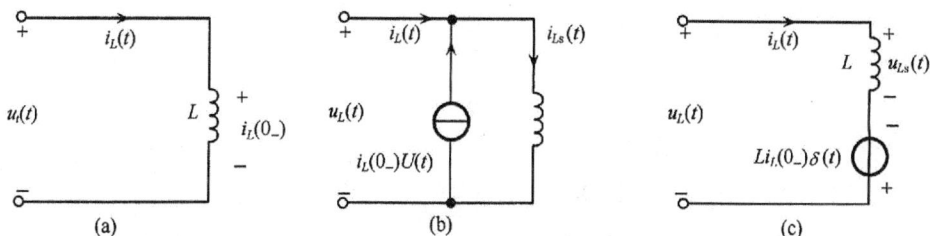

图 2-29　初始储能线性时不变电感时域电路模型

由以上讨论可知,电路系统内部动态元件上的初始状态对系统的作用可以等效为激励信号源,所以电路系统的完全响应将是内部激励(即初始状态)和外部激励共同作用的结果。前者称为零输入响应,后者称为零状态响应,二者叠加即为全响应。从分析方法的角度来说,求零输入响应与求零状态响应没有本质的区别,所以后面将主要讨论零状态响应。

2.4　多端电路元件的数学抽象及其描述

如果一个电路元件具有 3 个或 3 个以上引出端可以和其他元件相互连接,则称该元件为多端电路元件。

如果元件的引出端之间存在一定的约束关系,即从一个引出端流入元件的电流等于从另一个引出端流出元件的电流,即这两个引出端形成一个端口。如果元件的所有引出端都两两构成端口,则称此元件为多端口元件。

多端口元件都是多端元件,但多端元件不一定是多端口元件,不过只要对多端电路元件进行数学抽象及描述之后,与此相似就不难得到多端口元件的描述了。

对于多端电路元件人们通常采用黑箱法进行描述,即将元件看作一个黑箱,选择引出端一组可测量的独立基本变量,然后进行外部测量,从而找出各变量之间的约束规律。也就是说,用独立基本变量及约束规律将多端元件表征出来。

如何选择一组独立的基本变量呢? 下面以图 2-30 所示三端元件为例来说明,显然,如果采用电压和电流基本变量来描述,就有 6 个变量(u_{13}、u_{21}、u_{32}、i_1、i_2、i_3)。

根据基尔霍夫定律(KCL 和 KVL)可知,6 个变量存在如下关系,即

$$i_1 + i_2 + i_3 = 0$$
$$u_{13} + u_{21} + u_{32} = 0$$

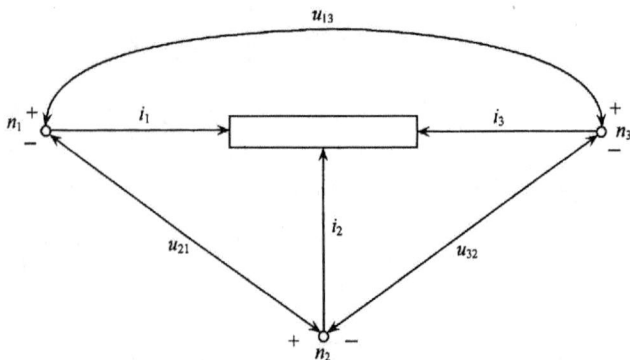

图 2-30 独立基本变量选择说明

显然,6 个变量只有 4 个是线性独立的,因此一个三端元件只需用两个独立电压和两个独立电流就可以描述。一般说来,一个 n 端电路元件,最多有 $n-1$ 个独立电压变量和 $n-1$ 个独立电流变量。

同理,一个多端元件也可采用独立的电荷 $q(t)$ 和独立的电压 $u(t)$,独立的磁链 $\Phi(t)$ 和独立的电流 $i(t)$ 基本变量组来描述。根据 $i(t)$、$u(t)$、$q(t)$ 和 $\Phi(t)$ 之间的约束关系就可以定义和描述四类多端元件:多端电阻、多端电容、多端电感和多端忆阻,下面分别来讨论前三类元件。

2.4.1 多端电阻

一个 n 端电路元件,如果它的各引出端的独立电压与独立电流的瞬时值之间的关系可用式(2.75)代数方程来确定时,即

$$F_R\big[u_R(t), i_R(t), t\big] = 0 \qquad (\forall\, t) \tag{2.75}$$

则称此元件为 n 端电阻。式中 $u_R(t)$、$i_R(t)$ 均为 $n-1$ 维列矢量,F_R 为 $n-1$ 维矢量函数。

与二端电阻分类方法相同,n 端电阻也可以分为线性和非线性两大类,每类又可分为时不变和时变两种情形。

多端电阻在实践中获得了广泛的应用。下面就几种重要的多端电阻元件进行介绍,重点阐述它们的电路模型、描述方程和基本特性。

1. 受控源

受控源是一个双口元件。它是用来表征一个端口支路和另一个端口支路之间控制关系的物理模型,它常被用来模拟电子器件中发生的物理现象,而不是一个实际部件。

受控电源可分为以下四类:

(1) 电压控制型电压源(VCVS),简称压控电压源。它的电路模型如图 2-31 所

示,其描述方程为

$$\left.\begin{array}{l} i_1 = 0 \\ \\ u_2 = \mu u_1 \end{array}\right\} \tag{2.76}$$

其中,$\mu = \dfrac{u_2}{u_1}$,称为电压放大系数或电压传输系数。

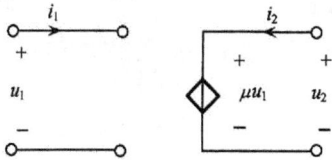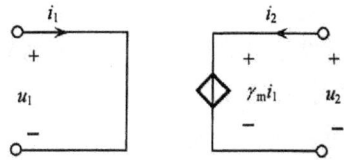

图 2-31　VCVS　　　　　　　　　　　图 2-32　CCVS

（2）电流控制型电压源（CCVS），简称流控电压源。它的电路模型如图 2-32 所示,其描述方程为

$$\left.\begin{array}{l} u_1 = 0 \\ \\ u_2 = \gamma_m i_1 \end{array}\right\} \tag{2.77}$$

其中,$\gamma_m = \dfrac{u_2}{i_1}$,称为转移电阻或跨阻。

（3）电压控制型电流源（VCCS），简称压控电流源。它的电路模型如图 2-33 所示,其描述方程为

$$\left.\begin{array}{l} i_1 = 0 \\ \\ i_2 = g_m u_1 \end{array}\right\} \tag{2.78}$$

其中,$g_m = \dfrac{i_2}{u_1}$,称为转移电导或跨导。

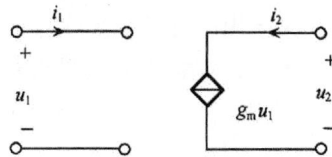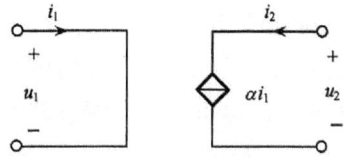

图 2-33　VCCS　　　　　　　　　　　图 2-34　CCCS

（4）电流控制型电流源（CCCS），简称流控电流源。它的电路模型如图 2-34 所示,其描述方程为

$$\left.\begin{array}{l} u_1 = 0 \\ \\ i_2 = \alpha i_1 \end{array}\right\} \tag{2.79}$$

其中,$\alpha = \dfrac{i_2}{i_1}$,称为电流放大系数或电流传输系数。

上述四类受控源中,当 μ、γ_m、g_m、α 为常数时,上述定义的受控源为线性时不变元件。当 $\mu(t)$、$\gamma_m(t)$、$g_m(t)$、$\alpha(t)$ 为时间的函数时,则上述定义的受控源为线性时变

元件。如果上述受控源的受控量分别为非线性函数：$u_2=f_1(u_1,t)$，$u_2=f_2(i_1,t)$，$i_2=f(u_1,t)$，$i_2=f_4(i_1,t)$，则定义的就是非线性受控源。

在 u、i 采用关联一致参考方向的前提下，受控源吸收的瞬时功率为

$$p(t) = u_1(t)i_1(t) + u_2(t)i_2(t)$$

因为控制端口不是 $u_1=0$，就是 $i_1=0$，所以四类受控源吸收的瞬时功率均为

$$p(t) = u_2(t)i_2(t) \tag{2.80}$$

假设这里研究的是 CCCS，将它控制端接到独立电源 i_1 上，受控端接在负载 R_L 上，如图 2-35 所示。

因为

$$u_2 = -i_2R_L$$

所以受控源瞬时功率为

$$p(t) = -i_2^2(t)R_L \tag{2.81}$$

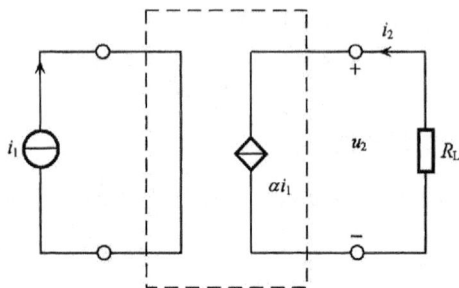

图 2-35　CCCS

从其他三类模型出发，也能得到式(2.81)的结论。因此，只要 R_L 为无源元件，则受控源的瞬时功率总是负值。这就是说，受控源向负载提供功率，所以受控源是一种有源元件，而受控源的有源性正是电子电路放大作用的理论基础。

例2.12　已知含 CCCS 的电路如图 2-36 所示，试求(1) 其输出端开路电压 u_{OC}。(2) 若 $u_s=0$，再求其输出端开路电压 u_{OC}。

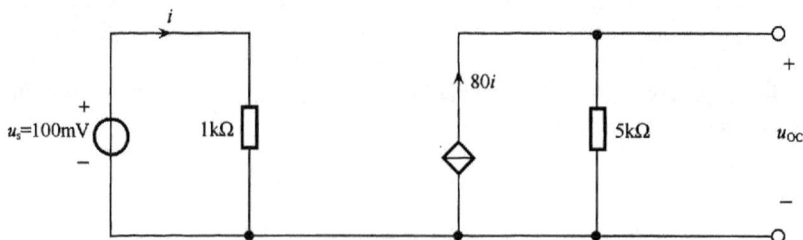

图 2-36　例2.12图

解　(1) 因为 $u_s=100\text{mV}$，得

$$i = \frac{100 \times 10^{-3}}{1 \times 10^{3}} = 100 \times 10^{-6}(\text{A})$$

所以

$$u_{\text{OC}} = 5 \times 10^{3} \times 80 \times 100 \times 10^{-6} = 40(\text{V})$$

（2）因为 $u_{\text{s}} = 0$，得 $i = 0$，而 i 为 CCCS 的控制量，所以

$$u_{\text{OC}} = 80i \times 5 \times 10^{3} = 80 \times 0 \times 5 \times 10^{3} = 0(\text{V})$$

由此可见，受控源是受控制量控制的，当控制量改变时（大小和方向），它也将随着改变（大小和方向）；当受控源的控制量不存在时，受控源也就随之消失了。

例2.13 已知受控源电路如图 2-37 所示，试求：

（1）输入端口的输入电阻 R_{i}。

（2）若在输入端口外加一个激励电压源 $u_{ab} = u_{\text{s}} = 20(\text{V})$，则求出各元件上的功率？此时受控源是否可用一个电阻代替？

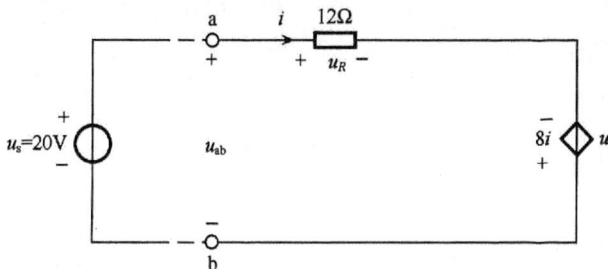

图 2-37　例 2.13 图

解　（1）求 R_{i}。

依据 KVL 可得

$$u_{ab} = 12i - 8i = 4i$$

所以

$$R_{\text{i}} = \frac{u_{ab}}{i} = \frac{4i}{i} = 4(\Omega)$$

（2）求 P 及代替受控源等值电阻 R。

因为

$$u_{ab} = u_{\text{s}} = 12i - 8i = 4i = 20\text{V}$$

所以

$$i = 5\text{A}$$

又因为

$$P = ui$$

所以

$$P_R = u_R i = 12 \times 5 \times 5 = 300(\text{W}) \qquad \text{（消耗）}$$

$$P_{\text{受}} = -u \times i = -(8i) \times i = -8 \times 5 \times 5 = -200(\text{W}) \quad \text{（产生）}$$

$$P_{u_s} = -u_s i = -20 \times 5 = -100(\mathrm{W}) \qquad (产生)$$

又因为

$$u = -8i = -8 \times 5 = -40(\mathrm{V})$$

所以

$$R = \frac{u}{i} = \frac{-40}{5} = -8(\Omega)$$

由此得出结论:对 ab 右侧无源电路中的受控源可以用一个电阻等效,且这个电阻一般为负电阻。

2. 运算放大器

运算放大器是一种应用最广泛的多端集成电路元件,一般由若干晶体管和电阻构成,因为它能完成模拟信号的加法、积分、微分等运算,所以称为运算放大器。虽然它性能各异,型号繁多,内部结构不同,但在电路理论中,人们关心的是它的外部特性,所以一般采用如图 2-38 所示电路符号表示。

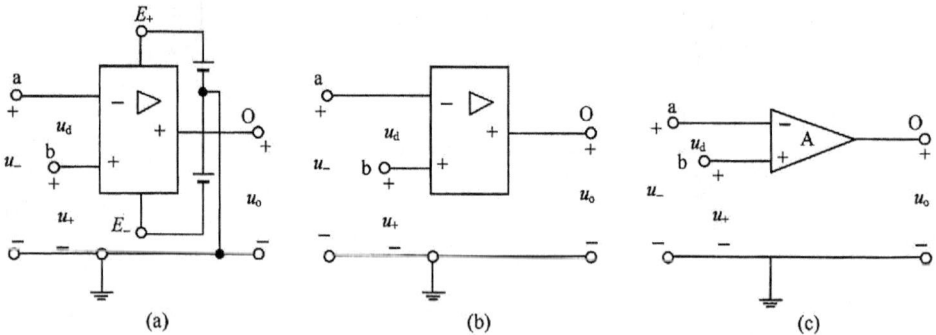

图 2-38　运算放大器电气图形符号

图 2-38(a)为运算放大器国家标准图形符号,其中三角形符号表示它为放大器。运算放大器有两个输入端:a(反相输入端)、b(同相输入端);一个输出端"O"端;电源端 E_+、E_- 连接直流偏置电压,以维持运算放大器内部晶体管正常工作。在电路分析时可以不考虑偏置电源,采用图 2-38(b)或其简化形式表示,图 2-38(c)为习惯用符号,但偏置电源是存在的。

当运算放大器采用单端输入时,则输出电压 u_o 分别为

反相端 a 输入时

$$u_o = -Au_- \tag{2.82a}$$

同相端 b 输入时

$$u_o = Au_+ \tag{2.82b}$$

若运算放大器反相端和同相端同时输入,即差动输入时,则输出电压 u_o 为

$$u_o = A(u_+ - u_-) = Au_d \tag{2.82c}$$

运算放大器输出 u_o 与差动输入 u_d 之间的转移特性曲线如图2-39所示。

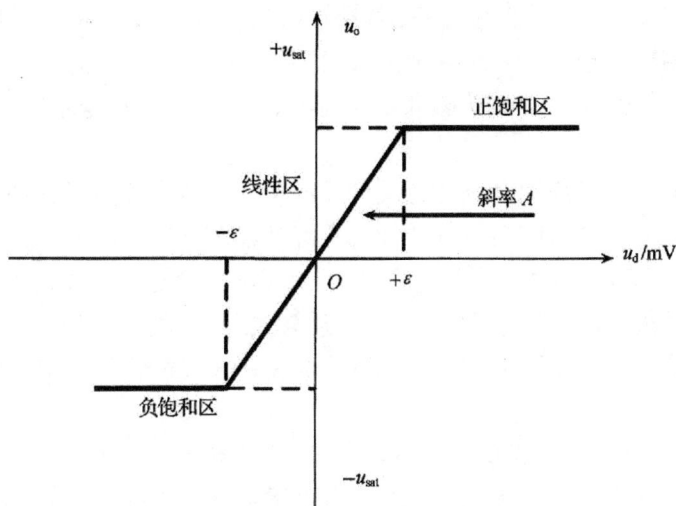

图2-39 运算放大器转移特性曲线

$-\varepsilon \leqslant u_d \leqslant +\varepsilon$ 时,运算放大器工作在线性区,放大倍数 A 很大,一般称此工作状态为开环运行。显然运算放大器为一个电压源(VCVS),它可以用如图2-40所示电路模型表示。

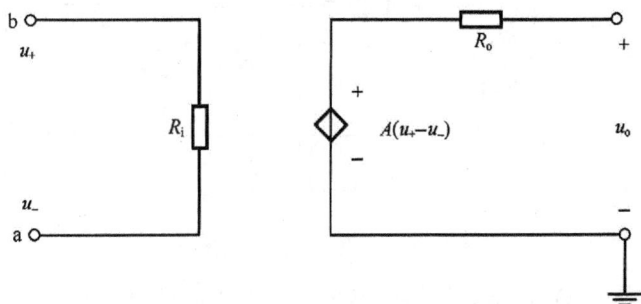

图2-40 运算放大器电路模型

因为一般运算放大器的开环增益 A 是很高的,输入阻抗 R_i 是很大的,而输出阻抗 R_o 则较小,所以通常在实际应用中都将运算放大器看作理想器件。在此情况下,理想运算放大器具有如下特点

$$\left.\begin{array}{l} A \approx \infty \\ R_i \approx \infty \\ R_o \approx 0 \end{array}\right\} \qquad (2.83)$$

根据式(2.83),可以得到分析理想运算放大器的两条重要规则。

(1)"虚地"。因为理想运算放大器的 $A \approx \infty$，而输出电压 u_o 总是有限值，所以其输入电压就接近于零。若输入端是双端输入(差动)，则有 $u_\Sigma = u_i \approx 0$；若输入端是单端反相输入，则有 $u_\Sigma = u_- \approx 0$(同相端接地)，这就是说输入端电压与地同电位，即电压均为零，但是因为输入电流为零，输入端与地间是不通的，所以简称"虚地"。

(2)"虚断"。因为理想运算放大器的 $R_i \approx \infty$，所以运算放大器的两个输入端的输入电流都接近于零，即两输入端之间几乎可以看作断路，并简称"虚断"。

"虚地"和"虚断"是两个矛盾的概念，但对于一个理想运算放大器是必须同时满足的。这两条规则广泛用于分析含理想运算放大器的电路系统。

如果运算放大器对各端的电压、电流均取关联一致参考方向，则其吸收的瞬时功率为

$$p(t) = p_i(t) + p_o(t) = -u_s i_1 - i_o(t)u_o(t) = -i_o(t)u_o(t) < 0 \quad (2.84)$$

这就意味着运算放大器向负载提供功率，所以运算放大器是一个有源器件。运算放大器是重要的集成电路元件，它获得了广泛应用，下面举例说明。

例2.14 已知反相输入比例运算器如图2-41所示，试求其输出电压 $u_o(t)$ 吸收的瞬时功率 $p(t)$。

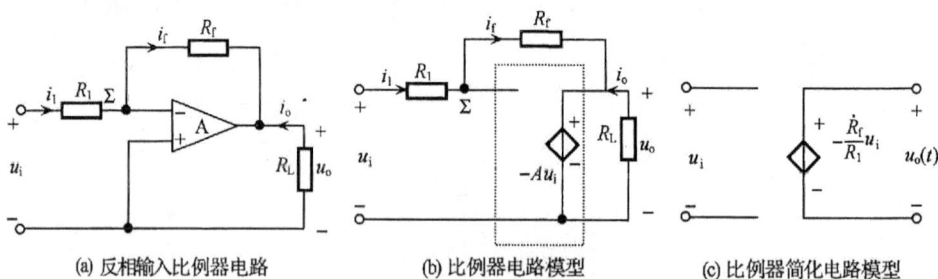

(a) 反相输入比例器电路   (b) 比例器电路模型   (c) 比例器简化电路模型

图 2-41　反相输入比例运算器

解　(1)求 $u_o(t)$，比例运算器电路模型如图 2-41(b)图所示，其中虚线框内为运算放大器模型，根据虚断的概念可得

$$i_1 = i_f$$

$$\frac{u_i(t)}{R_1} = -\frac{u_o(t)}{R_f}$$

即

$$k = \frac{u_o(t)}{u_i(t)} = -\frac{R_f}{R_1}$$

$$u_o(t) = k u_i(t) = -\frac{R_f}{R_1} u_i(t) \quad (2.85)$$

由此得到反相输入简化电路模型如图 2-41(c)所示。

(2)求 $p_o(t)$。比例运算器的瞬时功率 $p_o(t)$ 为

$$p_o(t) = -i_o(t)u_o(t) = \left[-\frac{u_o(t)}{R_L}\right]u_o(t) = -\frac{1}{R_L}[u_o(t)]^2$$

$$= -\frac{1}{R_L}\left[-\frac{R_f}{R_1}u_s(t)\right]^2 = -\frac{R_f^2}{R_1^2 R_L}u_s^2(t)$$

因为电阻均为无源的,所以运算放大器是一个有源器件,它所提供的功率是由工作电源u_s提供的。图2.41(a)所示电路是一个重要电路,如果将其 $\sum$ 点改为多输入则可获得加法器。

若令

$$u_o = -\frac{R_f}{R_1}u_{s1}(t) - \frac{R_f}{R_2}u_{s2}(t) - \cdots - \frac{R_f}{R_n}u_{sn}(t)$$

则

$$R_1 = R_2 = \cdots = R_n = R_f$$

$$u_o = -[u_{s1}(t) + u_{s2}(t) + \cdots + u_{sn}(t)] \tag{2.86}$$

如果将R_f改为电容C_f,即可获得积分器

$$u_o(t) = -\frac{1}{R_1 C_f}\int_0^t u_s(\tau)\mathrm{d}\tau + u_2(0) \tag{2.87}$$

如果将R_1改为电容C_1,即可获得微分器

$$u_o(t) = -R_f C_1 \frac{\mathrm{d}u_s(t)}{\mathrm{d}t} \tag{2.88}$$

例2.15 试求如图2-42所示同相输入比例运算放大器的输出电压$u_o(t)$。

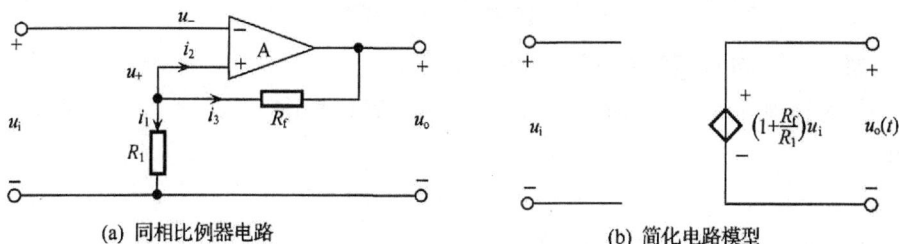

(a) 同相比例器电路　　　　　　　(b) 简化电路模型

图2-42　同相比例运算器

解 因为虚地,所以

$$u_+ = u_- = u_i$$

由KCL得$i_1 + i_2 + i_3 = 0$,而因为虚断

$$i_2 = 0$$

所以

$$i_1 = -i_3$$

而

$$i_1 = \frac{u_+}{R_1} = \frac{u_i}{R_1}, \qquad i_3 = \frac{u_+ - u_o}{R_f} = \frac{u_i - u_o}{R_f}$$

即得

$$\frac{u_i}{R_1} = \frac{u_i - u_o}{R_f}$$

故得

$$u_o(t) = \left(1 + \frac{R_f}{R_1}\right)u_i \tag{2.89}$$

根据式(2.89)可得同相比例器的电路模型如图2-42(b)所示。

例2.16 已知隔离器(或称缓冲器)如图2-43所示,它是由电压跟随器(虚线框内电路)构成的,试求:

(1) 电压跟随器输出电压$u_o'(t)$。

(2) 隔离器输出电压$u_o(t)$。

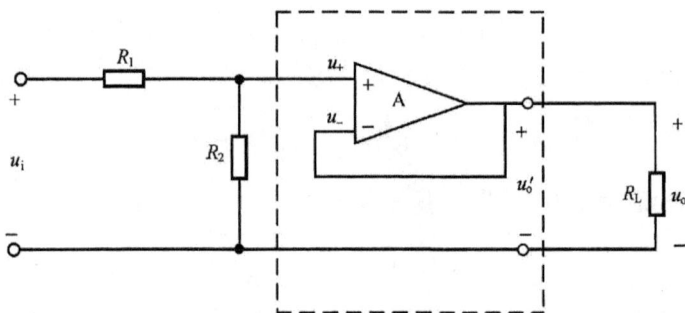

图2-43 隔离器电路

解 (1)求电压跟随器输出电压$u_o'(t)$。

因为虚地,$u_+ = u_-$ 而反相端与输出端o直接相连。

所以

$$u_o'(t) = u_- = u_+ \tag{2.90}$$

(2) 求隔离器输出电压$u_o(t)$

由分压公式可得

$$u_+ = \frac{R_2}{R_1 + R_2}u_i$$

所以

$$u_o(t) = u_+ = \frac{R_2}{R_1 + R_2}u_i$$

若不加电压跟随器,则输出电压u_o应为

$$u_o = \frac{R_2 \parallel R_L}{R_1 + R_2 \parallel R_L}u_i = \frac{R_2 R_L}{R_1 R_2 + R_1 R_L + R_2 R_L}u_i$$

显然负载R_L直接影响了分压的结果,由此得出结论:在电路中间接入电压跟随器,有效地克服了输出端的负载效应影响,即起到了隔离作用,因此电压跟随器

获得了广泛的应用。

比例器、加法器、积分器、微分器在电路系统模拟和信号处理中获得了广泛的
应用。

3. 回转器

回转器是一个新型的双口器件,理想的回转器电路符号及两种等价的电路模
型如图 2-44 隔离器电路所示。

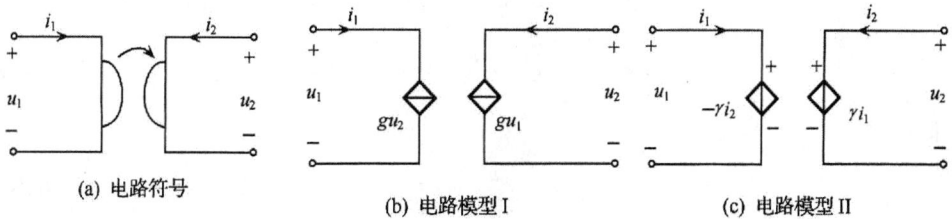

(a) 电路符号　　　　　(b) 电路模型 I　　　　　(c) 电路模型 II

图 2-44　回转器

回转器的描述方程(即电压与电流的关系)为

$$\begin{bmatrix} u_1 \\ u_2 \end{bmatrix} = \begin{bmatrix} 0 & -\gamma \\ \gamma & 0 \end{bmatrix} \begin{bmatrix} i_1 \\ i_2 \end{bmatrix} \tag{2.91}$$

$$\begin{bmatrix} i_1 \\ i_2 \end{bmatrix} = \begin{bmatrix} 0 & g \\ -g & 0 \end{bmatrix} \begin{bmatrix} u_1 \\ u_2 \end{bmatrix} \tag{2.92}$$

其中,$\gamma = \dfrac{1}{g}$ 称为回转系数,具有电阻量纲。

请注意,如果回转方向与图 2-44(a)所示(即 γ 的箭头)相反,则图 2-44(b)、
图 2-44(c)中电路模型的受控源极性均应取反,式(2.91)、式(2.92)中的 γ 和 g 均应
反号。

回转器的瞬时功率为

$$p(t) = i_1(t)u_1(t) + i_2(t)u_2(t)$$
$$= i_1(t)[-\gamma i_2(t)] + i_2(t)[\gamma i_1(t)] = 0$$

于是,得到回转器吸收的能量为

$$W(t) = \int_{-\infty}^{t} p(\tau)\mathrm{d}\tau = 0 \tag{2.93}$$

由此得出结论:回转器是一种无源元件,并且它既无损耗,又不能储能,即是无
损元件。

回转器的另一重要性质是:能将输出端口接的二端元件逆变为输入端口的该
元件的对偶元件。因此也将回转器称为正阻抗逆变器。如图 2-45 所示。

因为

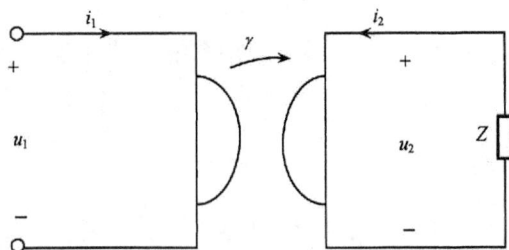

图 2-45 接负载的回转器

$$u_1 = -\gamma i_2 = -\gamma\left(-\frac{u_2}{Z}\right) = \gamma\left(\frac{\gamma i_1}{Z}\right) = \gamma^2\frac{1}{Z}i_1 \qquad (2.94\text{a})$$

即

$$Z_i = \frac{u_1}{i_1} = \frac{1}{Z}\gamma^2 \qquad (2.94\text{b})$$

如果负载 Z 为电阻 R,则 $R_i = Z_i = \frac{1}{R} = \gamma^2 G$,即输入端得到一个数值为 $\gamma^2 G$ 的电

阻。如果负载 Z 为电容 C,则 $Z_i = \frac{1}{1/SC}\gamma^2 = \gamma^2 SC$,即输入端得到一个电感量 $L = \gamma^2 C$

的电感。如果 Z 为电感 L,则 $Z_i = \frac{1}{SL}\gamma^2$,即输入端得到一个电容量 $C = \frac{L}{\gamma^2}$ 的电容。

同理,还可以对非线性元件进行逆变。回转器的这一重要性质在电路设计和大规模集成电路设计制造中,常用来模拟电感器。回转器可以用多种方法来实现。

4. 负阻抗转换器

负阻抗转换器是一种双口器件,在 1954 年开始被引入有源滤波器领域,从此推动了有源滤波器的设计。负阻抗转换器有两种类型。一种称为电流反相负阻抗转换器(INIC),其电路符号和电路模型如图 2-46 所示。

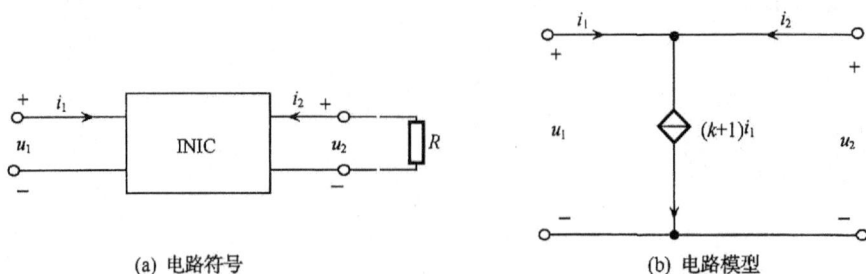

(a) 电路符号   (b) 电路模型

图 2-46 INIC

其描述方程(即 $u\text{-}i$ 特性)为

$$\begin{bmatrix} u_1 \\ i_2 \end{bmatrix} = \begin{bmatrix} 0 & 1 \\ k & 0 \end{bmatrix} \begin{bmatrix} i_1 \\ u_2 \end{bmatrix} \tag{2.95}$$

其中，K 为标量常数，称为转换比。由于图 2-46 中采用了关联一致参考方向，因此 u_1 和 u_2 同相，但 i_1 和 i_2 反相，这就是说，INIC 转换了电流方向而保持电压极性不变。

另一种称为电压反相型负阻抗转换器(VNIC)，其电路符号和电路模型如图 2-47(a) 和图 2-47(b) 所示。

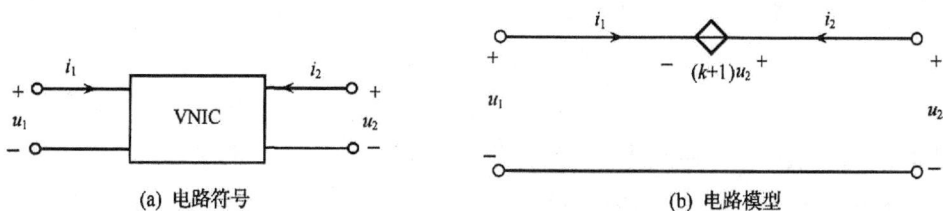

(a) 电路符号   (b) 电路模型

图 2-47　VNIC

它的 u-i 特性方程为

$$\begin{bmatrix} u_1 \\ i_2 \end{bmatrix} = \begin{bmatrix} 0 & -k \\ -1 & 0 \end{bmatrix} \begin{bmatrix} i_1 \\ u_2 \end{bmatrix} \tag{2.96}$$

显然，它的特性正好与 INIC 特性相反，转换了电压极性而保持电流方向不变。

如果在 INIC 的输出端上接一负载电阻 R，则因为 $u_2 = -Ri_2$，得到 $u_1 = u_2 = -Ri_2$，所以在输入端可求得

$$R_i = \frac{u_1}{i_1} = -kR \tag{2.97}$$

将负载 R 接在 VNIC 输出端上，也可以得到同样结论。这就是说负阻抗转换器的重要功能是将一个具有正电阻的电阻器转换成一个具有负电阻的电阻器。因为具有正电阻的电阻器为无源器件，具有负电阻的电阻器为有源器件，所以负阻抗转换器是一种能将无源元件转换为有源元件的有源器件。

如果将负载 R 换为电容 C 或电感 L，也能得到类似的结论。

5. 理想变压器

理想变压器是一个多端电阻元件，也是实际变压器的理想化模型。一个实际变压器抽象为理想变压器的条件是：①该变压器不消耗功率；②它没有任何漏磁通，也就是说各绕组之间的耦合系数 $K=1$；③每个绕组的自感都是无穷大。

二端口理想变压器的电路符号和电路模型如图 2-48(a)、图 2-48(b)、图 2-48(c) 所示。

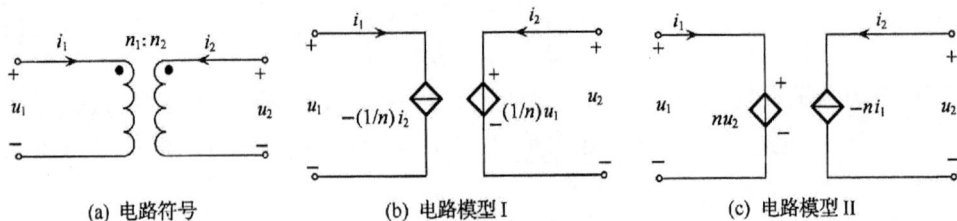

(a) 电路符号   (b) 电路模型 I   (c) 电路模型 II

图 2-48 二端口理想变压器

二端口理想变压器的 u-i 特性方程为

$$
\begin{bmatrix} u_1 \\ i_2 \end{bmatrix} = \begin{bmatrix} 0 & n \\ -n & 0 \end{bmatrix} \begin{bmatrix} i_1 \\ u_2 \end{bmatrix} \tag{2.98}
$$

其中,n 为初次级之间匝数比,一般 $n = \dfrac{n_1}{n_2}$。如果改变图 2-48(a) 中电压与电流的参考方向或改变同名端的位置,则电路模型和 u-i 特性方程也应作相应改变。

三端口理想变压器电路符号及电路模型如图 2-49(a)、图 2-49(b) 所示。

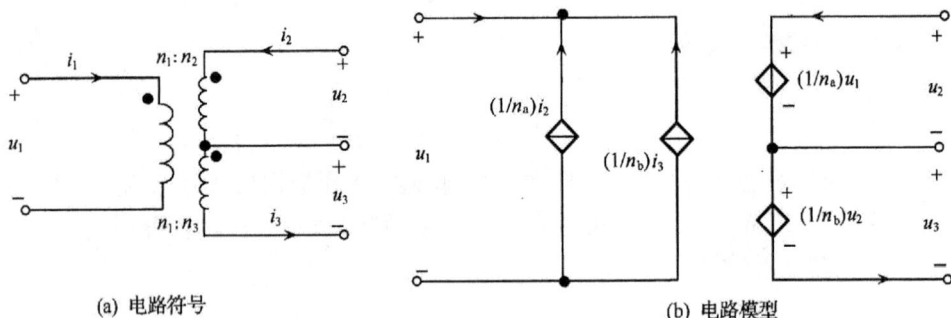

(a) 电路符号   (b) 电路模型

图 2-49 三端口理想变压器

三端口理想变压器的 u-i 特性方程为

$$
\left. \begin{aligned} u_2 &= \frac{1}{n_a} u_1 \\ u_3 &= \frac{1}{n_b} u_1 \\ i_1 &= -\left(\frac{1}{n_a} i_2 + \frac{1}{n_b} i_3 \right) \end{aligned} \right\} \tag{2.99}
$$

其中,匝数比 $n_a = \dfrac{n_1}{n_2}$;$n_b = \dfrac{n_1}{n_3}$。

以此类推,不难得出多端口理想变压器的电路模型和 u-i 特性方程。

理想变压器由于电压电流采用了关联参考方向,其所吸收的瞬时功率和能量为

$$
p(t) = i_1(t)u_1(t) + i_2(t)u_2(t) + i_3(t)u_3(t) = i_1(t)u_1(t)
$$

$$+ \frac{1}{n_a}u_1(t)\left[-n_a i_1(t) + \frac{n_a}{n_b}i_3(t)\right] + \frac{1}{n_b}u_1(t)\left[-n_b i_1(t) + \frac{n_b}{n_a}i_2(t)\right] = 0$$

$$W(t) = \int_{-\infty}^{t} [i_1(\tau)u_1(\tau) + i_2(\tau)u_2(\tau) + i_3(\tau)u_3(\tau)]d\tau = 0$$

由此可见,理想变压器是无损元件,既不储能,也不耗能,而是把输入端口流入的能量全部由输出端口传送出去。

理想变压器的重要特性是具有阻抗变换作用。如图2-50所示为接负载的理想变压器。

因为

$$\begin{cases} u_2 = -i_2 Z \\ u_1 = nu_2 \\ i_2 = -ni_1 \end{cases}$$

所以

$$u_1 = -ni_2 Z = -nZ(-ni_1) = (n^2 Z)i_1 \qquad (2.100a)$$

$$Z_1 = \frac{u_1}{i_1} = n^2 Z \qquad (2.100b)$$

理想变压器的这一重要性质在实际工作中获得了广泛应用。

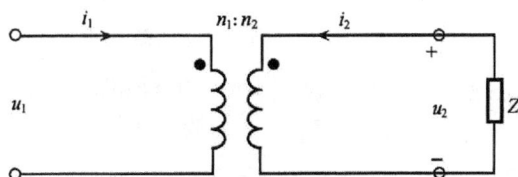

图 2-50　接负载的理想变压器

例 2.17　已知理想变压器电路如图2-51所示,试求其输入电阻R_i。

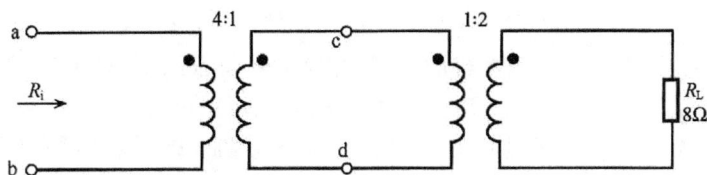

图 2-51　例 2.17 图

解　由图中给定的条件可求得$n_1 = \frac{4}{1} = 4$;$n_2 = \frac{1}{2}$。

设cd端输入电阻为R_i',则可得

$$R_i' = n_2^2 R_L = \left(\frac{1}{2}\right)^2 \times 8 = 2 \ (\Omega)$$

所以

$$R_i = n_1^2 R_i' = 4^2 \times 2 = 32 \ (\Omega)$$

2.4.2　多端电感

一个 n 端电路元件,如果它的各独立端电流与其磁链之间的关系可以用代数方程来确定时,即

$$F_L[i_L(t), \varphi_L(t), t] = 0 \qquad (\forall\, t) \qquad (2.101)$$

则称此元件为 n 端电感。式中 $i_L(t)$、$\varphi_L(t)$ 均为 $n-1$ 维列矢量,F_L 为 $n-1$ 维矢量函数。

与二端电感分类方法相同,n 端电感可以分为线性和非线性两大类,每类又可以分为时不变和时变两种情形。

多端电感中应用最广泛的是耦合电感。一个二端口耦合电感电路符号如图2-52所示。

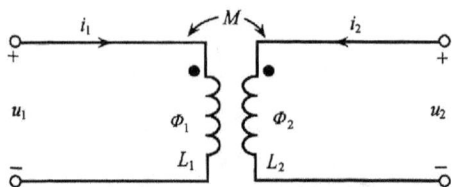

图2-52　二端口耦合电感电路符号

如果耦合电感是线性时不变的,则 i-φ 特性方程和 u-i 特性方程可分别表示为

$$\left.\begin{aligned}\Phi_1(t) &= L_1 i_1(t) + M_{12} i_2(t)\\ \Phi_2(t) &= M_{21} i_1(t) + L_2 i_2(t)\end{aligned}\right\} \qquad (2.102)$$

$$\left.\begin{aligned}u_1(t) &= L_1 \frac{di_1(t)}{dt} + M_{12}\frac{di_2(t)}{dt}\\ u_2(t) &= M_{21}\frac{di_1(t)}{dt} + L_2\frac{di_2(t)}{dt}\end{aligned}\right\} \qquad (2.103)$$

其中,L_1 和 L_2 分别为初级和次级的自感,在关联参考方向下,自感 L_1 和 L_2 总为正值。M_{12} 和 M_{21} 分别为初级与次级之间的互感,它们可正可负。如果耦合电感是互易的,则 $M_{12} = M_{21} = \pm M$,互感的正负号由耦合电感初次级同名端"·"的位置决定(见图2-52)。若在关联一致参考方向的条件下,电流 $i_1(t)$ 和 $i_2(t)$ 都同时流进或流出同名端,则互感 M_{21} 取正,否则取负。

线性时不变耦合电感可以根据式(2.103)得到去耦等效电路模型,如图2-53所示。

线性时不变耦合电感储存的总能量为

$$\begin{aligned}W(t) &= \int_{-\infty}^{t}[u_1(\tau)i_1(\tau) + u_2(\tau)i_2(\tau)]d\tau\\ &= \int_{-\infty}^{t}\left[L_1 i_1(\tau)\frac{di_1(\tau)}{d\tau} + M\frac{d[i_1(\tau)\cdot i_2(\tau)]}{d\tau} + L_2 i_2(\tau)\frac{di_2(\tau)}{d\tau}\right]d\tau\end{aligned}$$

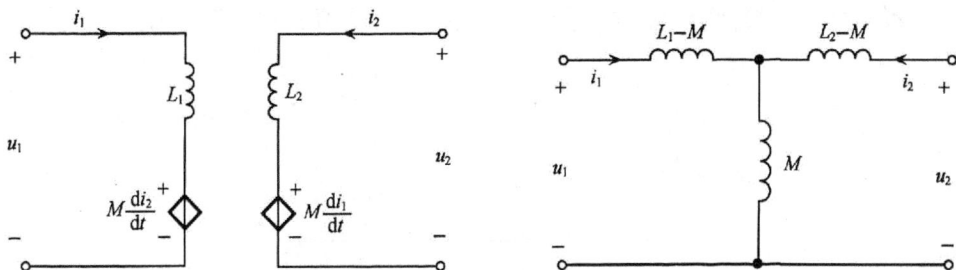

图 2-53 线性时不变耦合电感电路模型

因为 $\tau=-\infty$，$i_1(\tau)=i_2(\tau)=0$；$\tau=t$ 时，$i_1(\tau)=i_1(t)$，$i_2(\tau)=i_2(t)$，则上式变为

$$W(t) = \int_0^{i_1(t)} L_1 i_1 di_1 + \int_0^{i_1(t)i_2(t)} Md(i_1 i_2) + \int_0^{i_2(t)} L_2 i_2 di_2$$

$$= \frac{1}{2}\left[L_1 i_1^2(t) + 2Mi_1(t)i_2(t) + L_2 i_2^2(t) \right]$$

$$= \frac{1}{2}L_1 \left(i_1 + \frac{M}{L_1}i_2 \right)^2 + \frac{1}{2}\left(L_2 - \frac{M^2}{L_1} \right)i_2^2 \tag{2.104}$$

所以线性时不变耦合电感为无源的条件是

$$L_2 - \frac{M^2}{L_1} \geqslant 0$$

或

$$K = \frac{|M|}{\sqrt{L_1 L_2}} \leqslant 1 \tag{2.105}$$

其中，K 称为耦合电感的耦合系数，一般总是 $K \leqslant 1$，所以耦合电感是无源的。由式(2.103)可知，线性时不变耦合电感是储能元件，它具有记忆功能。

同理，可分析多端口线性定常耦合电感，其 Φ-i 关系可表示为

$$\left. \begin{array}{l} \boldsymbol{\Phi}(t) = \boldsymbol{L}\boldsymbol{i}(t) \\[2mm] \boldsymbol{i}(t) = \boldsymbol{\Gamma}\boldsymbol{\Phi}(t) \end{array} \right\} \tag{2.106}$$

其中，$\boldsymbol{L}$ 为电感矩阵，它是一个方阵，即

$$\boldsymbol{L} = \begin{bmatrix} L_{11} & L_{12} & \cdots & L_{1n} \\ L_{21} & L_{22} & \cdots & L_{2n} \\ \vdots & \vdots & & \vdots \\ L_{n1} & L_{n2} & \cdots & L_{nn} \end{bmatrix}_{n \times n} \tag{2.107}$$

方阵中，对角线元素为自感，非对角线元素为互感，其正负号判定方法同二端口耦合电感。而倒电感矩阵 $\boldsymbol{\Gamma}$（电感矩阵 $\boldsymbol{L}$ 的逆矩阵）为 $\boldsymbol{\Gamma}=\boldsymbol{L}^{-1}$

根据电磁感应定律可以得多端口耦合电感的 u-i 关系，用公式为

$$\boldsymbol{u}(t) = \boldsymbol{L}\frac{d\boldsymbol{i}(t)}{dt} \tag{2.108}$$

$$\boldsymbol{i}(t) = \boldsymbol{i}(0) + \boldsymbol{\Gamma}\int_0^1 u(\tau)d\tau \tag{2.109}$$

例2.18 已知耦合电感电路如图2-54所示,试求其输出电压$u_{bc}(t)$。

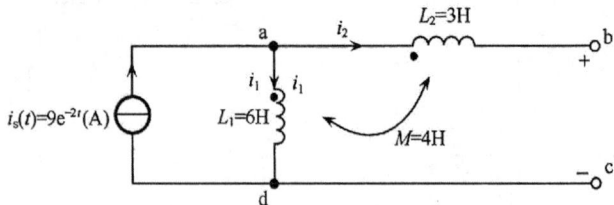

图2-54 例2.18图

解 依据KVL可得

$$u_{bc}(t) = u_{ba} + u_{ac} = - u_{ab} + u_{ac}$$

因为

$$u_{ab}(t) = M \frac{\mathrm{d}i_1(t)}{\mathrm{d}t} + L_2 \frac{\mathrm{d}i_2(t)}{\mathrm{d}t}$$

而又因为bc端开路,$i_1(t) = i_s(t)$,$i_2(t) = 0$ 所以

$$u_{ab} = M \frac{\mathrm{d}i_1(t)}{\mathrm{d}t} = M \frac{\mathrm{d}i_s(t)}{\mathrm{d}t} = 4 \times \frac{\mathrm{d}}{\mathrm{d}t}(9\mathrm{e}^{-2t}) = 4 \times 9 \times (-2)\mathrm{e}^{-2t}$$

即得

$$u_{ab} = - 72\mathrm{e}^{-2t}(\mathrm{V})$$

因为

$$u_{ac} = L_1 \frac{\mathrm{d}i_1(t)}{\mathrm{d}t} + M \frac{\mathrm{d}i_2(t)}{\mathrm{d}t} = L_1 \frac{\mathrm{d}i_1(t)}{\mathrm{d}t}$$

所以

$$u_{ac} = 6 \times \frac{\mathrm{d}}{\mathrm{d}t}(9\mathrm{e}^{-2t}) = 6 \times 9 \times (-2\mathrm{e}^{-2t}) = - 108\mathrm{e}^{-2t} \qquad (\mathrm{V})$$

故

$$u_{bc}(t) = - u_{ab} + u_{ac} = -(-72\mathrm{e}^{-2t}) + (-108\mathrm{e}^{-2t}) = - 36\mathrm{e}^{-2t}$$
$$(\mathrm{V})$$

2.4.3 多端电容

一个n端电路元件,如果它的各独立端电压与其电荷之间的关系可以用如下代数方程来确定时,即

$$\boldsymbol{F}_C[\boldsymbol{u}_C(t), \boldsymbol{q}_C(t), t] = 0 \qquad (\forall\, t) \qquad (2.110)$$

则称此元件为n端电容。其中$\boldsymbol{u}_C(t)$、$\boldsymbol{q}_C(t)$均为$n-1$维列矢量,$\boldsymbol{F}_C$为$n-1$维矢量函数。

依照二端电容分类方法,多端电容也可以分为线性与非线性、时变与时不变等种类。

虽然实际生产的多端电容商品还未见到,但其未来应用的可能性是存在的。事实上,任何电子元件的寄生电容都可以视为多端电容,虽然这是人们所不希望的,但是在电路分析与集成电路设计时必须考虑其存在的重要影响因素。

2.5 电路元件的基本组与器件造型的概念

在这一章中,已经详细地研究了二端和多端电路元件,给出了10种常用类型电路元件的理想化模型、精确定义和特性方程。然而从分析讨论过程中,可以发现这 10 种电路元件并非都是基本的,如理想运算放大器可以由一个线性电阻器(开路)和一个受控源构成,理想变压器可由两个受控源构成,回转器可由受控源构成等。实际上10种电路元件中,只有四类二端元件和受控源是基本的,称之为元件基本组。各种实际器件的理想化模型都可以由这个基本组的元件组合构成,人们把用理想元件构成的网络去模拟构造实际器件的方法叫作器件造型。

造型是科学分析的重要原则。这是因为实际的器件和系统用作实用分析时通常过于复杂,以至于无法进行,在大多数情况下,这种复杂性常常是由于许多非本质因素的存在带来的,所以造型的基本原理就是只抽出本质性的属性。选用理想化模型其实是在真实性与简单性之间作了折中,使采用基本元件组进行器件造型成为可能。将实际元件用最小基本组造型模拟以后,实际电路系统就可以用几种简单的支路构成网络来模拟,这就使建立在支路网络基础上的电路理论更加通用化、简单化,并便于计算机处理。

器件造型的基本方法有两种:①物理方法,即根据元器件内部工作的物理原理进行造型,如晶体管小信号T型模型;②黑箱法,即根据器件的外部特性造型,如晶体管的网络参数模型。

器件造型应考虑精度和工作条件两个问题。通常只要反映了本质特征,就可以在精确性与简单化之间作折中;而工作条件主要考虑作用信号的性质,且主要是信号幅度和频率范围。

器件造型是一门专门学科,它的系统论述已经超出本书范围,请读者参阅有关参考资料。

2.6 电 路 分 类

将电路元件按一定的拓扑规律相互连接起来便构成了电路系统,或称网络,它们即可完成预定的功能,并在给定激励的情况下,获得需要的响应。

电路可以从不同角度进行分类。根据构成电路的元件性质,可以将电路分为线性电路与非线性电路,时变电路与时不变电路,电阻电路和动态电路。一个电路如果仅仅由独立源和线性电路元件构成则称为传统线性电路;若电路中除独立源之外,还含有非线性电路元件则称传统非线性电路。如果一个电路仅仅由独立源和时不变元件构成则称为传统时不变电路;如果由独立源和时变元件构成则称为传统时变电路。如果由电阻元件和独立源构成的电路则称为电阻电路;如果电路中含有储能元件则称为动态电路。以上这种仅根据电路元件性质分类的方法叫作传统分类法。

在电路分析中,人们更关心电路的激励与响应之间的关系,或称输入-输出端口特性(I/O)。因此,也可以按照电路输入-输出端口特性,将电路分为线性与非线性电路,时变与时不变电路。如果电路 I/O 特性满足叠加定理,即满足可加性和齐次性,则是端口线性电路,显然线性电路是可以用线性常微分方程来描述的。如果电路端口 I/O 特性不满足叠加定理,或不能用线性常微分方程来描述,则称为端口非线性电路。如果电路端口 I/O 特性是由变系数微分方程描述的,即系数是时间的函数,则称为端口时变电路。或者说 I/O 特性若用微分-积分算符 $\pi[f(t),y(t)]=0$ 表示,且初时刻 $y(T)=y(0)$,则当 $f(t)=f(t-T)$ 时,$y(t)=y(t-T)$,网络称为端口时不变电路;否则称为时变电路。以上分类法称为端口分类法。

一般说来,端口线性不一定是传统线性,但是当传统线性电路所有动态元件无初始储能,且电路内部不含独立源时,则电路一定是端口线性电路。

传统时不变电路一定是端口时不变电路,但端口时不变电路不一定是传统时不变电路。

电路还可以分为无源电路和有源电路,同样可以按传统和端口来定义。若一个电路仅仅由无源电路元件构成,则该电路就是传统的无源电路;若电路中有一个或一个以上有源电路元件,则该电路就是传统的有源电路。

电路的输入端口的电压为 $u(t)$,电流为 $i(t)$,电路端口的能量为

$$W(t) = W(t_0) + \int_{t_0}^{t} \boldsymbol{u}^{\mathrm{T}}(\tau)i(\tau)\mathrm{d}\tau$$

其中,$W(t_0)$ 为初始储能。

若电路端口能量 $W(t) \geqslant 0$ 时,则该电路称为端口无源电路;若 $W(t) < 0$,则该电路称为端口有源电路。

理论上可以证明,传统的无源电路,必定是端口无源电路。传统的有源电路不一定是端口有源电路,但是端口有源电路必定是传统有源电路。

本书中若未加说明,电路的分类都是按传统定义的。

2.7　总结与思考

2.7.1　总结

(1)电路是由四个基本变量电压、电流、电荷、磁链描述的,四个变量间的两两约束关系定义了四类电路元件。

① 二端电路元件如图 2-55 所示

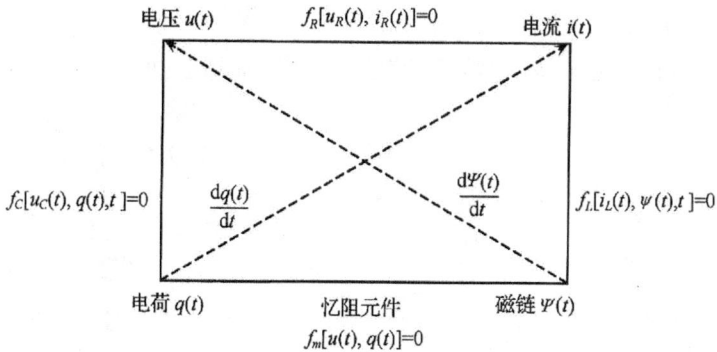

图 2-55

② 多端电路元件。

若将图 2-55 中基本变量由一维标量改为二维以上矢量:$u(t)$、$i(t)$、$q(t)$、$\boldsymbol{\Psi}(t)$,则同理,两两矢量间的约束关系定义出了四类多端电路元件:多端电阻 $\boldsymbol{F}_R$、多端电容 $\boldsymbol{F}_C$、多端电感 $\boldsymbol{F}_L$ 及多端忆阻 $\boldsymbol{F}_M$。

上述定义与传统定义发生了质的飞跃,线性元件与非线性元件、时不变元件与时变元件间存在着本质的差别。

(2) 本章重点之一:线性时不变二端电阻、电容、电感(取关联参考方向),见表 2-1。

表 2-1

电路元件符号	定义	VCR	基本性质
	$u_R(t) = Ri_R(t)$	$u_R(t) = Ri_R(t)$ $i_R(t) = Gu_R(t)$ $p_R(t) = u_R(t)i_R(t) = Ri_R^2(t) = Gu_R^2(t)$	(1) 无源、有损:$p_R(t) < 0$(耗能元件) (2) 无记忆,即时性元件
	$q(t) = Cu_C(t)$	$i_C(t) = C\dfrac{\mathrm{d}u_C(t)}{\mathrm{d}t}$ $u_C(t) = u_C(0_-) + \dfrac{1}{C}\displaystyle\int_{0_-}^{t} i_C(\tau)\mathrm{d}\tau$ $p_C(t) = u_C(t)i_C(t)$ $W_C(t) = \dfrac{1}{2}C[u_C^2(t) - u_C^2(0_-)]$	(1) 记忆性,储能元件 (2) $i_C(t)$ 有限,$u_C(t)$ 不能跃变即 $u_C(0_+) = u_C(0_-)$ 换路定律 (3) $u_C(0_-) = 0$ u_C-i_C 呈线性
	$\Phi(t) = Li_L(t)$	$u_L(t) = L\dfrac{\mathrm{d}i_L(t)}{\mathrm{d}t}$ $i_L(t) = i_L(0_-) + \dfrac{1}{L}\displaystyle\int_{0_-}^{t} u_L(\tau)\mathrm{d}\tau$ $p_L(t) = u_L(t)i_L(t)$ $W_L(t) = \dfrac{1}{2}L[i_L^2(t) - i_L^2(0_-)]$	(1) 记忆性,储能元件 (2) $u_L(t)$ 有限,$i_L(t)$ 不能跃变即 $i_L(0_+) = i_L(0_-)$ 换路定律 (3) $i_L(0_-) = 0$ u_L-i_L 呈线性

注意:① 短路是阻值为零($R = 0$)的电阻,开路是阻值为无穷大($R = \infty$)的电阻。

② 电容两端电压为恒定值(直流)时,$i_C(t) = 0$,开路,即电容具有隔直作用。

③ 电感通过电流为恒定值(直流)时,$u_L(t) = 0$,短路。

④ 分压、分流公式,串联与并联公式。

(3) 本章重点之二：独立源和基本信号。

① 电压源。

理想电压源 定义：$u_s(t)$恒定或为时间函数，如图2-56所示。

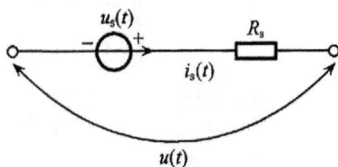

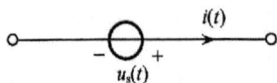

图 2-56　理想电压源　　　　　　　　图 2-57　实际电压源

实际电压源 定义（如图2-57）

$$u(t) = u_s(t) - R_s i(t)$$

或

$$u(t) = u_{OC}(t) - R_o i(t)$$

② 独立电流源。

理想电流源 定义（如图2-58(a)）：$i_s(t)$恒定或为时间函数，$u(t)$任意。

实际电流源 定义（如图2-58(b)）：

$$i(t) = i_s(t) - \frac{1}{R_s}u(t)$$

或

$$i(t) = i_{sc}(t) - G_o u(t)$$

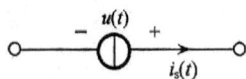　　　　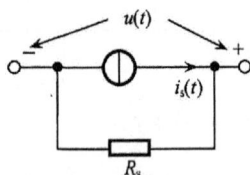

(a) 理想电流源　　　　　　　(b) 实际电流源

图 2-58　独立电流源

③ 正弦信号。定义：$f(t) = A\cos(\omega t + \phi)$。

其中，A为振幅；ω为角频率；ϕ为初相位。

④ 单位阶跃信号。定义

$$U(t) = \begin{cases} 0, & t > 0 \\ 1, & t < 0 \end{cases}$$

性质：单边特性。

⑤ 单位冲击信号。定义

$$\begin{cases} \delta(t) = \begin{cases} 0, & t \neq 0 \\ 奇异, & t = 0 \end{cases} \\ \int_{-\infty}^{\infty} \delta(t)\mathrm{d}t = 1 \end{cases}$$

性质:抽样性。

注意:(a) 信号间转换关系:a. 实际电压源⇌实际电流源。

$$b. \begin{cases} \delta(t) = \dfrac{\mathrm{d}U(t)}{\mathrm{d}t} \\ U(t) = \displaystyle\int_{-\infty}^{t} \delta(\tau)\mathrm{d}\tau \end{cases}$$

(b) $f(t)$、$U(t)$、$\delta(t)$ 可以是电压信号,也可以用电流信号,取决于电路符号表示的意义。

(4) 本章重点之三:常用多端电路元件。

① 受控源。它是一种电路模型,而不是实际电路元件,它既具有独立电源的特性,可按独立源规律处理,又表征了实际电子器件内部的控制关系,因此在电路变换时,控制支路必须始终保留,在列电路方程时,必须补写出描述控制量的方程。

② 运算放大器。是一种使用广泛的集成电路器件,其实质为一个电压控制电压源(VCVS),理想运算具有"虚地"和"虚断"两个重要特点,根据这两个物理特点可以分析计算运放电路;应用运放 VCVS 电路模型是分析计算运放电路的第二条重要途径。

③ 理想变压器。定义

$$\begin{cases} u_1(t) = n u_2(t) \\ i_1(t) = -\dfrac{1}{n} i_2(t) \end{cases}$$

本质为多端电阻。重要性质是阻抗变换作用,即 $R_i = n^2 R_L$。

④ 耦合电感

$$\mathrm{VCR} \begin{cases} u_1(t) = L_1 \dfrac{\mathrm{d}i_1(t)}{\mathrm{d}t} \pm M \dfrac{\mathrm{d}i_2(t)}{\mathrm{d}t} \\ u_2(t) = \pm M \dfrac{\mathrm{d}i_1(t)}{\mathrm{d}t} + L_2 \dfrac{\mathrm{d}i_2(t)}{\mathrm{d}t} \end{cases}$$

具有记忆性,满足换路定律

$$i_1(0_+) = i_1(0_-), \quad i_2(0_+) = i_2(0_-)$$

分析计算时既可以用 VCR,也可以用电路模型。

2.7.2 思考

(1) LTI 电阻、电容、电感两端施加的电压或流过的电流,是否有额定限制?能任意施加吗? 它们的两个端点能任意连接吗?

(2) 电路短路时,是否短路电流 $i_{sc} = 0$;电路开路时,是否开路电压 $U_\infty = 0$。

(3) 冲击信号是否就是能量为无穷大? 如何理解其抽样性?

(4) 实际电压源是由电压源与其内阻 R_s 构成的一个串联模型,能将其表示为电压源与电阻的并联模型吗? 为什么?

（5）实际电流源是由电流源与其内阻 R_s 构成的一个并联模型，能将其表示为电流源与电阻的串联模型吗？为什么？实际电压源与实际电流源模型是否可以等效互换？条件是什么？理想电压源与理想电流源是否可以等效互换？为什么？

（6）受控源的能源是器件本身具有的，还是由外加工作独立源通过控制支路提供的？它能单独存在吗？一个无源电路中的受控源可以用电阻取代，而有源电路中的受控源还可以用电阻取代吗？为什么？

（7）运算放大器其实质就是一个 VCVS，正确运用虚地、虚断或电路模型就可以容易地进行计算。虚地是否输入端与参考地间连通（即短接）？虚断是否输入端与同相端或反相端之间开路？为什么？如何用运放实现回转器、负阻抗转换器？

（8）理想变压器为什么本质是多端电阻，而不是多端电感？其具有的阻抗变换作用是否表明它具有放大作用，为什么？

（9）耦合电感 VCR 中互感 M 的"＋"、"－"应如何确定？耦合电感当满足什么条件时，可转变为理想变压器？

（10）如何用回转器来模拟实现接地电感、浮地电感、理想变压器？

习 题 2

2.1 单项选择题。从每题给定的四个答案中，选择其中正确的填入括号中。

（1）一支 $R=100\Omega$、功率为 $0.25W$ 的金属膜电阻，最大允许通过的电流为（　　）。

  A. $0.25mA$;   B. $100mA$;   C. $50mA$;   D. $0.5mA$

（2）若一个电路元件的 VCR 为 $u(t)=i^2(t)-4i(t)$，则该元件是（　　）。

  A. 电压源; B. 非线性电感; C. 非线性电容; D. 非线性电阻

（3）若已知电感的初始电流 $i_L(0_-)=8A$，初始储能为 $0.64J$，则该电感为（　　）。

  A. $0.02H$;   B. $0.002H$;   C. $0.2H$;   D. $0.08H$

（4）若已知一电容的端压 $u_C(t)=10\sin\left(2\pi t-\dfrac{\pi}{2}\right)$（V），流过的电流为 $i_C(t)=20\sin 2\pi t$（A），则该电容为（　　）。

  A. $0.5F$;   B. $2F$;   C. $\dfrac{1}{\pi}F$;   D. πF

（5）在图 2-59 所示电路中耦合电感的输出电压为（　　）。

  A. $\cos t\,V$;   B. $0V$;   C. $0.4\sin t\,V$;   D. $0.8V$

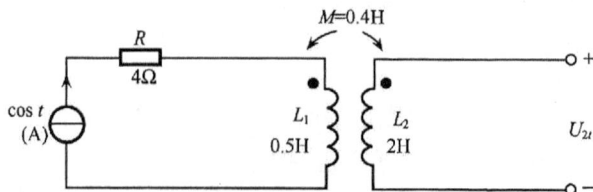

图 2-59　习题 2.1(5)图

（6）在图 2-60 所示电路的输入电阻 R_i 等于（　　）。

  A. 12Ω;   B. 8Ω;   C. 20Ω;   D. $\infty\Omega$

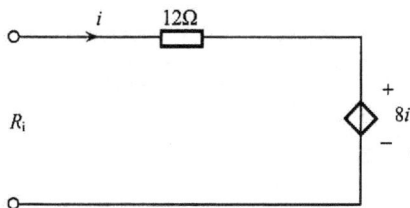

图 2-60　习题 2.1(6)图

2.2　简答题。

(1) 已知图 2-61 所示电路中, A 为未知元件, 电流源($I_{s1}=2A$)发动功率$P_1=100W$, 试求出流过元件 A 的电流I_A。

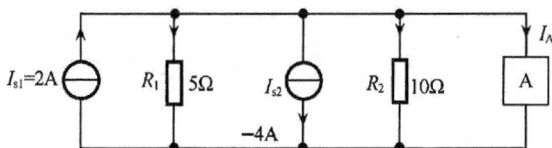

图 2-61　习题 2.2(1)图

(2) 试求出图 2-62 电路中电流I。

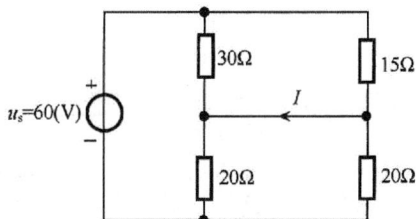

图 2-62　习题 2.2(2)图

(3) 无限梯形连接的电容电路如图 2-63 所示, 试求：①输入端总电容C_i；②若将C换为R, 再求总电阻R_i。

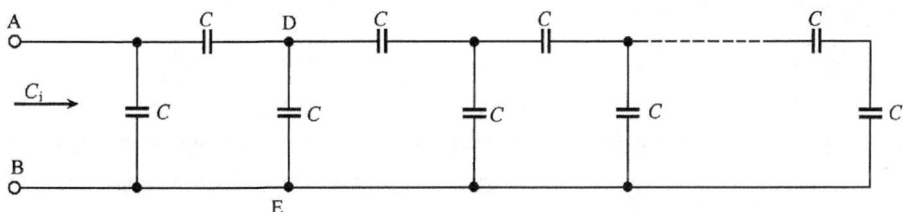

图 2-63　习题 2.2(3)图

(4) 已知一耦合电感在图 2-64 所示的关联参考方向下的电感矩阵为$L=\begin{bmatrix} 4 & -3 \\ -3 & 6 \end{bmatrix}$试求将其改为图 2-64(b)所示连接的等值电感$\hat{L}$。

(5) 已知理想运算电路图 2-65 所示的输出电压：$u_o=-4u_1-7u_2$, 而$R_f=10kΩ$, 试求电阻R_1和R_2。

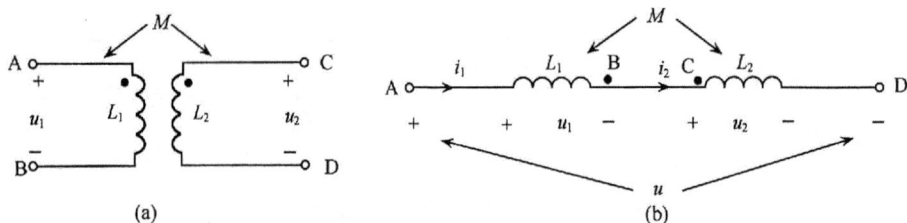

(a)　　　　　　　　　(b)

图 2-64　习题 2.2(4)图

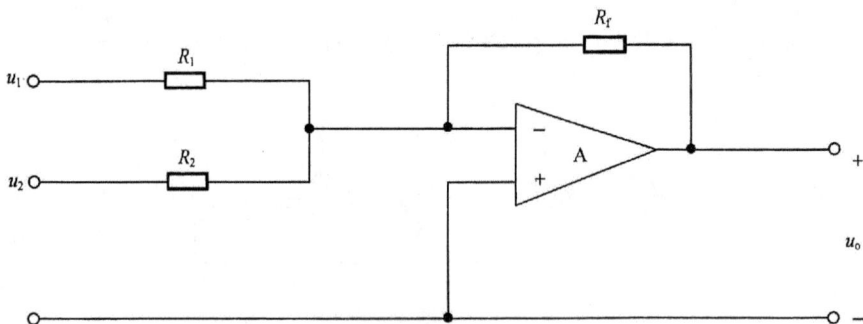

图 2-65　习题 2.2(5)图

（6）试求图 2-66 所示理想变压器的输入电阻 R_i。

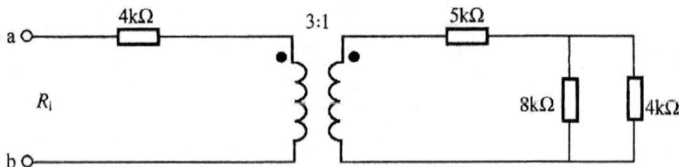

图 2-66　习题 2.2(6)图

2.3　已知以下二端电路元件的特性方程：

（1）$10i+3u=0$；　　　（2）$u=(\cos 4t)i+5$；　　　（3）$q=e^{-u}$；

（4）$\varphi=i^2$；　　　　　（5）$i=\tanh\varphi$；　　　　　　（6）$2u+i=8$；

（7）$i=3+\sin\omega t$；　　（8）$u=L_n(q+1)$；　　　　（9）$i=u+(\cos 2t)\dfrac{u}{|u|}$；

（10）$u=3i+\cos i$；　　（11）$u=q-q^3$；　　　　　　（12）$i=L_n(u+3)$。

试确定这些二端元件的名称，并指出它们是线性的还是非线性的，是时不变的还是时变的，是有源的还是无源的，是双向的还是单向的，以及它们控制变量的类型。

2.4　已知图 2-67 所示为线性时不变电路，由一个电阻、一个电感和一个电容组成，其中：

$$i_1(t)=10e^{-t}-20e^{-2t},\qquad t\geqslant 0$$

$$u_1(t)=-5e^{-t}+20e^{-2t},\qquad t\geqslant 0$$

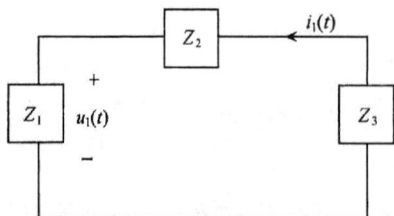

图 2-67　习题 2.4 图

若在 $t=0$ 时电路的总储能 $W(0)=25$J，试确定

Z_1、Z_2、Z_3 的性质及参数值。

2.5 画出与下列函数表达式对应的波形。

(1) $3\delta(t-2)$；　　　(2) $\delta(t-1)+\delta(t-2)$；　　　(3) $\cos(2t-60°)U(t)$；

(4) $U(-t)$；　　　(5) $U(t)-2U(t-1)$；　　　(6) $e^{2t}\cos t$；

(7) $r(t)\sin t$；　　　(8) $P_{\frac{1}{2}}(t-2)$。

2.6 试确定图 2-68(a)、图 2-68(b) 所示电路中电阻器、电压源、电流源上的功率，并指出电阻器消耗功率的来源。

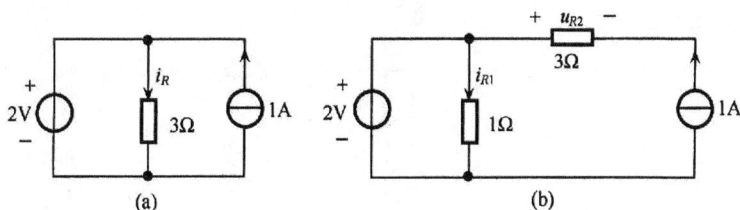

图 2-68　习题 2.6 图

2.7 试求图 2-69 电路的输入电阻 $R_i=R_{AB}$。

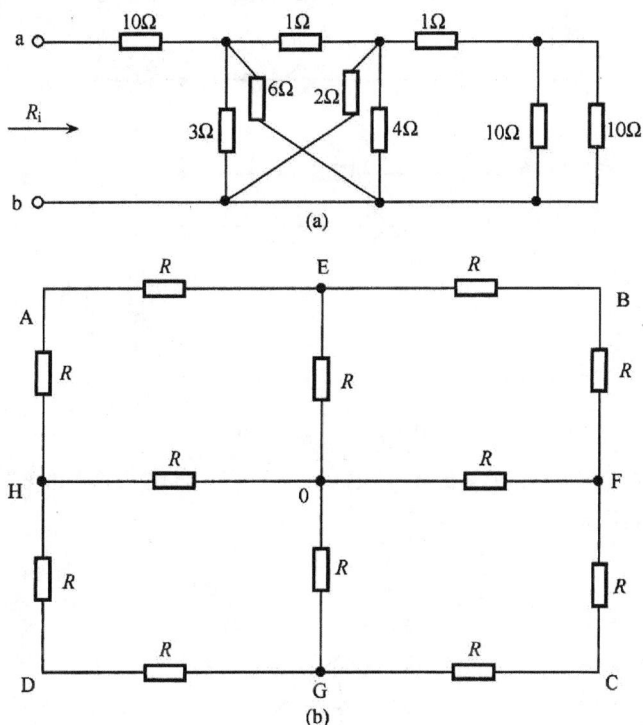

图 2-69　习题 2.7 图

2.8 试求图 2-70(a)、(b) 所示电路的输入电阻 R_i。

2.9 试将图 2-71 所示的两个受控源分别用等值电阻元件取代。如果 R_2、R_3 或 R_4 支路中含有独立源，试问受控源能否用无源元件来取代？为什么？通过本题能得出什么结论？

(a)

(b)

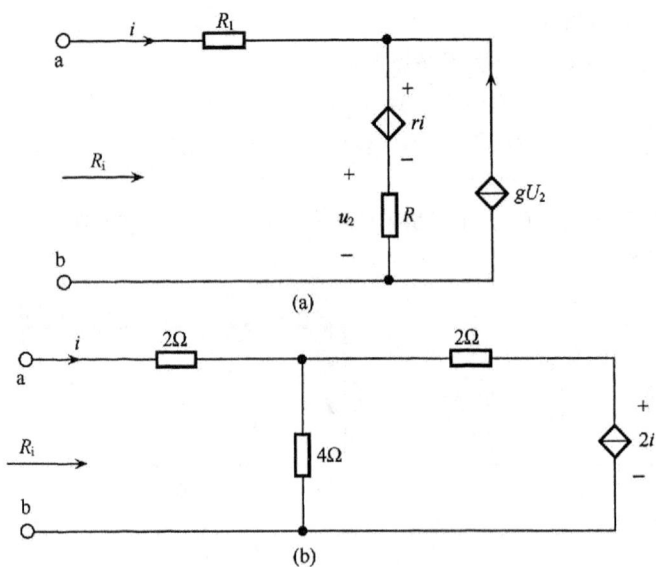

图 2-70 习题 2.8 图

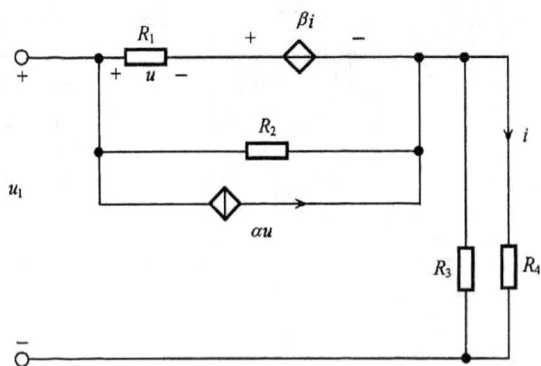

图 2-71 习题 2.9 图

2.10 通过 $L=2\mathrm{mH}$ 电感的电流波形如图 2-72 所示,试写出在关联参考方向下电感电压和功率以及能量的表达式。

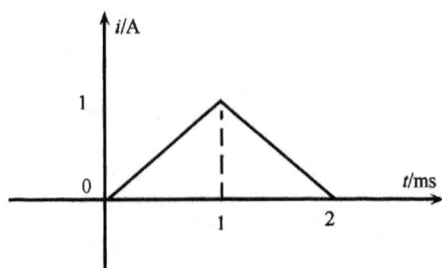

图 2-72 习题 2.10 图

2.11 在关联参考方向下,电容两端的电压和电流波形如图2-73所示。求电容C,画出电容功率的波形,并计算当$t=2$ms时电容所吸收的功率和储存的能量。

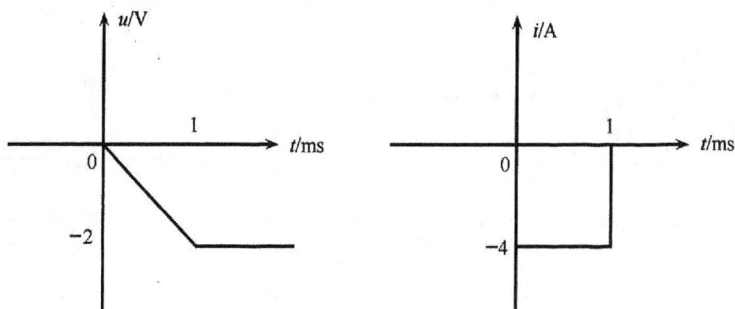

图 2-73 习题 2.11 图

2.12 在图 2-74 所示电路中,N 为某用电设备,今测量得$U_N=6$V,$I_N=1$A,其所有电流参考方向如图中所示,选取关联参考方向。试求:(1) 未知电阻R的值。(2) 电压源和电流源产生的功率。

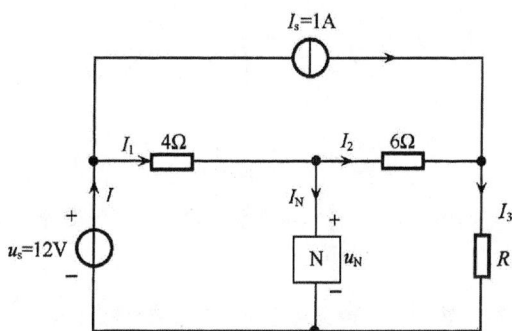

图 2-74 习题 2.12 图

2.13 在图 2-75(a)所示电路中,电容C和电感L无初始储能,欲使电感L中的电流$i_L(t)$有如图 2-75(b)所示波形,试求激励电压源信号$u_s(t)$的函数表达式。

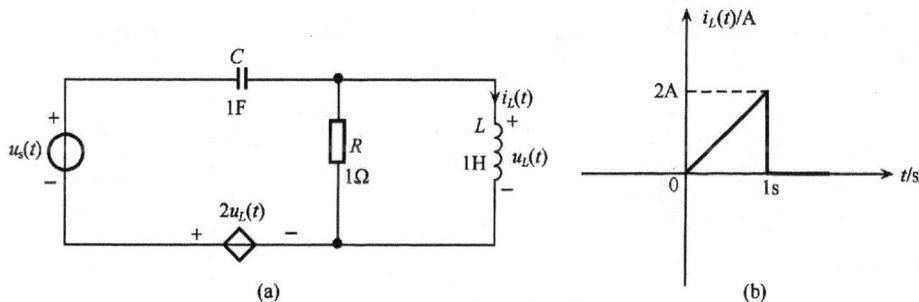

图 2-75 习题 2.13 图

2.14 在图 2-76 所示电路中运算放大器为理想运算放大器,试证明虚线框内电路可以实现一个回转器,若图中所有电阻相等且$R=10\text{k}\Omega$,$C=0.1\text{F}$,求其模拟电感L的值。

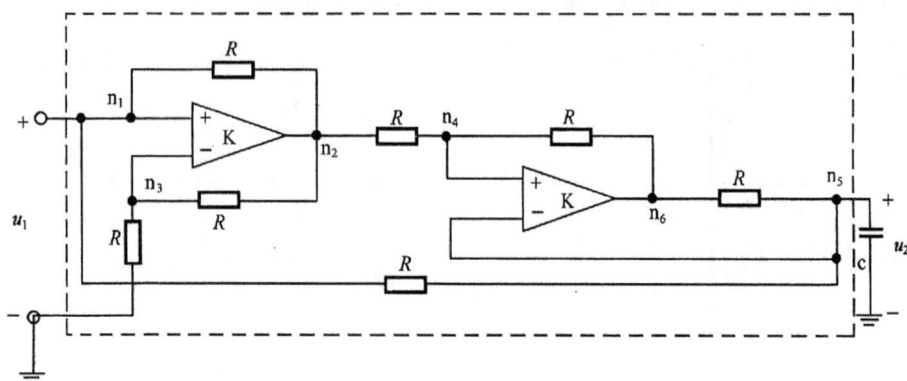

图 2-76　习题 2.14 图

2.15　试证明图 2-77 所示回转器电路,可以模拟一个浮地电感,并求出此电感的值。

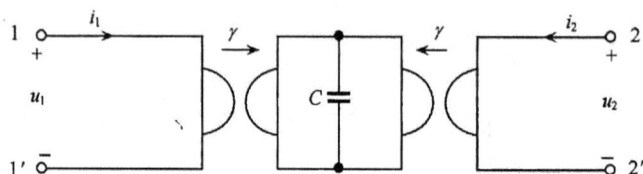

图 2-77　习题 2.15 图

2.16　若将图 2-77 电路中电容C去掉,试证明这种两个回转器的级联,可以模拟一个理想变压器,并求出其变压比n。

2.17　一耦合电感器在图 2-78(a)的参考方向下有电感矩阵:$L=\begin{bmatrix} 4 & -3 \\ -3 & 6 \end{bmatrix}$

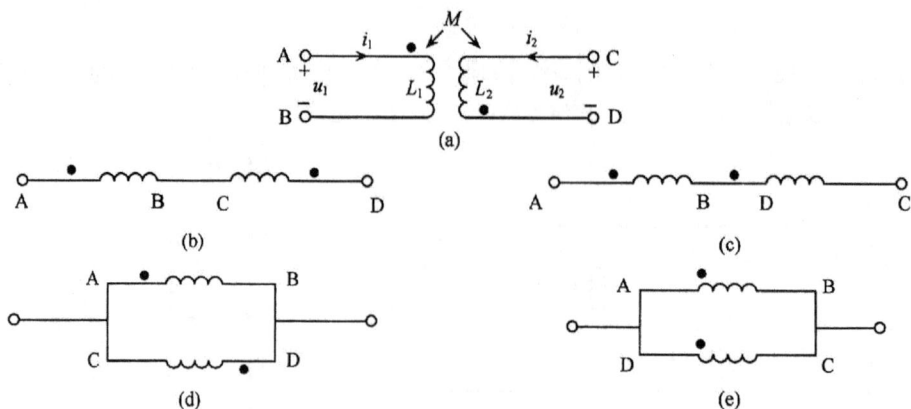

图 2-78　习题 2.17 图

(1) 试求该图在(b)、(c)、(d)、(e)四种连接方式下的等值电感。

(2) 总结出耦合电感串联、并联的计算公式。

2.18 线性时不变耦合电感器也可用理想变压器和二端电感器来等效,试证明图 2-79(b) 可与图 2-79(a)等效,并求在二者等效时 L_b 和 $\dfrac{n_1}{n_2}$ 与 L_a 与 M 的关系。

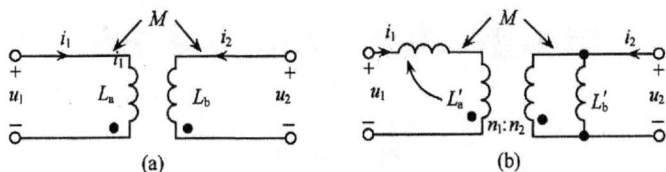

图 2-79 习题 2.18 图

2.19 试求图 2-80 所示理想变压器电路的输入电阻 R_i。

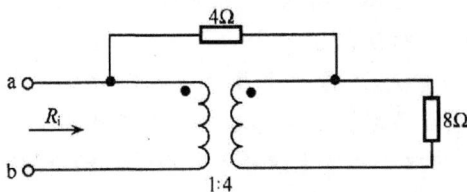

图 2-80 习题 2.19 图

2.20 试证明图 2-81 所示电路可以实现一个负阻抗转换器,并求出此负阻 R_i 是多少?

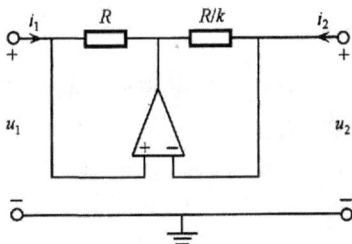

图 2-81 习题 2.20 图

2.21 已知一网络的 I/O 关系由下列方程确定,试判定该网络是线性还是非线性。

(1) $\dfrac{\mathrm{d}y(t)}{\mathrm{d}t} + y(t) = u^2(t) + u(t)$;

(2) $\dfrac{\mathrm{d}^2 y(t)}{\mathrm{d}t^2} + y(t) = u^2(t) + \displaystyle\int_0^t u(\tau)\mathrm{d}\tau$;

(3) $y(t) = i + u(t)\sin\omega t$。

2.22 已知某一网络 I/O 关系由下面特性方程确定,试判定此网络是时变还是时不变网络。

(1) $y(t) = tu(t) + 1$;

(2) $y(t) + \dfrac{\mathrm{d}^2 y(t)}{\mathrm{d}t^2} = u(t) + \dfrac{\mathrm{d}u(t)}{\mathrm{d}t}$;

(3) $y(t) = t - \displaystyle\int_0^t u(\tau)\mathrm{d}\tau$。

第3章 电路分析的基本方法

内 容 提 要

本章通过电阻电路的一般分析方法的介绍,详细讲解电路分析中常用的方法,即电阻电路等效分析法、支路电流分析法、回路电流分析法、网孔电流分析法和节点电压分析法。重点讲解了回路电流分析法、网孔电流分析法和节点电压分析法。

本章是本书的重点,本章所讲解的电路分析方法是本书以后章节中其他电路分析方法的基础。本章的难点是用节点电压法求解含电压源支路的电路,以及用回路分析法求解含电流源支路的电路。

3.1 电阻电路等效分析法

3.1.1 电阻的串联和并联

电路元件中最基本的联接方式就是串联和并联。本节内容已在高中课程学习过,通过示例再回顾这部分内容。

例3.1 电路如图3-1所示。求:(1)a、b两端的等效电阻R_{ab}。(2)c、d两端的等效电阻R_{cd}。

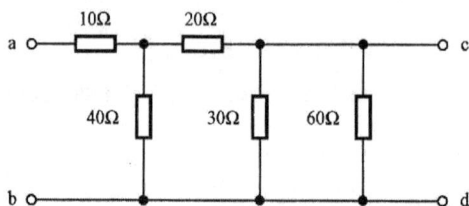

图3-1 例3.1图

解 (1)求解R_{ab}的过程如图3-2所示。

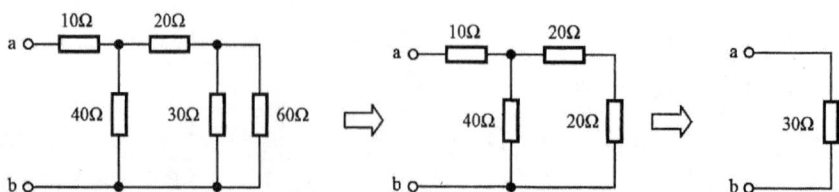

图3-2 求电阻R_{ab}的过程

所以

$$R_{ab} = 30(\Omega)$$

（2）求R_{cd}时，一些电阻的连接关系发生了变化，10Ω电阻对于求R_{cd}不起作用。R_{cd}的求解过程如3-3图所示。

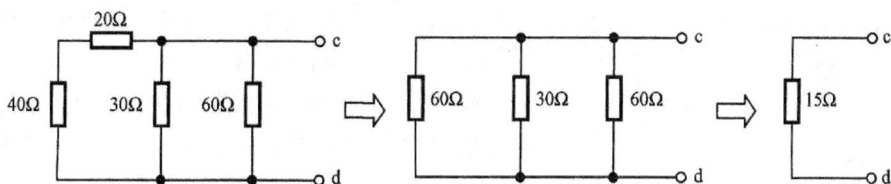

图 3-3　求电阻R_{cd}的过程

所以

$$R_{cd} = 15\Omega$$

例3.2　求图3-4所示惠斯通电桥的平衡条件。

解　电桥平衡时，检流计G的读数为零。因此所谓电桥平衡的条件就是指电阻R_1、R_2、R_3、R_4满足什么关系时，检流计的读数为零。

检流计的读数为零，即$i_g = 0$时，检流计所在的支路相当于开路，故有

$$i_1 = i_3, \qquad i_2 = i_4$$

另外，由于检流计的读数为零，电阻R_5上的电压为零，结点b、c之间是一条短路线，因此

$$u_{ab} = 0$$

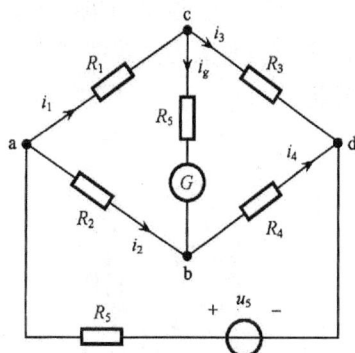

图 3-4　例3.2图

所以

$$u_{ac} = u_{ab}, \qquad u_{cd} = u_{bd}$$

即

$$R_1 i_1 = R_2 i_2, \qquad R_3 i_3 = R_4 i_4$$

两式相比有

$$R_1/R_3 = R_2/R_4$$

即电桥平衡的条件是

$$R_1 R_4 = R_2 R_3$$

3.1.2　电阻的三角形连接与星形连接

1. 电阻的三角形(△)与星形(Y)连接

图3-5所示电路的各电阻之间既非串联连接又非并联连接。如求a、b间的等效

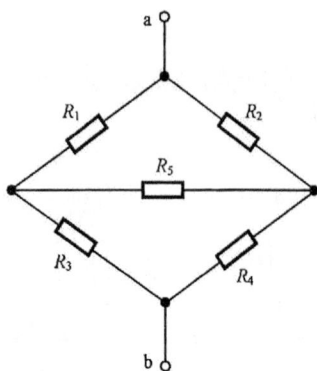

图 3-5 混联电路

电阻,则无法再利用电阻串联、并联的计算方法得到简单求解。

当三个电阻首尾相连,并且三个连接点又分别与电路的其他部分相连时,这三个电阻的连接关系称为三角形(△)连接。图 3-5 所示电路中电阻 R_1、R_2、R_5,R_3、R_4、R_5 均为三角形(△)连接。

当三个电阻的一端接在公共结点上,而另一端分别接在电路的其他三个结点上时,这三个电阻的连接关系称为星形(Y)连接。图3-5 所示电路中电阻 R_1、R_5、R_3,R_2、R_5、R_4 的连接形式就是星形(Y)连接。

2. △联接与 Y 联接的等效变换

Y 连接与△连接的电阻电路如图 3-6(a)和图 3-6(b)所示。在电路分析中,如果将 Y 连接等效为△连接或者将△连接等效为 Y 连接,就会使电路变得简单而易于分析。

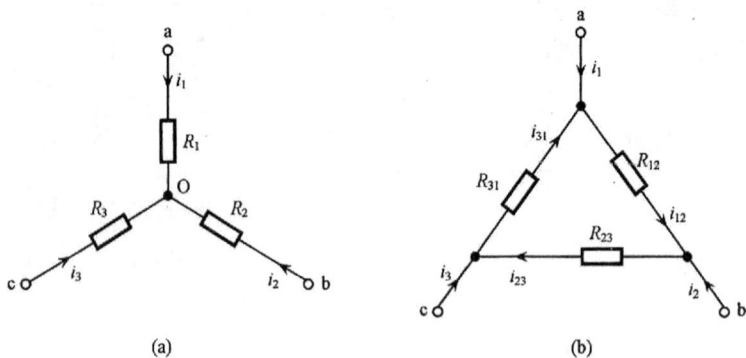

图 3-6 电阻的△联接与 Y 联接

由 Y 连接变为△连接的关系式如下:
已知:R_1、R_2、R_3,求 R_{12}、R_{23}、R_{31}。

$$R_{12} = \frac{R_1R_2 + R_2R_3 + R_3R_1}{R_3}$$

$$R_{23} = \frac{R_1R_2 + R_2R_3 + R_3R_1}{R_1}$$

$$R_{31} = \frac{R_1R_2 + R_2R_3 + R_3R_1}{R_2}$$

由△连接转换到 Y 连接的关系式如下:
已知:R_{12}、R_{23}、R_{31},求 R_1、R_2、R_3。

$$R_1 = \frac{R_{31}R_{12}}{R_{12} + R_{23} + R_{31}}$$

$$R_2 = \frac{R_{12}R_{23}}{R_{12} + R_{23} + R_{31}}$$

$$R_3 = \frac{R_{23}R_{31}}{R_{12} + R_{23} + R_{31}}$$

当△连接的三个电阻相等,都等于$R_\triangle$时,那么由上式可知,等效为Y连接的三个电阻也必然相等,记为R_Y,反之亦然。并有

$$R_Y = \frac{1}{3}R_\triangle$$

3. 举例

例 3.3 求图 3-7 所示电路的等值电阻 R_{ab}。

解 (解法 1)将电路上面的△连接部分等效为 Y 连接,如图 3-8 所示。

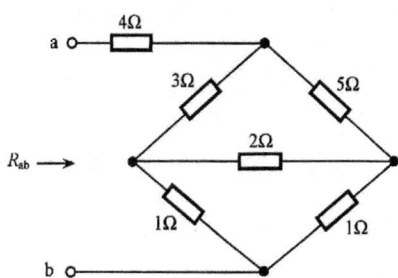

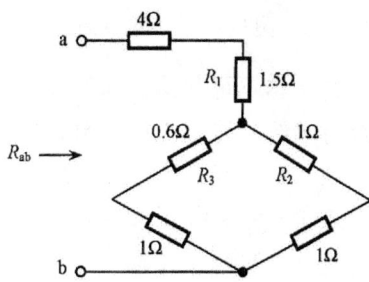

图 3-7 例 3.3 图 　　　　图 3-8 变换电路图

其中:

$$R_1 = \frac{3 \times 5}{3 + 5 + 2} = 1.5\Omega$$

$$R_2 = \frac{2 \times 5}{3 + 5 + 2} = 1\Omega$$

$$R_3 = \frac{2 \times 3}{3 + 5 + 2} = 0.6\Omega$$

$$\therefore R_{ab} = 4 + 1.5 + \frac{2 \times 1.6}{2 + 1.6} = 5.5 + 0.89 = 6.39\Omega$$

解 (解法 2)将原电路图中 1Ω、2Ω 和 3Ω 三个 Y 连接的电阻变换成△连接,如图 3-9 所示。

其中:

$$R_1 = \frac{1 \times 2 + 2 \times 3 + 3 \times 1}{1} = 11\Omega$$

$$R_2 = \frac{1 \times 2 + 2 \times 3 + 3 \times 1}{3} = 3.67\Omega$$

$$R_3 = \frac{1 \times 2 + 2 \times 3 + 3 \times 1}{2} = 5.5\Omega$$

所以

$$R_{ab} = 4 + \frac{5.5 \times 4.224}{5.5 + 4.224} = 6.39\Omega$$

两种方法求出的结果完全相等。

例3.4 电路如图3-10所示,各电阻的阻值均为1Ω。试求a、b间的等效电阻。

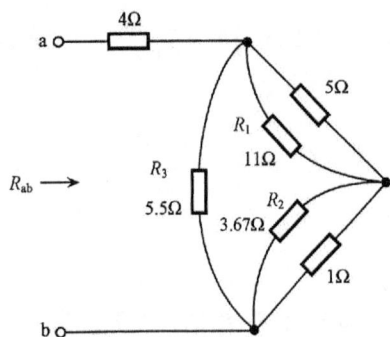

图3-9 变换电路图   图3-10 例3.4图

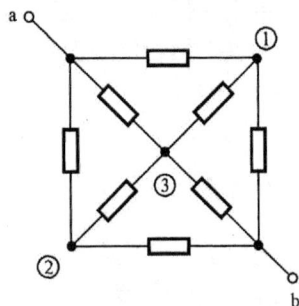

解 本题可利用△与Y形之间的等效变换进行求解,但也可利用电路的对称性进行求解。这里采用后面一种方法。

在a、b间施加电压时,结点①和结点②是两个对称结点,为等电位点。因此可将结点①与结点②短接,如图3-11(a)所示。

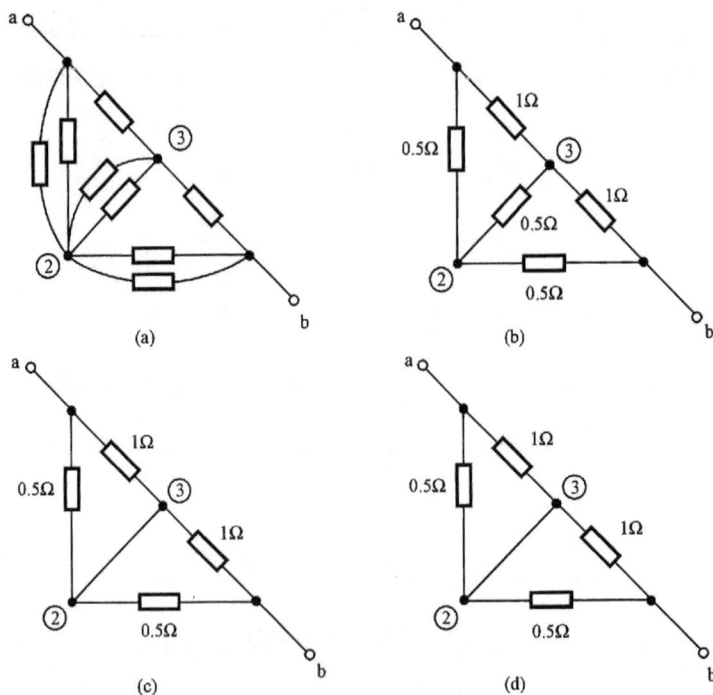

图3-11 例3.4解题过程

图 3-11(b)所示电路为图 3-11(a)的等效电路,该电路满足电桥平衡条件,故结点②与结点③可视为短路,见图 3-11(c)。另外电桥平衡时,图 3-11(b)中结点②与结点③间的支路电流为零,所以结点②与结点③之间也可视为开路,如图 3-11(d)所示。由图 3-11(c)或图 3-11(d)均可求得

$$R_{ab} = \frac{2}{3}\Omega$$

例 3.5 图 3-12 所示电路(a)为一个无限链形网络,每个环节由 R_1 与 R_2 组成,求输入电阻 R_{ab}。

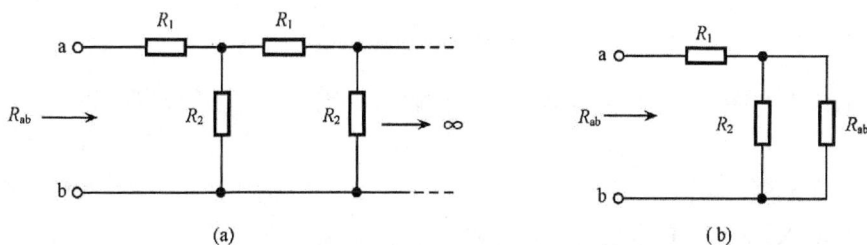

图 3-12　例 3.5 图

解 因为是无限链形网络,所以在输入端去掉一个或增加一个(或有限个)环节,网络的输入电阻不变,如图 3-12(b)所示,故有

$$R_{ab} = R_1 + \frac{R_2 R_{ab}}{R_2 + R_{ab}}$$

即

$$R_{ab}^2 - R_1 R_{ab} - R_1 R_2 = 0$$

解得

$$R_{ab} = \frac{R_1 \pm \sqrt{R_1^2 + 4 R_1 R_2}}{2}$$

因为

$$R_{ab} > 0$$

所以

$$R_{ab} = \frac{R_1 + \sqrt{R_1^2 + 4 R_1 R_2}}{2}$$

3.1.3　电阻电路等效分析法应用示例

(1) 为求电路中某一支路的电流和电压,运用等效化简分析方法时,将待求支路固定不动,电路的其余部分根据上述等效变化化简电路的基本方法,按"由远而进"逐步进行等效化简,化简成为单回路或单节偶等效电路。于是,根据等效电路,运用 KVL 或 KCL 和元件的 VAR,或分压与分流关系,计算出待求支路的电压和

电流。

(2) 对于有受控源的含源线形二端网络进行等效化简时,受控源按独立电源处理。但是,在等效变换化简电路的过程中,受控源的控制量支路应该保留。应注意的是,受控源的控制量应在端口及端口内部。

(3) 对于含受控源的无源二端网络,等效化简为一个等效电阻R_0。这时可以采用网络端口外加电压源电压或电流源电流的伏安关系来求解。

1) 在无源二端网络端口外加电压源u,则产生输入电流i。运用KVL、KCL和元件VAR,求出端口电压u与电流的i关系式。则等效电阻为

$$R_0 = \frac{u}{i}$$

若端口外加电压$u = 1V$,求出端口的输入电流i值。则等效电阻为
$$R_0 = 1/i\,\Omega$$

2) 在无源二端网络端口外加电流源电流i值。则产生电压u。运用KVL、KCL和元件VAR,求出端口电压u与电流i的关系式。则等效电阻为
$$R_0 = u/i$$

若端口外加电流$i = 1A$,求出端口电压u值。则等效电阻为
$$R_0 = u\,\Omega$$

先任意假定无源二端网络中某一支路电流或电压值,根据元件的VAR和KVL、KCL,计算出端口电压u和输入电流i的数值。则等效电阻为
$$R_0 = u/i$$

例3.6 应用等效化简方法分析含源线形电路。如图3-13(a)所示电路,试用等效化简电路的方法,求5Ω电阻元件支路的电流I和电压U。

解 (1) 进行等效化简,步骤如下:①将图3-13(a)中6Ω电阻拆除并将3Ω电阻置零,得出如图3-13(b)所示等效电路;②将图3-13(b)中10V电压源模型支路等效变换为电流源模型支路,得出如图3-13(c)所示等效电路;③将图3-13(c)中两串联

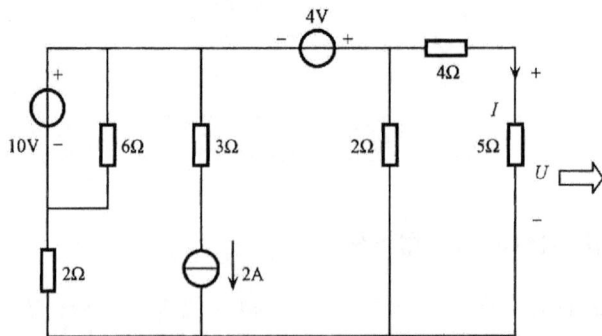

(a)

图 3-13　例 3.6 图

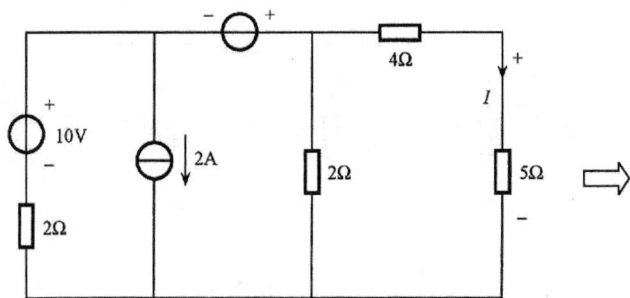

(b)

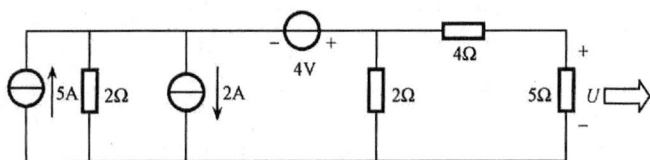

(c)

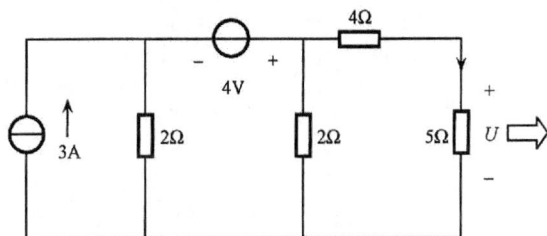

(d)

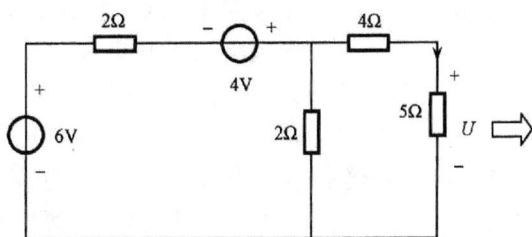

(e)

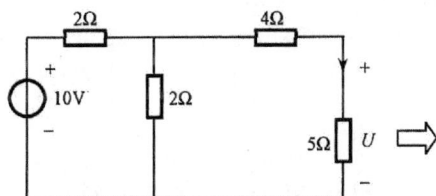

(f)

图 3-13 例 3.6 图 (续)

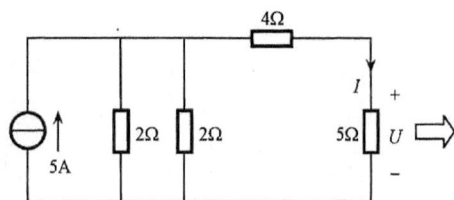

(g)

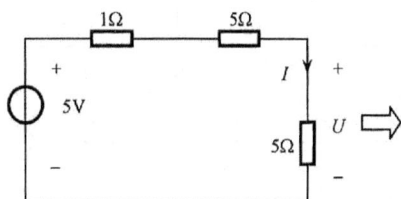

(h)

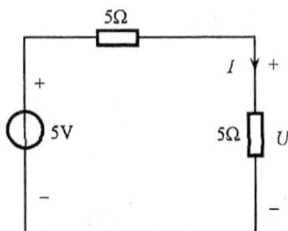

(i)

图 3-13　例 3.6 图(续)

电压源合并为一个 3A 电压源,得出如图 3-13(d)所示等效电路;④将 3A 电流源模型 支路等效为 6V 电压源模型支路,得出如图 3-13(e)所示等效电路;⑤将图 3-13 (e)中两串联电压源合并为一个 10V 电压源,得出如图 3-13(f)所示等效电路;⑥将 图 3-13(f)中 10V 电压源模型等效变换为 5A 电流源模型,得出如图 3-13(g)所示等 效电路;将图 3-13(g)中两并联的 2Ω 电阻元件合并为一个 1Ω 电阻元件,再将 5A 电 流源模型等效变换为 5V 电压源模型,得出如图 3-13(h)所示等效电路;将图 3-13 (h)中 1Ω 与 4Ω 串联电阻合并为一个 5Ω 电阻元件,得出最简单的单回路等效电路 如图 3-13(i)所示。

(2) 计算待求支路的电流和电压。

根据图 3-13(i)等效电路,回路电流

$$I = \frac{5}{5+5} = 0.5A$$

电压为

$$U = 5I = 5 \times 0.5 = 2.5V$$

例3.7　含受控源电路等效化简分析计算。如图 3-14(a)所示电路,应用等效化 简方法,求 ab 支路电流 I_0 和电压 U_0。

解　(解法 1):(1) 保留 ab 支路不变,将电路进行等效化简。其步骤如下:将图

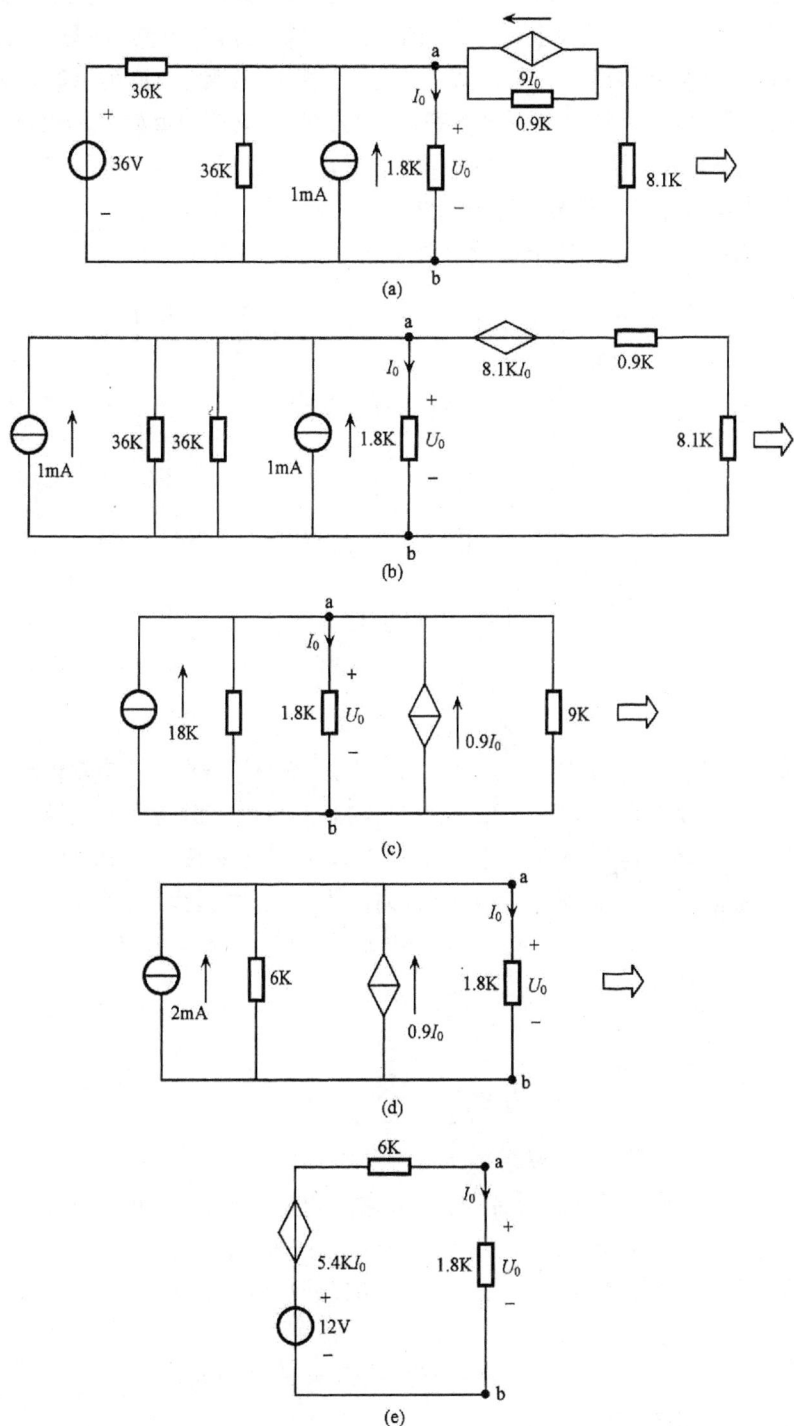

图 3-14 例 3.7 图

3-14(a)中36V 电压源模型等效变换为1mA 电流源模型,又将9I_0受控电流源模型等效变换为受控电压源模型,得出如图 3-14(b)所示等效电路;将图 3-14(b)中两36K 并联电阻合并得出一个18K 等效电阻,又将0.9K 和8.1K 两串联电阻合并为9K 等效电阻,并将受控电压源模型等效变换为受控电流源模型,得出如图 3-14(c)所示等效电路;将图 3-14(c) 中18K 和9K 两并联电阻合并为一个6K 等效电阻,得出如图 3-14(d)所示的单节偶等效电路。

(2) 根据图 3-14(d)所示等效电路。列节点 KCL 方程为

$$- 2 \times 10^{-3} + I_0 - 0.9I_0 + \frac{U_0}{6 \times 10^3} = 0$$

$$0.1I_0 + \frac{U_0}{6 \times 10^3} = 2 \times 10^{-3}$$

$$0.1\left(\frac{U_0}{1.8 \times 10^3}\right) + \frac{U_0}{6 \times 10^3} = 2 \times 10^{-3}$$

$$\frac{4U_0}{18 \times 10^3} = 2 \times 10^{-3}$$

$$U_0 = \frac{2 \times 18}{4} = 9\text{V}$$

$$I_0 = \frac{U_0}{1.8 \times 10^3} = \frac{9}{1.8 \times 10^3} = 5\text{mA}$$

解 (解法2)(1) 将图 3-14(a)电路按上述解法之一的步骤等效化简为如图 3-14(d) 所示等效电路。保留 ab 支路不动,将含受控电流源的电流源模型等效变换为含受控电压源的电压源模型,得出如图 3-14(e)所示单回路等效电路。

(2) 根据图 3-14(e)所示等效电路,列回路 KVL 方程为

$$(6 \times 10^3 + 1.8 \times 10^3)I_0 = 12 + 5.4 \times 10^3 I_0$$

$$2.4 \times 10^3 I_0 = 12$$

所以

$$I_0 = \frac{12}{2.4 \times 10^3} = 5\text{mA}$$

$$U_0 = 1.8kI_0 = 1.8 \times 10^3 \times 5 \times 10^{-3} = 9\text{V}$$

例3.8 含受控源无源二端网络端口输入电阻的计算。如图 3-15(a)所示电路,求 a、b 端口的输入电阻 R_0。

解 (解法1)如图 3-15(b)所示,a、b 端口外加电压源电压 U,端口输入电流为 I。列 KVL 方程为

$$U = 3I + 2I_0 + 2I_0 = 3I + 4I_0$$

按分流关系计算 I_0,得出

$$I_0 = \frac{4}{2+4}\left(I - \frac{U - 3I}{8}\right) = \frac{11}{12}I - \frac{1}{12}U$$

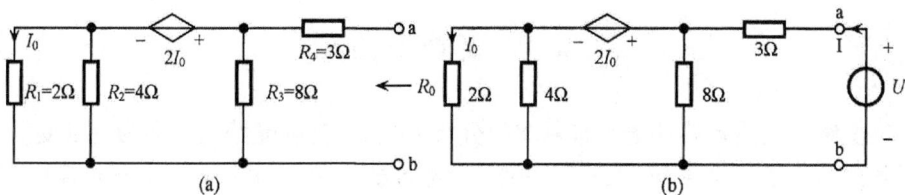

图 3-15 例 3.8 图

将 I_0 代入 U 得出

$$U = 3I + 4\left(\frac{11}{12}I - \frac{1}{12}U\right) = \frac{20}{3}I - \frac{U}{3}$$

移项后得出

$$4U = 20I$$

所以

$$R_0 = \frac{U}{I} = \frac{20}{4} = 5\Omega$$

解 (解法 2)按图 3-15(b)所示电路,端口外加电压源电压 U,产生输入电流 I。为计算端口电压 U 和 I 的数值,现假定受控电压源控制支路电流 $I_0 = 1A$,则有

(1) R_1 和 R_2 两端的电压为

$$2 \times 1 = 2V$$

(2) R_2 支路的电流为

$$\frac{2}{4} = 0.5A$$

故通过受控电压源的电流为

$$1 + 0.5 = 1.5A$$

(3) 受控电压源的电压为

$$2I_0 = 2 \times 1 = 2V$$

电阻 R_3 两端的电压为

$$2 + 2 = 4V$$

(4) 按 KCL 输入电流为

$$I = 0.5 + 1.5 = 2A$$

(5) a、b 端口的电压为

$$U = 3 \times 2 + 2 + 2 = 10V$$

(6) a、b 端口的输入电阻为

$$R_0 = \frac{U}{I} = \frac{10}{2} = 5\Omega$$

由此可见,上述两种方法计算结果相同。后一种分析计算方法较前者简便。

3.2 支路电流法

支路电流法是线性电路最基本的分析方法。它是以支路电流作为待求变量,根据基尔霍夫电流定律(KCL)建立独立的电流方程,根据基尔霍夫电压定律(KVL)建立独立的电压方程,然后联立方程求得支路电流。

下面通过例题介绍该分析方法的具体求解过程。

例3.9 用支路电流法求解如图3-16所示电路。

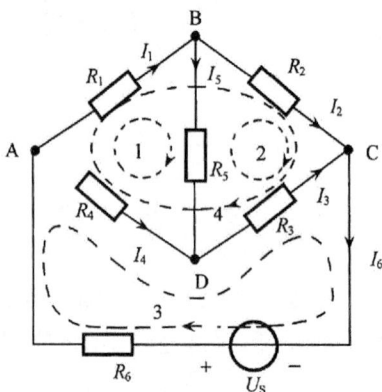

图3-16 例3.9图

解 各支路电流如图3-16所示,支路有6条,故变量有6个。

如果一个电路有n个节点,那么对于每个节点都可以列出相应的KCL方程,但是其中只有$n-1$个节点的KCL方程是独立的。

本电路有4个节点,所以有3个独立的KCL方程。建立KCL方程时,选择4个节点中的任意3个即可,并假设流出节点的电流为正,流入节点的电流为负。于是有KCL方程

节点A $\qquad\qquad\qquad\qquad I_1+I_4+I_6=0 \qquad\qquad\qquad\qquad (1)$

节点B $\qquad\qquad\qquad\qquad -I_1+I_2+I_5=0 \qquad\qquad\qquad\qquad (2)$

节点C $\qquad\qquad\qquad\qquad -I_2-I_3+I_6=0 \qquad\qquad\qquad\qquad (3)$

因为有6个变量,故还需要3个方程方能求得支路电流。这3个方程可以通过3个回路建立3个独立的KVL方程来获得。图3-16所示电路有若干个回路,如何从中选取3个独立的回路呢?确保方程独立的充分条件是每一个回路必须至少含有1条其他回路所没有的支路。这里选回路1、2、3如图3-16所示,列写KVL方程,并假设压降方向与回路绕向一致时取正,反之取负。KVL方程

回路1 $\qquad\qquad\qquad\qquad R_1I_1+R_5I_5-R_4I_4=0 \qquad\qquad\qquad\qquad (4)$

回路2 $\qquad\qquad\qquad\qquad R_2I_2-R_3I_3-R_5I_5=0 \qquad\qquad\qquad\qquad (5)$

回路3 $$R_4I_4+R_3I_3-U_s+R_6I_6=0 \tag{6}$$

联立求解(1)～(6)这6个方程便可求得支路电流I_1～I_6。但需要说明的是,如果列写KVL方程时选取的回路是回路1、2、4(如图3-16),则方程不独立。在选取独立回路列KVL方程时,除按前面提到的方法选取之外,按网孔建立的KVL方程也是完全独立的。

例3.10 用支路电流法求图3-17(a)所示电路的电压u_1和u_2。

已知:$R_1=1\Omega,R_2=2\Omega,R_3=3\Omega,u_{s1}=1V,u_{s2}=2V$。

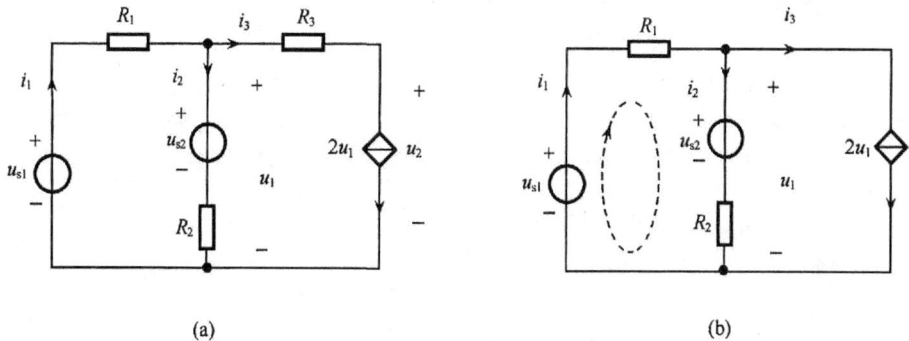

(a)   (b)

图3-17 例3.10图

解 设支路电流i_1、i_2、i_3如图3-17所示。受控源$2u_1$同独立源处理方式相同,由于电阻R_3与电流源串联,故将其短路后[如图3-17(b)]并不影响支路电流i_1、i_2、i_3以及电压u_1的求解。电路共有2个节点,选其中任意一个节点建立KCL方程均可,其方程为

$$i_1-i_2-i_3=0 \tag{1}$$

对图3-17(b)所示的虚线回路建立KVL方程

$$-u_{s1}+R_1i_1+u_{s2}+R_2i_2=0 \tag{2}$$

由于支路电流i_3的数值就是受控电流源的数值,所以

$$i_3=2u_1 \tag{3}$$

支路电流法未知量是支路电流,故式(3)中的控制量u_1应转换为支路电流表示,即

$$u_1=u_{s2}+R_2i_2 \tag{4}$$

代入数据并联立方程(1)、(2)、(3)和(4),求解得

$$i_1=0.43A, \quad i_2=-0.71A, \quad i_3=1.14A, \quad u_1=0.57V$$

但求解受控源上的电压u_2时,不能延用图3-17(b)所示的电路,应回到原电路即图3-17(a)所示的电路中进行求解,此时

$$u_1=-R_3i_3+u_{s2}+R_2i_2$$
$$=-3\times1.14+2+2\times(-0.71)$$

$$= - 2.84\text{V}$$

支路电压法、支路电流法比较见表3-1。

表3-1　2b法、支路电压法、支路电流法比较

名称	方法简述	方　　　程	说明	优缺点
2b法	以 b 个支路电流 i_k 和 b 个支路电压 u_k 为变量列写 2b 个方程，并直接求解	① 由 KCL 得 $n-1$ 个 $\sum i_k = 0$ ② 由 KVL 得 $l(l=b-n+1)$ 个：$\sum u_k = 0$ ③ 由 b 条支路（或元件）得 b 个 VCR 方程		优点：列写方程容易 缺点：方程数目多
支路电压法	以 b 个支路电压 u_k 为变量列写 b 个方程，并直接求解	① 由 KVL 得 $l(l=b-n+1)$ 个：$\sum u_k = 0$ ② $n-1$ 个：$\sum G_k u_k = \sum i_{sk}$	$\sum G_k u_k = \sum i_{sk}$ 式由 2b 法中的式 ①和式③推出	应用较少
支路电流法	以 b 个支路电流 i_k 为变量列写 b 个方程，并直接求解	① 由 KCL 的 $n-1$ 个：$\sum i_k = 0$ ② $l(l=b-n+1)$ 个：$\sum R_k i_k = \sum u_{sk}$	$\sum R_k i_k = \sum u_{sk}$ 式由 2b 法中的式 ① 和式 ③ 推出	列写方程容易 方程数较少 应用较多
支路电流法	$\sum R_k i_k = \sum u_{sk}$ 左侧表示某一回路所有电阻"电压降"的代数和，当回路绕向与 i_k 同向时，$R_k i_k$ 前取"＋"号，反之取"－"号；右侧表示回路中所有电压源"电压升"的代数和，当回路绕向与电压源同向时，u_{sk} 前取"－"号，反之取"＋"号。对含有受控源的情况，处理方法与回路电流法相似，这一问题将在回路法中介绍			

3.3　节点分析法

"适当的一组电压变量"应具有下列性质：

(1) 一旦由方程解得它们后，电路中每一电压和电流都可由 KCL 和 VCR 很容易求得。

(2) 它们之间不能用 KVL 联系，即它们必须是彼此独立无关的，任一个电压不能用其他电压来表示。

这两个性质表明它们应是"一组完备的独立电压变量"。

在电路中，若任意选择一个节点为参考点，则其余每一节点对参考点的电压叫作节点电压。有 N 个节点的电路，其节点电压数为 $m=N-1$，这 m 个节点电压就是一组完备的、独立的电压变量。因此，一旦节点电压求得后，则任意支路的两节点之间的电压即为已知，$U_{ij}=U_i-U_j$，因而该支路电流由 VCR 确定。由于各节点电压不能用 KVL 联系，即任一节点电压不能用其他节点电压来表示，所以它们之间是彼此独立无关的。由于电路中每个节点的电流是受 KCL 约束的，所以应用 KCL 即可列出电路的节点方程。

下面举例说明节点电压方程组的建立方法。如图3-18所示,电路有$N=4$个节点,选节点n_4为参考点,则节点电压为$U_1,U_2,U_3(m=N-1=3)$。既然它们之间不能用 KVL 相联系,那么只能根据 KCL 和 VCR 来列写方程。

对节点n_1、n_2、n_3运用 KCL 有

$$\left.\begin{array}{l} I_1 + I_5 - I_{s1} + I_{s2} = 0 \\ -I_1 + I_2 + I_3 = 0 \\ -I_3 + I_4 - I_5 - I_{s2} + I_{s3} = 0 \end{array}\right\}$$

$$(3.1)$$

列出支路 VCR

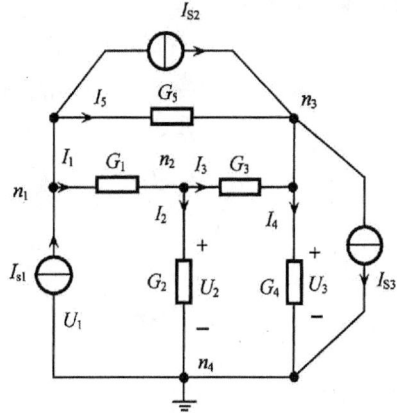

图 3-18　节点电压的组建方法

$$\left.\begin{array}{l} I_1 = G_1(U_1 - U_2) \\ I_2 = G_2 U_2 \\ I_3 = G_3(U_2 - U_3) \\ I_4 = G_4 U_3 \\ I_5 = G_5(U_1 - U_3) \end{array}\right\} \qquad (3.2)$$

式(3.1)代入式(3.2),整理后得

$$\left.\begin{array}{l} (G_1 + G_5)U_1 - G_1 U_2 - G_5 U_3 = I_{s1} - I_{s2} \\ -G_1 U_1 + (G_1 + G_2 + G_3)U_2 - G_3 U_3 = 0 \\ -G_5 U_1 - G_3 U_2 + (G_3 + G_4 + G_5)U_3 = I_{s2} - I_{s3} \end{array}\right\} \qquad (3.3)$$

将式(3.3)概括为

$$\left.\begin{array}{l} G_{11} U_1 + G_{12} U_2 + G_{13} U_3 = I_{s11} \\ G_{21} U_1 + G_{22} U_2 + G_{23} U_3 = I_{s22} \\ G_{31} U_1 + G_{32} U_2 + G_{33} U_3 = I_{s33} \end{array}\right\} \qquad (3.4)$$

式(3.4)即是以节点电压为变量得到的节点方程组(方程数$m=N-1=3$),它们是彼此独立的。求解此方程组可得到U_1、U_2、U_3,进而可算出所有支路电压电流。式(3.4)中G_{11}、G_{22}、G_{33}分别称为节点n_1、n_2、n_3的自电导,它们是与所求节点相连的所有电导的总和。例如$G_{11}=G_1+G_5$;G_{12}为节点n_1、n_2之间的互电导,它是节点n_1、n_2之间公共支路电导负值,即$G_{12}=-G_1$。类似地,G_{13}、G_{21}、G_{23}、G_{31}、G_{32}分别为其下标数字表示的节点之间的互电导,是相应节点间公共支路电导的负值。对不含受控源的线性电路,一般总有

$$G_{12} = G_{21}, \qquad G_{31} = G_{31}, \qquad G_{23} = G_{32}$$

另外,I_{s11}、I_{s22}、I_{s33}分别为流入节点n_1、n_2、n_3的电流源的代数和(即流入取正,流出取负)。一般地,对具有n个节点的电路独立节点数为$m=N-1$,可列$N-1$个

独立的节点方程,即

$$
\left.
\begin{array}{c}
G_{11}U_1 + G_{12}U_2 + \cdots + G_{1m}U_m = I_{s11} \\
G_{21}U_1 + G_{22}U_2 + \cdots + G_{2m}U_m = I_{s22} \\
\cdots\cdots \\
G_{m1}U_1 + G_{m2}U_2 + \cdots + G_{mm}U_m = I_{smm}
\end{array}
\right\}
\tag{3.5a}
$$

或

$$
\begin{bmatrix}
G_{11} & G_{12} & \cdots & G_{1m} \\
G_{21} & G_{22} & \cdots & G_{2m} \\
\vdots & \vdots & & \vdots \\
G_{m1} & G_{m2} & \cdots & G_{mm}
\end{bmatrix}
\begin{bmatrix}
U_1 \\ U_2 \\ \vdots \\ U_m
\end{bmatrix}
=
\begin{bmatrix}
I_{s11} \\ I_{s22} \\ \vdots \\ I_{smm}
\end{bmatrix}
\tag{3.5b}
$$

即

$$
G_m U_m = I_s \tag{3.5c}
$$

根据克拉默法则可得第 j 个节点电压的解为

$$
U_j = \frac{1}{\Delta}(\Delta_{1j}I_{s11} + \Delta_{2j}I_{s22} + \cdots + \Delta_{mj}I_{smm}), \quad j = 1, 2, \cdots, m \tag{3.6}
$$

其中,Δ 为节点方程的系数行列式,即

$$
\Delta =
\begin{bmatrix}
G_{11} & G_{12} & \cdots & G_{1m} \\
G_{21} & G_{22} & \cdots & G_{2m} \\
\vdots & \vdots & & \vdots \\
G_{m1} & G_{m2} & \cdots & G_{mm}
\end{bmatrix}
\tag{3.7}
$$

Δ_{ij} 为 Δ 的代数余因式,即 M_{ij} 为 Δ 划去第 i 行、第 j 列后的子行列式,则

$$
\Delta_{ij} = (-1)^{i+j}M_{ij} \tag{3.8}
$$

这种以节点电压为变量来列写节点方程(3.5)的分析方法称为节点分析法。它适用于任何电路(平面的,非平面的),目前在计算机辅助分析(CAA)中得到应用。

综上所述,节点分析法的基本规律可概括如下:

(1) 节点分析法的本质是KCL,节点电压变量是独立而完备的,独立节点方程的个数 $m = N-1$。

(2) 节点方程的电导矩阵 $\boldsymbol{G}_m$ 的元素由自电导和互电导组成,其构成原则如下。

① 自电导 G_{ij} 是对角线上元素,它等于与节点 $i(i=1,2,\cdots,N-1)$ 相互连接的所有支路的电导和,并永远为正。

② 互电导 $G_{ij}(i \neq j)$ 是非对角线上元素,它等于节点 i 和节点 j 之间公共支路的电导和,并永远为负。

(3) 激励电流源 I_{sij} 是流入节点的所有电流源的代数和,写在节点方程等式右边,流进为正,流出为负。若激励为有伴电压源,则应将它等效为有伴电流源;若激励为无伴电压源,则可用理想电压源转移定理处理之后,再等效为有伴电流源。所有与电流源相串联的电导,在列节点方程时,均不予考虑。

（4）对于电路中的受控源,在列节点方程时可先当作独立源对待,按规律（3）处理,然后再列补充方程,将控制量用节点电压变量来描述。

根据上述规律,下面举例说明节点分析法的方法及步骤。

例3.11 列出如图3-19所示电路的节点电压方程。

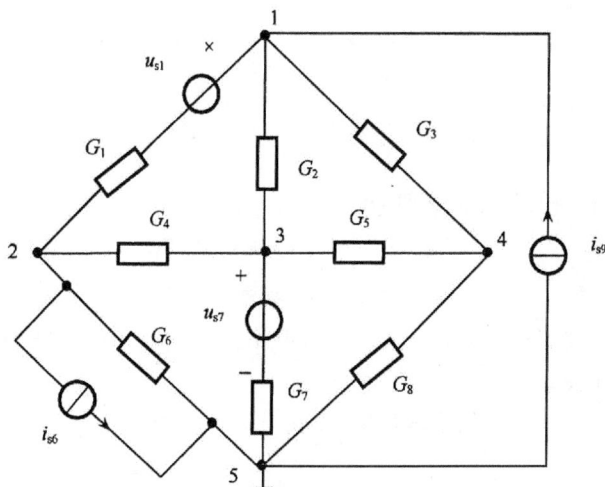

图3-19 例3.11图

解 选节点5为参考点,节点电压分别为u_1、u_2、u_3、u_4,如图3-19所示。根据列写节点电压方程的规律,不难得出节点电压方程为

节点1　　$(G_1+G_2+G_3)u_1-G_1u_2-G_2u_3-G_3u_4=G_1u_{s1}+i_{s9}$

节点2　　$-G_1u_1+(G_1+G_4+G_6)u_2-G_4u_3=-i_{s6}-G_1u_{s1}$

节点3　　$-G_2u_1-G_4u_2+(G_2+G_4+G_5+G_7)u_3-G_5u_4=G_7u_{s7}$

节点4　　$-G_3u_1-G_5u_3+(G_3+G_5+G_8)u_4=0$

例3.12 电路如图3-20所示。用节点电压法求电流I_2和I_3以及各电源发出的功率。

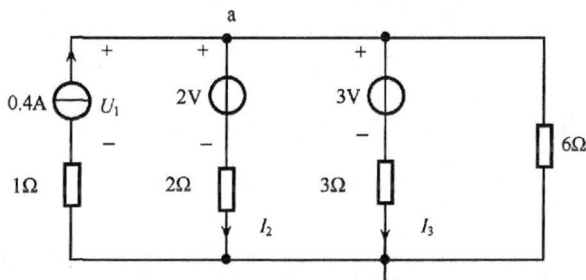

图3-20 例3.12图

解 选参考节点如图3-20所示,节点电压为U_a。

节点 a 的 KCL 方程为

$$\left(\frac{1}{2}+\frac{1}{3}+\frac{1}{6}\right)U_a=0.4+\frac{2}{2}+\frac{3}{3}$$

$$U_a=2.4\text{V}$$

故

$$I_2=\frac{U_a-2}{2}=0.2\text{A}$$

$$I_3=\frac{U_a-3}{3}=-0.2\text{A}$$

两个电压源发出的功率分别为

$$P_{2\text{V}}=-2\times I_2=-0.4\text{W}$$

$$P_{3\text{V}}=-3\times I_3=0.6\text{W}$$

在求电流源发出的功率之前,先求出电流源上的电压 U_1。注意此时 1Ω 电阻不能作为多余元件去掉。

$$U_1=U_a+1\times0.4=2.8\text{V}$$

所以

$$P_{0.4\text{A}}=0.4\times U_1=1.12\text{W}$$

例3.13 用节点电压法求如图 3-21 所示电路的节点电压 u_1 和 u_2。

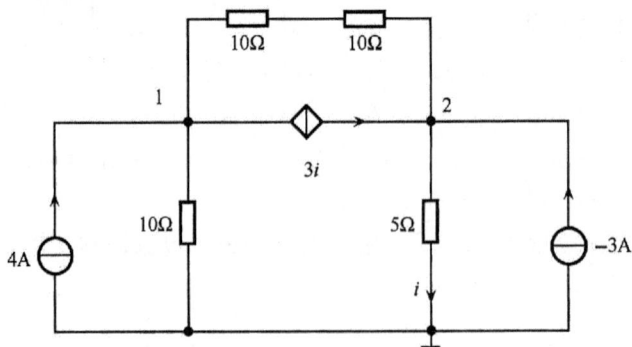

图 3-21   例 3.13 图

解 对节点 1、节点 2 分别建立 KCL 方程

$$\left(\frac{1}{10}+\frac{1}{10+10}\right)u_1-\frac{1}{10+10}u_2=4-3i \tag{1}$$

$$-\frac{1}{10+10}u_1+\left(\frac{1}{5}+\frac{1}{10+10}\right)u_2=3i+(-3) \tag{2}$$

由于电路中含有受控源,所以还需要增加一个关于受控源的控制量与节点电压的关系式。根据电路知

$$i = \frac{u_2}{5} \tag{3}$$

联立式(1)、(2)、(3)求解得节点电压为

$$u_1 = -10\text{V}, \quad u_2 = -10\text{V}$$

例3.14 两个实际电压源并联向三个负载供电的电路如图 3-22 所示。其中 R_1、R_2 分别是两个电源的内阻，R_3、R_4、R_5 为负载，求负载两端的电压。

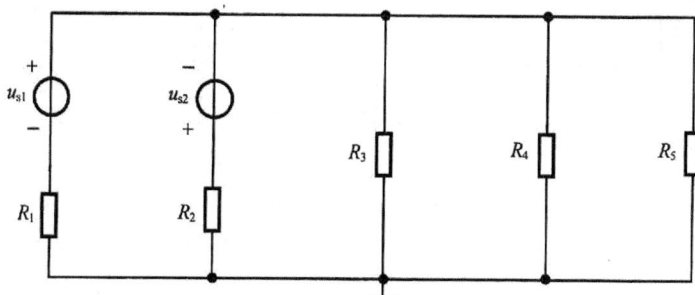

图 3-22　例 3.14 图

解　由于电路只有两个节点，所以只需要列一个节点电压方程。参考节点如图 3-22 所示，节点电压为 u，其 KCL 方程为

$$\left(\frac{1}{R_1} + \frac{1}{R_2} + \frac{1}{R_3} + \frac{1}{R_4} + \frac{1}{R_5} \right) u = \frac{u_{s1}}{R_1} - \frac{u_{s2}}{R_2}$$

即

$$(G_1 + G_2 + G_3 + G_4 + G_5)u = G_1 u_{s1} - G_2 u_{s2}$$

所以

$$u = \frac{G_1 u_{s1} - G_2 u_{s2}}{G_1 + G_2 + G_3 + G_4 + G_5}$$

像例 3.14 所示支路多，但节点却只有两个的电路，此时采用节点法分析电路最为简便，只需要列一个方程就可以了。其通用式子为

$$u = \frac{\sum G u_s}{\sum G}$$

上式常被称为弥尔曼定理。

例3.15　电路如图 3-23 所示。求节点 1 与节点 2 之间的电压 u_{12}。

解　（解法 1）由于列写节点的 KCL 方程的实质就是流出（或流入）该节点的电流代数和为零，所以对这种电路的处理方法之一便是假设流过 22V 电压源的电流为 i，如图 3-24 所示。

那么各节点的电流方程为

节点 1　　　　　　　$4(u_1 - u_3) + 3(u_1 - u_2 + 1) + 8 = 0$

节点 2　　　　　　　$3(u_2 - u_1 - 1) + 1 \times u_2 + i = 0$

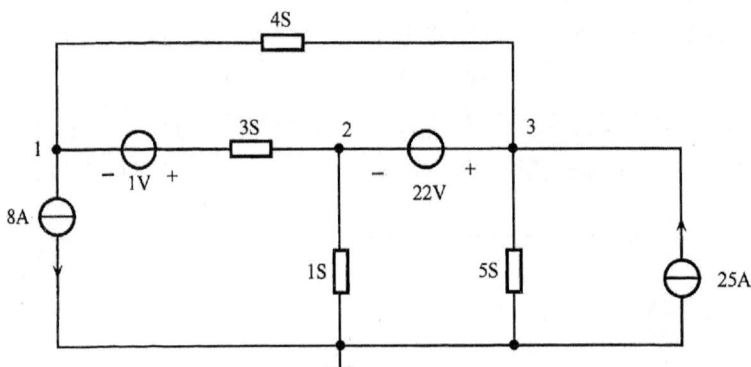

图 3-23　例 3.15 图

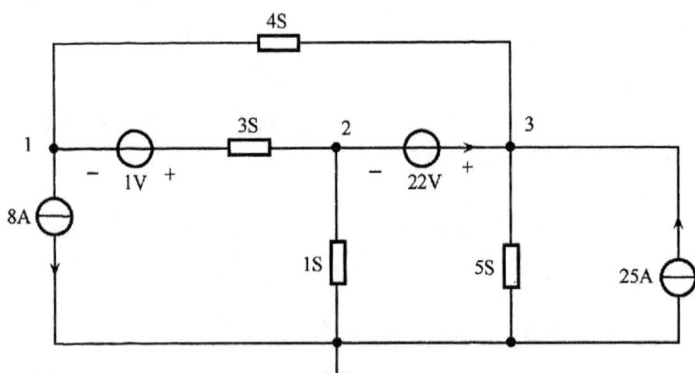

图 3-24　例 3.15 解法 1 图

节点 3 $\qquad$ $4(u_3-u_1)-i+5u_3-25=0$

由于多了一个未知量 i，所以必须再增加一个方程，即 $u_3-u_2=22$

联立 4 个方程求解得

$$u_1=-4.5\text{V}, \quad u_2=-15.5\text{V}, \quad u_3=6.5\text{V}$$

所以

$$u_{12} = u_1 - u_2 = 11\text{V}$$

解　（解法 2）将 22V 电压源包围在封闭面内，如图 3-25 所示。

节点电压仍为 u_1、u_2 和 u_3，但在建立 KCL 方程时，不再单独对节点 2 和节点 3 分别列写方程，而是建立虚线所示广义节点（又称超节点或高斯面）的 KCL 方程，而节点 1 的 KCL 方程不变，于是有

节点 1

$$4(u_1 - u_3) + 3(u_1 - u_2 + 1) + 8 = 0$$

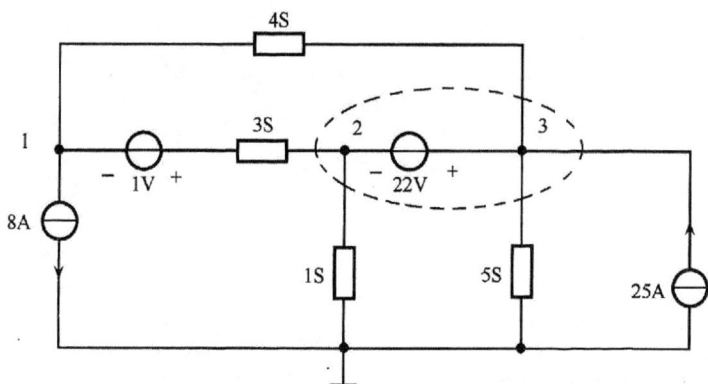

图 3-25　例 3.15 解法 2 图

广义节点

$$4(u_3 - u_1) + 3(u_2 - u_1 - 1) + 1 \times u_2 + 5u_3 - 25 = 0$$

辅助方程

$$u_3 - u_2 = 22$$

联立求解

$$u_1 = -4.5\mathrm{V}, \qquad u_2 = -15.5\mathrm{V}, \qquad u_3 = 6.5\mathrm{V}$$

所以

$$u_{12} = u_1 - u_2 = 11\mathrm{V}$$

解　(解法3)如果电路的参考节点可以任意选择,那么可选22V电压源的一端为参考节点,并重新标注其他节点,如图3-26所示。

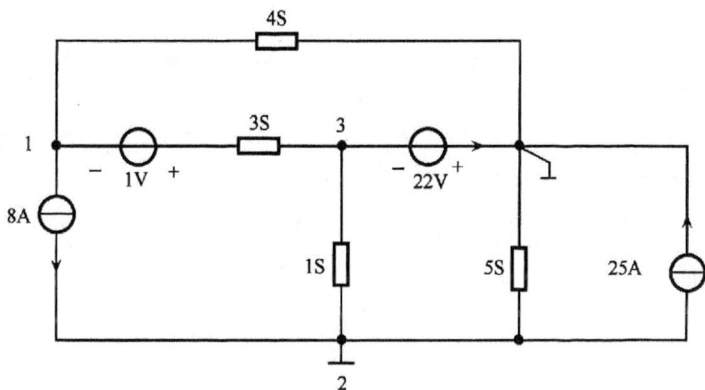

图 3-26　例 3.15 解法 3 图

由于节点3的电压正好是电压源电压,可以认为节点3的电压已经确定,故不再列写节点3的KCL方程,只需建立节点1和节点2的KCL方程即可,故有

节点1

$$4u_1 + 3(u_1 - u_3 + 1) + 8 = 0$$

节点 2

$$-8 + 1 \times (u_2 - u_3) + 5u_2 + 25 = 0$$

节点 3

$$u_3 = -22\text{V}$$

联立求解

$$u_1 = -11\text{V}, \qquad u_2 = -6.5\text{V}$$

所以

$$u_{13} = u_1 - u_3 = 11\text{V}$$

例 3.16 用节点电压法求图 3-27 所示电路的电流 I。

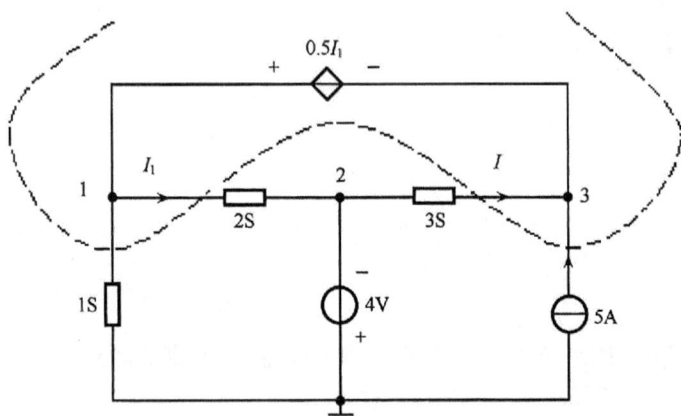

图 3-27 例 3.16 图

解 参考节点以及节点电压 U_1、U_2、U_3 如图 3-27 所示。节点 2 的电压为

$$U_2 = -4\text{V}$$

广义节点如虚线所示。假设流出广义节点的电流为正,流入广义节点的电流为负,则广义节点的 KCL 方程为

$$1 \times U_1 + 2(U_1 - U_2) + 3(U_3 - U_2) - 5 = 0$$

辅助方程为

$$U_1 - U_3 = 0.5I_1$$
$$I_1 = 2(U_1 - U_2)$$

联立求解得

$$U_1 = -1\text{V}, \qquad U_2 = -4\text{V}, \qquad U_3 = -4\text{V}$$

所以

$$I = 3(U_2 - U_3) = 0$$

节点电压分析法小结

节点电压分析法的流程如图 3-28 所示。

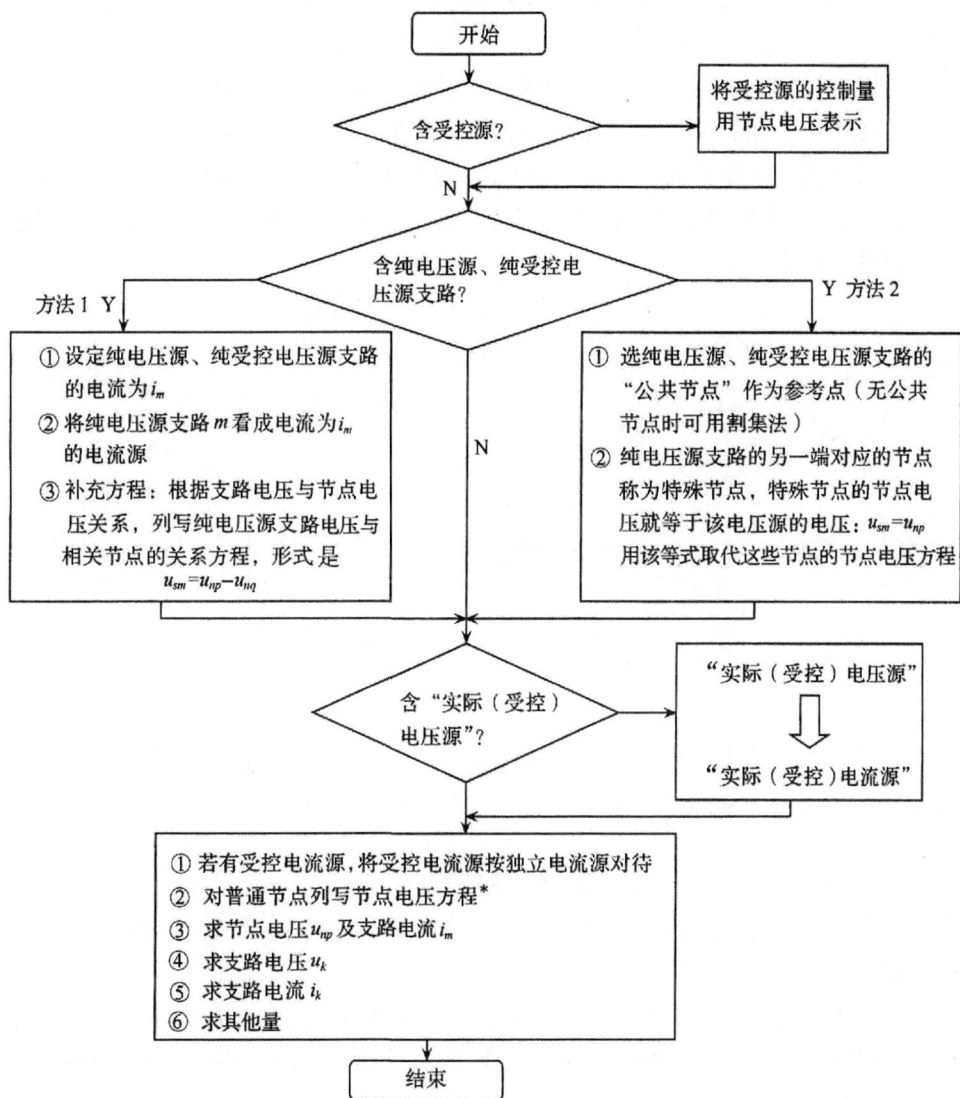

图 3-28 节点电压分析法的流程

3.4 网孔电流法

在网络分析中,人们也可以选取一组"适当的电流变量"作为第一步求解对象,它们应具有下列性质:

(1)一旦用方程解得它们后,电路中每一个电流和电压都可以用 KVL 和 VCR 求得。

(2)它们之间不能用 KCL 联系,即它们必须是彼此独立无关的,任何一个电流不能用其他电流来表示。

因此,选取一组"适当的电流变量"网孔电流,就是"一组完备的独立电流变量"。

可以证明:对于一个具有 B 条支路,N 个节点的平面电路,其独立的网孔数为 $L=B-(N-1)$,因此独立而完备的网孔电流变量数 $L=B-(N-1)$。

所谓平面电路就是无支路交叉的电路,如图 3-29(a)所示,而图 3-29(b)存在支路交叉,所以不是平面电路。网孔分析法只适用于平面电路,对于非平面电路只能采用回路分析法。

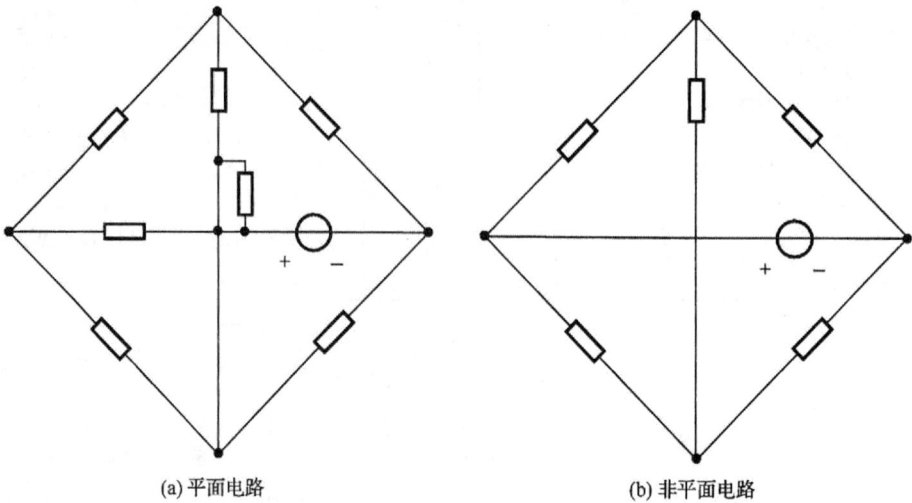

(a)平面电路   (b)非平面电路

图 3-29 平面电路与非平面电路

在实际中大量遇到的是平面电路,通常采用网孔分析法,即选取网孔电流作为一组独立的、完备的求解变量。

为了求解网孔电流,可以为每个网孔列出以网孔电流为变量的 KVL 方程组,这些方程组必须是完备的和独立的。以图 3-30 所示的电路为例,来说明列写网孔方程的方法。

在线性电路条件下,KVL 方程中支路电压可用网孔电流来表示,这样就得到所需的方程组。通常在列写方程时还把网孔电流参考方向作为列写方程时绕行的方向。由此可得图 3-30 所示电路的网孔方程为

网孔 1 $R_2I_1 + R_4I_1 - R_4I_2 - R_2I_3 = U_{s1}$

网孔 2 $R_3I_2 + R_4I_2 - R_4I_1 - R_3I_3 = U_{s2}$

网孔 3 $R_1I_3 + R_2I_3 + R_3I_3 - R_2I_1 - R_3I_2 = U_{s3}$

整理后可得

$$\begin{cases} (R_2 + R_4)I_1 - R_4I_2 - R_2I_3 = U_{s1} \\ - R_4I_2 + (R_3 + R_4)I_2 - R_3I_3 = U_{s2} \\ - R_2I_1 - R_3I_2 + (R_1 + R_2 + R_3)I_3 = U_{s3} \end{cases}$$

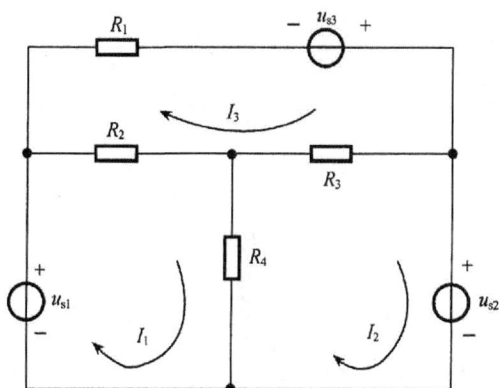

图 3-30 求解网孔电流

用 R_{11}、R_{22}、R_{33} 表示网孔1、网孔2、网孔3的自电阻,它们分别为所在网孔的所有电阻之和,如 $R_{11}=R_2+R_4$ 等。显然,自电阻总是正值。用 R_{12}、R_{21} 表示网孔1、网孔2的互电阻,R_{13}、R_{31} 表示网孔1、网孔3的互电阻,用 R_{23}、R_{32} 表示网孔2、网孔3的互电阻,它们在数值上等于相应网孔之间的公有电阻。其符号应这样确定:若流过互电阻的网孔电流与电流参考方向相同,则取正,否则取负,因而互电阻可正可负。按图 3-30 所设网孔电流正方向皆为顺时针方向(或反时针方向),因而互电阻都为负值,即

$$R_{12} = R_{21} = -R_4$$
$$R_{13} = R_{31} = -R_2$$
$$R_{22} = R_{32} = -R_3$$

用 U_{s11}、U_{s22}、U_{s33} 表示网孔1、网孔2、网孔3中电压源电压升的代数和,这样网孔方程变为

$$\left.\begin{array}{l} R_{11}I_1 + R_{12}I_2 + R_{13}I_3 = U_{s11} \\ R_{21}I_1 + R_{22}I_2 + R_{23}I_3 = U_{s22} \\ R_{31}I_1 + R_{32}I_3 + R_{33}I_3 = U_{s33} \end{array}\right\} \tag{3.9}$$

一般地,对于 L 个网孔的平面网络,其网孔方程如下

$$\left.\begin{array}{l} R_{11}I_1 + R_{12}I_2 + \cdots + R_{1L}I_L = U_{s11} \\ R_{21}I_1 + R_{22}I_2 + \cdots + R_{2L}I_L = U_{s22} \\ \cdots\cdots \\ R_{L1}I_1 + R_{L2}I_2 + \cdots + R_{LL}I_L = U_{sLL} \end{array}\right\} \tag{3.10a}$$

或

$$\begin{bmatrix} R_{11} & R_{12} & \cdots & R_{1L} \\ R_{21} & R_{22} & \cdots & R_{2L} \\ \vdots & \vdots & & \vdots \\ R_{L1} & R_{L2} & \cdots & R_{LL} \end{bmatrix} \begin{bmatrix} I_1 \\ I_2 \\ \vdots \\ I_L \end{bmatrix} = \begin{bmatrix} U_{s11} \\ U_{s22} \\ \vdots \\ U_{sLL} \end{bmatrix} \tag{3.10b}$$

即 $$R_L I_L = U_s \qquad (3.10c)$$

其解为

$$I_j = \frac{1}{\Delta}(\Delta_{1j}U_{s11} + \Delta_{2j}U_{s22} + \cdots + \Delta_{Lj}U_{sLL}) \qquad (3.11)$$

其中

$$\Delta = \begin{bmatrix} R_{11} & R_{12} & \cdots & R_{1m} \\ R_{21} & R_{22} & \cdots & R_{2m} \\ \vdots & \vdots & & \vdots \\ R_{L1} & R_{L2} & \cdots & R_{LL} \end{bmatrix} \qquad (3.12)$$

$$\Delta_{ij} = (-1)^{i+j}M_{ij}, \qquad i,j = 1,2,\cdots,L$$

M_{ij} 为 Δ 划去第 i 行、第 j 列后的子行列式。

综上所述,网孔分析法的本质是 KVL、网孔(或回路)分析法,其方法及步骤归纳如下:

(1) 选定网孔电流的正方向[或选定 $L=B-(N-1)$ 个独立回路电流正方向],一般可以任意选取,通常取顺时针方向。

(2) 根据公式(3.10)列出网孔(或回路)方程。① 自电阻 R_{ii} 等于网孔 i 相连的所有电阻之和,且总是正的。② 互电阻 R_{ij} 等于网孔 i 和 j 之间公共支路的电阻和,正负则由流过互电阻的网孔(或回路)电流的方向是否一致来确定。网孔电流的方向均取顺时针方向,所以互电阻总是负的。③ 激励电压 U_{sLL} 写在方程等号的右边,电压升为正,电压降为负。

(3) 按克拉默法则求解网孔(或回路)方程,解出网孔(或回路)电流。

(4) 根据 KCL,求出各支路电流,由 VCR 求出各支路电压。

以上分析中各网孔(回路)中的电源均为独立电压源,若网络中还含有其他类型电源则作如下处理:

(1) 支路中含有电流源和并联电阻的,将它转换为电压源和电阻串联。

(2) 支路由无伴电流源 I_s 构成的,一种方法是设该支路电压为 U_s(规定正方向),将它当作电压源来列写方程,并增加一个方程 $I_s=I_i+I_j$,其中 I_i、I_j 为 I_s 所在两网孔(或回路)的网孔(或回路)电流,所设 U_s 由方程解出;另一种方法是进行理想电流源转移,然后再按(1)处理。

(3) 支路中含有受控源的,先将受控源当作独立源处理,再将控制变量用网孔(或回路)电流和支路电阻表示,然后按前述步骤和方法处理。

例 3.17 电路如图 3-31 所示。用网孔法求流过 6Ω 电阻的电流 i。

解 网孔电流 i_1、i_2 和 i_3 如图 3-31 所示,对应各网孔的 KVL 方程为

i_1 网孔

$$(8+6+2)i_1 - 6i_2 - 2i_3 = 40$$

i_2 网孔

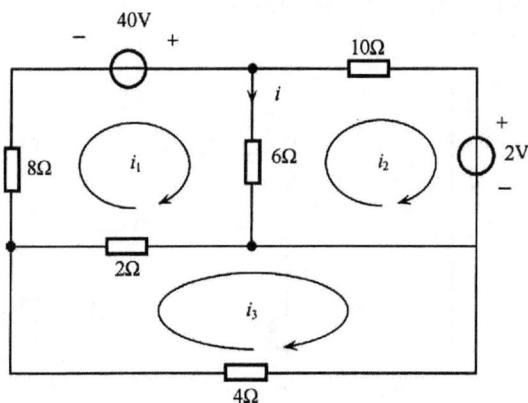

图 3-31   例 3.17 图

$$-6i_1 + (6+10)i_2 = -2$$

i_3 网孔

$$-2i_1 + (2+4)i_3 = 0$$

联立求解得

$$i_1 = 3\mathrm{A}, \qquad i_2 = 1\mathrm{A}, \qquad i_3 = 1\mathrm{A}$$

所以

$$i = i_1 - i_2 = 2\mathrm{A}$$

例 3.18   电路如图 3-32 所示。求网孔电流 i_1 和 i_2。

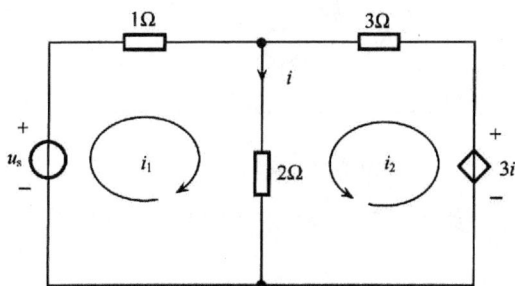

图 3-32   例 3.18 图

解   把受控电压源当作独立电压源处理,两个网孔的 KVL 方程分别为

$$(1 + 2)i_1 + 2i_2 = u_s$$
$$2i_1 + (2 + 3)i_2 = 3i$$

由于电路中含有受控电压源,方程中增加了一个变量 i,所以需要再增加一个辅助方程,即

$$i = i_1 + i_2$$

联立以上方程求解得

$$i_1 = \frac{1}{4}u_s, \qquad i_2 = \frac{1}{8}u_s$$

例3.19 试求图3-33所示电路的网孔电流。

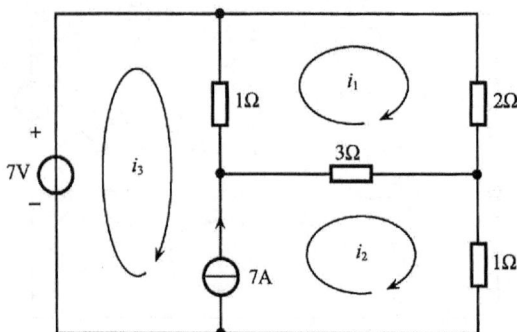

图 3-33 例 3.19 图

解 （方法1）因为网孔电流法的实质是沿着网孔绕行一周,各元件上的电压的代数和为零,故在列写网孔的 KVL 方程时,假设电流源上的电压为 u,如图3-34所示。

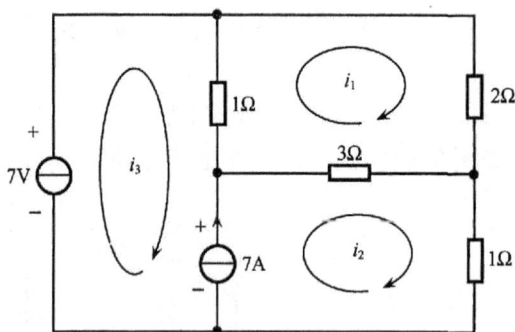

图 3-34 例 3.19(方法1)图

网孔电流 i_1、i_2、i_3 如图3-34所设,对应的 KVL 方程为
i_1 网孔

$$(1+2+3)i_1 - 3i_2 - 1 \times i_3 = 0$$

i_2 网孔

$$3(i_2 - i_1) + 1 \times i_2 - u = 0$$

i_3 网孔

$$1 \times (i_3 - i_1) + u - 7 = 0$$

由于多设了一个变量,所以需要再增加一个方程,即

$$i_2 - i_3 = 7$$

联立以上四个方程求解得

$$i_1 = 2.5\text{A}, \qquad i_2 = 2\text{A}, \qquad i_3 = 9\text{A}$$

解 (方法2)网孔电流 i_1、i_2、i_3 仍如图3-34所设, i_1 网孔的 KVL 方程的建立不变,仍为 i_1 网孔

$$(1 + 2 + 3)i_1 - 3i_2 - 1 \times i_3 = 0$$

为避免多设变量,在建立方程而遇到电流源时,电流源上的电压可以由其他支路的电压来代替。对于本例题来说,电流源上的电压从右侧看等于3Ω和1Ω电阻上的电压,而从左侧看等于1Ω电阻和7V电压源上的电压,而且两者相等。为此可以按图3-35所示的虚线回路建立KVL方程,并称该回路为超网孔或广义网孔。超网

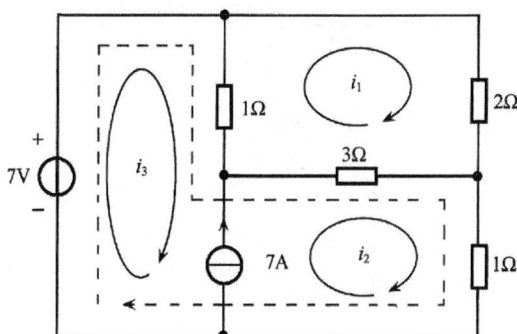

图 3-35 例 3.19(方法2)图

孔的 KVL 方程为

$$1 \times (i_3 - i_1) + 3(i_2 - i_1) + 1 \times i_2 - 7 = 0$$

根据上面两个KVL方程无法求出 i_1、i_2、i_3 三个变量,所以需要再增加一个方程,即

$$i_2 - i_3 = 7$$

联立以上三个方程求解得

$$i_1 = 2.5\text{A}, \qquad i_2 = 2\text{A}, \qquad i_3 = 9\text{A}$$

例3.20 求图3-36所示电路的网孔电流。

解 网孔电流 i_1、i_2、i_3 如图3-36所设。i_2 网孔和超网孔(虚线所示)的KVL方程分别为

$$4i_2 - 3i_1 - i_3 = 5$$
$$3(i_1 - i_2) + 4i_1 + 2i_3 + (i_3 - i_2) = 0$$

即

$$7i_1 - 4i_2 + 3i_3 = 0$$

辅助方程

$$i_1 - i_3 = 2u_0, \qquad u_0 = 3(i_2 - i_1)$$

联立方程求解

$$i_1 = 1.833\text{A}, \qquad i_2 = 2.33\text{A}, \qquad i_3 = -1.17\text{A}$$

回路(网孔)电流分析法小结

回路(网孔)电流分析法的流程如图3-37所示。

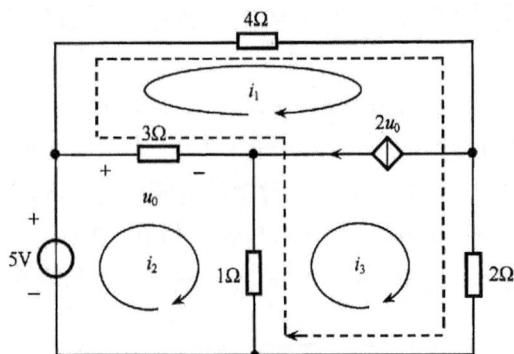

图 3-36 例 3.20 图

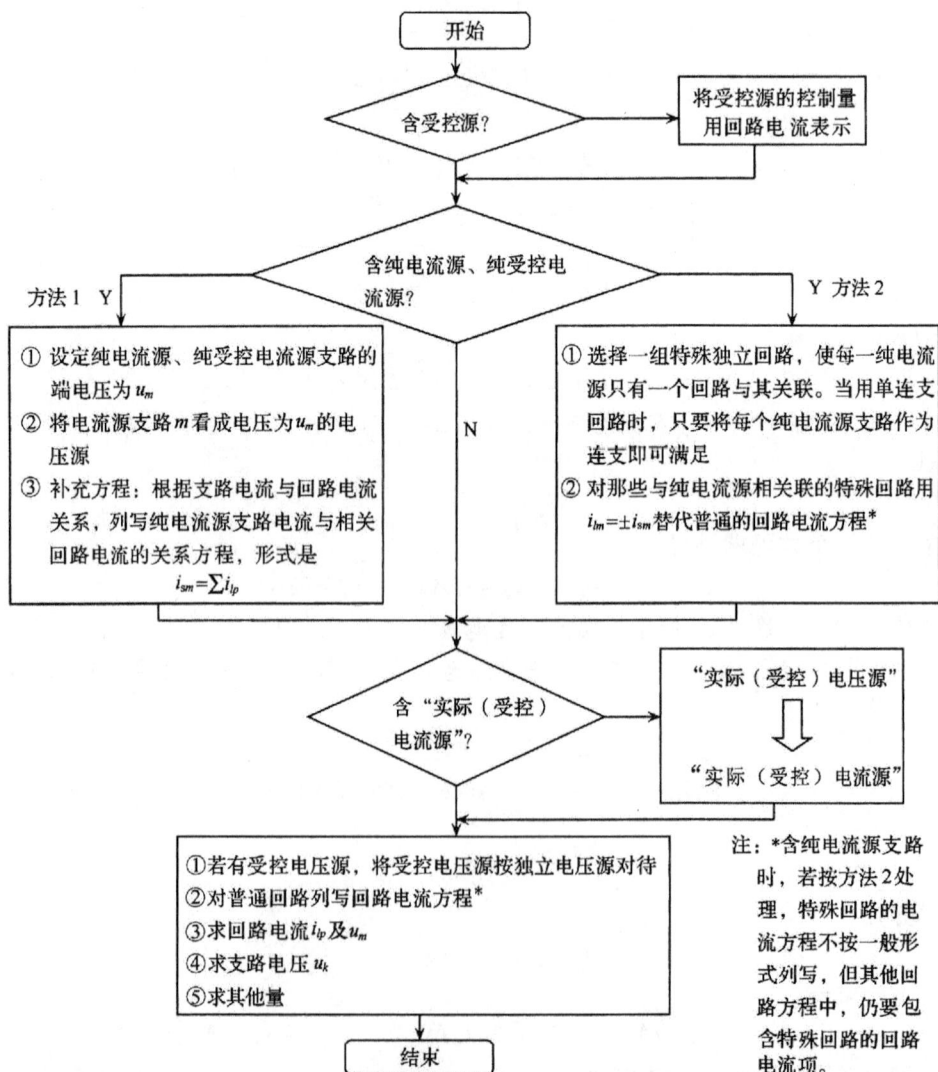

图 3-37 回路网孔电流分析法的流程

3.5 总结与思考

支路分析法、节点分析法和回路分析法(网孔分析法)是电路分析中最基本、最常用的分析方法,这几种方法的优缺点具有互补性,它们在各类电路分析中应用非常广泛。

3.5.1 总结

1. 电阻电路等效分析法

(1)"等效电路"既是一个重要的概念,又是一个重要的分析方法。对于无源线性电阻网络,不管其复杂程度如何,总可以简化为一个等效电阻。

(2)n 个电阻的串联,可以等效为

$$R = \sum_{k=1}^{n} R_k$$

两个电阻串联的分压公式为

$$U_1 = \frac{R_1}{R_1 + R_2}U, \quad U_2 = \frac{R_2}{R_1 + R_2}U$$

(3)n 个电导的并联,可以等效为

$$G = \sum_{k=1}^{n} G_k$$

两个电阻并联的分流公式为

$$I_1 = \frac{R_2}{R_1 + R_2}I, \quad I_2 = \frac{R_1}{R_1 + R_2}I$$

(4)利用电阻串并联化简和 Y-△互换,可求得仅由电阻构成的单口网络的等效电阻。星形电路的电阻来确定等效三角形电路的各电阻的关系式是

$$R_{12} = \frac{R}{R_3} = R_1 + R_2 + \frac{R_1R_2}{R_3}$$

$$R_{23} = \frac{R}{R_1} = R_2 + R_3 + \frac{R_2R_3}{R_1}$$

$$R_{31} = \frac{R}{R_2} = R_1 + R_3 + \frac{R_1R_3}{R_2}$$

三角形电路的电阻来确定等效星形电路的各电阻的关系式是

$$R_1 = \frac{R_{31}R_{12}}{R_{12} + R_{23} + R_{31}}$$

$$R_2 = \frac{R_{12}R_{23}}{R_{12} + R_{23} + R_{31}}$$

$$R_3 = \frac{R_{23}R_{31}}{R_{12} + R_{23} + R_{31}}$$

（5）求含有受控源的单口网络的等效电阻时,一般采用外加独立电压源或独立电流源的方法。

2. 支路电流分析法

支路电压法、支路电流法参见表3-1,其中最常用的是支路电流法。

3. 节点电压与支路电压

1）节点电压

选一个节点为参考点（0 电位点）,节点 p 与参考点间的电压称为节点 p 的节点电压。

2）节点电压与支路电压的关系

设支路电压为 u_k,节点电压为 u_{np},$(p=1,2,\cdots,n-1)$则有

$$u_k = u_{np} - u_{ng}(p \neq g) \tag{1}$$

其中,u_{np}——u_k 正极端节点的节点电压;

u_{ng}——u_k 负极端节点的节点电压。

u_{np}、u_{ng} 两者之一可能是参考节点电压,这时该节点的节点电压为 0。

式（1）实质上是 KVL 的体现。

4. 节点法及节点电压方程的来由

节点法的基本电路:由电导和电流源构成的电路。

在基本电路中,支路的 VAR 关系可写成

$$i_k = \pm i_{sk} \pm G_k u_k \tag{2}$$

对 $n-1$ 个节点有

$$\sum i = 0 \tag{3}$$

将式（1）代入式（2）后,再代入式（3）,则每一个节点电流方程变为

$$\sum_{q=1}^{n-1} (G_{pq} \cdot u_{nq}) = i_{spp}, \qquad p = 1,2,\cdots,n-1 \tag{4}$$

式（4）左侧是关于节点电压 u_{nq} 的线性组合,方程数共有 $n-1$ 个,从而可求得节点电压。这些方程称为节点电压方程,其分析方法称为节点电压法,简称为节点法。

从上面的推导方法可以看出,节点电压方程是将支路的 VAR 关系、节点电压 u_{nq} 与支路电压 u_k 的关系（KVL）代入 $\sum i = 0$（KCL）后得到的。因此,节点方程的变量虽是节点电压,但它直接反映的是节点的电流关系（KCL）。

5. 节点电压方程的一般形式、自导和互导

1) 节点电压方程的一般形式（以 $n-1=3$ 为例）

$$G_{11}u_{n1} + G_{12}u_{n2} + G_{13}u_{n3} = i_{s11}$$
$$G_{21}u_{n1} + G_{22}u_{n2} + G_{23}u_{n3} = i_{s22}$$
$$G_{31}u_{n1} + G_{32}u_{n2} + G_{33}u_{n3} = i_{s33}$$

方程的左侧表示从与节点相关联的电导中流出的电流之和；方程的右侧表示流入节点的电流源的代数和。

2) 自导及互导

$G_{pp}(p=1,\cdots,n-1)$ 称为节点 p 的自导。电路无受控源时，自导 G_{pp} 等于与 p 节点关联的电导之和。

$G_{pq}(p\neq q)$ 称为节点 p 与节点 q 间的互导。当电路无受控源时，互导 G_{pq} 等于与节点 p 和节点 q 共同关联的电导之和的"负值"，且 $G_{pq}=G_{qp}$。

i_{spp} 称为与节点 p 相关联的电流源的代数和。当 i_{sk} 流入节点 p 时，i_{sk} 前为"＋"号；当 i_{sk} 流出节点 p 时，i_{sk} 前取"－"号。

6. 不同电路形式下节点法的应用

对非基本电路，即含有"实际电压源"、受控源、纯电压源、纯受控电压源的复杂电路，除可按图 3-17 所示的两种方法处理外，还可以采用移源法、改进的节点法。

7. 应注意的几个问题

(1) 当电流源与一个电导（电阻）串联时，那么节点电压方程中的自导、互导中不应包含该电导（电阻），这是因为该支路的电流是电流源的电流，电流源的电流已列入自导及互导方程的右侧，若自导、互导中再出现该电导，那么相当于多计入了电流，因此是错误的。

这一问题也可根据"电流源与一个电导（电阻）串联，可等效为该电流源"来说明。

(2) 当某支路为两个电阻（R_1、R_2）串联时，该支路的电导是 $1/(R_1+R_2)$，所以自导、互导中不能写成 $(1/R_1)+(1/R_2)$ 等形式。

8. 回路分析法和网孔分析法

网孔法仅是回路法的一个特例，回路选为网孔时，回路法就是网孔法。网孔法与节点法是对偶的，而回路法与割集法是对偶的。

9. 回路电流与支路电流

（1）回路电流。在每一个独立回路中存在的一个环流称为回路电流。当选取的独立回路为单连支回路且回路绕向与连支方向相同时，则回路电流就等于连支的支路电流。

（2）支路电流与回路电流的关系为

$$i_k = \sum i_{lp}$$

即支路电流 i_k 等于与 k 支路相关联的那些回路的回路电流 i_{lp} 的代数和。当 p 回路经过 k 支路时若 i_{lp} 与 i_k 方向相同，i_{lp} 前取"＋"号，反之取"－"号。

可见，若能先求得各回路电流，那么各支路电流便可求得。$i_k = \sum i_{lp}$ 本质上是KCL的体现。

10. 回路法及回路电流方程的由来

回路法的基本电路是仅由电阻和电压源构成的电路。

对回路法的基本电路有

$$\sum u_k = 0 \qquad \text{(KVL)} \tag{1}$$

$$i_k = \sum i_{lp} \qquad \text{(KCL)} \tag{2}$$

$$u_k = \pm R_k g i_k \pm u_{sk} \qquad \text{(支路的 VAR)} \tag{3}$$

将式(2)代入式(3)，再将其代入式(1)得

$$\sum_{q=1}^{l} (R_{pq} \cdot i_{lp}) = u_{spp} \tag{4}$$

该方程称为回路电流方程，l 个独立回路可列 l 个以 i_{lp} 为变量的回路电流方程，由此可求出 i_{lp}。这种方法称为回路电流法，简称回路法。

从式(4)的推导可以看出，回路电流方程是将支路的 VAR 和 i_k 与 i_{lp} 的关系(KCL)代入到 $\sum u_k = 0$ 的结果。因此，回路电流方程变量虽是回路电流，但反映的却是回路的电压关系。回路 p 对应的回路电流方程的等号左侧表示：沿回路绕向回路 p 中各电阻上电压降的代数和；而方程等号的右侧表示：沿回路绕向回路 p 中各电压源电压升的代数和。

11. 回路电流方程的一般形式、自阻和互阻

1）回路电流方程的一般形式（以 $l=3$ 为例）

$$R_{11}i_{l1} + R_{12}i_{l2} + R_{13}i_{l3} = u_{s11}$$
$$R_{21}i_{l1} + R_{22}i_{l2} + R_{23}i_{l3} = u_{s22}$$
$$R_{31}i_{l1} + R_{32}i_{l2} + R_{33}i_{l3} = u_{s33}$$

2）自阻、互阻

R_{pp} 称为回路 p 的自阻，它等于回路 p 所关联的电阻之和。

$R_{pq}(p \neq q)$ 称为回路 p 与回路 q 间的互阻。当无受控源时，它等于回路 p 与回路 q 共同关联的电阻 R_k 的代数和。当 i_p、i_q 经过 R_k 时，若 i_p、i_q 方向一致，则代数和中 R_k 前取"＋"号，反之取"－"号。

u_{spp} 称为回路 p 中全部电压源电压升的代数和。当 u_{sk} 方向与回路 p 绕向相同时，u_{sk} 前取"－"号，反之取"＋"号。

12. 不同电路形式下，回路法的应用

非基本电路是含有"实际电流源"、受控源、纯电流源、纯受控电流源的复杂电路，可按图 3-37 所示的流程进行分析。

3.5.2　思考

(1) 等效分析法的依据是什么？其应用限制是什么？

(2) 节点分析法和回路分析法（网孔分析法），这几种方法的优缺点是什么？

(3) 为什么网孔分析法只能用于平面电路的分析？

(4) 节点电压与支路电压的关系是什么？

(5) 节点方程的变量直接反映的是节点的电流关系，这样的说法对吗？

(6) 节点电压分析法应该注意什么问题？

(7) 网孔分析法和回路分析法的关系如何？

(8) 支路电流与回路电流的关系是什么？

(9) 网孔分析法和回路分析法应该注意什么问题？

习　题　3

3.1　求图 3-38 所示电路中 a、b 端的等效电阻 R_{ab}。

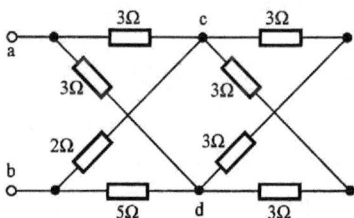

3.2　图 3-39 电路用于测量电压源 U_s 与电阻 R_s 串联支路的 $u-i$ 特性，其中 $R_1 = 2\Omega$，$R_2 = 55\Omega$，S_1 闭合时电流表读数为 2A，S_2 闭合时读数为 1A。试求 ab 两端的 $u-i$ 关系曲线。

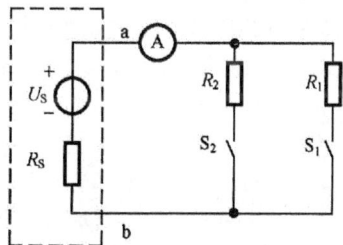

图 3-38　习题 3.1 图　　　　　　　　　图 3-39　习题 3.2 图

3.3 把如图3-40所示电路作为两网孔问题处理,求网孔1的自电阻R_{11}、网孔2的自电阻R_{22}为多少,再求两网孔的互电阻R_{12}和R_{21}。

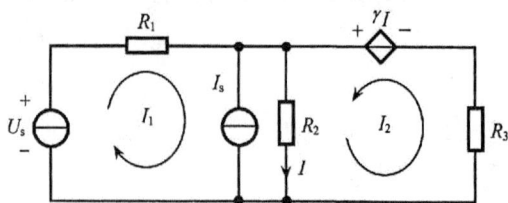

图 3-40 习题 3.3 图

3.4 求图 3-41 所示电路中的电流 i_2。

3.5 试求图 3-42 所示电路的 1—1′端电压。

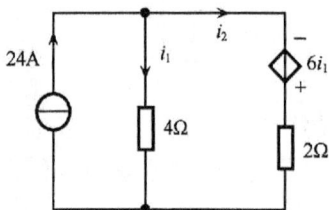

图 3-41 习题 3.4 图

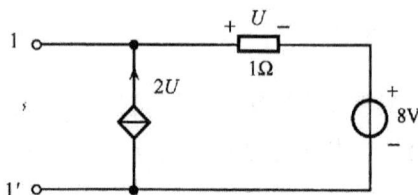

图 3-42 习题 3.5 图

3.6 求图 3-43 所示电路中的 U_2 和 U_1。

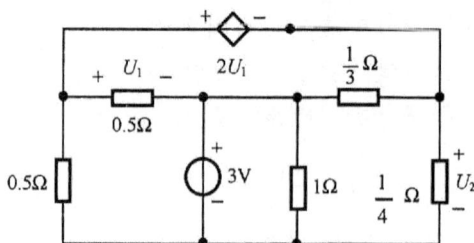

图 3-43 习题 3.6 图

3.7 写出图 3-44 所示电路的节点电压方程,并求电压 U。

3.8 试列写图 3-45 所示电路的网孔方程,并计算受控源产生的功率。

3.9 在图 3-46 所示电路中,试写出电路回路方程。

3.10 参见图 3-47 所示电路,含源二端网络 N 外接 R 为 12Ω 时,$I=2A$;当 R 短路时,$I=5A$。当 $R=24Ω$ 时,求 I。

3.11 将图 3-48 所示二端电路等效变换为最简单的形式。

3.12 电路如图 3-49 所示,试用网孔法求解支路电流 I_1 和 I_4。

3.13 电路如图 3-50 所示。

(1) 列出网孔电流法方程式。

(2) 分别求独立源和受控源供出的功率。

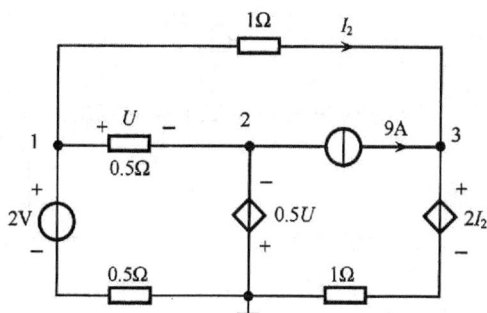

图 3-44　习题 3.7 图

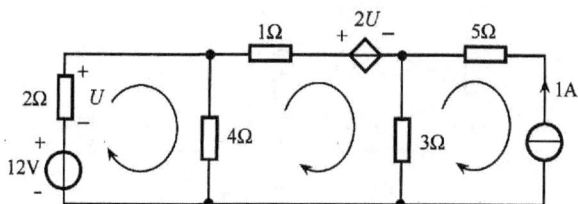

图 3-45　习题 3.8 图

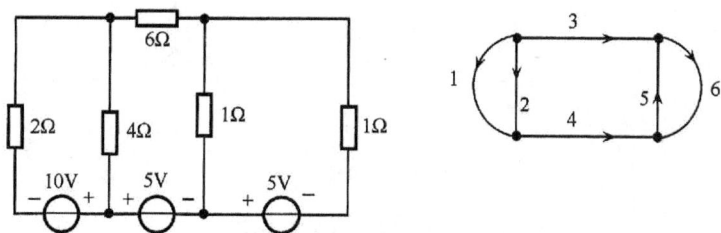

图 3-46　习题 3.9 图

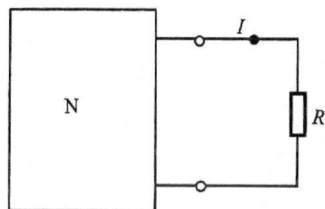

图 3-47　习题 3.10 图

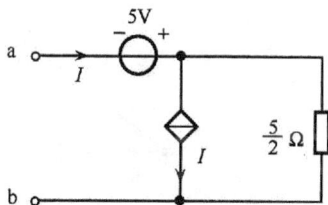

图 3-48　习题 3.11 图

3.14　用支路电流法求如图 3-51 所示电路的电压 u_1 和 u_2。已知：$R_1=1\Omega, R_2=2\Omega, R_3=3\Omega$，$u_{s1}=1V, u_{s2}=2V$。

3.15　列出图 3-52 所示电路的节点电压方程。

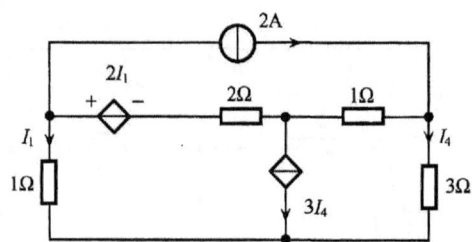

图 3-49　习题 3.12 图

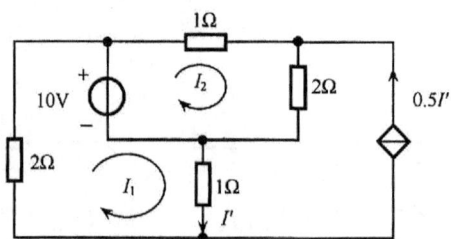

图 3-50　习题 3.13 图

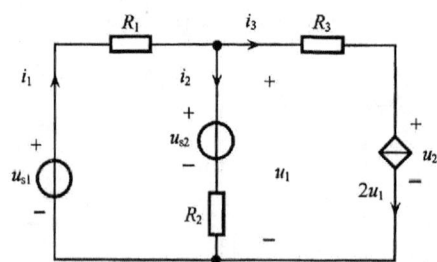

图 3-51　习题 3.14 图

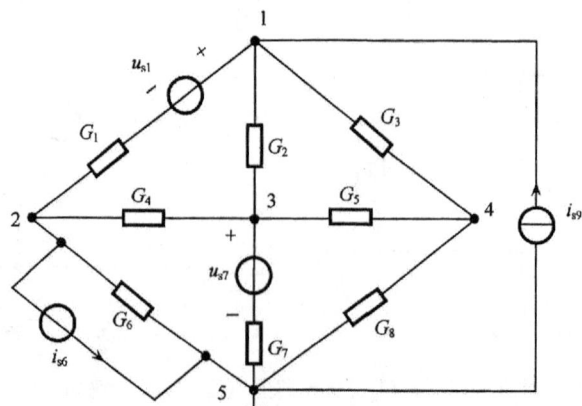

图 3-52　习题 3.15 图

3.16 电路如图 3-53 所示,用节点电压法求电流 I_2 和 I_3 以及各电源发出的功率。

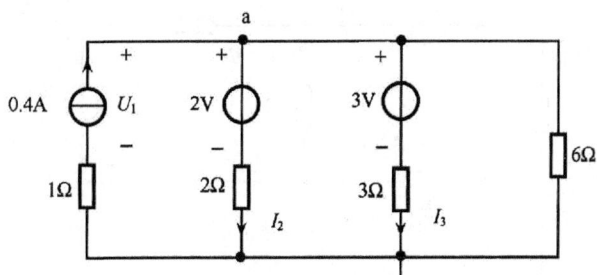

图 3-53 习题 3.16 图

3.17 用节点电压法求图 3-54 所示电路的节点电压 u_1 和 u_2。

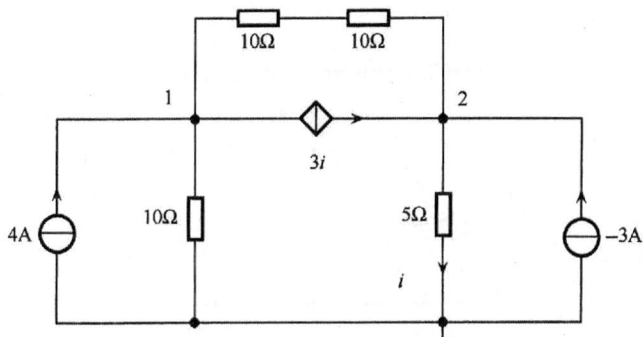

图 3-54 习题 3.17 图

3.18 两个实际电压源并联向三个负载供电的电路如图 3-55 所示。其中 R_1、R_2 分别是两个电源的内阻,R_3、R_4、R_5 为负载,求负载两端的电压。

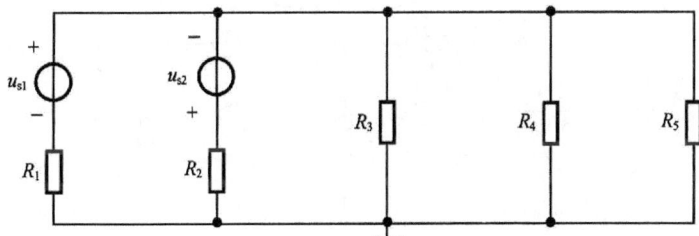

图 3-55 习题 3.18 图

3.19 电路如图 3-56 所示。用网孔法求流过 6Ω 电阻的电流 i。

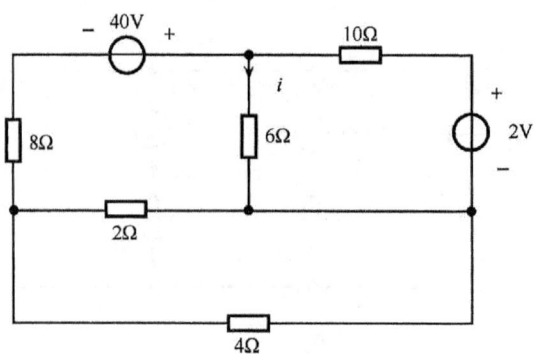

图 3-56　习题 3.19 图

3.20　电路如图 3-57 所示,求网孔电流 i_1 和 i_2。

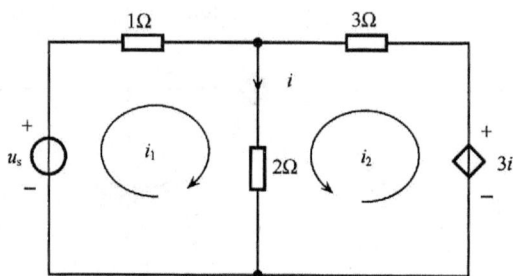

图 3-57　习题 3.20 图

3.21　求图 3-58 所示电路的网孔电流。

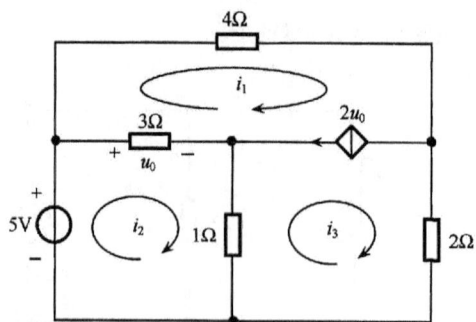

图 3-58　习题 3.21 图

3.22　用回路分析法求解图 3-59 所示电路各支路的电流。

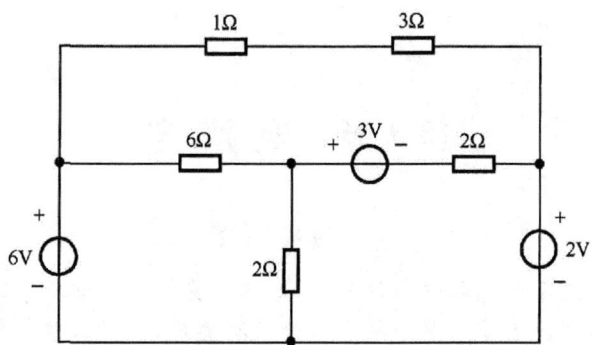

图 3-59　习题 3.22 图

第4章 电路定理

内容提要

电路定理是电路分析的基础,本章所要讲解的电路定理内容是本书的重点内容。本章主要介绍电路分析有关基本定理,涉及定理的具体内容,相关定理使用的限定条件,并给出部分定理的证明或说明,以及定理的应用示例。

本章的重点内容是叠加定理及其使用条件;替代定理及使用;戴维南定理、诺顿定理等效电路的求法及应用;互易定理的三种形式、使用条件及应用;对偶原理、对偶关系、对偶电路、对偶元素等概念。

4.1 叠加定理

叠加定理是线性电路最基本的定理。叠加定理描述了线性电路的齐次性或叠加性。其内容是:对于具有唯一解的线性电路,多个激励源共同作用时引起的响应(电路中各处的电流、电压)等于各个激励源单独作用时(将其他激励源置为零)所引起的响应之和。

利用图4-1所示电路进行讨论。求如图4-1所示电路的电流 i。

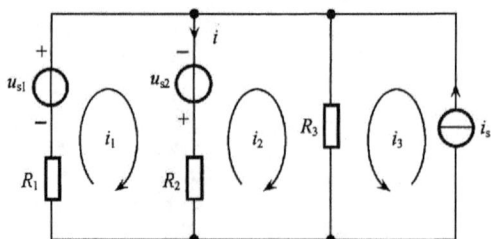

图4-1 叠加定理

根据网孔电流法建立方程如下

$$(R_1 + R_2)i_1 - R_2 i_2 = u_{s1} + u_{s2}$$
$$- R_2 i_1 + (R_2 + R_3)i_2 + R_3 i_s = - u_{s2}$$

上述两式联立就可以求解出 i_1、i_2 的表达式,即

$$i_1 = \frac{R_2 + R_3}{R_1 R_2 + R_2 R_3 + R_3 R_1} u_{s1} + \frac{R_3}{R_1 R_2 + R_2 R_3 + R_3 R_1} u_{s2}$$
$$+ \frac{- R_2 R_3}{R_1 R_2 + R_2 R_3 + R_3 R_1} i_s$$

$$i_2 = \frac{R_2}{R_1R_2 + R_2R_3 + R_3R_1}u_{s1} + \frac{-R_1}{R_1R_2 + R_2R_3 + R_3R_1}u_{s2}$$
$$+ \frac{-R_3(R_1 + R_2)}{R_1R_2 + R_2R_3 + R_3R_1}i_s$$

由图 4-1 可知,$i = i_1 - i_2$。将 i 的结果进行化简后得

$$i = \frac{R_3}{R_1R_2 + R_2R_3 + R_3R_1}u_{s1} + \frac{R_1 + R_3}{R_1R_2 + R_2R_3 + R_3R_1}u_{s2}$$
$$+ \frac{R_1R_3}{R_1R_2 + R_2R_3 + R_3R_1}i_s$$

从电流 i 的表达式可以看出,i 的结果可以视为激励源 u_{s1}、u_{s2}、i_s 单独作用结果的线性组合。

当 u_{s1} 单独作用时,令 $u_{s2} = 0$,$i_s = 0$

当 u_{s2} 单独作用时,令 $u_{s1} = 0$,$i_s = 0$

当 i_s 单独作用时,令 $u_{s1} = 0$,$u_{s2} = 0$

即三个激励源同时作用产生的电流 i 等于各激励电源单独作用时在该支路产生的电流之和。以图示的方式对图 4-1 所示各激励源单独作用情况加以描述,如图 4-2 所示。当电压源不作用时,即电压源置零时,用短路线代替;当电流源不作用时,即电流源置零时,用开路线代替。

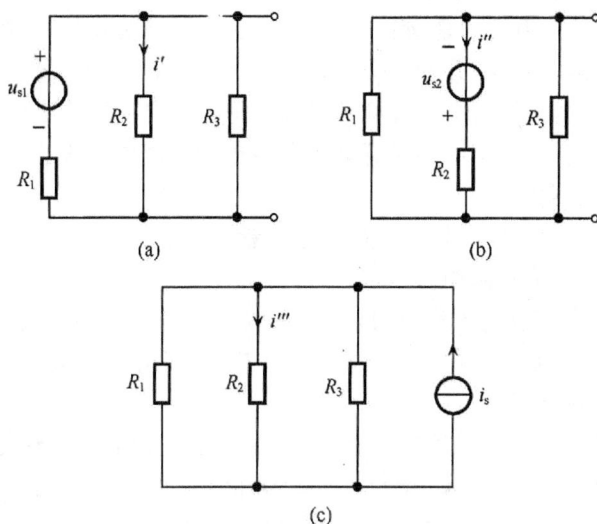

图 4-2 叠加定理分解示意

由上述分析可以推广到一般情况,如果有 n 个电压源、m 个电流源作用于线性电路,那么电路中某条支路的电流 i_l 可以表示为

$$i_l = K_{l1}u_{s1} + K_{l2}u_{s2} + \cdots + K_{ln}u_{sn} + K_{l(n+1)}u_{s(n+1)}$$
$$+ K_{l(n+2)}u_{s(n+2)} + \cdots + K_{lm}u_{sm} \tag{4.1}$$

其中,系数K_{li}取决于电路的参数和结构,与激励源无关。如果电路中的电阻均为线性且非时变的,则系数K_{li}为常数。电路中的各支路电压同样具有式(4.1)相同形式的表达式。

由式(4.1)可以知道,叠加定理实际包含了线性电路的两个基本性质,即叠加性和齐次性。所谓叠加性是指具有多个独立电源的线性电路,其任一条支路的电流或电压等于各个独立电源单独作用时在该支路产生的电流或电压的代数和。而齐次性是指当所有独立电源都增大为原来的K倍时,各支路的电流或电压也同时增大为原来的K倍;如果只是其中一个独立电源增大为原来的K倍,则只是由它产生的电流分量或电压分量增大为原来的K倍。

应用叠加定理时应注意以下几点:

(1)叠加定理适用的电路——线性电路。

(2)叠加对象——只能是电流、电压,也可以是支路电流节点、电压等,但不能是功率。

在求原电路的功率时不能用分电路的功率叠加求得。如电阻消耗的功率

$$P = I^2R = U^2G$$

P不是电流(或电压)的一次函数。不过可用叠加定理求得原电路的电压或电流后,再求功率。

(3)叠加时注意电压、电流的参考方向。

(4)电源单独作用指的是独立电源,受控源不能单独作用,受控源应始终保留在电路中,但不参与"单独"作用与叠加。

(5)"各独立电源单独作用",可以理解成每个独立电源逐个作用各一次,或各独立电源分组作用一次,但必须保证每个独立电源只能参与叠加一次;不能多次作用,也不能一次也不作用。

(6)某个(组)独立电源作用,同时意味着其他电源不起作用。所谓不起作用是指电压源短路,电流源断路。

叠加定理具有重要的理论价值,后续某些章节的分析方法就是建立在叠加定理基础上的,如非正弦稳态电路的分析方法。很多定理的证明也需要借助于叠加定理,如戴维南定理的证明。

叠加定理可用于具体电路的分析,使一个复杂问题的分析转化成多个简单问题分析。这种方法对某些电路分析是有效的,但对有些电路而言,这种方法虽然使每个问题变得简单,但同时也增加了分析计算工作量。

叠加定理用于电路分析时的过程如下:

(1)确定叠加方案(如分组过程)。

(2)分解电路。画出电源单独作用的分电路,分解使不作用的电压源短路,电流源断路,受控源受控关系本质上不变。所谓本质上不变是指当分电路中的支路电流、电压的变量在形式上有变化时,则受控源的控制量要随之变化。

(3)标出总电路、分电路电流(电压)的参考方向。

（4）求解分电路。

（5）结果叠加。如要叠加i_l，当分电路中i_{li}与i_l同方向时，叠加i_{li}前取"＋"号；反之取"－"号。

例4.1 求图4-3所示梯形电路的电压U。

$$\frac{U_s}{U} = \frac{U'_s}{U'}$$

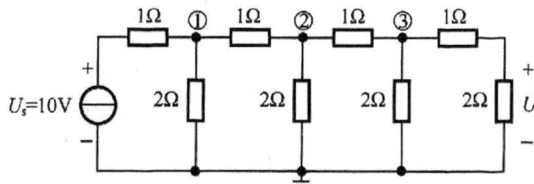

图 4-3　梯形电路

解 利用线性电路的齐次性求解。先假设所求电压U'为某值(尽可能使运算简单)，然后计算出电源电压U'_s的数值，根据齐次性有

由上式便可求得U_s作用下的电压U。

假设$U'=2\mathrm{V}$，那么

节点2的电压

$$U'_2 = 1 \times \left(\frac{3}{2} + 1\right) + 3 = \frac{11}{2}(\mathrm{V})$$

节点1的电压

$$U'_1 = 1 \times \left(\frac{11}{4} + \frac{5}{2}\right) + U'_2 = \frac{21}{4} + \frac{11}{2} = \frac{43}{4}(\mathrm{V})$$

此时电压源的电压

$$U'_s = 1 \times \left(\frac{43}{8} + \frac{5}{2}\right) + U'_1 = \frac{85}{8} + \frac{43}{4} = \frac{171}{8}(\mathrm{V})$$

则

$$U = \frac{U'}{U'_s}U_s = \frac{2 \times 8}{171} \times 10 = 0.936(\mathrm{V})$$

例4.2 电路如图4-4所示。用叠加定理求电压U。

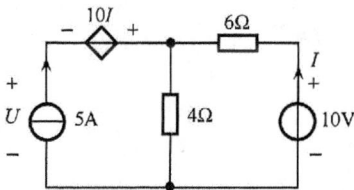

图 4-4　例4.2图

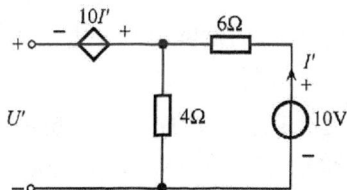

图 4-5　例4.2解图(一)

解 因为求的是电流源上的电压，所以尽管电流源与受控源串联，也不能将受控源短路而去掉。

10V 电压源单独作用时，电路如图 4-5 所示。

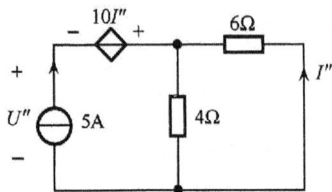

图 4-6 例 4.2 解图（二）

$$i = \frac{10}{4+6} = 1(\text{A})$$

$$U' = -10I' + 4I' = -6I' = -6\text{V}$$

5A 电流源单独作用时，电路如图 4-6 所示。

$$I'' = -\frac{4}{4+6} \times 5 = -2(\text{A})$$

$$U'' = -10I'' - 6I'' = -16I'' = 32\text{V}$$

由叠加定理得

$$U = U' + U'' = 26\text{V}$$

4.2 替代定理

替代定理又被称为置换定理，其内容叙述如下：在线性电路中，或一个具有唯一解的电路，如其第 k 条支路的端电压 u_k 或电流 i_k 已知，那么这条支路可以用电压为 u_k 的电压源或电流为 i_k 的电流源替代，替代后电路各支路的电流和电压的数值保持不变。

设某电路共由 b 条支路构成，各支路电流分别为 $i_1, i_2, \cdots, i_k, \cdots, i_b$，各支路电压分别为 $u_1, u_2, \cdots, u_k, \cdots, u_b$，这些电流和电压分别满足 KCL 和 KVL。把电路中的第 k 条支路（该支路可能是一个电阻，也可能是一个电阻串电压源或电阻并电流源等）用电流为 i_k 的电流源替代后，各支路的电流与替代前完全相同；替代后的第 k 条支路为电流源，它两端的电压由外电路确定，由于第 k 条支路以外的各支路电流数值不变，故它们的支路电压也不会变化，而各支路电压仍受 KVL 的约束，所以第 k 条支路的电压仍为替代前的电压 u_k。

图示替代定理如图 4-7 所示。

对图 4-7(a)所示电路求解得

$$I_2 = 0.5\text{A}, \qquad U = 15\text{V}$$

将最右侧支路用 0.5A 的电流源或用 15V 的电压源替代后，如图 4-7(b)、(c)所示，用替代后的电路再求各支路电压、电流，其数值仍与替代前一样。即用三个图求得的各支路电压、电流都是一样的。

例4.3 求如图 4-8 所示电路各支路电流。

解 求图 4-8 中各支路电流。

$$I_1 = \frac{110}{5 + \dfrac{10 \times 15}{10 + 15}} = 10(\text{A})$$

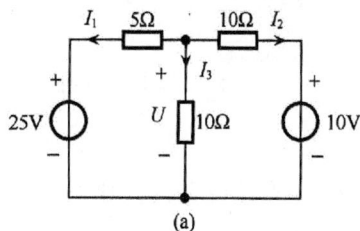

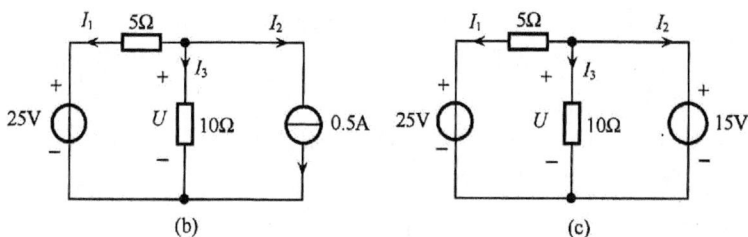

图 4-7 替代定理示例

$$I_2 = 6\text{A}$$

$$I_3 = 4\text{A}$$

(1) 电阻 R_4 用电流源替代,如图4-9 所示。

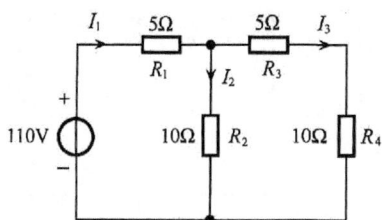

图 4-8 例4.3图

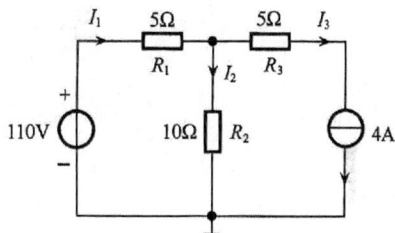

图 4-9 例4.3解图(一)

采用节点法计算方法得出

$$\left(\frac{1}{5} + \frac{1}{10}\right)U = \frac{110}{5} - 4$$

得 $U = 60\text{V}$ 所以有

$$I_1 = \frac{110 - 60}{5} = 10(\text{A})$$

$$I_2 = \frac{60}{10} = 6(\text{A})$$

$$I_3 = 4\text{A}$$

(2) 电阻 R_2 用电压源替代,如图4-10 所示。

对电路图4-10求解得

$$I_1 = \frac{110 - 60}{5} = 10(\text{A})$$

$$I_3 = \frac{60}{15} = 4(\text{A})$$

$$I_2 = I_1 - I_3 = 6\text{A}$$

（3）R_2 用电流源、R_4 用电压源替代，如图 4-11 所示。

采用节点法计算方法得出

$$\left(\frac{1}{5} + \frac{1}{5}\right)U = \frac{110}{5} - 6 + \frac{40}{5}$$

即

$$U = 60\text{V}$$

所以有

$$I_1 = \frac{110 - 60}{5} = 10(\text{A})$$

$$I_2 = 6\text{A}$$

$$I_3 = \frac{60 - 40}{5} = 4(\text{A})$$

本例采用了三种替代分析方法，其结果相同。

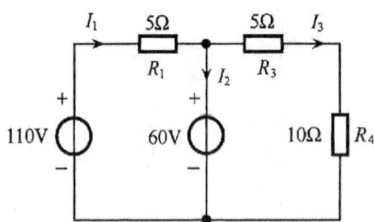

图 4-10　例 4.3 解图（二）　　　　图 4-11　例 4.3 解图（三）

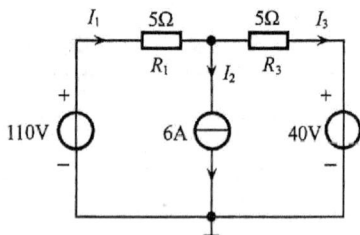

4.3　戴维南定理与诺顿定理

戴维南定理与诺顿定理在电路分析中占有极其重要的地位。这两个定理的分析对象是二端网络。所谓二端网络是指对外具有两个端钮的网络，又称单口网络或一端口网络。

4.3.1　戴维南定理

戴维南定理：任何一个含有独立电源的线性电阻二端网络，对外电路来说，总可以等效为一个电压源串电阻的支路，该电压源等于原二端网络的开路电压 u_{oc}，电阻 R_0 等于该网络中独立电源置零后端口处的等效电阻。

图 4-12 即为戴维南定理的示意。其中网络 N 的开路电压 u_∞ 由图 4-12(b)所示电路在端口开路时求得(或测得);图 4-12(c)是等效电阻 R_0 的求解电路,网络 N_0 是网络 N 中独立电源置零后的网络;图 4-12(d)中端口 a、b 左侧电路是图 4-12(a)网络 N 的等效电路,也就是说,当该等效电路与网络 N 作用于相同的外电路时,就外电路而言,二者的效果完全相同。

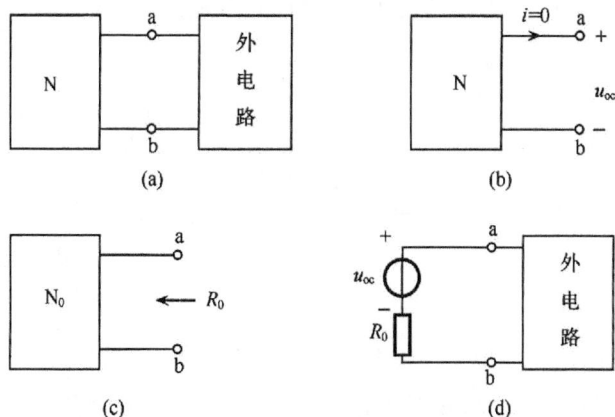

图 4-12 戴维南定理的示意

戴维南定理的证明如图 4-13 所示。

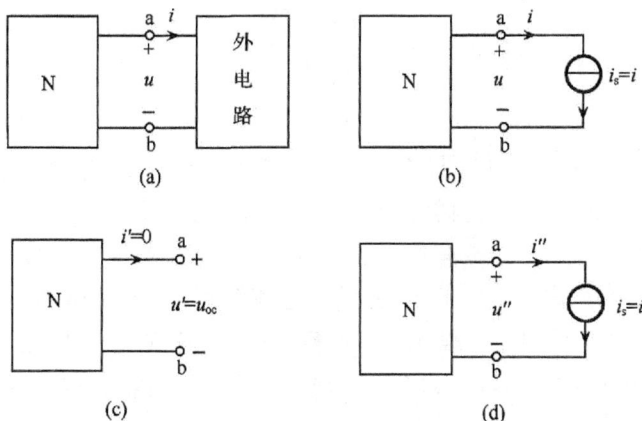

图 4-13 戴维南定理的证明

设图 4-13(a)所示电路在端口 a、b 处的电压为 U,电流为 i。根据替代定理,把外电路视为一条支路,并用电流为 i 的电流源替代,电路如图 4-13(b)所示。把图 4-13(b)所示电路的独立电源分为两部分,其中网络 N 中的所有独立电源作为一部分,另外一个部分就是替代后的电流源 $i_s = i$。根据叠加定理,当网络 N 中的独立电源作用时,电路如图 4-13(c)所示,ab 端口处的电压、电流为

$$u' = u_{\mathrm{oc}}, \qquad i' = 0$$

替代后的电流源 $i_{\mathrm{s}} = i$ 作用时,电路如图4-13(d)所示,ab 端口处的电压、电流为

$$u'' = -i''R_{\mathrm{ab}} = -iR_0, \qquad i'' = i$$

根据叠加定理有

$$u = u' + u'' = u_{\mathrm{oc}} - R_0 i$$

由此表达式可画出等效电路如图4-14(b)所示。

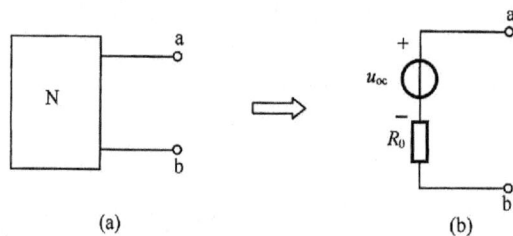

(a)   (b)

图4-14　戴维南等效电路

戴维南定理不仅指出了网络 N 可以等效成什么电路,而且指出了等效电路的求法。求 u_{oc} 时,必须将 N_0 与外电路断开后,再求 ab 的端口电压。求 R_0 的方法,可以用上述方法,还可以用开路短路法,也就是先求出网络 N 端口的开路电压 u_{oc},再求出网络 N 端口的短路电流 i_{sc},则等效电阻 R_0 为

$$R_0 = \frac{u_{\mathrm{oc}}}{i_{\mathrm{sc}}} \tag{4.2}$$

4.3.2　诺顿定理

含有独立电源的线性电阻二端网络,其等效电路的形式除前面提到的电压源串电阻外,还可以等效为电流源并电阻的形式,描述如下。

诺顿定理　任何一个含有独立电源的线性电阻二端网络,对外电路来说,总可以等效为一个电流源并电阻的电路,其中电流源等于原二端网络端口处的短路电流 i_{sc},电阻 R_0 等于该网络中独立电源置零后在端口处的等效电阻。

图4-15(b)所示电路即为图4-15(a)所示网络 N 的诺顿等效电路。诺顿定理的证明如图4-16所示。

将外电路用电压源替代,如图4-16(b)所示。根据叠加定理知,当网络 N 中的独立电源作用时,如图4-16(c)所示,此时有

$$i = i_{\mathrm{sc}}(\text{短路电流}), \qquad u' = 0$$

当电压源 $u_{\mathrm{s}} = u$ 作用时,如图4-16(d)所示,即

$$i'' = -\frac{u_{\mathrm{s}}}{R_{\mathrm{ab}}} = -\frac{u_{\mathrm{s}}}{R_0} = -\frac{u}{R_0}, \qquad u' = u$$

根据叠加定理,图4-16(a)所示电路的端口电流为

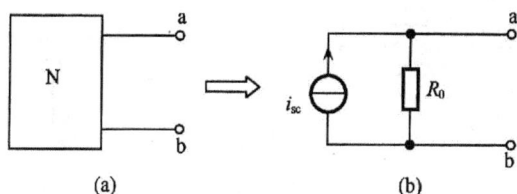

图 4-15　诺顿等效电路

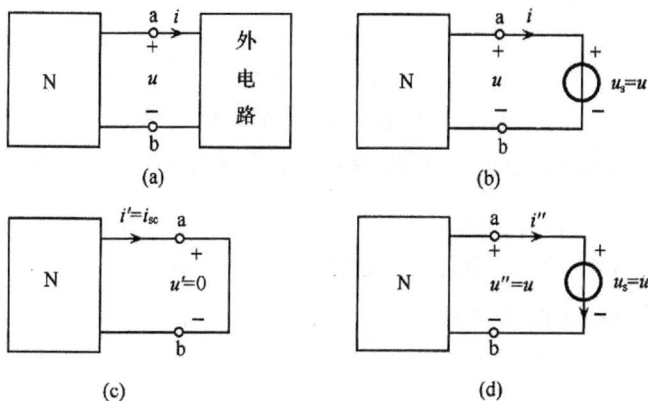

图 4-16　诺顿定理的证明

$$i = i' + i'' = i_{sc} - \frac{u}{R_0}$$

由该式便可得出如图 4-16(b)所示等效电路。

4.3.3　定理使用的技巧

　　一般情况下,诺顿等效电路和戴维南等效电路只是形式上不同而已,诺顿等效电路和戴维南等效电路之间可以通过等效变换相互求得。但在以下两种情况下二者不能相互转换,第一种是求戴维南等效电路时,等效电阻 $R_0 = 0$ 时,只能等效为戴维南电路,该等效电路是一个电压源;第二种是求诺顿等效电路时,等效电阻 $R_0 = \infty$ 时,只能等效为诺顿电路,该等效电路是一个电流源。

　　下面对电路中是否含有受控源分别加以讨论。

1. 电路中不含受控源

例 4.4　电路如图 4-17 所示。求 a、b 端的戴维南及诺顿等效电路。

解　(1)求戴维南等效电路

① 求开路电压 u_{oc}。电路如图 4-18 所示。

$$i = \frac{21 + 6}{3 + 3} = 4.5(\text{A})$$

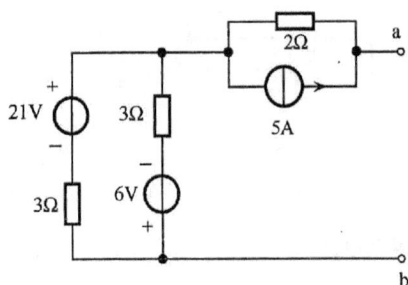

图 4-17 例 4.4 图

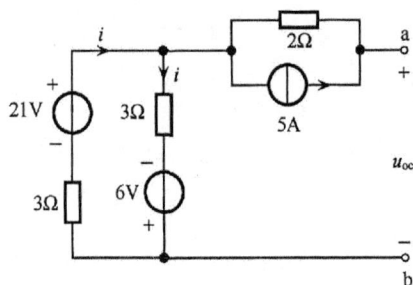

图 4-18 例 4.4 解图(一)

所以

$$u_{oc} = 2 \times 5 + 3i - 6 = 17.5(\mathrm{V})$$

② 求等效电阻 R_0。将独立电源置零,即电压源处短路、电流源处开路,如图 4-19 所示

$$R_0 = 2 + \frac{3 \times 3}{3 + 3} = 3.5(\Omega)$$

得戴维南等效电路如图 4-20 所示。

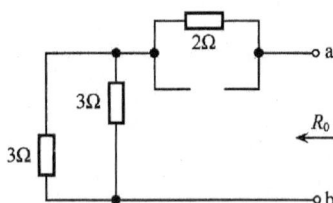

图 4-19 例 4.4 解图(二)

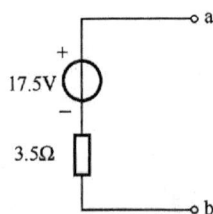

图 4-20 例 4.4 解图(三)

(2) 求诺顿等效电路

① 求短路电流 i_{sc}。电路如图 4-21 所示。

采用节点法,参考节点如图 4-21 所示。

$$\left(\frac{1}{3} + \frac{1}{3} + \frac{1}{2}\right)u = \frac{21}{3} - \frac{6}{3} - 5$$

所以

$$u = 0$$

$$i_{sc} = \frac{u}{2} + 5 = 5(\mathrm{A})$$

② 求等效电阻 R_0。等效电阻 R_0 的求法同前,这里略。诺顿等效电路如图 4-22 所示。

例 4.5 电路如图 4-23 所示。负载 R_L 可调,问 R_L 取何值可获得最大功率? 最大功率是多少?

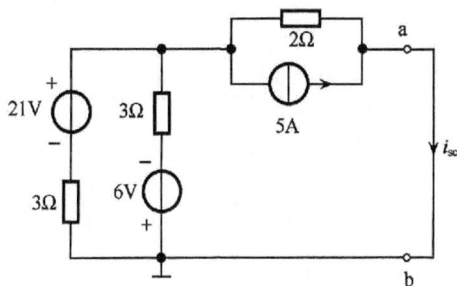

图 4-21 例 4.4 解图(四)

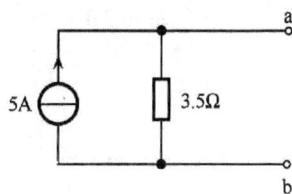

图 4-22 例 4.4 解图(五)

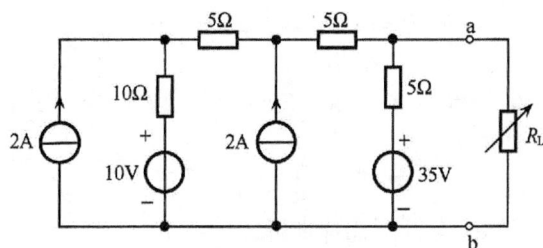

图 4-23 例 4.5 图

解 先求 R_L 左侧电路的戴维南等效电路。

(1) 求开路电压 u_{oc}

采用回路法。回路电流如图 4-24 所示,分别为 2A、2A 和 i_1。

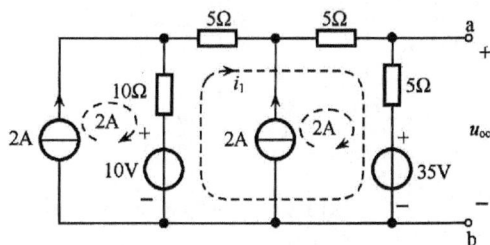

图 4-24 例 4.5 解图(一)

$$5i_1 + 5(i_1 + 2) + 5(i_1 + 2) + 35 - 10 + 10(i_1 - 2) = 0$$

得

$$i_1 = -1A$$

所以

$$u_{oc} = 5(i_1 + 2) + 35 = 40(V)$$

(2) 求等效电阻 R_0(见图 4-25)

$$R_0 = \frac{5 \times 20}{5 + 20} = 4(\Omega)$$

戴维南等效电路如图4-26所示。

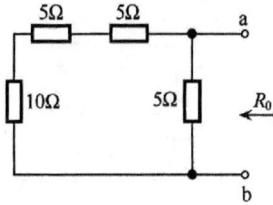

图4-25 例4.5解图(二)   图4-26 例4.5解图(三)

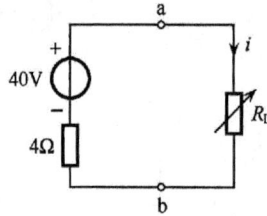

负载R_L所消耗的功率为

$$P = i^2 R_L = \left(\frac{u_{oc}}{R_0 + R_L}\right)^2 R_L$$

由$\dfrac{dP}{dR_L} = 0$可知,当$R_L = R_0 = 4\Omega$时,可获得最大功率。且有

$$P_{max} = i^2 R_L = \frac{u_{oc}^2}{4R_0} = 100W$$

端口处等效电阻R_0有以下几种求解方法:

(1) 将网络内的独立电源置零,利用电阻的串、并联以及Δ与Y之间的等效变换求得。

(2) 外加电源法。将网络N内所有独立源置零,在端口处外加一个电压源u(或电流源i),求其端口处的电流i(或电压u),如图4-27(b)所示。

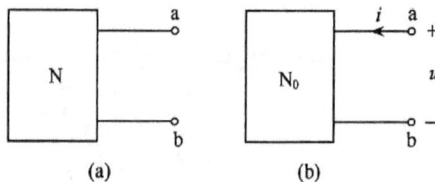

(a)   (b)

图4-27 外加电源法

$$R_0 = \frac{u}{i} \tag{4.3}$$

(3) 开路短路法。先求端口处的开路电压u_{oc},再求出端口处短路后的短路电流i_{sc},如图4-28所示。那么

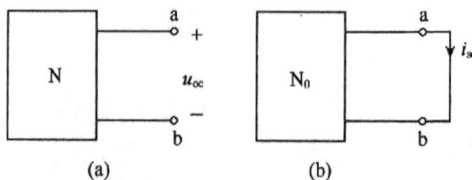

(a)   (b)

图4-28 开路短路法

$$R_0 = \frac{u_{oc}}{i_{sc}} \qquad (4.4)$$

注意 u_{oc} 与 i_{sc} 的参考方向。

2. 电路中含有受控源

当电路中含有受控源时，戴维南定理与诺顿定理同样适用。开路电压 u_{oc} 的求法同前；等效电阻 R_0 的求法只能用外加电源法和开路短路法。

例4.6 电路如图4-29所示。求(1)ab 左端的戴维南等效电路。(2)电流源 I_{s2} 吸收的功率。

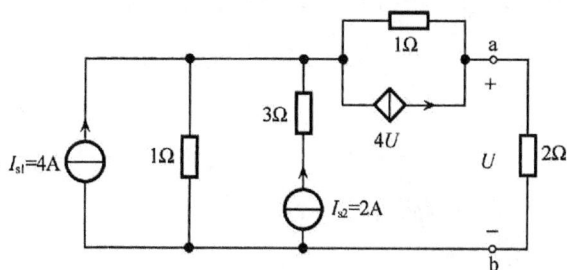

图 4-29 例 4.6 图

解 (1) 求开路电压 U_{oc} 的电路如图4-30(a)所示，图4-30(b)是其简化电路。

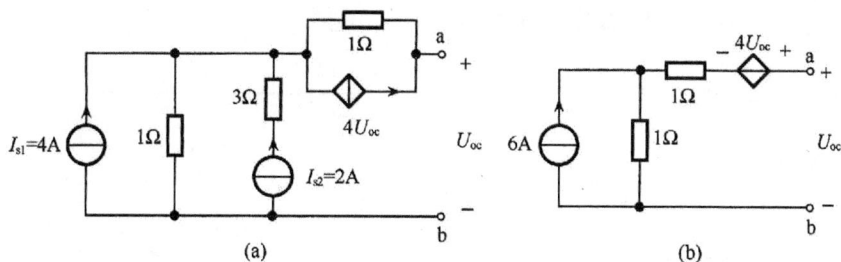

图 4-30 例 4.6 解图(一)

根据 KVL 可得

$$U_{oc} = 4U_{oc} + 6$$
$$U_{oc} = -2\text{V}$$

求等效电阻 R_0：外加电源法求解如图4-31所示。

其方程为

$$U_1 = 4U_1 + 2I_1$$

所以

$$R_0 = \frac{U_1}{I_1} = -\frac{2}{3}\Omega$$

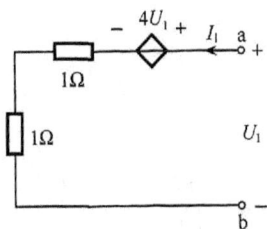

图 4-31 例 4.6 解图(二)

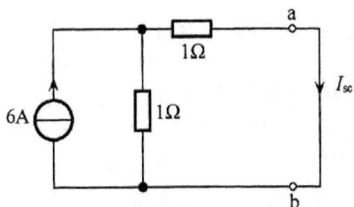

图 4-32 例 4.6 解图(三)

另外,开路短路法求解电路如图 4-32 所示短路电流

$$I_{sc} = 3A$$

所以

$$R_0 = \frac{U_{oc}}{I_{sc}} = -\frac{2}{3}\Omega$$

ab 左端的戴维南等效电路如图 4-33 所示。

(2) 由图 4-34 所示电路得

$$I = \frac{-2}{2 - \frac{2}{3}} = -\frac{3}{2}(A)$$

回原电路可求得电流源 I_{s2} 两端电压 U_3。但为简化运算起见,将右侧支路用电流源替代,替代后的电路如图 4-34 所示。

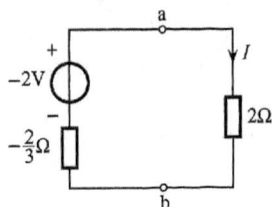

图 4-33 例 4.6 解图(四)

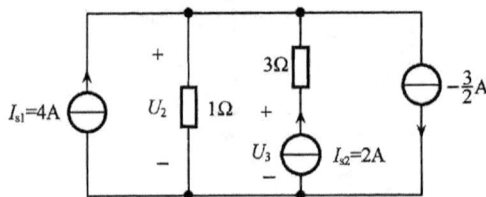

图 4-34 例 4.6 解图(五)

由节点电压法得

$$U_2 = 1 \times \left(4 + 2 + \frac{3}{2}\right) = 7.5(V)$$

所以

$$U_3 = 2 \times 3 + U_2 = 13.5(V)$$

电流源 I_{s2} 吸收的功率

$$P = -2U_3 = -27W$$

应用戴维南或诺顿定理求解电路时,应将具有耦合关系的支路同时放在网络 N 中,但有时所求的戴维南等效电路却使耦合支路分开了(下面的例题即是如此),

如不进行控制量转移,则 a、b 左端等效为戴维南电路之后,控制量 u_1 不再存在,受控源无法控制。考虑到求解戴维南或诺顿等效电路时,其端口处的电压或电流始终存在,所以在分析求解这一类电路时,应该首先将控制量转化为端口处的电压或电流的表达式,然后再求它的戴维南或诺顿等效电路。

例 4.7 用戴维南定理求图 4-35 所示电路的电压 u。

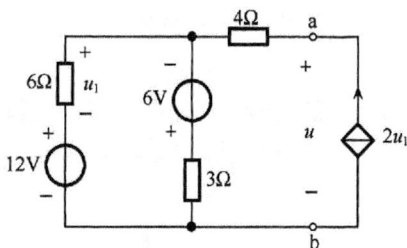

图 4-35　例 4.7 图

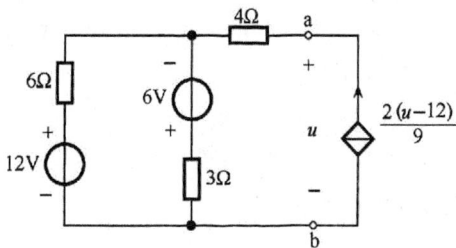

图 4-36　例 4.7 解图(一)

解 先将控制量 u_1 用端口电压 u 表示

$$u = 4 \times 2u_1 + u_1 + 12$$

所以

$$u_1 = \frac{1}{9}(u - 12)$$

等效电路如图 4-36 所示。

由图 4-37 求开路电压 u_{oc}

$$u_{oc} = -6 + 3\frac{12 + 6}{6 + 3} = 0$$

等效电阻

$$R_0 = 4 + \frac{3 \times 6}{3 + 6} = 6(\Omega)$$

戴维南等效电路如图 4-38 所示。

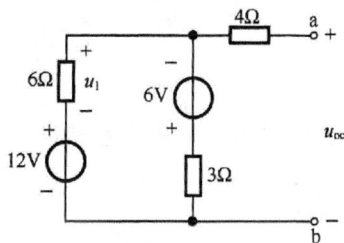

图 4-37　例 4.7 解图(二)

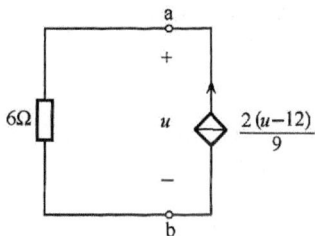

图 4-38　例 4.7 解图(三)

由此得

$$u = 6 \times \frac{2(u - 12)}{9}$$

所以

$$u = 48V$$

4.4 互 易 定 理

互易定理是线性网络的又一个重要定理,它有三种形式,现论述如下。

设网络 N_R 仅由线性电阻元件组成,该网络对外有两对端钮,那么有以下定理。

互易定理1

对于图 4-39 所示两电路,当在 1—1′ 之间加电压源,在 2—2′ 之间的短路电流为 i_2,如图 4-39(a)所示;当在 2—2′ 之间加电压源 u_{s2},在 1—1′ 之间的短路电流为 i_1,如图 4-39(b)所示,则有

$$\frac{i_2}{u_{s1}} = \frac{i_1}{u_{s2}}$$

当 $u_{s1} = u_{s2}$ 时,$i_1 = i_2$,即由互易定理 1 可知,当电压源和电流表互换位置后,电流表的读数不变。

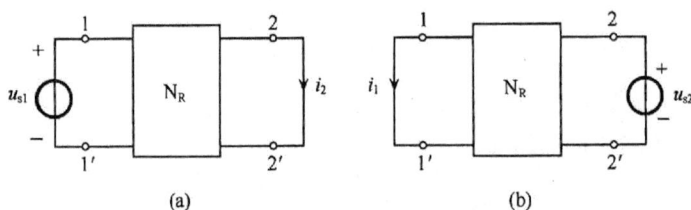

图 4-39 互易定理 1 示意

互易定理2

对于图 4-40 所示两电路,当在 1—1′ 之间加电流源 i_{s1} 时,在 2—2′ 之间的开路电压为 u_{s2},如图 4-40(a)所示;当在 2—2′ 之间加电流源 i_{s2} 时,在 1—1′ 之间的开路电压为 u_1,如图 4-40(b)所示,则有

$$\frac{u_2}{i_{s1}} = \frac{u_1}{i_{s2}}$$

当 $i_{s1} = i_{s2}$ 时,$u_1 = u_2$,即由互易定理 2 可知,当电流源和电压表互换位置后,电压表的读数不变。

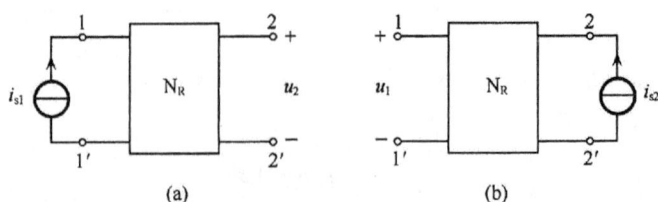

图 4-40 互易定理 2 示意

互易定理 3

对于图 4-41 所示两电路,当在 1—1′ 之间加电压源 u_{s1} 时,在 2—2′ 之间的开路电压为 u_2,如图 4-41(a)所示;当在 2—2′ 之间加电流源 i_{s2} 时,在 1—1′ 之间的短路电流为 i_1,如图 4-41(b)所示,则有

$$\frac{u_2}{u_{s2}} = \frac{i_1}{i_{s2}}$$

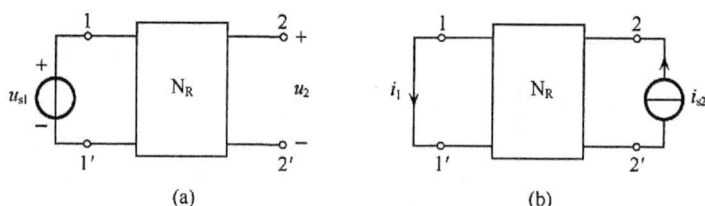

图 4-41 互易定理 3 示意

对互易定理 1 证明如下。

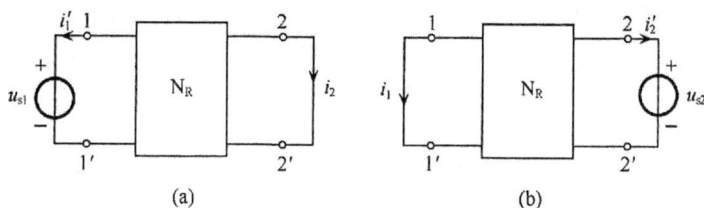

图 4-42 互易定理 1 证明

对于图 4-42 所示两电路,根据特勒根定理 2 不难得出下面两式,即

$$u_{s1}i_1 + 0 \times i_2' + \sum_{k=3}^{b} u_k(t)i_k'(t) = 0$$

$$0 \times i_1' + u_{s2}i_2 + \sum_{k=3}^{b} u_k'(t)i_k(t) = 0$$

$$\sum_{k=3}^{b} u_k(t)i_k'(t) = \sum_{k=3}^{b} u_k'(t)i_k(t)$$

$$u_{s1}i_1 = u_{s2}i_2$$

所以

$$\frac{i_2}{u_{s1}} = \frac{i_1}{u_{s2}}$$

证毕。

应用互易定理时要注意参考方向,如图 4-40(a)中的端钮 1 和 2 为同极性端,那么在图 4-40(b)中,端钮 1 和 2 也为同极性端(均为高电位或低电位),否则应在相应的电流或电压前添加负号。

关于短路线的参考极性:在实际导线中,如电流从 a 端流向 b 端,表明 a 端电位

高于 b 端。为了便于极性分析,在理想导线中,若电流从 a 流向 b,同样认为 a 端电位高于 b 端。

关于电流源的电位高低:由于 N_R 为纯电阻网络,不难得出电流源的输出端电位高于输入端电位。

例4.8 在图 4-41 所示电路中,已知图 4-43(a)中 $u_{s1}=2V$,$i_2=2A$;图 4-43(b)中 $u_{s2}=2V$,求电流 i_1。

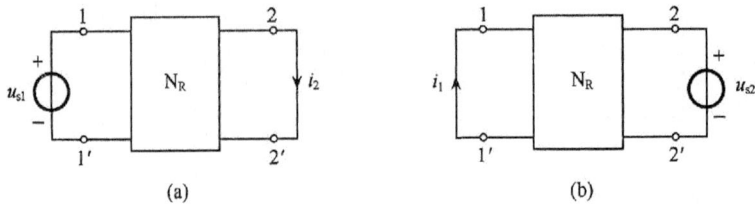

图 4-43 例 4.8 图

解 图 4-43(a)的端子 1、2 均为正极性端,而图 4-43(b)的端子 1、2 为反极性端。根据互易定理 1 知

$$\frac{i_2}{u_{s1}} = \frac{-i_1}{u_{s2}}$$

所以

$$i_1 = -\frac{u_{s2}}{u_{s1}}i_2 = -\frac{-2}{1} \times 2 = 4(A)$$

例4.9 已知在图 4-44 所示的电路中,图 4-44(a)电路在电压源 u_{s1} 的作用下,电阻 R_2 上的电压为 u_2。求图 4-44(b)电路在电流源 i_{s2} 的作用下,电流 i_1 的值。

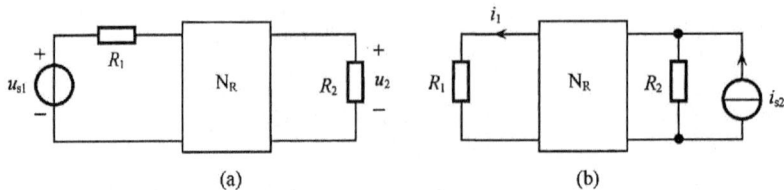

图 4-44 例 4.9 图

解 方法一:将电阻 R_1、R_2 和网络 N_R 当作一个新的电阻网络,如图 4-45 所示。此时可直接利用互易定理 3 的表达式求解,即

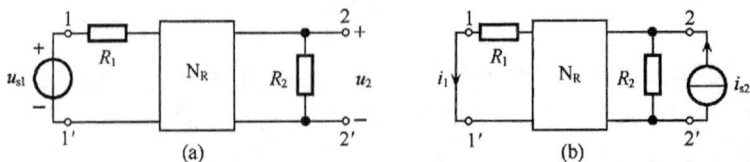

图 4-45 例 4.9 解图(一)

$$\frac{i_1}{i_{s2}} = \frac{u_2}{u_{s1}}$$

所以

$$i_1 = \frac{u_2}{u_{s1}} i_{s2}$$

方法二：改变电路的画法，即可与互易定理1的电路对应起来，如图4-46所示。

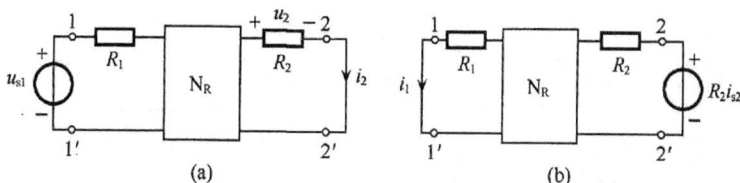

图4-46　例4.9解图（二）

由此可以得出

$$\frac{i_2}{u_{s1}} = \frac{i_1}{R_2 i_{s2}}$$

而

$$i_2 = \frac{u_2}{R_2}$$

所以

$$i_1 = \frac{R_2 i_{s2}}{u_{s1}} \times \frac{u_2}{R_2} = \frac{i_{s2}}{u_{s1}} \cdot u_2$$

4.5 对偶原理

为了更为简单地说明对偶原理，这里从如下的几组关系式进行入手。当电压与电流取关联参考方向时，对于电阻元件，其关系式为

$$U = IR \tag{4.5}$$

或

$$I = UG \tag{4.6}$$

对于电感元件 L

$$u = L \frac{\mathrm{d}i}{\mathrm{d}t} \tag{4.7}$$

对于电容元件 C

$$i = C \frac{\mathrm{d}u}{\mathrm{d}t} \tag{4.8}$$

如将式(4.5)中的电压 U 换成电流 I，将电阻 R 换成电导 G，即可得到式(4.6)；

同理,若将式(4.7)、式(4.8)中的u与i互换,L与C互换,则两式彼此转换。为此称电阻R与电导G、电感L与电容C称为对偶元件,另外电压源与电流源也是一对对偶元件。而电压与电流为一对对偶变量。

在图4-47(a)中

$$u_1 = \frac{R_1}{R_1 + R_2}u_s \tag{4.9}$$

$$i_1 = \frac{G_1}{G_1 + G_2}u_s \tag{4.10}$$

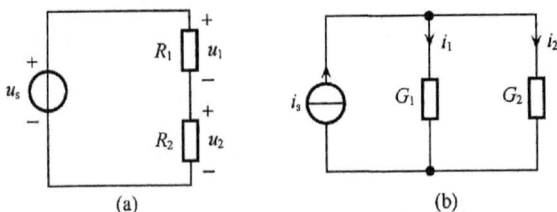

图4-47 对偶电路

对式(4.9)与式(4.10)比较可知,将图4-47(a)、(b)所示元件换成其对偶元件、对偶变量互换、串联与并联连接互换后,两数学表达式可相互转换,为此把电路的串联与并联称为对偶连接。另外电路的网孔与节点、短路与开路、开关的打开与闭合等均具有对偶关系。图4-47(a)与图4-47(b)称为对偶电路。

电路中一些变量、名词之间具有相同"地位"而性质"相反"的特性,人们将这些变量、名称称为对偶元素。电路的对偶元素如表4-1所示。

表4-1 对偶元素

N	R	L	电压源u_s	串联	短路	网孔	KVL	戴维南定理	i	割集	开关闭
$\overline{N}$	G	C	电流源i_s	并联	断路	节点	KCL	诺顿定理	u	回路	开关开

将一个电路N的元素,改成对偶元素,所形成的电路$\overline{N}$称为N的对偶电路。

将电路中某一关系中的元素全部改换成对偶元素而得到的关系式称为原关系式的对偶关系。如网孔电流方程的对偶关系则是节点电压方程。

对偶定理 电路中若某一关系成立,那么其对偶关系特定成立。

综上所述,对偶就是两个不同的元件特性或两个不同的电路,却具有相同形式的数学表达式。其意义就在于对某电路得出的关系式和结论,其对偶电路也必然满足,起到了事半功倍的作用。但是必须注意"对偶"并非"等效",它们是两个完全不同的概念。不能将N的对偶电路$\overline{N}$称为N的等效电路。

例4.10 画出如图4-48(a)所示电路的对偶电路。

解 图4-48(a)所示电路共有三个网孔,故其对偶电路除参考节点外还有三个节点,如图4-48(b)所示,将节点之间用虚线相连,同时使每条虚线穿过一个元件,

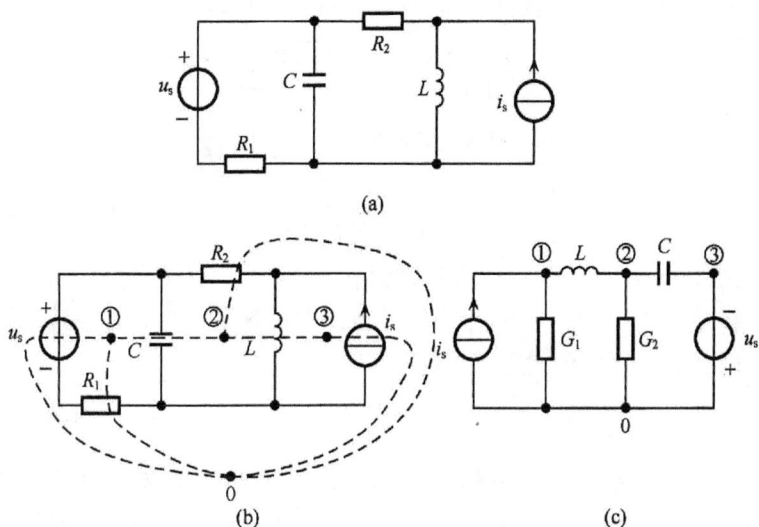

图 4-48 例 4.10 图

把虚线换成它所穿过元件的对偶元件,即为所求对偶电路,如图 4-48(c)所示。

4.6 最大功率传输定理

应用戴维南定理或诺顿定理,可以描述和解决任意线性有源二端网络在外接可变负载上获得最大功率的问题。

最大功率传输定理 在任意线性有源二端电阻电路中,在其戴维南等效电压 u_{oc} 和内阻 R_0 不变,而外接负载电阻 R_L 可变的情况下,若电路的戴维南等效内阻 R_0 和负载电阻 R_L 相等($R_L = R_0$)时,则电路负载上可以获得最大功率,即

$$p_{max} = \frac{u_{oc}^2}{4R_0} \tag{4.11}$$

任意一个线性有源电路二端网络 N 如图 4-49(a)所示,使用戴维南定理可以等效为图 4-49(b)所示电路。

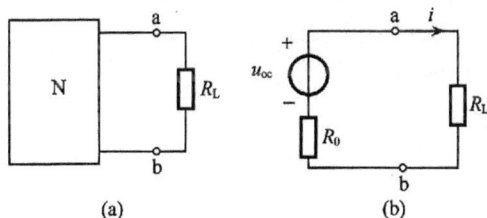

图 4-49 最大功率传输定理示意

从图4-49中可以看出,该电路的负载电阻 R_L 消耗的功率为

$$p = R_L i^2 = \frac{R_L u_{oc}^2}{(R_0 + R_L)^2}$$

要使 R_L 消耗的功率达到最大值 p_{max},则必须满足条件 $\frac{\mathrm{d}p}{\mathrm{d}R_L} = 0$,即

$$\frac{\mathrm{d}p}{\mathrm{d}R_L} = \frac{(R_0 - R_L)u_{oc}^2}{(R_0 + R_L)^3} = 0$$

由此可得,当 $R_L = R_0$ 时,R_L 可获得最大值 p_{max}。

如果将图4-49(b)中N 的戴维南等效电路用诺顿等效电路替换,则获得最大功率传输定理的另外一种形式为

$$p_{max} = \frac{1}{4} R_0 i^2 \tag{4.12}$$

满足最大功率传输的条件是 $R_L = R_0$,即 R_0 消耗的功率与 R_L 消耗的功率相等。对电压源 u_{oc} 来说,功率传输效率 $\eta = 50\%$,在电力系统中,获得最大功率传输是十分重要的,而不在乎功率传输效率。因此,最大功率传输定理在弱电系统中获得最广泛的应用。

4.7 总结与思考

4.7.1 总结

电路定理是电路分析的核心内容,是电路分析的理论依据,同时也是一种电路分析的方法。本章的重点是:叠加定理、戴维南定理、诺顿定理、最大功率传输定理等定理的内容描述、定理使用的限定范围或使用时应注意的问题。作为一种电路分析的方法使用时,应该掌握其分析步骤和使用技巧,同时也要注意在分析中使用定理的限制条件。本章难点是:求含受控源的一端口的戴维南等效电路、互易定理的使用以及参考方向、受控源等基本概念的掌握和应用。

1. 基本概念

(1)相关定理的描述和使用中应注意的问题。
(2)线性电路的齐次性或叠加性。
(3)戴维南等效电路、诺顿等效电路。
(4)开路短路法。
(5)对偶。
(6)最大功率。

2. 叠加定理

叠加定理用于电路分析时的过程如下。

（1）确定叠加方案（如分组过程）。

（2）分解电路。画出电源单独作用的分电路，分别使不作用的电压源短路，电流源断路，受控源受控关系本质上不变。所谓本质上不变是指当分电路中的支路电流、电压的变量在形式上有变化时，则受控源的控制量要随之变化。

（3）标出总电路、分电路电流（电压）的参考方向。

（4）求解分电路。

（5）结果叠加。如要叠加 i_l，当分电路中 i_{li} 与 i_l 同方向时，叠加 i_{li} 前取"＋"号；反之取"－"号。

3. 替代定理

替代定理　在线性电路中，或一个具有唯一解的电路，如其第 k 条支路的端电压 u_k 或电流 i_k 已知，那么这条支路可以用电压为 u_k 的电压源或电流为 i_k 的电流源替代，替代后电路各支路的电流和电压的数值保持不变。

4. 戴维南定理

戴维南定理　任何一个含有独立电源的线性电阻二端网络 N，对外电路来说，总可以等效为一个电压源串电阻的支路，该电压源等于原二端网络的开路电压 u_{oc}，电阻 R_0 等于该网络中独立电源置零后端口处的等效电阻。

定理不仅指出了任何一个含有独立电源的线性电阻二端网络 N 可等效成什么，而且指出了等效电路的求法。求 u_{oc} 时，必须 N 与外电路断开后再求断开的端口电压。

开路短路法：求出含有独立电源的线性电阻二端网络 N 开路电压 u_{oc} 后，再求出端口的短路电流 i_{sc}，则等效电阻 R_0 为

$$R_0 = \frac{u_{oc}}{i_{sc}}$$

5. 诺顿定理

诺顿定理　任何一个含有独立电源的线性电阻二端网络，对外电路来说，总可以等效为一个电流源并电阻的电路，其中电流源等于原二端网络端口处的短路电流 i_{sc}，电阻 R_0 等于该网络中独立电源置零后在端口处的等效电阻。

一般情况下，一端口网络既可等效成戴维南支路，也可以等效成诺顿支路。但是，当 $R_0 = 0$ 时，只能等效成戴维南支路；当 $R_0 \rightarrow \infty$ 时，只能等效成诺顿支路。

戴维南定理和诺顿定理统称为等效发电机定理。

6. 互易定理

互易定理是线性网络的又一个重要定理，它有三种表现形式。

7. 对偶原理

1) 对偶元素
电路中一些变量、名词之间具有"地位"相同而性质"相反"的特性,人们将这些变量、名称称为对偶元素。

2) 对偶电路
将一个电路 N_1 的元素,改换成对偶元素,所形成的电路 N_2 称为 N_1 的对偶电路。如 R_1、R_2、R_3 串联的,对偶电路 N_2 为 G_1、G_2、G_3 的并联。

3) 对偶关系
将电路中某一关系式中的元素全部改换成对偶元素而得到的关系式称为原关系式的对偶关系式。

如网孔电流方程的对偶关系式则是节点电压方程。

4) 对偶原理
电路中若某一关系式成立,那么其对偶关系式也一定成立。

注意:对偶并非等效。如一个电路 N_1 的对偶电路为 N_2,并非是指 N_1 与 N_2 等效。

8. 最大功率传输定理

最大功率传输定理　在任意线性有源二端电阻电路中,在其戴维南等效电压 u_{oc} 和内阻 R_0 不变,而外接负载电阻 R_L 可变的情况下,若电路的戴维南等效内阻 R_0 和负载电阻 R_L 相等 $(R_L = R_0)$,则电路负载上可以获得的最大功率为

$$p_{\max} = \frac{u_{oc}^2}{4R_0}$$

4.7.2　思考

(1) 叠加定理使用的条件是什么?

(2) 叠加定理中"各独立电源单独作用",应该如何理解?

(3) 替代定理中的"替代"可以理解为等效吗?

(4) 在求戴维南等效电路中的 R_0 时,必须将全部独立电源置为零,那么受控源也需同样处理吗?

(5) 开路短路法的处理步骤是什么?

(6) 同一个电路网络可以等效为戴维南等效电路和诺顿等效电路吗?

(7) 开路短路法可以用于诺顿等效电路的计算吗?

(8) 互易定理有何用处?

(9) 对偶原理是等效原理吗? 为什么?

习　题　4

4.1　电路如图 4-50 所示,开关 S 由打开到闭合,电路内发生变化的是什么?

4.2　电路如图 4-51 所示,若电压源的电压 $U_s > 1V$,则电路的功率情况是怎样的?

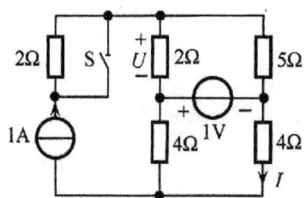

图 4-50　习题 4.1 图

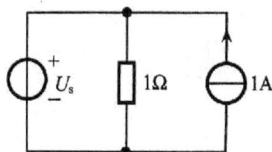

图 4-51　习题 4.2 图

4.3　电路如图4-52所示，U_s 为独立电压源，若外电路不变，仅电阻R变化时，将会引起什么变化？

4.4　电路如图4-53所示，I_s 为独立电流源，若外电路不变，仅电阻R变化时，将会引起什么变化？

4.5　电路如图4-54所示，求a、b两点间的电压U_{ab}。

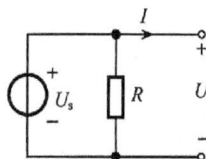

图 4-52　习题 4.3 图

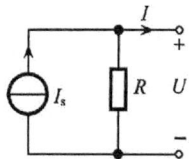

图 4-53　习题 4.4 图

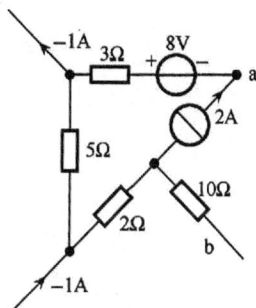

图 4-54　习题 4.5 图

4.6　如图4-55所示，求各电路端口电压u（或端口电流i）与各独立电源参数的关系。

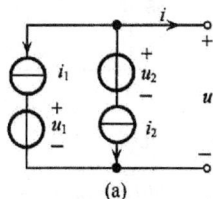

(a)

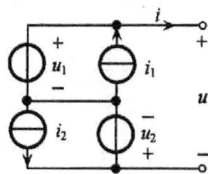

(b)

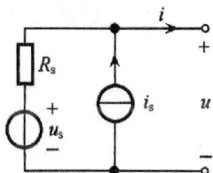

(c)

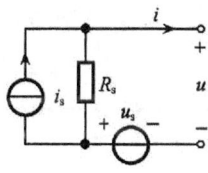

(d)

图 4-55　习题 4.6 图

4.7　求图4-56(a)所示电路中的电流I_2和图4-56(b)所示电路中受控源提供的功率。

4.8　电路如图4-57所示。问控制系数g_m取何值时，电流$i=0$？

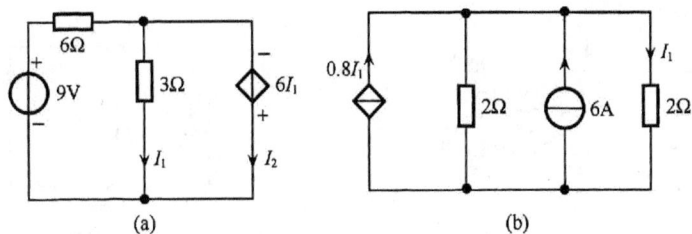

图 4-56　习题 4.7 图

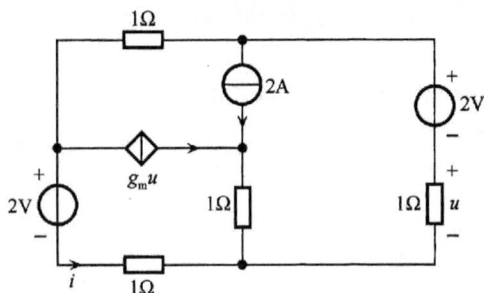

图 4-57　习题 4.8 图

4.9　电路如图 4-58 所示。求节点①与节点②之间的电压 u_{12}。

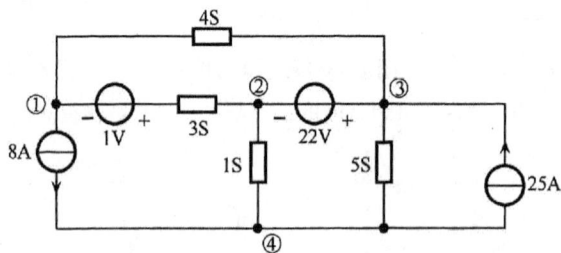

图 4-58　习题 4.9 图

4.10　已知线性含源单口网络 N 与外电路相连,如图 4-59 所示,且已知 ab 端口电压 $U=$ 12.5V,而 ab 端口的短路电流 $I_{sc}=10$mA,试求出单口网络 N 的戴维南等效电路。

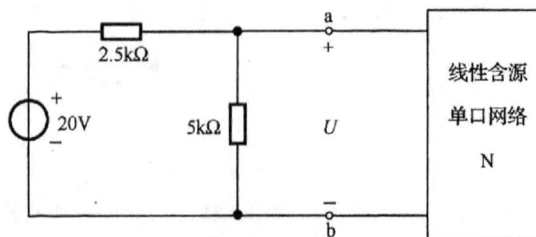

图 4-59　习题 4.10 图

4.11 求如图4-60所示电路中2Ω电阻上消耗的功率。

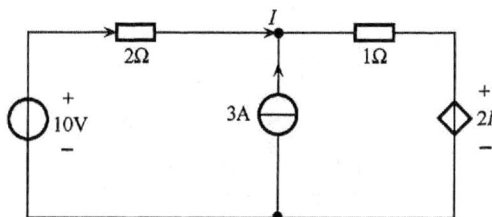

图 4-60 习题 4.11 图

4.12 已知线性电阻网络如图4-61所示,当2A电流源没接入时,3A电流源对网络提供功率54W,且知$U_2=12V$;当3A电流源没接入时,2A电流源对网络提供28W功率,且知$U_3=8V$。

(1)求两电源同时接入时,各电源的功率。

(2)试确定网络N最简单的一种结构和元件参数值。

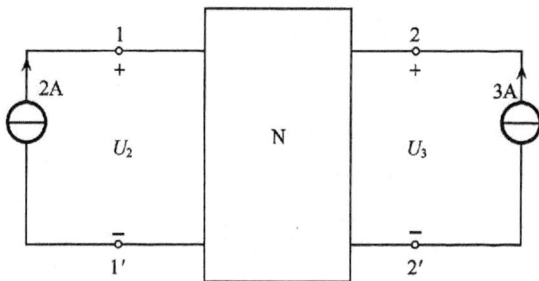

图 4-61 习题 4.12 图

4.13 N_0为无源线性电阻网络,R_1可调,R_2固定。当$U_s=8V$,$R_1=0$时,$I_2=0.2A$;当逐渐增大R_1值,使$I_2=0.5A$时,R_1端电压$U_1=5V$,如图4-62(a)所示。当$U_s=20V$时,变化R_1值,使$I_2=2A$,如图4-62(b)所示,试问此时R_1端电压U_1为何值?

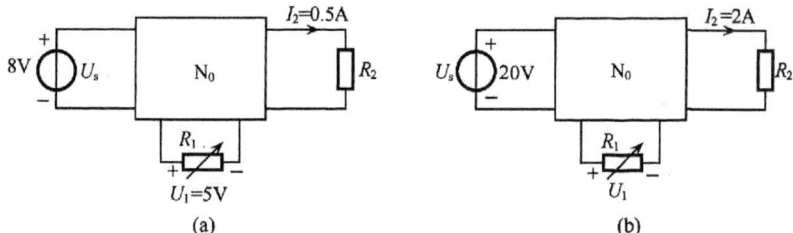

(a)   (b)

图 4-62 习题 4.13 图

4.14 已知图4-63中非线性电阻为流控电阻,其伏安关系为$U=i^2-2i+12$,试用戴维南定理求出电压U。

4.15 已知如图4-64所示电路,电阻R_5获得的最大功率$P_{5max}=5W$,试求U_S和g_m。

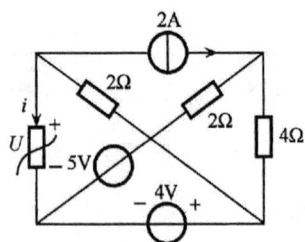

图 4-63　习题 4.14 图

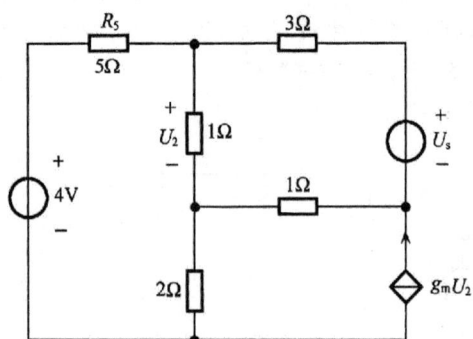

图 4-64　习题 4.15 图

第5章 电路的时域分析

内容提要

本章通过一阶线性时不变(LTI)动态电路的时域分析,阐明了电路分析中重要的基本概念,导出了求解LTI电路微分方程的两种方法,然后重点介绍了一阶有损电路的三要素分析法。

本章还系统地介绍了高阶LTI动态电路微分方程的建立和求解方法,重点阐述了LTI电路的冲击响应及其求解方法、LTI电路的基本性质、卷积积分及其性质以及应用卷积积分求解LTI电路零状态响应的方法。本章为变换域分析奠定了基础,是本书的重点。

5.1 一阶电路分析

如果任意一个LTI电路中仅仅含有一个独立的电容元件或一个独立的电感元件,由于电容元件和电感元件的电压与电流关系是用微分或积分表示的,依据电路的KCL、KVL和元件VCR建立的电路方程必将是一阶线性常微分方程,因此将这种RC电路或RL电路常称为一阶电路。

由于电容元件和电感元件的VCR关系是用微分或积分表示的,所以常将它们称为动态元件,将含有电容元件、电感元件等储能元件的电路称为动态电路,而描述动态电路的数学模型必定是微分方程。而动态电路中当电路的结构或元件参数发生改变时,将会使电路从原来的工作状态过渡到新工作状态,这种过渡过程反映了电路真实的物理特性,使人们认识了电路过渡过程的物理本质。

5.1.1 一阶电路的零输入响应

如果任意LTI动态电路的输入激励信号为零,则仅仅由电路中动态元件的初始储能作用所产生的响应,就叫作电路的零输入响应。

对于一阶有损电路,可用一阶微分方程来描述,设电路的输出响应为$y(t)$,电路的初储能用电路换路前(用$t=0_-$表示)的起始状态$y(0_-)=y_0$(y_0为常数)表征,即若

$$\begin{cases} \dfrac{\mathrm{d}y(t)}{\mathrm{d}t} + ay(t) = 0, & t \geqslant 0 \\ y(0_-) = y_0 \end{cases}$$

则该齐次常微分方程的非零初始条件的解,就叫作电路的零输入响应,用 $y_{zp}(t)$ 表示。

下面通过 RC 电路来讨论一阶电路的零输入响应及其求解方法。

图 5-1(a)所示的电容 C 在 $t=0_-$ 时被电源充电到电压 U_0,在 $t=0$ 时换路,即开关 K_1 打开,同时开关 K_2 闭合,现在分析 $t \geqslant 0$ 时电阻 R 两端的响应电压和电阻 R 中的响应电流。显然,在换路后($t \geqslant 0$)电路中并无电源作用,电路中的物理过程是充电到电压 U_0 的电容 C 通过开关 K_2 对电阻 R 放电,即将电容的电场能转换为电阻 R 消耗的热能[见图 5-1(b)]。

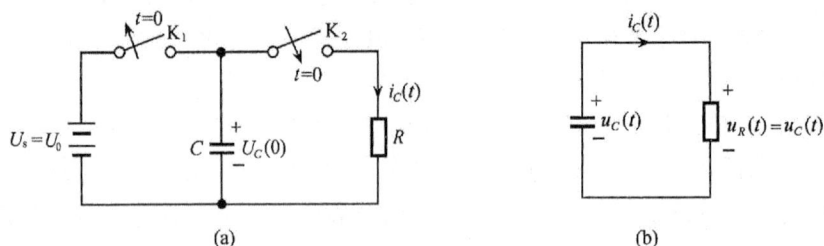

图 5-1 换路前后的一阶 RC 电路

由图已知,换路后初瞬,即 $t=0_+$ 时,电容初始电压为

$$u_C(0_+) = u_C(0_-) + \frac{1}{C}\int_{0_-}^{0_+} i_C(t)\mathrm{d}t = u_C(0_-) \qquad [因为 i_C(t) 为有限值]$$

即得换路定律

$$u_C(0_+) = u_C(0_-) = U_0$$

这就是电容两端在 $t=0_+$ 时的电压。因而电阻中电流由换路前的零值一跃而为换路后的初瞬值 $\dfrac{U_0}{R}$。而充电到 U_0 的电容 U_C 减小到零,电流 i_C 也随之从 $\dfrac{U_0}{R}$ 减小到零。

由此可见,上述物理过程是由非零初始状况[$u_C(0_+) = U_0 \neq 0$]产生的,这就是 RC 电路的零输入响应。下面定量分析 RC 电路的零输入响应。

由换路后的电路图 5-1(b),根据 KVL 得

$$u_C(t) - u_R(t) = 0, \quad t \geqslant 0$$

又

$$u_R(t) = Ri(t), \qquad i_C(t) = \frac{-C\mathrm{d}u_C(t)}{\mathrm{d}t} \qquad (非关联参考方向)$$

得微分方程为

$$\frac{\mathrm{d}u_C(t)}{\mathrm{d}t} + \frac{1}{RC}u_C(t) = 0, \quad t \geqslant 0 \tag{5.1}$$

初始条件为

$$u_C(0_+) = U_0$$

这是一个一阶齐次微分方程,它的解为指数函数,设

$$u_C(t) = k\mathrm{e}^{\lambda t}$$

则它的特征方程为

$$\lambda + \frac{1}{RC} = 0$$

得

$$\lambda = -\frac{1}{RC}$$

人们通常称电路微分方程的特征方程的根λ为电路的固有频率,单位为s^{-1}。它是由电路的结构决定的,反映了电路的固有性质。所以有

$$u_C(t) = k\mathrm{e}^{-\frac{t}{RC}}$$

其中,k为初始条件决定的常量,因为$t=0_+$时,$u_C(0_+)=k\mathrm{e}^0=k$,而$u_C(0_+)=U_0$,得$k=U_0$,故有

$$u_C(t) = u_C(0_+)\mathrm{e}^{-\frac{t}{RC}} = U_0\mathrm{e}^{-\frac{t}{RC}}, \quad t \geqslant 0 \tag{5.2}$$

这就是所求的响应电压,它是一个随时间衰减的指数函数,u_C随时间变化的曲线,即u_C的波形如图5-2(a)所示。注意,在$t=0$时(即换路时)u_C是连续的,没有跃变。u_C求得后,电流$i_C(t)$可立即求得

$$i_C(t) = \frac{u_R(t)}{R} = \frac{u_C(t)}{R} = \frac{U_0}{R}\mathrm{e}^{-\frac{t}{RC}}, \quad t \geqslant 0 \tag{5.3}$$

它也是一个随时间衰减的指数函数,波形如图5-3(a)所示,注意在$t=0$时,即换路时,电流由零一跃而变为$\frac{U_0}{R}$,产生跃变,这正是电容电压不能跃变所决定的。

由此可见,图5-2(a)电路中的零输入响应是随时间衰减的指数函数曲线,函数中e的指数$\left(-\dfrac{t}{RC}\right)$必须是无量纲的,因此$RC$乘积具有时间的量纲,下面以$\tau$表示

$$\tau = RC = \frac{u}{i} \times \frac{q}{u} = \frac{it}{i} = t \tag{5.4}$$

所以τ称为该电路(指换路后)的时间常数。当C的单位用法(F),R的单位用欧(Ω)时(应是动态元件C两端的戴维南等效电阻),τ的单位为秒(s)。电压、电流衰减的快慢取决于时间常数τ的大小。以电压$u_C(t)$为例,当$t=\tau$时,有

$$u_C(t) = u_C(\tau) = u_0\mathrm{e}^{-1} = 0.368U_0$$

当$t=4\tau$时,有

$$u_C(4\tau) = 0.0184U_0$$

可见当$t \geqslant 4\tau$时,电压$u_C(t)$已下降到初始电压值U_0的1.84%以下,一般已可近似认为衰减到零(理论上,仅当$t \to \infty$时,$u_C(t) \to 0$)。

实际上,因为

$$\frac{\mathrm{d}u_C(t)}{\mathrm{d}t}\bigg|_{t=0} = -\frac{u_C(t)}{RC}\mathrm{e}^{-\frac{t}{RC}}\bigg|_{t=0} = -\frac{U_0}{RC} = \frac{U_0}{\tau}$$

故过 $t=0$ 时曲线 $u_C(t)$ 上的点 $(0,U_0)$ 作衰减曲线的切线,必交于时间轴上 $t=\tau$ 的点[见图 5-2(a)]。因而 τ 越小,u_C 与 i 衰减越快;τ 越大,u_C 与 i 衰减越慢。

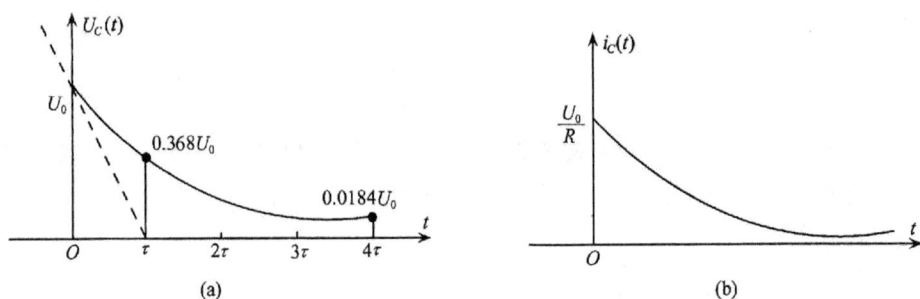

图 5-2 时间常数的物理意义说明

一阶电路的时间常数 τ 与电路固有频率 λ 之间存在如下关系,即

$$\tau = -\frac{1}{\lambda} \quad 或 \quad \lambda = -\frac{1}{\tau} \tag{5.5}$$

由以上分析可知,RC 电路的零输入响应是由电容的初始电压 U_0 和时间常数 $\tau=RC$ 所确定。在换路前,电路处于一种稳态,即 $u_C(0_-)=U_0$,$i_C=0$;在换路后,当 $t \to \infty$ 时电路处于另一种稳态,即 $u_C(\infty)=0$,$i_C(\infty)=0$。这两种稳态之间的转换过程便是过渡过程。

另一种典型的一阶电路为 RL 电路,下面就来研究它的零输入响应。设在 $t<0$ 时电路如图 5-3(a)所示,开关 K_1 与 b 端相接,开关 K_2 打开,电感 L 由电流源 I_0 供电,由于 $I_0=$ 常数,即

$$i_L(0_-) = I_0, \qquad u_L = L\frac{\mathrm{d}i(t)}{\mathrm{d}t} = 0$$

这就是图 5-3(a)中电感电流和电感电压的换路前的稳态值。

设在 $t=0$ 时,K_1 迅速投向 c,K_2 同时闭合,这样电感 L 便与电阻 R 相连接。虽

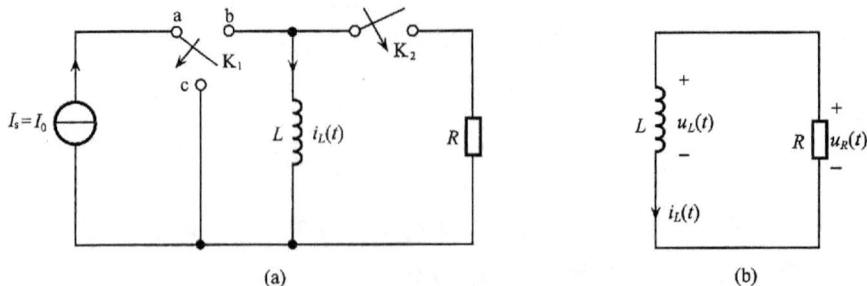

图 5-3 换路前后的一阶 RL 电路

然电感 L 已与电源相脱离,但由于电感电流不能突变,电感中存在初始电流 $i_L(0_+) = i_L(0_-) = I_0$ (根据换路定律),即电感中储存磁场能。换路后,电路如图5-3(b) 所示。电感电流 i_L 在 RL 回路中逐渐衰减到零,磁场能转换为电阻中的热能损耗。 显然,这就是零输入响应的另一例。由图5-3(b)可得

$$u_L(t) - u_R(t) = 0, \quad t \geqslant 0$$

而由 VCR 得

$$u_L(t) = L\frac{\mathrm{d}i_L(t)}{\mathrm{d}t}, \qquad u_R(t) = -i_L(t)R$$

有

$$L\frac{\mathrm{d}i_L(t)}{\mathrm{d}t} + Ri_L(t) = 0 \qquad (5.6)$$

初始条件有

$$i_L(0_+) = I_0$$

解之得

$$i_L(t) = I_0 \mathrm{e}^{-\frac{t}{\tau}}, \quad t \geqslant 0 \qquad (5.7)$$

其中

$$\tau = \frac{L}{R} = -\frac{1}{\lambda} \qquad (5.8)$$

为图5-3(b)电路的时间常数,电感电压为

$$u_L(t) = L\frac{\mathrm{d}i_L(t)}{\mathrm{d}t} = -I_0 R\mathrm{e}^{-\frac{t}{\tau}}, \quad t \geqslant 0 \qquad (5.9)$$

i_L、u_L 波形如图5-4(a)、图5-4(b)所示,它们都是随时间衰减的指数曲线。

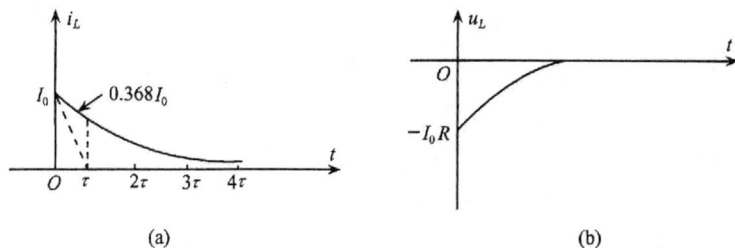

(a)　　　　　　　　　　　　　(b)

图5-4　一阶 RL 电路零输入响应

由以上分析可知,在换路前,电路处于一种稳态;$i_L(0_-) = I_0$,$u_L(0_-) = 0$;在换路后,当 $t \to \infty$ 时电路处于另一种稳态,即 $i_L(\infty) = 0$,$u_L(\infty) = 0$。两种稳态之间的转换过程即是过渡过程。

总结以上关于零输入响应的分析,可知求解零输入响应的规律如下:

(1)从物理意义上说,零输入响应是在零输入时非零初始状态下产生的,它取决于电路的初始状态,也取决于电路的特性。对一阶电路来说,它是通过时间常数

τ 或电路固有频率 λ 来体现的。

(2) 从数学意义上说,零输入响应就是线性齐次常微分方程,在非零初始条件下的解。

(3) 在激励为零时,线性电路的零输入响应与电路的初始状态呈线性关系,初始状态可看作是电路的"激励"或"输入信号"。若初始状态增大 A 倍,则零输入响应也增大 A 倍,这可以从式(5.2)、式(5.3)、式(5.7)和式(5.9)看出。这种关系人们称为"零输入线性"。

下面举例说明一阶电路零输入响应的求解方法及步骤。

例5.1 已知电路如图 5-5 所示,$t<0$ 时电路处于稳态,$t\geqslant0$ 时 K_1 打开,K_2 闭合,试求 $t\geqslant0$ 时的 $i(t)$。

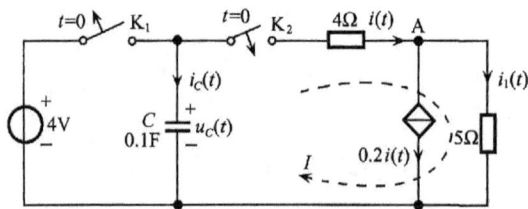

图 5-5 例 5.1 图

解 因为 $t\geqslant0$ 时,$i(t)=-i_C(t)=-C\dfrac{\mathrm{d}u_C(t)}{\mathrm{d}t}$,所以只要求出 $u_C(t)$,即可求得 $i(t)$。

方法一:(1) 建立电路微分方程。

对节点 A 列 KCL 方程,即

$$i(t) = 0.2i(t) + i_1(t) \tag{1}$$

对回路 l 列 KVL 方程

$$4i(t) + 5i_1(t) = u_C(t) \tag{2}$$

将式(1)代入式(2)得

$$8i(t) - u_C(t) = 0 \tag{3}$$

列 VCR 方程

$$i(t) = -i_C(t) = -C\frac{\mathrm{d}u_C(t)}{\mathrm{d}t} \tag{4}$$

将式(3)代入式(4)得电路微分方程

$$\frac{\mathrm{d}u_C(t)}{\mathrm{d}t} + \frac{5}{4}u_C(t) = 0 \tag{5}$$

(2) 确定初始条件。

因为 $t<0$ 电路处于稳态,所以 $u_C(0_-)=4\mathrm{V}$,根据换路定律得

$$u_C(0_+) = u_C(0_-) = 4\mathrm{V}$$

(3) 求解微分方程。

因为式(5)的特征方程为

$$\lambda + \frac{5}{4} = 0$$

即

$$\lambda = -\frac{5}{4} = -1.25$$

所以

$$u_C(t) = k e^{-1.25t}$$

又因为

$$u_C(0_+) = k e^0 = 4$$

即

$$k = 4$$

所以

$$u_C(t) = 4 e^{-1.25t} \, \text{V}, \quad t \geqslant 0$$

(4) 求 $i(t)$。

$$i(t) = -C \frac{\mathrm{d}u_C(t)}{\mathrm{d}t} = 0.5 e^{-1.25t} \text{A}, \quad t \geqslant 0$$

方法二：一阶 RC 电路的零输入响应为

$$u_C(t) = u_C(0_+) e^{-\frac{t}{\tau}}, \quad t \geqslant 0$$

(1) 求 $u_C(0_+)$。

前已求出

$$u_C(0_+) = u_C(0_-) = 4\text{V}$$

(2) 求 τ。

在图 5-5 中，断开 $C(t \geqslant 0)$，外加端口电压 u，可列方程组为

$$\begin{cases} i(t) = 0.2(t) + i_1(t) \\ 4i(t) + 5i_1(t) = u(t) \end{cases}$$

消去 $i_1(t)$ 得

$$u(t) = 8i(t)$$

即

$$R_0 = \frac{u(t)}{i(t)} = 8\Omega$$

所以

$$\tau = R_0 C = 8 \times 0.1 = 0.8(\text{s})$$

(3) 将 τ 代入公式求 $u_C(t)$。

$$u_C(t) = 4 e^{-1.25t} \, \text{V}, \quad t \geqslant 0$$

5.1.2 一阶电路的零状态响应

若在电路中的动态元件的初始储能为零的条件下，仅仅由电路外加输入激励信号作用下，产生的响应，叫作电路的零状态响应。

对于一阶有损电路，设电路激励信号为 $f(t)$，电路的起始状态为 $y(0_-)$

$$\begin{cases} \dfrac{\mathrm{d}y(t)}{\mathrm{d}t} + ay(t) = bf(t) \\ y(0_-) = 0 \end{cases}$$

则该非齐次微分方程的零初始条件的解，就叫作电路的零状态响应，用 $y_{zs}(t)$ 表示。

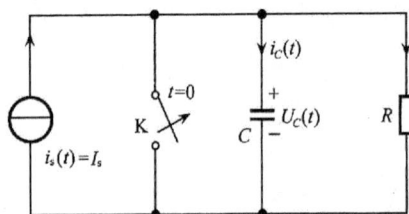

图 5-6　一阶 RC 电路

下面通过具有零起始状态的 RC 电路，来讨论一阶电路的零状态响应及其求解方法。如图 5-6 所示。

下面先从物理概念上定性阐明换路后 $u_C(t)$ 的变化趋势。在换路前 C 被开关 K 短路，所以 $u_C(0_-) = 0$，$i_C(0_-) = 0$，$i_R(0_-) = 0$，电路处于初始稳态。在换路后初瞬，电容电压不会跃变，即 $u_C(0_+) = u_C(0_-) = 0$，电容如同短路，又因 $u_R(0_+) = u_C(0_+) = 0$，可知在 $t = 0_+$ 时，$i_R(0_+) = \dfrac{u_R(0_+)}{R} = 0$。显然，在 $t = 0_+$ 时电流源电流 I_s 全部流向电容 C，对电容 C 充电，即

$$i_C(0_+) = I_s - i_R(0_+) = I_s$$

这时，电容电压将发生变化，其变化率为

$$\left. \frac{\mathrm{d}u_C(t)}{\mathrm{d}t} \right|_{t=0_+} = \frac{i_C(0_+)}{C} = \frac{I_s}{C} > 0$$

以后，电容电压 $u_C(t)$ 由零逐渐增长，使流过电阻 R 上的电流 $i_R(t) = \dfrac{u_C(t)}{R}$ 也随之增长。但是由于总电流为恒流 I_s，使得电容器的充电电流以 $i_C(t) = I_s - i_R(t)$ 逐渐减小，直至最后 $t \to \infty$ 时，全部电流流过电阻 $i_R(\infty) = I_s$，$i_C(\infty) = 0$，电容器如同开路，充电停止，电容电压 u_C 不再变化，即

$$\left. \frac{\mathrm{d}u_C(t)}{\mathrm{d}t} \right|_{t=\infty} = 0, \qquad u_C(\infty) = RI_s$$

电路达到了另一种稳态。

现在来定量计算零状态响应，由图 5-7，在换路后，根据 KCL 可得电路方程为

$$RC \frac{\mathrm{d}u_C(t)}{\mathrm{d}t} + u_C(t) = RI_s, \quad t \geqslant 0 \tag{5.10}$$

初始条件为

$$u_C(0_+) = 0$$

方程式(5.10)是一个一阶非齐次线性微分方程,其完全解$u_C(t)$由对应的齐次方程通解$u_{Ch}(t)$和非齐次微分方程的任一特解$u_{Cp}(t)$组成,即

$$u_C(t) = u_{Ch}(t) + u_{Cp}(t) \tag{5.11a}$$

首先由齐次方程求通解u_{Ch},因为

$$RC\frac{\mathrm{d}u_C(t)}{\mathrm{d}t} + u_C(t) = 0$$

可求出通解为

$$u_{Ch}(t) = ke^{-\frac{t}{RC}}, \quad t \geqslant 0 \tag{5.11b}$$

然后由非齐次方程求特解u_{Cp},微分方程的一些典型特解可查表5-2。

现激励为常量I_s,则特解设为常数A,即$u_{Cp} = A$,并将其代入式(5.10)可得

$$A = I_s R$$

由此得

$$u_{Cp} = A = I_s R, \quad t \geqslant 0 \tag{5.11c}$$

所以,原方程的全解为

$$u_C(t) = u_{Ch} + u_{Cp} = ke^{-\frac{t}{RC}} + I_s R, \quad t \geqslant 0 \tag{5.11d}$$

最后由初始条件确定全解中的系数k,当$t=0$时,$u_C(0_+)=0$,可得

$$u_C(0) = k + I_s R$$

故

$$k = -I_s R$$

由此可得电路的零状态响应为

$$u_C(t) = -I_s Re^{-\frac{t}{\tau}} + I_s R = I_s R\left(1 - e^{-\frac{t}{\tau}}\right) = u_C(\infty)\left(1 - e^{-\frac{t}{\tau}}\right), \quad t \geqslant 0 \tag{5.11e}$$

$$i_C(t) = C\frac{\mathrm{d}u_C(t)}{\mathrm{d}t} = I_s e^{-\frac{t}{\tau}}, \quad t \geqslant 0 \tag{5.12}$$

u_C、i_C波形如图5-7所示。

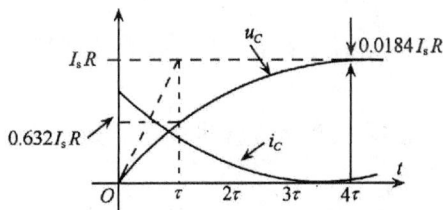

图 5-7　一阶RC电路零状态响应

u_C是从零值开始按指数规律上升而趋于稳态值$u_C(\infty)=I_sR$的,其时间常数$\tau=RC$,τ越小,上升越快;τ越大,上升越慢。由图5-7可知,当$t>4\tau$时,$u_C(t)$与稳态值I_sR之差已小于1.84%,因而可以认为电容已充电完毕达到了稳态。i_C是由零跃变到$I_s(t=0$时)后再按指数规律衰减到零,衰减的时间常数仍为RC,当$t>4\tau$时,i_C可近似认为衰减到稳态值$i_C(\infty)=0$。

图5-6电路可以将I_s并联电阻R转换为电源$U_s=I_sR$,并联电阻R后再进行分析,其结果与前述完全相同,读者可自行分析,不再赘述。

另一种求解零状态响应的典型电路是电压源U_s通过电阻R对具有零初始条件的电感L在$t\geqslant 0$时充电[见图5-8(a)]。

根据对偶原理,由RC电路零状态响应即可得到RL电路的零状态响应,即

$$i_L(t)=\frac{U_s}{R}\left(1-\mathrm{e}^{-\frac{t}{\tau}}\right)=i_L(\infty)\left(1-\mathrm{e}^{-\frac{t}{\tau}}\right),\quad t\geqslant 0 \tag{5.13}$$

$$u_L(t)=L\frac{\mathrm{d}i_L(t)}{\mathrm{d}t}=U_s\mathrm{e}^{-\frac{t}{\tau}},\quad t\geqslant 0 \tag{5.14}$$

RL电路零状态响应的物理意义可用图5-8(b)表示。

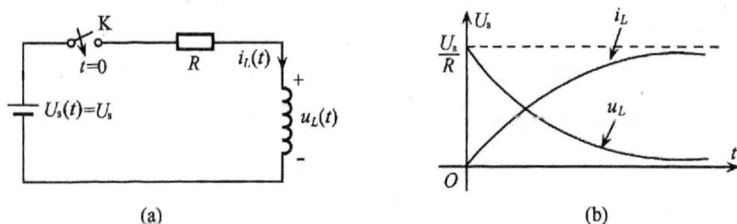

(a)　　　　　　　　　　　(b)

图5-8　一阶RL电路的零状态响应

注意,其中时间常数$\tau=\dfrac{L}{R}$。零状态响应$i_L(t)$是由零值开始按指数规律上升而趋于稳态值$\dfrac{U_s}{R}$的,而$u_L(t)$是由换路前的零值跃变到换路后的初瞬的U_s后,再按指数规律衰减到零的。读者稍加对比就会发现,图5-8(a)电路的分析结果可根据对偶原理直接由图5-6电路的分析结果得到。

总结以上讨论的恒定电流或电压作用下电路的零状态响应,其规律如下:

(1) 从物理意义上说,电路的零状态响应是由外加激励和电路特性决定的。一阶电路零状态响应反映的物理过程,实质上是动态元件的储能从无到有逐渐增加的过程,电容电压或电感电流都是从零值开始按指数规律上升到稳态值。上升的快慢由时间常数τ决定。

(2) 从数学意义上说,零状态响应就是线性非齐次常微分方程在零初始条件下的解。

(3) 当系统的起始状态为零时,线性电路的零状态响应与外施激励成线性关系,即激励增大到A倍,响应也增大到A倍。多个独立源作用时,总的零状态响应为

各独立源分别作用的响应的总和,这就是所谓"零状态线性"。

下面举例说明一阶电路零状态响应的求解方法及步骤。

例5.2 已知电路如图5-9所示,且电感无初储能,当 $t=0$ 时,开关 K 闭合,试求 $t \geqslant 0$ 时的零状态响应 $u_L(t)$。

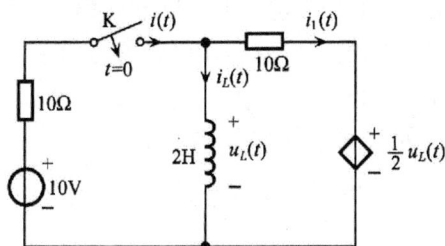

图 5-9   例 5.2 图

解 (1) 建立电路微分方程。

选 $i_L(t)$ 为变量,在 $t \geqslant 0$ 时,有

KVL 方程

$$u_L(t) - 10i_1(t) - \frac{1}{2}u_L(t) = 0$$

KCL 方程

$$i_1(t) = i(t) - i_L(t)$$

VCR 方程

$$\begin{cases} u_L(t) = L\dfrac{\mathrm{d}i_L(t)}{\mathrm{d}t} = 2\dfrac{\mathrm{d}i_L(t)}{\mathrm{d}t} \\ i_1(t) = \dfrac{10 - u_L(t)}{10} - i_L(t) \end{cases}$$

三式联解得电路微分方程

$$3\frac{\mathrm{d}i_L(t)}{\mathrm{d}t} + 10i_L(t) = 10 \tag{1}$$

(2) 求解。

由换路定律可得

$$i_L(0_+) = i_L(0_-) = 0 \tag{2}$$

方程(1)的解应为

$$i_L(t) = i_{Lh}(t) + i_{Lp}(t) = k\mathrm{e}^{-\frac{10}{3}t} + 1 \tag{3}$$

由初始条件式(2)即可定出式(3)中待定系数 $k = -1$,所以

$$i_L(t) = 1 - \mathrm{e}^{-\frac{10}{3}t}\,(\mathrm{A}), \quad t \geqslant 0$$

(3) 求 $u_L(t)$。

$$u_L(t) = L \frac{\mathrm{d}i_L(t)}{\mathrm{d}t} = \frac{20}{3} \mathrm{e}^{-\frac{10}{3}t} \mathrm{V}, \quad t \geqslant 0$$

5.1.3 一阶电路的完全响应

任意的 LTI 动态电路在电路中动态元件的初始储能和电路外加的输入激励信号的共同作用下,电路所产生的响应就叫作电路的完全响应,显然它就等于电路的零输入响应和零状态响应的叠加。

对于一阶有损电路,可以表示为

$$\begin{cases} \dfrac{\mathrm{d}y(t)}{\mathrm{d}t} + ay(t) = bf(t) \\ y(0_-) = C \end{cases}$$

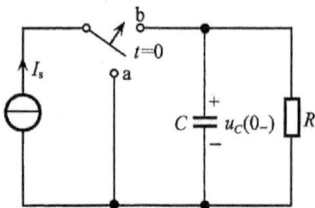

图 5-10　具有非零初态和
激励的一阶 RC 电路

则该非齐次常微分方程的非零初始条件的解 $y(t)$,就叫作电路的完全响应。显然

$$y(t) = y_{zp}(t) + y_{zs}(t)$$

下面举例说明一阶有损电路完全响应的求解方法。

在图 5-10 电路中,已知开关置于 a 时,电容初始电压 $u_C(0_-) = U_0 \neq 0$,求换路后的完全响应 $u_C(t)$。

由图 5-10 可见,换路后,按 KCL 可得方程为

$$RC \frac{\mathrm{d}u_C(t)}{\mathrm{d}t} + u_C(t) = I_s R, \quad t \geqslant 0 \tag{5.15a}$$

初始条件为

$$u_C(0_+) = u_C(0_-) = U_0 \tag{5.15b}$$

方程式(5.15a)的解为

$$u_C(t) = k\mathrm{e}^{-\frac{1}{\tau}} + I_s R, \quad t \geqslant 0 \tag{5.16a}$$

代入初始条件有

$$u_C(0_+) = U_0 = k + I_s R$$

$$k = U_0 - I_s R$$

所以完全响应为

$$u_C(t) = I_s R + (U_0 - I_s R)\mathrm{e}^{-\frac{1}{\tau}}, \quad t \geqslant 0 \tag{5.16b}$$

由式(5.15b)可见,当 $I_s = 0$ 时,即得零输入响应

$$u_{Czp}(t) = U_0 \mathrm{e}^{-\frac{1}{\tau}}, \quad t \geqslant 0 \tag{5.16c}$$

按定义 $u_C(0_-) = 0$ 时,即得零状态响应 $u_{Czs}(t)$

$$u_{Czs}(t) = I_s R \left(1 - \mathrm{e}^{-\frac{1}{\tau}} \right), \quad t \geqslant 0 \tag{5.16d}$$

所以式(5.15b)可改写为

$$u_C(t) = （零输入响应） + （零状态响应）$$

$$= U_0 e^{-\frac{t}{\tau}} + I_s R\left(1 - e^{-\frac{t}{\tau}}\right), \quad t \geqslant 0 \tag{5.16e}$$

完全响应的上述分解方式表示在图5-11中。由式(5.16c)可以注意到,电路过去的历史($t<0$时),并未出现于响应的表示式中。不论$t<0$时输入是否为零,$t\geqslant 0$时响应完全由初始状态和$t\geqslant 0$时的输入所决定。初始状态"总结"了计算未来响应所需的过去"信息"。当然,初始时刻是由人们根据具体情况任意选定的。一般地,如果初始时刻选为t_0,则u_C的完全响应为

$$u_C(t) = u_C(t_0) e^{-\frac{t-t_0}{\tau}} + I_s R\left(1 - e^{-\frac{t-t_0}{\tau}}\right), \quad t \geqslant t_0 \tag{5.16f}$$

其中,$u_C(t_0)$为t_0的状态;I_s为$t\geqslant t_0$的输入。

电路的完全响应也可以直接按照高等数学中常微分方程求解的方法求得,这时电路的完全响应分解为自由响应和强迫响应两个分量,图5-11中的响应$u_C(t)$可改写为

$$u_C(t) = (U_0 - I_s R) e^{-\frac{t}{\tau}} + I_s R = u_{Ch}(t) + u_{Cp}(t)$$

$$= （自由响应） + （强迫响应）, \quad t \geqslant 0 \tag{5.16g}$$

其中,第一项是按指数规律衰减的,如图5-12中$u_{Ch}(t)$,当$t \to \infty$时,$u_{Ch}(t) \to \infty$,因此又称之为暂态响应。一般说来,暂态响应是由两方面原因引起的结果,一是初始条件(U_0),二是外施信号的突然输入。具体说来,它与初始状态和稳态量之差$(U_0-I_s R)$有关,仅当此差值为非零时才存在暂态响应;若此差值为零,则暂态响应消失。式(5.16g)的第二项称为强迫响应,当它不随时间变化而趋于零时又称为稳态响应。它仅与输入有关,当输入为恒定量时,稳态响应也为恒定量;当输入为正弦量时,稳态响应也为同周期、同频率的正弦量;当输入为周期函数时,稳态响应也为周期函数。正弦输入作用下动态电路的稳态分析在第6章中讨论。

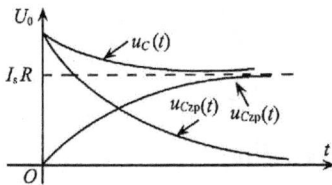

图 5-11　完全响应分解为零输入和
零状态响应

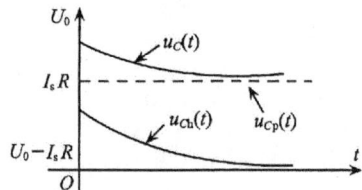

图 5-12　完全响应分解为自由响
应和强迫响应

综上所述,LTI电路的完全响应有两种求解方法,即叠加法和经典法。下面举例说明两种求解方法及步骤。

例5.3　已知电路如例5.2图5-9所示,但在$t<0$时,$i_L(0_-)=2\text{A}$,$t=0$时开关K闭合,试求$t\geqslant 0$时电路响应$u_L(t)$。

解 选 $i_L(t)$ 为变量,例 5.2 已求得电路微分方程为

$$3\frac{\mathrm{d}i_L(t)}{\mathrm{d}t} + 10i_L(t) = 10$$

方法一(叠加法):电路完全响应=零输入响应+零状态响应

(1) 求零输入响应 $i_{Lzp}(t)$。

根据换路定律有

$$i_L(0_+) = i_L(0_-) = 2\,\mathrm{A}$$

由定义

$$\begin{cases} 3\dfrac{\mathrm{d}i_L(t)}{\mathrm{d}t} + 10i_L(t) = 0 \\ i_L(0_+) = 2 \end{cases}$$

可求解得

$$i_{Lzp}(t) = 2\mathrm{e}^{-\frac{10}{3}t}\,\mathrm{A}, \quad t \geqslant 0$$

(2) 求零状态响应 $i_{Lzs}(t)$。

由定义

$$\begin{cases} 3\dfrac{\mathrm{d}i_L(t)}{\mathrm{d}t} + 10i_L(t) = 10 \\ i_L(0_+) = i_L(0_-) = 0 \end{cases}$$

可求解得

$$i_{Lzp}(t) = 1 - \mathrm{e}^{-\frac{10}{3}t}$$

(3) 叠加。

$$完全响应=零输入响应+零状态响应$$

即

$$i_L(t) = i_{Lzp}(t) + i_{Lzs}(t) = 2\mathrm{e}^{-\frac{10}{3}t} + 1 - \mathrm{e}^{-\frac{10}{3}t}\,(\mathrm{A}), \quad t \geqslant 0$$

(4) 求 $u_L(t)$。

$$u_L(t) = L\frac{\mathrm{d}i_L(t)}{\mathrm{d}t} = -\frac{20}{3}\mathrm{e}^{-\frac{10}{3}t}\,\mathrm{V}, \quad t \geqslant 0$$

方法二(经典法):电路完全响应=自由响应+强迫响应。

按照纯数学方法求解

$$\begin{cases} 3\dfrac{\mathrm{d}i_L(t)}{\mathrm{d}t} + 10i_L(t) = 10 \\ i_L(0_+) = i_L(0_-) = 2 \end{cases}$$

(1) 由齐次方程 $3\dfrac{\mathrm{d}i_L(t)}{\mathrm{d}t} + 10i_L(t) = 0$ 求通解 $i_{Lh}(t)$

$$i_{Lh}(t) = k\mathrm{e}^{-\frac{10}{3}t}$$

（2）由非齐次方程 $3\dfrac{\mathrm{d}i_L(t)}{\mathrm{d}t}+10i_L(t)=10$ 求特解 $i_{Lp}(t)$

$$i_{Lp}(t)=1$$

（3）由初始条件求出全解表达式中的待定系数 k，并求得完全响应。

因为

$$i_L(t)=i_{Lh}(t)+i_{Lp}(t)=k\mathrm{e}^{-\frac{10}{3}t}+1$$

$$i_L(t)\big|_{t=0_+}=i_L(0_+)=k\mathrm{e}^0+1=2$$

即求得 $k=1$，所以

$$i_L(t)=\mathrm{e}^{-\frac{10}{3}t}+1\ (\mathrm{A}),\quad t\geqslant 0$$

（4）求响应 $u_L(t)$。

$$u_L(t)=L\frac{\mathrm{d}i_L(t)}{\mathrm{d}t}=-\frac{20}{3}\mathrm{e}^{-\frac{10}{3}t}\ (\mathrm{V}),\quad t\geqslant 0$$

从数学角度上讲，两种解法的区别在于确定待定系数 k 的次序不一致。但从物理本质来说，叠加法满足叠加定理，经典法不满足叠加定理，因此物理本质不同。

从物理角度上讲，电路完全响应的两种求解方法虽然物理本质不同，但对于一阶有损电路，它们都是由电路的初值 $[y(0_+)]$、稳态值 $[y(\infty)]$ 和时间常数 (τ) 所决定的，由此可以概括出一阶电路的三要素分析法。

5.1.4 一阶电路的三要素分析法

设一阶有损电路，在电路中动态元件的初始储能和恒定输入激励信号共同作用下的完全响应为 $y(t)$，而 $y(t)$ 可以是 $u_C(t)$、$i_L(t)$，也可以是 $u_R(t)$、$i_R(t)$、$i_C(t)$、$u_L(t)$，则电路的完全响应为

$$y(t)=\underbrace{y(0_+)\mathrm{e}^{-\frac{t}{\tau}}}_{\text{零输入响应}}+\underbrace{y(\infty)\left(1-\mathrm{e}^{-\frac{t}{\tau}}\right)}_{\text{零状态响应}},\quad t\geqslant 0 \tag{5.17}$$

或

$$y(t)=\underbrace{[y(0_+)-y(\infty)]\mathrm{e}^{-\frac{t}{\tau}}}_{\text{自由响应}}+\underbrace{y(\infty)}_{\text{强迫响应}},\quad t\geqslant 0 \tag{5.18}$$

由此可见，电路的完全响应由 $y(0_+)$、$y(\infty)$、τ 三个要素决定，只要求出这三个要素，即可求得一阶有损电路在恒定输入信号激励下的完全响应。

（1）$y(0_+)$ 为电压或电流初始值，它由 $t=0_+$ 等效电路决定。应由 $t<0$ 电路求出 $u_C(0_-)$ 或 $i_L(0_-)$，然后由换路定律求得 $u_C(0_+)$ 或 $i_L(0_+)$，再由 $t=0_+$ 电路求得 $y(0_+)$。

（2）$y(\infty)$ 为电压或电流稳态值，因稳态时 $u_C(t)$ 及 $i_L(t)$ 不变，即有

$$i_C(\infty)=C\frac{\mathrm{d}u_C(t)}{\mathrm{d}t}\bigg|_{t=\infty}=0$$

$$u_L(\infty) = L\frac{di_L(t)}{dt}\bigg|_{t=\infty} = 0$$

所以稳态值$y(\infty)$可在$t\geqslant 0$电路中令$t=\infty$,此时电容开路和电感短路,由此求得$y(\infty)$。

(3) τ为电路的时间常数,同一电路只有一个时间常数,$\tau=R_0C_0$或$\tau=\dfrac{L_0}{R_0}$,其中R_0应理解为从动态元件两端看进去的戴维南或诺顿等效电路中的等效电阻R_0。C_0或L_0是独立的电容或独立的电感。

下面举例说明三要素分析法求解的方法和步骤。

例5.4 已知电路如图5-13(a)所示,开关K闭合前电路已处于稳态,$t=0$时开关K闭合,试用三要素分析法求出$u_R(t)$ ($t\geqslant 0$)。

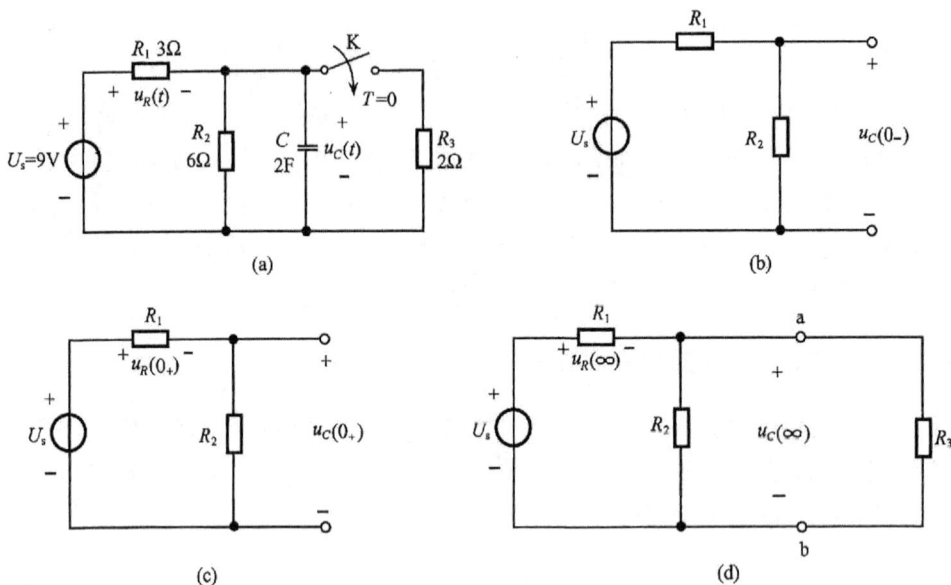

图5-13 例5.4图

解 (1) 由$t<0$电路求出$u_C(0_-)$。

因为此时电路处于稳态,流过电容的电流为零,电容相当于开路,即

$$u_C(0_-) = \frac{R_2}{R_1 + R_2}U_s = \frac{6}{3+6} \times 9 = 6 \quad (\text{V})$$

由换路定律可得

$$u_C(0_+) = u_C(0_-) = 6 \text{ V}$$

(2) 由$t=0_+$电路,求出$u_R(0_+)$。

因为$u_R(0_-)$与$u_R(0_+)$不满足换路定律,不能用$t<0$电路求出$u_R(0_-)$,而转换为$u_R(0_+)$,但是可以由$t=0_+$电路求出$u_R(0_+)$,此时电容C可用电压源$u_C(0_+)$替代。

由图5-13(c)不难看出

$$u_R(0_+) = u_s - u_C(0_+) = 9 - 6 = 3 \ (\text{V})$$

(3) 由 $t \geqslant 0$ 电路,求出 $u_R(\infty)$。

由于 $t \to \infty$ 时,电路又进入新的稳态,(不同于 $t < 0$ 的稳态),电容 C 相当于开路,此时电路可以表示为图5-13(d)。

由此可得

$$u_R(\infty) = \frac{R_1}{R_1 + R_2 \mathbin{/\mkern-5mu/} R_3} U_s = \frac{3}{3 + 6 \mathbin{/\mkern-5mu/} 2} \times 9 = 6 \ (\text{V})$$

(4) 由 $t \geqslant 0$ 电路,求得 τ。

令图5-13(d)电路中独立源 U_s 为零,即短路,则此时电容 C 的 ab 端戴维南等效电阻 R_0 为

$$R_0 = R_1 \mathbin{/\mkern-5mu/} R_2 \mathbin{/\mkern-5mu/} R_3 = 3 \mathbin{/\mkern-5mu/} 6 \mathbin{/\mkern-5mu/} 2 = 1 (\Omega)$$

所以

$$\tau = R_0 C = 1 \times 2 = 2 (\text{s})$$

(5) 代公式(5.17)求得 $u_R(t)$。

因为

$$u_R(t) = u_R(0_+)\mathrm{e}^{-\frac{t}{\tau}} + u_R(\infty)\left(1 - \mathrm{e}^{-\frac{t}{\tau}}\right)$$

所以

$$u_R(t) = 3\mathrm{e}^{-0.5t} + 6(1 - \mathrm{e}^{-0.5t}) \quad (\text{V}), \quad t \geqslant 0$$

例5.5 已知图5-14所示网络 N 为纯电阻网络,激励为单位阶跃电压 $U(t)$,现把一个 1F 的电容(其初始电荷为零)接在 2—2′ 端,其输出响应电压 $u_{01}(t) = \frac{1}{2} + \frac{1}{8}\mathrm{e}^{-4t}(\text{V})(t \geqslant 0)$,若 2—2′ 端的电容换为一个 $\frac{1}{4}$H 的电感(初始磁通为零),试求其输出响应 $u_{02}(t)$

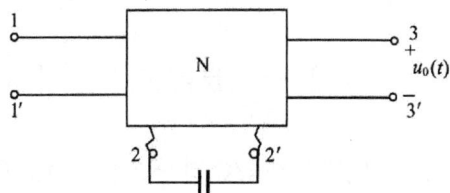

图 5-14　例 5.5 图

解 因为两种情况均属于在恒定激励下的一阶有损电路,满足三要素分析法的应用条件,所以可以应用三要素分析法。

(1) 求出 RC 电路的三要素。

因为

$$u_{01}(t) = \frac{1}{2} + \frac{1}{8}\mathrm{e}^{-4t} \quad (\text{V}), \quad t \geqslant 0$$

所以

$$\begin{cases} u_{01}(0_+) = u_{01}(t)|_{t=0_+} = \frac{1}{2} + \frac{1}{8} = \frac{5}{8} \ (\text{V}) \\ u_{01}(\infty) = u_{01}(t)|_{t \to \infty} = \frac{1}{2} \ \text{V} \end{cases}$$

$$\tau_C = RC = \frac{1}{4} \text{ s}$$

因为 $C=1\text{F}$，所以

$$R = \frac{\tau_C}{C} = \frac{1}{4} \ \Omega$$

（2）求出 RL 电路的三要素。

根据 RC 电路与 RL 电路之间的对偶关系，不难求得

$$\begin{cases} u_{02}(0_+) = u_{01}(\infty) = \frac{1}{2} \text{ V} \\ u_{02}(\infty) = u_{01}(0_+) = \frac{5}{8} \text{ V} \end{cases}$$

而

$$\tau_L = \frac{L}{R} = \frac{0.25}{0.25} = 1 \ (\text{s})$$

（3）求 $u_{02}(t)$。

因为

$$u_{02}(t) = u_{02}(\infty) + [u_{02}(0_+) - u_{02}(\infty)]\mathrm{e}^{-\frac{t}{v}}, \quad t \geqslant 0$$

所以

$$u_{02}(t) = \frac{5}{8} - \frac{1}{8}\mathrm{e}^{t} \quad (\text{V}), \quad t \geqslant 0$$

5.2 一般电路系统I/O微分方程的建立和求解

5.2.1 电路系统I/O微分方程的建立和求解

对于等于或大于二阶的一般电路系统不能使用三要素分析法求解，它的I/O描述通常用一元 n 阶微分方程。依据KCL、KVL和VCR，利用节点法或回路法建立电路的微积分方程组，然后将它们转为以待求量为变量的一元 n 阶微分方程。

为了能方便地建立I/O微分方程，通常引入微分算符和用它表示的广义阻抗。

微分算符 P 和积分算符 P^{-1} 定义为

$$P = \frac{\mathrm{d}}{\mathrm{d}t}, \qquad P^n = \frac{\mathrm{d}^n}{\mathrm{d}t^n} \tag{5.19}$$

$$P^{-1} = \frac{1}{P} = \int_{-\infty}^{t} \mathrm{d}t \tag{5.20}$$

微分算符或积分算符具有以下两个主要性质：

（1）如果 $Pf_1(t) = Pf_2(t)$，则 $f_1(t) = f_2(t) + k$，注意此时 $f_1(t) \neq f_2(t)$，k 为常数。算符的这个性质表明，在等式两边的算符 P 不能直接相消。

（2）如果 $f(t)$ 是时间 t 的可微分函数，则

$$p \cdot \frac{1}{P} = 1, \qquad \frac{1}{P} \cdot p \neq 1, \qquad p \cdot \frac{1}{P} f(t) \neq \frac{1}{P} \cdot p f(t)$$

这个性质表明,当积分算符 P^{-1} 左乘一个 p 时,这时两个算符同一般代数量相同,分子与分母中的 P 可以相消,当算符 P^{-1} 右乘一个 p 时,分子和分母中的 P 不能相消。

将上述性质推广,可以得到如下结论:

如果 $N(p)$ 是算符 P 的多项式,则

$$N(p) \cdot \frac{1}{N(P)} = 1, \qquad \frac{1}{N(P)} \cdot N(p) \neq 1$$

并且

$$N(p) \cdot \frac{1}{N(P)} f(t) \neq \frac{1}{N(P)} \cdot N(p) f(t)$$

因为

$$f(t)P = f(t) \frac{\mathrm{d}}{\mathrm{d}t}, \qquad f(t)P^{-1} = f(t) \int_{-\infty}^{t} \mathrm{d}t$$

不代表任何数学含义,所以一个函数右乘一个 P 或 P^{-1} 是没有意义的。

引入微分算符之后,可以定义电阻、电容和电感的广义阻抗为

$$\text{电阻} \qquad R$$

$$\text{电容} \qquad \frac{1}{CP}$$

$$\text{电感} \qquad LP$$

应用广义阻抗和广义导纳的概念,就可以应用第 3 章的方法来建立电路系统方程。

例 5.6 已知电容双耦合回路如图 5-15 所示,试建立响应 $u_2(t)$ 的微分方程。

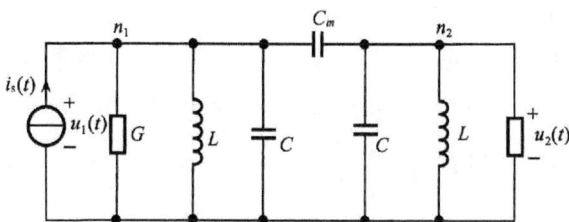

图 5-15 例 5.6 图

解 (1) 列出节点方程,根据公式法得

$$\begin{bmatrix} CP + G + \dfrac{1}{LP} + C_m P & -C_m P \\ -C_m P & CP + G + \dfrac{1}{LP} + C_m P \end{bmatrix} \begin{bmatrix} u_1(t) \\ u_2(t) \end{bmatrix} = \begin{bmatrix} i_s(t) \\ 0 \end{bmatrix}$$

(2) 用克拉默法则求解 $u_2(t)$ 得

$$u_2(t) = \cfrac{\begin{vmatrix} (C + C_m)P^2 + GP + \dfrac{1}{L} & Pi_s(t) \\[2mm] -C_mP^2 & 0 \end{vmatrix}}{\begin{vmatrix} (C + C_m)P^2 + GP + \dfrac{1}{L} & -C_mP^2 \\[2mm] -C_mP^2 & (C + C_m)P^2 + GP + \dfrac{1}{L} \end{vmatrix}}$$

$$= \cfrac{C_m P^3 i_s(t)}{\left[(C + C_m)P^2 + GP + \dfrac{1}{L}\right]^2 - (C_m P^2)^2}$$

即

$$\left\{ (C^2 + 2CC_m)P^4 + 2G(G + C_m)P^3 + \left[\frac{2(C + C_m)}{L} + G^2\right]P^2 \right.$$
$$\left. + \frac{2G}{L}P + \frac{1}{L^2} \right\} u_2(t) = C_m P^3 i_s(t)$$

即

$$(C^2 + 2CC_m)\frac{\mathrm{d}^4 u_2(t)}{\mathrm{d}t^4} + 2G(C + C_m)\frac{\mathrm{d}^3 u_2(t)}{\mathrm{d}t^3} + [2(C + C_m)/L + G^2]\frac{\mathrm{d}^2 u_2(t)}{\mathrm{d}t^2}$$
$$+ \frac{2G}{L}\frac{\mathrm{d}u_2(t)}{\mathrm{d}t} + \frac{1}{L^2}u_2(t) = C_m\frac{\mathrm{d}^3 i_s(t)}{\mathrm{d}t^3}$$

这就是双耦合电路的微分方程,因有一个全电容回路,故方程仅为四阶。

当然也可以不用系统公式法,而仅根据第 3 章提供的建模依据:KCL、KVL、VCR 方程来直接列写。

例 5.7 已知双耦合电路如图 5-16(a)所示,$e(t)$ 为电压激励信号,试建立输出响应 $i_2(t)$ 的微分方程。

解 选用网孔电源 $i_1(t)$、$i_2(t)$ 为变量,作出其等效电路图,如图 5-16(b)所示。

根据 KCL、KVL 和 VCR 利用网孔法写出电路方程组为

$$L\frac{\mathrm{d}i_1(t)}{\mathrm{d}t} + Ri_1(t) + \frac{1}{C}\int_{-\infty}^{t} i_1(\tau)\mathrm{d}\tau + M\frac{\mathrm{d}i_2(t)}{\mathrm{d}t} = e(t) \tag{1}$$

$$L\frac{\mathrm{d}i_2(t)}{\mathrm{d}t} + Ri_2(t) + \frac{1}{C}\int_{-\infty}^{t} i_2(\tau)\mathrm{d}\tau + M\frac{\mathrm{d}i_1(t)}{\mathrm{d}t} = 0 \tag{2}$$

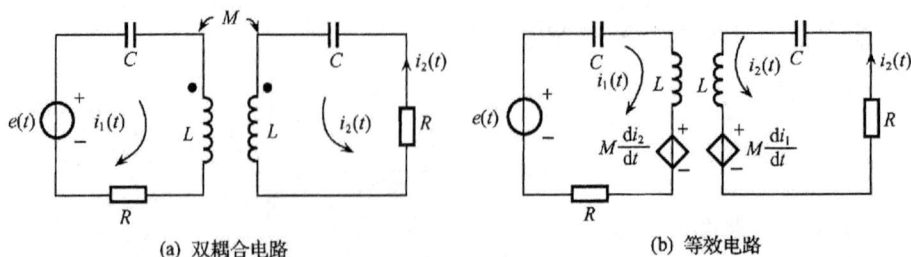

(a) 双耦合电路　　　　　　　　　(b) 等效电路

图 5-16　双耦合电路

对式(1)、式(2)两边微分一次得

$$L\frac{\mathrm{d}^2i_1(t)}{\mathrm{d}t^2} + R\frac{\mathrm{d}i_1(t)}{\mathrm{d}t} + \frac{1}{C}i_1(t) + M\frac{\mathrm{d}^2i_2(t)}{\mathrm{d}t^2} = \frac{\mathrm{d}e(t)}{\mathrm{d}t} \tag{3}$$

$$L\frac{\mathrm{d}^2i_2(t)}{\mathrm{d}t^2} + R\frac{\mathrm{d}i_2(t)}{\mathrm{d}t} + \frac{1}{C}i_2(t) + M\frac{\mathrm{d}^2i_1(t)}{\mathrm{d}t^2} = 0 \tag{4}$$

引入微分算子,对联立方程消元得到一元高阶方程

$$LP^2i_1(t) + RPi_1(t) + \frac{1}{C}i_1(t) + MP^2i_2(t) = Pe(t)$$

$$LP^2i_2(t) + RPi_2(t) + \frac{1}{C}i_2(t) + MP^2i_1(t) = 0$$

即

$$\left(LP^2 + RP + \frac{1}{C}\right)i_1(t) + MP^2i_2(t) = Pe(t) \tag{5}$$

$$MP^2i_1(t) + \left(LP^2 + RP + \frac{1}{C}\right)i_2(t) = 0 \tag{6}$$

使用克拉默法则,解此方程组得

$$i_2(t) = \frac{\begin{vmatrix} LP^2 + RP + \dfrac{1}{C} & Pe(t) \\ MP^2 & 0 \end{vmatrix}}{\begin{vmatrix} LP^2 + RP + \dfrac{1}{C} & MP^2 \\ MP^2 & LP^2 + RP + \dfrac{1}{C} \end{vmatrix}} = \frac{-MP^3e(t)}{\left(LP^2 + RP + \dfrac{1}{C}\right)^2 - (MP^2)^2}$$

即

$$\left[(L^2 - M^2)P^4 + 2RLP^3 + \left(R^2 + 2\frac{L}{C}\right)P^2 + 2\frac{R}{C}P + \frac{1}{C^2}\right]i_2(t) = MP^3e(t)$$

即得

$$(L^2 - M^2)\frac{\mathrm{d}^4i_2(t)}{\mathrm{d}t^4} + 2RL\frac{\mathrm{d}^3i_2(t)}{\mathrm{d}t^3} + \left(R^2 + 2\frac{L}{C}\right)\frac{\mathrm{d}^2i_2(t)}{\mathrm{d}t^2}$$

$$+ 2\frac{R}{C}\frac{\mathrm{d}i_2(t)}{\mathrm{d}t} + \frac{1}{C^2}i_2(t) = M\frac{\mathrm{d}^3e(t)}{\mathrm{d}t^3}$$

综上所述,建立电路系统的微分方程数学模型的一般方法及步骤如下:

(1)确定电路系统的输入-输出关系,选出适当的变量(根据所选方法)。

(2)根据电路元部件的伏安关系(VCR)及电路系统的拓扑约束(KCL、KVL)建立电路微积分方程组或根据第3章公式法建立方程组。

(3)将微积分方程组联立求解(可以引入微分算符用克拉默法则求解),从而得到一元高阶微分方程。

上述方法及步骤可以推广至其他非电系统。

通过例5.6和例5.7,可以了解了电路系统微分方程建立的方法,同时也看到

了电路系统微分方程所表征的电路系统激励与响应之间的关系,即表明了电路系统输入-输出的函数关系。不涉及电路系统内部,因此可以用图5-17来表示。

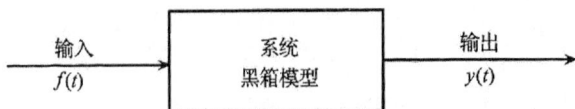

图 5-17　黑箱模型

这就是所谓黑箱模型。至于系统黑箱内可以是电网络系统,也可以是其他物理系统、生态系统或经济系统等。

这种描述方法称为系统时域的输入-输出描述法,并用如下定义来表述。

定义　一个线性时不变、单输入-单输出系统用下列表示输入 $f(t)$ 和输出 $y(t)$ 之间的关系的标量微分方程来描述

$$y^{(n)}(t) + a_{n-1}y^{(n-1)}(t) + \cdots + a_1 y^{(1)}(t) + a_0 y(t)$$
$$= b_m f^{(m)}(t) + b_{m-1}f^{(m-1)}(t) + \cdots + b_1 f^{(1)}(t) + b_0 f(t) \tag{5.21a}$$

或者表示为微分算符形式

$$[P^n + a_{n-1}P^{n-1} + \cdots + a_1 P + a_0]y(t) = [b_m P^m + b_{m-1}P^{m-1} + \cdots + b_1 P + b_0]f(t)$$
$$\tag{5.21b}$$

其中,$a_0, a_1, \cdots, a_{n-1}, a_n$ 与 $b_0, b_1, \cdots, b_{m-1}, b_m$ 为常数,它们取决于元件的数值和系统的内部结构,而与外加激励无关。

对于一切用物理可实现的系统,输入与输出的导数最高阶次 n 和 m 都必须满足不等式: $n \geq m$。

数量 n 称为系统的阶,它等于系统中独立动态元件的个数或独立初始条件的个数。

最后必须指出,通常一个实际系统的数学模型可能是非线性的。这种非线性模型给分析和研究带来了巨大的困难,所以通常总是抓住主要矛盾,忽略次要因素,来进行近似和线性化。这对上述线性时不变输入-输出微分方程的研究具有重大实际意义。

当然,本教材所要讨论的所有建立系统数学模型的方法,仅仅是属于在公理基础上建立的有明确物理意义的理论模型,至于更进一步深入的研究,那就应该属于"系统辨识"的范畴。

5.2.2　初始条件的确定

在数学中,根据微分方程理论,要解一个 n 阶微分方程,就必须给定 n 个初始条件,才能定出微分方程通解中的待定常数。从数学的观点看,初始条件总是预先给定的,其实这只不过是为了将注意力集中于求解问题,而绕过了比求解更困难的确定初始条件问题。对于一个数学家来说,他可以任意假定初始条件,但对于电子工

程技术人员来说,在解决问题时必须首先正确地确定初始条件,绝不能含糊。

系统初始条件的确定不仅是求解电路微分方程所必需的,而且更能加深人们对电路系统换路瞬间性能的认识,所以它是电路系统分析的基础。

定义1 系统的状态。系统在$t=t_0$时刻的状态是一组必须已知的最小数量的数据,利用这组数据和系统模型以及$t \geqslant t_0$时刻的输入激励信号,就能完全确定t_0以后任何时刻系统的响应,对于n阶系统,这组数据由n个独立条件给定。这n个独立条件可以是系统响应的各阶导数。为分析方便,可假定起始时刻$t_0=0$。

由于激励信号的作用,响应$y(t)$及其各阶导数有可能在$t=0$时刻发生跳变,为了区分跳变前后的数值,以0_-表示激励接入之前瞬间,而以0_+表示激励接入后瞬间。如果$y^{(k)}(0_-) \neq y^{(k)}(0_+)$,则表示起始值发生跃变;如果$y^{(k)}(0_-) = y^{(k)}(0_+)$,则表示在$y^{(k)}$零点连续。

由于可能存在跳变,在$t=0_-$与$t=0_+$时刻系统的状态将有所区别,为此引入以下两个概念以示区别(注意,这里指的是动态元件的储能状态)。

定义2 系统的起始状态。在激励接入之前瞬间$(t=0_-)$,系统的状态称为起始状态,它总结了未来响应所要的过去全部"信息"。

定义3 系统的初始状态。在激励接入之后瞬间$(t=0_+)$,系统的状态称为初始状态。

一个电路系统的初始条件依据于$t=0_-$以前电路系统的状态,以及$t=0_+$时系统的结构,因此一般情况,人们对系统微分方程求得之解限于$0_+ < t < \infty$时间范围内,而不能把$y^{(k)}(0_-)$作为初始条件,而应当利用$y^{(k)}(0_+)$作为初始条件。这就是说,在建立系统的微分方程之后,要根据系统的起始状态与激励信号情况判断其初始状态,以便利用此初始状态给出的一组数据作为解微分方程的初始条件,才能求得完全响应。

下面分两种情况来讨论初始条件的确定。

首先,讨论**没有强迫跳变时初始条件的确定**。如果系统中电容电流i_C和电感电压u_L是有界的,那么电容端电压u_C和电感电流i_L以及电荷q和磁链Φ都是连续的。它们不能跃变,即它们遵守换路定律

$$\left. \begin{array}{l} u_C(0_-) = u_C(0_+) \\ i_L(0_-) = i_L(0_+) \end{array} \right\} \tag{5.22}$$

和

$$\left. \begin{array}{l} q(0_-) = q(0_+) \\ \Phi(0_-) = \Phi(0_+) \end{array} \right\} \tag{5.23}$$

根据换路定律,可以按换路后的系统,应用 KCL、KVL 定律,以及电容电压和电感电流的初始状态$(t=0_+)$和$t=0_+$时刻的输入求得系统的初始条件。

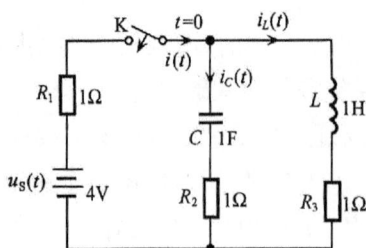

图 5-18　例 5.8 图

例 5.8　已知电路如图 5-18 所示，开关 K 闭合前电路已处于稳态，当 $t=0$ 时，开关 K 闭合，求初始条件 $i_C(0_+)$，$\dfrac{\mathrm{d}i_C(0_+)}{\mathrm{d}t}$。

解　（1）作出 $t=0_-$ 时等效电路，求出 $u_C(0_-)$ 和 $i_L(0_-)$。

因为 $t=0_-$，电路处于稳态，即

$$\begin{cases} u_C(0_-) = 0 \\ i_L(0_-) = 0 \end{cases}$$

（2）作出 $t=0_+$ 时等效电路，求出 $i_L(0_+)$ 和 $u_C(0_+)$。

因为电路中无强迫跃变，可以由换路定律得

$$\begin{cases} u_C(0_+) = u_C(0_-) = 0 \\ i_L(0_+) = i_L(0_-) = 0 \end{cases}$$

由 $t=0_+$ 时等效电路得

$$i_C(0_+) = \frac{U_s}{R_1 + R_2} = \frac{4}{1 + 1} = 2 \ (\text{A})$$

$$u_L(0_+) = R_2 i_C(0_+) = 1 \times 2 = 2 \ (\text{V})$$

（3）根据电路方程和 $t=0$ 时电路初始状态，确定微分初始条件 $\dfrac{\mathrm{d}i_C(0_+)}{\mathrm{d}t}$。

因为

$$R_1 i(t) + u_C(t) + R_2 i_C(t) = u_s(t)$$

而

$$i(t) = i_C(t) + i_L(t)$$

代入上式得

$$(R_1 + R_2)i_C(t) = u_s(t) - u_C(t) - R_1 i_L(t)$$

将数据值代入得

$$i_C(t) = \frac{1}{2}[u_s(t) - u_C(t) - i_L(t)] \tag{1}$$

由式（1）微分得

$$\frac{\mathrm{d}i_C(t)}{\mathrm{d}t} = \frac{1}{2}[u_s^{(1)}(t) - u_C^{(1)}(t) - i_L^{(1)}(t)] = \frac{1}{2}\left[u_s^{(1)}(t) - \frac{1}{C}i_C(t) - \frac{1}{L}u_L(t)\right]$$

$$= \frac{1}{2}[u_s^{(1)}(t) - i_C(t) - u_L(t)] \tag{2}$$

因为有 $i_C(t) = C\dfrac{\mathrm{d}u_C(t)}{\mathrm{d}t}$，$u_L(t) = L\dfrac{\mathrm{d}i_L(t)}{\mathrm{d}t}$，令 $t=0$，则由式（2）得

$$\left.\frac{\mathrm{d}i_C(t)}{\mathrm{d}t}\right|_{t=0_+} = \frac{1}{2}[u_s^{(1)}(0_+) - i_C(0_+) - u_L(0_+)]$$

$$= \frac{1}{2}[0 - 2 - 2] = -2 \quad (\text{A/s})$$

注意:$i_C(0_+)$也可以由式(1)求得。

其次,讨论**电路中有强迫跃变时初始条件的确定**。在实际工作中,有时会遇到所谓"强迫跃变"的情况,例如,把一个纯电容与理想电压源接通,或把一个含电感的支路骤然切断。严格地说,这些情况是不存在的。因为在前例中,实际上不存在电阻等于零的无穷大功率的理想电压源;而在后例中,当把含电感支路骤然切断时,必然在开关的触头处产生电弧,延长了换路时间。不过,从工程实际角度看,可以分析这类问题,因为它们确实能近似地反映客观实际。例如,当一个电容接到一个容量很大的电源时电源电压的变动非常小,完全可以忽略不计;又如当一个电感线圈的电流被一个快速无弧断路器切断时,其换路过程所延长的时间也可以忽略不计。当忽略了这些因素后,电容电流和电感电压将为无穷大,从而电容电压和电感电流不再是连续的,它们将发生跃变,这时换路定律不再成立。

电路的强迫跃变情况主要发生在下列两种电路中。如果电路中存在全部由纯电容组成的闭合回路[见图5-19(a)],或由纯电容和理想电压源组成的闭合回路[见图5-19(c)]。那么,当电路发生换路或电压源发生突变时,就可能有"强迫跃变"的情况产生,这时电容上的电压会发生跃变。如果电路中存在有全部由含电感的支路组成的节点[见图5-19(b)]。或由含电感的支路和理想电流源组成的节点[见图5-19(d)],那么,当电路发生换路或电流源发生突变时,电感中的电流会发生跃变。上面对节点所说的情况也适用于割集。

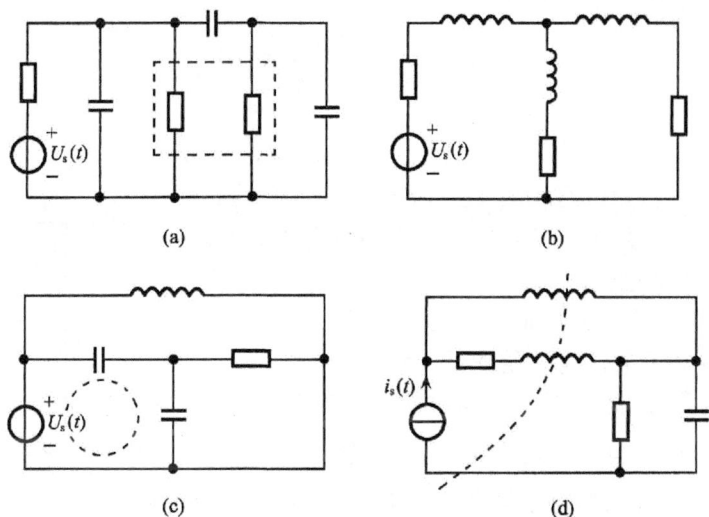

图5-19 发生强迫跃变的电路

在发生"强迫跃变"的情况下,可根据电荷守恒定律和磁链守恒定律来确定初始值。

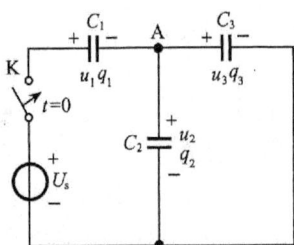

图 5-20　例 5.9 图

例 5.9　已知电路如图 5-20 所示,在开关 K 闭合前,各电容上的初始电荷为零。当 $t=0$ 时,开关闭合,求各电容上的电压。

解　设 $t>0$ 时、C_1、C_2、C_3 上的电荷分别为 q_1、q_2、q_3,电压分别为 u_1、u_2、u_3。

(1) 列出电荷守恒方程式。

因为电容没有初始电荷,所以在 $t=0_-$ 时,与 A 点相连的各电容极板上的总电荷为 0,即 $\sum q(0_-)=0$;开关闭合后,各电容及时充电,同时对节点 A 由于没有电流通路,故与它相连的各电容极板上的总电荷仍保持原来的数据(电荷守恒定律),即

$$-q_1(0_+)+q_2(0_+)+q_3(0_+)=\sum q(0_-)=0 \tag{1}$$

因为

$$q_1(0_+)=C_1u_1(0_+),\ q_2(0_+)=C_2u_2(0_+),\ q_3(0_+)=C_3u_3(0_+)$$

代入式(1)得

$$-C_1u_1(0_+)+C_2u_2(0_+)+C_3u_3(0_+)=0 \tag{2}$$

(2) 根据基尔霍夫定律对两个回路列 KVL 方程

$$\begin{cases} u_1(0_+)+u_2(0_+)=U_s & (3)\\ u_2(0_+)-u_3(0_+)=0 & (4) \end{cases}$$

(3) 联解(2)、(3)、(4)式得

$$u_1(0_+)=\frac{C_2+C_3}{C_1+C_2+C_3}U_s \tag{5}$$

$$u_2(0_+)=u_3(0_+)=\frac{C_1}{C_1+C_2+C_3}U_s \tag{6}$$

例 5.10　已知电路如图 5-21 所示,在开关闭合后各电感中没有初始能量,当 $t=0$ 时,开关闭合,求各电感电流的初始值。

解　(1) 列出磁链守恒方程式。

因为各电感都没有初始能量,故在 $t=0_-$ 时,由 L_1、L_2、R 组成的闭合回路所包含的磁链应等于 0,即 $\sum \Phi_1(0_-)=0$,当发生换路时,任一闭合回路中的总磁链应保持不变(磁链守恒定律)。所以在 $t=0_+$ 闭合电路 I 的总磁链应为 0,即

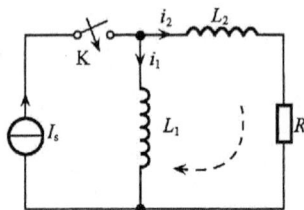

图 5-21　例 5.10 图

$$-\Phi_1(0_+)+\Phi_2(0_+)=0 \tag{1}$$

(2) 因为　$\Phi_1(0_+)=L_1i_1(0_+),\Phi_2(0_+)=L_2i_2(0_+)$

代入式(1)得

$$-L_1i_1(0_+)+L_2i_2(0_+)=0 \tag{2}$$

（3）在 $t=0_+$ 时，列出 KCL 方程

$$i_1(0_+) + i_2(0_+) = I_s \tag{3}$$

（4）联立式（2）、（3）求解即得

$$\begin{cases} i_1(0_+) = \dfrac{L_2}{L_1 + L_3} I_s \\[2mm] i_2(0_+) = \dfrac{L_1}{L_1 + L_3} I_s \end{cases}$$

对于较简单的电路，用上面讲述的方法求解初始条件是容易的。但是对于一些复杂情况，跃变值往往不易求得，这时可以采取对电网络方程两边从 0_- 到 0_+ 进行积分来求得关于 $t=0_+$ 的条件。下面举例说明。

例5.11 已知电路如图 5-22 所示，激励信号为单位跃阶信号，即 $e(t)=U(t)$；系统起始无储能，即 $i_2(0_-)=0$，$\dfrac{\mathrm{d}i_2(0_-)}{\mathrm{d}t}=0$。试求：$i_2(0_+)$，$\dfrac{\mathrm{d}i_2(0_+)}{\mathrm{d}t}$。

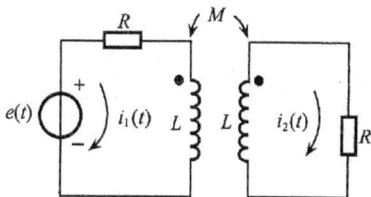

图 5-22 例 5.11 图

解 电路的微分方程为

$$(L^2 - M^2) \frac{\mathrm{d}^2 i_2(t)}{\mathrm{d}t^2} + 2RL \frac{\mathrm{d}i_2(t)}{\mathrm{d}t} + R^2 i_2(t) = M \frac{\mathrm{d}U(t)}{\mathrm{d}t}$$

即

$$\frac{\mathrm{d}^2 i_2(t)}{\mathrm{d}t^2} + \frac{2RL}{L^2 - M^2} \frac{\mathrm{d}i_2(t)}{\mathrm{d}t} + \frac{R^2}{L^2 - M^2} i_2(t) = \frac{M}{L^2 - M^2} \delta(t) \tag{1}$$

因为已知 $t=0_-$ 时刻电路的初始条件

$$\begin{cases} i_2(0_-) = 0 \\[2mm] \dfrac{\mathrm{d}i_2(0_-)}{\mathrm{d}t} = 0 \end{cases}$$

所以对式（1）两边从 0_- 到 0_+ 进行两次积分得

$$\int_{0_-}^{0_+}\!\!\int \frac{\mathrm{d}^2 i_2(t)}{\mathrm{d}t^2} \mathrm{d}t^2 + \int_{0_-}^{0_+}\!\!\int \frac{2RL}{L^2 - M^2} \frac{\mathrm{d}i_2(t)}{\mathrm{d}t} \mathrm{d}t^2 + \int_{0_-}^{0_+}\!\!\int \frac{R^2}{L^2 - M^2} i_2(t) \mathrm{d}t^2$$

$$= \int_{0_-}^{0_+}\!\!\int \frac{M}{L^2 - M^2} \delta(t) \mathrm{d}t^2$$

即

$$\int_{0_-}^{0_+} \frac{\mathrm{d}i_2(t)}{\mathrm{d}t} \mathrm{d}t + \int_{0_-}^{0_+} \frac{2RL}{L^2 - M^2} i_2(t) \mathrm{d}t + \int_{0_-}^{0_+}\!\!\int \frac{R^2}{L^2 - M^2} i_2(t) \mathrm{d}t^2 = \int_{0_-}^{0_+} \frac{M}{L^2 - M^2} \mathrm{d}t \tag{2}$$

因为对于 0_- 到 0_+ 无穷小区间，若被积分函数不是无穷大，则无穷小区间内积分应为零。所以式（2）中左边第二项、第三项和右边项均为零，即

$$i_2(0_+) - i_2(0_-) = 0$$

而因为 $i_2(0_-)=0$，故有

$$i_2(0_+) = 0$$

对式(1)两边进行一次 0_- 到 0_+ 的积分得

$$\int_{0_-}^{0_+} \frac{\mathrm{d}^2 i_2(t)}{\mathrm{d}t^2}\mathrm{d}t + \int_{0_-}^{0_+} \frac{2RL}{L^2-M^2}\frac{\mathrm{d}i_2(t)}{\mathrm{d}t}\mathrm{d}t + \int_{0_-}^{0_+} \frac{R^2}{L^2-M^2}i_2(t)\mathrm{d}t$$

$$= \int_{0_-}^{0_+} \frac{M}{L^2-M^2}\delta(t)\mathrm{d}t$$

即得

$$\frac{\mathrm{d}i_2(0_+)}{\mathrm{d}t} - \frac{\mathrm{d}i_2(0_-)}{\mathrm{d}t} + \frac{2RL}{L^2-M^2}[i_2(0_+) - i_2(0_-)] + 0 = \frac{M}{L^2-M^2}$$

又因

$$\frac{\mathrm{d}i_2(0_-)}{\mathrm{d}t} = 0, \qquad i_2(0_+) = i_2(0_-) = 0$$

故所以得

$$\frac{\mathrm{d}i_2(0_+)}{\mathrm{d}t} = \frac{M}{L^2-M^2}$$

5.2.3 电路系统微分方程的求解

电路系统的 I/O 数学模型——微分方程的解可以有两种分解方式，一种是数学中已学过的齐次解与特解，即自由响应(也叫固有响应)与强迫响应；另一种是零输入响应与零状态响应，与此相对应地就得出了微分方程的两种解法，即经典法和叠加法，前面已作了讨论，下面进一步深入阐述。

线性电路系统完全响应可以分解为自由响应和强迫响应。

从微分方程理论可以知道，微分方程的完全解由两部分组成，这就是齐次解和特解。

当式(5.21a)中的 $f(t)$ 及其各阶导数都等于零时，方程的解即为齐次解。齐次解应满足

$$y^{(n)}(t) + a_{n-1}y^{(n-1)}(t) + \cdots + a_1 y^{(1)}(t) + a_0 y(t) = 0 \tag{5.24}$$

齐次解的形式为 $Ae^{\lambda t}$ 的函数组合，令 $y(t)=Ae^{\lambda t}$，代入式(5.24)，可得

$$A\lambda^n e^{\lambda t} + a_{n-1}A\lambda^{(n-1)}e^{\lambda t} + \cdots + a_1 A\lambda e^{\lambda t} + a_0 Ae^{\lambda t} = 0$$

化简为

$$\lambda^n + a_{n-1}\lambda^{(n-1)} + \cdots + a_1\lambda + a_0 = 0 \tag{5.25}$$

如果 λ_k 是式(5.25)的根，$y(t)=Ae^{\lambda_k t}$ 将满足式(5.25)，式(5.25)称为微分方程式(5.23)的特征方程，特征方程根 $\lambda_1,\lambda_2,\cdots,\lambda_n$ 称为微分方程的特征根，也就是电路的固有频率。

在特征根互异(无重根)的情况下，微分方程的齐次解为

$$y_{通}(t) = A_1 e^{\lambda_1 t} + A_2 e^{\lambda_2 t} + \cdots + A_n e^{\lambda_n t} = \sum_{i=1}^{n} A_i e^{\lambda_i t} \tag{5.26}$$

这里,$A_1, A_2, \cdots, A_n$ 是由初始条件决定的系数。

在有重根的情况下,齐次解的形式略有不同,假定 λ_1 是特征方程的 k 重根,那么,在齐次解中,相应于 λ_1 的部分将有 k 项

$$y_通(t) = A_1 t^{k-1} e^{\lambda_1 t} + A_2 t^{k-2} e^{\lambda_2 t} + \cdots + A_{k-1} t e^{\lambda_1 t} + A_k e^{\lambda_1 t} + \sum_{i=k+1}^{n} A_i e^{\lambda_i t} \quad (5.27)$$

显然 $A_k e^{\lambda_1 t}$ 这项一定满足方程(5.24)。同理,也可以证明 $A_{k-1} t e^{\lambda_1 t}, \cdots, A_2 t^{k-2} e^{\lambda_1 t}$,$A_1 t^{k-1} e^{\lambda_1 t}$ 也满足方程式(5.24),这样在有重根的情况下,齐次方程的解由两部分组成,一部分是由式(5.27)表述的重根部分,另一部分是由 $k+1$ 至 n 个不相等的特征根表述的式(5.26)的形式。现将通解公式列于表5-1,供参考。

表 5-1 通解公式

特征方程的根	通解表达式
特征根互异 (即无重根)	$y_通(t) = A_1 e^{\lambda_1 t} + A_2 e^{\lambda_2 t} + \cdots + A_n e^{\lambda_n t} = \sum_{i=1}^{n} A_i e^{\lambda_i t}$
特征根有 k 重根 λ_i	$y_通(t) = A_k e^{\lambda_1 t} + A_{k-1} t e^{\lambda_1 t} + \cdots + A_1 t^{k-1} e^{\lambda_1 t} + \sum_{i=k+1}^{n} A_i e^{\lambda_i t}$
特征根有一对共轭复根 $\lambda_{1,2} = \alpha + j\beta$	$y_通(t) = e^{\alpha t}(A_1 \cos\beta t + A_2 \sin\beta t) + \sum_{k=3}^{n} A_i e^{\lambda_i t}$

下面讨论求特解的方法,对于一般激励信号,特解的求取是困难的,但对于一些典型激励信号,特解的函数形式与激励形式有关。将激励函数代入方程式(5.21a)的右端,代入后,右端的函数式称为"自由项"。通常,由观察自由项试选特解函数式,再代入方程求得特解函数式。现将部分特解函数式列于表5-2中,供解方程时选用。

表 5-2 特解函数式

典型激励信号	响应 $y(t)$ 的特解 $y_T(t)$
E(常数)	$y_T(t) = B$
t^p	$y_T(t) = B_1 t^p + B_2 t^{p-1} + \cdots + B_p t + B_{p+1}$
$e^{\alpha t}$	$y_T(t) = B e^{\alpha t}$
$\cos\omega t$ $\sin\omega t$	$y_T(t) = B_1 \cos\omega t + B_2 \sin\omega t$
$t^p e^{\alpha t} \cos\omega t$ $t^p e^{\alpha t} \sin\omega t$	$y_T(t) = (B_1 t^p + \cdots + B_p t + B_{p+1}) e^{\alpha t} \cos\omega t + (C_1 t^p + \cdots + C_p t + \cdots + C_{p+1}) e^{\alpha t} \sin\omega t$

注:1. 表中 B, C 是待定系数。

2. 若 $f(t)$ 由几种激励函数组合,则特解也为其相应的组合。

3. 若表中所列特解与齐次解重复,则应在特解中增加一项,即 t 倍乘表中特解;若这种重复形式有 k 次(特征根为 k 重根),则依次倍乘 $t^2, \cdots, t^n$ 诸项。例如,$f(t) = e^{\alpha t}$,而齐次解也是 $e^{\alpha t}$(特征根 $\lambda = \alpha$),则特解为 $B_0 t e^{\alpha t} + B_1 e^{\alpha t}$;若 α 是 k 重根,则特解为 $B_0 t^k e^{\alpha t} + B_1 t^{k-1} e^{\alpha t} + \cdots + B_k e^{\alpha t}$。

最后,讨论如何确定齐次函数式中的系数A。

设激励信号在$t=0$时刻加入,微分方程求解的区间是$0<t<\infty$,对于n阶方程,利用n个初始条件$y(0_+)$,$\dfrac{\mathrm{d}y(0_+)}{\mathrm{d}t}$,$\dfrac{\mathrm{d}^2y(0_+)}{\mathrm{d}t^2}$,$\cdots$,$\dfrac{\mathrm{d}^{n-1}y(0_+)}{\mathrm{d}t^{n-1}}$,即可确定全部系数$A_1,A_2,\cdots,A_n$。

考虑方程特征根各不相同(无重根)的情况,方程的完全解为

$$y(t) = A_1\mathrm{e}^{\lambda_1 t} + A_2\mathrm{e}^{\lambda_2 t} + \cdots + A_n\mathrm{e}^{\lambda_n t} + B(t) \tag{5.28}$$

其中,$B(t)$表示特解。引用初始值可建立一组方程式

$$\left.\begin{aligned}
y(0_+) &= A_1 + A_2 + \cdots + A_n + B(0_+) \\
\frac{\mathrm{d}y(0_+)}{\mathrm{d}t} &= A_1\lambda_1 + A_2\lambda_2 + \cdots + A_n\lambda_n + \frac{\mathrm{d}B(0_+)}{\mathrm{d}t} \cdot \\
&\cdots\cdots \\
\frac{\mathrm{d}^{n-1}y(0_+)}{\mathrm{d}t^{n-1}} &= A_1\lambda_1^{n-1} + A_2\lambda_2^{n-1} + \cdots + A_n\lambda_n^{n-1} + \frac{\mathrm{d}^{n-1}B(0_+)}{\mathrm{d}t^{n-1}}
\end{aligned}\right\} \tag{5.29}$$

注意:这是一组联立代数方程式,初始条件一经确定,即可由此方程求出系数$A_1,A_2,\cdots,A_n$。下面将式(5.29)写成矩阵形式

$$\begin{bmatrix} y(0_+) & \cdots & B(0_+) \\ \dfrac{\mathrm{d}y(0_+)}{\mathrm{d}t} & \cdots & \dfrac{\mathrm{d}B(0_+)}{\mathrm{d}t} \\ \vdots & & \vdots \\ \dfrac{\mathrm{d}^{n-1}y(0_+)}{\mathrm{d}t^{n-1}} & \cdots & \dfrac{\mathrm{d}^{n-1}B(0_+)}{\mathrm{d}t^{n-1}} \end{bmatrix} = \begin{bmatrix} 1 & 1 & \cdots & 1 \\ \lambda_1 & \lambda_2 & \cdots & \lambda_n \\ \vdots & \vdots & & \vdots \\ \lambda_1^{n-1} & \lambda_2^{n-1} & \cdots & \lambda_n^{n-1} \end{bmatrix} \begin{bmatrix} A_1 \\ A_2 \\ \vdots \\ A_n \end{bmatrix} \tag{5.30}$$

引用简化符号写成

$$y^{(k)}(0_+) - B^{(k)}(0_+) = \boldsymbol{V}\boldsymbol{A} \tag{5.31}$$

这里$[y^{(k)}(0)-B^{(k)}(0)]$表示$y(t)$与$B(t)$各阶导数初始值构成的矩阵,而由各λ值构成的矩阵$\boldsymbol{V}$称为范德蒙德矩阵(Vandermonde matrix),借助范德蒙德逆矩阵$\boldsymbol{V}^{-1}$即可求系数$\boldsymbol{A}$的一般表达式

$$\boldsymbol{A} = \boldsymbol{V}^{-1}[y^{(k)}(0_+) - B^{(k)}(0_+)] \tag{5.32}$$

该式右端的第二个矩阵已由给定的初始条件以及特解的初始值所确定。而求范德蒙德矩阵需用到行列式$\det\boldsymbol{V}$,此$\det\boldsymbol{V}$由下式给出,即

$$\det\boldsymbol{V} = (\lambda_2 - \lambda_1)(\lambda_3 - \lambda_1)\cdots(\lambda_n - \lambda_1)(\lambda_3 - \lambda_2)(\lambda_4 - \lambda_2)\cdots(\lambda_n - \lambda_2)\cdots(\lambda_n - \lambda_{n-1})$$

$$= \prod (\lambda_i - \lambda_j) \quad (i>j, 1\leqslant i\leqslant n, 1\leqslant j\leqslant n) \tag{5.33}$$

由于$\lambda_1,\lambda_2,\cdots,\lambda_n$互异,相减后是非零的,因此系数$A_1,A_2,\cdots,A_n$被唯一地确定了。

有重根的情况可仿照以上方法求得,不再讨论。

线性电路系统完全响应的另一种的重要形式是分解为零输入响应与零状态响应。于是,可以把激励信号与起始状态两种不同因素引起的系统响应区分开,分别

进行研究和计算,然后再叠加。

根据公式(5.28),电路系统的完全响应可以表示为

$$y(t) = \sum_{i=1}^{n} A_i e^{\lambda_i t} + B(t) \tag{5.34}$$

这里,系数 A 可由式(5.32)以矩阵形式给出,即

$$A = V^{-1} [y^{(k)}(0_+) - B^{(k)}(0_+)] \tag{5.35}$$

如果线性时不变电路系统满足换路定律,则

$$Y_{zp}^{(k)}(0_+) = Y_{zp}^{(k)}(0_-) \tag{5.36}$$

于是,得到零输入条件下系数 A_{zp} 之矩阵表示

$$A_{zp} = V^{-1} Y^{(k)}(0_+) \tag{5.37}$$

而在零状态条件下有

$$Y_{zs}^{(k)}(0_+) = Y^{(k)}(0_+) - Y_{zp}^{(k)}(0_+) = Y^{(k)}(0_+) - Y^{(k)}(0_-)$$

于是,系数 A_{zs} 的矩阵表示为

$$A_{zs} = V^{-1} [Y^{(k)}(0_+) - Y^{(k)}(0_-) - B^{(k)}(0_+)] \tag{5.38}$$

如果起始值无跃变,则

$$Y^{(k)}(0_+) - Y^{(k)}(0_-) = 0$$

于是有

$$A_{zs} = V^{-1} [-B^{(k)}(0_+)] \tag{5.39}$$

系数矩阵 A 与 A_{zp}、A_{zs} 之间满足

$$A = A_{zp} + A_{zs} \tag{5.40}$$

则完全响应可分解为以下两部分

$$零输入响应 = \sum_{i=1}^{n} A_{zpi} e^{\lambda_i t} \tag{5.41}$$

$$零状态响应 = \sum_{i=1}^{n} A_{zsi} e^{\lambda_i t} + B(t) \tag{5.42}$$

如果把完全响应按自由响应与强迫响应划分,则有

$$自由响应 = \sum_{i=1}^{n} A_i e^{\lambda_i t} \tag{5.43}$$

$$强迫响应 = B(t) \tag{5.44}$$

为了便于比较,将以上分析写成如下的表达式

$$Y(t) = \underset{\text{自由响应}}{\underbrace{\sum_{i=1}^{n} A_i e^{\lambda_i t}}} + \underset{\text{强迫响应}}{\underbrace{B(t)}}$$

$$= \underset{\text{零输入响应}}{\underbrace{\sum_{i=1}^{n} A_{zpi} e^{\lambda_i t}}} + \underset{\text{零状态响应}}{\underbrace{\sum_{i=1}^{n} A_{zsi} e^{\lambda_i t} + B(t)}}$$

其中

$$\sum_{i=1}^{n} A_i e^{\lambda_1 t} = \sum_{i=1}^{n} (A_{zpi} + A_{zsi}) e^{\lambda_1 t} \tag{5.45}$$

综上所述,电路系统的完全响应的两种分解方式给出了两种不同的求解方法。

电路系统的自由响应仅仅依赖于电路系统本身的固有特性,而与激励信号无关,但是它的系数却与起始状态和激励都有关。这就是说,自由响应是由电路系统的初始储能状态和激励信号的突然加入引起的,它反映了电路系统的过渡过程。电路系统的强迫响应是由激励信号决定的,但没有描述激励信号接入瞬间的特性。因此,电路系统的经典解法是着眼于电路系统的动态关系。

电路系统的零输入响应不仅由电路系统本身的固有特性决定其响应形式,而且其系数也仅由系统的初始储能决定。电路系统的零状态响应不仅完全由激励信号所决定,而且也表征了激励信号接入瞬间的特性。因此,电路系统的叠加解法是表征了电路系统激励与响应之间的因果关系。

由此可见,自由响应与零输入响应虽然都满足齐次微分方程,但它们代表的物理意义不同,其系数的确定也不同。当起始状态为零时,零输入响应为零,但自由响应并不为零。强迫响应与零状态响应虽然都由激励信号所决定,但所描述的物理过程却不同,零状态响应中不仅含有由激励信号所决定的强迫响应分量,而且还包含了反映信号接入瞬间特性的自由响应分量。因此,自由响应和强迫响应不满足叠加定理,而零输入响应和零状态响应满足叠加定理。

最后通过下面的实例,来概括以上讨论的全部结论。

例5.12 已知电路系统I/O微分方程为$y^{(2)}(t)+2y^{(1)}(t)+y(t)=f^{(1)}(t)$,激励 $f(t)=e^{-t}U(t)$,初始条件 $y(0_-)=1$,$y^{(1)}(0_-)=2$。

试用两种方法求解出电路系统的完全响应。

解 因为 $f(t)=e^{-t}U(t)$,所以 $\dfrac{df(t)}{dt}=\dfrac{d}{dt}[e^{-t}U(t)]=\delta(t)-e^{-t}U(t)$,于是应求解的方程和初始条件可表示为

$$\begin{cases} y^{(2)}(t) + 2y^{(1)}(t) + y(t) = \delta(t) - e^{-t}U(t) \\ y(0_-) = 1, \qquad y^{(1)}(0_-) = 2 \end{cases}$$

方法一(经典法)

$$y(t) = y_h(t) + y_p(t)$$

(1)求齐次方程的通解

$$y^{(2)}(t) + 2y^{(1)}(t) + y(t) = 0$$

其特征方程为 $\lambda^2+2\lambda+1=0$,得特征根为 $\lambda_1=\lambda_2=-1$,所以通解为

$$y_h(t) = (A_1 t + A_2)e^{-t}$$

(2)求非齐次方程的特解

$$y^{(2)}(t) + 2y^{(1)}(t) + y(t) = \delta(t) - e^{-t}U(t)$$

因为电路系统的 I/O 微分方程是在 $t > 0$ 时的解。因为 $t > 0$ 时，$\delta(t) = 0$，激励只有 $-e^{-t}$ 存在，而其指数 -1 与特征根相同，所以特解应设为

$$y_p(t) = B_3 t^2 e^{-t}$$

将上式代入非齐次微分方程，不难求得 $B_3 = -\dfrac{1}{2}$，即

$$y_p(t) = -\frac{1}{2} t^2 e^{-t}$$

（3）求初始条件。

因为激励信号为奇异信号，所以换路定律对该电路系统已不成立。对微分方程从 $0_- \sim 0_+$ 进行两次积分，即

$$\int_{0_-}^{0_+}\!\!\int y^{(2)}(\tau)\mathrm{d}\tau^2 + 2\int_{0_-}^{0_+}\!\!\int y^{(1)}(\tau)\mathrm{d}\tau^2 + \int_{0_-}^{0_+}\!\!\int y(\tau)\mathrm{d}\tau^2 = \int_{0_-}^{0_+}\!\!\int \delta(\tau)\mathrm{d}\tau^2 - \int_{0_-}^{0_+}\!\!\int e^{-\tau}\mathrm{d}\tau^2$$

由此可以求得

$$y(0_+) - y(0_-) = 0$$

即

$$y(0_+) = y(0_-)$$

又因为 $y(0_-) = 1$，所以 $y(0_+) = 1$。

若对电路系统微分方程从 $0_- \sim 0_+$ 积分一次，即

$$\int_{0_-}^{0_+} y^{(2)}(\tau)\mathrm{d}\tau + 2\int_{0_-}^{0_+} y^{(1)}(\tau)\mathrm{d}\tau + \int_{0_-}^{0_+} y(\tau)\mathrm{d}\tau = \int_{0_-}^{0_+} \delta(\tau)\mathrm{d}\tau - \int_{0_-}^{0_+} e^{-\tau}\mathrm{d}\tau$$

由此可求得

$$y^{(1)}(0_+) - y^{(1)}(0_-) = 1$$

即

$$y^{(1)}(0_+) = 1 + y^{(1)}(0_-)$$

又因为 $y(0_-) = 2$，所以 $y(0_+) = 3$。

（4）确定全解表达式中待定系数。

因为

$$y(t) = y_h(t) + y_p(t) = (A_1 t + A_2)e^{-t} - \frac{1}{2} t^2 e^{-t}$$

于是得

$$y(0_+) = y(t)\big|_{t=0_+} = (A_1 \times 0 + A_2)e^0 - \frac{1}{2} \times 0 e^0$$

$$A_2 = 1$$

$$y^{(1)}(0_+) = \frac{\mathrm{d}y(t)}{\mathrm{d}t}\bigg|_{t=0_+} = \frac{\mathrm{d}}{\mathrm{d}t}\left[(A_1 t e^{-t} + A_1 e^{-t}) - \frac{1}{2} t^2 e^{-t}\right]\bigg|_{t=0_+}$$

$$A_1 = 4$$

所以电路系统的完全响应为

$$y(t) = (4t + 1)e^{-t} - \frac{1}{2}t^2e^{-t}, \quad t > 0$$

自由响应   强迫响应

方法二(叠加法)

$$y(t) = y_{zp}(t) + y_{zs}(t)$$

(1) 求零输入响应

$$\begin{cases} y^{(2)}(t) + 2y^{(1)}(t) + y(t) = 0 \\ y(0_-) = 1, \qquad y^{(1)}(0_-) = 2 \end{cases}$$

因为在零输入时,激励为零,所以系统满足换路定律,即得初始条件

$$y(0_+) = y(0_-) = 1, \qquad y^{(1)}(0_+) = y^{(1)}(0_-) = 2$$

而根据方法一已求得的特征根,可得零输入响应表达式

$$y_{zp}(t) = (A_{zp1}t + A_{zp2})e^{-t}$$

$$y(0_+) = y_{zp}(t)|_{t=0_+} = (A_{zp1}t + A_{zp2})e^{-t}|_{t=0_+} = 1$$

因为

$$y^{(1)}(0_+) = \frac{\mathrm{d}y_{zp}(t)}{\mathrm{d}t}\Big|_{t=0_+} = \frac{\mathrm{d}}{\mathrm{d}t}\big[(A_{zp1}te^{-t} + A_{zp2})e^{-t}\big]\Big|_{t=0_+} = 2$$

由此式得

$$\begin{cases} A_{zp1} = 3 \\ A_{zp2} = 1 \end{cases}$$

所以

$$y_{zp}(t) = (3t + 1)e^{-t}, \quad t > 0$$

(2) 求零状态响应

$$\begin{cases} y^{(2)}(t) + 2y^{(1)}(t) + y(t) = \delta(t) - e^{-t}U(t) \\ y(0_-) = 0, y^{(1)}(0_-) = 0 \quad (由零状态定义知) \end{cases}$$

由方法一,已求得

$$\begin{cases} y(0_+) - y(0_-) = 0 \\ y^{(1)}(0_+) - y^{(1)}(0_-) = 1 \end{cases}$$

即得

$$\begin{cases} y(0_+) = 0 \\ y^{(1)}(0_+) = 1 \end{cases}$$

而

$$y_{zs}(t) = (A_{zs1}t + A_{zs2})e^{-t} - \frac{1}{2}t^2e^{-t}$$

同理,即可求得

$$\begin{cases} A_{zs1} = 1 \\ A_{zs2} = 0 \end{cases}$$

$$y_{zs}(t) = te^{-t} - \frac{1}{2}t^2 e^{-t}, \quad t > 0$$

（3）叠加

$$y(t) = y_{zp}(t) + y_{zs}(t) = (3t+1)e^{-t} + \left(te^{-1} - \frac{1}{2}t^2 e^{-t} \right), \quad t > 0$$

求解零状态响应的另一条重要途径是应用卷积积分，下面深入进行讨论。

5.3 冲击响应和阶跃响应

LTI 电路在单位冲击信号 $\delta(t)$ 激励下，电路系统所产生的零状态响应称为"单位冲击响应"或简称"冲击响应"，以 $h(t)$ 表示。

LTI 电路在单位阶跃信号 $U(t)$ 激励下，电路系统所产生的零状态响应称为"单位阶跃响应"或简称"阶跃响应"，以 $g(t)$ 表示。

冲击信号与阶跃信号代表了两种典型信号，求解由它们激励所引起的零状态响应是线性电路系统分析中常见的典型问题。同时任意激励信号总可以将它们分解为许多冲击信号的基本单元之和，或阶跃信号的基本单元之和。当人们要计算任意激励信号对于电路系统产生的零状态响应时，要求解非齐次微分方程的特解是不可能的，只能先分别计算出系统对其分解的冲击信号或阶跃号的零状态响应，然后叠加得到的所需求的零状态响应，这就是运用卷积积分求零状态响应的基本原理。因此，对这两个典型响应的研究，是为卷积分析做准备，也正是基于此，研究冲击响应和阶跃响应才具有重大意义。

LTI 电路与系统的冲击响应也就是下述微分方程在零起始状态下的解。

$$\left. \begin{aligned} & h^{(n)}(t) + a_{n-1}h^{(n-1)}(t) + \cdots + a_1 h^{(1)}(t) + a_0 h(t) \\ & = b_m \delta^{(m)}(t) + b_{m-1}\delta^{(m-1)}(t) + \cdots + b_1 \delta^{(1)}(t) + b\delta(t) \\ & h(0_-) = h^{(1)}(0_-) = \cdots = h^{(n-1)}(0_-) = 0 \end{aligned} \right\} \quad (5.46)$$

冲击响应 $h(t)$ 的函数形式应保证方程式(5.46)左右两端奇异函数相平衡，同时又满足给定的 n 个零起始条件。$h(t)$ 的形式由 m 和 n 决定，下面分别讨论。

若 $n > m$，则一般物理可实现的系统都属于这种情况。此时，方程式左端的 $h^{(n)}(t)$ 项应对应冲击函数的 m 次导数 $\dfrac{d^m \delta(t)}{dt^m}$，以便与右端相匹配，依次有 $h^{(n-1)}(t)$ 项应对应 $\dfrac{d^{m-1}\delta(t)}{dt^{m-1}}$……

若 $n = m + i$，则 $h^{(1)}(t)$ 项要对应 $\delta(t)$，而 $y(t)$ 项将不包含 $\delta(t)$ 及其各阶导数项，这表明，在 $n > m$ 的条件下，冲击响应 $h(t)$ 函数中将不包含 $\delta(t)$ 及其各阶导数项。

因为 $\delta(t)$ 及其各阶导数在 $t>0$ 时都等于零,因此,冲击信号的加入可以当作在 $t=0_-$ 时输入了若干能量,储存在系统的储能元件中,而在 $t=0_+$ 以后,外加激励已不复存在,系统冲击响应由储能唯一确定。因此,式(5.46)的解,就等效于下式零输入响应的解,其中 $t=0_+$ 初始条件由储能确定。

$$\left. \begin{array}{c} h^{(n)}(t) + a_{n-1}h^{(n-1)}(t) + \cdots + a_1 h^{(1)}(t) + a_0 h(t) = 0 \\[2mm] \left[h(0_+), h^{(1)}(0_+), \cdots, h^{(n-1)}(0_+) \right] \end{array} \right\} \tag{5.47}$$

若 $n>m$,且微分方程特征根互异,则

$$h(t) = \Big(\sum_{i=1}^{n} A_i \mathrm{e}^{\lambda_i t} \Big) U(t) \tag{5.48}$$

若 $n=m$ 时,$h(t)$ 中必须含有 $\delta(t)$ 项,但无 $\delta(t)$ 的导数项,若微分方程特征根互异,则

$$h(t) = b_m \delta(t) + \Big(\sum_{i=1}^{n} A_i \mathrm{e}^{\lambda_i t} \Big) U(t) \tag{5.49}$$

若 $n<m$,$h(t)$ 中必含有 $\delta(t)$ 及其相应导数项,若这时微分方程特征根互异,则

$$h(t) = \sum_{i=1}^{m-n} \alpha_i \delta^{(i)}(t) + \Big(\sum_{i=1}^{n} A_i \mathrm{e}^{\lambda_i t} \Big) U(t) \tag{5.50}$$

若方程式(5.46)的特征根不为互异时,可根据表 5-1 修改式(5.48)~式(5.50)。剩余的问题就是如何确定公式中的系数 A_i 和 α_i,可利用方程式两端各奇异函数系数相匹配的比较系数法来求。下面举例说明。

例5.13 设描述电路系统的 I/O 微分方程式为

$$y^{(2)}(t) + 4y^{(1)}(t) + 3y(t) = f^{(1)}(t) + 2f(t)$$

试求其冲击响应。

解 因为方程的特征根为 $\lambda_1 = -1, \lambda_2 = -3$,所以有

$$h(t) = (A_1 \mathrm{e}^{-t} + A_2 \mathrm{e}^{-3t}) U(t)$$

对 $h(t)$ 逐次求导得

$$h^{(1)}(t) = (A_1 + A_2)\delta(t) + (-A_1 \mathrm{e}^{-t} - 3A_2 \mathrm{e}^{-3t}) U(t)$$

$$h^{(2)}(t) = (A_1 + A_2)\delta^{(1)}(t) + (-A_1 - 3A_2)\delta(t) + (A_1 \mathrm{e}^{-t} - 9A_2 \mathrm{e}^{-3t}) U(t)$$

将 $y(t)=h(t)$,$f(t)=\delta(t)$ 代入给定的微分方程,得

$$(A_1 + A_2)\delta^{(1)}(t) + (3A_1 + A_2)\delta(t) = \delta^{(1)}(t) + 2\delta(t)$$

令左、右两端 $\delta^{(1)}(t)$ 的系数以及 $\delta(t)$ 的系数对应相等,得

$$\begin{cases} A_1 + A_2 = 1 \\ 3A_1 + A_2 = 2 \end{cases}$$

解得

$$A_1 = \frac{1}{2}, \qquad A_2 = \frac{1}{2}$$

所以电路系统的冲击响应表达式为

$$h(t) = \frac{1}{2}(\mathrm{e}^{-t} + \mathrm{e}^{-3t})U(t)$$

把一些用比较系数法求得的一阶、二阶系统的冲击响应列于表5-3中。

表5-3 冲击响应 $h(t)$

电路系统方程		冲击响应 $h(t)$
一阶特征根为 $\lambda = -a$	$y^{(1)}(t) + a_0 y(t) = b_0 f(t)$	$b_0 \mathrm{e}^{\lambda t} U(t)$
	$y^{(1)}(t) + a_0 y(t) = b_1 f^{(1)}(t)$	$b_1 \delta(t) + b_1 \mathrm{e}^{\lambda t} U(t)$
二阶特征根为 $\lambda_{1,2} = \dfrac{-a_1 \pm \sqrt{a_1^2 - 4a_0}}{2}$	$y^{(2)}(t) + a_1 y^{(1)}(t) + a_0 y(t) = b_0 f(t)$	$\dfrac{b_1}{\lambda_1 - \lambda_2}(\mathrm{e}^{\lambda_1 t} - \mathrm{e}^{\lambda_2 t})U(t)$
	$y^{(2)}(t) + a_1 y^{(1)}(t) + a_0 y(t) = b_1 f^{(1)}(t)$	$\dfrac{b_1}{\lambda_1 - \lambda_2}(\lambda_1 \mathrm{e}^{\lambda_1 t} - \lambda_2 \mathrm{e}^{\lambda_2 t})U(t)$

电路系统的阶跃响应只需将其方程式(5.46)中的激励函数 $f(t)$ 代入阶跃函数 $U(t)$ 之后,即可按前面讲过的比较系数方法求解,在此不再详细讨论。下面将从另一个角度来分析问题。

前面已经得到结论,阶跃函数的微分等于冲击函数,如果一阶电路系统的阶跃响应满足如下方程,即

$$g^{(1)}(t) + ag(t) = bU(t)$$

将上式对 t 求微分,得

$$\frac{\mathrm{d}}{\mathrm{d}t}[g^{(1)}(t) + ag^{(1)}(t)] = b\frac{\mathrm{d}}{\mathrm{d}t}[U(t)] = b\delta(t)$$

而一阶系统的冲击响应所满足方程

$$h^{(1)}(t) + ah(t) = b\delta(t)$$

将上面两式相比较,即得

$$h(t) = g^{(1)}(t) = \frac{\mathrm{d}g(t)}{\mathrm{d}t} \tag{5.51}$$

这就是说,电路系统的冲击响应是该电路系统阶跃响应的微分,这个结论虽然是由一阶电路系统导出的,实际上也适用于高阶的线性时不变电路系统,但对时变电路系统不适用。对式(5.51)两端从 0_- 到 t 取积分得

$$g(t) - g(0_-) = \int_{0_-}^{t} h(\tau)\mathrm{d}\tau$$

由于初始状态为零,故 $g(0_-) = 0$,所以有

$$g(t) = \int_{0_-}^{t} h(\tau)d\tau \qquad (5.52)$$

这就是说,人们可以通过对电路系统的冲击响应进行积分,从而求得系统的阶跃响应。

LTI 电路的冲击响应,也可以采用等效初始条件法,直接求取。

例5.14 已知电路如图5-23所示,$i_L(0_-)=0$ 试求出电路的冲击响应$h(t)=i_L(t)$

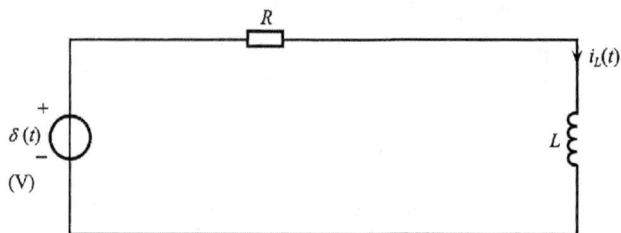

图 5-23　例 5.14 图

解 （1）建立电路微分方程。

因为

$$u_L(t) + u_R(t) = \delta(t)$$

所以

$$\begin{cases} L\dfrac{di_L(t)}{dt} + Ri_L(t) = \delta(t) \\ i_L(0_-) = 0 \end{cases}$$

即

$$\begin{cases} L\dfrac{dh(t)}{dt} + Rh(t) = \delta(t) \\ h(0_-) = 0 \end{cases}$$

（2）求出等效初始条件。

对电路微分方程两端进行 $\int_{0_-}^{0_+} dt$ 即

$$\int_{0_-}^{0_+} L\frac{dh(t)}{dt}dt + \int_{0_-}^{0_+} Rh(t)dt = \int_{0_-}^{0_+} \delta(t)dt$$

即得

$$L[h(0_+) - h(0_-)] = 1$$

即

$$h(0_+) = \frac{1}{L} - h(0_-) = \frac{1}{L}$$

（3）求出 $h(t)$ 的等效零输入响应。

因为

$$
\begin{cases}
L\dfrac{\mathrm{d}h(t)}{\mathrm{d}t}+Rh(t)=0 \\
h(0_+)=\dfrac{1}{L}
\end{cases}
$$

所以可求得

$$
h(t)=\frac{1}{L}\mathrm{e}^{-\frac{R}{L}t}U(t)
$$

求解电路系统的冲击响应和阶跃响应的另一种重要方法是拉普拉斯变换法，这将在以后讨论。

通过 LTI 电路系统时域分析，可以总结归纳出 LTI 电路系统具有四个重要的基本性质。

1. 线性性(即叠加性和均匀性)

定理 1 LTI 电路系统在下述意义上是线性的：

(1) 响应的可分解性。任意 LTI 电路系统的完全响应都可以分解为零输入响应 $y_{zp}(t)$ 和零状态响应 $y_{zs}(t)$，即

$$
y(t) = y_{zp}(t) + y_{zs}(t)
$$

(2) 零状态线性。当电路的起始状态为零或初储能为零时，电路系统的零状态响应对于各激励信号呈线性。

(3) 零输入线性。当电路的激励信号为零时，电路系统的零输入响应对于电路的各起始状态呈线性。

定理的证明留给读者自己，但是需要强调在使用定理 1 时应注意：LTI 电路的全响应，它既不是电路激励的线性函数，也不是电路起始状态的线性函数，它只能是零输入响应与零状态响应的线性组合。

2. 延时不变性(或称定常特性)

定理 2 若 LTI 电路系统，输入激励为 $f(t)$ 时，引起的零状态响应为 $y_{zs}(t)$，则输入激励为 $f(t-\tau)$ 时，引起的零状态响应为 $y_{zs}(t-\tau)$。这就是说，电路响应的波形与输入的时间无关，仅仅是波形起点发生了改变。

3. 微分特性

定理 3 若任意的 LTI 电路系统在激励信号 $f(t)$ 的作用下，所产生的零状态响应 $y_{zs}(t)$，则当电路在激励信号为 $\dfrac{\mathrm{d}f(t)}{\mathrm{d}t}$ 的作用下，所产生的零状态响应为 $\dfrac{\mathrm{d}y_{zs}(t)}{\mathrm{d}t}$

证明 设线性时不变系统 $f(t)\rightarrow y_{zs}(t)$，因为系统具有时不变性，即

$$
f(t - \Delta t) \rightarrow y_{zs}(t - \Delta t)
$$

又因为系统具有叠加性和均匀性,即

$$\frac{f(t) - f(t - \Delta t)}{\Delta t} \rightarrow \frac{y_{zs}(t) - y_{zs}(t - \Delta t)}{\Delta t}$$

于是,根据导数的定义有

$$\lim_{\Delta t \to 0} \frac{f(t) - f(t - \Delta t)}{\Delta t} = \frac{\mathrm{d}f(t)}{\mathrm{d}t}$$

$$\lim_{\Delta t \to 0} \frac{y_{zs}(t) - y_{zs}(t - \Delta t)}{\Delta t} = \frac{\mathrm{d}y_{zs}(t)}{\mathrm{d}t}$$

$$\frac{\mathrm{d}f(t)}{\mathrm{d}t} \rightarrow \frac{\mathrm{d}y_{zs}(t)}{\mathrm{d}t}$$

定理3可以进一步推广:

(1) LTI 电路的微分性可推广至高阶微分和积分。

(2) 对 n 个典型激励信号,LTI 电路的零状态响应为

单位冲击信号

$$\delta(t) = \frac{\mathrm{d}U(t)}{\mathrm{d}t}, \qquad h(t) = \frac{\mathrm{d}g(t)}{\mathrm{d}t}$$

单位阶跃信号

$$U(t) = \frac{\mathrm{d}[tU(t)]}{\mathrm{d}t}, \qquad g(t) = \frac{\mathrm{d}r(t)}{\mathrm{d}t}$$

单位斜坡信号

$$tU(t) = \frac{\mathrm{d}}{\mathrm{d}}\left[\frac{1}{2}t^2U(t)\right], \qquad r(t) = \frac{\mathrm{d}y_{加}(t)}{\mathrm{d}t}$$

即

$$h(t) = \frac{\mathrm{d}g(t)}{\mathrm{d}t} = \frac{\mathrm{d}^2r(t)}{\mathrm{d}t^2} = \frac{\mathrm{d}^3y_{加}(t)}{\mathrm{d}t^3}$$

4. 因果特性

定理4 一切物理可实现系统,只有在激励加入之后,才能产生响应输出。具有因果特性的系统称为因果系统,构成它的充分必要条件是

$$h(t) = 0 \quad (t < 0) \quad \text{或} \quad g(t) = 0 \quad (t < 0)$$

例5.15 已知某LTI电路,当激励信号为 $f(t) = 12U(t)$ 时,电路的零状态响应 $y_{zs}(t) = (24 - 12e^{-2t})U(t)$,试求该电路的冲击响应 $h(t)$

解 (1) 求电路单位阶跃响应 $g(t)$

因为电路零状态呈线性

$$g(t) = \frac{1}{12}y_{zs}(t) = (2 - e^{-2t})U(t)$$

(2) 求电路单位冲击响应 $h(t)$

因为电路的微分性

$$h(t)=\frac{\mathrm{d}g(t)}{\mathrm{d}t}$$

所以

$$h(t)=\frac{\mathrm{d}}{\mathrm{d}t}\big[(2-\mathrm{e}^{-2t})U(t)\big]=2\mathrm{e}^{-2t}U(t)+\delta(t)$$

例 5.16　已知某 LTI 电路，在相同的初始状态下，输入激励为 $f(t)$ 时，响应为 $y_1(t)=(2\mathrm{e}^{-3t}+\sin2t)U(t)$；输入激励为 $2f(t)$ 时，响应为 $y_2(t)=(\mathrm{e}^{-3t}+2\sin2t)U(t)$

试求：(1) 该电路初态加大一倍，输入激励为 $0.5f(t)$ 时，电路响应 $y_3(t)$。

　　　(2) 该电路初态不变，输入激励为 $f(t-t_0)$ 时，电路响应 $y_4(t)$。

解　(1) 求相同初态，$f(t)$ 激励下的 $y_{zp}(t)$、$y_{zs}(t)$。

因为 LTI 电路的线性性和已知条件，可得

$$\begin{cases} y_1(t)=y_{zp}(t)+y_{zs}(t)=(2\mathrm{e}^{-3t}+\sin2t)U(t) \\ y_2(t)=y_{zp}(t)+2y_{zs}(t)=(\mathrm{e}^{-3t}+2\sin2t)U(t) \end{cases}$$

两式联解，即得

$$\begin{cases} y_{zp}(t)=3\mathrm{e}^{-3t}U(t) \\ y_{zs}(t)=(-\mathrm{e}^{-3t}+\sin2t)U(t) \end{cases}$$

(2) 求 $y_3(t)$。

因为电路的线性性

$$y_3(t)=2y_{zp}(t)+0.5y_{zs}(t)$$

所以

$$y_3(t)=(5.5\mathrm{e}^{-3t}+0.5\sin2t)U(t)$$

(3) 求 $y_4(t)$。

因为电路的线性性和延时不变性，可得

$$y_4(t)=y_{zp}(t)+y_{zs}(t-t_0)$$

所以

$$y_4(t)=3\mathrm{e}^{-3t}U(t)+\big[-\mathrm{e}^{-3(t-t_0)}+\sin2(t-t_0)\big]U(t-t_0)$$

5.4　卷积与零状态响应

5.4.1　卷积的定理

卷积积分(convolution)比较完整的概念是由 Duhamel 在 1833 年给出的。他克服了电路系统在任意信号激励时，求解零状态响应的困难。

根据线性时不变电路系统的线性性和延时不变性,可以推证如下定理。

卷积积分定理 任意线性时不变电路系统对于任意激励信号 $f(t)$ 的零状态响应等于该激励信号与电路系统冲击响应的卷积积分,即

$$y_{zs}(t) = \int_{t_0}^{t} f(\tau)h(t-\tau)d\tau = \int_{t_0}^{t} f(t-\tau)h(\tau)d\tau \qquad (5.53)$$

卷积定理可以证明如下:

设宽度为 $\Delta\tau$,高度为 $\dfrac{1}{\Delta\tau}$ 的窄脉冲信号 $P_n(t)$,作用于LTIS,产生的零状态响应为 $h_n(t)$,如图5-24所示。

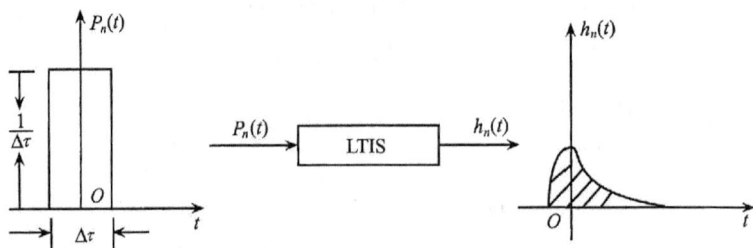

图5-24 激励 $P_n(t)$ 的零状态响应 $h_n(t)$

因为

$$f(t) = \lim_{n \to \infty} P_n(t), \quad \Delta\tau = \frac{1}{n}$$

所以

$$h(t) = \lim_{n \to \infty} h_n(t)$$

又因为任意信号 $f(t)$ 可以分解为宽度为 $\Delta\tau$ 的无穷多个窄脉冲的叠加(见图5-25),即

$$f_n(t) = \sum_{n=-\infty}^{\infty} f(k\Delta\tau)\Delta\tau P_n(t - k\Delta\tau)$$

$$= \sum_{n=-\infty}^{\infty} f(k\Delta\tau)P_n(t - k\Delta\tau)\Delta\tau$$

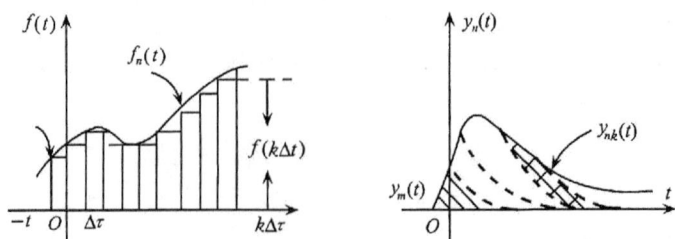

图5-25 $f(t)$ 的分解图示及 $f(t)$ 的零状态响应 $y_n(t)$

根据LTIS的线性性和延时不变性,$f_n(t)$ 所引起的零状态响应 $y_n(t)$ 为

$$y_n(t) = \sum_{n=-\infty}^{\infty} f(k\Delta\tau)\Delta\tau h_n(t - k\Delta\tau)$$

$$= \sum_{n=-\infty}^{\infty} f(k\Delta\tau)h_n(t - k\Delta\tau)\Delta\tau$$

当 $t \to \infty$（即 $\Delta\tau \to 0$），$\Delta\tau \to d\tau$，$k\Delta\tau \to \tau$ 时上述求和符号应变为积分，于是得

$$f(t) = \int_{-\infty}^{\infty} f(\tau)\delta(t - \tau)d\tau \qquad (5.54)$$

$$y_{zs}(t) = \int_{-\infty}^{\infty} f(\tau)h(t - \tau)d\tau = f(t) * h(t) \qquad (5.55)$$

它们均称为卷积积分（convolution）。式（5.55）表明，线性时不变系统的零状态响应是输入信号 $f(t)$ 与系统的冲击响应 $h(t)$ 的卷积积分。

对于因果（可实现）系统，由于在 $t < 0$ 时，$h(t) = 0$，所以在 $t - \tau < 0$，亦即 $t > \tau$ 时，式（5.55）中的 $h(t-\tau) = 0$，于是该式的积分上限可改写为 t，即

$$y_{zs}(t) = \int_{-\infty}^{t} f(\tau)h(t - \tau)d\tau = f(t) * h(t) \qquad (5.56)$$

如果在 $t < t_0$ 时，$f(t) = 0$，即输入在 $t = t_0$ 时接入，则式（5.56）中的积分下限可改写为 t_0，即

$$y_{zs}(t) = \int_{t_0}^{t} f(\tau)h(t - \tau)d\tau = f(t) * h(t) \qquad (5.57)$$

式（5.57）适用在 $t = t_0$ 时接入信号 $f(t)$ 因果系统，定理得证。

卷积定理，可以从物理本质上来理解。任意LTI电路对任意激励信号 $f(t)$，所产生的零状态响应，可以理解为激励信号 $f(t)$ 从开始作用时刻 $t = t_0$ 到任意指定时刻（$\tau = t$）的时间内对电路的连续作用，可以用一个序列冲击信号对电路的激励去等效，每个冲击信号 $f(k\Delta\tau)\delta(t - k\Delta\tau)$ 的强度为 $f(k\Delta\tau) = f(\tau)$，相应的零状态响应为 $f(\tau)h(t - \tau)$，τ 就是输入冲击信号的瞬间，而 t 可以理解为观察到整个输入作用所引起响应的瞬间，因为 τ 时刻作用的信号，到 t 时刻才观察到输出，这之间时间差为 $(t - \tau) \geqslant 0$，即 $t - \tau$ 可以理解为电路对输入作用的记忆时间。因为 $t - \tau$ 不能为负值，所以卷积积分的上限只能取到 t，而不能是无穷。其实电路的卷积定理只不过是数学上卷积积分的特例，并赋予了其物理意义。

卷积的方法是借助于系统的冲击响应。与此类似，还可以利用系统的阶跃响应求系统对任意信号的零状态响应，这时，应把激励信号分解为许多阶跃信号之和，分别求其响应，然后再叠加。这种方法称为 Duhamel 积分，其原理与卷积类似，此处不再讨论，只给出结论

$$f(t) = \int_{-\infty}^{\infty} f^{(1)}(\tau)U(t - \tau)d\tau \qquad (5.58)$$

$$y_{zs}(t) = \int_{-\infty}^{\infty} f^{(1)}(\tau)g(t - \tau)d\tau \qquad (5.59)$$

对于因果系统,如果在 $t < 0$ 时, $f(t) = 0$,则 Duhamel 积分可表示为

$$y_{zs}(t) = \int_{0_-}^{t} f^{(1)}(\tau) g(t - \tau) d\tau \qquad (5.60)$$

5.4.2　卷积的几何解释

卷积积分的几何解释可以帮助人们理解卷积的概念,把一些抽象的关系形象化。

如果对图 5-26(a)、(b)给定函数 $f(t)$、$h(t)$ 进行卷积,首先应改变自变量。把 $f(t)$ 改为 $f(\tau)$ 时,函数图形应保持不变,只是横坐标 t 换为 τ,如图 5-26(a)所示。然后把 $h(t)$ 改为 $h(t-\tau)$,图形要发生变化,图 5-26(b)示出 $h(t)$ 也即 $h(\tau)$ 的图像,因为 $h(-\tau)$ 应以纵坐标为轴互相对称,所以将 $h(\tau)$ 曲线以纵轴反折过来,即可得到 $h(-\tau)$,见图 5-26(c),再将 $h(-\tau)$ 延时 t 就得到 $h(t-\tau)$,如图 5-26(d)所示。

$$f(t) = \begin{cases} 0, & t \leqslant -\dfrac{1}{2} \\[2mm] 1, & -\dfrac{1}{2} < t \leqslant 1 \\[2mm] 0, & t > 1 \end{cases}$$

$$h(t) = \begin{cases} 0, & t \leqslant 0 \\[2mm] \dfrac{1}{2}t, & 0 < t \leqslant 2 \\[2mm] 0, & t > 2 \end{cases}$$

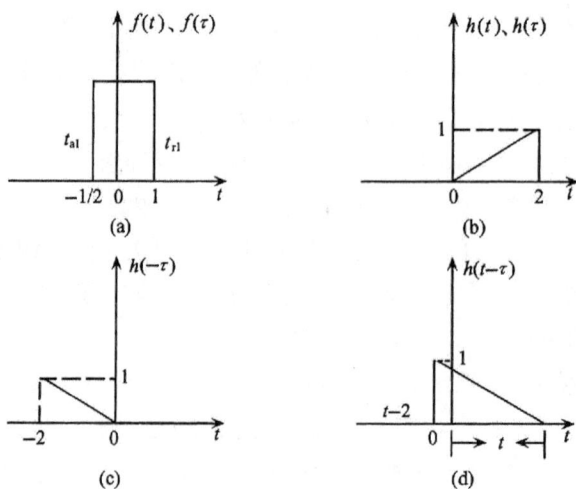

图 5-26　卷积的几何解释

$f(t)$ 的区间为

$$\begin{cases} t_{a1} = -\dfrac{1}{2} \\[2mm] t_{r1} = 1 \end{cases}$$

$$h(-\tau) = \begin{cases} 0, & t \geqslant 0 \\ \dfrac{1}{2}t, & 0 > t \geqslant -2 \\ 0, & t < -2 \end{cases}$$

$h(t-\tau)$ 的区间为

$$\begin{cases} t_{a1} = t - 2 \\ t_{r1} = t \end{cases}$$

当 t 从 $-\infty$ 向 $+\infty$ 改变时，$h(t-\tau)$ 自左向右平移，对应不同的 t 值范围，$h(t-\tau)$ 与 $f(t)$ 相乘积分的结果如下：

(1) $-\infty < t \leqslant -\dfrac{1}{2}$　[图5-27(a)]

$$f(t) * h(t) = 0$$

(2) $-\dfrac{1}{2} < t \leqslant 1$　[图5-27(b)]

$$f(t) * h(t) = \int_{-\frac{1}{2}}^{t} 1 \times \frac{1}{2}(t-\tau)\mathrm{d}\tau = \frac{t^2}{4} + \frac{t}{4} + \frac{1}{16}$$

(3) $1 < t \leqslant \dfrac{3}{2}$　[图5-27(c)]

$$f(t) * h(t) = \int_{-\frac{1}{2}}^{1} 1 \times \frac{1}{2}(t-\tau)\mathrm{d}\tau = \frac{3t}{4} - \frac{3}{16}$$

(4) $\dfrac{3}{2} < t \leqslant 3$　[图5-27(d)]

$$f(t) * h(t) = \int_{t-2}^{1} 1 \times \frac{1}{2}(t-\tau)\mathrm{d}\tau = -\frac{t^2}{4} + \frac{t}{2} + \frac{3}{4}$$

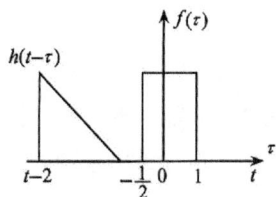

(a) $-\infty < t < -\dfrac{1}{2}$

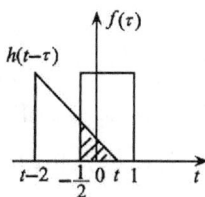

(b) $-\dfrac{1}{2} < t \leqslant 1$

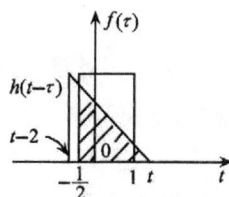

(c) $1 < t \leqslant \dfrac{3}{2}$

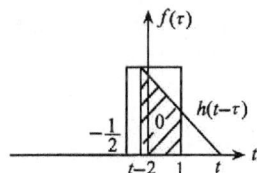

(d) $\dfrac{3}{2} < t < 3$

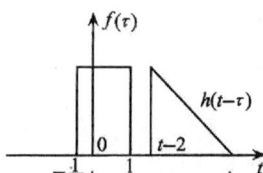

(e) $3 < t < \infty$

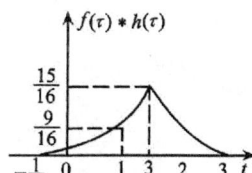

(f)

图 5-27　卷积积分的求解

(5) $3<t<\infty$　［图 5-27(e)］
$$f(t) * h(t) = 0$$

各图中的阴影面积,即为相乘积分结果。最后,若以 t 为横坐标将与 t 对应的积分值表示成曲线,就是卷积积分 $f(t) * h(t)$ 的函数图像,如图 5-27(f)所示。

从图 5-27 所示分析可以看出,卷积运算是由反折、相乘、积分这些基本部分组成,在平移过程中如果两函数图像不能交叠,即表示相乘为零,积分结果也就等于零。根据这一规律就可以确定积分限。确定积分限的原则是:若函数 $f(t)$ 和 $h(t-\tau)$ 的非零值左边界(即函数不为零的最小 τ 值)分别为 t_{l1} 和 t_{l2},非零值右边界(即最大的 τ 值)分别为 t_{r1} 和 t_{r2},则积分下限应为 $\max[t_{l1}, t_{l2}]$,上限应为 $\min[t_{r1}, t_{r2}]$,即积分下限取左边界中的最大者,而积分的上限取右边界中的最小者。

5.4.3　卷积的性质

卷积是一种数学运算方法,它具有一些特殊性质。利用这些性质可使卷积运算简化。

1. 卷积代数

1) 交换律
$$f_1(t) * f_2(t) = f_2(t) * f_1(t) \tag{5.61}$$
证明:把积分变量 τ 换为 $t-\tau$
$$\begin{aligned} f_1(t) * f_2(t) &= \int_{-\infty}^{\infty} f_1(\tau) f_2(t-\tau)\mathrm{d}\tau \\ &= \int_{-\infty}^{\infty} f_2(\lambda) f_1(t-\lambda)\mathrm{d}\tau \\ &= f_2(t) * f_1(t) \end{aligned}$$

这意味着两函数在卷积积分中的次序是可以任意交换的。如果在图 5-26 的讨论中,倒换两函数的次序,即保持 $h(\tau)$ 不动,而将 $f(\tau)$ 折叠并沿 τ 轴平移,这时相乘曲线 $h(\tau)f(t-\tau)$ 与横坐标构成的面积将和原曲线 $f(\tau)f(t-\tau)$ 的面积相等,也即卷积积分结果完全一样。

2) 分配律
$$f_1(t) * [f_2(t) + f_3(t)] = f_1(t) * f_2(t) + f_1(t) * f_3(t) \tag{5.62}$$
证明:由定义可导出
$$\begin{aligned} f_1(t) * [f_2(t) + f_3(t)] &= \int_{-\infty}^{\infty} f_1(\tau)[f_2(t-\tau) + f_3(t-\tau)]\mathrm{d}\tau \\ &= \int_{-\infty}^{\infty} f_1(\tau)f_2(t-\tau)\mathrm{d}\tau + \int_{-\infty}^{\infty} f_1(\tau)f_3(t-\tau)\mathrm{d}\tau \\ &= f_1(t) * f_2(t) + f_1(t) * f_3(t) \end{aligned}$$

它的物理含义是：系统对于 n 个相加信号的零状态响应，等于分别对每个激励的零状态响应的叠加，也可以认为激励信号对于冲击响应为 $h_1(t),h_2(t),\cdots$ 系统产生的零状态响应之和将等效于对冲击响应为 $h(t)=h_1(t)+h_2(t)+\cdots$ 的并联系统之零状态响应，即并联系统的冲击响应等于各并联子系统冲击响应之和。显然，这与线性系统的叠加性是一致的。分配律可用图 5-28 并联系统表示。

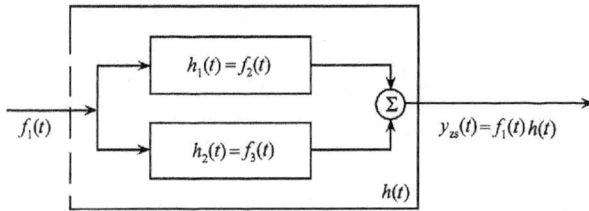

图 5-28　并联系统 $h(t)=h_1(t)+h_2(t)$

3）结合律

$$[f_1(t) * f_2(t)] * f_3(t) = f_1(t) * [f_2(t) * f_3(t)] \qquad (5.63)$$

证明

$$[f_1(t) * f_2(t)] * f_3(t) = \int_{-\infty}^{\infty} \left[\int_{-\infty}^{\infty} f_1(\lambda) f_2(\tau - \lambda) \mathrm{d}\tau \right] f_3(t - \tau) \mathrm{d}\tau$$

$$= \int_{-\infty}^{\infty} f_1(\lambda) \left[\int_{-\infty}^{\infty} f_2(\tau - \lambda) f_3(t - \tau) \mathrm{d}\tau \right] \mathrm{d}\lambda$$

$$= \int_{-\infty}^{\infty} f_1(\lambda) \left[\int_{-\infty}^{\infty} f_2(\tau) f_3(t - \tau - \lambda) \mathrm{d}\tau \right] \mathrm{d}\lambda$$

$$= f_1(t) * [f_2(t) * f_3(t)]$$

此结果表明，若冲击响应分别为 $h_2(t)$、$h_3(t)$ 的两系统相串联，激励 $f(t)$ 作用于该串联系统所产生的零状态响应就等于各串联子系统冲击响应的卷积。结合律可用图 5-29 串联系统表示。

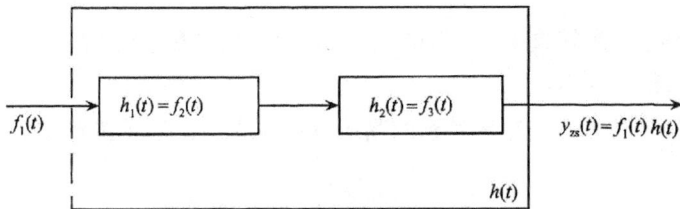

图 5-29　串联系统 $h(t)=h_1(t) * h_2(t)$

2. 卷积的微分与积分

上述卷积代数定律与乘法运算的性质类似，但是卷积的微分或积分却与两函数乘积的微分或积分性质不同。

1）卷积的微分

两个函数相卷积后的导数等于其中一函数之导数与另一函数之卷积,其表示式为

$$\frac{\mathrm{d}}{\mathrm{d}t}[f_1(t) * f_2(t)] = f_1(t) * \frac{\mathrm{d}f_2(t)}{\mathrm{d}t} = \frac{\mathrm{d}f_1(t)}{\mathrm{d}t} * f_2(t) \qquad (5.64)$$

证明

$$\frac{\mathrm{d}}{\mathrm{d}t}[f_1(t) * f_2(t)] = \frac{\mathrm{d}}{\mathrm{d}t}\int_{-\infty}^{\infty} f_1(\tau)f_2(t-\tau)\mathrm{d}\tau$$

$$= \int_{-\infty}^{\infty} f_1(\tau)\frac{\mathrm{d}f_2(t)}{\mathrm{d}t}\mathrm{d}\tau = f_1(t) * \frac{\mathrm{d}f_2(t)}{\mathrm{d}t}$$

同理,可证明

$$\frac{\mathrm{d}}{\mathrm{d}t}[f_2(t) * f_1(t)] = f_2(t) * \frac{\mathrm{d}f_1(t)}{\mathrm{d}t}$$

显然,$f_1(t) * f_2(t)$ 也就是 $f_2(t) * f_1(t)$,故式(5.64)成立。

2) 卷积的积分

两函数相卷积后的积分等于其中一函数之积分与另一函数之卷积,其表示式为

$$\int_{-\infty}^{t} [f_1(\lambda) * f_2(\lambda)]\mathrm{d}\lambda = f_1(t) * \int_{-\infty}^{t} f_2(\lambda)\mathrm{d}\lambda$$

$$= f_2(t) * \int_{-\infty}^{t} f_1(\lambda)\mathrm{d}\lambda \qquad (5.65)$$

证明

$$\int_{-\infty}^{t} [f_1(\lambda) * f_2(\lambda)]\mathrm{d}\lambda = \int_{-\infty}^{t} \left[\int_{-\infty}^{t} f_1(\tau)f_2(\lambda-\tau)\mathrm{d}\tau\right]\mathrm{d}\lambda$$

$$= \int_{-\infty}^{t} f_1(\tau)\left[\int_{-\infty}^{t} f_2(\lambda-\tau)\mathrm{d}\lambda\right]\mathrm{d}\tau$$

$$= f_1(t) * \int_{-\infty}^{t} f_2(\lambda)\mathrm{d}\lambda$$

借助卷积交换律同样可求得 $f_2(t)$ 与 $f_1(t)$ 之积分相卷积的形式,于是式(5.65)全部得到证明。

应用类似的推演可以导出卷积的高阶导数或重积分之运算规律。

设

$$S(t) = [f_1(t) * f_2(t)]$$

则有

$$S^{(i)}(t) = [f_1^{(j)}(t) * f_2^{(i-j)}(t)] \qquad (5.66)$$

此处,当 i、j 取正整数时为导数的阶次,取负整数为重积分的次数,一个重要的推论是

$$f_1(t) * f_2(t) = \frac{\mathrm{d}f_1(t)}{\mathrm{d}t} * \int_{-\infty}^{t} f_2(\lambda)\mathrm{d}\lambda \qquad (5.67)$$

3. 与冲击函数或阶跃函数的卷积

函数 $f(t)$ 与单位冲击函数 $\delta(t)$ 的卷积就是函数 $f(t)$ 本身，即

$$f(t) * \delta(t) = f(t) \tag{5.68}$$

证明

$$f(t)\delta * (t) = \int_{-\infty}^{\infty} f(\tau)\delta(t-\tau)\mathrm{d}\tau$$

$$= \int_{-\infty}^{\infty} \delta(t)f(t-\tau)\mathrm{d}\tau = f(t)$$

此性质在系统分析中获得了广泛应用，进一步推广可得

$$f(t) * \delta(t-t_0) = \int_{-\infty}^{\infty} f(\tau)\delta(t-t_0-\tau)\mathrm{d}\tau = f(t-t_0) \tag{5.69}$$

这表明，函数 $f(t)$ 与 $\delta(t-t_0)$ 信号相卷积的结果，相当于把函数本身延迟 t_0。

对于单位阶跃函数 $U(t)$，可以求得

$$f(t) * U(t) = \int_{-\infty}^{t} f(\tau)\mathrm{d}\tau \tag{5.70}$$

一些常用的函数卷积积分的结果如表5-4所示，供使用参考。

表5-4 卷积积分表

序号	$f_1(t)$	$f_2(t)$	$f_1(t) * f_2(t) = f_2(t) * f_1(t)$
1	$f(t)$	$\delta(t)$	$f(t)$
2	$U(t)$	$U(t)$	$tU(t)$
3	$tU(t)$	$U(t)$	$\dfrac{1}{2}t^2 U(t)$
4	$e^{-at}U(t)$	$U(t)$	$\dfrac{1}{a}(1-e^{-at})U(t)$
5	$e^{-a_1 t}U(t)$	$e^{-a_2 t}U(t)$	$\dfrac{1}{a_2-a_1}(e^{-a_1 t}-e^{-a_2 t})U(t)\,(a_1 \neq a_2)$
6	$e^{-at}U(t)$	$e^{-at}U(t)$	$te^{-at}U(t)$
7	$tU(t)$	$e^{-at}U(t)$	$\dfrac{at-1}{a^2}U(t)+\dfrac{1}{a^2}e^{-at}U(t)$
8	$te^{-a_2 t}U(t)$	$e^{-a_2 t}U(t)$	$\dfrac{(a_2-a_1)t-1}{(a_2-a_1)^2}e^{-a_1 t}U(t)+\dfrac{1}{(a_2-a_1)^2}e^{-a_2 t}U(t)\,(a_1 \neq a_2)$
9	$te^{-at}U(t)$	$te^{-at}U(t)$	$\dfrac{1}{2}t^2 e^{-at}U(t)$
10	$e^{-a_1 t}\cos(\beta t+\theta)U(t)$	$e^{-a_2 t}U(t)$	$\dfrac{e^{-a_1 t}\cos(\beta t+\theta-\varphi)}{\sqrt{(a_2-a_1)^2+\beta^2}}U(t)-\dfrac{e^{-a_2 t}\cos(\theta-\varphi)}{\sqrt{(a_2-a_1)^2+\beta^2}}U(t) \quad \varphi=\arctan\dfrac{\beta}{a_2-a_1}$

例5.17 已知某LTI电路系统如图5-30所示，其中各子系统的单位冲击响应为 $h_1(t)=U(t-2)-U(t-6)$，$h_2(t)=\delta(t+2)$，$h_3(t)=\delta(t-8)$，若输入激励信号 $f(t)=U(t)-U(t-4)$，试求出该电路系统的零状态响应 $y_{zs}(t)$。

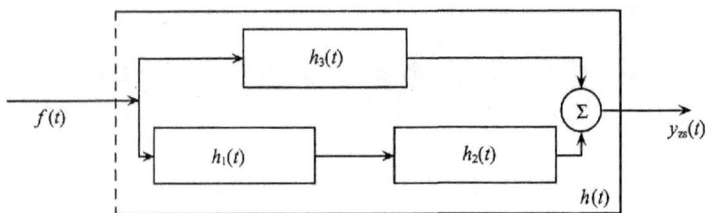

图 5-30 例 5.17 图

解 (1) 求电路的冲击响应。

根据卷积的分配律和结合律，可得

$$h(t) = h_1(t) * h_2(t) + h_3(t)$$

所以

$$h(t) = [U(t-2) - U(t-6)] * \delta(t+2) + \delta(t-8)$$
$$= U(t) - U(t-4) + \delta(t-8)$$

(2) 求电路 $y_{zs}(t)$。

因为卷积定理可知

$$y_{zs}(t) = f(t) * h(t)$$

所以

$$y_{zs}(t) = [U(t) - U(t-4)] * [U(t) - U(t-4) + \delta(t-8)]$$
$$= [U(t) - U(t-4)] * [U(t) - U(t-4)] + [U(t) - U(t-4)] * \delta(t-8)$$
$$= \frac{\mathrm{d}}{\mathrm{d}t}[U(t) - U(t-4)] * \left(\int_0^t \mathrm{d}\tau - \int_4^t \mathrm{d}\tau \right) + U(t-8) - U(t-12)$$
$$= [\delta(t) - \delta(t-4)] * [tU(t) - (t-4)U(t-4)] + U(t-8) - U(t-12)$$
$$= [tU(t) - 2(t-4)U(t-4)] + (t-8)U(t-8) + U(t-8) - U(t-12)$$

5.5 卷积积分应用

对于任意的 LTI 电路系统，利用卷积积分求得零状态响应后，再与其输入响应叠加，即得系统完全响应的一般表达式(设系统特征根互异)

$$y(t) = y_{zp}(t) + y_{zs}(t)$$
$$= \sum_{i=1}^{n} A_{zpi} e^{\lambda_i t} + \int_0^t f(\tau) h(t-\tau) \mathrm{d}\tau \qquad (5.71)$$

同理，如果利用杜阿美尔积分求得系统的零状态响应后，再与零输入响应相加即得完全响应，其表达式为

$$y(t) = \underbrace{\sum_{i=1}^{n} A_i e^{\lambda_i t}}_{\text{零输入响应}} + \underbrace{\int_{0_-}^t f^{(1)}(\tau) g(t-\tau) \mathrm{d}\tau}_{\text{零状态响应}} \qquad (5.72)$$

这里假设了特征根 λ_i 互异(即无重根)。

在以上讨论中,把卷积积分的应用限于线性时不变系统,对于非线性系统,由于违反叠加原理,因而不能应用;而对于线性时变系统,仍可借助卷积求零状态响应。但应注意,由于系统的时变特性,冲击响应是两个变量的函数,这两个变量是冲击加入时刻 τ 和响应观测时刻 t 与冲击响应的表示式为 $h(t,\tau)$ 时,求零状态响应的卷积积分,即

$$y(t) = \int_{0_-}^{t} h(t,\tau)f(\tau)\mathrm{d}\tau \tag{5.73}$$

前面研究的时不变系统仅仅是时变系统的一个特例,对时不变系统,冲击响应由观测时刻与激励接入时刻的差值决定,于是公式(5.73)中的 $h(t,\tau)$ 简称为 $h(t)$,这就是公式(5.59)的结果。

卷积积分在电路、信号与系统理论中占有非常重要的地位,随着理论研究的深入及计算机技术的迅速发展,卷积方法得到更广泛的应用。

应用卷积积分求解LTI电路完全响应的方法步骤如下:

(1) 求出LTI电路的冲击响应 $h(t)$。

(2) 应用卷积定理求出LTI电路的零状态响应 $y_{zs}(t) = f(t) * h(t)$。

(3) 求出电路的零输入响应 $y_{zp}(t)$。

(4) 叠加:$y(t) = y_{zp}(t) + y_{zs}(t)$。

例5.18 已知电路如图5-31所示,$t=0$ 前,电路处于稳态,$i_L(0_-)=5\mathrm{A}$,$t=0$ 时开关闭合,接通激励信号 $U_s(t)=20(1-t)[U(t)-U(t-2)]$,试求电路中电流 $i_L(t)(t \geqslant 0)$。

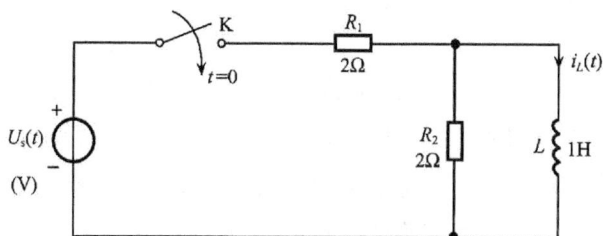

图5-31 例5.18图

解 (1) 求零输入响应 $i_{Lzp}(t)$。

用三要素法,因为

$$i_L(0_-)=i_L(0_+)=5\mathrm{A}$$

而

$$R_0 = R_1 /\!/ R_2 = 1\Omega$$

$$\tau = \frac{L}{R_0} = \frac{1}{1} = 1(\mathrm{s})$$

所以

$$i_{Lzp}(t) = i_L(0_+)e^{-\frac{t}{\tau}} = 5e^{-t}U(t)$$

（2）求电路冲击响应。

对 $t \geqslant 0$ 电路，令 $U_s(t) = \delta(t)$ （根据冲击响应定义）

$$i_L(0_+) = i_L(0_-) + \frac{1}{L}\int_{0_-}^{0} u_L(\tau)d\tau = 0 + \frac{1}{L}\int_{0_-}^{0} \frac{1}{2}\delta(\tau)d\tau = \frac{1}{2}A$$

注：根据零状态响应定义，$i_L(0_-)$ 此处应为零，而已知给出的 $i_L(0_-) = 5A$，已在求 $y_{zp}(t)$ 中考虑了。

根据三要素分析法，同理可得

$$h(t) = 0.5e^{-t}U(t)$$

（3）求电路的零状态响应。

因为

$$i_{Lzs}(t) = f(t) * h(t)$$

所以

$$i_{Lzs}(t) = \{20(1-t)[U(t) - U(t-2)]\} * 0.5e^{-t}U(t)$$
$$= -10(2e^{-t} + t - 2)U(t) + 10(t-2)U(t-2)$$

（4）求电路的完全响应。

因为

$$i_L(t) = i_{Lzs}(t) + i_{Lzs}(t)$$

所以

$$i_L(t) = 5e^{-t}U(t) - 10(2e^{-t} + t - 2)U(t) + 10(t-2)U(t-2)$$
$$= (-15e^{-t} - 10t + 20)U(t) + 10(t-2)U(t-2)$$

例5.19 某线性时不变一阶电路系统，已知：（1）电路系统的单位阶跃响应为 $g(t) = (1-e^{-2t})U(t)$；（2）当初始状态 $y(0_-) = 2$，输入 $f_1(t) = e^{-t}U(t)$ 时，其全响应为 $y_1(t) = 2e^{-t}U(t)$。试求当初始状态 $y(0_-) = 6$，输入 $f_2(t) = \delta^{(1)}(t)$ 时电路的全响应 $y_2(t)$。

解 （1）求系统的 $h(t)$。

因为

$$h(t) = \frac{d}{dt}[g(t)]$$

所以

$$h(t) = \frac{d}{dt}[(1-e^{-2t})U(t)] = 2e^{-2t}U(t)$$

（2）求 $f_2(t)$ 激励时的零状态响应：$y_{zs2}(t)$

$$y_{zs2}(t) = f_2(t) * h(t) = \int_{0_-}^{t} \delta^{(1)}(\tau) 2e^{-2(t-\tau)} d\tau$$

$$= 2\delta(t) - 4e^{-2t}U(t)$$

注:简便的计算技巧是应用卷积性质计算。

$$y_{zs2}(t) = f_2(t) * h(t) = \left[\int_{0_-}^{t} f_2(\tau) d\tau \right] * \frac{dh(t)}{dt}$$

$$= \left[\int_{0_-}^{t} \delta^{(1)}(\tau) d\tau \right] * \frac{d}{dt} \left[2e^{-2t}U(t) \right]$$

$$= \delta(t) * \left[2\delta(t) - 4e^{-2t}U(t) \right]$$

$$= 2\delta(t) - 4e^{-2t}U(t)$$

（3）求零输入响应 $y_{zs2}(t)$。

根据零输入线性

$$y_{zp2}(t) = \frac{6}{2} y_{zp1}(t) = 3y_{zp1}(t)$$

而

$$y_{zp1}(t) = y_1(t) - y_{zs1}(t) = y_1(t) - f_1(t) * h(t)$$

$$y_{zp1}(t) = 2e^{-t}U(t) - \int_{0_-}^{t} e^{-t} 2e^{-2(t-2)} d\tau$$

$$= \left[2e^{-t} - (2e^{-t} - 2e^{-2t}) \right] U(t) = 2e^{-2t}U(t)$$

（4）求全响应 $y_2(t)$

$$y_2(t) = y_{zp2}(t) + y_{zs2}(t) = 3y_{zp1}(t) + 2\delta(t) - 4e^{-2t}U(t)$$

$$= 2e^{-2t}U(t) + 2\delta(t)$$

注意:该题中不满足零状态线性,只能用卷积法求零状态响应。

5.6 总结与思考

5.6.1 总结

LTI 动态电路的输入-输出(I/O)时域分析,是电路分析的核心内容,它既揭示出了电路发生过渡过程的物理实质,又为变换域分析奠定了重要的基础。本章的重点是电路时域分析的基本概念、一阶电路的三要素分析法、电路的冲击响应、LTI 电路的基本性质、卷积积分。其次,要求熟悉电路微分方程的建立和求解方法。

1）基本概念

（1）零输入响应与零状态响应。

（2）自由响应与强迫响应。

（3）暂态响应与稳态响应。

（4）冲击响应与阶跃响应。

(5) 时间常数与固有频率。

2) LTI 电路的基本性质

① 线性性;② 微分性;③ 延时不变性;④ 因果性。

3) 一阶有损电路的三要素分析法

$$y(t) = y_{zp}(t) + y_{zs}(t) = y(0_+)e^{-\frac{t}{\tau}} + y(\infty)\left(1 - e^{-\frac{t}{\tau}}\right), \quad t \geqslant 0$$

或

$$y(t) = y_h(t) + y_p(t) = [y(0_+) - y(\infty)]e^{-\frac{t}{\tau}} + y(\infty), \quad t \geqslant 0$$

4) 冲击响应 $h(t)$ 的求解方法

(1) 等效初始条件法。求初始条件 $h(0_+), h^{(1)}(0_+)\cdots$ 和电路固有频率 λ,然后代入等效零输入响应公式:$h(t) = \sum k_i e^{\lambda_i t} U(t)$。

(2) 比较系数法。求出 $h(t), h^{(1)}(t)\cdots$ 然后代入电路微分方程,比较系数求得 k_1,再代入 $h(t)$ 公式。

(3) 微分法。$h(t) = \dfrac{\mathrm{d}g(t)}{\mathrm{d}t}$。

5) 卷积积分求电路响应

$$y(t) = y_{zp}(t) + y_{zs}(t)$$
$$= \sum k_i e^{\lambda_i t} + f(t) * h(t)$$

(1) 卷积 $f(t) * h(t) = \displaystyle\int_{0_-}^{t} f(\tau)h(t - \tau)\mathrm{d}\tau$

(2) 常用性质:① $f(t) * h(t) = \left[\displaystyle\int_{0_-}^{t} f(\tau)\mathrm{d}\tau\right] * \dfrac{\mathrm{d}h(t)}{\mathrm{d}t}$
$$= \dfrac{\mathrm{d}h(t)}{\mathrm{d}t} * \displaystyle\int_{0_-}^{t} h(\tau)\mathrm{d}\tau$$

② $f(t) * \delta(t - t_0) = f(t - t_0)$

6) 电路微分方程的建立和求解

(1) 建立电路微分方程的方法 $\begin{cases} ① \text{ 列电路 KCL、AKVL 或节点方程、A 回路} \\ \quad \text{方程} \\ ② \text{ 列支路 VCR} \\ ③ \text{ 将②代入①应用微分算符,求得电路微分} \\ \quad \text{方程} \end{cases}$

(2) 电路初始条件的求法。

(3) 求解电路微分方程的两种方法及其区别。

5.6.2 思考

(1) 动态电路产生过渡过程的物理解释。

(2) 为什么零输入响应与零状态响应满足叠加定理,而自由响应与强迫响应不满足叠加定理?

（3）电路满足换路定律的条件是什么? 当电路不满足换路定律时,应如何求取电路的初始条件?

（4）LTI 电路的完全响应满足线性性、微分性、延时不变性吗? 为什么?

（5）为什么电路的冲击响应只决定于电路的结构和元件参数,而与电路激励的大小无关?

（6）电路的固有频率 λ 是如何求得的,用它描述电路的完全响应是否是完备的? 一阶电路时间常数与固有频率的关系为 $\lambda = -\dfrac{1}{\tau}$,对于高阶电路(大于等于 2 阶)还成立吗? 高阶电路还可用时间常数 τ 描述吗?

（7）卷积的性质给卷积积分计算带来了方便吗? 为什么?

（8）微分算符 P 是一个变量吗? $H(P)$ 是一个函数吗? 使用微分算符应注意什么?

习　题　5

5.1　单项选择题(从每小题给定的四个答案中,选择出一个正确答案,将其编号填入括号中)。

（1）已知图 5-32 所示电路,$t=0$ 前电路处于稳态,$t=0$ 时开关 K 闭合,则此时电路储能 $W_{(0_+)}$ 为（　　）J。

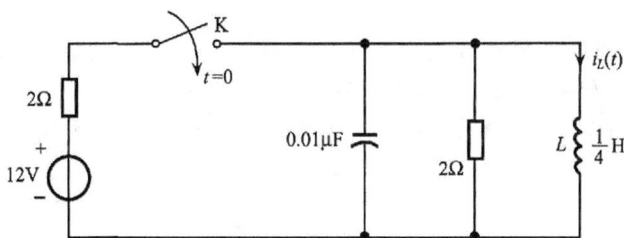

图 5-32　习题 5.1(1)图

A. 4.5；　B. 1.44；　C. 9；　D. ∞

（2）已知图 5-33 所示电路 $u_C(0_-)=0$,$t=0$ 时,开关 K 闭合,则 $u_C(0_+)$ 为（　　）V。

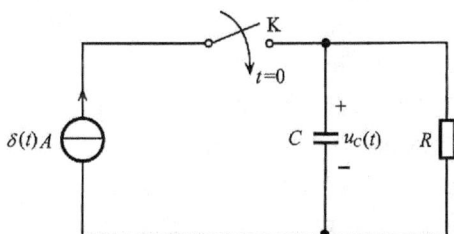

图 5-33　习题 5.1(2)图

A. 0； B. $R\delta(t)$；C. $\dfrac{1}{C}$；D. RC

(3) 已知一阶 RC 电路的完全响应为 $u_C(t)=2+8(1-e^{-5t})(t\geqslant 0)$，则其零输入响应为（　　）。

A. 2；B. $-8e^{-5t}$；C. $8(1-e^{-5t})$；D. $2e^{-5t}$

(4) 若LTI电路的微分方程为 $y^{(2)}(t)+6y^{(1)}(t)+5y(t)=4\delta(t)$，则电路的固有频率 λ 是（　　）。

A. 1,5；B. $-1,-5$；C. 6,5；D. 1,4

(5) 若 $f(t)=e^{-t}U(t)*tU(t)*\delta^{(2)}(t)$，则可计算得 $f(t)$ 等于（　　）。

A. $t(U)(t)$；B. $e^{-t}U(t)$；C. $\delta(t)$；D. $te^{-t}U(t)$

(6) 若LTI电路的零输入响应为 $e^{-t}U(t)$，在激励信号 $f(t)$ 的作用下的零状态响应是 $0.5\cos tU(t)$，则初始条件增大 3 倍，激励 $2f(t)$ 时电路的全响应是（　　）。

A. $3e^{-t}U(t)$；B. $\cos tU(t)$；C. $(3e^{-t}+\cos t)U(t)$；D. 不变

(7) LTI 的 RC 电路，在满足换路定律时，一定存在（　　）。

A. $i_C(0_+)=i_C(0_-)$；　　　　B. $u_C(0_+)=u_C(0_-)$

C. $u_R(0_+)=u_R(0_-)$；　　　　D. $i_R(0_+)=i_R(0_-)$

(8) 已知某LTI电路的节点方程为 $\begin{bmatrix} 2 & -1 \\ -k & k-1 \end{bmatrix}\begin{bmatrix} U_{n1} \\ U_{n2} \end{bmatrix}=\begin{bmatrix} 4 \\ 1 \end{bmatrix}$，则该节点方程解存在唯一的条件是 k 不等于（　　）。

A. 2；B. -1；C. 1；D. 4

5.2　简答题

(1) 已知一阶有损 RL 电路的完全响应为 $i_L(t)=4+9(1-e^{-3t})(A)(t\geqslant 0)$，试求：① $i_L(0_+)$；② 电路的自由响应和强迫响应；③ 电路的零输入响应与零状态响应。

(2) 已知电路如图 5-34 所示，$t<0$ 时，电路处于稳态，$t=0$ 时，开关由 a 打向 b，试求：$i_L(0_+)$、$u_C(0_+)$。

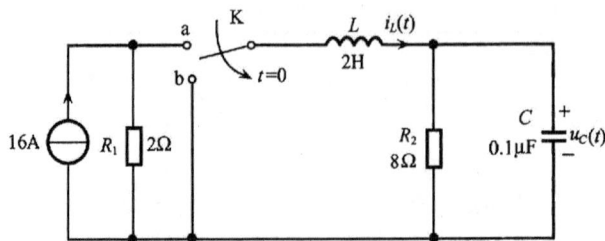

图 5-34　习题 5.2(2)图

(3) 试证明在LTI动态电路中，若流过电容的电流 $i_C(t)$ 为有限时，则一定存在换路定律 $u_C(0_+)=u_C(0_-)$。若电感两端电压 $u_L(t)$ 为有限值时，则一定存在换路定律 $i_L(0_+)=i_L(0_-)$。

(4) 已知电路如图 5-35 所示，且 $u_C(0_-)=10V$，开关 K 在 $t=0$ 时闭合，试求：$t\geqslant 0$ 时 $u_C(t)$。

(5) 已知LTI电路系统如图 5-36 所示，试求出复合系统 N 的冲击响应 $h(t)$。

5.3　已知电路如图 5-37 所示，$t=0$ 前电路处于稳态，$t=0$ 时电路换路，开关 K 由 a 打向 b，试求 $t\geqslant 0$ 时，$u_C(t)$，并指出其中零输入响应、零状态响应、自由响应及强迫响应。

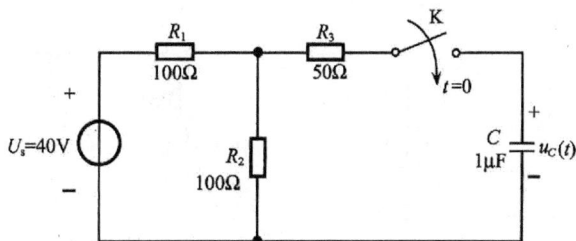

图 5-35 习题 5.2(4)图

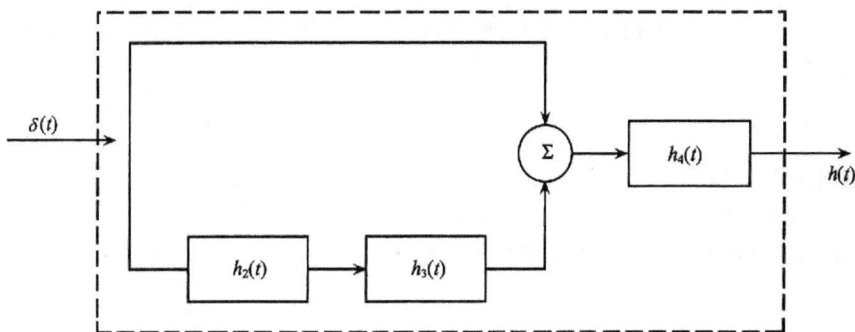

图 5-36 习题 5.2(5)图

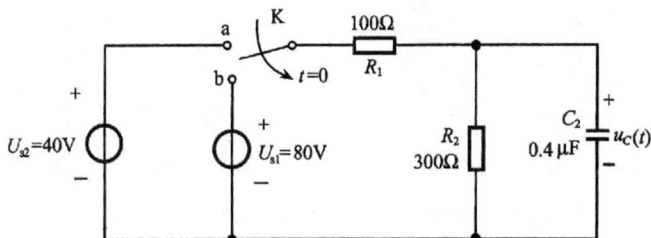

图 5-37 习题 5.3 图

5.4 已知电路如图 5-38 所示,且 $u_{C1}(0_-)=0$, $u_{C2}(0_-)=10\text{V}$, $t=0$ 时,开关 K 闭合,试求 $t \geqslant 0$ 时 $u_{C2}(t)$。

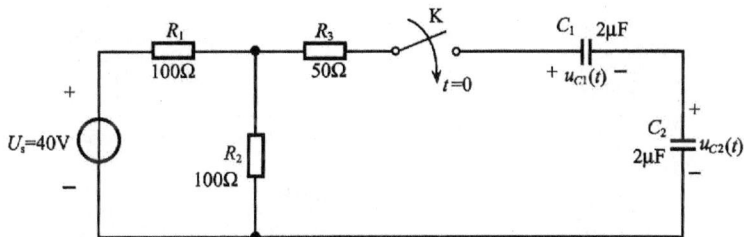

图 5-38 习题 5.4 图

5.5 已知电路及输入激励信号如图 5-39 所示,设二极管正向导通电压 $u_D=0.7\text{V}$,试求当输出电压 $u_C(t)$ 达到 3V 所需时间。

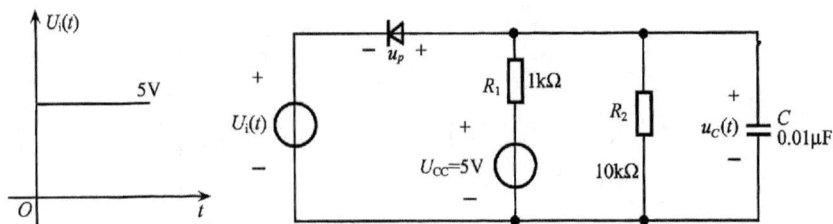

图 5-39　习题 5.5 图

5.6　已知电路如图 5-40 所示，$u_C(0_-)=1\text{V}$，试求其响应 $u_C(t)$。

5.7　已知网络 N 只含 LTI 正电阻（见图 5-41），但不知道电路的初始状态，当 $U_s(t)=2\cos t U(t)$ 时，电路响应为

$$i_L(t) = 1 - 3\text{e}^{-t} + \sqrt{2}\cos\left(t - \frac{\pi}{4}\right) \ (\text{A}), \quad t > 0$$

其中，$U(t)$ 为单位阶跃信号。

(1) 求同样初始状态下，当 $U_s(t)=0$ 时的 $i_L(t)$。

(2) 求在同样初始状态下，当电源均为零值时的 $i_L(t)$。

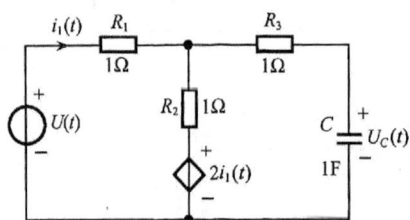

图 5-40　习题 5.6 图

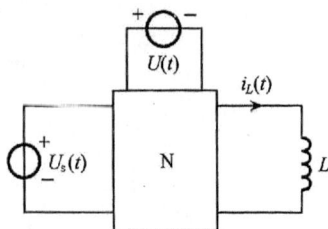

图 5-41　习题 5.7 图

5.8　已知 RLC 串联二阶电路如图 5-42 所示，且 $i_L(0_-)=I_0$，$u_C(0_-)=U_0$，$t=0$ 时开关 K 闭合，试求：(1) $t \geqslant 0$ 时 $u_C(t)$ 和 $i_L(t)$ 的变化规律；(2) 对电路的动态性质（过阻尼、临界阻尼、欠阻尼、等幅振荡）进行物理解释，并求出电路过阻尼、临界阻尼、欠阻尼、等幅振荡的条件。

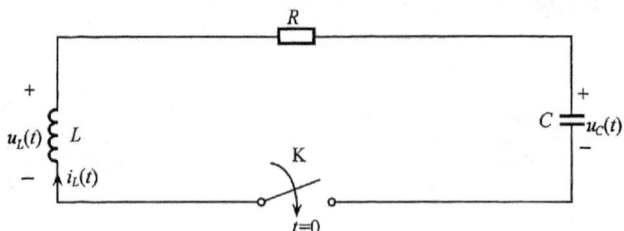

图 5-42　习题 5.8 图

5.9　已知 RLC 并联二阶电路如图 5-43 所示，且 $i_L(0_-)=0$，$u_C(0_-)=0$，激励电流源 $i_s(t)=\delta(t)$，试求：(1) 电路的单位冲击 $h(t)=u_C(t)$。

(2) 解释电路的动态性质，并求出电路过阻尼、临界阻尼、欠阻尼和无阻尼的条件。

5.10　电路如图 5-44 所示，写出 $U_{C2}(t)$ 的微分方程。

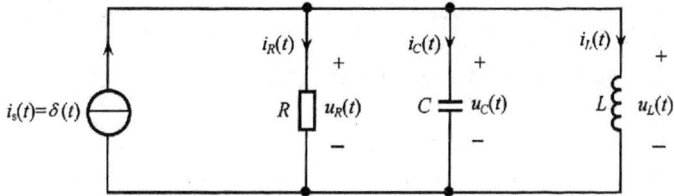

图 5-43　习题 5.9 图

5.11　给定系统 I/O 微分方程为 $\dfrac{d^2y(t)}{dt^2}+2\dfrac{dy(t)}{dt}+y(t)=\dfrac{df(t)}{dt}$ 而且，(1) $f(t)=U(t)$，$y(0_-)=1,y^{(1)}(0_-)=2$；(2) $f(t)=e^{-t}U(t),y(0_-)=1,y^{(1)}(0_-)=2$。试分别求系统的完全响应，并指出其零输入响应、零状态响应、自由响应、强迫响应各分量。

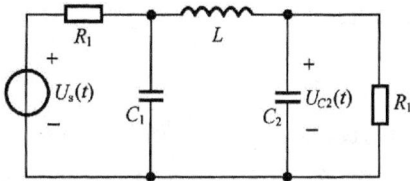

图 5-44　习题 5.10 图

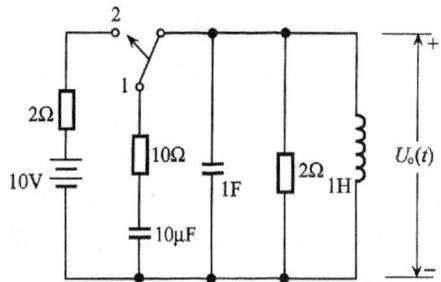

图 5-45　习题 5.12 图

5.12　电路如图 5-45 所示，$t=0$ 以前开关位于"1"，已进入稳态；$t=0$，开关自"1"转至"2"，求 $u_0(t)$ 的完全响应，并指出其各分量。

5.13　已知图 5-46 所示电路中互感 $M=\dfrac{1}{\sqrt{2}}$H，电路的起始状态为零，试求 $t>0$ 开关 K 闭合后的电流 $i_1(t)$。

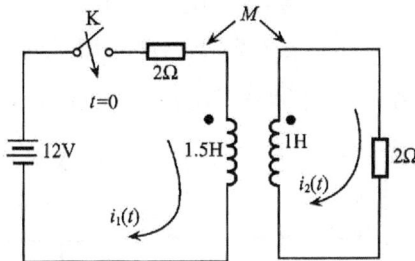

图 5-46　习题 5.13 图

5.14　若激励为 $e(t)$、响应为 $y(t)$ 的系统的微分方程由下式描述，分别求以下两种情况的冲击响应与跃阶响应。

(1)　$\dfrac{d^2y(t)}{dt^2}+\dfrac{dy(t)}{dt}+y(t)=\dfrac{de(t)}{dt}+e(t)$；

(2) $\dfrac{dy(t)}{dt}+2y(t)=\dfrac{d^2e(t)}{dt^2}+3\dfrac{de(t)}{dt}+3e(t)$。

5.15 (1) 若网络的输入信号 $U_i(t)=U(t)$ 的输出响应为

$$U_o(t)=\begin{cases}\dfrac{1}{2}(1+e^{-2t})-e^{-t}, & t\geqslant0 \\ 0, & t<0\end{cases}, \quad 求h(t)。$$

(2) 若 $U_i(t)=\begin{cases}e^{-3t} & t\geqslant0 \\ 0 & t<0\end{cases}$，求输出响应 $U_o(t)$。

5.16 $f_1(t)$、$f_2(t)$ 如图 5-47 所示，计算卷积积分 $f_1(t)f_2(t)$。

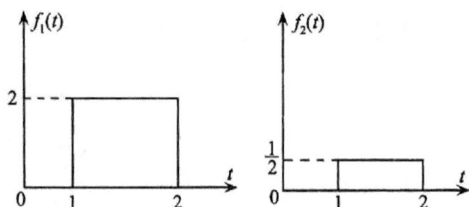

图 5-47 习题 5.16 图

5.17 图 5-48 所示系统是由几个"子系统"组合而成，各个"子系统"的冲击响应分别为 $h_1(t)=\delta(t-1)$，$h_2(t)=\delta(t-2)$，$h_4(t)=U(t)-U(t-3)$，若激励信号 $f(t)=U(t)-U(t-2)$，试求总系统的零状态响应 $y(t)$，并画出 $y(t)$ 的波形图。

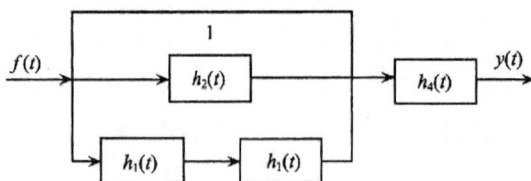

图 5-48 习题 5.17 图

5.18 已知LTI系统N由A、B、C三个子系统组成，如图5-49(a)所示，其中系统A的冲击响应 $h_A(t)=\dfrac{1}{2}e^{-4t}U(t)$，系统B、C的阶跃响应分别为 $g_B(t)=(1-e^{-t})U(t)$，$g_C(t)=2e^{-3t}U(t)$。

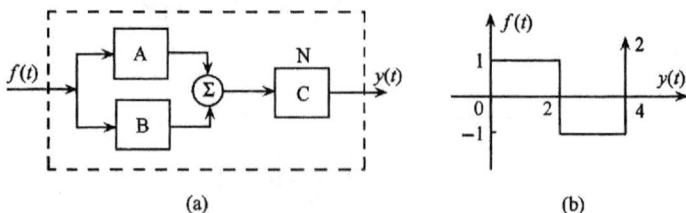

图 5-49 习题 5.18 图

试求：(1) 系统 N 的阶跃响应 $g(t)$；(2) 图 5-49(b)所示的信号输入时，系统 N 的零状态响应。

5.19 计算下列卷积积分：

(1) $f(t) = e^{-t}U(t) * t^n U(t) * [\delta^{(2)}(t) + 3\delta^{(1)}(t) + 2\delta(t)] * e^{-2t}U(t)$

(2) $f(t) = [\delta(t) + e^{-t}U(t) * tU(t)] * \delta(t-1)$

5.20 某LTIS，在相同初始状态下，输入为$f(t)$时，响应为$y_1(t) = (2e^{-3t} + \sin 2t)U(t)$；输入为$2f(t)$时，响应为$y_2(t) = (e^{-3t} + 2\sin 2t)U(t)$，试求：

(1) 初始状态增大一倍，输入为$4f(t)$时的系统响应。

(2) 初始状态不变，输入为$f(t-t_0)$时的系统响应。

(3) 初始状态不变，输入为$\dfrac{\mathrm{d}f(t)}{\mathrm{d}t}$时的系统响应。

5.21 某LTI电路，在相同初始状态下，当输入激励$u_s(t) = 0$时，电路的全响应$u_{01}(t) = -e^{-10t}(\text{V})(t \geq 0)$；当输入激励$u_s(t) = 12U(t)$时，电路的全响应$u_{02}(t) = 6 - 3e^{-10t}(\text{V})(t \geq 0)$。试求当输入激励$u_s(t) = 6e^{-5t}U(t)$时，电路的全响应$u_{03}(t)$。

5.22 某LTIS 如图 5-50(a)所示，在以下三种激励下，其初始状态均相同，当激励为$f_1(t) = \delta(t)$时，其全响应$y_1(t) = \delta(t) + e^{-t}U(t)$；当激励为$f_2(t) = U(t)$时，其全响应为$y_2(t) = 3e^{-t}U(t)$。试求当激励为图 5-50(b)所示的$f_3(t)$时，系统的全响应$y_3(t)$。

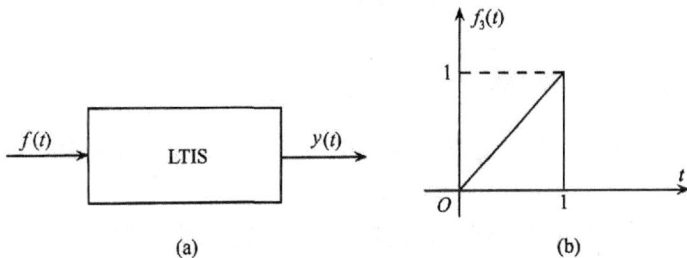

(a)   (b)

图 5-50 习题 5.22 图

第6章 正弦电路的稳态分析

内 容 提 要

本章从正弦量的基本概念着手,引入正弦量的相量、阻抗和导纳的定义,着重讨论了相量分析法和正弦信号的功率;利用傅里叶分析理论,对非正弦周期信号激励下电路的稳态分析做了详细的讨论;本章还对各种谐振电路进行了分析。

6.1 正弦稳态分析基础

6.1.1 正弦信号的基本概念

全世界电力系统都是以正弦电压和电流形式来发电和输电的,且科学研究和工程技术中所有实际产生的各种激励(如语音、通信信号、计算机信号、控制信号、地震波、心电图等)都可以分解为正弦信号线性组合,因此研究正弦电压(电流)信号及其稳态响应具有重要的意义。

按正弦规律变化的电压、电流是周期信号,可用正弦或余弦函数表示为

$$\left.\begin{aligned} i(t) &= I_m \cos(\omega t + \varphi_i) \\ u(t) &= U_m \sin(\omega t + \varphi_u) \end{aligned}\right\} \tag{6.1}$$

其波形如图6-1所示。这里I_m、U_m为正弦电流、电压的振幅(幅度),ω为角频率,φ_i、φ_u为正弦电流、电压的初始相位,即$t=0$时的相位角$\omega t + \varphi_i (\omega t + \varphi_u)$的值。如果用余弦函数表示的正弦量的正的最大值发生在时间起点之前,则初相位为正值,如图6-1中$\varphi_i > 0$;反之,初相位为负值,如图6-1中$\varphi_u < 0$。必须注意,这里说的正的最大值是指最靠近时间起点者而言,因此初相位绝对值小于或等于$\pi(180°)$。对于用正弦

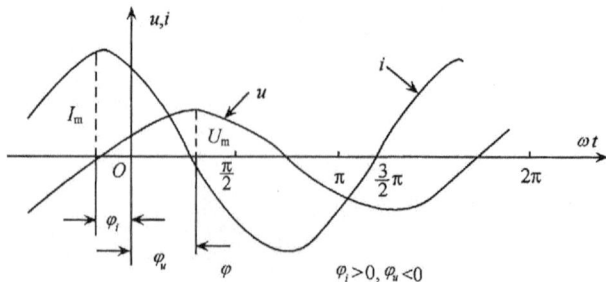

图 6-1 正弦电压与电流

函数表示的正弦量是指该量由负到正的变化,过零点发生在时间起点之前,初相为正,反之为负。本书正弦量均采用余弦函数来表示。

幅度、初相、角频率是正弦量的三个要素。在已知三个要素后,即可写出任一时刻正弦量的瞬时值,画出正弦量的波形。

在工程应用中经常涉及正弦交流信号的有效值,它和正弦信号平均做功能力密切相关,正弦周期电流 $i(t)$ 流过电阻 R 时在一周期 T 内消耗的电能为

$$W_1 = \int_0^T p(t)\mathrm{d}t = \int_0^T i^2(t)R\mathrm{d}t = R\int_0^T i^2(t)\mathrm{d}t \tag{6.2}$$

将此耗能与直流电流 I 流过相同电阻 R 在同样时间内消耗的电能 $W_2 = RI^2T$ 相比较,若它们相等,那么就其平均做功能力来说这两个电流是等效的,因而该直流电流 I 的数值可用来表征周期电流 $i(t)$ 的大小。人们把这一特定的数值称为周期电流的有效值(或均方值,RMS 值)。

因为

$$RI^2T = R\int_0^T i^2(t)\mathrm{d}t \tag{6.3}$$

故有效值表示为

$$I = \sqrt{\frac{1}{T}\int_0^T i^2(t)\mathrm{d}t} \tag{6.4}$$

类似地,周期电压 $u(t)$ 的有效值

$$U = \sqrt{\frac{1}{T}\int_0^T u^2(t)\mathrm{d}t} \tag{6.5}$$

对于正弦量有

$$T = \frac{1}{f} = \frac{2\pi}{\omega}$$

将式(6.1)代入式(6.4)和式(6.5)即得

$$I = \frac{1}{\sqrt{2}}I_\mathrm{m}, \qquad U = \frac{1}{\sqrt{2}}U_\mathrm{m} \tag{6.6}$$

有效值可代替幅值作为正弦量的一个要素,用于测量交流电流、电压的电表的读数都是有效值,日常生活中的交流市电220V、380V 均指有效值。引用有效值后,正弦信号可表示为

$$\left.\begin{array}{l} i(t) = I_\mathrm{m}\cos(\omega t + \varphi_i) = \sqrt{2}\,I\cos(\omega t + \varphi_i) \\ u(t) = U_\mathrm{m}\cos(\omega t + \varphi_u) = \sqrt{2}\,U\cos(\omega t + \varphi_u) \end{array}\right\} \tag{6.7}$$

6.1.2 线性时不变电路的正弦稳态响应和正弦量的相量

任意一个线性时不变电路,假设输入激励为单一频率正弦信号 $f(t) = A_\mathrm{m}\cos(\omega_0 t + \varphi)$,则该电路可以用如下常微分方程来描述

$$a_n y^{(n)}(t) + a_{n-1} y^{(n-1)}(t) + \cdots + a_1 y^{(1)}(t) + a_0 y(t) = A_m \cos(\omega_0 t + \varphi) \Big\}$$

$$\{y(0_-), y^{(1)}(0_-), \cdots, y^{(n-1)}(0_-)\}$$

$$(6.8)$$

根据第 5 章 LTI 电路微分方程的求解方法,则电路的完全响应可以表示为

$$y(t) = y_h(t) + y_p(t)$$

若假设电路微分方程的特征根互异,则电路的完全响应为

$$y(t) = \sum_{i=1}^{n} A_i e^{\lambda_i t} + F_m \cos(\omega_0 t + \theta), \quad t \geqslant 0 \qquad (6.9)$$

因为电路的固有频率(即微分方程的特征根)$\lambda_i = \alpha_i + j\omega_i$,如果固有频率 λ_i 具有严格的负实部,且正弦信号 $f(t)$ 的频率 ω_0 不等于固有频率 λ_i 中的振荡角频率 ω_i,则当时间 t 趋于无穷时,电路的自由响应将趋于零,于是电路的完全响应为

$$y(t) = y_{ss}(t) = F_m \cos(\omega_0 t + \theta), \quad t \geqslant 0 \qquad (6.10)$$

人们称此响应为 LTI 电路的正弦稳态响应,用 $y_{ss}(t)$ 表示。将电路的正弦稳态响应 $y_{ss}(t)$ 与激励信号 $f(t)$ 相比较,不难看出:它们具有相同的函数形式(即波形相同)和相同的角频率,而仅仅是振幅和相位不同,因此 LTI 电路正弦稳态响应的求解,其实可以简化为求振幅 F_m 和相位 φ。

为了方便求振幅 F_m 和相位 φ,德国工程师斯坦梅茨(Charles Proteus Steinmetz)提出了相量的概念,下面详细介绍正弦信号的相量及其性质。

根据欧拉公式

$$e^{j\theta} = \cos\theta + j\sin\theta$$

因此正弦信号可表示为一个复数的实部或虚部,即

$$\cos\theta = \mathrm{Re}(e^{j\theta}), \quad \sin\theta = \mathrm{Im}(e^{j\theta})$$

一般地,一个复数 $\dot{A}$ 可以表示为指数型、极坐标型、三角函数型及代数型

$$\dot{A} = A e^{j\theta} = A \angle \theta = A\cos\theta + jA\sin\theta = a_1 + ja_2$$

其中,模 $A = \sqrt{a_1^2 + a_2^2}$;相角 $\theta = \arctan \dfrac{a_2}{a_1}$。

因此,一个实数范围的正弦时间函数可以用一个复数范围的复指数函数来表示,则式(6.1)的电流、电压可表示为

$$\left. \begin{aligned} i(t) &= \mathrm{Re}\left[\sqrt{2}\, I e^{j(\omega t + \varphi_i)}\right] = \mathrm{Re}\left[\sqrt{2}\, I e^{j\omega t} e^{j\varphi_i}\right] \\ u(t) &= \mathrm{Re}\left[\sqrt{2}\, U e^{j(\omega t + \varphi_u)}\right] = \mathrm{Re}\left[\sqrt{2}\, U e^{j\omega t} e^{j\varphi_u}\right] \end{aligned} \right\} \qquad (6.11)$$

方括号中的复指数函数包含了正弦波的三个要素,而其复常数部分则把正弦波的有效值和初相结合成一个复数表示出来,人们把这个复数称为正弦量的相量,并用下列记法

$$\left. \begin{aligned} \dot{I} &= I e^{j\varphi_i} = I \angle \varphi_i = I\cos\varphi_i + jI\sin\varphi_i \\ \dot{U} &= U e^{j\varphi_u} = U \angle \varphi_u = U\cos\varphi_u + jU\sin\varphi_u \end{aligned} \right\} \qquad (6.12)$$

$\dot{I}$,$\dot{U}$ 称为有效值相量,其模为正弦量的有效值,其幅角为正弦量的初相。类似地,$\dot{I}_\mathrm{m}$、$\dot{U}_\mathrm{m}$ 称为幅值相量,记为

$$\left.\begin{aligned}\dot{I}_\mathrm{m} &= I_\mathrm{m}\mathrm{e}^{\mathrm{j}\varphi_i} = I_\mathrm{m}\angle\varphi_i = I_\mathrm{m}\cos\varphi_i + \mathrm{j}I_\mathrm{m}\sin\varphi_i \\ \dot{U}_\mathrm{m} &= U_\mathrm{m}\mathrm{e}^{\mathrm{j}\varphi_u} = U_\mathrm{m}\angle\varphi_u = U_\mathrm{m}\cos\varphi_u + \mathrm{j}U_\mathrm{m}\sin\varphi_u\end{aligned}\right\} \tag{6.13}$$

有效值相量和幅值相量之间的关系为

$$\left.\begin{aligned}\dot{I}_\mathrm{m} &= \sqrt{2}\,\dot{I} \\ \dot{U}_\mathrm{m} &= \sqrt{2}\,\dot{U}\end{aligned}\right\} \tag{6.14}$$

相量是正弦量的大小和相位的复数表示,因此可以在复平面上用有向线段来表示。有向线段的长度可表示幅值或有效值的大小,有向线段与正实轴的夹角代表正弦量的初相,逆时针方向为正初相,顺时针方向为负初相。图 6-2(a) 中的有向线段是按幅值绘制的,称为幅值相量图。本书其余各相量图按有效值大小绘制有向线段,这种相量图称为有效值相量图。

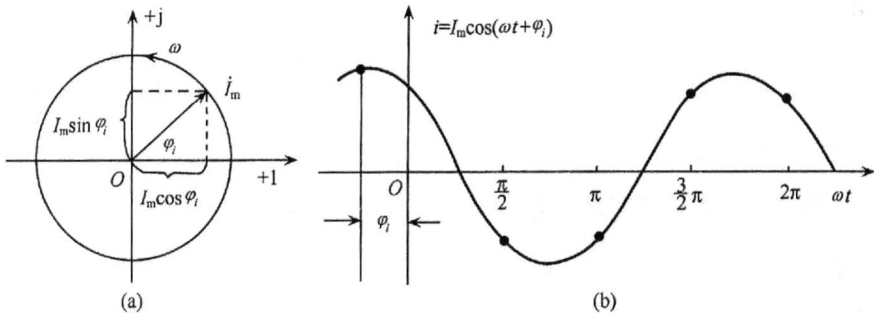

图 6-2 旋转相量与由余弦表示的正弦量

式(6.11)中复指数函数的另一部分 $\mathrm{e}^{\mathrm{j}\omega t}$ 是时间 t 的复函数,它相当于一个旋转因子。因为随时间的推移,这个模值为 1 的旋转因子,在复平面上将以原点 O 为中心,以角速度 ω 逆时针方向而旋转。这样式(6.11)中的复指数函数就等于相量 $\dot{I}_\mathrm{m} = I_\mathrm{m}\mathrm{e}^{\mathrm{j}\varphi_i}$ 或 $\dot{U}_\mathrm{m} = U_\mathrm{m}\mathrm{e}^{\mathrm{j}\varphi_u}$ 乘以旋转因子 $\mathrm{e}^{\mathrm{j}\omega t}$ 而变为所谓旋转相量 $\dot{I}_\mathrm{m}\mathrm{e}^{\mathrm{j}\omega t}$ 或 $\dot{U}_\mathrm{m}\mathrm{e}^{\mathrm{j}\omega t}$,图 6-2(a) 中表示的就是旋转向量 $\dot{I}_\mathrm{m}\mathrm{e}^{\mathrm{j}\omega t}$。引入旋转相量概念以后,一个用余弦函数表示的正弦量(或以正弦函数表示的正弦量)在任何时刻的瞬时值,等于对应于幅值旋转相量同一时刻在实轴(或虚轴)上的投影。

应当指出,在相同角频率的正弦电源激励线性时不变电路时,各电流、电压稳态响应均为同频率的正弦量,即其角频 ω 相同,仅幅值(或有效值)和初相不同。虽然它们的相量均以角频率 ω 逆时针方向在复平面上旋转,但其相对位置是固定不变的(相位差保持定值),与 $t=0$ 时刻的相对位置一样。因此在相量图中,在已知 ω 的前提下,无需考虑其瞬时相位 $\omega t + \varphi_i$,只需考察各正弦量之间的相位差即可。或

者换句话说,我们认为复平面坐标是以角频率 ω 顺时针方向旋转的,因而在这种旋转坐标中各正弦量是固定不动的。

具有相同角频率的相量具有以下几个性质:

(1) 唯一性。对所有时刻 t,若 $\mathrm{Re}[\dot{A}_1\mathrm{e}^{\mathrm{j}\omega t}]=\mathrm{Re}[\dot{A}_2\mathrm{e}^{\mathrm{j}\omega t}]$,则

$$\dot{A}_1 = \dot{A}_2$$

即两个同频率的正弦量若具有相同的相量,它们则是相等的。

(2) 线性性。若 $\dot{A}_1$ 和 $\dot{A}_2$ 为任意相量,a 为任意实数,则

$$\mathrm{Re}[\dot{A}_1 + \dot{A}_2] = \mathrm{Re}[\dot{A}_1] + \mathrm{Re}[\dot{A}_2]$$

$$\mathrm{Re}[a_1\dot{A}_1 + a_2\dot{A}_2] = a_1\mathrm{Re}[\dot{A}_1] + a_2\mathrm{Re}[\dot{A}_2]$$

(3) 微分性。若相量 $\dot{A}$ 为给定正弦量 $A_m\cos(\omega t+\theta)$ 的相量,则 $\mathrm{j}\omega\dot{A}$ 为该正弦量导数的相量,$\dfrac{1}{\mathrm{j}\omega}\dot{A}$ 为该正弦量积分的相量,即

$$\frac{\mathrm{d}}{\mathrm{d}t}\mathrm{Re}[\dot{A}\,\mathrm{e}^{\mathrm{j}\omega t}] = \mathrm{Re}\left[\frac{\mathrm{d}}{\mathrm{d}t}\dot{A}\,\mathrm{e}^{\mathrm{j}\omega t}\right] = \mathrm{Re}[\mathrm{j}\omega\dot{A}\,\mathrm{e}^{\mathrm{j}\omega t}]$$

$$\int_{-\infty}^{t}\mathrm{Re}[\dot{A}\,\mathrm{e}^{\mathrm{j}\omega t}]\mathrm{d}t = \mathrm{Re}\left[\int_{-\infty}^{t}\dot{A}\,\mathrm{e}^{\mathrm{j}\omega t}\mathrm{d}t\right] = \mathrm{Re}\left[\frac{1}{\mathrm{j}\omega}\dot{A}\,\mathrm{e}^{\mathrm{j}\omega t}\right]$$

以上性质奠定了相量分析法的基础。应用这些性质,也可以简化正弦交流电路微分方程特解的求解。

6.1.3 基尔霍夫定律的相量形式

KCL 的相量形式:根据 KCL,在任何时刻流出电路节点的电流的代数和为零,即

$$\sum_{k=1}^{n} i_k(t) = 0$$

显然,其中的 $i_k(t)$ 为相同时刻的各电流($k=0,2,\cdots,n$)的瞬时值。线性时不变电路单一频率的正弦信号激励下,电路进入稳态后各电流、电压为同频率的正弦量,因此所有时刻对任一节点均有

$$\sum_{k=1}^{n}\mathrm{Re}(\dot{I}_{km}\mathrm{e}^{\mathrm{j}\omega t}) = 0$$

但

$$\sum_{k=1}^{n}\mathrm{Re}(\dot{I}_{km}\mathrm{e}^{\mathrm{j}\omega t}) = \mathrm{Re}\left[\sum_{k=1}^{n}(\dot{I}_{km}\mathrm{e}^{\mathrm{j}\omega t})\right] = \mathrm{Re}\left[\mathrm{e}^{\mathrm{j}\omega t}\sum_{k=1}^{n}(\dot{I}_{km})\right]$$

故有

$$\left.\begin{array}{l} \displaystyle\sum_{k=1}^{n}\dot{I}_{km} = 0 \\[3mm] \displaystyle\sum_{k=1}^{n}\dot{I}_{k} = 0 \end{array}\right\} \tag{6.15}$$

KVL 的相量形式与 KCL 类似,有

$$
\left.
\begin{array}{l}
\displaystyle\sum_{k=1}^{n} \dot{U}_{km} = 0 \\[2ex]
\displaystyle\sum_{k=1}^{n} \dot{U}_{k} = 0
\end{array}
\right\} \tag{6.16}
$$

即沿任一闭合回路各支路电压降相量和为零。

例 6.1　图 6-3(a)所示电路中的一个节点,$i_1(t) = 10\sqrt{2}\cos(\omega t + 60°)\mathrm{A}$,$i_2(t) = 5\sqrt{2}\sin(\omega t)\mathrm{A}$,求:$i_3(t)$、$\dot{I}_3$,画电流波形和相量图。

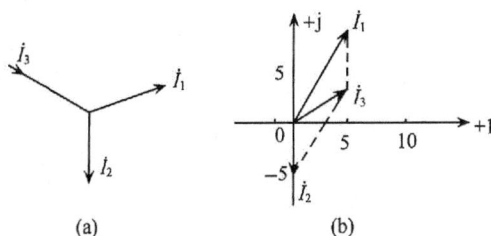

(a)　　　　　　　　　　(b)

图 6-3　相量图

解　用相量表示 $i_1(t)$,$i_2(t)$

$$\dot{I}_1 = 10\angle 60° \quad \mathrm{A}$$

$$i_2(t) = 5\sqrt{2}\cos(\omega t - 90°)\mathrm{A}$$

$$\dot{I}_2 = 5\angle -90°\mathrm{A}$$

设 $i_3(t)$ 电流的相量为 $\dot{I}_3$,则由 KCL 有

$$
\begin{aligned}
\dot{I}_3 &= \dot{I}_1 + \dot{I}_2 = 10\angle 60° + 5\angle -90° \\
&= 10\cos 60° + j10\sin 60° + 5\cos(-90°) + j5\sin(-90°) \\
&= 5 + j8.66 - j5 = 5 + j3.66 = 6.2\angle 36.2°\,\mathrm{(A)}
\end{aligned}
$$

三个电流的有效值相量图如图 6-3(b)所示,由图可见 $\dot{I}_3$ 是 $\dot{I}_1$、$\dot{I}_2$ 的合成相量,可由平行四边形法则求得 $\dot{I}_3$(四边形的对角线)。波形如图 6-4 所示。

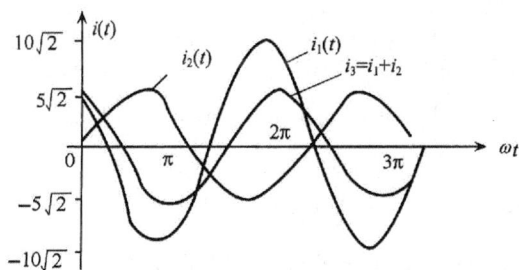

图 6-4　波形

例6.2 已知$u_{ab}=-10\cos(\omega t+60°)\text{V}$，$u_{bc}=8\sin(\omega t+120°)\text{V}$，求$u_{ac}$，画出相量图。

解
$$u_{ab}=10\cos[180°-(\omega t+60°)]$$
$$=10\cos(120°-\omega t)$$
$$=10\cos(\omega t-120°)(\text{V})$$
$$u_{bc}=8\cos[90°-(\omega t+120°)]$$
$$=8\cos[\omega t+30°](\text{V})$$

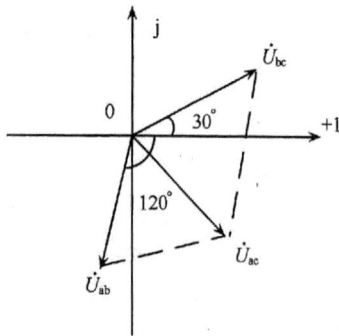

图6-5　相量图

$$\dot{U}_{ab}=\frac{10}{\sqrt{2}}\angle-120°$$

$$\dot{U}_{bc}=\frac{8}{\sqrt{2}}\angle30°$$

$$\dot{U}_{ac}=\dot{U}_{ab}+\dot{U}_{bc}$$
$$=\frac{10}{\sqrt{2}}\angle-120°+\frac{8}{\sqrt{2}}\angle30°$$
$$=\frac{5.05}{\sqrt{2}}\angle-67.4°(\text{V})$$

因此
$$u_{ac}=5.05\cos(\omega t-67.4°)(\text{V})$$

相量图如图6-5所示。

6.2　阻抗、导纳和相量模型

6.2.1　二端电路元件VCR的相量形式

在关联参考方向前提下，二端电路元件线性时不变电阻、电容和电感的 VCR 分别为

$$u(t)=Ri(t)$$
$$i(t)=C\frac{\mathrm{d}u(t)}{\mathrm{d}t}$$
$$u(t)=L\frac{\mathrm{d}i(t)}{\mathrm{d}t} \tag{6.17}$$

在正弦稳态电路中，这些元件的电压、电流都是同频率的正弦量。设二端电路元件接在一正弦稳态电路中，如图 6-6 所示，则电压、电流可表示为

$$i(t)=I_\mathrm{m}\cos(\omega t+\varphi_i)=\mathrm{Re}[\sqrt{2}\dot{I}\mathrm{e}^{j\omega t}]$$

$$u(t)=U_\mathrm{m}\cos(\omega t+\varphi_u)=\mathrm{Re}[\sqrt{2}\dot{U}\mathrm{e}^{j\omega t}]$$

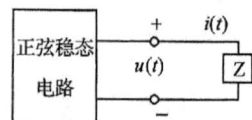

图6-6　接负载的
正弦稳态电路

其中,相量:$\dot{U}=U\angle\varphi_u$,$\dot{I}=I\angle\varphi_i$,于是可以导出三种元件 VCR 的相量形式。

1. 电阻

由式(6.17)可得

$$U_{\mathrm{m}}\cos(\omega t+\varphi_u)=RI_{\mathrm{m}}\cos(\omega t+\varphi_i) \qquad (6.18a)$$

改写为相量形式

$$\mathrm{Re}\left[\sqrt{2}\,\dot{U}\,\mathrm{e}^{j\omega t}\right]=R\cdot\mathrm{Re}\left[\sqrt{2}\,\dot{I}\,\mathrm{e}^{j\omega t}\right]$$

因 R 为实常数,有

$$\mathrm{Re}\left[\sqrt{2}\,\dot{U}\,\mathrm{e}^{j\omega t}\right]=\mathrm{Re}\left[\sqrt{2}\,R\dot{I}\,\mathrm{e}^{j\omega t}\right]$$

根据唯一性对任何 t 有

$$\sqrt{2}\,\dot{U}=\sqrt{2}\,R\dot{I}$$

即

$$\dot{U}=R\dot{I} \quad 或 \quad \dot{U}_{\mathrm{m}}=R\dot{I}_{\mathrm{m}} \qquad (6.18b)$$

式(6.18b)是所求的电阻的 VCR 的相量形式,亦即欧姆定律的相量形式,它表明电阻两端的电压和电流的相位是相同的,即 $\varphi_i=\varphi_u$,电压幅值或有效值等于电流幅值或有效值乘以电阻 R,即 $U_{\mathrm{m}}=RI_{\mathrm{m}}$,$U=RI$,显然,电压、电流的幅值或有效值也是符合欧姆定律的。图 6-7 表示出了线性时不变电阻的正弦稳态特性。

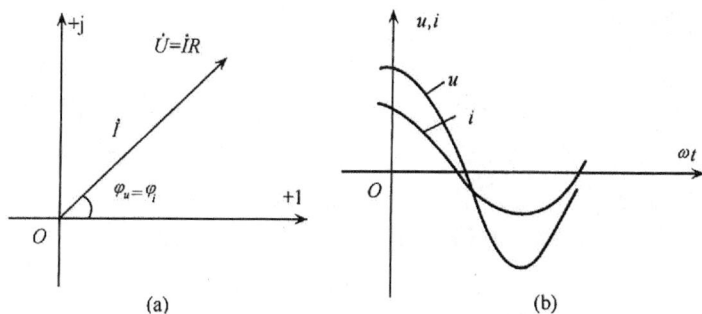

图 6-7　线性时不变电阻的正弦稳态特性

2. 电容

由式(6.17)可得

$$\mathrm{Re}\left[\sqrt{2}\,\dot{I}\,\mathrm{e}^{j\omega t}\right]=C\frac{\mathrm{d}}{\mathrm{d}t}\mathrm{Re}\left[\sqrt{2}\,\dot{U}\,\mathrm{e}^{j\omega t}\right]=\mathrm{Re}\left[j\omega C\sqrt{2}\,\dot{U}\,\mathrm{e}^{j\omega t}\right]$$

所以

$$\sqrt{2}\,\dot{I}\,\mathrm{e}^{j\omega t}=j\omega C\sqrt{2}\,\dot{U}\,\mathrm{e}^{j\omega t}$$

即

$$\sqrt{2}\ \dot{I} = j\omega C\ \sqrt{2}\dot{U}$$

可得

$$\dot{I} = j\omega C\dot{U} \quad 或 \quad \dot{U} = \frac{1}{j\omega C}\dot{I}$$

$$\dot{I}_m = j\omega C\dot{U}_m \quad 或 \quad \dot{U}_m = \frac{1}{j\omega C}\dot{I}_m$$

代入 $\dot{I} = I\angle\varphi_i, \dot{U} = U\angle\varphi_u, j = e^{j90°} = 1\angle90°$,则有

$$\left.\begin{aligned} I\angle\varphi_i &= \omega CU\angle(\varphi_u + 90°)\\ U\angle\varphi_u &= \frac{I}{\omega C}\angle(\varphi_i - 90°) \end{aligned}\right\} \tag{6.19a}$$

$$\left.\begin{aligned} I_m\angle\varphi_i &= \omega CU_m\angle(\varphi_u + 90°)\\ U_m\angle\varphi_u &= \frac{I_m}{\omega C}\angle(\varphi_i - 90°) \end{aligned}\right\} \tag{6.19b}$$

式(6.19)表示,正弦稳态电路中的电容的电压、电流有效值或幅值之间满足

$$\left.\begin{aligned} I &= \omega CU\\ U &= \frac{I}{\omega C}\\ I_m &= \omega CU_m\\ U_m &= \frac{I_m}{\omega C} \end{aligned}\right\} \tag{6.19c}$$

相位之间满足

$$\varphi_i = \varphi_u + 90° \tag{6.19d}$$

可见,当 C 值一定时,对一定的 U 来说,ω 越高,I 越大,即电流越易通过;ω 越低,I 值越小,电流越难通过。当 $\omega = 0$ 时(相当于直流激励),则 $I = 0$,电容相当于开路,这正是直流稳态时电容应有的特性。在相位上,电流超前电压相角为90°。由此可得电容、电压和电流的瞬时值,即若

$$u(t) = \sqrt{2}\,U\cos(\omega t + \varphi_u)$$

则

$$i(t) = \sqrt{2}\,\omega CU\cos(\omega t + \varphi_u + 90°) \tag{6.19e}$$

图6-8表示出了电容的正弦稳态特性。

3. 电感

由于电感的 VCR $\left[u(t) = L\dfrac{\mathrm{d}i(t)}{\mathrm{d}t}\right]$ 与电容的 VCR $\left[i(t) = C\dfrac{\mathrm{d}u(t)}{\mathrm{d}t}\right]$ 存在对偶关系,所以根据已求得的电容的 VCR 的相量形式,将其中的 $\dot{U}(\dot{U}_m)$ 换为 $\dot{I}(\dot{I}_m)$,$\dot{I}(\dot{I}_m)$ 换为 $\dot{U}(\dot{U}_m)$,C 换为 L,即可得到电感 VCR 的相量形式如下

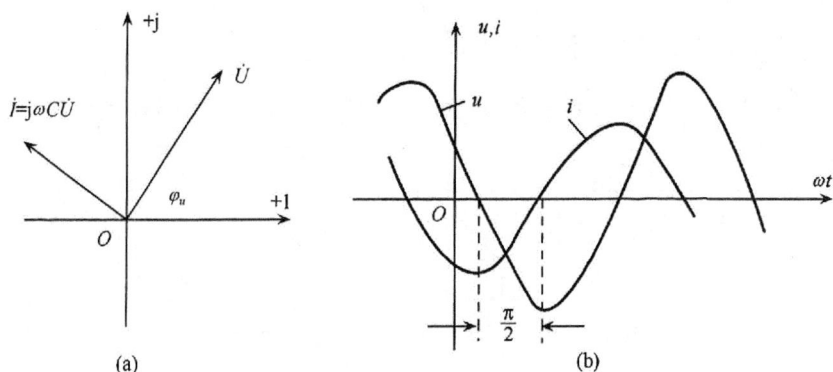

(a)　　　　　　　　(b)

图 6-8　电容的正弦稳态特性

$$\left.\begin{array}{ll} \dot{U} = j\omega L\dot{I}, & \dot{U}_m = j\omega L\dot{I}_m \\ \dot{I} = \dfrac{1}{j\omega L}\dot{U}, & \dot{I}_m = \dfrac{1}{j\omega L}\dot{U}_m \end{array}\right\} \tag{6.20a}$$

$$U = \omega LI, \qquad \varphi_u = \varphi_i + 90° \tag{6.20b}$$

可见,当 L 值一定时,对一定的 I 来说, ω 越高,则 U 越大; ω 越低,则 U 越小。当 $\omega=0$(相当于直流激励)时, $U=0$,电感相当于短路,电感电流滞后电感电压 90°的相位角,其瞬时值之间的关系为

若

$$i(t) = \sqrt{2}\,I\cos(\omega t + \varphi_i) \tag{6.20c}$$

则

$$u(t) = \sqrt{2}\,\omega LI\cos(\omega t + \varphi_i + 90°) \tag{6.20d}$$

图 6-9 表示出了电感的正弦稳态特性。

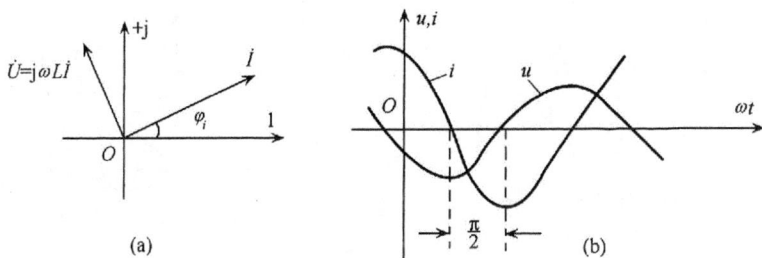

(a)　　　　　　　　(b)

图 6-9　电感的正弦稳态特性

例 6.3　电路如图 6-10(a)所示,已知 $u(t)=100\sqrt{2}\cos(1000t+90°)\mathrm{V}$, $R=30\Omega$, $L=60\mathrm{mH}$, $C=10\mu\mathrm{F}$,求 $i(t)$ 、 $u_R(t)$ 、 $u_L(t)$ 、 $u_C(t)$,并画相量图。

解　各电压、电流方向如图 6-10(a)所示,用相量关系求解

$$\dot{U} = 100\angle 90°$$

令

$$\dot{I} = I \angle \varphi_i$$

由 KVL 和 R、L、C 的 VCR 相量形式有

$$\dot{U} = \dot{U}_R + \dot{U}_L + \dot{U}_C = R\dot{I} + j\omega L\dot{I} + \frac{1}{j\omega C}\dot{I} = \left(R + j\omega L + \frac{1}{j\omega C}\right)\dot{I}$$

$$\dot{I} = \frac{\dot{U}}{\left(R + j\omega L + \dfrac{1}{j\omega C}\right)} = \frac{\dot{U}}{R + j\left(\omega L - \dfrac{1}{\omega C}\right)}$$

$$= \frac{100\angle 90°}{30 + \left(1000 \times 60 \times 10^{-3} - \dfrac{1}{1000 \times 10 \times 10^{-6}}\right)}$$

$$= 2\angle 143.13°(\text{A})$$

$$\dot{U}_R = R\dot{I} = 60\angle 143.13°(\text{V})$$

$$\dot{U}_L = j\omega L\dot{I} = 1000 \times 60 \times 10^{-3} \times 2\angle 143.13° = 120\angle 233.13°(\text{V})$$

余弦函数周期为 $360°$,所以

$$\dot{U}_L = 120\angle(233.13° - 360°) = 120\angle -126.87°(\text{V})$$

$$\dot{U}_C = \frac{\dot{I}}{j\omega C} = \frac{2\angle 143.13°}{1000 \times 10^{-5}\angle 90°} = 200\angle 53.13°(\text{V})$$

$$i(t) = 2\sqrt{2}\cos(1000t + 143.13°)(\text{A})$$

$$u_R(t) = 60\sqrt{2}\cos(1000t + 143.13°)(\text{V})$$

$$u_L(t) = 120\sqrt{2}\cos(1000t - 126.87°)(\text{V})$$

$$u_C(t) = 200\sqrt{2}\cos(1000t + 53.13°)(\text{V})$$

各电流、电压相量图如图 6-10(b)所示,电流超前电压相角 $53.13°$。

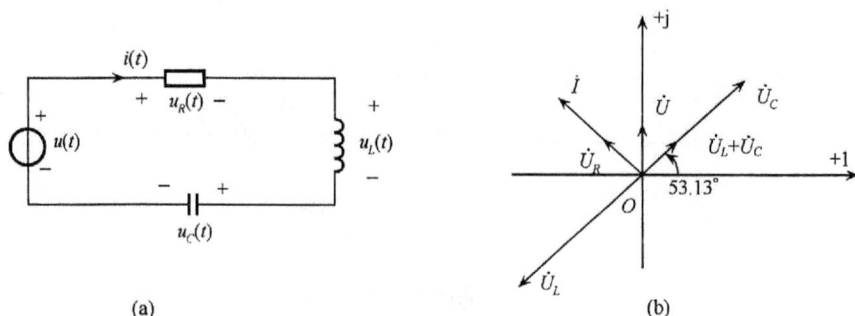

图 6-10 例 6.3 图

6.2.2 多端电路元件 VCR 的相量形式

根据多端元件 VCR,并利用 6.1 节所介绍的相量基本性质,可以推导出各种多端电路元件 VCR 的相量形式,现将其常用多端元件 VCR 相量形式概括为表 6-1。

表 6-1 常用多端元件 VCR 相量形式

元件名称		时域形式	相量形式
受控源	VCVS	$\begin{cases} i_1(t)=0 \\ u_2(t)=\mu u_1(t) \end{cases}$	$\begin{cases} \dot{I}_1=0 \\ \dot{U}_2=\mu \dot{U}_1 \end{cases}$
	VCCS	$\begin{cases} i_1(t)=0 \\ i_2(t)=g_m u_1(t) \end{cases}$	$\begin{cases} \dot{I}_1=0 \\ \dot{I}_2=g_m \dot{U}_1 \end{cases}$
	CCCS	$\begin{cases} u_1(t)=0 \\ i_2(t)=\alpha i_1(t) \end{cases}$	$\begin{cases} \dot{U}_1=0 \\ \dot{I}_2=\alpha \dot{I}_1 \end{cases}$
	CCVS	$\begin{cases} u_1(t)=0 \\ u_2(t)=\gamma_m i_1(t) \end{cases}$	$\begin{cases} \dot{U}_1=0 \\ \dot{U}_2=\gamma_m \dot{I}_1 \end{cases}$
运算放大器		$u_o(t)=\pm A u_d(t)$	$\dot{U}_o=\pm A \dot{U}_d$
回转器		$\begin{cases} u_1(t)=-\gamma i_2(t) \\ u_2(t)=\gamma i_1(t) \end{cases}$	$\begin{cases} \dot{U}_1=-\gamma \dot{I}_2 \\ \dot{U}_2=\gamma \dot{I}_1 \end{cases}$
理想变压器		$\begin{cases} u_1(t)=n u_2(t) \\ i_2(t)=-n i_1(t) \end{cases}$	$\begin{cases} \dot{U}_1=n \dot{U}_2 \\ \dot{I}_2=-n \dot{I}_1 \end{cases}$
耦合电感		$\begin{cases} u_1(t)=L_1 \dfrac{di_1(t)}{dt} \pm M \dfrac{di_2(t)}{dt} \\ u_2(t)=\pm M \dfrac{di_1(t)}{dt}+L_2 \dfrac{di_2(t)}{dt} \end{cases}$	$\begin{cases} \dot{U}_1=j\omega L_1 \dot{I}_1 \pm j\omega M \dot{I}_2 \\ \dot{U}_2=\pm j\omega M \dot{I}_1+j\omega L_2 \dot{I}_2 \end{cases}$

6.2.3 阻抗和导纳

从上节的讨论中可知,在正弦稳态条件下,LTI 二端元件的电压和电流都是正弦量,可以用相量表示,因此将元件在正弦稳态时电压相量和电流相量之比定义为该元件的阻抗,记为 $Z(j\omega)$,即

$$Z(j\omega) = \frac{\dot{U}}{\dot{I}} = \frac{\dot{U}_m}{\dot{I}_m} \tag{6.21a}$$

则所有二端元件的 VCR 可以统一表示为

$$\dot{U} = Z\dot{I} \quad \text{或} \quad \dot{U}_m = Z\dot{I}_m \tag{6.21b}$$

由此电阻、电容、电感的阻抗分别为

$$\left. \begin{array}{l} Z_R = R \\ Z_C = \dfrac{1}{j\omega C} \\ Z_L = j\omega L \end{array} \right\} \tag{6.21c}$$

如果将阻抗 $Z(j\omega)$ 的倒数定义为导纳 $Y(j\omega)$,即

$$Y(j\omega) = \frac{1}{Z(j\omega)} = \frac{\dot{I}}{\dot{U}} = \frac{\dot{I}_m}{\dot{U}_m} \tag{6.22a}$$

则所有二端元件的 VCR 也可以统一表示为

$$\dot{I} = Y(j\omega)\dot{U} \quad \text{或} \quad \dot{I}_m = Y(j\omega)\dot{U}_m \tag{6.22b}$$

电阻、电容、电感的导纳分别为

$$\left.\begin{array}{c} Y_R = G \\ Y_C = j\omega C \\ Y_L = \dfrac{1}{j\omega L} \end{array}\right\} \tag{6.22c}$$

通常人们将式(6.21b)和式(6.22b)称为相量形式的欧姆定律,或广义欧姆定律。阻抗和导纳的概念可以推广到由 LTI 元件组成的二端网络,如图 6-11 所示。

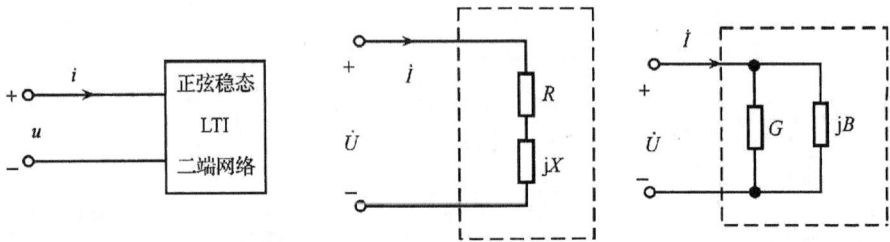

图 6-11 LTI 二端网络的阻抗和导纳

对于阻抗 $Z(j\omega)$,根据需要可以将其表示为多种形式

$$Z(j\omega) = \frac{\dot{U}}{\dot{I}} = \frac{\dot{U}_m}{\dot{I}_m} = |Z(j\omega)| \angle \theta_Z = R + jX \tag{6.23}$$

其中

模 $\qquad |Z(j\omega)| = \dfrac{U}{I} = \dfrac{U_m}{I_m} = \sqrt{R^2 + X^2}$

相角 $\qquad \theta_Z = \varphi_u - \varphi_i = \arctan \dfrac{X}{R}$

电阻 $\qquad R = \text{Re}[Z(j\omega)]$

电抗 $\qquad X = \text{Im}[Z(j\omega)]$

一般地说 X 的取值范围,决定了电抗的性质,即

$X > 0$,电抗 X 是感性;

$X < 0$,电抗 X 呈容性;

$X = 0$,阻抗 $Z(j\omega)$ 为纯电阻。

同理,导纳 $Y(j\omega)$ 定义为

$$Y(j\omega) = \frac{1}{Z(j\omega)} = \frac{\dot{I}}{\dot{U}} = \frac{\dot{I}_m}{\dot{U}_m} = |Y(j\omega)| \angle \theta_Y = G + jB \tag{6.24}$$

其中

模
$$|Y(j\omega)| = \frac{I}{U} = \frac{I_m}{U_m} = \sqrt{G^2 + B^2}$$

相角
$$\theta_Y = \varphi_i - \varphi_u = \arctan \frac{B}{G}$$

电阻
$$G = \mathrm{Re}[Y(j\omega)]$$

电抗
$$B = \mathrm{Im}[Y(j\omega)]$$

显然

$B < 0$，电纳 B 呈感性；

$B > 0$，电纳 B 呈容性；

$B = 0$，导纳 $Y(j\omega)$ 为纯电导。

引入阻抗和导纳的概念之后，即可对二端网络进行等效变换，其方法仅仅是电阻网络变换方法的推广，下面具体介绍。

若二端网络由 n 个元件串联，则其输入阻抗可用串联公式求得

$$Z(j\omega) = \sum_{k=1}^{n} Z_k(j\omega) = \sum_{k=1}^{n} R_k + j\sum_{k=1}^{n} X_k \tag{6.25}$$

若二端网络由 n 个元件并联，则其输入导纳可用并联公式求得

$$Y(j\omega) = \sum_{k=1}^{n} Y_k(j\omega) = \sum_{k=1}^{n} G_k + j\sum_{k=1}^{n} B_k \tag{6.26}$$

同样，也可以将分压公式和分流公式进行推广如下

分压公式
$$\dot{U}_i = \frac{Z_i \dot{U}}{\sum\limits_{k=1}^{n} Z_k} \tag{6.27}$$

分流公式
$$\dot{I}_i = \frac{Y_i \dot{I}}{\sum\limits_{k=1}^{n} Y_k} \tag{6.28}$$

应用上述公式，可以很容易推导出耦合电感的串、并联等效公式。

若耦合电感采用如图 6-12(a) 所示顺连式串联（即异名端相联），由图 6-12(a) 有

$$\dot{U}_L = \dot{U}_{L1} + \dot{U}_{L2}$$

$$= (j\omega L_1 \dot{I} + j\omega M \dot{I}) + (j\omega M \dot{I} + j\omega L_2 \dot{I})$$

$$= j\omega(L_1 + L_2 + 2M)\dot{I}$$

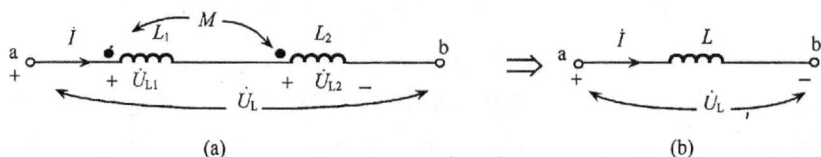

图 6-12 耦合电感顺连式串联及等效电路

由图 6-12(a)有

$$\dot{U}_L = j\omega L\dot{I}$$

所以

$$L = L_1 + L_2 + 2M \tag{6.29}$$

若耦合电感采用如图 6-13(a)所示反连式串联(即同名端相联),同理可得

$$L = L_1 + L_2 - 2M \tag{6.30}$$

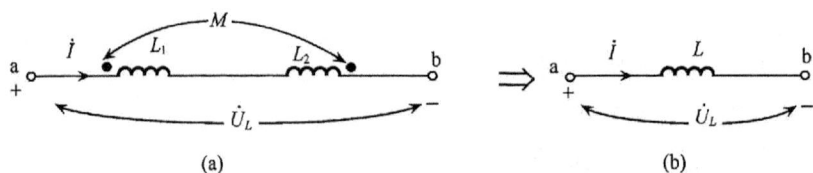

(a)   (b)

图 6-13 耦合电感反连式串联及等效电路

若耦合电感采用如图 6-14 所示同名端相连式并联,可推导得

$$L = \frac{L_1 L_2 - M^2}{L_1 + L_2 - 2M} \tag{6.31}$$

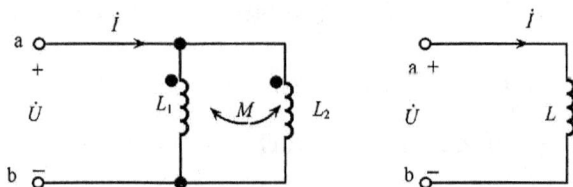

图 6-14 耦合电感同名端相连式并联及等效电路

若耦合电感采用如图 6-15 所示异名端相连式并联,可推导得

$$L = \frac{L_1 L_2 - M^2}{L_1 + L_2 + 2M} \tag{6.32}$$

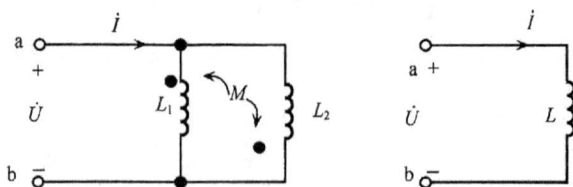

图 6-15 耦合电感异名端相连式并联及等效电路

  实际工作中遇到的电路多数是混连电路,这时需要首先作出电路的相量模型,从而将电阻电路的处理原则、定理和方法推广应用来求解正弦稳态电路。所谓电路的相量模型就是在正弦稳态条件下,将电路时域模型中所有的电路元件和信号源都用相量表示后所得的电路模型,它与时域模型具有相同的拓扑结构。但是必须注

意,电路的相量模型是一个零状态模型,要求电路中动态元件中的初储能为零;另一方面,因为元件阻抗 $Z(j\omega)$ 和导纳 $Y(j\omega)$ 均是频率 ω 的函数,当激励信号源(必须是同频率)的频率 ω 改变时,$Z(j\omega)$ 将随之改变,电路相量模型也将随之改变。

例6.4 已知电路如图 6-16(a)所示,其中:$R=2\Omega$,$L=2$H,$C=0.25$F,试求

(1) $u_s(t)=10\sqrt{2}\cos 2t$(V)时的电路模型和输入阻抗 Z_{i1};(2) $u_s(t)=10\sqrt{2}\cos 10t$(V)时的电路模型和输入阻抗 Z_{i2}。

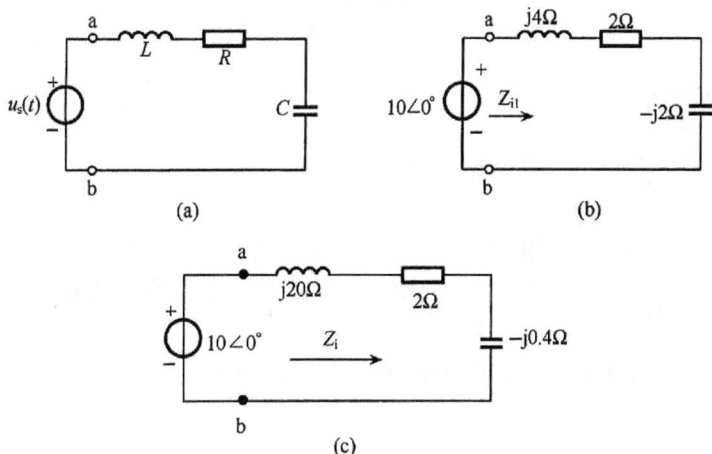

图 6-16 例 6.4 图

解 (1) $u_s(t)=10\sqrt{2}\cos 2t$(V),$\dot{U}_s=10\angle 0°$。因为

$$\omega=2\text{rad/s}$$

所以

$$Z_L=j\omega L=j\times 2\times 2=j4(\Omega)$$

$$Z_R=2\Omega$$

$$Z_C=\frac{1}{j\omega C}=-j\frac{1}{2\times 0.25}=-j2(\Omega)$$

于是得电路相量模型如图 6-16(b)所示,则

$$Z_{i1}(j2)=Z_L+Z_R+Z_C=j4+2+(-j2)=2+j2(\Omega)$$

(2) $u_s(t)=10\sqrt{2}\cos 10t$(V),$\dot{U}_s=10\angle 0°$。因为

$$\omega=10\text{rad/s}$$

所以

$$Z_L=j\omega L=j\times 10\times 2=j20(\Omega)$$

$$Z_R=2\Omega$$

$$Z_C=\frac{1}{j\omega C}=-j\frac{1}{10\times 0.25}=-j0.4(\Omega)$$

于是得电路相量模型如图 6-16(c)所示,所以

$$Z_{i2}(j10) = Z_L + Z_R + Z_C = j20 + 2 + (-j0.4) = 2 + j19.6(\Omega)$$

6.3 相量分析法

应用相量分析法来求解电路系统的正弦稳态响应,通常有三条途径。其一,等效变换分析法;其二,电路方程(直接用相量代数方程)求解法;其三,电路定理应用求解法。显然这是与电阻电路求解方法类似的,下面举例说明。

6.3.1 等效变换分析法

等效变换分析法的方法步骤如下:

(1) 做出电路的相量模型。

(2) 对无源网络应用串、并联公式或 T-Ⅱ 变换公式进行求解。

(3) 对有源网络不断地做戴维南电路与诺顿电路的等效化简,直至求出结果为止。

例6.5 已知具有回转器的电路如图 6-17(a)所示,试求电路 1—1′端的等效电路。

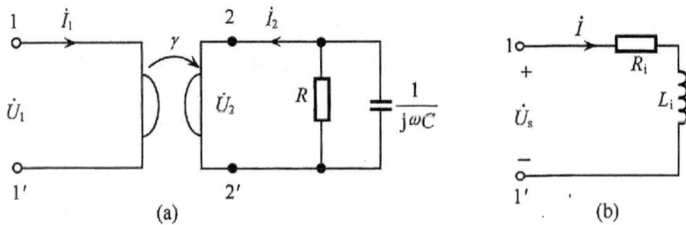

图 6-17 例 6.5 图

解 根据回转器的 VCR,可得

$$\begin{cases} \dot{U}_1 = -\gamma \dot{I}_2 \\ \dot{U}_2 = \gamma \dot{I}_1 \end{cases}$$

而由电路可知

$$\dot{I}_2 = \frac{-\dot{U}_2}{Z_2} = \frac{-\gamma \dot{I}_1}{Z_2}$$

其中

$$Z_2 = \frac{R \dfrac{1}{j\omega C}}{R + \dfrac{1}{j\omega C}}$$

所以

$$\dot{U}_1 = -\gamma \dot{I}_2 = -\gamma \frac{-\gamma \dot{I}_1}{Z_2} = \frac{\gamma^2 \dot{I}_1}{Z_2}$$

根据输入阻抗的定义,1—1′端的输入阻抗 Z_i 为

$$Z_i = \frac{\dot{U}_1}{\dot{I}_1} = \frac{\gamma^2 \dfrac{\dot{I}_1}{Z_2}}{\dot{I}_1} = \frac{\gamma^2}{Z_2} = \frac{\gamma^2}{R} + j\omega\gamma^2 C = R_i + j\omega L_i$$

其中

$$\begin{cases} R_i = \mathrm{Re}[Z_i] = \dfrac{\gamma^2}{R} \\ L_i = \mathrm{Im}[Z_i] = \gamma^2 C \end{cases}$$

于是得1—1′等效电路如图 6-17(b)所示。

6.3.2 相代数方程描述电路法

从上节的分析可以知道,在相量域中 KCL 和 KVL 同样成立,且通过定义阻抗使元件电压和电流的关系与欧姆定理所反映的数学关系一致,因此第 3 章针对电阻网络所介绍节点分析法和网孔分析法在相量分析中同样适用。采用相代数方程来描述电路,是相量分析法中最广泛采用的一般方法,其方法步骤如下:

(1) 作出电路的相量模型。

(2) 列出电路的相代数方程组。

采用节点分析法时

$$\boldsymbol{Y}\dot{\boldsymbol{U}}_n = \dot{\boldsymbol{I}}_s \tag{6.33}$$

其中,导纳矩阵 $\boldsymbol{Y}$ 由自导纳 $y_{kk}(j\omega)$ 和互导纳 $y_{kj}(j\omega)$ 构成,其求解方法与电阻电路类同,即自导纳 $y_{kk}(j\omega)$ 等于连接在第 k 个节点上的所有支路导纳和,取"正";互导纳 $y_{kj}(j\omega)$ 等于连接在节点 k 和节点 j 之间的所有公共支路导纳之和,取"负";激励电流源相量 $\dot{\boldsymbol{I}}_{skk}$ 加等于流入节点 k 的所有激励电流源相量的代数和写在方程右边,流入为"正",流出为"负"。

采用网孔分析法时

$$\boldsymbol{Z}\dot{\boldsymbol{I}}_m = \dot{\boldsymbol{U}}_s \tag{6.34}$$

其中,阻抗矩阵 $\boldsymbol{Z}$ 由自阻抗 $Z_{kk}(j\omega)$ 和互阻抗 $Z_{kj}(j\omega)$ 构成,其求解方法与电阻电路类同,不再重述;激励电压源相量 $\dot{U}_{skk}$ 列写方法也类同于电阻电路。

例 6.6 在图 6-18(a)所示电路中,已知 $u_s(t) = 10\sqrt{2}\cos(t+30°)\mathrm{V}$、$R_1 = R_2 = R_3 = 1\Omega$,$C_1 = C_2 = 1\mathrm{F}$,试求电路的正弦稳态响应 $u_o(t)$。

解 (1) 作出电路的相量模型如图 6-18(b)所示,图中

$$\frac{\dot{U}_s}{R_1} = 10\angle 30°\mathrm{V}, \quad G_1 = G_2 = G_3 = 1\mathrm{S}, \quad j\omega C_1 = j\omega C_2 = j\mathrm{S}$$

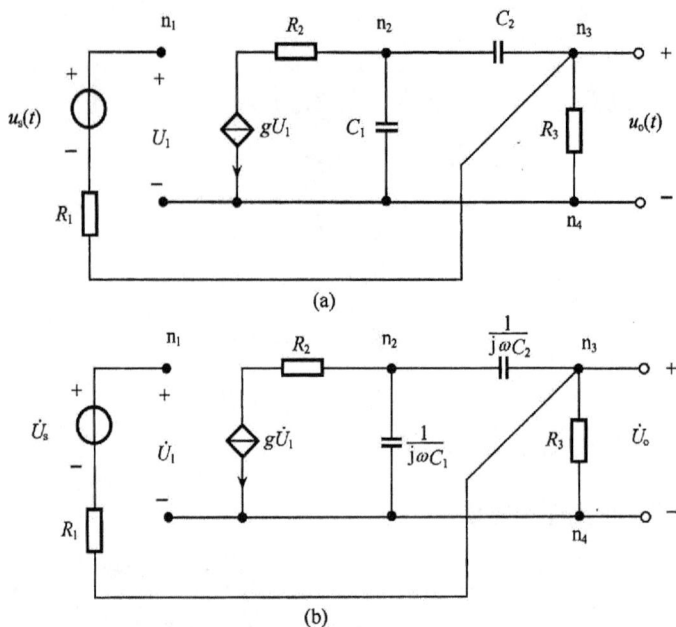

图 6-18 例 6.6 图

（2）列电路的节点方程，选 n_4 为参考点

$$
\begin{cases}
G_1 \dot{U}_{n1} - G_1 \dot{U}_{n3} = \dfrac{\dot{U}_s}{R_1} \\[2mm]
(j\omega C_1 + j\omega C_2)\dot{U}_{n2} - j\omega C_2 \dot{U}_{n3} = - g\dot{U}_1 \\[2mm]
- G_1 \dot{U}_{n1} - j\omega C_2 \dot{U}_{n2} + (G_1 + G_3 + j\omega C_2)\dot{U}_{n3} = - \dfrac{\dot{U}_s}{R_1}
\end{cases}
$$

代入数据，并注意 $\dot{U}_1 = \dot{U}_{n1}$，$\dot{U}_o = \dot{U}_{n3}$，于是得

$$
\begin{cases}
\dot{U}_{n1} - \dot{U}_o = 10\angle 30° \\[2mm]
g\dot{U}_{n1} + 2j\dot{U}_{n2} - j\dot{U}_o = 0 \\[2mm]
- \dot{U}_{n1} - j\dot{U}_{n2} + (2 + j)\dot{U}_o = - 10\angle 30°
\end{cases}
$$

（3）求解。根据克拉默法则

$$
\dot{U}_o = \cfrac{\begin{vmatrix} 1 & 0 & 10\angle 30° \\ g & 2j & 0 \\ -1 & -j & -10\angle 30° \end{vmatrix}}{\begin{vmatrix} 1 & 0 & -1 \\ g & 2j & -j \\ -1 & -j & 2+j \end{vmatrix}}
$$

$$
= \frac{10g\angle 120°}{(2 + g) + j}
$$

所以

$$u_o(t) = \frac{10\sqrt{2}\,g}{\sqrt{1+(2+g)^2}}\cos(t+120°-\varphi)\quad (V)$$

其中，$\varphi = \arctan\dfrac{1}{2+g}$。

例6.7 已知空芯变压器如图 6-19(a)所示，试求其 1—1′的等效电路(即初级等效电路)。(注：变压器是电工和电子技术中常用部件，若变压器两个耦合绕组的磁通的通路是由铁磁物质构成的，则称为铁芯变压器；若通路是空气构成的，则称为空芯变压器。前者耦合系数 k 接近1，后者 k 较小。)

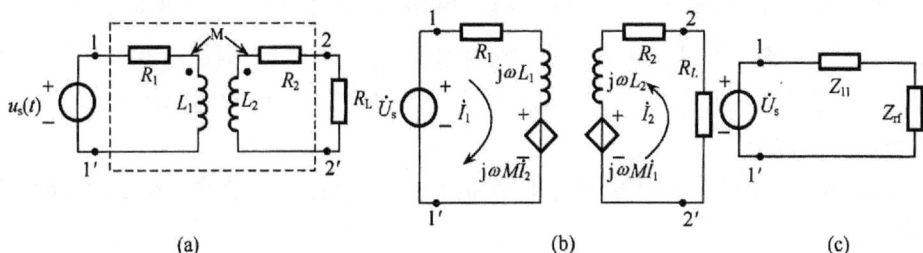

图 6-19　例 6.7 图

解　(1) 作出电路的相量模型如图 6-19(b)所示。

(2) 列电路的网孔方程

$$\begin{cases} (R_1 + j\omega L_1)\dot{I}_1 + j\omega M\dot{I}_2 = \dot{U}_s \\ j\omega M\dot{I}_1 + (R_2 + R_L + j\omega L_2)\dot{I}_2 = 0 \end{cases}$$

即

$$\begin{bmatrix} Z_{11} & Z_{12} \\ Z_{21} & Z_{22} \end{bmatrix} \begin{bmatrix} \dot{I}_1 \\ \dot{I}_2 \end{bmatrix} = \begin{bmatrix} \dot{U}_s \\ 0 \end{bmatrix}$$

其中

　　自阻抗

$$\begin{cases} Z_{11} = R_1 + j\omega L_1 \\ Z_{22} = R_2 + j\omega L_2 + R_L \end{cases}$$

　　互阻抗

$$Z_{12} = Z_{21} = j\omega M$$

(3) 求解。

$$\dot{I}_1 = \frac{\Delta_1}{\Delta} = \frac{Z_{22}\dot{U}_s}{Z_{11}Z_{22} - Z_{12}Z_{21}}$$

根据输入阻抗定义

$$Z_i = \frac{\dot{U}_1}{\dot{I}_1} = \frac{\dot{U}_s}{\dot{I}_1} = \frac{\dot{U}_s}{\dfrac{Z_{22}\dot{U}_s}{Z_{11}Z_{22} - Z_{12}Z_{21}}}$$

$$= \frac{Z_{11}Z_{22} - (j\omega M)(j\omega M)}{Z_{22}} = Z_{11} + \frac{\omega^2 M^2}{Z_{22}}$$

令 $Z_{rf} = \dfrac{\omega^2 M^2}{Z_{22}}$，称为次级在初级回路中的反映阻抗，则

$$Z_i = Z_{11} + Z_{rf}$$

于是得1—1′端口等效电路如图6-19(c)所示。

对于处于正弦稳态下的线性时不变网络，只要将同频率的激励信号 $u_s(t)$、$i_s(t)$ 改为相量表示 $\dot{U}_s$、$\dot{I}_s$，电路元件全部用阻抗或导纳表示，则第3章中介绍的网络定理均可扩展到正弦稳态网络，应用扩展后的网络定理，也可以方便地求解电路，下面举例说明。

例6.8 已知晶体管H型等效电路如图6-20(a)所示，试求输出端2—2′端的等效电路。

解 （1）作出电路的相量模型，如图6-20(b)所示，其中 $G_1 = G_{bb} + G_{be}$，$\dot{I}_s = G_{bb}\dot{U}_s$。

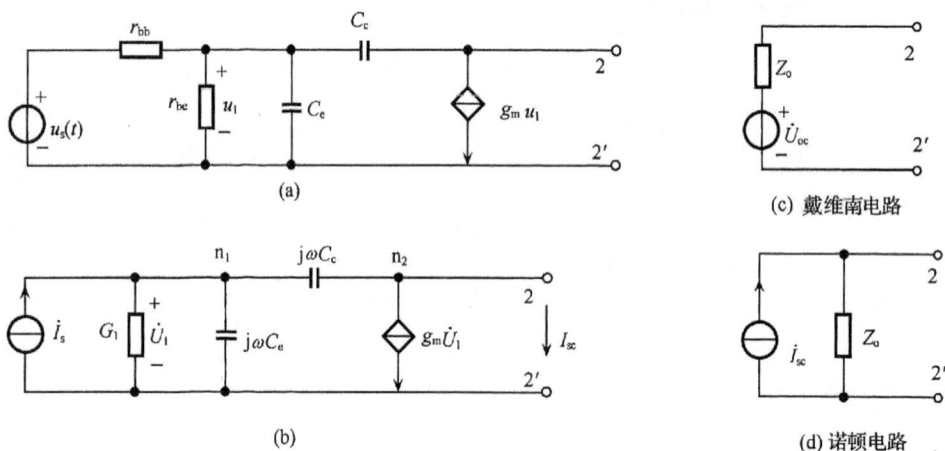

(a)

(c) 戴维南电路

(b)

(d) 诺顿电路

图6-20　例6.8图

（2）应用戴维南定理求解。

① 求开路电压 $\dot{U}_{oc}$

列节点方程

$$\begin{bmatrix} G_1 + j\omega(C_c + C_e) & -j\omega C_c \\ g_m - j\omega C_c & j\omega C_c \end{bmatrix} \begin{bmatrix} \dot{U}_{n1} \\ \dot{U}_{n2} \end{bmatrix} = \begin{bmatrix} \dot{I}_s \\ 0 \end{bmatrix}$$

所以

$$\dot{U}_{oc} = \dot{U}_{n2} = \frac{\Delta_2}{\Delta} = \frac{(j\omega C_c - g_m)\dot{I}_s}{-\omega^2 C_c C_e + j\omega c_c(g_m + G_1)}$$

② 求戴维南等效阻抗 Z_o。

令 2—2′ 短路, 则

$$Z_o = \frac{\dot{U}_{oc}}{\dot{I}_{sc}}$$

因为

$$\dot{I}_{sc} = j\omega C_c \dot{U}_1 - g_m \dot{U}_1 = (j\omega C_c - g_m)\dot{U}_1$$

而

$$\dot{U}_1 = \frac{\dot{I}_s}{G_1 + j\omega(C_c + C_e)}$$

所以

$$\dot{I}_{sc} = \frac{\dot{I}_s(j\omega C_c - g_m)}{G_1 + j\omega(C_c + C_e)}$$

故

$$Z_o = \frac{\dot{U}_{oc}}{\dot{I}_{sc}} = \frac{j\omega(C_c + C_e) + G_1}{-\omega^2 C_c C_e + j\omega c_c(g_m + G_1)}$$

③ 作出等效电路模型。

例 6.9 已知电路如图 6-21(a)所示, $R_1 = R_2 = 1\Omega$, $C_1 = C_2 = 0.01F$, $L = 1H$, $u_{s1}(t) = \sqrt{2}\cos 100t(V)$, $u_{s2}(t) = 20\sqrt{2}\cos 1000t(V)$, 试求其输出响应 $u_o(t)$。

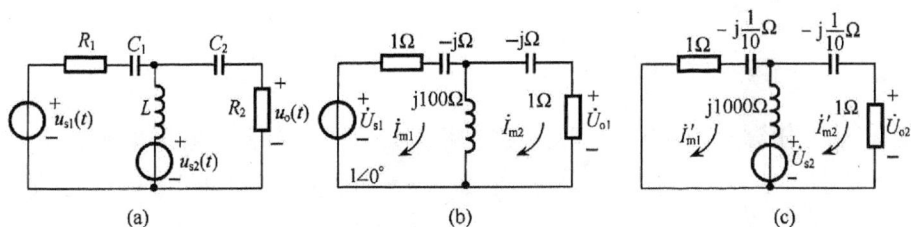

图 6-21 例 6.9 图

解 因为激励信号 $u_{s1}(t)$ 和 $u_{s2}(t)$ 不是同频率信号, 不能直接用相量法求解。虽然在频域也不能用叠加定理求解, 但是在时域能用叠加定理求解。

(1) $u_{s1}(t) = \sqrt{2}\cos 100t(V)$ 单独作用产生响应 $u_{o1}(t)$, 此时 $\omega = 100$ rad/s, 于是得电路模型如图 6-21(b)所示。

列网孔方程

$$\begin{bmatrix} 1 + j99 & -j100 \\ -j100 & 1 + j99 \end{bmatrix} \begin{bmatrix} \dot{I}_{m1} \\ \dot{I}_{m2} \end{bmatrix} = \begin{bmatrix} 1\angle 0° \\ 0 \end{bmatrix}$$

所以

$$\dot{I}_{m2} = \frac{\Delta_2}{\Delta} = \frac{\mathrm{j}100}{200 + \mathrm{j}198} = 0.355\angle 45°$$

$$\dot{U}_{o1} = R_2\dot{I}_{m2} = 1 \times 0.355\angle 45° = 0.355\angle 45°$$

故

$$u_{o1}(t) = 0.355\sqrt{2}\cos(100t + 45°)(\mathrm{V})$$

（2）$u_{s2}(t) = 20\sqrt{2}\cos 1000t(\mathrm{V})$，单独作用，产生响应 $u_{o2}(t)$，因为此时 $\omega = 1000\mathrm{rad/s}$，于是得电路模型如图 6-21(c) 所示。

列网孔方程

$$\begin{bmatrix} 1 + \mathrm{j}(1000 - 0.1) & -\mathrm{j}1000 \\ -\mathrm{j}1000 & 1 + \mathrm{j}(1000 - 0.1) \end{bmatrix}\begin{bmatrix} \dot{I}'_{m1} \\ \dot{I}'_{m2} \end{bmatrix} = \begin{bmatrix} -20\angle 0° \\ 20\angle 0° \end{bmatrix}$$

解得

$$\dot{I}'_{m2} = \frac{\Delta_2}{\Delta} = 0.01\angle -84.3°$$

$$\dot{U}_{o2} = R_2\dot{I}'_{m2} = 0.01\angle -84.3°$$

所以

$$u_{o2}(t) = 0.01\sqrt{2}\cos(1000t - 83.4°)(\mathrm{V})$$

（3）在时域使用叠加定理。

$$u_o(t) = u_{o1}(t) + u_{o2}(t)$$
$$= 0.355\sqrt{2}\cos(100t + 45°) + 0.01\sqrt{2}\cos(1000t - 84.3°)(\mathrm{V})$$

6.4　正弦电路的功率

6.4.1　二端网络的功率

对于任意一个 LTI 二端网络如图 6-22 所示，若端口电压电流为 $u(t) = \sqrt{2}U\cos(\omega t + \varphi_u)$，$i(t) = \sqrt{2}I\cos(\omega t + \varphi_i)$，在正弦稳态时，$\dot{I} = I\angle\varphi_i$，$\dot{U} = U\angle\varphi_u$，$\dot{I}$ 和 $\dot{U}$ 的相位差为 $\varphi = \varphi_u - \varphi_i$。则输入该二端网络的瞬时功率为

$$p(t) = u(t)i(t) = \sqrt{2}U\cos(\omega t + \varphi_u)\sqrt{2}I\cos(\omega t + \varphi_i)$$
$$= UI[\cos(2\omega t + \varphi_u + \varphi_i) + \cos(\varphi_u - \varphi_i)]$$
$$= UI\cos(2\omega t + \varphi_u + \varphi_i) + UI\cos\varphi$$
$$= \frac{1}{2}U_mI_m[\cos(2\omega t + \varphi_u + \varphi_i) + \cos\varphi] \qquad (6.35)$$

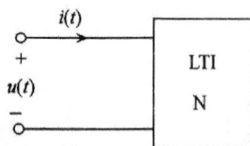

可见瞬时功率包含恒定分量 $UI\cos\varphi$ 及正弦分量 $UI\cos(2\omega t + \varphi_u + \varphi_i)$，其波形如图6-23所示。当 i、u 实际方向相同时，$p(t) > 0$，表示二端网络吸收能量；当 i、u 方向相反时，$p(t) < 0$，表示二端网络将能量送回电源，这是

图 6-22　LTI 二端网络

由于二端网络的动态元件把储能送回电源的缘故;当$i=0$或$u=0$时,$p(t)=0$。

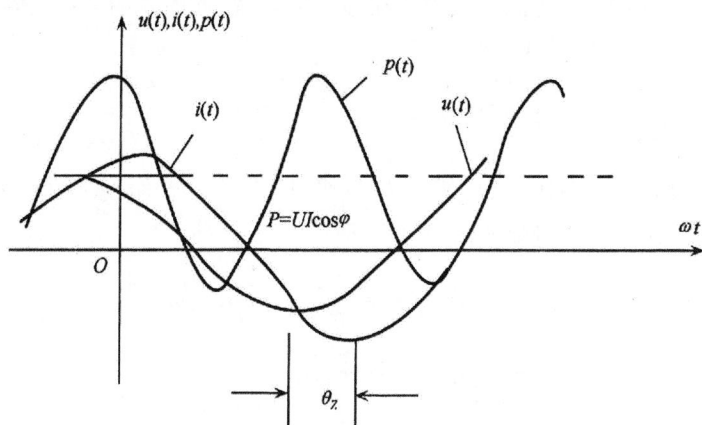

图 6-23 二端网络的 u、i、p 波形

瞬时功率的实用意义不大,通常说的正弦电路的功率是指一个周期($T=2\pi\omega$)内的平均功率,又称为有功功率,用 P 表示,单位是瓦(W)

$$P = \frac{1}{T}\int_0^T p(t)\mathrm{d}t = \frac{1}{T}\int_0^T u(t)i(t)\mathrm{d}t = UI\cos\varphi \tag{6.36}$$

此即瞬时功率中的恒定分量有功功率代表电路实际消耗的功率,它不仅与电压、电流有效值的乘积有关,而且正比于它们之间相位差的余弦$\cos\varphi$。$\cos\varphi$ 称为二端网络的功率因数,φ 称为功率因数角。如果二端网络含有独立源,在利用功率公式 $P=UI\cos\varphi$ 计算功率时,φ 应为端钮电压与电流的相位差,因而 P 可能为正,也可能为负。

若二端网络无源,且输入阻抗 $Z=\dfrac{\dot{U}}{\dot{I}}=|Z|\angle\theta_z$,则 $\cos\varphi=\cos\theta_z$,$\varphi=\theta_z$。由于 $\cos\varphi=\cos(-\varphi)$。功率因数只与阻抗角 θ_z 的绝对值有关,与阻抗是感性或是容性无关,因此在表明功率因数 $\cos\varphi$ 时应说明阻抗的性质。规定在感性阻抗的 $\cos\varphi$ 之后加上"滞后"字样,表明电流 $\dot{I}$ 滞后电压 $\dot{U}$;而对容性阻抗在 $\cos\varphi$ 之后加上"超前"字样,表明电流 $\dot{I}$ 超前电压 $\dot{U}$。

有功功率 P 实质上是二端网络中各电阻消耗的平均功率的总和。

为简化起见,现设以电流 $\dot{I}$ 为参考相量,即令 $\dot{I}=I\angle 0$,则 $\varphi_u=\varphi$,且 $p(t)=UI[\cos(2\omega t+\varphi_u+\varphi_i)+\cos\varphi]$,下面来讨论三种情况的功率:

(1) 当 $\varphi=0$,无源二端网络等效为纯电阻,此时

$$\left.\begin{aligned}p(t) &= UI(1+\cos 2\omega t)\geqslant 0 \\ P_R &= UI = RI^2 = GU^2\end{aligned}\right\} \tag{6.37}$$

这和单个电阻所吸收的瞬时功率和平均功率的表达式相同。可见电阻始终消

耗功率,故 $p(t) \geqslant 0$。

(2) 当 $\varphi = +\pi/2$ 时,无源二端网络相当于纯电感,此时瞬时功率表达式变为单个电感元件瞬时功率表达式,即

$$p_L(t) = UI\cos\left(2\omega t + \frac{\pi}{2}\right) = -UI\sin 2\omega t \tag{6.38}$$

显然,电感中的瞬时功率在一周期内变化两次,而平均功率 $P_L = UI\cos\dfrac{\pi}{2} = 0$。

对于电感,其储存的磁能为

$$W_L(t) = \frac{1}{2}Li^2(t) = \frac{1}{2}L\left(\sqrt{2}\,I\cos\omega t\right)^2$$
$$= \frac{1}{2}LI^2(1 + \cos 2\omega t)$$

从上式可以看出,能量以 2ω 的频率在其平均值 $W_{Lav}\left(W_{Lav} = \dfrac{1}{2}LI^2\right)$ 上下波动,但在任何时刻 $W_L(t) \geqslant 0$。当 $p_L(t)$ 为正时,能量流入电感,电感储能增加;当 $p_L(t)$ 为负值时,能量自电感流出,储能减小,因此在正弦稳态时,外电路(电源)与电感之间存在着能量不断往返现象。

(3) 当 $\varphi = -\pi/2$ 时,无源二端网络相当于纯电容元件,瞬时功率表达式变为单个电容元件的瞬时功率表达式,即

$$p_C(t) = UI\cos\left(2\omega t - \frac{\pi}{2}\right) = UI\sin 2\omega t \tag{6.39}$$

平均功率

$$P_C = UI\cos\left(-\frac{\pi}{2}\right) = 0$$

电容瞬时功率在一周期中也变化两次,而吸收的平均功率 P_C 为零,电容储存的电能为

$$W_C(t) = \frac{1}{2}Cu^2(t) = \frac{1}{2}C\left[\sqrt{2}\,U\cos\left(\omega t - \frac{\pi}{2}\right)\right]^2$$
$$= \frac{1}{2}CU^2(1 - \cos 2\omega t)$$

显然,能量以 2ω 的频率在其平均值 $W_{Cav}\left(W_{Cav} = \dfrac{1}{2}CU^2\right)$ 上下波动,且在任何时候 $W_C(t) \geqslant 0$。当 $p_C(t)$ 为正值时,能量流入电容,电路储能增加;当 $p_C(t)$ 为负值时,能量电容流出,储能减小。因此在正弦稳态下,外电路(电源)与电容之间存在着能量不断往返现象。

在工程中引用无功功率以表明动态元件与外电路之间能量往返交换的规模,无功功率用大写字母 Q 表示,定义为

$$Q = UI\sin\varphi \tag{6.40}$$

量纲与有功功率不同,单位用乏(var)。当 $\varphi > 0$(感性电路)时,$Q > 0$;当 $\varphi < 0$(容性电

路)时,$Q<0$;即无功功率有正负之分。对单个电感或等效电感来说,$\varphi = +\pi/2$,有

$$Q = UI\sin\frac{\pi}{2} = UI > 0 \qquad (6.41)$$

对单个电容或等效电容来说,$\varphi = -\pi/2$,有

$$Q = UI\sin\left(-\frac{\pi}{2}\right) = -UI < 0 \qquad (6.42)$$

因此,习惯上把电感看作"消耗"无功功率,把电容看作"产生"无功功率。

下面介绍电感、电容的无功功率与其储存的能量的关系,因为电感、电容储存的磁能、电场能的最大值分别为

$$W_{LMAX} = \frac{1}{2}LI_m^2 = LI^2 \qquad (6.43)$$

$$W_{CMAX} = \frac{1}{2}CU_m^2 = CU^2 \qquad (6.44)$$

所以

$$Q_L = UI = \omega LI^2 = \omega W_{LMAX} = \frac{U^2}{\omega L} \qquad (6.45)$$

$$Q_C = -UI = -\omega CU^2 = -\omega W_{CMAX} = -\frac{I^2}{\omega C} \qquad (6.46)$$

在 R、L、C 串联电路中,由于 $U = |Z|I$、$R = |Z|\cos\theta_Z$、$X = |Z|\sin\theta_Z$、$\theta_Z = \varphi$,故

$$P = UI\cos\varphi$$
$$= |Z|I^2\cos\varphi = RI^2$$
$$Q = UI\sin\varphi = |Z|I^2\sin\varphi$$
$$= XI^2 = (X_L + X_C)I^2$$
$$= \omega(W_{LMAX} - W_{CMAX})$$

在电工技术中各种电机、电器设备的容量是由它们的额定电压、电流(有效值)的乘积来决定的,为此引进视在功率的概念。视在功率用字母 S 来表示,定义为

$$S = UI = \frac{1}{2}U_mI_m \qquad (6.47)$$

其量纲与有功功率不同,单位为伏·安($V·A$)、千伏·安($kV·A$),视在功率、有功功率和无功功率的关系为

$$S^2 = P^2 + Q^2 \qquad (6.48)$$

或
$$S = \sqrt{P^2 + Q^2} \qquad (6.49)$$

功率因数角与 S、P、Q 的关系为

$$\left.\begin{array}{l} \cos\varphi = \dfrac{P}{S} \\[2mm] \tan\varphi = \dfrac{Q}{S} \end{array}\right\} \qquad (6.50)$$

电源在额定容量下,向负载输送多少有功功率,要由负载的阻抗角 θ_Z,即功率

因数角φ决定,为充分利用电源设备容量,总是要求尽量提高功率因数$\cos\varphi$。此外,提高功率因数$\cos\varphi$还能减少线路损失,从而提高输电效率,因为当负载的有功功率P和电压U一定时,提高$\cos\varphi$可使线路中的电流I减少,使消耗于线路电阻中的功率减小。另外无功功率随$\cos\varphi$提高而减小,可以减少电源与负载间徒劳往返的能量交换。因此,提高功率因数有重要的经济意义。

要提高功率因数必须减小阻抗角,这就需根据负载阻抗特性和实际需要采取相应措施。工业企业中广泛使用具有感性特性的三相感应电动机,为提高$\cos\varphi$,可在负载输入端口上并联合适的电容器,其电容量的计算见例6.10。

例6.10 如图6-24,设有一个220V、50Hz、50kW的感应电动机,功率因数为$\cos\varphi_1=0.5$。试求

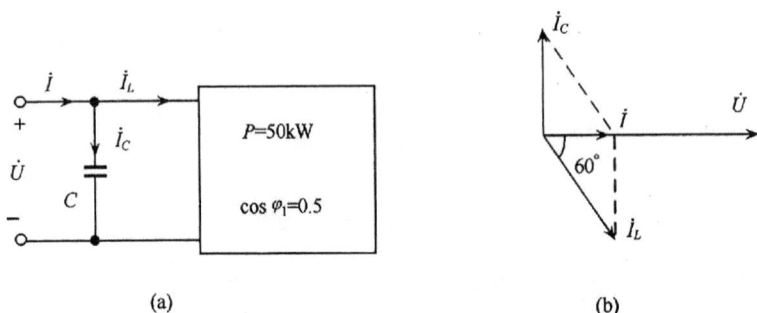

图6-24 例6.10图

(1)在使用时,电源供给的电流有效值I_L是多少?无功功率是多少?(2)如果并联电容器使功率因数达到$\cos\varphi_2=1$,所需并联电容值是多少?电源此时供给的电流有效值I是多少?

解 (1)

$$P_L=UI_L\cos\varphi_1$$

$$I_L=\frac{P_L}{U\cos\varphi_1}=455\ \text{A}$$

$$Q_L=UI_L\sin\varphi_1=UI_L\sqrt{1-\cos^2\varphi_1}=86.7\text{kV}\cdot\text{A}$$

(2)加并联补偿电容C后,由于电动机端电压有效值不变,其工作状态也不受影响。电容器不消耗有功功率,因而电源提供的平均功率(有功功率)也不变,但提供的无功功率$Q=Q_L+Q_C$,所以

$$Q_C=Q-Q_L=UI\sin\varphi_2-UI_L\sin\varphi_1$$

而

$$P=UI\cos\varphi_2=UI\sin\varphi_2\text{ctan}\varphi_2$$

所以

$$UI\sin\varphi_2 = P\tan\varphi_2 = P_L\tan\varphi_2 \quad (因为 P = P_L)$$

同理

$$UI_L\sin\varphi_1 = P_L\tan\varphi_1$$

代入前式中有

$$Q_C = P_L\tan\varphi_2 - P_L\tan\varphi_1$$

又

$$Q_C = -\omega CU^2$$

由此得

$$C = \frac{-Q_C}{\omega U^2} = \frac{P_L\tan\varphi_1 - P_L\tan\varphi_2}{2\pi fU^2}$$

$$= \frac{86.7 \times 10^3}{100\pi \times 220^2} = 5702(\mu F)$$

$$I = \frac{P_L}{U\cos\varphi_2} = \frac{50 \times 10^3}{220 \times 1} = 227(A)$$

利用相量图,也可说明并联电容对感性负载所起的作用,如图6-24(b)所示,电动机电流 $\dot{I}_L$ 滞后电压 $\dot{U}$ 的相角为 $\varphi_1 = \varphi_u - \varphi_i = \arccos 0.5 = 60°$,并联电容后 $\dot{I}_C$ 超前 $\dot{U}$ 相角为90°,显然,如选择 C 合适可使 $\dot{I}$ 与 $\dot{U}$ 同相,即使功率因数角 $\varphi_2 = 0$、$\cos\varphi_2 = 1$。由图可见,电源此时提供的电流大为降低。在实际使用时,$\cos\varphi$ 通常提到0.9左右,以减少电容设备的投资。

平均功率、无功功率也可以根据电压相量和电流相量来计算。若二端网络的电压相量和电流相量分别为 $\dot{U} = U\angle\varphi_u$ 和 $\dot{I} = I\angle\varphi_i$,$\dot{I}^* = I\angle -\varphi_i$ 为电流相量的共轭复数,则

$$\dot{U}\dot{I}^* = UI\angle(\varphi_u - \varphi_i) = UI\angle\varphi$$
$$= UI(\cos\varphi + j\sin\varphi) = P + jQ \tag{6.51}$$

人们把复数 $\dot{U}\dot{I}^*$ 称为复功率,以 $\tilde{S}$ 表示,即

$$\tilde{S} = \dot{U}\dot{I}^* = P + jQ \tag{6.52}$$

显然,复功率的模即视在功率 S

$$S = \sqrt{P^2 + Q^2}$$

应注意,虽然 $P = \sum P_k, Q = \sum Q_k$,但 $S \neq \sum S_k, S = \sqrt{(\sum P_k)^2 + (\sum Q_k)^2}$。在式(6.52)中,$P$ 应为网络中各电阻元件消耗功率的总和,虚部应为网络中各动态元件无功功率的代数和,这一关系称为复功率守恒。

6.4.2　正弦稳态的最大功率传输条件

在第3章已经讨论了线性含源二端电阻电路最大功率传输条件,在正弦稳态

时要使负载最大功率传输的条件要复杂一些，下面作具体分析。设电路如图 6-25 所示，交流电源的电压为 $\dot{U}_s$，其内阻抗为 $Z_s = R_s + jX_s$，负载阻抗为 $Z_L = R_L + jX_L$，设给定电源内阻抗 Z_s，分两种情况讨论。

（1）负载电阻、电抗均可独立变化。

由图 6-25 可知

$$\dot{I} = \frac{\dot{U}_s}{Z_s + Z_L} = \frac{\dot{U}_s}{(R_s + R_L) + j(X_s + X_L)}$$

故电流有效值为

$$I = \frac{U_s}{\sqrt{(R_s + R_L)^2 + (X_s + X_L)^2}}$$

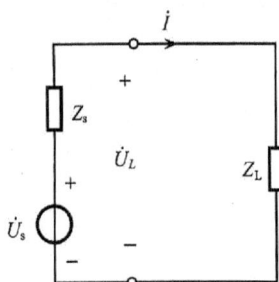

图 6-25　接负载 Z_L 的正弦稳态电路

所以负载获得的平均功率为

$$P_L = I^2 R_L = \frac{U_s^2 R_L}{(R_s + R_L)^2 + (X_s + X_L)^2}$$

当 $X_L = -X_s$ 时，分母最小，此即获得最大 P_L 的 X_L 值，此时

$$P_L = \frac{U_s^2 R_L}{(R_s + R_L)^2}$$

再求上式极值，即令 $\dfrac{dP_L}{dR_L} = 0$，得 $R_L = R_s$，故获得最大功率传输条件为

$$R_L = R_s, \qquad X_L = -X_s$$

即

$$Z_L = Z_s^* \tag{6.53}$$

这种匹配称为共轭匹配，这时负载获得的最大功率

$$P_{L\max} = \frac{U_s^2}{4R_s} \tag{6.54}$$

（2）负载阻抗角固定而模可改变。

设负载阻抗为

$$Z_L = |Z| \angle \theta_Z = |Z_L|\cos\theta_Z + j|Z_L|\sin\theta_Z$$

则

$$\dot{I} = \frac{\dot{U}_s}{R_s + |Z_L|\cos\theta_Z + j(X_s + |Z_L|\sin\theta_Z)}$$

负载获得的功率为

$$P_L = \frac{U_s^2 |Z_L|\cos\theta_Z}{(R_s + |Z_L|\cos\theta_Z)^2 + (X_s + |Z_L|\sin\theta_Z)^2} \tag{6.55}$$

令 $\dfrac{dP_L}{d|Z_L|} = 0$，则

$$|Z_L|^2 = R_s^2 + X_s^2$$

$$|Z_L| = \sqrt{R_s^2 + X_s^2} = |Z_s| \tag{6.56}$$

即负载阻抗的模应与电源内阻抗的模相等，注意此时所得功率并非为可能获得的

最大功率,若 θ_L 尚可调节,则能使负载得到更大的功率。

6.5　非正弦周期信号激励下电路的稳态分析

在工程实践中,电路信号除了正弦信号之外,非正弦的周期信号也广泛的出现,因此必须研究非正弦周期信号激励下的电路稳态分析。

因为任意给定的周期信号 $f(t)=f(t+nT)\left(周期\ T=\dfrac{2\pi}{\omega}\right)$,若满足狄利克雷条件,则可以展开成收敛的三角级数,即傅里叶级数

$$f(t) = A_0 + \sum_{k=1}^{\infty}(A_m\cos k\omega t + B_m\sin k\omega t) \tag{6.57a}$$

或

$$f(t) = C_0 + \sum_{k=1}^{\infty}C_{km}\cos(k\omega t + \varphi_k) \tag{6.57b}$$

傅里叶系数可由下述公式求出

$$\left.\begin{aligned}
A_0 &= \frac{1}{T}\int_0^T f(t)\mathrm{d}t \\
A_{km} &= \frac{2}{T}\int_0^T f(t)\cos k\omega\omega t\mathrm{d},\quad k\neq 0 \\
B_{km} &= \frac{2}{T}\int_0^T f(t)\sin k\omega\omega t\mathrm{d},\quad k\neq 0
\end{aligned}\right\} \tag{6.57c}$$

$$\left.\begin{aligned}
C_0 &= A_0 \\
C_{km} &= \sqrt{A_{km}^2 + B_{km}^2} \\
\varphi_k &= \arctan\frac{B_{km}}{A_{km}}
\end{aligned}\right\} \tag{6.57d}$$

显然,只要满足狄利克雷条件,任意一个非正弦周期信号均可以展开为傅里叶级数,而利用周期信号的性质,就可以简洁地求出其中的傅里叶系数。

在电路理论中,把傅里叶级数中的常数项称为直流分量,把各正弦和余弦项称为谐波分量。

6.5.1　电子技术中的非正弦周期信号

1) 方波

如图 6-26 所示,其表达式为

$$f(t) = \frac{4A}{\pi}\left(\sin\omega t + \frac{1}{3}\sin 3\omega t + \frac{1}{5}\sin 5\omega t + \cdots\right)$$

2) 等腰三角波

如图 6-27 所示,其表达式为

$$f(t) = \frac{8A}{\pi^2}\left(\sin\omega t - \frac{1}{9}\sin 3\omega t + \frac{1}{25}\sin 5\omega t + \cdots\right)$$

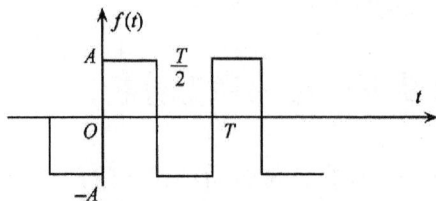

图 6-26 方波

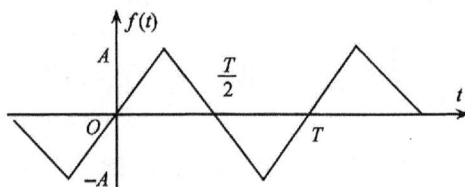

图 6-27 等腰三角波

3）锯齿波

如图 6-28 所示，其表达式为

$$f(t) = \frac{A}{2} + \frac{A}{\pi}\left(\sin\omega t + \frac{1}{2}\sin2\omega t + \frac{1}{3}\sin3\omega t + \cdots\right)$$

4）正弦整流全波

如图 6-29 所示，其表达式为

$$f(t) = \frac{4A}{\pi}\left(\frac{1}{2} - \frac{1}{3}\cos2\omega t - \frac{1}{15}\cos4\omega t - \frac{1}{35}\cos6\omega t - \cdots\right)$$

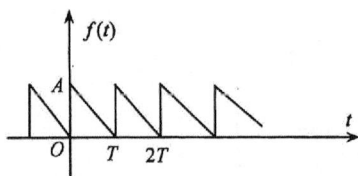

图 6-28 锯齿波

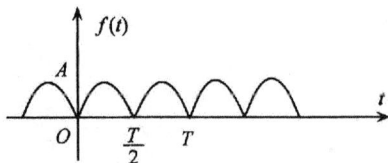

图 6-29 正弦整流全波

与正弦信号的有效值定义相同，定义非正弦周期信号的有效值为

$$F = \sqrt{\frac{1}{T}\int_0^T f^2(t)\mathrm{d}t}$$

其中，F 可以是电压或电流。

若非正弦周期电压信号展开为傅里叶级数

$$u(t) = U_0 + \sum_{k=1}^{\infty}U_{km}\cos(k\omega t + \varphi_k)$$

则其有效值为

$$U = \sqrt{\frac{1}{T}\int_0^T\left[U_0 + \sum_{k=1}^{\infty}U_{km}\cos(k\omega t + \varphi_k)\right]^2\mathrm{d}t}$$

利用正弦函数的正交性，不难求得非正弦周期电压的有效值为

$$U = \sqrt{U_0^2 + U_1^2 + U_2^2 + \cdots + U_k^2 + \cdots}$$
$$= \sqrt{\sum_{k=0}^{\infty}U_k^2} \tag{6.58}$$

其中，U_0 为直流分量；U_k 为第 k 次谐波的有效值。

同理，非正弦周期电流的有效值为

$$I = \sqrt{\sum_{k=0}^{\infty} I_k^2} \tag{6.59}$$

公式(6.58)和式(6.59)表明，周期信号的方均值等于其各个谐波的方均值之和，这就是帕塞瓦尔(Parseval)定理。

与正弦信号一样，非正弦周期信号的有效值可以直接用仪表进行测量。

6.5.2 非正弦周期信号的正弦稳态响应

由于非正弦周期信号可以根据公式(6.57)或式(6.58)分解为各次谐波分量之和，所以非正弦周期信号对 LTI 电路的作用，等价于各次谐波分量对电路作用之和，根据叠加定理，可以分别求出各次谐波信号对电路的正弦稳态响应，叠加起来，即得到电路对非正弦周期信号的正弦稳态响应，其方法步骤如下：

(1) 将激励信号 $u_i(t)$ 的各项展开为傅里叶级数。

(2) 求出 LTI 电路的频率特性

$$H(j\omega) = \frac{\dot{U}_o}{\dot{U}_i}$$

(3) 用相量法计算电路对每个谐波分量(包括直流分量)的稳态响应相量

$$\dot{U}_{ok} = H(j\omega)\dot{U}_{ik}$$

(4) 将求得的各响应相量 $\dot{U}_{ok}$ 表示为正弦函数 $u_{ok}(t)$，在时间域使用叠加定理，即求得总的稳态响应 $u_o(t)$。

例 6.11 经全波整流后的电压源 $u_i(t)$ 如图 6-29 所示，将电压源 $u_i(t)$ 经 LC 滤波电路后供给负载 R 如图 6-30 所示，其中 $A = 314$ V、$\omega = 314$ rad/s，试求稳态响应 $u_o(t)$。

解 (1) 将 $u_i(t)$ 各项展开为傅里叶级数

$$f(t) = \frac{4A}{\pi}\left(\frac{1}{2} - \frac{1}{3}\cos 2\omega t - \frac{1}{15}\cos 4\omega t - \frac{1}{35}\cos 6\omega t - \cdots\right)$$

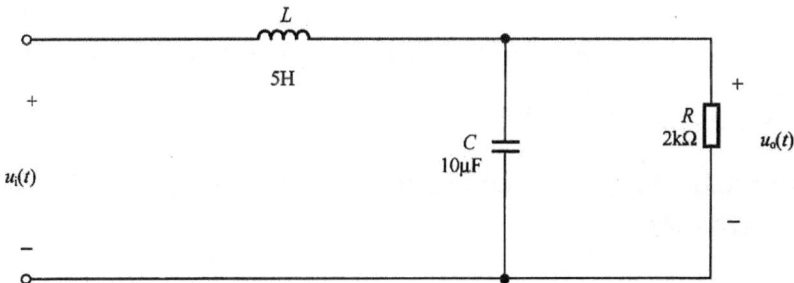

图 6-30　例 6.11 图

$$= \frac{4 \times 314}{\pi} \left(\frac{1}{2} - \frac{1}{3}\cos 628t - \frac{1}{15}\cos 1256t - \frac{1}{35}\cos 1884t - \cdots \right)$$

$$\approx 200 - \frac{400}{3}\cos 628t - \frac{400}{15}\cos 1256t - \cdots$$

（2）求出 LC 滤波电路的 $H(j\omega)$。

$$H(j\omega) = \frac{\dot{U}_o}{\dot{U}_i} = \frac{R}{R(1 - \omega^2 LC) + j\omega L}$$

（3）求各次谐波分量的稳态响应相量。

$$\dot{U}_{o0} = 200 \times H(j\omega) = 200 \times \frac{R}{R} = 200(V)$$

$$\dot{U}_{o2} = \frac{400}{3}\angle 180° \times H(j628)$$

$$= \frac{400}{3}\angle 180° \times \frac{2000}{2000(1 - 628^2 \times 5 \times 10 \times 10^{-6}) + j628 \times 5}$$

$$= 7.06\angle 4.8°(V)$$

$$\dot{U}_{o4} = \frac{400}{15}\angle 180° \times H(j628)$$

$$= \frac{400}{3}\angle 180° \times \frac{2000}{2000(1 - 1256^2 \times 5 \times 10 \times 10^{-6}) + j1256 \times 5}$$

$$= 0.34\angle 2.4°(V)$$

（4）时间叠加，求 $u_o(t)$。

$$u_{o0}(t) = 200V$$

$$u_{o2}(t) = 7.06\cos(628t + 4.8°)(V)$$

$$u_{o4}(t) = 0.34\cos(1256t + 2.4°)(V)$$

所以

$$u_o(t) = u_{o0}(t) + u_{o2}(t) + u_{o4}(t) + \cdots$$

因为一般从满足工程计算需要来说，只要取至五次谐波就可以了，所以此处只取了前三项，这时四次谐波的幅值仅为直流分量的 0.17%，故后面各次谐波可忽略，即

$$u_o(t) = 200 + 7.06\cos(628t + 4.8°) + 0.34\cos(1256t + 2.4°)(V)$$

6.5.3 非正弦周期信号的功率

设任一支路的端电压 $u(t)$ 和支路电流 $i(t)$ 取关联一致参考方向，它们都是时间 t 的非正弦周期函数

$$u(t) = U_0 + \sum_{k=1}^{\infty} U_{km}\cos(k\omega t + \varphi_{uk})$$

$$i(t) = I_0 + \sum_{k=1}^{\infty} I_{km}\cos(k\omega t + \varphi_{ik})$$

则任一支路的瞬时功率为

$$p(t) = u(t)i(t)$$

$$= \left[U_0 + \sum_{k=1}^{\infty} U_{km}\cos(k\omega t + \varphi_{uk})\right]\left[I_0 + \sum_{k=1}^{\infty} I_{km}\cos(k\omega t + \varphi_{ik})\right] \quad (6.60)$$

因为平均功率 P 为

$$P = \frac{1}{T}\int_0^T p(t)\mathrm{d}t$$

将式(6.60)代入上式,则

$$P = U_0 I_0 + U_1 I_1 \cos\varphi_1 + U_2 I_2 \cos\varphi_2 + \cdots$$

$$= U_0 I_0 + \sum_{k=1}^{\infty} U_k I_k \cos\varphi_k \quad (6.61)$$

其中,阻抗角 $\varphi_k = \varphi_{uk} - \varphi_{ik}$。

公式(6.61)表明,非正弦周期电路中的平均功率等于直流分量的功率与各次谐波的平均功率之和,这就是帕塞瓦尔定理的另一种表述形式。

同理,可以定义视在功率 S、无功功率 Q 和功率因数 $\cos\varphi$ 为

$$S = UI = \sqrt{\sum_{k=0}^{\infty} U_k^2} \cdot \sqrt{\sum_{k=0}^{\infty} I_k^2} \quad (6.62)$$

$$Q = \sum_{k=1}^{\infty} U_k I_k \sin\varphi_k \quad (6.63)$$

$$\cos\varphi = \frac{P}{S} = \frac{\sum_{k=0}^{\infty} U_k I_k \cos\varphi_k}{UI} \quad (6.64)$$

最后指出,视在功率一般是大于平均功率 P 和无功功率 Q 平方和的平方根,这与正弦稳态功率是有区别的,即

$$S > \sqrt{P^2 + Q^2}$$

这是因为电压和电流为非正弦,两者波形有差别,因而有畸变功率 T 存在,此时

$$S^2 = P^2 + Q^2 + T^2 \quad (6.65)$$

6.6 谐 振 电 路

谐振是电路中可能发生的一种特殊现象,它在电工和无线技术中得到广泛应用。本节主要分析串联谐振和并联谐振电路及其主要特性,扼要介绍耦合谐振回路。

6.6.1 串联谐振电路

图6-31(a)为RLC串联电路,先来讨论在正弦电压作用下输入阻抗Z随频率变化特性

$$Z = R + j\left(\omega L - \frac{1}{\omega C}\right) = R + j(X_L + X_C) = R + jX = |Z| \angle \theta_Z$$

阻抗模$|Z|$,幅角θ_Z随频率变化特性如图6-31(b)、6-31(c)所示。由图可见,当ω从0向∞变化时,由于X_L和X_C随频率变化特性不同,使总电抗X从$-\infty$向$+\infty$变化,电抗由容性变为感性。当角频率$\omega = \omega_0$时$X = X_L + X_C = 0$,即

$$\omega_0 L - \frac{1}{\omega_0 C} = 0$$

则

$$\omega_0 = \frac{1}{\sqrt{LC}}$$

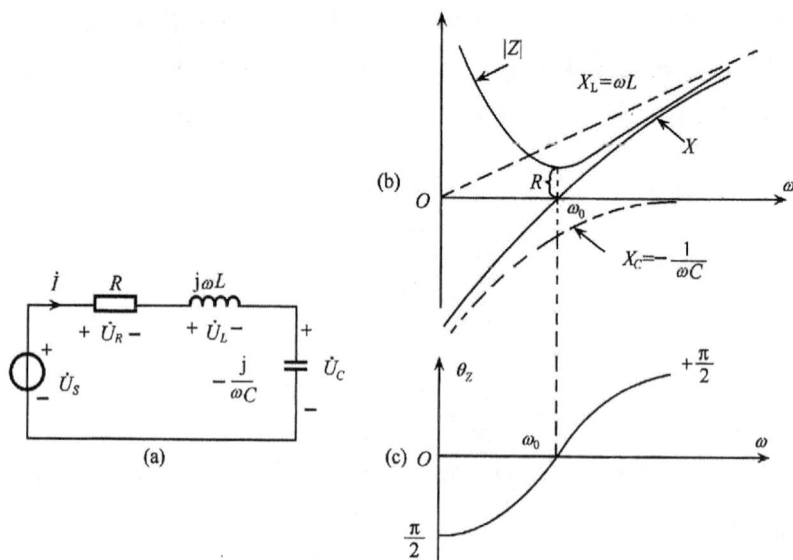

图 6-31 串联谐振电路及输入阻抗频率特性

此时$|Z|$最小,电路呈现纯电阻特性,即$Z = R$,这种工作状况称为谐振,$\omega_0 = \dfrac{1}{\sqrt{LC}}$称为串联谐振角频率,由于$\omega_0 = 2\pi f_0$得

$$f_0 = \frac{1}{2\pi \sqrt{LC}} \tag{6.66}$$

称为谐振频率。

现在讨论串联谐振电路的电流、电压特性。设$\dot{U}_s = U_s \angle 0°$,则

$$\dot{I} = \frac{\dot{U}_s}{Z} = \frac{\dot{U}_s}{R + jX} = \frac{\dot{U}_s}{R} \times \frac{1}{1 + j\frac{X}{R}} \qquad (6.67)$$

$$\left. \begin{aligned} \dot{U}_R &= R\dot{I} \\ \dot{U}_L &= j\omega L\dot{I} \\ \dot{U}_C &= \frac{1}{j\omega C}\dot{I} \end{aligned} \right\} \qquad (6.68)$$

在谐振时,$\omega = \omega_0$、$X = 0$、$\dot{I} = \frac{\dot{U}_s}{R} = \dot{I}_0$,电流 $\dot{I}$ 最大,且与 $\dot{U}_s$ 同相;这时对于电阻有

$$\dot{U}_R = R\dot{I} = R\dot{I}_0 = \dot{U}_s$$

即电阻两端等于电源电压。

而对于电感

$$\dot{U}_L = j\omega_0 L\dot{I}_0 = j\frac{\omega_0 L}{R}\dot{U}_s$$

令 $Q = \frac{\omega_0 L}{R}$,则 $\dot{U}_L = jQ\dot{U}_s$,即电感电压有效值为电源电压有效值的 Q 倍,电感电压相位较 $\dot{U}_s$ 超前 $\frac{\pi}{2}$。

对于电容

$$\dot{U}_C = -j\frac{1}{\omega_0 C}\dot{I}_0 = -j\frac{1}{\omega_0 CR}\dot{U}_s$$

因 $\frac{1}{\omega_0 C} = \omega_0 L$,故

$$Q = \frac{\omega_0 L}{R} = \frac{1}{\omega_0 CR}, \qquad \dot{U}_C = -jQ\dot{U}_s$$

即电容电压有效值也为电源电压有效值的 Q 倍,电容电压相位较 $\dot{U}_s$ 滞后 $\frac{\pi}{2}$。

由于 $U_L = U_C = QU_s$,串联谐振也叫电压谐振,Q 称为串联谐振电路的品质因数,由定义有

$$Q = \frac{\omega_0 L}{R} = \frac{1}{\omega_0 CR} = \frac{1}{R}\sqrt{\frac{L}{C}} = \frac{\rho}{R} \qquad (6.69)$$

其中,$\rho = \omega_0 L = \frac{1}{\omega_0 C} = \sqrt{\frac{L}{C}}$ 为串联谐振回路特性阻抗,下面将看到品质因数实质上是衡量回路储能与耗能相对大小的一个重要参数。若 $Q \gg 1$,利用电压谐振现象,在无线电技术中使微弱信号输入到串联谐振回路,则可在电感或电容两端得到比输入信号大许多倍的电压。

因为回路总储能

$$W = W_L + W_C = \frac{1}{2}Li_L^2 + \frac{1}{2}Cu_C^2$$

$$= \frac{1}{2}LI_{Lm}^2\cos^2\omega_0 t + \frac{1}{2}CU_{Cm}^2\cos^2\left(\omega_0 t - \frac{\pi}{2}\right)$$

$$= \frac{1}{2}LI_{Lm}^2\cos^2\omega_0 t + \frac{1}{2}CU_{Cm}^2\sin^2\omega_0 t$$

谐振时

$$U_{Cm} = \frac{1}{\omega_0 C}I_{Lm} = \sqrt{\frac{L}{C}}I_{Lm}$$

并且

$$\frac{1}{2}CU_{Cm}^2 = \frac{1}{2}LI_{Lm}^2$$

所以

$$W = \frac{1}{2}LI_{Lm}^2 = \frac{1}{2}CU_{Cm}^2$$

品质因数

$$Q = \frac{\omega_0 L}{R} = \omega_0 \frac{\frac{1}{2}LI_{Lm}^2}{\frac{1}{2}RI_{Lm}^2} = 2\pi\frac{\frac{1}{2}LI_{Lm}^2}{\frac{1}{2}RI_{Lm}^2 T_0}, \quad T_0 = \frac{2\pi}{\omega_0}$$

即

$$Q = \omega_0 \frac{\text{谐振时电路总储能}}{\text{电路消耗的平均功率}} = 2\pi\frac{\text{谐振时电路总储能}}{\text{电路一个周期内消耗的能量}} \tag{6.70}$$

串联谐振电路采用电容、电感线圈组成时,由于电容器的损耗远小于电感的损耗,回路的空载品质因数主要由线圈品质因数决定,即

$$Q_0 = Q_{\text{线圈}} = \frac{\omega_0 L}{r} \tag{6.71}$$

其中,r 为电感的损耗,所谓空载即回路仅含 r;若回路中还有反映负载耗能的电阻 R,则回路的品质因数

$$Q = \frac{\omega_0 L}{R + r} < Q_0 \tag{6.72}$$

当外施电压有效值 U_s 不变而频率 ω 变化,回路电流为

$$\dot{I} = \frac{\dot{U}_s}{R\left(1 + j\dfrac{X}{R}\right)} = \frac{\dot{U}_s}{R} \times \frac{1}{1 + j\zeta} = I_0\frac{1}{\sqrt{1 + \zeta^2}}\angle -\theta_z \tag{6.73}$$

其中,$\zeta = \dfrac{X}{R}$;$\theta_z = \arctan\dfrac{X}{R} = \arctan\zeta$,这时电流的大小及相角将随 ω 变化,即

$$\varphi_i(\omega) = -\theta_z = -\arctan\frac{X}{R} = -\arctan\zeta \tag{6.74}$$

$$I(\omega) = \frac{I_0}{\sqrt{1+\zeta^2}} \tag{6.75}$$

由式(6.75)可得

$$\alpha(\omega) = \frac{I(\omega)}{I_0} = \frac{1}{\sqrt{1+\zeta^2}} \tag{6.76}$$

其中，$\alpha(\omega)$ 值称为相对抑制比，它表明频率偏离谐振频率(失谐)时电流下降的陡度，即电流角频率偏离 ω_0 时电路对电流的抑制能力。因此串联谐振电路有选择最近于谐振角频率电流、抑制偏谐振角频率电流的性能，这种性能称为选择性。$\alpha(\omega)$ 曲线即描述这种选择性的曲线，常称为串联谐振电路的通用谐振曲线，如图 6-32(a) 所示。

$\varphi_i(\omega)$ 曲线为谐振电路的相位特性曲线，如图 6-32(b)所示。当 $\omega < \omega_0$ 时，$\varphi_i > 0$，谐振电路呈容性；当 $\omega > \omega_0$ 时，$\varphi_i < 0$，电路呈感性。

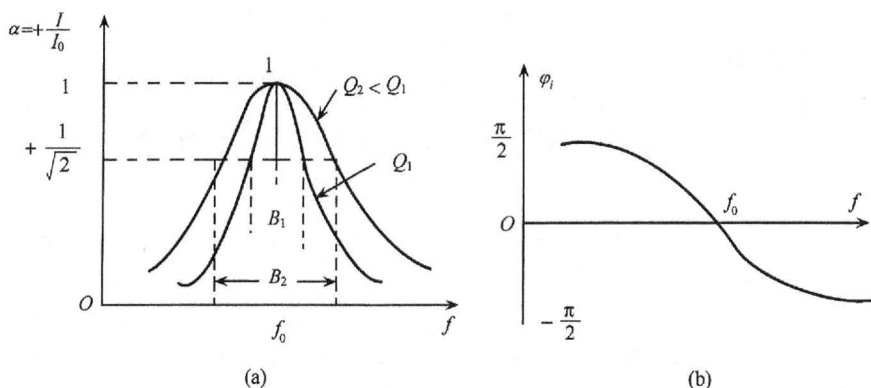

图 6-32 不同 Q 值的谐振曲线

$\zeta = \dfrac{X}{R}$ 称为广义失谐，它表明失谐量的大小，当 $\zeta = 0$ 时，$X = 0$，$\omega = \omega_0$ 为谐振点；当 $\zeta \neq 0$ 时，$X \neq 0$，$\omega \neq \omega_0$，电路处于失谐状态，且随 $|\zeta|$ 增大，频率远离谐振点。ζ 与品质因数有关，实际上

$$\zeta = \frac{X}{R} = \frac{\omega L - \dfrac{1}{\omega C}}{R} = \frac{\omega_0 L}{R}\left(\frac{\omega}{\omega_0} - \frac{1}{\omega_0 LC\omega}\right)$$

$$= \frac{\omega_0 L}{R}\left(\frac{\omega}{\omega_0} - \frac{\omega_0}{\omega}\right) = Q\frac{(\omega + \omega_0)(\omega - \omega_0)}{\omega_0 \omega}$$

在谐振频率附近，有 $\omega \approx \omega_0$，因此 $\omega + \omega_0 \approx 2\omega$，而 $\omega - \omega_0 = \Delta\omega$（即 $f - f_0 = \Delta f$），则上式变为

$$\zeta = 2Q\frac{\Delta\omega}{\omega_0} = 2Q\frac{\Delta f}{f_0} \tag{6.77}$$

图 6-32(a)中画出了不同 Q 值下的两条谐振曲线，由图可见，Q 越高曲线越尖锐，选

择性越好,即 Q 值是反映谐振电路选择性好坏的一个重要参数。

在实际工程中还用到通频带 B 的概念,一般规定以通用谐振曲线上 $\alpha = \dfrac{1}{\sqrt{2}} = 0.707$ 的点所对应的两个频率之间的宽度作为通频带 B,由于电流在电阻中消耗的功率与电流平方成正比,因此 $\alpha = \dfrac{I(\omega)}{I_0} = 0.707$ 的点称为半功率点,相应的通频带称为半功率带宽。B 与 f_0、Q 有关,令 $\alpha(\omega) = \dfrac{1}{\sqrt{1+\zeta^2}} = \dfrac{1}{\sqrt{2}}$,得

$$\zeta_{0.7} = 2Q \frac{\Delta f_{0.7}}{f_0} = 1$$

$$B = 2\Delta f_{0.7} = \frac{f_0}{Q} \tag{6.78}$$

如图 6-32(a) 所示,对于高 Q 谐振电路,通频带较窄 $(Q_1 > Q_2, B_1 < B_2)$,欲增加 B,可降低 Q 值。

6.6.2 并联谐振电路

由 G、C、L 并联构成的并联谐振电路[见图 6-33(a)]在电流源 $\dot{i}_s$ 作用下的特性,可由对偶原理从 RLC 串联电路特性推导得出。

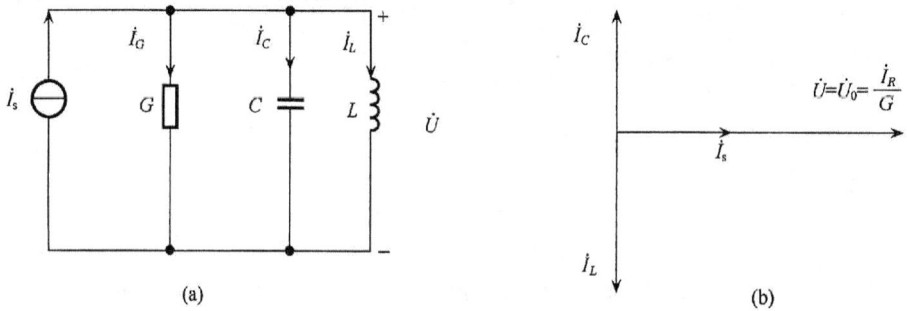

图 6-33 并联谐振电路

(1)输入导纳。

$$Y = G + jB = |Y| \angle \theta_Y \tag{6.79}$$

则

$$|Y| = \sqrt{G^2 + B^2}$$

$$\theta_Y = \arctan \frac{B}{G} = \arctan \frac{\omega C - \dfrac{1}{\omega L}}{G}$$

当 $\omega = \omega_0 = \dfrac{1}{\sqrt{LC}}$ 时,$B = \omega C - \dfrac{1}{\omega L} = 0$、$|Y| = G$、$\theta_Y = 0$,即回路呈纯电阻性,回路的 $|Y|$ 最小,或回路两端等效电阻 $R = \dfrac{1}{G}$ 最大。

（2）谐振时电压、电流特性。

设 $\dot{I}_s = I_s \angle 0°$，谐振时端电压 $\dot{U} = \dfrac{\dot{I}_s}{Y} = \dfrac{I_s}{G} \angle 0° = U_0 \angle 0°$，即端电压 $\dot{U}$ 与 $\dot{I}_s$ 相同，

且 $\dot{U}$ 最大，各电流为

$$\left.\begin{aligned} \dot{I}_G &= G\dot{U} = \dot{I}_s \\ \dot{I}_C &= j\omega_0 C\dot{U} = jQ\dot{I}_s \\ \dot{I}_L &= -j\frac{1}{\omega_0 L}\dot{U} = -jQ\dot{I}_s \end{aligned}\right\} \tag{6.80}$$

即 $\dot{I}_G$ 等于 $\dot{I}_s$，电容电流 $\dot{I}_C$ 较 $\dot{I}_s$ 超前 $\dfrac{\pi}{2}$，且当 $Q \gg 1$ 时，有效值 $I_L = I_C = QI_s$ 将远大于电源电流 I_0，故发生并联谐振时，又叫电流谐振，各电流电压相位关系如图 6-33(b) 所示。

在式（6.80）中

$$Q = \frac{\omega_0 C}{G} = \frac{1}{\omega_0 L G} = \frac{R}{\rho}$$

$$\rho = \sqrt{\frac{L}{C}} = \omega_0 L = \frac{1}{\omega_0 C}$$

分别为谐振电路品质因数和特性阻抗。Q 的物理意义与串联谐振电路 Q 值相同。

（3）选择性（谐振曲线和通频带）。

在失谐（$\omega \neq \omega_0$）时可得

$$\dot{U} = \frac{\dot{U}_0}{\left(1 + j\dfrac{B}{G}\right)} = \frac{\dot{U}_0}{(1 + j\zeta)} = \frac{U_0 \angle -\theta_Y}{\sqrt{(1 + \zeta^2)}} \tag{6.81}$$

相对抑制比

$$\alpha(\omega) = \frac{U(\omega)}{U_0} = \frac{1}{\sqrt{(1 + \zeta^2)}} \tag{6.82}$$

其中

$$\zeta = \frac{B}{G} = \frac{\omega C - \dfrac{1}{\omega L}}{G} = \frac{\omega_0 C}{G}\left(\frac{\omega}{\omega_0} - \frac{1}{\omega_0 \omega C L}\right) = 2Q\frac{\Delta\omega}{\omega_0} = 2Q\frac{\Delta f}{f_0} \tag{6.83}$$

显然，当 $U(\omega)$ 失谐且当 $\omega > \omega_0$ 时，$\theta_Y > 0$ 回路呈容性，$\dot{I}_s$ 超前 $\dot{U}$；当 $\omega < \omega_0$ 时，$\theta_Y < 0$ 回路呈感性，$\dot{I}_s$ 滞后 $\dot{U}$。通用谐振曲线如图6-34所示，它与串联谐振曲线相同。

通频带 B 由下式决定，即

$$B = 2\Delta f_{0.7} = \frac{f_0}{Q} \tag{6.84}$$

品质因数 Q 越高选择性越好，但通频带变窄；Q 值越小，选择性越差，但通频带变宽。

（4）谐振回路由电容和电感（有损耗电阻 r）并联。

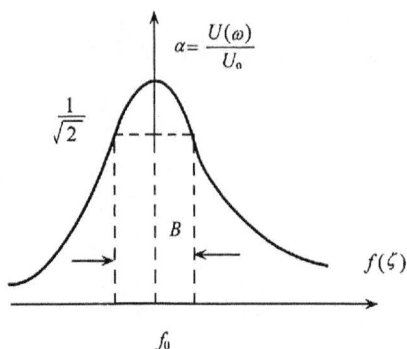

图 6-34　并联谐振曲线

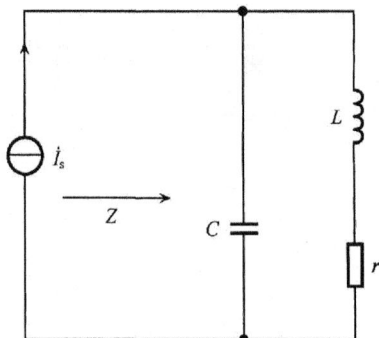

图 6-35　有损耗的并联谐振回路

如图 6-35 所示,若回路品质因数 $Q = \dfrac{\omega_0 L}{r} \gg 1$ 时,可求得谐振回路两端等效阻抗为

$$Z = \frac{\dfrac{(r + j\omega L)}{j\omega C}}{r + j\omega L + \dfrac{1}{j\omega C}} \approx \frac{\dfrac{j\omega L}{j\omega C}}{r + j\left(\omega L - \dfrac{1}{\omega C}\right)} = \frac{L}{rC} \times \frac{1}{1 + j\dfrac{X}{r}}$$

其中

$$X = \omega L - \frac{1}{\omega C}$$

当 $X = 0$ 时,电路处于谐振,即 $\omega = \omega_0 = \dfrac{1}{\sqrt{LC}}$,电路两端谐振电阻

$$R = \frac{L}{rC} = \frac{\rho^2}{r} = \rho Q$$

若回路品质因数不太高时,考虑到 r 的影响,谐振频率的精确公式为

$$\omega_0 = \frac{1}{\sqrt{LC}}\sqrt{1 - \frac{Cr^2}{L}} = \frac{1}{\sqrt{LC}}\sqrt{1 - \frac{1}{Q^2}} \tag{6.85}$$

6.6.3　耦合谐振电路

为了展宽谐振回路的通频带同时获得更好的选择性,广泛采用耦合谐振回路。两个单谐振回路通过耦合元件可以形成常用的双回路耦合谐振回路。如果耦合元件由互感 M 形成,则为互感耦合(变压器耦合)谐振回路;若两个单谐振回路是采用串联(并联)谐振回路,则称为串联型(并联型)耦合回路。本节以串联型互感耦合双谐振回路为例,对这类谐振回路主要特性作一简要介绍,其他类型的耦合回路读者可作类似分析。

如图 6-36(a)为串联型互感耦合双谐振回路,其中接入信号 u_s 的回路称为初级回路,次级回路与负载相连,电阻 R_2 可当作负载电阻。图中共有 7 个电路参数,要进行一般分析是相当繁复的,实际上最典型的用法是使 $R_1=R_2=R,L_1=L_2=L,C_1=C_2=C$,这样两回路的谐振率及品质因数也必然相等,人们把这种情况称为"等振等 Q"情况,如图6-36(b)所示。下面分析这种情况的主要特性。

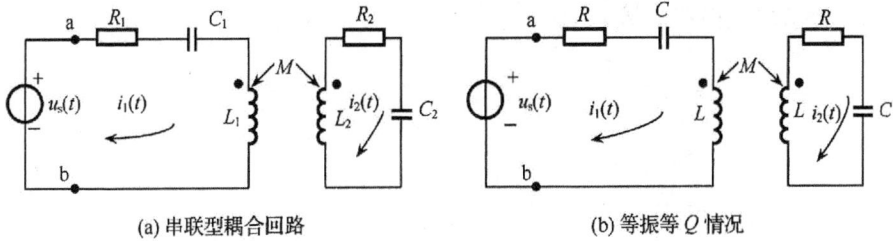

(a) 串联型耦合回路   (b) 等振等 Q 情况

图6-36　串联型耦合回路及等振等 Q 情况

由反映阻抗的概念可以得初级输入端ab 间的输入阻抗为

$$Z_{ab} = R + jX + \frac{\omega^2 M^2}{R + jX}$$
$$= R + \frac{\omega^2 M^2}{R^2 + X^2}R + j\left(X - \frac{\omega^2 M^2}{R^2 + X^2}X\right)$$

其中,$X=\omega L-\dfrac{1}{\omega C}$,从 ab 向右看,整个回路发生谐振的条件是

$$X - \frac{\omega^2 M^2}{R^2 + X^2}X = 0 \tag{6.86}$$

上列方程的解有三个,一个解是 $X=\omega L-\dfrac{1}{\omega C}=0$,即

$$\omega = \omega_0 = \frac{1}{\sqrt{LC}} \tag{6.87}$$

ω_0 称为全谐振角频率,在 $\omega=\omega_0$ 时不仅整个电路处于谐振状态,就初级、次级而言也同时发生串联谐振,这种状态称为全谐振状态。方程式(6.86)的另外两个解由下式决定

$$1 - \frac{\omega^2 M^2}{R^2 + X^2} = 0$$

即

$$\frac{\omega^2 M^2}{R^2} = 1 + \left(\frac{X}{R}\right)^2 = 1 + \zeta^2$$

其中,$\zeta=\dfrac{X}{R}=2Q\dfrac{\Delta\omega}{\omega_0}=2Q\dfrac{\Delta f}{f_0}$ 为广义失谐,而

$$\frac{\omega^2 M^2}{R^2} = \left(\frac{\omega_0 L}{R} \times \frac{M}{L} \times \frac{\omega}{\omega_0}\right)^2_{\omega\approx\omega_0} = (QK)^2 = \eta^2$$

($\omega\approx\omega_0$)是考虑在ω_0附近的特性,其中K 为耦合电感的耦合系数,$\eta=QK$ 称为耦合因数,由此可得另外两个解(用 ζ 代替 X)为

$$\zeta = \pm \sqrt{\eta^2 - 1}, \quad \eta > 1 \tag{6.88}$$

这种谐振状态称为部分谐振,即初级、次级回路本身不谐振($\zeta \neq 0, X \neq 0$),而考虑到反映电抗后初级总电抗为零达到初级部分谐振。

现在来求次级回路电流 $\dot{I}_2$,根据耦合回路特性有

$$\dot{I}_2 = \frac{j\omega M \dot{I}_1}{R + jX} = \frac{j\omega M}{R + jX} \cdot \frac{\dot{U}_s}{R + jX + \dfrac{\omega^2 M^2}{R + jX}}$$

$$= \frac{j\omega M \dot{U}_s}{R^2 + 2jRX - X^2 + (\omega M)^2}$$

$$= \frac{j\left(\dfrac{\omega M}{R}\right)\dot{U}_s}{R\left[1 + \left(\dfrac{\omega M}{R}\right)^2 - \left(\dfrac{X}{R}\right)^2 + 2j\dfrac{X}{R}\right]}$$

代入 $\zeta = \dfrac{X}{R}$,$\eta = QK = \dfrac{\omega M}{R}$,有

$$\dot{I}_2 = \frac{j\eta \dot{U}_s}{R(1 + \eta^2 - \zeta^2 + 2j\zeta)} \tag{6.89}$$

则

$$I_2 = \frac{2\left(\eta \dfrac{U_s}{2R}\right)}{\sqrt{(1 + \eta^2 - \zeta^2)^2 + 4\zeta^2}} \tag{6.90}$$

根据式(6.90),在图 6-37 中,画出了 $\eta = 1$(临界耦合)、$\eta > 1$(强耦合)和 $\eta < 1$(弱耦合)三种情况下的 $I_2(\zeta)$ 曲线($\eta = KQ$),即谐振曲线。

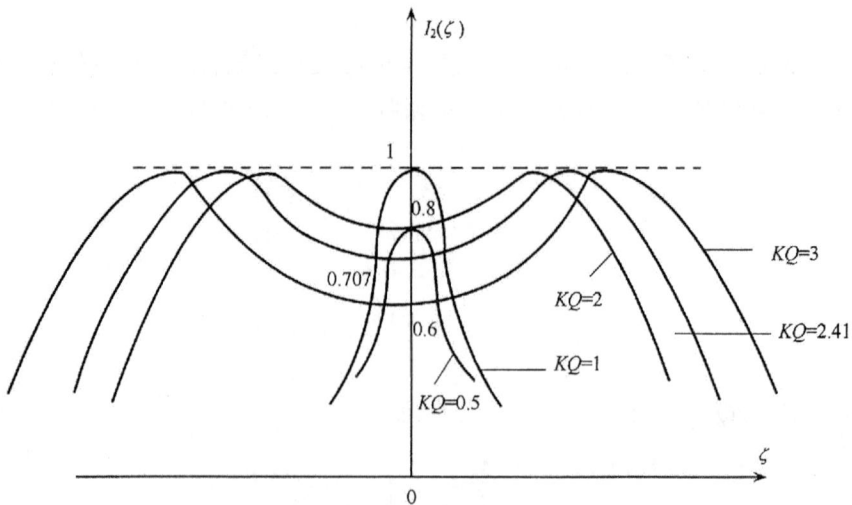

图 6-37 耦合谐振回路的谐振曲线

当 $\eta=KQ=1$ 时，$I_2(\zeta)$ 曲线为单峰曲线，顶部较平坦，其峰点为 $\zeta=0$，它对应于全谐振状态，由通频带概念可计算出 $\eta=1$ 时通带的单谐振回路带宽为

$$B = \sqrt{2}\,\frac{f_0}{Q} \tag{6.91}$$

当 $\eta>1$ 时，$I_2(\zeta)$ 曲线在 $\zeta=\pm\sqrt{\eta^2-1}$ 处出现峰点，即双峰；谷点处于 $\zeta=0$，曲线为马鞍形峰，有三处对于初级部分谐振状态，当 $\eta>1+\sqrt{2}$ 时谷点降到峰值 $\dfrac{1}{\sqrt{2}}$ 以下，因而常选择 $\eta<1+\sqrt{2}$，以获得完整的通频带。

当 $\eta<1$ 时 $I_2(\zeta)$ 曲线为单峰，带宽较 $\eta=1$ 时，选择较差，因而很少采用这种耦合状态。

由于双回路耦合谐振回路的通频带比单谐振回路宽，因此作为信号处理网络通常要比单谐振回路优越得多。双回路耦合谐振回路还常采用并联耦合回路，这里不再讨论，读者可参考裴留庆《电路理论基础》等相关书籍。

6.7　总结与思考

6.7.1　总结

（1）正弦量是以正弦或余弦函数形式表示的信号，其一般形式为

$$u(t) = U_m \cos(\omega t + \varphi)$$

其中，　　U_m——幅度（或振幅）；

　　　　$(\omega t+\varphi)$——幅角，$\omega=2\pi f$ 是频率；

　　　　φ——相位。

（2）相量是一个复数量，它表示一个正弦量的大小和相位。给定正弦量 $u(t)=U_m\cos(\omega t+\varphi)$，其相量 $\dot U$ 是

$$\dot U = U_m \angle \varphi$$

（3）相量具有唯一性、线性性和微分性等性质，这些性质奠定了相量分析法的基础。

（4）电路的基本定律（欧姆定律和基尔霍夫定律）也适用于交流电路，其形式与直流电路中的基本定律一样，即

$$\dot U = Z\dot I$$

$$\sum \dot I_k = 0 \qquad (\text{KCL})$$

$$\sum \dot U_k = 0 \qquad (\text{KCL})$$

（5）电路的阻抗 Z 是电路两端的电压相量与流过它的电流相量之比，即

$$Z = \frac{\dot{U}}{\dot{I}} = R(\omega) + \mathrm{j}X(\omega)$$

导纳 Y 是阻抗的倒数,即

$$Y = \frac{1}{Z} = G(\omega) + \mathrm{j}B(\omega)$$

阻抗的串联和并联与电阻的串、并联方法相同,即串联时阻抗相加,并联时导纳相加。

(6) 电阻的阻抗 $Z = R$,电感的阻抗 $Z = \mathrm{j}X = \mathrm{j}\omega L$,电容的阻抗 $Z = -\mathrm{j}X = 1/\mathrm{j}\omega C$。

(7) 直流电路电压/电流的分压/分流、阻抗/导纳的串联/并联、电路的简化和 $\curlyvee$-$\triangle$ 的转换等技术都适用于交流电路的分析。

(8) 由于 KCL 和 KVL 适用于电路的相量形式,所以可以用节点电压法和网孔电流法等方法来分析交流电路。

(9) 求解交流稳态响应时,若电路含有不同频率的多个独立源时,必须对每一个独立源分开考虑。分析这类电路最根本的方法是叠加原理。对每一个频率下的相量电路分析求解,再将结果转换为时域中的响应,电路的总响应是各个相量电路解得的时域响应之和。

(10) 电源间相互转换的思想和方法仍然适用于相量域中。

(11) 交流电路的戴维南等效电路,由等效电压源 $\dot{U}_{\mathrm{Th}}$ 和与之串接的戴维南阻抗 Z_{Th} 所构成。

(12) 交流电路的诺顿等效电路由电流源 $\dot{I}_{\mathrm{Th}}$ 和与之并联的诺顿阻抗 Z_{N} 所构成 ($Z_{\mathrm{N}} = Z_{\mathrm{Th}}$)。

(13) 一个元件所吸收的瞬时功率是元件两端的电压和流过该元件的电流的乘积,即 $p(t) = u(t)i(t)$

(14) 平均功率或有功功率 P(W)是瞬时功率 $p(t)$ 的平均值

$$P = \frac{1}{T}\int_0^T p(t)\mathrm{d}t$$

若 $u(t) = U_{\mathrm{m}}\cos(\omega t + \varphi_u)$ 和 $i(t) = I_{\mathrm{m}}\cos(\omega t + \varphi_i)$,则 $U = U_{\mathrm{m}}/\sqrt{2}$,且

$$P = \frac{1}{2}U_{\mathrm{m}}I_{\mathrm{m}}\cos(\varphi_u - \varphi_i) = UI\cos(\varphi_u - \varphi_i)$$

电感和电容不吸收平均功率,电阻吸收的平均功率是 I^2R。

(15) 当负载阻抗等于从负载端点看过去的戴维南阻抗的共轭复数($Z_L = Z_s^*$)时,有最大的平均功率 $P_{L\max} = \dfrac{U_s^2}{4R_s}$ 传送到负载中去。

(16) 周期信号 $f(t)$ 的有效值是它的均方根值

$$F = \sqrt{\frac{1}{T}\int_0^T f^2(t)\mathrm{d}t}$$

非正弦周期电压的有效值为

$$U = \sqrt{U_0^2 + U_1^2 + U_2^2 + \cdots + U_k^2 + \cdots}$$

$$= \sqrt{\sum_{k=0}^{\infty} U_k^2}$$

其中,U_0——直流分量;

U_k——第 k 次谐波的有效值。

非正弦周期电流的有效值为

$$I = \sqrt{\sum_{k=0}^{\infty} I_k^2}$$

(17) 功率因数是电压和电流相位差的余弦函数

$$p_i = \cos(\varphi_u - \varphi_i) = \cos\varphi$$

功率因数也是负载阻抗角的余弦函数,或者是有功功率与无功功率之比,若电流滞后于电压(电感性负载),则 p_i 是滞后的;若电流超前于电压(电容性负载),则 p_i 是超前的。

(18) 视在功率 S(VA)是电压和电流有效值的乘积

$$S = UI = \sqrt{P^2 + Q^2}$$

其中,Q 是无功功率。

(19) 无功功率 Q(VAR)为

$$Q = UI\sin(\varphi_u - \varphi_i) = UI\sin\varphi$$

(20) 复功率 $\tilde{S}$(VA)是电压相量有效值和电流相量有效值的共轭复数的乘积,它也是有功功率 P 和无功功率 Q 的复数和,即

$$\tilde{S} = UI^* = UI\angle\varphi_u - \varphi_i = P + jQ$$

(21) 从经济原因考虑,功率因数的提高是必需的。改善负载功率因数也就是降低了总的无功功率。

6.7.2 思考

(1) 用相量作为正弦稳态电路分析的基本数学工具,其理论根据是什么?

(2) 相量分析方法的优点在何处? 它与时域分析方法的区别在哪里?

(3) 正弦稳态电路的功率和能量特性与直流电路比较有何区别和联系?

(4) 如何理解有功功率、无功功率和视在功率所包含的物理内容?

(5) 功率因数的概念反映着正弦稳态电路的什么性质?

(6) 谐振电路的品质因数 Q 和谐振频率 ω_0,为什么只决定于电路的结构和元件参数? 它们与电源的频率或性质有无联系?

(7) 在谐振电路中,品质因数 Q 的物理意义如何理解?

习 题 6

6.1 若 $u_1(t)=30\sin(\omega t+10°)$ 和 $u_2(t)=20\sin(\omega t+50°)$，下述哪些是正确的( )。

A. $u_1(t)$超前$u_2(t)$； B. $u_2(t)$超前$u_1(t)$； C. $u_2(t)$滞后$u_1(t)$； D. $u_1(t)$滞后$u_2(t)$；

E. $u_1(t)$和$u_2(t)$同相

6.2 电感两端的电压超前于流过它的电流90°,对否( )。

A. 是； B. 非

6.3 阻抗的虚部称作( )。

A. 电阻； B. 导纳； C. 电纳； D. 电导； E. 电抗

6.4 电容器的阻抗随着频率的增加而增加,对否( )。

A. 是； B. 非

6.5 一个串联RLC电路,其$R=30\Omega$,$X_C=-50\Omega$,$X_L=90\Omega$,该电路的阻抗是( )。

A. $30+j140\Omega$； B. $30+j40\Omega$； C. $30-j40\Omega$； D. $-30-j40\Omega$； E. $-30+j40\Omega$

6.6 电感所吸收的平均功率是零,对否( )。

A. 是； B. 非

6.7 一个网络,从负载两端看过去的戴维南阻抗是$80+j55\Omega$,要得到最大的功率传输,其负载阻抗是( )。

A. $-80+j55\Omega$； B. $-80-j55\Omega$； C. $80-j55\Omega$； D. $80+j55\Omega$

6.8 家中电源插座上的120V,60Hz电源的幅度是( )。

A. 110V； B. 120V； C. 170V； D. 210V

6.9 若负载阻抗是$20-j20$,功率因数是( )。

A. $\angle-45°$； B. 0； C. 1； D. 0.7071； E. 哪个都不是

6.10 包含给定负载所有功率信息的量是( )。

A. 功率因数； B. 视在功率； C. 平均功率； D. 无功功率； E. 复功率

6.11 无功功率的度量单位是( )。

A. 瓦特； B. V·A； C. VAR； D. 哪个都不是

6.12 一个电源接有三个并联的负载Z_1、Z_2和Z_3,下列哪个是错误的( )。

A. $P=P_1+P_2+P_3$； B. $Q=Q_1+Q_2+Q_3$； C. $S=S_1+S_2+S_3$； D. $\tilde{S}=\tilde{S}_1+\tilde{S}_2+\tilde{S}_3$

6.13 已知图6-38中$i_1(t)=2\sqrt{2}\cos\omega t$A,若:(1) $i_2(t)=2\sqrt{2}\cos(\omega t+60°)$A;(2) $i_2(t)=1$A;(3) $i_2(t)=2\sqrt{2}\cos(3\omega t+60°)$A.试求$i(t)$的瞬时值和有效值。

6.14 已知电路如图6-39所示,$\omega=\omega_0$,求使$Z_{ab}=2R$时的L和C。

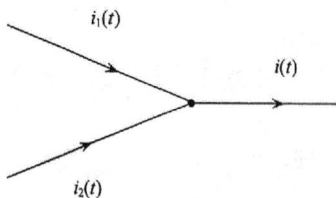

图6-38 习题6.13图

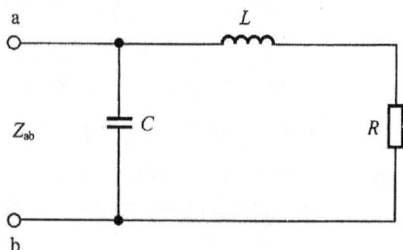

图6-39 习题6.14图

6.15 已知图 6-40 所示电路处于正弦稳态工作,激励 $u_1(t)=2\cos 2t\text{V}$,转移电阻 $r=5\Omega$。
(1) 求出 ab 端戴维南等效电路;(2) 求出电流 $i_2(t)$。

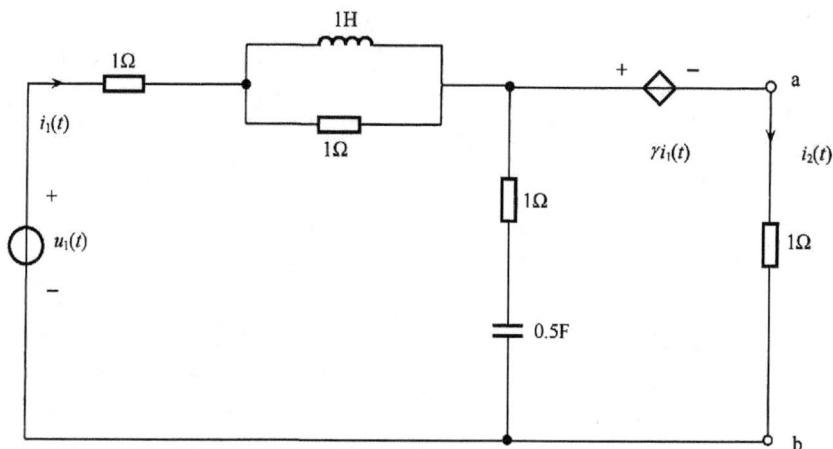

图 6-40 习题 6.15 图

6.16 已知图 6-41 示电路处于稳态工作,$i_1(t)=4\cos 2t\text{A}$,$i_2(t)=\sin 2t\text{A}$,试求 $u_1(t)$。

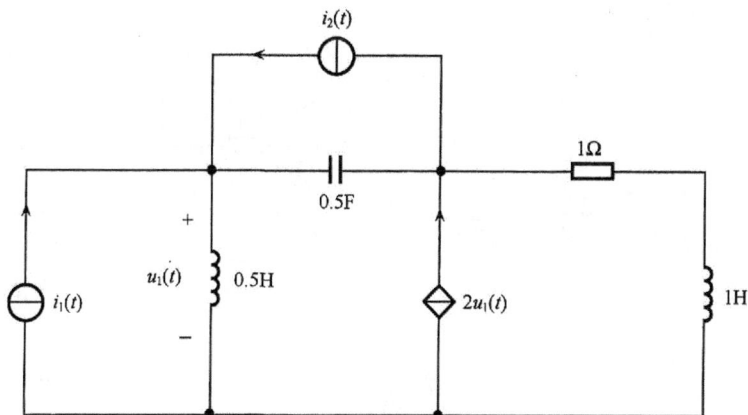

图 6-41 习题 6.16 图

6.17 已知电路如图 6-42 所示,$u_s(t)=10\cos 5t\text{V}$,$i(t)=2\cos 4t\text{A}$ 求电流 $i_o(t)$。

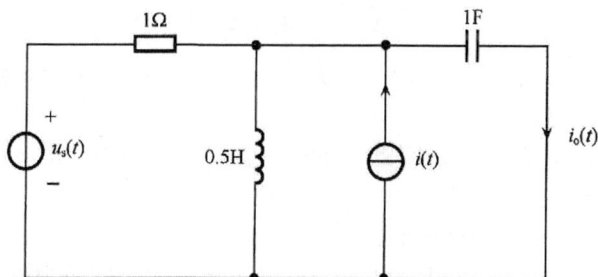

图 6-42 习题 6.17 图

6.18　试求图6-43所示电路的输入阻抗Z_{ab}。

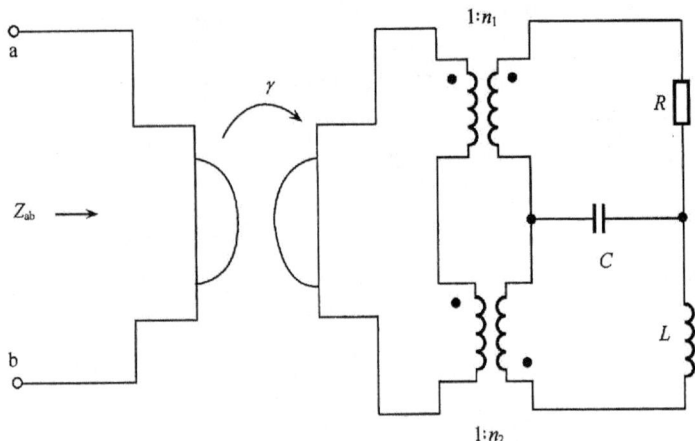

图6-43　习题6.18图

6.19　已知图6-44所示电路中，A为理想运放，激励$u_s(t)=\cos t$(V)，试用节点分析法求出输出响应$u_o(t)$。

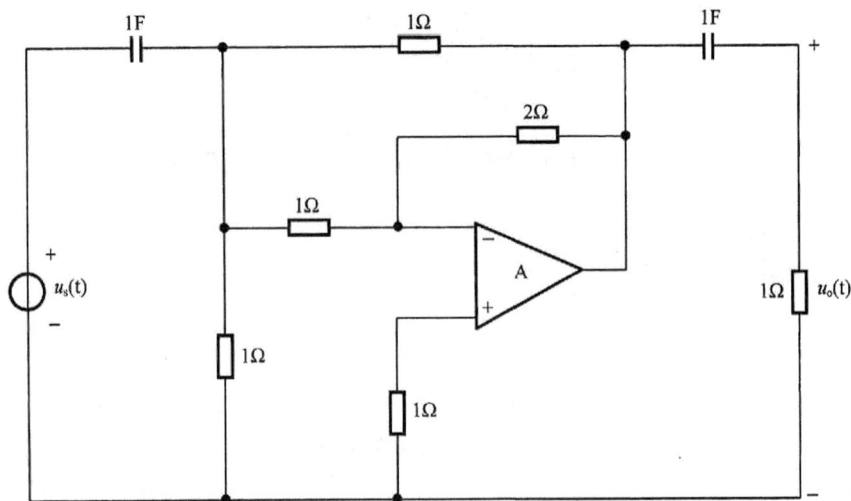

图6-44　习题6.19图

6.20　已知电路如图6-45所示，求：(1) $\dot{I}$；(2) 求整个电路吸收的平均功率P、无功功率Q、视在功率S和功率因数p_f。

6.21　为使图6-46所示电路获得最大功率，Z_L应为多少？此时$P_{Lmax}=?$

6.22　已知RLC并联电路如图6-47所示，试求：

(1) $Z(j\omega)$；(2) ω_0；(3) B；(4) Q。

6.23　已知图6-48(a)所示幅度为200V，周期为1ms的方波作用在图6-48(b)所示RL电路上，且$R=50\Omega$，$L=25$mH，试求稳态时电感电压$u_L(t)$。

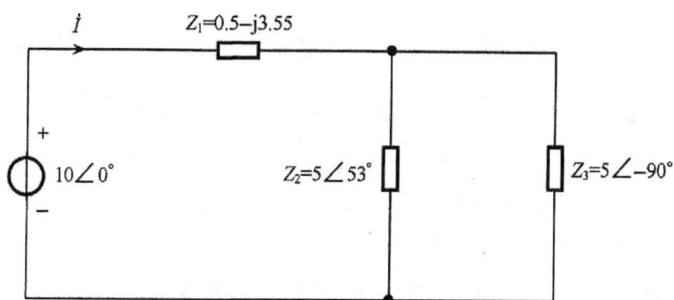

图 6-45 习题 6.20 图

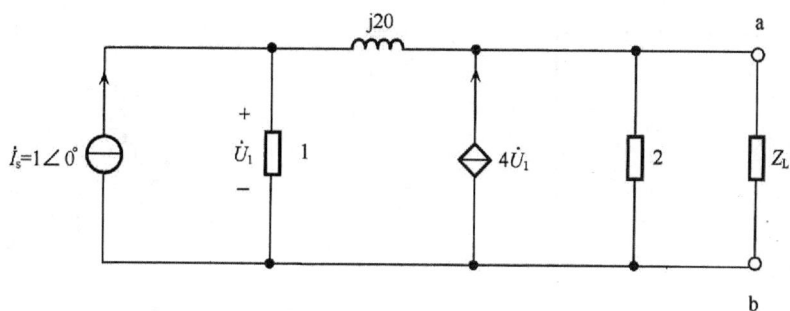

图 6-46 习题 6.21 图

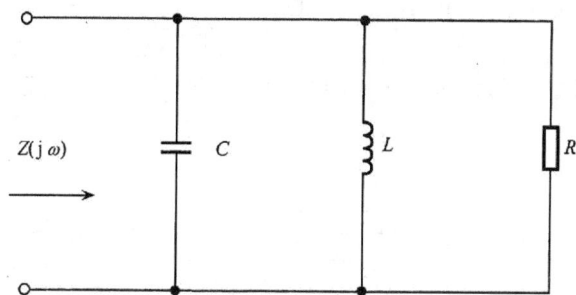

图 6-47 习题 6.22 图

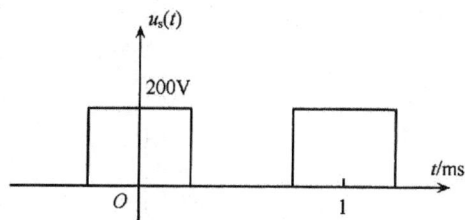

(a)

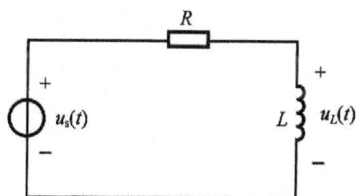

(b)

图 6-48 习题 6.23 图

6.24 已知一个二端网络的端口电压和端口电流分别为

$$u(t) = 10\sqrt{2}\sin\left(\omega t - \frac{\pi}{4}\right) + 6\sqrt{2}\sin 2\omega t + 4\sqrt{2}\sin\left(3\omega t + \frac{\pi}{4}\right)$$

$$i(t) = 10 + 4\sqrt{2}\sin\left(\omega t + \frac{\pi}{4}\right) + 5\sqrt{2}\sin\left(3\omega t + \frac{\pi}{4}\right)$$

试求网络的平均功率、无功功率、视在功率、畸变功率和功率因数。

6.25 已知图 6-49 所示电路,其中 $u_s(t)=(10+3\cos t)\text{V}, L=2\text{H}, C=1\text{F}, R=1\Omega$,试求电路的端口所能提供的最大功率。

6.26 试求图 6-50 所示电路中流过理想变压器初、次级的电流。图中 $\dot{U}_s=12\angle 0°\text{mV}, Z_C=-\text{j}10\Omega, R=10\Omega, n_1:u_2=1:2.5$。

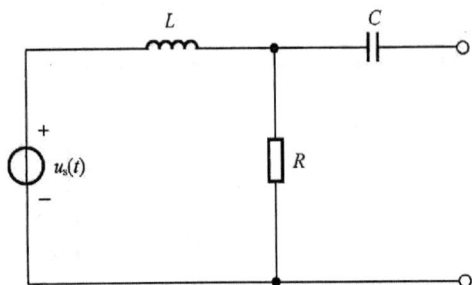

图 6-49 习题 6.25 图　　　　　图 6-50 习题 6.26 图

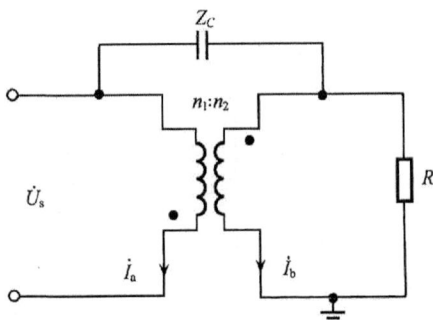

6.27 图 6-51 所示电路在谐振频率下工作,$f=\dfrac{1}{2\pi\sqrt{LC}}$,试证明各支路电流与 R_1 无关,又设 $\dot{U}_{s1}$ 和 $\dot{U}_{s2}$(有效值相量)大小相等,相位差 $\dfrac{\pi}{2}$,则当 $R_2=\sqrt{\dfrac{L}{C}}$ 时,试证明只有一个网孔有电流。

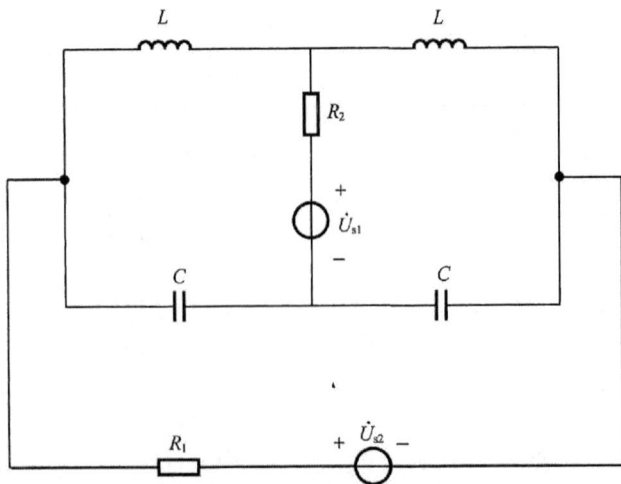

图 6-51 习题 6.27 图

第7章 三相电路

内容提要

本章主要是介绍三相电路的概念,了解和掌握对称三相电源、三相电源的 Y 形(星形)和△形(三角形)连接方式和特点,三相负载的连接方法以及相电流与线电流的关系,三相电路的功率的概念及计算,对称三相电路、不对称三相电路的概念及计算。

7.1 三相交流电路

三相电路用来发电、传输和分配大功率电能,对这种系统的分析涉及的领域很宽。世界上电力系统供电方式,采用三相制供电体系。三相电路的基本结构包括电压源、负载、变压器以及传输线,对于这种电路的分析,可以简化为电压源与负载通过导线相连的电路。忽略变压器可以简化分析,同时也不会影响对计算问题的理解(图7-1)。

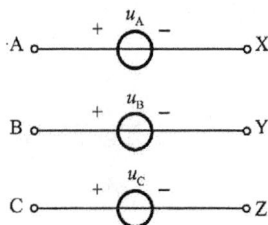

图 7-1 三相电源示意

7.1.1 三相电源

三相制:三个电压源,频率相同,相位不同,由它们组成的供电体。

对称三相电源:是由 3 个等幅值、同频率、初相依次相差120°的正弦电压源按一定的连接方式组成的电源。各电压源分别为 u_A、u_B 和 u_C,称为 A 相、B 相和 C 相电压。

A、B、C—绕组的始端(首端),电源的正极性端;

X、Y、Z—绕组的终端(末端),电源的负极性端。

三相对称电源依次称为 A 相、B 相、C 相,它们的电压为

$$u_A = \sqrt{2} U_p \cos\omega t$$

$$u_B = \sqrt{2} U_p \cos(\omega t - 120°)$$

$$u_C = \sqrt{2} U_p \cos(\omega t - 240°) = \sqrt{2} U_p \cos(\omega t + 120°)$$

以 A 相电压 u_A 作为参考正弦量,它们对应的相量形式为

$$\dot{U}_A = U_P \angle 0°$$

$$\dot{U}_B = U_P \angle -120°$$

$$\dot{U}_C = U_P \angle -240° = U_P \angle 120°$$

对称三相电压的波形和相量图如图7-2所示。

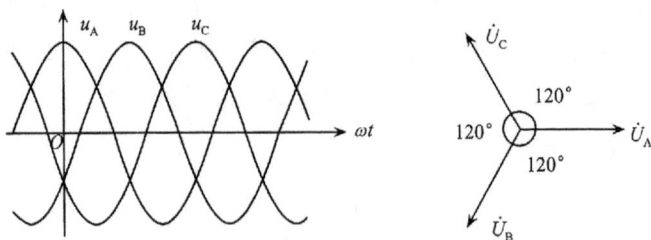

图7-2 对称三相电源电压波形和相量图

上述三相电压的相序(次序)A、B、C 称为正序或顺序。与此相反,如B 相超前A 相120°,C 相超前B 相,这种相序称为反序或逆序。电力系统一般采用正序。今后均指正序(顺序)。由对称三相电压各相的相量图知

$$\dot{U}_A + \dot{U}_B + \dot{U}_C = 0$$

7.1.2 三相电源的连接

在三相电路中,一般有两种接法:Y 形(星形)和△形(三角形)。

1.星形连接(Y)

图7-3 是三相电源的星形(Y)连接。三个电源的末端X、Y、Z 连接为公共节点N,称为中点,由中点引出的线N′N 称为中线(地线),由始端A、B、C 分别引出的线称为端线(火线)。端线与中线间的电压为相电压 $\dot{U}_{AN'}$、$\dot{U}_{BN'}$、$\dot{U}_{CN'}$,简写为 $\dot{U}_A$、$\dot{U}_B$、$\dot{U}_C$;端线与端线之间的电压称为线电压(图7-4),如 $\dot{U}_{AB}$、$\dot{U}_{BC}$、$\dot{U}_{CA}$。

相电压有效值表示为 U_P,线电压有效值表示为 U_l,则线电压可以表示为

$$\dot{U}_{AB} = \dot{U}_A - \dot{U}_B = \sqrt{3} U_P \angle 30° = U_l \angle 30° = \sqrt{3} \dot{U}_A \angle 30°$$

$$\dot{U}_{BC} = \dot{U}_B - \dot{U}_C = U_l \angle -90° = \sqrt{3} \dot{U}_B \angle 30°$$

$$\dot{U}_{CA} = \dot{U}_C - \dot{U}_A = U_l \angle 150° = \sqrt{3} \dot{U}_C \angle 30°$$

由以上可见,若相电压是对称的,则线电压也是对称的,而且线电压的有效值是相电压有效值的 $\sqrt{3}$ 倍,即

$$U_1 = \sqrt{3}\,U_P$$

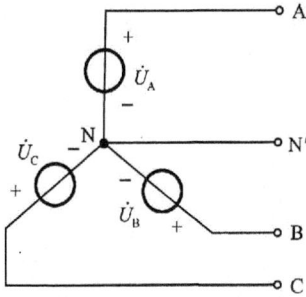

图 7-3　星形(Y)连接

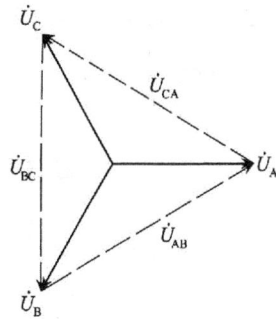

图 7-4　星形(Y)连接相、
线电压关系

2. 三角形(△)连接

图 7-5 是三相电源的△形连接。三个电源的始、末端依次相连(即 B 与 X、C 与 Y、A 与 Z 相连接)构成回路,并从三个连接点引出端线。

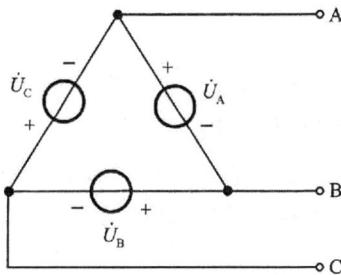

图 7-5　三角形(△)连接

由图 7-5 可见,三相电源接成△形时,$\dot{U}_{AB}=\dot{U}_A$,$\dot{U}_{BC}=\dot{U}_B$,$\dot{U}_{CA}=\dot{U}_C$,也即线电压等于相电压。

在正确连接的情况下,三相电源构成的回路中有 $\dot{U}_A+\dot{U}_B+\dot{U}_C=0$,这时电源能正常运行。但若将一相电压接反,譬如,C 相电源 $\dot{U}_C$ 将 Y 与 Z,A 与 C 相接,则回路中总电压为

$$\dot{U}_A + \dot{U}_B + (-\dot{U}_C) = -2\dot{U}_C$$

这样,就有一个有效值等于两倍相电压的电压源作用于闭合回路,由于发电机绕组的阻抗很小,故在回路中产生很大的电流,致使发电机绕组烧毁,因此三相电源极少接成△形。

7.1.3 三相负载的连接

三相负载的接法也有两种：Y 形（星形）和 △ 形（三角形），具体方式如图 7-6(a)、(b)所示。

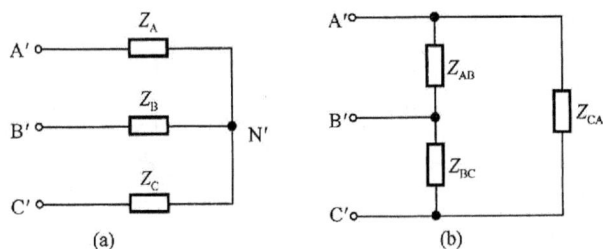

图 7-6　三相负载的连接方式

负载对称

$$Z_A = Z_B = Z_C$$
$$Z_{AB} = Z_{BC} = Z_{CA}$$

7.1.4 三相电路

由三相电源与三相负载连接而成的系统，有以下五种情况：

(1) Y_0-Y_0 接：电源 Y 接、负载 Y 接（三相四线制，有中线）。

(2) Y-Y 接：电源 Y 接、负载 Y 接（三相三线制，无中线）。

(3) Y-△接：电源 Y 接、负载△接（三相三线制）。

(4) △-Y 接：电源△接、负载 Y 接（三相三线制）。

(5) △-△接：电源△接、负载△接（三相三线制）。

对称三相电路：电源、负载均对称。否则为不对称三相电路。

7.2　对称三相电路的计算

对称三相电路指三相电源及负载都对称的电路。由于三相电路是正弦电流电路的一种特殊类型，因而正弦电路的分析方法对三相电路完全适合，但对称三相电路由于对称性而引起一些特殊规律，利用它可以化简运算。

三相电路中，三个负载连接成 Y 形或△形，如果三个负载的参数相同，则称为对称三相负载，否则称为不对称负载。由对称三相电源和对称三相负载组成的三相电路（如考虑连接导线的阻抗，三条端线的阻抗也相等）称为对称三相电路。这里只讨论对称三相电路的一些基本知识。

首先分析对称三相四线制 Y_0-Y_0 系统，然后得出其他形式的对称三相四线制系统的分析方法。

对称三相四线制 Y_0-Y_0 系统电路如图7-7所示。

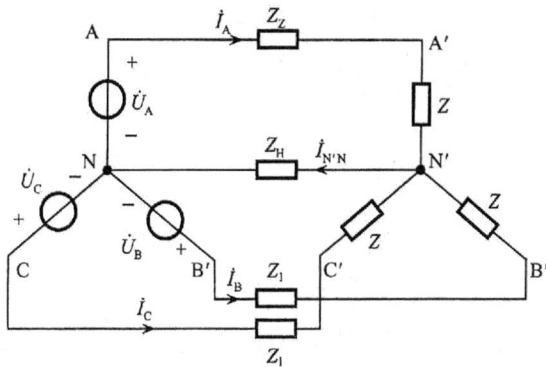

图 7-7　对称三相四线制 Y_0-Y_0 系统电路

（1）用节点电压法求 $\dot{U}_{NN}$

$$\left(\frac{1}{Z+Z_1}+\frac{1}{Z+Z_1}+\frac{1}{Z+Z_1}+\frac{1}{Z_N}\right)\dot{U}_{NN}=\frac{\dot{U}_A+\dot{U}_B+\dot{U}_C}{Z+Z_1}$$

解得

$$\dot{U}_{NN}=0$$

（2）由于 $\dot{U}_{NN}=0$，所以 N 点和 N′ 点之间短路，原电路可分解为三个单相电路，如图7-8所示。

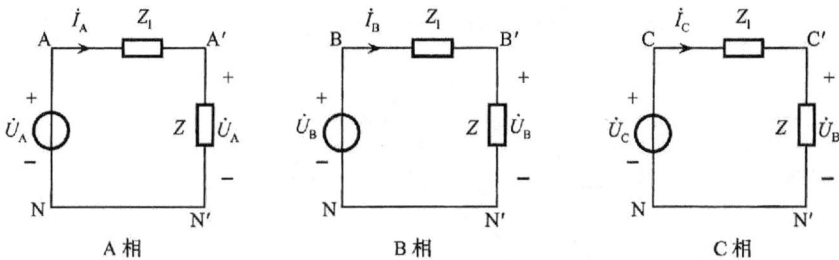

图7-8　分解图

注意：单相电路中没有中线阻抗 Z_N，各相之间互相独立。

图7-8中构成对称三相电流，由 $\dot{I}_A$、$\dot{I}_B$、$\dot{I}_C$ 构成，即中线电流为0，表示在对称 Y_0-Y_0 中，中线不起作用，所以在对称三相电路中 Y_0-Y_0 连接形式等同于 Y-Y 连接。

由以上的计算可归纳出，计算三相对称 Y-Y 和 Y_0-Y_0 电路的方法和步骤如下：

① 画出单相电路图(A 相),并计算 $\dot I_A$

$$\dot I_A = \frac{\dot U_A}{Z_l + Z}$$

② 根据对称关系求出另外两相。在图7-7 中的对称关系：$\dot I_B = \dot I_A \angle -120°$
$\dot I_C = \dot I_A \angle 120°$

$$\dot U_{A'N'} = Z\dot I_A$$

$$\dot U_{B'N'} = Z\dot I_B = \dot U_{A'N'} \angle -120°$$

$$\dot U_{C'N'} = Z\dot I_C = \dot U_{A'N'} \angle +120°$$

由此可见,$\dot U_{A'N'}$、$\dot U_{B'N'}$、$\dot U_{C'N'}$ 为三相对称相量。

同理,$\dot U_{AA'}$、$\dot U_{BB'}$、$\dot U_{CC'}$ 为三相对称相量,$\dot U_{A'B'}$、$\dot U_{B'C''}$、$\dot U_{C''A'}$ 为三相对称相量。

③ 对 Y-△、△-Y、△-△ 连接需采用 △→Y 等效变换,换成 Y-Y 连接。

电源部分：由 △ 连接→Y 连接采用以下公式

$$Y \text{ 连接每相电压} = \frac{\triangle \text{ 连接每相电压}}{\sqrt 3}$$

阻抗部分：由 △ 连接→Y 连接采用 $Z_Y = \dfrac{Z_\triangle}{\sqrt 3}$

例7.1　三相对称电路如图 7-9 所示。已知负载 $Z = 300\angle 30°\Omega$,线路阻抗 $Z_l = 10 + 10\mathrm{j}\Omega$,电源侧线电压 $U_L = 380\mathrm{V}$。求各相、线电流及 $\dot U_{AB}$。

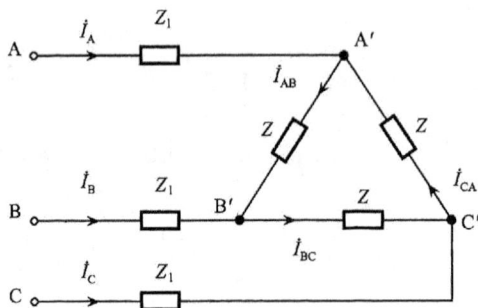

图 7-9　例 7.1 图

解　负载做 △→Y 变换,先对单相求解

设 $\dot U_A = \dfrac{1}{\sqrt 3} U_l \angle 0° \approx 220 \angle 0°\mathrm{V}$,则

$$\dot I_A = \frac{\dot U_A}{Z_l + \dfrac{Z}{3}} = 1.93 \angle -31.84°\mathrm{A}$$

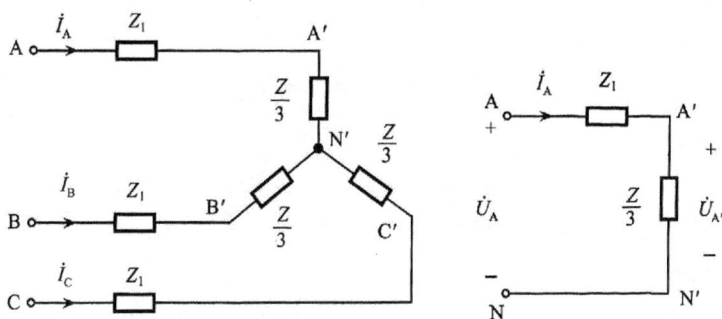

图7-10 例7.1图

$$\dot{I}_\text{B} = 1.93\angle(-31.84° - 120°) = 1.93\angle - 151.84°\text{A}$$

$$\dot{I}_\text{C} = 1.93\angle - 31.84° + 120° = 1.93\angle 88.16°\text{A}$$

对应的相电流

$$\dot{I}_\text{AB} = \frac{1}{\sqrt{3}}\dot{I}_\text{A}\angle 30° = 1.11\angle - 1.84°\text{A}$$

$$\dot{I}_\text{BC} = 1.11\angle - 121.84°\text{A}$$

$$\dot{I}_\text{CA} = 1.11\angle 118.16°\text{A}$$

$$\dot{U}_\text{AB} = Z\dot{I}_\text{AB} = 333\angle 28.16°\text{V}$$

另

$$\dot{U}_\text{A'} = \frac{\dfrac{Z}{3}}{\dfrac{Z}{3} + Z_1}\dot{U}_\text{A} = 193.45\angle - 1.84°\text{V}$$

$$\dot{U}_\text{AB} = \sqrt{3}\dot{U}_\text{A'}\angle 30° = 335\angle 28.16°\text{V}$$

7.3 三相电路的功率及测量

本节主要介绍有关三相电路的功率的概念和计算方法。同时对测量的方法给予介绍。

7.3.1 有功功率(平均功率)P

负载 Y 接

$$P = P_\text{A} + P_\text{B} + P_\text{C}$$

$$P = U_\text{A}I_\text{A}\cos\varphi_\text{A} + U_\text{B}I_\text{B}\cos\varphi_\text{B} + U_\text{C}I_\text{C}\cos\varphi_\text{C}$$

三相对称

$$P = 3U_PI_P\cos\varphi = \sqrt{3}\,U_lI_l\cos\varphi$$

其中

$$I_l = I_P, U_l = \sqrt{3}\,U_P$$

负载△连接

$$P = P_{AB} + P_{BC} + P_{CA}$$

$$P = U_{AB}I_{AB}\cos\varphi_{AB} + U_{BC}I_{BC}\cos\varphi_{BC} + U_{CA}I_{CA}\cos\varphi_{CA}$$

三相对称

$$P = 3U_PI_P\cos\varphi = \sqrt{3}\,U_lI_l\cos\varphi$$

其中

$$I_l = \sqrt{3}\,I_P, \qquad U_l = U_P$$

对称三相

$$P = 3U_PI_P\cos\varphi = \sqrt{3}\,U_lI_l\cos\varphi$$

其中, $\cos\varphi$ 为负载的功率因数。

7.3.2 无功功率 Q

对称: $Q = 3U_AI_A\sin\varphi = 3U_PI_P\sin\varphi = \sqrt{3}\,U_lI_l\sin\varphi$

7.3.3 视在功率 S

对称

$$S = 3U_AI_A = 3U_PI_P = \sqrt{3}\,U_lI_l = \sqrt{P^2 + Q^2}$$

7.3.4 瞬时功率 p

三相电路的瞬时功率为各负载瞬时功率之和,即

$$
\begin{aligned}
p &= p_A + p_B + p_C = u_Ai_A + u_Bi_B + u_Ci_C \\
&= \sqrt{2}\,U_P\cos\omega t \cdot \sqrt{2}\,I_P\cos(\omega t - \varphi) \\
&\quad + \sqrt{2}\,U_P\cos(\omega t - 120°) \cdot \sqrt{2}\,I_P\cos(\omega t - \varphi - 120°) \\
&\quad + \sqrt{2}\,U_P\cos(\omega t + 120°)\sqrt{2}\,I_P\cos(\omega t + 120° - \varphi) \\
&= 3U_PI_P\cos\varphi + U_PI_P[\cos(2\omega t - \varphi) + \cos(2\omega t + 120° - \varphi) \\
&\quad + \cos(2\omega t - 120° - \varphi)] \\
&= 3U_PI_P\cos\varphi = \sqrt{3}\,U_lI_l\cos\varphi = P = 常数
\end{aligned}
$$

此式表明,对称三相电路的瞬时功率是一个常数,其值等于平均功率。这是对称三相电路的一个优越的性能。习惯上把这一性能称为瞬时功率平衡。

7.3.5 测量方法

1.三相四线制

如图 7-11 所示,若三相对称,只需测一相的功率即可。三相功率为所测值的 3 倍。

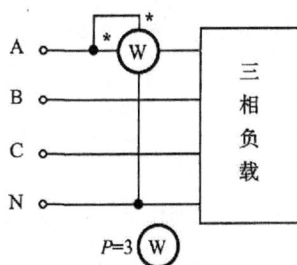

图 7-11 对称三相四线制功率的测量

若三相不对称时,用三个表分别测量。三相总功率为三个表之和。

2.三相三线制

在三相三线制电路中,不论对称与否,可以使用两个功率表的方法测量三相功率。两个功率两表法的接法如图 7-12(a)或(b)所示。两个功率表的电流线圈分别串入两端线中,它们的电压线圈的非电源端(即无 * 端)共同接到非电流线圈所在的第 3 条端线上。可以看出,这种测量方法中功率表的接线只触及端线,而与负载和电源的连接方式无关。这种方法习惯上称为二瓦计法。

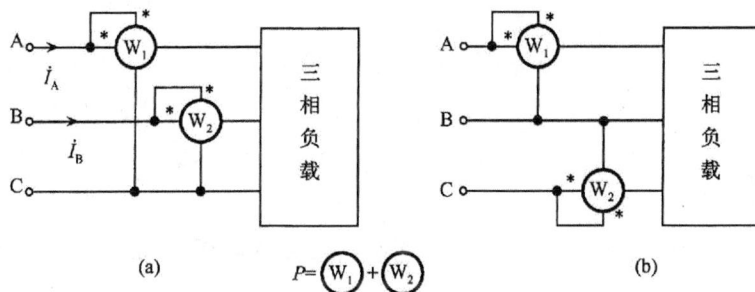

图 7-12 二瓦特表法

可以证明图 7-12(a)或(b)两个瓦特表读数的代数和为三相三线制中右侧电路吸收的平均功率。

以图7-12(a)为例,设两个功率表的读数分别用 P_1 和 P_2 表示,根据功率表的工作原理,有

$$P_1 = \mathrm{Re}[\dot{U}_{AC}\dot{I}_A^*]$$

$$P_2 = \mathrm{Re}\,[\dot{U}_{BC}\dot{I}_B^*]$$

所以

$$P_1 + P_2 = \mathrm{Re}[\dot{U}_{AC}\dot{I}_A^* + \dot{U}_{BC}\dot{I}_B^*]$$

因为

$$\dot{U}_{AC} = \dot{U}_A - \dot{U}_C, \quad \dot{U}_{BC} = \dot{U}_B - \dot{U}_C, \quad \dot{I}_A^* + \dot{I}_B^* = -I_C^*$$

代入上式有

$$P_1 + P_2 = \mathrm{Re}[\dot{U}_A\dot{I}_A^* + \dot{U}_B\dot{I}_B^* + \dot{U}_C\dot{I}_C^*] = \mathrm{Re}[\overline{S}_A + \overline{S}_B + \overline{S}_C] = \mathrm{Re}[\overline{S}]$$

上式表示右侧三相负载的有功功率。

若图 7-12 中(a)为在对称三相制,则由图 7-13 的相量图可以得出

$$P_1 = \mathrm{Re}[\dot{U}_{AC}\dot{I}_A^*] = U_{AC}I_A\cos(\varphi - 30°)$$

$$P_2 = \mathrm{Re}[\dot{U}_{BC}\dot{I}_B^*] = U_{BC}I_B\cos(\varphi + 30°)$$

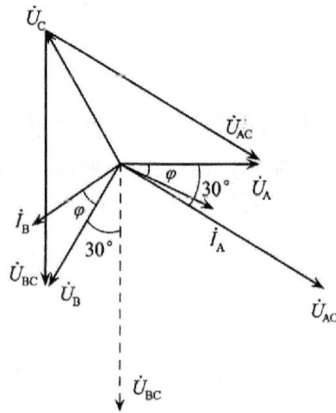

图 7-13　相量图

3. 对称三相电路的无功测量

对于对称三相电路,可以用瓦特表测出其无功功率,接线如图 7-14 所示。

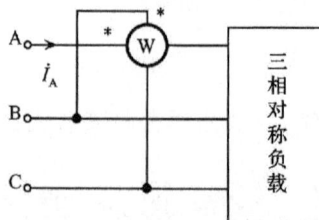

图 7-14　无功功率的测量

在图7-14中,设瓦特表的读数为P,根据图7-15的相量图则有

$$P = \mathrm{Re}[\dot{U}_{BC}\dot{I}_A^*] = U_{BC}I_A\cos(90° - \varphi) = U_{BC}I_A\sin\varphi = U_lI_l\sin\varphi$$

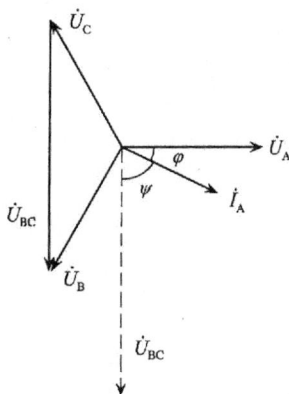

图7-15　相量图

负载的无功功率$Q = \sqrt{3}U_lI_l\sin\varphi = \sqrt{3}P$,即瓦特表读数的$\sqrt{3}$倍就是三相对称负载的无功功率。

例7.2　如图7-16所示,Z_1、Z_2为感性负载,△接的总功率为10kW,$\cos\varphi_1=$ 0.8;Y接的总功率为7.5kW,$\cos\varphi_2=0.88$。线路阻抗$Z_l=0.2+j0.3\Omega$。电源对称,负载侧线电压$U_l=380$V。求电源侧线电压。

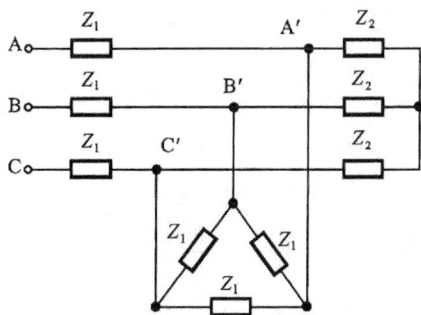

图7-16　例7.2图

解　画单相(A相)电路如图7-17所示。将三相对称负载Z_1由△连接→Y连

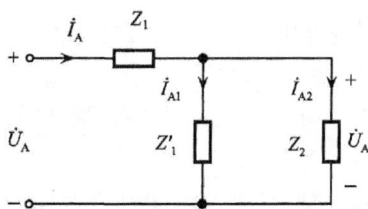

图7-17　A相电路

接,其 Y 连接阻抗用 Z'_1 表示,则有 $Z'_1 = \dfrac{Z_1}{3}$。

(1) 求 Z_1。

设 △ 的相电流 I_{P1}

$$I_{P1} = \frac{P_1}{3U_{P1}\cos\varphi_1} = \frac{10^4}{3 \times 380 \times 0.8} = 10.96(\text{A})$$

$$|Z_1| = U_{P1}/I_{P1} = 34.67\Omega, \qquad \varphi_1 = \arccos 0.8 = 36.87°$$

所以

$$Z_1 = 34.67\angle 36.87°\Omega, \qquad Z'_1 = 11.56\angle 36.87°\Omega$$

(2) 求 Z_2。

设 Y 接的相电流为 I_{P2}

$$I_{P2} = \frac{P_2}{3U_{P2}\cos\varphi_2} = \frac{7500}{3 \times \dfrac{380}{\sqrt{3}} \times 0.88} = 12.95(\text{A})$$

$$|Z_2| = U_{P2}/I_{P2} = \frac{380}{\sqrt{3}}\Big/ 12.95 \approx 16.94(\Omega)$$

$$\varphi_2 = \arccos 0.88 = 28.36°$$

所以

$$Z_2 = 16.94\angle 28.36°\Omega$$

(3) $U_{A'} = U_1/\sqrt{3} \approx 220\text{V}$

设

$$\dot{U}_{A'} = 220\angle 0°\text{V}$$

则

$$\dot{I}_{A1} = \dot{U}_{A'}/Z'_1 = 19.03\angle -36.87°(\text{A}) = 15.22 - j11.42(\text{A})$$

$$\dot{I}_{A2} = \dot{U}_{A'}/Z_2 = 12.98\angle -28.36° = 11.42 - j6.16(\text{A})$$

$$\dot{I}_A = \dot{I}_{A1} + \dot{I}_{A2} = 26.64 - j17.58 = 31.92\angle -33.42°(\text{A})$$

$$\dot{U}_A = Z_1\dot{I}_A + \dot{U}_{A'} = 0.36\angle 56.3° \times 31.92\angle -33.42° + 220$$

$$= 11.49\angle 22.89° + 220 = 230.59 + j4.47 = 230.63\angle 1.11°(\text{V})$$

所以

$$电源侧线电压 = \sqrt{3} \times 230.63 = 399.46$$

7.4 不对称三相电路的计算

在三相电路中,只要有一部分不对称就称为不对称三相电路。本节简要介绍负载不对称三相电路的分析。

图 7-18 所示的电路为不对称三相电路，可将其按一般正弦电路来处理。

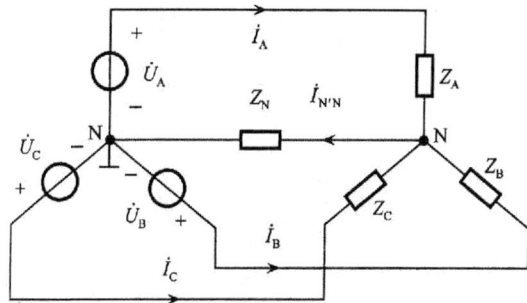

图 7-18 不对称三相电路

如果图 7-18 是电源对称负载不对称的三相电路，则用节点法求解 $\dot{U}_{\mathrm{N'N}}$。
设 N 为参考节点，列方程

$$\left(\frac{1}{Z_{\mathrm{A}}} + \frac{1}{Z_{\mathrm{B}}} + \frac{1}{Z_{\mathrm{C}}} + \frac{1}{Z_{\mathrm{N}}}\right)\dot{U}_{\mathrm{N'N}} = \frac{\dot{U}_{\mathrm{A}}}{Z_{\mathrm{A}}} + \frac{\dot{U}_{\mathrm{B}}}{Z_{\mathrm{B}}} + \frac{\dot{U}_{\mathrm{C}}}{Z_{\mathrm{C}}}$$

由于负载不对称，使得上式等号右边不为 0，即 $\dot{U}_{\mathrm{N'N}} \neq 0$，N 点和 N′ 点电位不同，由图 7-19 的相量关系可以看出，N 点和 N′ 点不重合，这一现象称为中性点位移或称中性点漂移。在电源对称情况下，可以根据中性点位移的情况判断负载端不对称的程度。此外，由于负载的不对称，各相之间相互影响。

图 7-18 中，各线电路求法如下

$$\dot{I}_{\mathrm{A}} = \frac{\dot{U}_{\mathrm{A}} - \dot{U}_{\mathrm{N'N}}}{Z_{\mathrm{A}}}$$

$$\dot{I}_{\mathrm{B}} = \frac{\dot{U}_{\mathrm{B}} - \dot{U}_{\mathrm{N'N}}}{Z_{\mathrm{B}}} \neq \dot{I}_{\mathrm{A}} \angle -120°$$

$$\dot{I}_{\mathrm{C}} = \frac{\dot{U}_{\mathrm{C}} - \dot{U}_{\mathrm{N'N}}}{Z_{\mathrm{C}}} \neq \dot{I}_{\mathrm{A}} \angle 120°$$

$$\dot{I}_{\mathrm{N'N}} = \dot{I}_{\mathrm{A}} + \dot{I}_{\mathrm{B}} + \dot{I}_{\mathrm{C}} \neq 0$$

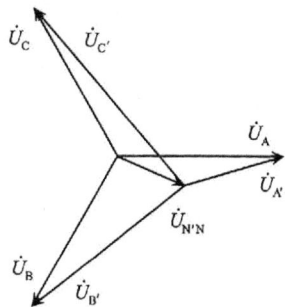

图 7-19 相量图

由此可见，由于相电流的不对称，使得中线电流一般不为 0。

例7.3 如图 7-20 所示，电源对称，其相电压 $U_{\mathrm{P}} = 220\mathrm{V}$，负载是三个白炽灯，其额定工作电压为 220V，A、B 两相灯泡为 100W，C 相灯泡为 25W。求：

（1）当开关 K 打开时，各相灯泡承受的电压以及它们实际承载的功率。

（2）当开关 K 闭合时的中线电流。

解

$$R_{\mathrm{A}} = R_{\mathrm{B}} = \frac{U^2}{P_{\mathrm{A}}} = \frac{220^2}{100} = 484(\Omega), \qquad R_{\mathrm{C}} = \frac{U^2}{P_{\mathrm{C}}} = \frac{220^2}{25} = 1936(\Omega)$$

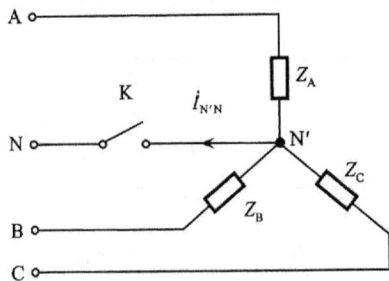

图 7-20 例 7.3 图

(1) 开关 K 打开时

设

$$\dot U_{AN} = 220\angle 0°V$$

则

$$\dot U_{BN} = 220\angle - 120°V, \qquad \dot U_{CN} = 220\angle 120°V$$

节点法

$$\dot U_{N'N} = \frac{\dfrac{220}{484} + \dfrac{220\angle - 120°}{484} + \dfrac{220\angle 120°}{1936}}{\dfrac{2}{484} + \dfrac{1}{1936}} = 73.33\angle - 60°(V)$$

$$\dot U_{AN} = \dot U_{AN} - \dot U_{N'N} = 220 - 73.33\angle - 60° = 183.33 + j63.51$$
$$= 193.97\angle 19.11°(V)$$

$$\dot U_{BN} = \dot U_{BN} - \dot U_{N'N} = 220\angle - 120° - 73.33\angle - 60° = 193.97\angle 139.11°(V)$$

$$\dot U_{CN} = \dot U_{CN} - \dot U_{N'N} = 220\angle 120° - 73.33\angle - 60° = 293.3\angle 120°(V)$$

$$P_A = P_B = \frac{193.97^2}{484} = 77.74(W), \qquad P_C = \frac{293.3^2}{1936} = 44.434(W)$$

7.5　总结与思考

7.5.1　总结

三相制在发电、输电和用电方面都有很多优点。本章的重点是:对称三相电路中相电压、线电压、相电流、线电流的关系;对称三相电路的计算、功率及其测量。本章的难点是:相电压与线电压、相电流与线电流的转换、功率及其测量。

1.基本概念

(1)相电压、线电压、相电流、线电流。

（2）对称三相电路。

（3）不对称三相电路。

（4）三相功率。

2. 三相电源的连接

对称三相电源通常有两种连接方式：Y形连接和△形连接。

3. 三相电路

（1）三相负载：三个独立负载按Y、△形连接后称为三相负载。

对称三相负载

$$Z_A = Z_B = Z_C$$

（2）三相电路：三相电源与三相负载的组合电路称为三相电路。

（3）各电源与负载均对称的三相电路称为对称三相电路，否则称为非对称三相电路。

4. 对称三相电路的计算

1）对称△形负载三相电路的计算

当仅有一组△形负载时，若三相电压对称，不管三相电源为何种连接，均可计算出线电压$\dot{U}_{AB}$、$\dot{U}_{BC}$、$\dot{U}_{CA}$，将三相电路等效为△-△形式。

2）对称Y形负载三相电路的计算

当仅有一组Y形负载时，无论电源为何种连接，只要三相电源对称，均可将电源转化为Y连接。电源转换的原则是保证$\dot{U}_{AB}$、$\dot{U}_{BC}$、$\dot{U}_{CA}$不变。三相电路等效成Y-Y形式。

5. 非对称三相电路的概念与计算

1）概述

电源或负载不对称的三相电路称为非对称三相电路。

利用对称三相电路的特点，采用特殊的方法，可使对称三相电路的分析得以简化。但对于非对称三相电路，一般而言只能采取一般正弦稳态电路的分析方法。对于一些典型非对称三相电路的分析方法通常有两种：一是电源对称、负载不对称的Y-Y电路；二是电源对称、负载部分对称、部分负载不对称的三相电路。

2）Y-Y非对称电路的分析

设Y-Y电路中电源是对称的，就可以根据节点分析方法，计算出负载中性点与电源中性点间的电压。

6. 三相电路功率的计算与测量

1）三相电路功率的计算
三相电路功率的计算如表 7-1 所示。

表 7-1　三相电路功率计算

类　　别	一般三相电路	对称三相电路
复功率的计算	$S = S_A + S_B + S_C$	$S = 3S_A$
有功功率的计算	$P = P_A + P_B + P_C$	$P = 3U_PI_P\cos\varphi$ $Q = 3U_PI_P\sin\varphi$
无功功率的计算	$Q = Q_A + Q_B + Q_C$	$P = \sqrt{3}\,U_{AB}I_A\cos\varphi$ $Q = \sqrt{3}\,U_{AB}I_A\sin\varphi$
瞬时功率的计算	$p = p_A + p_B + p_C$	$p = 3U_PI_P\cos\varphi = P$

2）三相功率的测量

（1）三相四线制功率的测量,原理上采用三只单相功率表对每相功率分别进行测量,但实际测量总功率（有功功率或无功功率）时,采用的是三单元合一的三相四线制功率表,即电压、电流线圈各三只,但只有一个读数是三相功率之和。若测量各相的功率,则只能用单相功率表来测量。

（2）三相三线制功率的测量（二表法）。具体接线方式有三种,原理上用两只单相功率表测量,两只表读数的代数和为三相负载的总功率。实际功率表一般采用电压、电流线圈各两只,而读数只有一个,即三相功率。必须注意：①两只单相功率表测量时,一只表的读数无实际价值。②一只表的读数可能会出现负值,这时,若采用两只指针式单相功率表,必须适当改线才能进行测量,但两表合一的表,不必考虑该问题。③二表法不能用于有中线的三相四线制非对称电路,但三相四线制中对称负载的功率测量可以采用。④二表法可以测量三相三线制的对称或非对称电路的功率。

7.5.2　思考

（1）三相电与单相电相比较,其优势是什么？
（2）对称三相电路的总瞬时功率是恒定的,为什么？
（3）大功率直流电的电子整流器是从三相电源取得能量吗？
（4）三相电源有几种连接方式？各有什么特点和优势？
（5）什么是二表法？有何作用？

习　题　7

7.1　图 7-21 所示三相电路中,对称三相电源的相电压为 220V,各灯泡电阻相等且假定为线性电阻,当中线发生断路时,电压$U_{A'N'}$等于多少?

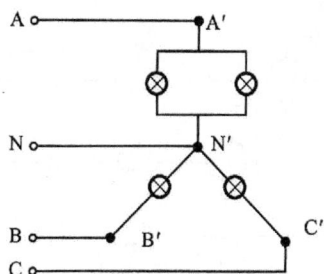

图 7-21　习题 7.1 图

7.2　对称三相电压源按图7-22所示连接,每相电压有效值均为220V,则电压U_{AC}有效值等于多少?

7.3　一台电动机接在380V的线路上使用,若功率为10kW,功率因数为0.8,求其电流。

7.4　图7-23所示对称三相电路中,已知电源线电压$U_1=380V$,$R=40\Omega$,$\dfrac{1}{\omega C}=30\Omega$,求三相负载功率$P$。

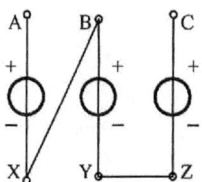

图 7-22　习题 7.2 图

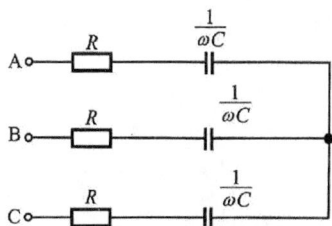

图 7-23　习题 7.4 图

7.5　在图 7-24 所示对称三相 Y-△形电路中,已知负载电阻 $R=38\Omega$,相电压 $\dot{U}_A=220\angle 0°V$。求各线电流 $\dot{I}_A,\dot{I}_B,\dot{I}_C$。

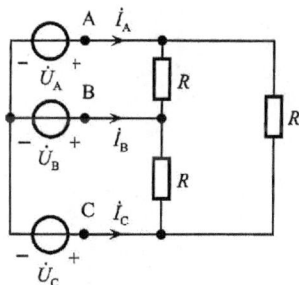

图 7-24　习题 7.5 图

7.6　图7-25所示对称三相电路中,两块功率表采用如图接法。已知电源线负载电源线电压U_1=380V，R=10Ω，$\frac{1}{\omega C}$=10$\sqrt{3}$ Ω。试求两个功率表的读数各为多少？

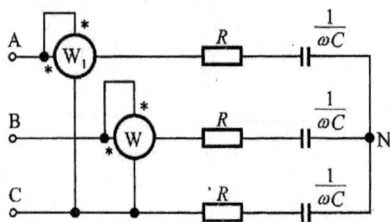

图 7-25　习题 7.6 图

第8章 电路的复频域分析方法

内容提要

本章在详细介绍了拉普拉斯变换的基础上建立了LTI电路的复频域分析方法。它是经典电路理论的核心内容之一,是分析较复杂的、高阶电路与系统的重要手段。在复频域分析的基础上,本章重点介绍了LTI电路的另一种I/O模型——系统函数。首先讨论系统函数的概念、性质和求解方法;然后详细介绍了系统函数零、极点分析法;最后讨论了网络的瞬态响应、频率响应和稳定性问题。理解s域零、极点分析方法是从电路、网络向系统概念过渡的一个重要台阶,因此本章是现代电路系统理论的重要内容。

8.1 拉普拉斯变换的定义

在前面的章节中,已经介绍了电路的时域分析方法。在时域分析时,首先必须建立电路与系统的微分方程、确定系统的初始条件,再使用经典法或叠加法求解系统的全响应。这样的解法对于较为简单的一阶和二阶系统是可行的,但是对于更为复杂的、更高阶的系统,这样的方法就显得较为繁琐。本章介绍的复频域分析方法,通过拉普拉斯变换,将时域的微分方程变换为复频域的代数方程,再在复频域中求解,最后再作反变换求得时域的表达式。这种方法具有广泛的适用性,是求解高阶复杂电路的重要方法。

一个定义在$[0,\infty)$区间的函数$f(t)$,其拉普拉斯变换用$F(s)$表示,定义为

$$F(s) = \int_{0_-}^{\infty} f(t)e^{-st}dt \tag{8.1}$$

其中,$s=\sigma+j\omega$,为复数;$F(s)$称为$f(t)$的象函数;$f(t)$称为$F(s)$的原函数。拉普拉斯变换简称为拉氏变换。

从式(8.1)中可以看出:函数$f(t)$通过拉氏变换后成为了复变量s的函数,因此,拉氏变换是将时域的函数$f(t)$变换到s域的复变量函数$F(s)$。其中,变量s称为复频率,应用拉氏变换进行的电路分析称为电路的复频域分析,又称为s域分析。注意,并非所有的函数都存在拉氏变换。保证拉氏变换在$\text{Re}\{s\}>\sigma_0$时绝对收敛的充分条件如下:

(1) 函数$f(t)$在每一个有限区间$t_1<t<t_2$内可积,其中$0\leq t_1<t_2<\infty$。

(2) 对于某些 σ_0, 极限 $\lim\limits_{t \to \infty} e^{-\sigma_0 t} |f(t)|$ 存在。

在电路分析中,绝大多数函数均满足以上两个条件。因此,在以后的分析中,假设所涉及的函数均满足以上两个条件。

同样的,定义了拉氏反变换

$$f(t) = \frac{1}{2\pi \mathrm{j}} \int_{\sigma - \mathrm{j}\omega}^{\sigma + \mathrm{j}\omega} F(s) \mathrm{e}^{st} \mathrm{d}s \tag{8.2}$$

通常,人们用 $L[f(t)]$ 表示对时域函数 $f(t)$ 作拉氏变换,用 $L^{-1}[F(t)]$ 表示对复变函数 $F(s)$ 作拉氏反变换。

例8.1 求下列函数的拉氏变换

(1) 单位冲击函数 $\delta(t)$。

(2) 单位阶跃函数 $u(t)$。

(3) 单边指数函数 $\mathrm{e}^{-\alpha t} u(t)$。

解 (1) 单位冲击函数的拉氏变换:

$$F(s) = \int_{0_-}^{\infty} \delta(t) \mathrm{e}^{-st} \mathrm{d}t = \int_{0_-}^{0_+} \delta(t) \mathrm{e}^{-st} \mathrm{d}t = \mathrm{e}^{-s \cdot 0} = 1$$

(2) 单位阶跃函数的拉氏变换

$$F(s) = \int_{0_-}^{\infty} u(t) \mathrm{e}^{-st} \mathrm{d}t = \int_{0_-}^{\infty} \mathrm{e}^{-st} \mathrm{d}t = -\left. \frac{1}{s} \mathrm{e}^{-st} \right|_{0}^{\infty} = \frac{1}{s}$$

(3) 单边指数函数的拉氏变换

$$F(s) = \int_{0_-}^{\infty} \mathrm{e}^{-\alpha t} u(t) \mathrm{e}^{-st} \mathrm{d}t = \int_{0}^{\infty} \mathrm{e}^{-(\alpha + s)t} \mathrm{d}t = \frac{1}{s + \alpha}$$

由以上的例子可以看出,由于拉氏变换的定义包含了 $t = 0_-$ 时刻,因此单位冲击函数和单位阶跃函数的拉氏变换形式都较为简单,这样的性质会对以后的电路分析带来方便。

8.2 拉普拉斯变换的基本性质

拉普拉斯变换有许多重要的性质,了解和掌握这些性质有助于更好地理解和掌握拉普拉斯变换。

1. 线性性质

若 $F_1(s)$ 和 $F_2(s)$ 分别是 $f_1(t)$ 和 $f_2(t)$ 的拉普拉斯变换,则

$$L[\alpha_1 f_1(t) + \alpha_2 f_2(t)] = \alpha_1 F_1(s) + \alpha_2 F_2(s) \tag{8.3}$$

其中,α_1 和 α_2 是常数。

证明

$$L[\alpha_1 f_1(t) + \alpha_2 f_2(t)] = \int_{0_-}^{\infty} [\alpha_1 f_1(t) + \alpha_2 f_2(t)] \mathrm{e}^{-st} \mathrm{d}t$$

$$= \alpha_1 \int_{0_-}^{\infty} f_1(t) e^{-st} dt + \alpha_2 \int_{0_-}^{\infty} f_2(t) e^{-st} dt$$

$$= \alpha_1 F_1(s) + \alpha_2 F_2(s)$$

例8.2 求解 $f(t) = \sin(\omega t) u(t)$ 和 $f(t) = \cos(\omega t) u(t)$ 的拉氏变换。

解 (1) $f(t) = \sin(\omega t) u(t) = \dfrac{1}{2j}(e^{j\omega t} - e^{-j\omega t})$

$$F(s) = \frac{1}{2j}[L(e^{j\omega t}) - L(e^{-j\omega t})]$$

$$= \frac{1}{2j}\left(\frac{1}{s - j\omega} - \frac{1}{s + j\omega}\right)$$

$$= \frac{\omega}{s^2 + \omega^2}$$

(2) $f(t) = \cos(\omega t) u(t) = \dfrac{1}{2}(e^{j\omega t} + e^{-j\omega t})$

$$F(s) = \frac{1}{2}[L(e^{j\omega t}) + L(e^{-j\omega t})]$$

$$= \frac{1}{2}\left(\frac{1}{s - j\omega} + \frac{1}{s + j\omega}\right)$$

$$= \frac{s}{s^2 + \omega^2}$$

2. 比例性质

若 $f(t)$ 的拉普拉斯变换为 $F(s)$,则

$$L[f(at)] = \frac{1}{a} F\left(\frac{s}{a}\right), \qquad a > 0 \tag{8.4}$$

证明

$$L[f(at)] = \int_{0_-}^{\infty} f(at) e^{-st} dt$$

令 $\tau = at$,则上式变为

$$L[f(at)] = \int_{0_-}^{\infty} f(\tau) e^{-\left(\frac{s}{a}\right)\tau} d\left(\frac{\tau}{a}\right) = \frac{1}{a} \int_{0_-}^{\infty} f(\tau) e^{-\left(\frac{s}{a}\right)\tau} dt = \frac{1}{a} F\left(\frac{s}{a}\right)$$

例8.3 求 $f(t) = \sin(2\omega t)$ 的拉氏变换。

解 已知

$$L[\sin(\omega t)] = \frac{\omega}{s^2 + \omega^2}$$

则由上述性质,有

$$L[\sin(2\omega t)] = \frac{1}{2} \times \frac{\omega}{\left(\frac{s}{2}\right)^2 + \omega^2} = \frac{2\omega}{s^2 + 4\omega^2}$$

3. 时域平移性质

若 $f(t)$ 的拉普拉斯变换为 $F(s)$，则

$$L[f(t-a)u(t-a)] = e^{-as}F(s) \qquad (8.5)$$

证明

$$L[f(t-a)u(t-a)] = \int_{0_-}^{\infty} f(t-a)u(t-a)e^{-st}dt = \int_{a}^{\infty} f(t-a)e^{-st}dt$$

令 $\tau = t-a$ 代入得

$$L[f(t-a)u(t-a)] = \int_{0_-}^{\infty} f(\tau)e^{-sa}e^{-st}d\tau = e^{-sa}F(s)$$

例8.4 求图 8-1 中矩形脉冲的拉氏变换。

解 $f(t) = E[u(t) - u(t-t_0)]$

$$F(s) = E\{L[u(t)] - L[u(t-t_0)]\}$$

$$= E\left(\frac{1}{s} - e^{-t_0 s} \cdot \frac{1}{s}\right)$$

$$= \frac{E}{s}(1 - e^{-t_0 s})$$

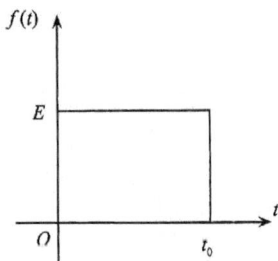

图 8-1　例 8.4 图

4. s 域的平移性质

若 $f(t)$ 的拉普拉斯变换为 $F(s)$，则

$$L[e^{-at}f(t)] = F(s+a) \qquad (8.6)$$

证明

$$L[e^{-at}f(t)] = \int_{0}^{\infty} e^{-at}f(t)e^{-st}dt = \int_{0}^{\infty} f(t)e^{-(s+a)t}dt = F(s+a)$$

例8.5 求 $f(t) = e^{-at}\sin(\omega t)$ 的拉氏变换。

解 已知 $L[\sin(\omega t)] = \dfrac{\omega}{s^2 + \omega^2}$ 则由上述性质，有

$$L[e^{-at}\sin(\omega t)] = \frac{\omega}{(s+a)^2 + \omega^2}$$

5. 原函数微分性质

若 $f(t)$ 的拉普拉斯变换为 $F(s)$，则

$$L\left[\frac{\mathrm{d}f(t)}{\mathrm{d}t}\right] = sF(s) - f(0_-) \qquad (8.7)$$

证明

$$L\left[\frac{\mathrm{d}f(t)}{\mathrm{d}t}\right] = \int_{0_-}^{\infty} \frac{\mathrm{d}f(t)}{\mathrm{d}t}e^{-st}dt$$

用分部积分法，则有

$$L\left[\frac{\mathrm{d}f(t)}{\mathrm{d}t}\right] = f(t)\mathrm{e}^{-st}\Big|_{0_-}^{\infty} - \int_{0_-}^{\infty} f(t)(-s\mathrm{e}^{-st})\mathrm{d}t$$

$$= 0 - f(0_-) + s\int_{0_-}^{\infty} f(t)\mathrm{e}^{-st}\mathrm{d}t$$

$$= sF(s) - f(0_-)$$

例8.6 利用原函数微分性质求 $f(t) = \delta(t)$ 的拉氏变换。

解 已知

$$f(t) = \delta(t) = \frac{\mathrm{d}u(t)}{\mathrm{d}t}, \qquad L[u(t)] = \frac{1}{s}$$

则有

$$L[f(t)] = L\left[\frac{\mathrm{d}u(t)}{\mathrm{d}t}\right] = s \cdot \frac{1}{s} - u(0_-) = 1$$

6.原函数积分性质

若 $f(t)$ 的拉普拉斯变换为 $F(s)$，则

$$L\left[\int_{0_-}^{t} f(\xi)\mathrm{d}\xi\right] = \frac{F(s)}{s} \tag{8.8}$$

证明：令 $u = \int f(t)\mathrm{d}t$，$\mathrm{d}v = \mathrm{e}^{-st}\mathrm{d}t$，则

$$\mathrm{d}u = f(t)\mathrm{d}t, \qquad v = -\frac{\mathrm{e}^{-st}}{s}$$

利用分部积分法,有

$$L\left[\int_{0_-}^{t} f(\xi)\mathrm{d}\xi\right] = \int_{0_-}^{\infty}\left[\int_{0_-}^{t} f(\xi)\mathrm{d}\xi\right]\mathrm{e}^{-st}\mathrm{d}t$$

$$= \left(\int_{0_-}^{t} f(\xi)\mathrm{d}\xi\right)\frac{\mathrm{e}^{-st}}{-s}\Big|_{0_-}^{\infty} - \int_{0_-}^{\infty} f(t)\left(-\frac{\mathrm{e}^{-st}}{s}\right)\mathrm{d}t$$

只要 s 的实部 σ 足够大,当 $t\to\infty$ 和 $t=0_-$ 时,等式右边第一项都为零,所以有

$$L\left[\int_{0_-}^{\infty} f(\xi)\mathrm{d}\xi\right] = \frac{F(s)}{s}$$

例8.7 利用原函数积分性质求函数 $f(t) = t$ 的拉氏变换。

解 已知

$$f(t) = t = \int_{0}^{t} u(t)\mathrm{d}t$$

则有

$$L[f(t)] = \frac{1}{s} \times \frac{1}{s} = \frac{1}{s^2}$$

7. 卷积性质

若 $F_1(s)$ 和 $F_2(s)$ 分别是 $f_1(t)$ 和 $f_2(t)$ 的拉普拉斯变换,则

$$L[f_1(t) * f_2(t)] = F_1(s)F_2(s) \tag{8.9}$$

证明

$$L[f_1(t) * f_2(t)] = \int_{0_-}^{\infty} \int_{0_-}^{\infty} f_1(\tau)u(\tau)f_2(t-\tau)u(t-\tau)\mathrm{d}\tau e^{-st}\mathrm{d}t$$

交换积分次序并令 $x = t - \tau$,则有

$$L[f_1(t)f_2(t)] = \int_{0_-}^{\infty} f_1(\tau) \left[\int_{0_-}^{\infty} f_2(t-\tau)u(t-\tau)e^{-st}\mathrm{d}t \right] \mathrm{d}\tau$$

$$= \int_{0_-}^{\infty} f_1(\tau) \left[e^{-s\tau} \int_{0_-}^{\infty} f_2(x)e^{-sx}\mathrm{d}x \right] \mathrm{d}\tau$$

$$= F_1(s)F_2(s)$$

该式称为时域卷积定理,同理可以得到 s 域卷积定理

$$L[f_1(t)f_2(t)] = \frac{1}{2\pi\mathrm{j}}[F_1(s) * F_2(s)]$$

到此为止,介绍了拉普拉斯变换的一些基本性质。另外,拉氏变换还具有其他一些重要的性质,在此不进行一一介绍,读者可参阅相关书籍。

一些常用函数的拉氏变换请参考本书附录。

8.3   拉普拉斯反变换

在完成线性电路的 s 域求解后,要通过拉氏反变换求解其时域的表示式。由拉氏反变换的定义式可知,可由定义式(8.2)进行复变函数的积分求得。通常情况下,计算复变函数的积分比较麻烦,在实际上,人们往往可以借助一些代数运算,将象函数 $F(s)$ 分解为若干较简单的、可从常用变换表中查到的项,然后查出各项对应的原函数,求出它们的和,即为所求函数。这就是下面将要讲到的部分分式展开法。

假设 $F(s)$ 的一般形式为有理分式

$$F(s) = \frac{N(s)}{D(s)} = \frac{b_m s^m + b_{m-1}s^{m-1} + \cdots + b_1 s + b_0}{a_n s^n + a_{n-1}s^{n-1} + \cdots + a_1 s + a_0} \tag{8.10}$$

其中,系数 a_i 和 b_i 都为实数;m 和 n 为整数;$N(s)$ 是分子多项式,$D(s)$ 是分母多项式。$N(s)=0$ 的根称为 $F(s)$ 的零点,而 $D(s)=0$ 的根称为 $F(s)$ 的极点。

通常求解 $F(s)$ 的拉氏反变换包括以下两个步骤:

(1) 用有理分式法展开,将 $F(s)$ 分解为若干简单项。

(2) 求出各项的拉氏反变换,并求和。

下面按照 $D(s)=0$ 的根是单根、共轭复根和重根几种情况分别进行讨论:

(1) 如果 $D(s)=0$ 有 n 个单根,分别为 $p_1, p_2, \cdots, p_n$,且互不相等。则 $F(s)$ 可分

解为

$$F(s) = \frac{k_1}{s - p_1} + \frac{k_2}{s - p_2} + \cdots + \frac{k_n}{s - p_n}$$

其中，系数 $k_1, k_2, \cdots, k_n$ 又称为 $F(s)$ 的留数。下面就用留数法进行求解。

以 $(s - p_1)$ 乘以等式的两边，得到

$$(s - p_1)F(s) = k_1 + \frac{(s - p_1)k_2}{s - p_2} + \cdots + \frac{(s - p_1)k_n}{s - p_n}$$

令 $s = p_1$，则有

$$(s - p_1)F(s)|_{s=p_1} = k_1$$

同理，可以求得

$$k_i = (s - p_i)F(s)|_{s=p_i} \tag{8.11}$$

求得系数 k_i 后，就可以求出原函数

$$f(t) = (k_1 e^{p_1 t} + k_2 e^{p_2 t} + \cdots + k_n e^{p_n t})$$

例 8.8 求 $F(s) = \dfrac{s^2 + 7s + 10}{s^3 + 4s^2 + 3s}$ 的拉普拉斯反变换。

解
$$F(s) = \frac{s^2 + 7s + 10}{s^3 + 4s^2 + 3s} = \frac{(s+2)(s+5)}{s(s+1)(s+3)}$$

将 $F(s)$ 写成部分分式展开形式

$$F(s) = \frac{k_1}{s} + \frac{k_2}{s + 1} + \frac{k_3}{s + 3}$$

分别求得系数 k_1、k_2、k_3，得

$$k_1 = sF(s)|_{s=0} = \frac{2 \times 5}{1 \times 3} = \frac{10}{3}$$

$$k_2 = (s + 1)F(s)|_{s=-1} = \frac{1 \times 4}{(-1) \times 2} = -2$$

$$k_3 = (s + 3)F(s)|_{s=-3} = \frac{(-1) \times 2}{(-3) \times (-2)} = -\frac{1}{3}$$

则

$$F(s) = \frac{10}{3s} - \frac{2}{s + 1} - \frac{1}{3(s + 3)}$$

故

$$f(t) = \frac{10}{3} - 2e^{-t} - \frac{1}{3}e^{-3t}$$

(2) 如果 $D(s) = 0$ 具有共轭复根，则 $F(s)$ 可以分解为

$$F(s) = \frac{A_1 s + A_2}{s^2 + as + b} + F_1(s)$$

其中，$F_1(s)$ 是 $F(s)$ 的余部，它不含有共轭复极点。令

$$s^2 + as + b = s^2 + 2as + \alpha^2 + \beta^2 = (s + \alpha)^2 + \beta^2$$

配成完全平方,则令

$$A_1 s + A_2 = A_1(s + \alpha) + B_1\beta$$

故

$$F(s) = \frac{A_1(s + \alpha)}{(s + \alpha)^2 + \beta^2} + \frac{B_1\beta}{(s + \alpha)^2 + \beta^2} + F_1(s)$$

再由常用的拉氏变换对可以查出其反变换为

$$f(t) = A_1 e^{-\alpha t}\cos(\beta t) + B_1 e^{-\alpha t}\sin(\beta t) + f_1(t) \tag{8.12}$$

例8.9 求 $F(s) = \dfrac{s+3}{s^2 + 2s + 5}$ 的拉普拉斯反变换。

解 已知 $D(s) = 0$ 的根 $p_1 = -1+j2, p_2 = -1-j2$ 为共轭复根,则

$$A_1(s + 1) + B_1\beta = s + 3$$

解得

$$A_1 = 1, \qquad B_1 = 1$$

则有

$$f(t) = \frac{s + 1}{(s + 1)^2 + 2^2} + \frac{1}{(s + 1)^2 + 2^2} = e^{-t}\cos 2t + e^{-t}\sin 2t$$

(3) 如果 $D(s) = 0$ 具有重根,其中 $s = -p$ 处有 n 个重极点,则 $F(s)$ 可写为

$$F(s) = \frac{k_n}{(s + p)^n} + \frac{k_{n-1}}{(s + p)^{n-1}} + \cdots + \frac{k_1}{(s + p)} + F_1(s)$$

其中,$F_1(s)$ 是 $F(s)$ 的余部,它在 $s = -p$ 处无极点,上式中展开系数的方法与前述一样

$$k_n = (s + p)^n F(s)|_{s=-p}$$

对式子两边同乘 $(s+p)^n$,并对 s 求导,计算其在 $s = -p$ 时的值,即可得到

$$k_{n-1} = \frac{\mathrm{d}}{\mathrm{d}s}[(s + p)^n F(s)]\Big|_{s=-p}$$

同理有

$$k_{n-m} = \frac{1}{m!}\frac{\mathrm{d}^m}{\mathrm{d}s^m}[(s + p)^n F(s)]|_{s=-p}$$

再由公式

$$L^{-1}\left[\frac{1}{(s + a)^n}\right] = \frac{t^{n-1}e^{-at}}{(n - 1)!}$$

有

$$f(t) = k_1 e^{-pt} + k_2 t e^{-pt} + \frac{k_3}{2!}t^2 e^{-pt} + \cdots + \frac{k_n}{(n - 1)!}t^{n-1}e^{-pt} + f_1(t)$$

$$\tag{8.13}$$

例8.10 求 $F(s) = \dfrac{s-2}{s(s+1)^3}$ 的拉氏反变换。

解 将 $F(s)$ 分解，得

$$F(s) = \frac{k_{11}}{(s+1)^3} + \frac{k_{12}}{(s+1)^2} + \frac{k_{13}}{(s+1)} + \frac{k_2}{s}$$

易知

$$k_2 = sF(s)|_{s=0} = -2$$

$$k_{11} = (s+1)^3 F(s)|_{s=-1} = \frac{s-2}{s}\Big|_{s=-1} = 3$$

$$k_{12} = \frac{\mathrm{d}}{\mathrm{d}s}[(s+1)^3 F(s)]|_{s=-1} = 2$$

$$k_{13} = \frac{1}{2}\frac{\mathrm{d}^2}{\mathrm{d}s^2}[(s+1)^3 F(s)]|_{s=-1} = 2$$

则有

$$F(s) = \frac{3}{(s+1)^3} + \frac{2}{(s+1)^2} + \frac{2}{s+1} - \frac{2}{s}$$

因此，其反变换为

$$f(t) = \frac{3}{2}t^2 \mathrm{e}^{-t} + 2t\mathrm{e}^{-t} + 2\mathrm{e}^{-t} - 2, \quad t \geqslant 0$$

8.4 复频域电路分析方法

本节是本章的重点章节，在本节中，首先推导出基尔霍夫定律的复频域运算形式，从而导出基本电路元件的复频域模型，再运用前面章节中介绍的等效分析法、节点分析法和网孔分析法列写电路的复频域方程，进行求解。

8.4.1 基本电路元件的复频域模型

基尔霍夫定律的时域表示为
对于任一节点

$$\sum i(t) = 0$$

对于任一回路

$$\sum u(t) = 0$$

根据拉氏变换的线性性质得出基尔霍夫定律的运算形式为
对于任一节点

$$\sum I(s) = 0$$

对于任一回路

$$\sum U(s) = 0$$

下面根据基本电路元件在时域的电压、电流关系来推导其在复频域的电路模型。

1）电阻

电阻的电压与电流的关系的时域表示为

$$u_R(t) = Ri_R(t)$$

两边同时取拉氏变换，得

$$U_R(s) = RI_R(s) \qquad (8.14)$$

2）电感

电感的电压与电流的关系的时域表示为

$$u_L(t) = L\frac{\mathrm{d}i_L(t)}{\mathrm{d}t}$$

两边同时取拉氏变换，利用拉氏变换的微分性质，得

$$U_L(s) = sLI_L(s) - Li_L(0_-) \qquad (8.15)$$

$$I_L(s) = \frac{1}{sL}U_L(s) + \frac{i_L(0_-)}{s} \qquad (8.16)$$

其中，sL——电感的复频域等效阻抗；

$\dfrac{1}{sL}$——电感的复频域等效导纳；

$\dfrac{i_L(0_-)}{s}$——附加电流源的电流。

3）电容

电容的电压与电流的关系的时域表示为

$$i_C(t) = C\frac{\mathrm{d}u_C(t)}{\mathrm{d}t}$$

两边同时取拉氏变换，利用拉氏变换的微分性质，得

$$U_C(s) = \frac{1}{sC}I_C(s) + \frac{u_C(0_-)}{s} \qquad (8.17)$$

$$I_C(s) = sCU_C(s) - Cu_C(0_-) \qquad (8.18)$$

其中，$\dfrac{1}{sC}$——电容的复频域等效阻抗；

sC——电容的复频域等效导纳；

$\dfrac{u_C(0_-)}{s}$——附加电压源的电压。

图8-2给出了基本电路元件在时域和复频域的模型。

下面就来看看更为复杂的情况：LTI双口耦合电感，如图8-3所示。

其电流和电压的时域关系为

(a)

(b)

(c)

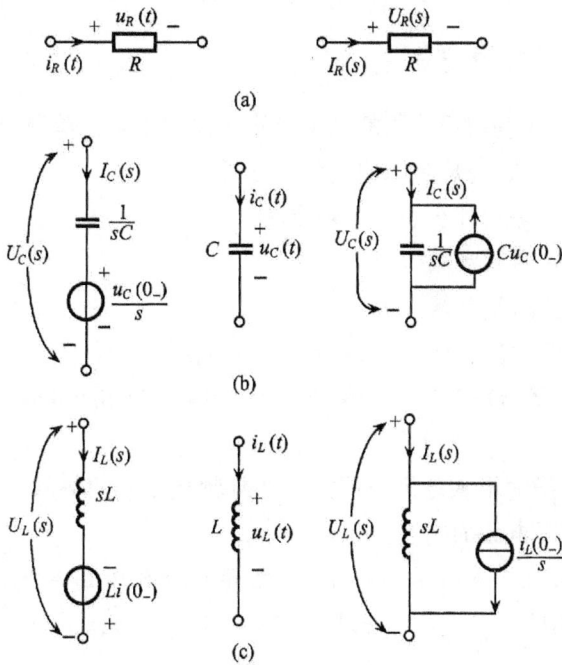

图 8-2　基本电路元件的时域和复频域模型

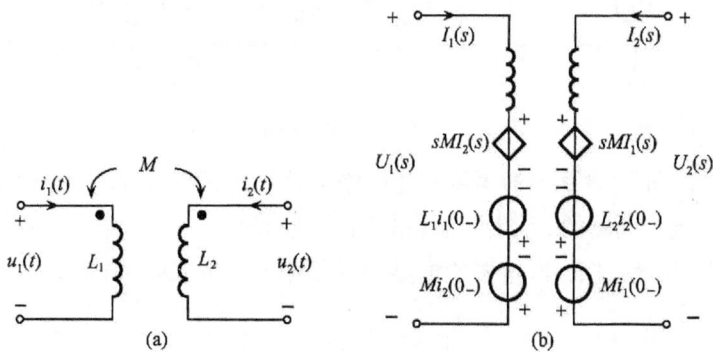

(a)　　　　　　　　　　　　　(b)

图 8-3　双口耦合电感电路

$$\begin{cases} u_1(t) = L_1 \dfrac{\mathrm{d}i_1(t)}{\mathrm{d}t} + M \dfrac{\mathrm{d}i_2(t)}{\mathrm{d}t} \\[2mm] u_2(t) = L_2 \dfrac{\mathrm{d}i_2(t)}{\mathrm{d}t} + M \dfrac{\mathrm{d}i_1(t)}{\mathrm{d}t} \end{cases}$$

对上式两边分别取拉氏变换,有

$$\begin{cases} U_1(s) = sL_1 I_1(s) - L_1 i_1(0_-) + sM I_2(s) - M i_2(0_-) \\ U_2(s) = sL_2 I_2(s) - L_2 i_2(0_-) + sM I_1(s) - M i_1(0_-) \end{cases} \tag{8.19}$$

其中,sM——互感的复频域等效阻抗;

$i_1(0_-)$和$i_2(0_-)$——两个电感中的初始电流。

8.4.2　复频域电路分析方法

在本小节中,将利用已建立的基本电路元件的复频域模型,并结合前面章节中讲述的时域分析方法,完成电路的复频域分析。

下面给出复频域电路分析的一般方法:

(1) 做出电路的复频域模型。

(2) 列写电路的复频域方程。

(3) 求解电路的复频域方程,得到电路的响应$Y(s)$。

(4) 对响应$Y(s)$作拉氏反变换,求得电路响应的时域表示形式:$y(t) = L^{-1}[Y(s)]$。

下面将以例子的形式分别说明如何在复频域中利用等效分析法、节点分析法和网孔分析法求得电路的响应。

例 8.11　如图 8-4 所示的电路中,已知 $R_1 = 3\Omega, R_2 = 2\Omega, L_1 = 0.3\text{H}, L_2 = 0.5\text{H}, M = 0.1\text{H}, C = 1\text{F}, U_s = U(t)\text{V}$。求 $t > 0$ 时的电流 $i(t)$。

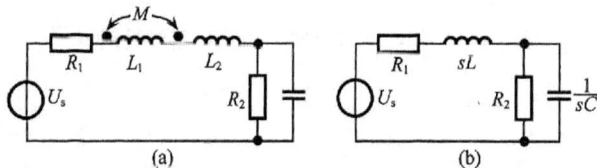

图 8-4　例 8.11 图

解　(1) 先对含互感的串联电感电路进行等效,得 $L = L_1 + L_2 + 2M = 1\text{H}$
然后做出该电路的 s 域电路模型如图 8-4(b)所示。

(2) 计算出通过 R_1 看过去的电路的复频域等效输入阻抗

$$Z_{\text{in}} = Z_L + Z_{R2} \,/\!/\, Z_C = \frac{2s^2 + s + 2}{2s + 1}$$

列写电路方程,得

$$U_s(s) = (R_1 + Z_{\text{in}})I(s)$$

即

$$\frac{1}{s} = \left(3 + \frac{2s^2 + s + 2}{2s + 1}\right)I(s)$$

(3) 求解得

$$I(s) = \frac{2s + 1}{2s^3 + 7s^2 + 5s}$$

(4) 对 $I(s)$ 作拉氏反变换得

$$i(t) = \left(\frac{1}{5} + \frac{2}{15}e^{-2.5t} - \frac{1}{3}e^{-t} \right)u(t)$$

例8.12 已知有源高通滤波器如图8-5(a)所示。A 为运放增益,且设运算放大器输入阻抗为无穷大,输出阻抗为零,电容中无初始储能。试求输出的零状态响应 $U_2(s)$。

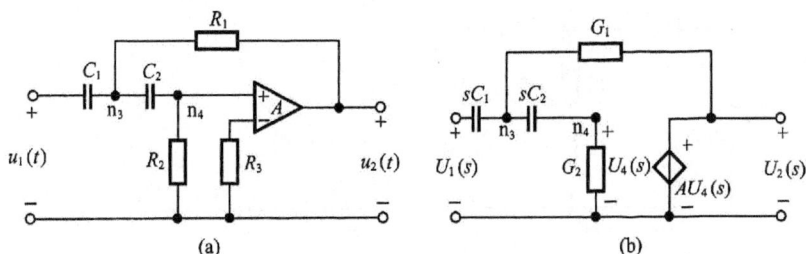

图8-5 例8.12图

解 (1) 作出滤波器的 s 域电路模型,如图8-5(b)所示。

(2) 对图8-5(b)列 n_3,n_4 的节点方程

$$\begin{cases} (sC_1 + sC_2 + G_1)U_3(s) - sC_2U_4(s) - G_1U_2(s) = sC_1U_1(s) \\ - sC_2U_3(s) + (sC_2 + G_2)U_4(s) = 0 \end{cases}$$

根据运放性质:$U_2(s) = AU_4(s)$代入上式得

$$\begin{cases} (sC_1 + sC_2 + G_1)U_3(s) - \left(\frac{1}{A}sC_2 + G_1 \right)U_2(s) = sC_1U_1(s) \\ - sC_2U_3(s) + \frac{1}{A}(sC_2 + G_2)U_2(s) = 0 \end{cases}$$

(3) 用克莱姆法则求解

$$U_2(s) = \frac{\Delta_2}{\Delta} = \frac{As^2U_1(s)}{s^2 + K_1s + K_2}$$

其中

$$\begin{cases} K_1 = \dfrac{G_2(C_1 + C_2) + G_2C_2(1 - A)}{C_1C_2} \\ K_2 = \dfrac{G_1G_2}{C_1C_2} = \dfrac{1}{R_1R_2C_1C_2} \end{cases}$$

例8.13 已知图 8-6(a)所示电路,$t = 0$ 以前开关闭合,电路已进入稳态;$t = 0$ 时开关断开,试求电流 $i_1(t)$ 和开关两端的电压 $u_K(t)$。

解 (1) 作出电路的 s 域模型,如图8-6(b)所示。

(2) 确定动态元件上的起始状态。

因为 $t < 0$ 时,电路处于稳态,L_1、L_2 短路,由图8.6(a)可得

$$i(0_-) = \frac{100}{4 + 1} = 20(A)$$

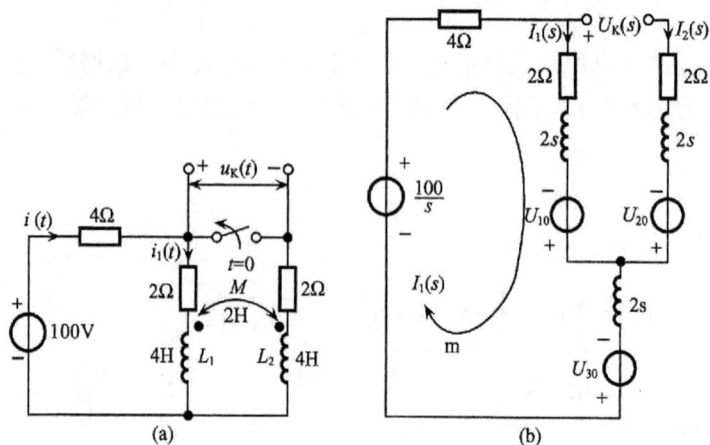

图 8-6 例 8.13 图

故

$$i_1(0_-) = i_2(0_-) = \frac{1}{2}i(0_-) = 10\text{A}$$

由此可计算出图 8-6(b) 中 U_{10}、U_{20}、U_{30}。

$$U_{10} = (L_1 - M)i_1(0_-) = 20\text{V}$$
$$U_{20} = (L_2 - M)i_2(0_-) = 20\text{V}$$
$$U_{30} = M[i_1(0_-) + i_2(0_-)] = 40\text{V}$$

(3) 求 $i_1(t)(t>0)$。

列网孔 m 的网孔方程,因 $I_2(s)=0$,故 $I_1(s)$ 即为网孔 m 的电流

$$(4 + 2 + 2s + 2s)I_1(s) = U_{10} + U_{30} + \frac{100}{s}$$

$$I_1(s) = \frac{\left(20 + 40 + \frac{100}{s}\right)}{6 + 4s} = \frac{50}{3} \times \frac{1}{s} - \frac{\frac{5}{3}}{s + \frac{3}{2}}$$

故

$$i_1(t) = L^{-1}\{I_1(s)\} = \left(\frac{50}{3} - \frac{5}{3}\text{e}^{-\frac{3}{2}t}\right)U(t)$$

(4) 求 $u_K(t)$。

$$U_K(s) = 2I_1(s) + 2sI_1(s) - U_{10} + U_{20} - 2sI_2(s) - 2I_2(s)$$
$$= 2I_1(s) + 2sI_1(s) - 20 + 20 - 0 - 0$$
$$= 30 + \frac{100}{3} \times \frac{1}{s} + \frac{5}{3} \times \frac{1}{s + \frac{3}{2}}$$

故

$$u_K(t) = L^{-1}\{U_K(s)\} = 30\delta(t) + \left(\frac{100}{3} + \frac{5}{3}e^{-\frac{3}{2}t}\right)U(t)(\mathrm{V})$$

8.5 网络函数的定义

在本章以前,曾经系统地讨论了电路与系统的建模和求解的普遍方法,利用这些方法可以对任何由线性时不变元件及电源组成的电路与系统进行分析。但在很多实际应用中所研究的网络是多端口网络,在这种多端网络中,电源可以作为电网络的输入激励,而其响应则为某些端口上的端电压或电流。此时常用另一种I/O数学模型——网络(系统)函数,来描述激励与响应之间的关系,一旦知道网络函数,则无需用前面的普遍分析方法就可以得到网络对一组激励的响应。实际上这是一个捷径,在许多情况下,可以大大节省精力和时间。在本节中先定义网络函数,然后再给出网络函数的求解方法。

众所周知,任何线性时不变网络,其完全响应等于它的零输入响应与零状态响应之和。根据拉氏变换的性质,其完全响应的拉氏变换等于零输入响应的拉氏变换与零状态响应的拉氏变换之和。

若某线性时不变网络在单输入 $f(t)$ 激励时,相应的响应为 $y(t)$,那么,用微分方程表示响应和激励的关系为

$$y^{(n)}(t) + a_{n-1}y^{(n-1)}(t) + \cdots + a_1y^{(1)}(t) + a_0y(t)$$
$$= b_M f^{(M)}(t) + b_{M-1}f^{(M-1)}(t) + \cdots + b_1 f(t) + b_0 f(t) \tag{8.20}$$

假定 $y(t) = y_{zp} + y_{zs}$,其中 y_{zp} 为零输入响应,y_{zs} 为零状态响应,则式(8.20)可变成

$$\left[y_{zp}^{(n)}(t) + a_{n-1}y_{zp}^{(n-1)}(t) + \cdots + a_1y_{zp}^{1}(t) + a_0y_{zp}(t)\right]$$
$$+ \left[y_{zs}^{(n)}(t) + a_{n-1}y_{zs}^{(n-1)}(t) + \cdots + a_1y_{zs}^{1}(t) + a_0y_{zs}(t)\right]$$
$$= b_M f^{(M)}(t) + b_{M-1}f^{(M-1)}(t) + \cdots + b_1 f(t) + b_0 f(t) \tag{8.21}$$

由于电路的零输入响应只与电路的元件参数和初始条件有关,与输入激励无关;而零状态响应只与电路元件参数和输入激励有关,与初始条件无关,所以由式(8.21)可得

$$y_{zp}^{(n)}(t) + a_{n-1}y_{zp}^{(n-1)}(t) + \cdots + a_1y_{zp}^{1}(t) + a_0y_{zp}(t) = 0 \tag{8.22}$$

$$y_{zs}^{(n)}(t) + a_{n-1}y_{zs}^{(n-1)}(t) + \cdots + a_1y_{zs}^{1}(t) + a_0y_{zs}(t)$$
$$= b_M f^M(t) + b_{M-1}f^{(M-1)}(t) + \cdots + b_1 f(t) + b_0 f(t) \tag{8.23}$$

对于式(8.22)、式(8.23)两边取拉氏变换则得

$$(s^n + a_{n-1}s^{n-1} + \cdots + a_1 s + a_0)y_{zp}(s) = 0 \tag{8.24}$$

$$(s^n + a_{n-1}s^{n-1} + \cdots + a_1 s + a_0)y_{zs}(s)$$
$$= (b_M s^m - b_{M-1}s^{m-1} + \cdots + b_1 s + b_0)F(s) \tag{8.25}$$

式(8.24)描述了电路的零输入响应,式(8.25)描述了电路的零状态响应。据

此,可以做出网络函数的一般性定义。

若一个线性时不变网络,它具有一个单一的独立电压源或独立电流源激励下,相应的零状态响应为$y(t)$,而且该激励$f(t)$可以是任意信号;与该激励相应的零状态响应为$y(t)$,则联系该输入激励和零状态响应的网络函数为

$$H(s) = \frac{网络零状态的拉氏变换}{输入激励的拉氏变换} = \frac{Y(s)}{F(s)} \qquad (8.26)$$

显然,网络函数$H(s)$是复频率$s = \sigma + j\omega$ 的函数,它的定义域为复平面s,它把任意输入激励和零状态响应联系起来了。

在网络分析中,由于激励与响应既可以是电压,也可以是电流,因此网络函数可以是阻抗(电压比电流)或导纳(电流比电压),也可以是数值比(电流比电流或电压比电压)。此外,若激励与响应在同一端,则网络函数叫作策动点函数(或驱动点函数),若激励与响应不在同一端口,则网络函数叫作转移函数(或传递函数)。在一般的电路与系统分析中,对于这些名称往往不加区别,统称为网络(系统)函数或传递函数(表8-1)。

表8-1　网络函数的名称

激励与响应的位置	激励	响应	网络函数名称
在同一端口 （策动点函数）	电流	电压	策动点阻抗
	电压	电流	策动点导纳
分别在各自的端口 （传递函数）	电流	电压	转移阻抗
	电压	电流	转移导纳
	电压	电压	转换电压比(电压传递函数)
	电流	电流	转换电流比(电流传递函数)

下面讨论网络函数和单位冲击响应的关系。

根据网络函数的定义,有

$$Y(s) = H(s)F(s) \qquad (8.27)$$

如果激励信号为$f(t) = \delta(t)$,则因为$F(s) = L\{\delta(t)\} = 1$,于是得

$$Y(s) = H(s) \cdot 1 = H(s) \qquad (8.28)$$

对于式(8.28)两边同时取拉氏反变换,则得

$$Y(t) = L^{-1}[H(s)]$$

这就是说网络函数就其物理本质来说,它就是电路的冲击响应的拉氏变换。

下面就利用s域分析方法进行网络函数的求解。

例8.14　已知有源RC低通网络,如图8-7所示,试求其网络函数。

解　对节点3、4列节点方程如下,即

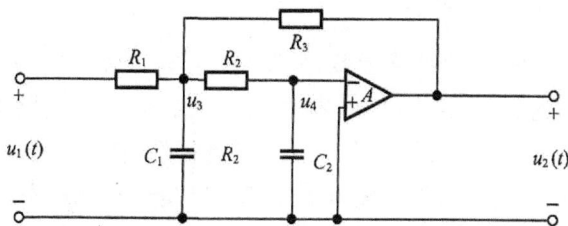

图 8-7　例 8.14 图

$$\begin{cases} \left(\dfrac{1}{R_1} + \dfrac{1}{R_2} + \dfrac{1}{R_3} + sC_1\right)U_3(s) - \dfrac{1}{R_3}U_2(s) - \dfrac{1}{R_2}U_4(s) = \dfrac{1}{R_1}U_1(s) \\[2mm] \left(\dfrac{1}{R_2} + sC_2\right)U_4(s) - \dfrac{1}{R_2}U_3(s) = 0 \end{cases}$$

对于运算放大器,有

$$U_2(s) = - AU_4(s)$$

联立上述三式,即可求得网络函数 $H(s)$ 为

$$H(s) = \frac{U_2(s)}{U_1(s)} = \frac{-\dfrac{A}{R_1R_2C_1C_2}}{s^2 + \left(\dfrac{1}{R_1C_1} + \dfrac{1}{R_2C_1} + \dfrac{1}{R_3C_1} + \dfrac{1}{R_2C_2}\right)s + \dfrac{R_3 + (1+A)R_1}{R_1R_2R_3C_1C_2}}$$

8.6　网络函数的零点和极点

网络函数的一般形式可以表示为

$$H(s) = \frac{b_m s^m + b_{m-1}s^{m-1} + \cdots + b_1 s + b_0}{a_n s^n + a_{n-1}s^{n-1} + \cdots + a_1 s + a_0} = \frac{N(s)}{D(s)} \tag{8.29}$$

其中,系数 a_i 和 b_i 都为实数;m 和 n 为整数。

因为网络的电路方程在 s 域中都是实系数的线性代数方程,所以 $H(s)$ 是 s 的有理函数,式(8.29)中 $N(s)$、$D(s)$ 均是实系数多项式,其系数 b_i 和 a_i 都是实数。既然 $N(s)$ 和 $D(s)$ 都是 s 的多项式,就能求得该多项式的根。其中,使 $N(s)=0$ 的根 $z_1, z_2,$ $\cdots, z_m$ 称为网络函数 $H(s)$ 的零点;使 $D(s)=0$ 的根 $p_1, p_2, \cdots, p_n$ 称为网络函数 H (s) 的极点,或者说使 $H(s)=0$ 的根 $z_1, z_2, \cdots, z_m$ 称为零点,使 $H(s)=\infty$ 的根 $p_1, p_2,$ $\cdots, p_n$ 称为极点。由于 $N(s)$ 和 $D(s)$ 多项式的系数均为实数,所以网络函数零、极点必然是或者为实数,或者以共轭复数对称形式出现。这就是说,如果 $p_1 = \sigma_1 + j\omega_1$ 为极点,则 $p_1^* = \sigma_1 + j\omega_1$ 也必然是极点;同理,如果 $z_1 = \sigma_2 + j\omega_2$ 是零点,则 $z_1^* = \sigma_2 + j\omega_2$ 也是零点。

应用部分分式分解方法,可以把式(8.29)表示为

$$H(s) = k\frac{(s - z_1)(s - z_2)\cdots(s - z_m)}{(s - p_1)(s - p_2)\cdots(s - p_n)} = k\frac{\displaystyle\prod_{j=1}^{m}(s - z_j)}{\displaystyle\prod_{i=1}^{n}(s - p_i)} \tag{8.30}$$

其中, $k = \dfrac{b_m}{a_n}$, 称为实数标度因子。

公式(8.30)表明, 一个网络函数, 只要用标度因子 k 和它的极点(n 个)及零点(m 个)就能完整地进行描述, 所以零点和极点的概念在电路理论中非常重要。$H(s)$ 的零、极点不仅可以预言电路系统的时域特性, 便于划分系统响应的各个分量(自由响应分量与强迫响应分量), 而且也可以用来求电路系统的正弦稳态响应特性, 以统一的观点来阐明系统各方面的性能; 它还可以用来研究系统的稳定性, 这就是在以后几节将要讨论的内容。

为了一目了然, 人们常常将网络函数的零点与极点的位置标在 s 平面上。零点用"○"表示, 极点用"×"表示, 这样便构成了描述网络函数 $H(s)$ 的零点与极点图, 简称零极点图。图8-8 表示一网络函数的零极点图, 显然, 它有3个零点, 分别在 z_1、z_2、z_3 处, 有5个极点, 分别在 p_1、p_2、p_3、p_4、p_5 处。

根据图8-8, 可写出网络函数 $H(s)$, 假设 $k=1$

$$H(s) = \frac{(s - z_1)(s - z_2)(s - z_3)}{(s - p_1)(s - p_2)(s - p_2^*)(s - p_3)(s - p_3^*)}$$

同样, 如果已知一个网络函数 $H(s)$, 也可以做出它的零极点分布图。

网络函数零点与极点的位置可在 s 平面的有限处, 也可在原点或无穷远处, 由式(8.30)可以看出:

(1) 当 $m > n$ 时, 在 $s = \infty$ 处是 $m - n$ 阶极点。

(2) 当 $m < n$ 时, 在 $s = \infty$ 处是 $n - m$ 阶零点。

(3) 当 $m = n$ 时, 在 $s = \infty$ 处既无零点也无极点。

所以对任何有理网络函数, 假若将在 0 及 ∞ 处的零、极点也计算在内, 则零点的总数等于极点的总数。

例如, 某网络函数为

$$H(s) = \frac{(s + 1)(s + 2 + j1)(s + 2 - j1)}{s^3(s + 3)(s + 5)}$$

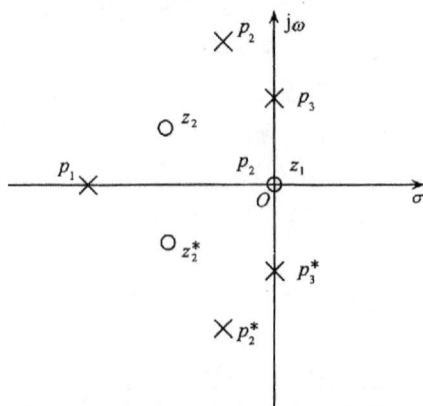

图8-8　网络函数的零极点图

零点为 $z_1 = -1, z_2 = -2+\mathrm{j}, z_3 = -2-\mathrm{j}, z_4 = z_5 = \infty$；

极点为 $p_1 = p_2 = p_3 = 0, p_4 = -3, p_5 = -5$。

该网络函数的零极点图如图8-9所示，其中原点处为3阶极点，而无穷远处为2阶零点。

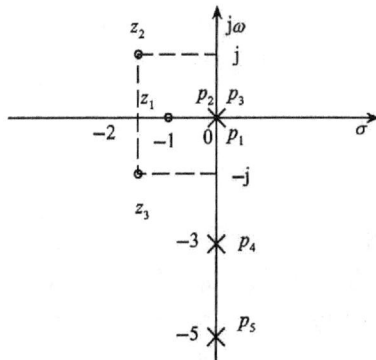

图 8-9　网络函数的零极点图

8.7　网络函数的瞬态响应

网络的瞬态响应是指网络从初始状态到达最终状态，也就是从过渡过程开始到终了的响应过程，对于各种非周期性信号作用于电路时的过渡过程的产生，其物理原因是动态系统的初始储能状态和激励信号的突然加入。因此电路的瞬态分析，应讨论两个方面的问题：① 电路在初始瞬间的状态是怎样的；② 在过渡过程中响应的变化规律是怎样的，其实质上就是求解网络方程的全解和研究其物理规律。在前面章节中已经作过详细讨论。本节将从 s 平面上的零、极点分布来进一步深入讨论这一问题，并且着重讨论响应的物理规律问题。

8.7.1　极点与自由响应和强迫响应

大家知道，拉氏变换是联系网络的 s 域分析与时域分析的桥梁。拉氏变换将时域变换到 s 域，而拉氏反变换则将 s 域变换到时域。

在 s 域中研究网络的特性即是研究网络函数 $H(s)$ 及其零极点图；研究网络的响应即网络响应函数 $Y(s)$ 及其零极点图。因此可以从 $Y(s)$ 的典型形式透视出 $y(t)$ 的内在性质，从 $Y(s)$ 的零点、极点分布情况确定 $y(t)$ 的时域性质。

人们知道，在 s 域中，网络响应 $Y(s)$ 与激励信号 $F(s)$ 和网络函数 $H(s)$ 之间满足

$$Y(s) = H(s)F(s) \tag{8.31}$$

应用部分分式，式(8.31)可展开为

$$Y(s) = \sum_{i=1}^{n} \frac{k_i}{s - p_i} + \sum_{k=1}^{n} \frac{k_k}{s - p_k} \tag{8.32}$$

式(8.32)中 n 是 $H(s)$ 的极点数，m 是 $F(s)$ 的极点数；其中第一项代表 $H(s)$ 的极点的分式，而第二项代表 $F(s)$ 的极点构成的分式。为讨论方便，假定 $Y(s)$ 函数式中不含重极点，而且 $H(s)$ 和 $F(s)$ 没有相同的极点。

从式(8.32)不难看出，响应 $Y(s)$ 的极点来自两方面，一是网络函数的极点 p_i，另一是激励函数的极点 p_k；对 $Y(s)$ 取拉氏反变换，于是得到响应函数的时域表示式为

$$y(t) = \sum_{i=1}^{n} k_i \mathrm{e}^{p_i t} + \sum_{k=1}^{m} k_k \mathrm{e}^{p_k t} \tag{8.33}$$

由式(8.33)可知，响应函数 $y(t)$ 由两部分组成，前面一部分是由网络函数 $H(s)$ 的极点所形成，称自由响应；后一部分则由激励函数 $F(s)$ 的极点所形成，叫作强迫响应。而自由响应中的极点 p_i 只由网络本身的特性所决定，与激励函数的形式无关，然而系数 k_i 则与 $H(s)$ 和 $F(s)$ 都有关系，同样，系数 k_k 也不仅由 $F(s)$ 决定，还与 $H(s)$ 有关，也就是说，自由响应时间函数的形式仅由 $H(s)$ 决定，但它的幅度和相位却受 $H(s)$ 和 $F(s)$ 两方面的影响；同样，强迫响应时间函数的形式只取决于激励函数 $F(s)$，而其幅度与相位却与 $F(s)$ 和 $H(s)$ 都有关系。同理，对于有多重极点的情况可以得到与此类似的结果。

为了便于表示网络系统的特性，可以定义网络系统特征方程的根为网络系统的固有频率(或称自由频率、自然频率)。显然，$H(s)$ 的极点 p_i 都是系统的固有频率，于是，可以说，自由响应的函数形式由网络系统的固有频率决定。必须注意：$H(s)$ 可能出现极点与零点相同的情况，这时极点与零点相消，被消去的固有频率在 $H(s)$ 极点中将不再出现，所以固有频率不一定是极点，这一现象再次说明网络函数 $H(s)$ 只能用于研究系统的零状态响应，$H(s)$ 包含了系统为零状态响应提供的全部信息。但是它不包含零输入响应的全部信息，这是因为当 $H(s)$ 的零、极点相消时，某些固有频率要丢失，而在零输入响应中要求表现出全部固有频率的作用。

与自由响应分量和强迫响应分量有着密切关系而且又容易发生混淆的另一对名词是暂态响应分量与稳态响应分量。

暂态响应是指激励信号接入以后一段时间内，完全响应中暂时出现的有关成分，随着时间 t 增大，它将消失。由完全响应中减去暂态响应分量即得稳态响应分量。

一般情况下，对于稳定系统，$H(s)$ 极点的实部都小于零，即 $\mathrm{Re}[p_i] < 0$(极点在 s 左半平面)，这时自由响应函数呈衰减形式，在此情况下，自由响应就是暂态响应。若 $F(s)$ 极点的实部大于或等于零，即 $\mathrm{Re}[p_k] \geq 0$，则强迫响应就是稳态响应。

如果激励信号本身为衰减函数，即 $\mathrm{Re}[p_k] < 0$，如 e^{-at}、$\mathrm{e}^{-at}\sin(\omega t)$ 等，在时间 t 趋于无限大以后，强迫响应也等于零，这时强迫响应与自由响应一起组成暂态响应，而网络的稳态响应等于零。

如果$H(s)$的极点的实部等于零,即$\text{Re}[p_i]=0$时,其自由响应就是无休止的等幅振荡(如无损LC谐振电路)。于是自由响应也成为稳态响应。若$\text{Re}[p_i]>0$,则自由振荡是增幅振荡,这属于不稳态系统。还有一种值得说明的情况,这就是$H(s)$的零点与$F(s)$的极点相同,即$p_k=z_j$,此时对应因子相消,p_k相应的稳态响应不复存在。

8.7.2 零、极点与冲击响应

由于网络函数$H(s)$与网络的冲击响应$h(t)$是一对拉氏变换式,因此,只要知道$H(s)$在s平面中零、极点的分布情况,就可以预言该网络在时域$h(t)$波形的特性。

对于任何集总参数线性时不变网络,其网络函数$H(s)$可以表示为两个多项式之比,即

$$H(s) = k\frac{\prod\limits_{j=1}^{m}(s-z_j)}{\prod\limits_{i=1}^{n}(s-p_i)} \tag{8.34}$$

其中,z_j——第j个零点的位置;

$\quad p_i$——第i个极点的位置;

$\quad m$——零点数;

$\quad n$——极点数;

$\quad k$——标度因子。

如果把$H(s)$展开为部分分式,那么,$H(s)$每个极点将决定一项对应的时间函数。具有一阶极点$p_1,p_2,\cdots,p_n$的网络函数其冲击响应形式如下

$$h(t) = L^{-1}[H(s)] = L^{-1}\left[\sum_{i=1}^{n}\frac{k_i}{s-p_i}\right]$$

$$= L^{-1}\left\{\sum_{i=1}^{n}H_i(s)\right\} = \sum_{i=1}^{n}h_i(t) = \sum_{i=1}^{n}k_i\mathrm{e}^{p_it}$$

这里p_i可以是实数,但一般情况下,p_i以成对的共轭复数形式出现。各项相应的幅度由k_i决定,而k_i则与零点分布情况有关。

1. $H(s)$无重极点的情况

(1) 若极点位于s平面坐标原点,即$H_i(s)=\dfrac{1}{s}$,那么其冲击响应为阶跃函数$u(t)$。

(2) 若极点位于s平面的实轴上,则冲击响应具有指数函数形式,如果$H_i(s)=\dfrac{1}{s+a}$,则$h(t)_i=\mathrm{e}^{-at}$,此时极点为负实数($p=-a<0$),冲击响应是指数衰减形式。

如果$H_i(s)=\dfrac{1}{s-a}$,则$h(t)_i=\mathrm{e}^{at}$,这时极点是正实数($p=a>0$),对应的冲击响应

是指数增长形式。

(3) 虚轴上的共轭极点给出等幅振荡，显然，$L^{-1}\left[\dfrac{\omega}{s^2+\omega^2}\right]=\sin\omega t$，它的两个极点位于：$P_1=+\mathrm{j}\omega,P_2=-\mathrm{j}\omega$。

(4) 落于 s 左半平面内的共轭极点对应于衰减振荡。例如，$L^{-1}\left[\dfrac{\omega}{(s-a)^2+\omega^2}\right]$ 等于 $\mathrm{e}^{-at}\sin(\omega t)$，它的两个极点位于：$p_1=-\sigma+\mathrm{j}\omega,p_2=-\sigma-\mathrm{j}\omega$。这里，$-\sigma<0$，与此相反，落于 s 右半平面内的共轭极点对应于增幅振荡。例如

$$L^{-1}\left[\frac{\omega}{(s-a)^2+\omega^2}\right]=\mathrm{e}^{+at}\sin(\omega t)$$

它的极点是：$p_1=a+\mathrm{j}\omega,p_2=a-\mathrm{j}\omega$，这里 $a>0$。

以上结论可以用图 8-10 表示。

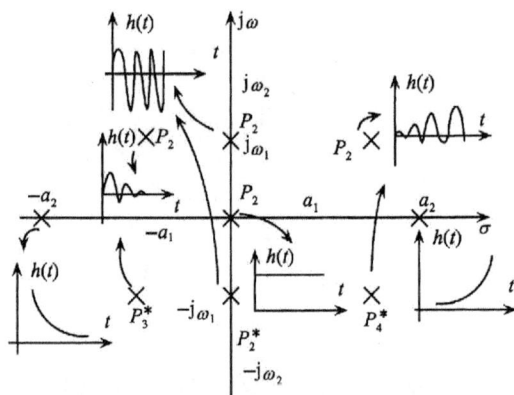

图 8-10 单重极点位置与冲击响应关系

2. $H(s)$ 具有多重极点的情况

此时部分分式展开式各项所对应的时间函数可能具有 $t_1,t_2,t_3,\cdots$ 与指数相乘的形式，t 的幂次由极点阶次决定，几种典型的情况如下：

(1) 位于 s 平面坐标原点的二阶或三阶极点分别给出时间函数为 t 或 $\dfrac{1}{2}t^2$。

(2) 实轴上的二阶极点给出 t 与指数函数的乘积，如 $L^{-1}\left[\dfrac{1}{(s+a)^2}\right]=t\mathrm{e}^{at}$。

(3) 对于虚轴上的二阶共轭极点情况，如 $L^{-1}\left[\dfrac{2\omega s}{(s^2+\omega^2)^2}\right]=t\sin\omega t$。这是幅度按线性增长的正弦振荡。

以上结论，可用图 8-11 表示。

由图 8-10 和图 8-11 可以看出，若 $H(s)$ 极点落于左半平面，则 $h(t)$ 波形为衰减形式；若 $H(s)$ 极点落在右半平面，则 $h(t)$ 波形为增长形式；若 $H(s)$ 极点落于虚轴上且为一阶极点（单极点）对应的 $h(t)$ 呈等幅振荡形式。在系统理论研究中，按照 $h(t)$ 呈现衰减或增长的两种情况将系统划分为稳定系统与非稳定系统两大类型。显然，

根据 $H(s)$ 极点出现于左半平面或右半平面即可判定系统是否稳定。

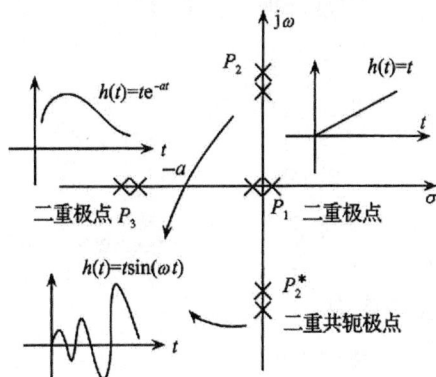

图 8-11　多重极点位置与冲击响应关系

8.8　网络的正弦稳态响应

电路系统的正弦稳态分析,通常采用相量法,这已经在第 6 章详细介绍了。现在从网络函数的观点来考虑网络的正弦稳态响应,给出另一种求解电路系统正弦稳态响应的方法。

设网络函数以 $H(s)$ 表示,正弦激励信号 $F(s)$ 的函数式写为

$$f(t) = F_m \sin(\omega_0 t) \tag{8.35}$$

对式(8.35)进行拉氏变换得

$$F(s) = \frac{F_m \omega_0}{s^2 + \omega_0^2} \tag{8.36}$$

于是网络响应 $Y(s)$ 可表示为

$$Y(s) = F(s)H(s) = \frac{F_m \omega_0}{s^2 + \omega^2} H(s)$$

$$= \frac{k_{-j\omega_0}}{s + j\omega_0} + \frac{k_{j\omega_0}}{s - j\omega_0} + \frac{k_1}{s - p_1} + \frac{k_2}{s - p_2} + \cdots + \frac{k_n}{s - p_n} \tag{8.37}$$

其中,$p_1, p_2, \cdots, p_n$ 是 $H(s)$ 的极点;$k_1, k_2, \cdots, k_n$ 为部分分式分解各项的系数,而

$$k_{-j\omega_0} = (s + j\omega_0)Y(s)|_{z=-j\omega_0}$$

$$= \frac{F_m \omega_0 H(-j\omega_2)}{-2j\omega_0} = \frac{F_m H_0 e^{-j\omega_0}}{-2j}$$

$$k_{j\omega_0} = (s - j\omega_0)Y(s)|_{z=j\omega_0}$$

$$= \frac{F_m \omega_0 H(j\omega)}{2j\omega_0} = \frac{F_m H_0 e^{j\omega_0}}{2j}$$

这里引用了符号

$$H(\mathrm{j}\omega_0) = H_0 \mathrm{e}^{\mathrm{j}\varphi_0}$$

$$H(-\mathrm{j}\omega_0) = H_0 \mathrm{e}^{-\mathrm{j}\varphi_0}$$

于是可以求得

$$\frac{k_{-\mathrm{j}\omega_0}}{s+\mathrm{j}\omega_0} + \frac{k_{\mathrm{j}\omega_0}}{s-\mathrm{j}\omega_0} = \frac{F_{\mathrm{m}}H_0}{2\mathrm{j}}\left(-\frac{\mathrm{e}^{-\mathrm{j}\varphi_0}}{s+\mathrm{j}\omega_0} + \frac{\mathrm{e}^{\mathrm{j}\varphi_0}}{s-\mathrm{j}\omega_0}\right) \tag{8.38}$$

对于式(8.38)两边进行拉氏反变换得

$$L^{-1}\left(\frac{k_{-\mathrm{j}\omega_0}}{s+\mathrm{j}\omega_0} + \frac{k_{\mathrm{j}\omega_0 t}}{s-\mathrm{j}\omega_0}\right) = \frac{F_{\mathrm{m}}H_0}{2\mathrm{j}}(\mathrm{e}^{\mathrm{j}\varphi_0}\mathrm{e}^{\mathrm{j}\omega_0 t} - \mathrm{e}^{-\mathrm{j}\varphi_0}\mathrm{e}^{-\mathrm{j}\omega_0 t}) \tag{8.39}$$

于是可以得到网络的完全响应为

$$\begin{aligned}
y(t) &= L^{-1}[Y(s)]\\
&= F_{\mathrm{m}}H_0 \sin(\omega_0 t + \varphi_0) + k_1 \mathrm{e}^{p_1 t} + k_2 \mathrm{e}^{p_2 t} + \cdots + k_n \mathrm{e}^{p_n t}\\
&= F_{\mathrm{m}}H_0 \sin(\omega_0 t + \varphi_0) + \sum_{k=1}^{n} k_k \mathrm{e}^{p_k t}
\end{aligned} \tag{8.40}$$

式(8.40)只要满足如下条件,则网络的正弦稳态响应就存在:

(1)网络函数在虚轴上极点为单阶,而且必须

$$p_k \neq \mathrm{j}\omega_0, \qquad k = 1, 2, \cdots, n \tag{8.41}$$

(2)网络函数的极点实部必须严格为负,或者说固有频率 p_k 的实部必须小于零,即

$$\mathrm{Re}\{p_k\} < 0, \qquad k = 1, 2, \cdots, n \tag{8.42}$$

当条件(2)满足时,式(8.40)中除第一项外,其余各项均为指数衰减函数,当 $t \to \infty$ 时,它们都趋于零;当条件(1)满足时,式(8.40)中的部分分式展开式中不会出现 $\frac{1}{(s-\mathrm{j}\omega_0)^2}$ 的形式,从而保证 $t \to \infty$ 时,不会出现无穷大项。于是可以得到网络的正弦稳态响应为

$$y_{\mathrm{ss}}(t) = F_{\mathrm{m}}H_0 \sin(\omega_0 t + \varphi_0) \tag{8.43}$$

可见,在频率为 ω_0 的正弦激励信号作用下,网络的稳态响应仍为同频率的正弦信号,但幅度乘以系数 H_0,相位移动 φ_0,H_0 和 φ_0 由网络函数在 $\mathrm{j}\omega_0$ 处的取值所决定

$$H(s)\big|_{s=\mathrm{j}\omega_0} = H(\mathrm{j}\omega_0) = H_0 \mathrm{e}^{\mathrm{j}\varphi_0} \tag{8.44}$$

由此可以得到一种求解网络正弦稳态响应的简便方法,其方法步骤如下:

(1)求出网络函数 $H(s)$。

(2)检验 $H(s)$ 是否满足正弦稳态条件,若满足,令 $H(s)\big|_{s=\mathrm{j}\omega_0} = H(\mathrm{j}\omega_0) = H_0 \mathrm{e}^{\mathrm{j}\varphi_0}$,求出 H_0 和 φ_0。

(3)求出正弦稳态响应 $y_{\mathrm{ss}}(t)$。

例8.15 已知电路如图 8-12 所示,L_3、L_4、L_5 之间无互感,且 $C_1 = 1\mathrm{F}$, $G_2 = 1\mathrm{S}$, $L_2 = L_4 = 0.5\mathrm{H}$, $L_3 = 1\mathrm{H}$, $g_{\mathrm{m1}} = 1\mathrm{S}$, $g_{\mathrm{m2}} = 2\mathrm{S}$。试求当激励信号为 $i(t) =$

$\sin(0.5t + 75°)$时的正弦稳态响应$u_0(t)$。

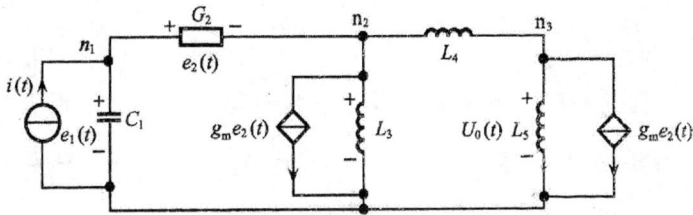

图8-12 例8.15图

解 列节点电压方程

$$\begin{bmatrix} G_2 + sc1 & -G_2 & 0 \\ -G_2 & G_2 + \dfrac{1}{sL_3} + \dfrac{1}{sL_4} & -\dfrac{1}{sL_4} \\ 0 & -\dfrac{1}{sL_4} & \dfrac{1}{sL_4} + \dfrac{1}{sL_5} \end{bmatrix} \begin{bmatrix} U_1(s) \\ U_2(s) \\ U_3(s) \end{bmatrix} = \begin{bmatrix} I(s) \\ -g_m E_2(s) \\ -g_m E_1(s) \end{bmatrix}$$

其中

$$U_1(s) = E_1(s)$$
$$U_1(s) - U_2(s) = E_2(s)$$
$$U_3(s) = U_0(s)$$

于是可以求得网络函数

$$H(s) = \frac{U_0(s)}{I(s)} = \frac{-2s}{3s + 2}$$

由网络函数$H(s)$的表示式可知,式(8.41)、式(8.42)均满足,即电路的正弦稳态响应存在,所以令$s = j\omega_0$,即得

$$H(s)\big|_{s=j\omega_0} = H(j\omega_0) = \frac{-1}{\dfrac{3}{2} - j\dfrac{1}{\omega_0}} = H_0 e^{j\varphi_0}$$

$$H_0 = |H(j\omega_0)| = \frac{1}{\sqrt{\left(\dfrac{3}{2}\right)^2 + \left(-\dfrac{1}{\omega_0}\right)^2}}$$

$$\varphi_0 = \angle H(j\omega_0) = \pi - \angle \arctan \frac{-\dfrac{1}{\omega_0}}{\dfrac{3}{2}}$$

已知$\omega_0 = \dfrac{1}{2}$,代入上式,即得

$$H_0 = \frac{2}{5}$$

$$\varphi_0 = 233°7'48''$$

$$v_0(t) = \frac{2}{5}\sin\left(\frac{1}{2}t + 75° + 233°7'48''\right)$$

$$= \frac{2}{5}\sin\left(\frac{1}{2}t - 51°52'12''\right)$$

例8.16 已知某LTI电路系统,其系统函数零、极点分布如图 8-13 所示,且 $H(s)|_{s=0}=\frac{1}{4}$,若激励 $f(t)=2\sin(2t+30°)$,试求系统的正弦稳态响应 $y_{ss}=(t)$。

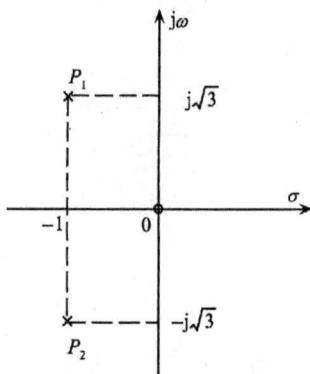

解 (1) 求 $H(s)$

因为

$$H(s) = k\frac{1}{(s-p_1)(s-p_2)}$$

$$= k\frac{1}{[s-(-1+j\sqrt{3})][s-(-1-j\sqrt{3})]}$$

$$= \frac{k}{s^2+2s+4}$$

所以

$$H(s)|_{s=0} = \frac{1}{4}$$

求得

$$k = 1$$

故

$$H(s) = \frac{1}{s^2+2s+4}$$

(2) 求 H_0, ϕ_0

因为 $\mathrm{Re}[p_i]<0$,满足正弦稳态条件。所以

$$H(j\omega_0) = H(s) = |_{s=j\omega_0} = \frac{1}{(4-\omega_0^2)+j2\omega_0}$$

又因为

$$\omega_0 = 2$$

所以求得

$$H_0 = \frac{1}{4}, \qquad \varphi_0 = -90°$$

(3) 求 $y_{ss}(t)$

代入公式(8.43),得

$$y_{ss}(t) = F_m H_0 \sin(\omega_0 t + 30° + \varphi_0)$$

$$= 2 \times \frac{1}{4}\sin(2t + 30° - 90°) = \frac{1}{2}\sin(2t + 60°)$$

图 8-13 例 8.16 图

8.9　网络的稳定性分析

所谓动态系统的稳定性是指系统在输入激励或外部干扰去除以后，能否恢复到原来的状态的性能。若能恢复到原来的状态，则系统是渐近稳定的，否则就是不稳定的，因此稳定性是系统自身的性质之一。系统是否稳定与激励（或干扰）信号的情况无关。

系统的冲击响应 $h(t)$ 或系统传递函数 $H(s)$ 集中表征了系统的本质特性，当然它们也反映了系统是否稳定。判定系统是否稳定，可从时域和 s 域两方面进行。观察时间 t 趋于无限大时，$h(t)$ 是增长，还是趋于有限值或者消失，这样可以确定系统的稳定性。研究 $H(s)$ 在 s 平面中极点分布的位置，也可以很方便地给出有关稳定性的结论。从稳定性考虑，系统可以划分为如下 3 种情况：

（1）稳定系统。如果 $H(s)$ 全部极点落于 s 左半平面（不包括虚轴）即 $\mathrm{Re}[p_i]<0$，则可满足

$$\lim_{t \to \infty}[h(t)] = 0 \tag{8.45}$$

则 LTI 系统渐近稳定。

（2）不稳定系统。如果 $H(s)$ 极点落于 s 右半平面，或在虚轴上具有二阶以上的极点，则在足够长时间以后，$h(t)$ 仍继续增长，系统是不稳定的。

（3）临界稳定系统。如果 $H(s)$ 的极点落于 s 平面虚轴上，且只有一阶，则在足够长时间以后，$h(t)$ 趋于一个非零的数值或形成一个等幅振荡。显然它是介于前两种情况的边界情况，所以称临界稳定系统。

上述结论从前面网络瞬态响应和稳态响应的讨论过程中已经清楚地看出来了。依据上述的定义可以判定系统的稳定性。但是在大多数情况下，要将传递函数 $H(s)$ 进行部分分式展开，求出系统的极点，这不是很容易的事，劳斯（Routh）-赫尔维兹（Harwitz）判据提供了这种判别方法。

系统的输入-输出微分方程与输入-输出传递函数都完全描述了系统的性质，就其本质来说是完全一致的，所以只需研究系统的传递函数就可以了，根据公式(8.29)，传递函数表示式为

$$H(s) = \frac{b_m s^m + b_{m-1} s^{m-1} + \cdots + b_1 s + b_0}{a_n s^n + a_{n-1} s^{n-1} + \cdots + a_1 s + a_0} = \frac{N(s)}{D(s)} \tag{8.46}$$

人们称 $H(s)$ 的分母多项式 $D(s)$ 为系统的特征多项式，显然这个特征方程的根正是系统函数 $H(s)$ 的极点

$$D(s) = a_n s^n + a_{n-1} s^{n-1} + \cdots + a_1 s + a_0 \tag{8.47}$$

这是一个 s 的代数方程，根据数学中学过的代数方程根与系数的关系，可以知道以下几点：

（1）对于实系数方程，复数根或纯虚数根必须以共轭对形式出现，因此，若其

中存在一个根为 $p_i = \sigma_i + \mathrm{j}\omega_i$，则必须另一个为 $p_i = \sigma_i - \mathrm{j}\omega_i$。

（2）所有的根具有负实部的必要条件（但非充分条件）是方程的所有系数具有相同的符号。

（3）所有的根具有负实部的第二个必要条件（但非充分条件）是方程的系数均不为零。即是说对于一个 n 次方程，必须有 $n+1$ 项。

上述结论提供了系统稳定性的必要条件，系统特征方程的所有系数均不为零，并且具有相同的符号，即

$$a_i > 0 \quad 或 \quad a_i < 0, \qquad i = 0, 1, 2, \cdots, n \qquad (8.48)$$

当然，满足条件(8.48)的系统未必是稳定的，下面就来举例说明

$$D(s) = 3s^3 + 7s + 9$$

因为 $D(s)$ 中 $a_2 = 0$，故系统仍是不稳定系统。

$$D(s) = 3s^3 + s^2 + 2s + 8$$

虽然它满足条件(8.48)，但它仍然代表不稳定系统，因为它可以因式分解为

$$D(s) = (s^2 - s + 2)(3s + 4)$$

显然，$s^2 - s + 2$ 这一项表示了位于 s 右半面的极点。

但是容易证明，对于一、二阶系统，条件(8.48)既是必要，又是充分的条件，只要满足它的系统就是渐近稳定的。而一般情况下，除了满足必要条件，还要满足充分条件，系统才是稳定的。

例如，$D(s) = s + 2; D(s) = s^2 + 2s + 3$ 所对应的系统均是渐近稳定的。

对于一般情况，为了保证系统的特征根具有负实部，劳斯和赫尔维兹先后提出了类同的一个充分条件，由此得出的稳定性判别方法称为劳斯-赫尔维兹判据。

下面就来介绍劳斯判据。劳斯判据可以用如下定理来表述。

劳斯(Routh)判据定理 若 LTI 系统的特征方程为

$$D(s) = a_n s^n + a_{n-1} s^{n-1} + \cdots + a_1 s + a_0 = 0$$

（1）系统渐近稳定的充分必要条件是：①特征方程的所有系数 a_i 都是正值；无缺项。②劳斯阵列中第一列的所有元素符号相同，或者说都具有正号。

（2）系统特征根具有正实部时，系统不稳定，此时特征方程具有正实部根的个数等于劳斯阵列中第一列的系数符号改变的次数。

所谓劳斯阵列排写规则如下

第一行	a_n	a_{n-2}	a_{n-4}	$\cdots$
第二行	a_{n-1}	a_{n-3}	a_{n-5}	$\cdots$
第三行	c_{n-1}	c_{n-3}	c_{n-5}	$\cdots$
第四行	d_{n-1}	d_{n-3}	d_{n-5}	$\cdots$
第五行	e_{n-1}	e_{n-3}	e_{n-5}	$\cdots$

$\cdots\cdots$

阵列中，前 2 行数字直接由 $D(s)$ 特征多项式的系数构成，第一行自最高次幂系

数 a_n 按递减二阶逐次取系数而得；其余系数排成第2行。第3行以后的系数按以下规律计算。

$$c_{n-1} = -\frac{1}{a_{n-1}} \begin{vmatrix} a_n & a_{n-2} \\ a_{n-1} & a_{n-3} \end{vmatrix} \qquad (8.49)$$

$$c_{n-3} = -\frac{1}{a_{n-1}} \begin{vmatrix} a_n & a_{n-4} \\ a_{n-1} & a_{n-5} \end{vmatrix} \qquad (8.50)$$

$$d_{n-1} = -\frac{1}{c_{n-1}} \begin{vmatrix} a_{n-1} & a_{n-3} \\ c_{n-1} & c_{n-3} \end{vmatrix} \qquad (8.51)$$

$$d_{n-3} = -\frac{1}{c_{n-1}} \begin{vmatrix} a_{n-1} & a_{n-5} \\ c_{n-1} & c_{n-5} \end{vmatrix} \qquad (8.52)$$

......

依次递推，直至最后一行中只留有一项，共得 $n+1$ 行。

例8.17 已知某电路系统特征多项式为（式中系数 a_i 为正实数）

为使系统稳定，系数 a_i 应满足什么条件？ $D(s) = a_3 s^3 + a_2 s^2 + a_1 s + a_0$

解 根据劳斯判据。

(1) a_3, a_2, a_1, a_0 均应大于零。

（2）由劳斯阵列

$$\begin{array}{ccc} s^3 & a_3 & a_1 \\[4pt] s^2 & a_2 & a_0 \\[4pt] s^1 & \dfrac{a_1 a_2 - a_0 a_3}{a_2} & 0 \\[8pt] s^0 & a_0 & 0 \end{array}$$

$$\frac{a_1 a_2 - a_0 a_3}{a_2} > 0,$$

即

$$a_1 a_2 > a_0 a_3$$

下面给出劳斯判据的推论：

（1）二阶系统渐近稳定的充分必要条件是：特征方程所有系数全为正，且不缺项即； $a_i > 0$。

（2）三阶系统渐近稳定的充分必要条件是：① $a_i > 0$，② $a_1 a_2 > a_0 a_3$。

（3）四阶系统渐近稳定的充分必要条件是：① $a_i > 0$，② $a_1 a_2 a_3 > a_0 a_3^2 + a_1^2 a_4$。

例8.18 已知考毕兹三点式振荡器电路原理如图8-14所示，试分析它的起振条件。

解 （1）做出电路的 s 域模型，其中 R 为晶体管内阻，列网孔方程为

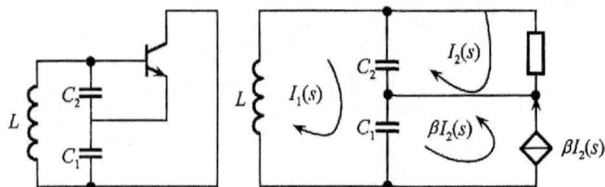

图 8-14　例 8.18 图

$$\begin{bmatrix} Ls + \dfrac{C_1 C_2}{C_1 C_2 s} & -\dfrac{1}{C_2 s} + \dfrac{\beta}{C_1 s} \\[3mm] -\dfrac{1}{C_2 s} & R + \dfrac{1}{C_2 s} \end{bmatrix} \begin{bmatrix} I_1(s) \\[2mm] I_2(s) \end{bmatrix} = \begin{bmatrix} 0 \\[2mm] 0 \end{bmatrix}$$

（2）求特征多项式：

因为

$$\Delta(s) = \left(Ls + \frac{C_1 + C_2}{C_1 C_2 s} \right)\left(R + \frac{1}{C_2 s} \right) + \frac{1}{C_2 s}\left(-\frac{1}{C_2 s} + \frac{\beta}{C_1 s} \right)$$

$$= \frac{LC_1 C_2 R s^3 + LC_1 s^2 + R(C_1 + C_2)s + (\beta + 1)}{C_1 C_2 s^2}$$

所以系统特征多项式为

$$D(s) = LC_1 C_2 R s^3 + LC_1 s^2 + R(C_1 + C_2)s + (\beta + 1)$$

引用劳斯判据，首先列出劳斯阵列

$$
\begin{array}{llll}
s^3 & LC_1 C_2 & R(C_1 + C_2) \\
s^2 & LC_1 & \beta + 1 \\
s^1 & R(C_1 - C_2\beta) & 0 \\
s^0 & \beta + 1 & 0
\end{array}
$$

为使其根落于 s 右半平面，以产生振荡，必须使第一行符号发生改变，因为 R、L、C_1、C_2 和 β 均为正，所以只有第三行元素才可能为负，故振荡的条件为

$$C_1 - C_2\beta < 0$$

$$\beta > \frac{C_1}{C_2} \tag{8.53}$$

若 $\beta < \dfrac{C_1}{C_2}$，则系统是稳定系统，不能自激，对于临界情况 $\beta = \dfrac{C_1}{C_2}$，这时有一对位于虚轴的共轭根。在实际应用中，应选足够大的 β，使条件（8.53）满足，起初，系统因有频率位于 s 右半平面，产生增幅振荡，而 β 随之减小。极点位置由右半 s 平面移到 $j\omega$ 上，获得一个等幅振荡。

（3）求出振荡频率

由劳斯阵列第三行（s^2 行），构成辅助多项式

$$LC_1 s^2 + (\beta + 1) = 0$$

将 $\beta = \dfrac{C_1}{C_2}$ 代入上式,即可求得

$$s = \pm j \sqrt{\frac{C_1 + C_2}{LC_1C_2}}$$

令 $s = j\omega$,即得其振荡频率(只取正)

$$\omega = \sqrt{\frac{C_1 + C_2}{LC_1C_2}}$$

例 8.19　对下列方程排出劳斯阵列,判别其根的性质

$$s^4 + s^3 + 2s^2 + 2s + 3 = 0$$

解　劳斯阵列如下

第 1 行　s^4　1　　2　　3

第 2 行　s^3　1　　2

第 3 行　s^2　ε　　3

第 4 行　s^1　2　$-\dfrac{3}{\varepsilon}$

第 5 行　s^0　3

在此阵列中,第 3 行第 1 列的元素等于零,以致使阵列不能继续排写,为解决此问题,人们以无穷小量 ε 代替零值,仍然可以排完全部阵列值。如果 ε 正值趋于零,则第 4 行第一列元素为负,导致同样的结论。

在排写劳斯阵列时,还可能遇到这样的特殊情况:某一行的元素全部为零。当前两行元素若对应项有相同的比例因数时,行列式运算相减得零,就会出现这种现象,此时,不必再排阵,可以断言,在虚轴或右半 s 平面将出现方程的根,系统不稳定,详细的讨论可参阅有关参考书。

8.10　总结与思考

8.10.1　总结

LTI 电路的复频域分析方法是经典电路理论的核心内容之一,是分析较复杂的、高阶电路与系统的重要手段。本章的重点是:拉普拉斯变换的基本定义和运算方法、复频域电路的分析方法、网络函数的定义和应用、零极点分析方法、网络的稳定性判定。

1)基本概念

(1)拉普拉斯变换和拉普拉斯反变换。

(2)复频域电路模型。

(3)网络函数。

（4）零点和极点

2）拉普拉斯变换和拉普拉斯反变换

$$F(s) = \int_{0_-}^{\infty} f(t) \mathrm{e}^{-st} \mathrm{d}t$$

$$f(t) = \frac{1}{2\pi \mathrm{j}} \int_{\sigma-j\omega}^{\sigma+j\omega} F(s) \mathrm{e}^{st} \mathrm{d}s$$

3）复频域电路的分析的基本步骤

（1）做出电路的复频域模型。

（2）列写电路的复频域方程。

（3）求解电路的复频域方程,得到电路的响应 $Y(s)$。

（4）对响应 $Y(s)$ 作拉氏反变换,求得电路响应的时域表示形式: $y(t) = L^{-1}[Y(s)]$。

4）网络函数

若一个线性时不变网络,它具有一个单一的独立电压源或独立电流源激励下,相应的零状态响应为 $y(t)$,而且该激励 $f(t)$ 可以是任意信号;与该激励相应的零状态响应为 $y(t)$,则联系该输入激励和零状态响应的网络函数为

$$H(s) = \frac{\text{网络零状态的拉氏变换}}{\text{输入激励的拉氏变换}} = \frac{Y(s)}{F(s)}$$

5）网络函数的零点与极点

$$H(s) = k \frac{(s-z_1)(s-z_2)\cdots(s-z_m)}{(s-p_1)(s-p_2)\cdots(s-p_n)} = k \frac{\prod\limits_{j=1}^{m}(s-z_j)}{\prod\limits_{i=1}^{n}(s-p_i)}$$

6）网络的正弦稳态响应

求解网络正弦稳态响应的基本步骤如下。

（1）求出网络函数 $H(s)$。

（2）检验 $H(s)$ 是否满足正弦稳态条件,若满足,令 $H(s)|_{s=j\omega_0} = H(j\omega_0) = H_0 \mathrm{e}^{j\varphi_0}$,求出 H_0 和 φ_0。

（3）求出正弦稳态响应 $y_{ss}(t)$。

7）网络的稳定性判定

应用劳斯(Routh)判据定理对网络的稳定性进行分析。

8.10.2　思考

（1）为什么要引入拉普拉斯变换对电路进行分析。

（2）网络函数和单位冲击响应的关系。

（3）自由响应与强迫响应、暂态响应与稳态响应之间的联系和区别。

（4）时域分析方法、正弦稳态分析和复频域分析方法之间的联系。

习 题 8

8.1 单项选择题(从每小题给定的四个答案中,选择出一个正确答案,将其编号填入括号中)

(1) 函数 $f(t)=t^2$ 的象函数是( )。

  A. $\dfrac{2}{s^3}$;   B. $\dfrac{2}{s^2}$;   C. $\dfrac{1}{s^3}$;   D. $\dfrac{1}{s^2}$

(2) 函数 $f(t)=t+2+3\delta(t)$ 的象函数是( )。

  A. $\dfrac{3s^2+2s+1}{s}$;   B. $\dfrac{3s^2+2s+1}{s^2}$;   C. $\dfrac{1}{s^3}+\dfrac{1}{s}+3$;   D. $\dfrac{1}{s^3}+\dfrac{2}{s}+3$

(3) 函数 $F(s)=\dfrac{3s+1}{s^2+s}$ 的原函数是( )。

  A. $(1+3e^{-t})u(t)$;   B. $(1+2e^{-t})u(t)$;   C. $1+2e^{-t}$;   D. $1+2e^{-t}$

(4) 函数 $F(s)=\dfrac{2s^2+9s+9}{s^2+3s+2}$ 的原函数是( )。

  A. $\dfrac{1}{8}(3+2e^{-2t}+3e^{-4t})u(t)$;   B. $\dfrac{1}{4}(3+2e^{2t}+3e^{-4t})u(t)$

  C. $\dfrac{1}{8}(3+2e^{-t}+3e^{-3t})u(t)$;   D. $\dfrac{1}{4}(3+2e^{-t}+3e^{-3t})u(t)$

(5) 如图 8-15 所示的 RL 电路中,开关长期处于位置 1 使电路达到稳定状态,当 $t=0$ 时刻,开关转到位置 2,则产生的电流为( )。

  A. $i(t)=4-6e^{-2500t}$(A);   B. $i(t)=4-6e^{-2000t}$(A)

  C. $i(t)=2-3e^{-2500t}$(A);   D. $i(t)=2-3e^{-2000t}$(A)

(6) 如图 8-16 所示的电路中,开关 S 闭合前电路已处于稳定状态,电容初始储能为零,在 $t=0$ 时闭合开关 S,则 $t>0$ 时电流为( )。

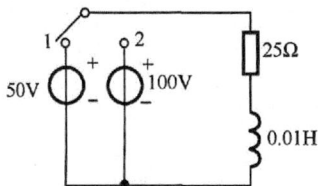

图 8-15 习题 8.1(5)图   图 8-16 习题 8.1(6)图

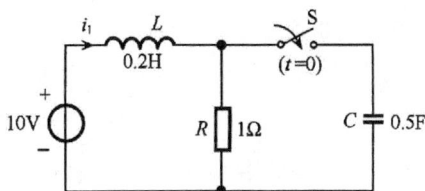

  A. $i_1(t)=10+\dfrac{20}{3}e^{-t}\sin 3t$(A);   B. $i_1(t)=10+\dfrac{50}{3}e^{-t}\sin 3t$(A);

  C. $i_1(t)=10+\dfrac{20}{3}e^{-2t}\sin 3t$(A);   D. $i_1(t)=10+\dfrac{50}{3}e^{-2t}\sin 3t$(A)

8.2 求下列各函数的象函数。

(1) $f(t)=1-e^{-at}$;   (2) $f(t)=\sin(\omega t+\varphi)$

(3) $f(t)=t\cos(at)$;   (4) $f(t)=e^{-at}+at-1$

8.3 求下列各函数的原函数。

(1) $F(s)=\dfrac{1}{s+1}+\dfrac{2}{s+2}$;   (2) $F(s)=\dfrac{12}{(s+2)^2(s+4)}$

(3) $F(s)=\dfrac{10s}{(s+1)(s+2)(s+3)}$;   (4) $F(s)=\dfrac{2s^2+4s+1}{(s+1)(s+2)}$

8.4 已知电路如图 8-17 所示,$t=0$ 时刻开关合上,求电流 i_L。

8.5 已知桥 T 型有源网络如图 8-18 所示。

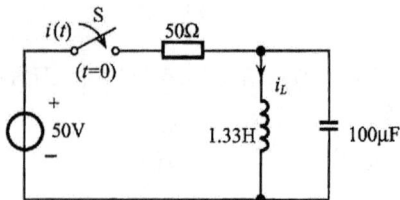

图 8-17　习题 8.4 图

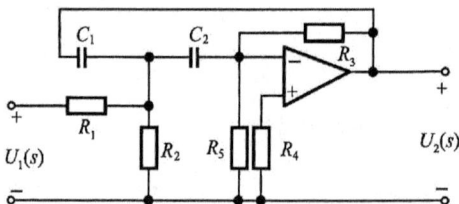

图 8-18　习题 8.5 图

(1) 求出网络函数 $H(s) = \dfrac{U_2(s)}{U_1(s)}$。

(2) 求出单位阶跃响应 $g(t)$ (只写出公式即可)。

(3) 指出其滤波特性。

8.6　已知一含理想回转器的滤波器如图 8-19 所示。

(1) 求出网络函数 $H(s) = \dfrac{U_2(s)}{U_1(s)}$。

(2) 指出该网络的滤波特性。

8.7　已知如图 8-20 所示电路的网络函数为

$$H(s) = \frac{U_2(s)}{U_1(s)} = \frac{as}{s^2 + bs + c}$$

其中 a、b、c 为常数,试确定各个常数的值。

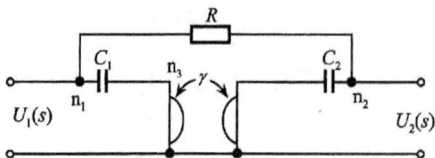

图 8-19　习题 8.6 图

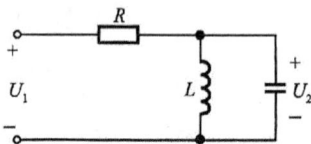

图 8-20　习题 8.7 图

8.8　一个回转器装置用来模拟电路中的电感器,回转器装置的基本电路如图 8-21 所示,求出网络函数 $H(s) = \dfrac{U_i(s)}{I_o(s)}$,并证明该回转器所产生的电感量为 $L = CR^2$。

8.9　已知一个系统的网络函数为

$$H(s) = \frac{s^2}{3s + 1}$$

求当输入为 $4e^{-t/3}u(t)$ 时的输出。

8.10　已知一电路的网络函数为

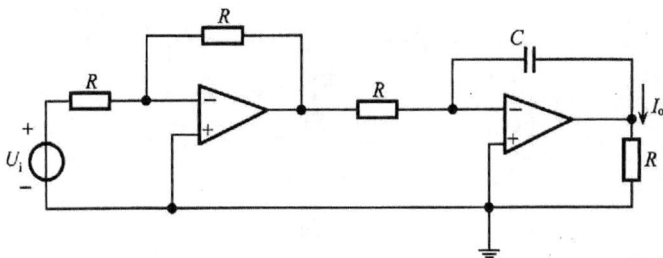

图 8-21　习题 8.8 图

$$H(s) = \frac{s+3}{s^2 + 4s + 5}$$

求下列情况下的输出：

(1) 输入是单位阶跃函数。

(2) 输入是 $6te^{-2t}u(t)$。

8.11　分别画出下列各网络函数的零、极点分布及冲击响应波形。

(1) $H(s) = \dfrac{s}{(s+1)^2 + 4}$。

(2) $H(s) = \dfrac{a - e^{-\tau s}}{s}$

8.12　已知系统的网络函数 $H(s)$ 的零、极点如图 8-22 所示，且 $H(\infty) = 1$。

(1) 试写出 $H(s)$ 的表达式，并粗略地画出系统幅频特性曲线和相频特性曲线。

(2) 求出其单位阶跃响应 $g(t)$。

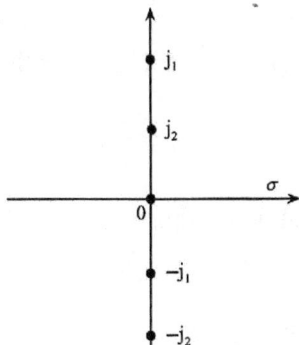

图 8-22　习题 8.12 图

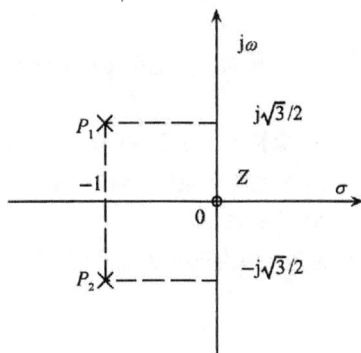

图 8-23　习题 8.13 图

8.13　已知某系统的网络函数的零、极点分布如图 8-23 所示，若冲击响应的初值 $h(0_-) = 2$，激励 $x(t) = \sin\dfrac{\sqrt{3}}{2}tU(t)$，试求出系统的正弦稳态响应 $g_{zz}(t)$。

8.14　在图 8-24 所示电路中，已知 $U_s(t) = 100\sin(\omega t)$，$\omega = 10^3\text{rad/s}$，$E = 100\text{V}$，$C_0 = C = 2\mu\text{F}$，$R = 500\Omega$，开关 K 在 $t=0$ 时刻从 a 切换到 b。换路前电路已处于稳定状态，$U_{C0}(0_-) = 0$，试求换路后 $U_C(t)$ 的变化规律。

8.15　已知某雷达角跟踪系统闭合传递函数为

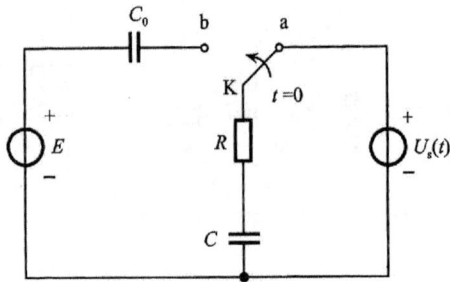

图 8-24　习题 8.14 图

$$T(s) = \frac{k}{T_1 T_2 s^3 + (T_1 + T_2)s^2 + s + k}$$

若 $T_1 = 0.08\text{s}$，$T_2 = 1.2\text{s}$，试求系统稳定的 k 值范围。

8.16　已知晶体管哈特莱(Hartley)振荡器如图 8-25 所示，试求其振荡条件及振荡频率。

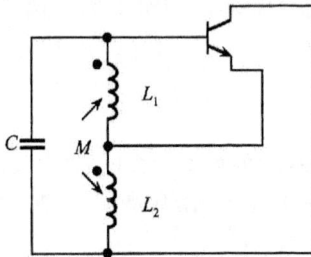

图 8-25　习题 8.16 图

8.17　已知一个电路系统如图 8-26 所示，运算放大器输入阻抗为无限大，输出阻抗为无限小，试求：

(1) 运算放大器增益 k 在什么范围内变化，能保证电路稳定工作。

(2) 在临界稳定时，电路的冲击响应 $h(t)$。

(3) 若 $k=1$，$R_1=R_2=4$，$C_1=C_2=C$，试粗略画出电路的幅频特性曲线，并注明3dB 带宽的频率点，若输入改为开环(即断开 C_1)，则3dB 带宽的频率点有何变化。

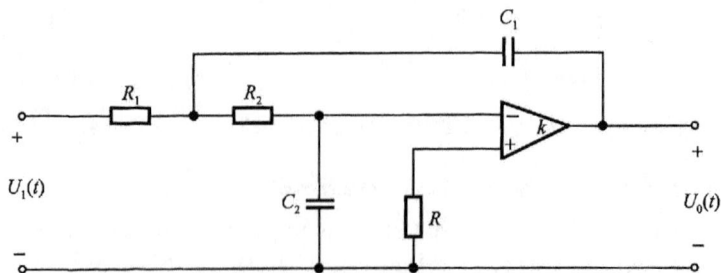

图 8-26　习题 8.17 图

第9章 双口网络

内容提要

本章首先重点介绍用于描述双口网络的特殊类型的网络函数——双口网络参数,以及这些参数之间的相互转换关系,双口网络的等效电路和双口网络的连接方式等问题;双口网络理论是电路系统理论的一个重要组成部分,它为后续课程——模拟电子技术奠定了分析的基础。

9.1 双口网络的参数

在电路与系统中,双口网络是一种常见的网络,许多电路器件都可以用双口网络来模拟,如晶体三极管、变压器、运算放大器、滤波器等。

双口网络常用图9-1表示,端口1—1′一般称为入口,端口2—2′一般称为出口。在标定的参考方向下,双口网络可以用四个外部变量来描述。

电压 $U_1(s)$、$U_2(s)$ 和电流 $I_1(s)$、$I_2(s)$。通常用 $U_1(s)$、$I_1(s)$ 作为输入端口1—1′处的变量,$U_2(s)$、$I_2(s)$ 作为输出端口2—2′处的变量。

图9-1 双口网络

双口网络的外特性就是由这四个变量之间的独立约束方程来描述的,由于双口网络端口数为2,因此仅需两个约束方程,即

$$\begin{cases} f_1[U_1(s),U_2(s),I_1(s),I_2(s)] = 0 \\ f_2[U_1(s),U_2(s),I_1(s),I_2(s)] = 0 \end{cases}$$

在这四个变量中,任意选择两个变量作为独立变量,其余两个则是非独立变量,于是有六种选择方式,由此可以得到六种网络方程和网络参数。

9.1.1 短路导纳参数(y 参数)

选择端口电压 $U_1(s)$、$U_2(s)$ 作为独立变量,这相当于双口网络由两个独立电压

源 $U_1(s)$ 和 $U_2(s)$ 共同激励,如图 9-2 所示。

图 9-2 短路导纳参数

由此得到 y 参数双口网络方程为

$$I_1(s) = y_{11}U_1(s) + y_{12}U_2(s) \tag{9.1}$$

$$I_2(s) = y_{21}U_1(s) + y_{22}U_2(s) \tag{9.2}$$

或写成矩阵形式为

$$\begin{bmatrix} I_1(s) \\ I_2(s) \end{bmatrix} = \begin{bmatrix} y_{11} & y_{12} \\ y_{21} & y_{22} \end{bmatrix} \begin{bmatrix} U_1(s) \\ U_2(s) \end{bmatrix} = \mathbf{Y} \begin{bmatrix} U_1(s) \\ U_2(s) \end{bmatrix} \tag{9.3}$$

其中,矩阵 $\mathbf{Y}$ 的 4 个元素各有其自己的名称和物理意义,根据电流、电压的关系,4 个元素分别定义为

入端导纳
$$y_{11} = \frac{I_1(s)}{U_1(s)}\bigg|_{U_2(s)=0}$$

反向转移导纳
$$y_{12} = \frac{I_1(s)}{U_2(s)}\bigg|_{U_1(s)=0}$$

正向转移导纳
$$y_{21} = \frac{I_2(s)}{U_1(s)}\bigg|_{U_2(s)=0}$$

出端导纳
$$y_{22} = \frac{I_2(s)}{U_2(s)}\bigg|_{U_1(s)=0}$$

这 4 个参数有一个共同点,都是以 $U_1(s)=0$ 或 $U_2(s)=0$ 来定义的,即以端口短路来定义。因此,这些参数称为短路导纳参数,$\mathbf{Y}$ 称为短路导纳矩阵。如果所研究的网络是互易网络,则 $y_{12}=y_{21}$,即转移导纳是对称的。

例 9.1 求图 9-3 所示二端口网络的 y 参数矩阵。

解 方法 1:

对图 9-3 所示电路,标出端口电压 $\dot{U}_1$、$\dot{U}_2$ 和电流 $\dot{I}_1$、$\dot{I}_2$ 及参考方向,由 KVL、KCL 和元件 VCR,得

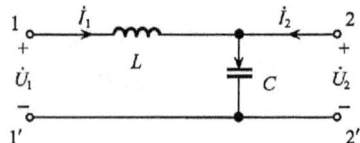

图 9-3 例 9.1 图

$$\dot{I}_1 = \frac{1}{j\omega L}(\dot{U}_1 - \dot{U}_2) = -j\frac{1}{\omega L}\dot{U}_1 + j\frac{1}{\omega L}\dot{U}_2$$

$$\dot{I}_2 = -\frac{1}{j\omega L}(\dot{U}_1 - \dot{U}_2) + j\omega C\dot{U}_2 = j\frac{1}{\omega L}\dot{U}_1 + j\left(\omega C - \frac{1}{\omega L}\right)\dot{U}_2$$

所以 y 参数矩阵为

$$Y = \begin{bmatrix} \dfrac{-\mathrm{j}}{\omega L} & \dfrac{\mathrm{j}}{\omega L} \\[3mm] \dfrac{\mathrm{j}}{\omega L} & \mathrm{j}\left(\omega C - \dfrac{1}{\omega L}\right) \end{bmatrix}$$

方法 2:采用定义求解。

(1) 为求 y_{11} 和 y_{21},在 1—1′ 处接上一个电源 $\dot{I}_1$,并短接 2—2′,如图 9-4(a)所示。

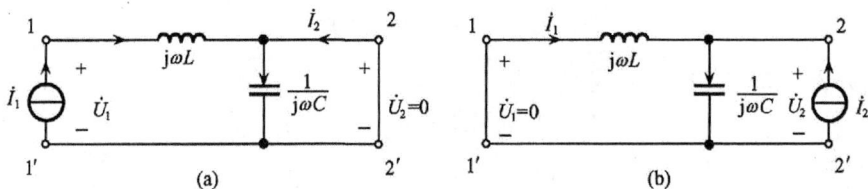

图 9-4 例 9.1 解图

由 KVL、KCL 和元件 VCR 得

$$\dot{U}_1 = \mathrm{j}\omega L \dot{I}_1$$

所以

$$y_{11} = \left.\frac{\dot{I}_1}{\dot{U}_1}\right|_{\dot{U}_2=0} = \frac{1}{\mathrm{j}\omega L} = -\frac{\mathrm{j}}{\omega L}$$

因为

$$\dot{I}_2 = -\dot{I}_1$$

$$y_{21} = \left.\frac{\dot{I}_2}{\dot{U}_1}\right|_{\dot{U}_2=0} = \frac{-\dot{I}_1}{\dot{U}_1} = \frac{\mathrm{j}}{\omega L}$$

(2) 为求 y_{22} 和 y_{12},在 2—2′ 处接上电源 $\dot{I}_2$,短接 1—1′ 如图 9-4(b)所示,电容和电感并联,由 KVL、KCL 和元件 VCR 得

$$\dot{I}_2 = \left(\mathrm{j}\omega C + \frac{1}{\mathrm{j}\omega L}\right)\dot{U}_2$$

$$y_{22} = \left.\frac{\dot{I}_2}{\dot{U}_2}\right|_{\dot{U}_1=0} = \mathrm{j}\omega C + \frac{1}{\mathrm{j}\omega L} = \mathrm{j}\omega C - \frac{\mathrm{j}}{\omega L}$$

由于 $\dot{U}_2$ 和 $\dot{I}_1$ 是反关联方向,所以 $\dot{U}_2 = -\mathrm{j}\omega L \dot{I}_1$。有

$$y_{12} = \left.\frac{\dot{I}_1}{\dot{U}_2}\right|_{\dot{U}_1=0} = \frac{\dot{I}_1}{-\mathrm{j}\omega L \dot{I}_1} = \frac{\mathrm{j}}{\omega L}$$

可见与方法一的结果一致。

9.1.2 开路阻抗参数(z 参数)

如果选端口电流 $I_1(s)$、$I_2(s)$ 作为独立变量,将图 9-5 中 1—1′ 端口和 2—2′ 端口

的激励电压源换为激励电流源,如图 9-5 所示。

图 9-5 开路阻抗参数

则可得到双口网络的 z 参数方程为

$$U_1(s) = z_{11}I_1(s) + z_{12}I_2(s) \tag{9.4}$$

$$U_2(s) = z_{21}I_1(s) + z_{22}I_2(s) \tag{9.5}$$

或写成矩阵形式为

$$\begin{bmatrix} U_1(s) \\ U_2(s) \end{bmatrix} = \begin{bmatrix} z_{11} & z_{12} \\ z_{21} & z_{22} \end{bmatrix} \begin{bmatrix} I_1(s) \\ I_2(s) \end{bmatrix} = \mathbf{Z} \begin{bmatrix} I_1(s) \\ I_2(s) \end{bmatrix} \tag{9.6}$$

其中,矩阵 $\mathbf{Z}$ 的 4 个元素各有其确定的名称和物理意义,根据电压、电流的关系,4 个元素分别定义为

入端阻抗 $\qquad z_{11} = \dfrac{U_1(s)}{I_1(s)}\bigg|_{I_2(s)=0}$

反向转移阻抗 $\qquad z_{12} = \dfrac{U_1(s)}{I_2(s)}\bigg|_{I_1(s)=0}$

正向转移阻抗 $\qquad z_{21} = \dfrac{U_2(s)}{I_1(s)}\bigg|_{I_2(s)=0}$

出端阻抗 $\qquad z_{22} = \dfrac{U_2(s)}{I_2(s)}\bigg|_{I_1(s)=0}$

以上 4 个参数有一个共同特点,都是以端口开路[即 $I_1(s)=0$ 或 $I_2(s)=0$]来定义的。因此,这些参数为开路阻抗参数,$\mathbf{Z}$ 称为开路阻抗矩阵。其中,z_{11}、z_{22} 称为端口策动点阻抗参数。z_{12}、z_{21} 称为端口之间的转移阻抗参数。对于互易网络有 $z_{12}=z_{21}$,即转移阻抗是对称的。

例 9. 2 求图 9-3 所示二端口网络的 z 参数矩阵。

解 由例 9.1 方法,同理可得

$$\dot{U}_1 = \mathrm{j}\omega L \dot{I}_1 + \frac{1}{\mathrm{j}\omega C}(\dot{I}_1 + \dot{I}_2)$$

$$= \mathrm{j}\left(\omega L - \frac{1}{\omega C}\right)\dot{I}_1 + \frac{1}{\mathrm{j}\omega C}\dot{I}_2$$

$$\dot{U}_2 = \frac{1}{\mathrm{j}\omega C}(\dot{I}_1 + \dot{I}_2) = \frac{1}{\mathrm{j}\omega C}\dot{I}_1 + \frac{1}{\mathrm{j}\omega C}\dot{I}_2$$

所以
$$Z = \begin{bmatrix} j\left(\omega L - \dfrac{1}{\omega C}\right) & \dfrac{1}{j\omega C} \\[2mm] \dfrac{1}{j\omega C} & \dfrac{1}{j\omega C} \end{bmatrix}$$

由例9.1和例9.2可知：$Z = Y^{-1}$，$Y = Z^{-1}$。

9.1.3 混合参数

1. 第一类混合参数（h 参数）

如果选端口电流 $I_1(s)$ 和 $U_2(s)$ 作为独立变量，此时的情况相当于双口网络的端口 1—1′ 受到独立电流源 $I_1(s)$ 作用，端口 2—2′ 受到独立电压源 $U_2(s)$ 作用（见图9-6）。

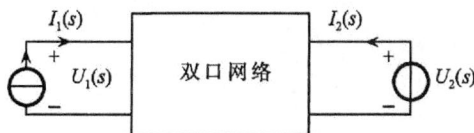

图9-6 h 参数

由此得出双口网络的 h 参数方程为

$$U_1(s) = h_{11}I_1(s) + h_{12}U_2(s) \tag{9.7}$$

$$I_2(s) = h_{21}I_1(s) + h_{22}U_2(s) \tag{9.8}$$

或写成矩阵形式

$$\begin{bmatrix} U_1(s) \\ I_2(s) \end{bmatrix} = \begin{bmatrix} h_{11} & h_{12} \\ h_{21} & h_{22} \end{bmatrix} \begin{bmatrix} I_1(s) \\ U_2(s) \end{bmatrix} = H \begin{bmatrix} I_1(s) \\ U_2(s) \end{bmatrix} \tag{9.9}$$

其中，矩阵 H 称为 h 参数矩阵，或第一类混合参数矩阵。根据 $I_1(s) = 0$ 或 $U_2(s) = 0$，h 参数可定义为

短路输入阻抗 $\qquad h_{11} = \dfrac{U_1(s)}{I_1(s)}\Bigg|_{U_2(s)=0}$

开路反向电压增益 $\qquad h_{12} = \dfrac{U_1(s)}{U_2(s)}\Bigg|_{I_1(s)=0}$

开路输出导纳 $\qquad h_{22} = \dfrac{I_2(s)}{U_2(s)}\Bigg|_{I_1(s)=0}$

短路电流增益 $\qquad h_{21} = \dfrac{I_2(s)}{I_1(s)}\Bigg|_{U_2(s)=0}$

由于这些参数具有不同的量纲，故称为混合参数。

例9.3 求图9-7所示二端口网络的 h 参数矩阵。

解 采用定义求。

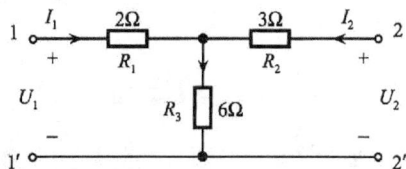

图9-7 例9.3图

(1) 为求 h_{11} 和 h_{21}，在 1—1′ 处接上一个电源 I_1，并短接 2—2′，如图 9-8(a) 所示。

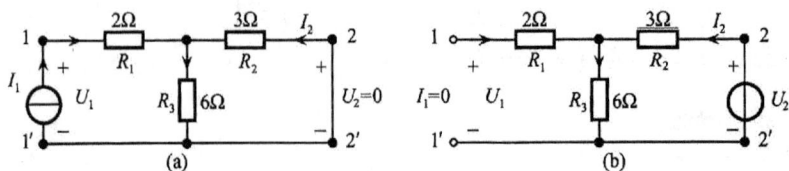

图 9-8　例 9.3 解图

由 KVL、KCL 和元件 VCR 得

$$U_1 = (2 + 3 \text{ // } 6)I_1 = 4I_1$$

所以

$$h_{11} = \frac{U_1}{I_1}\bigg|_{U_2=0} = 4\Omega$$

$$- I_2 = \frac{6}{3+6}I_1 = \frac{2}{3}I_1$$

$$h_{21} = \frac{I_2}{I_1}\bigg|_{U_2=0} = -\frac{2}{3}$$

(2) 为求 h_{12} 和 h_{22}，在 2—2′ 处接上一个电源 U_2，并开路 1—1′，如图 9-8(b) 所示。

由 KVL、KCL 和元件 VCR 得

$$U_1 = \frac{6}{3+6}U_2 = \frac{2}{3}U_2$$

$$h_{12} = \frac{U_1}{U_2}\bigg|_{I_1=0} = \frac{2}{3}$$

所以

$$U_2 = (3 + 6)I_2 = 9I_2$$

$$h_{22} = \frac{I_2}{U_2}\bigg|_{I_1=0} = \frac{1}{9}\text{S}$$

(3) 所求的 h 参数矩阵为

$$\boldsymbol{H} = \begin{bmatrix} 4 & \dfrac{2}{3} \\ -\dfrac{2}{3} & \dfrac{1}{9} \end{bmatrix}$$

2. 第二类混合参数（g 参数）

如果将 1—1′ 端口换为电压源激励，2—2′ 端口换为电流源激励，由此得出双口网络的另一类网络方程，即 g 参数方程为

$$I_1(s) = g_{11}U_1(s) + g_{12}I_2(s) \tag{9.10}$$

$$U_2(s) = g_{21}U_1(s) + g_{22}I_2(s) \tag{9.11}$$

或写成矩阵形式为

$$\begin{bmatrix} I_1(s) \\ U_2(s) \end{bmatrix} = \begin{bmatrix} g_{11} & g_{12} \\ g_{21} & g_{22} \end{bmatrix} \begin{bmatrix} U_1(s) \\ I_2(s) \end{bmatrix} = G \begin{bmatrix} U_1(s) \\ I_2(s) \end{bmatrix} \tag{9.12}$$

其中,矩阵 G 称为 g 参数矩阵,或逆混合参数矩阵,也可称为 H' 参数矩阵,各参数的定义为

开路入端策动点导纳 $\qquad g_{11} = \dfrac{I_1(s)}{U_1(s)}\bigg|_{I_2(s)=0}$

短路反向电流传输比 $\qquad g_{12} = \dfrac{I_1(s)}{I_2(s)}\bigg|_{U_1(s)=0}$

开路正向电压传输比 $\qquad g_{21} = \dfrac{U_2(s)}{U_1(s)}\bigg|_{I_2(s)=0}$

短路出端策动点导纳 $\qquad g_{22} = \dfrac{U_2(s)}{I_2(s)}\bigg|_{U_1(s)=0}$

由于 g 参数也具有不同的量纲,故称为第二类混合参数或 H' 参数。

9.1.4 传输参数

1. 第一类传输参数(T 参数)

如果以 $U_2(s)$、$I_2(s)$ 作为独立变量,如图9-9所示。

图9-9 定义 A、B、C、D 所用的端点变量

得到第3种描述方程,即传输参数网络方程为

$$U_1(s) = AU_2(s) + B[-I_2(s)] \tag{9.13}$$

$$I_1(s) = CU_2(s) + D[-I_2(s)] \tag{9.14}$$

或写成矩阵形式,即

$$\begin{bmatrix} U_1(s) \\ I_1(s) \end{bmatrix} = \begin{bmatrix} A & B \\ C & D \end{bmatrix} \begin{bmatrix} U_2(s) \\ -I_2(s) \end{bmatrix} = T \begin{bmatrix} U_2(s) \\ -I_2(s) \end{bmatrix} \tag{9.15}$$

其中,T 称为传输矩阵,电流 $I_2(s)$ 前面的负号是一种习惯,这有助于分析级联电路。根据网络参数方程,各参数的物理含义为

$$A = \frac{U_1(s)}{U_2(s)}\bigg|_{I_2(s)=0} = \frac{1}{g_{21}}$$

$$B = \frac{U_1(s)}{-I_2(s)}\bigg|_{U_2(s)=0} = -\frac{1}{y_{21}}$$

$$C = \frac{I_1(s)}{U_2(s)}\bigg|_{I_2(s)=0} = \frac{1}{z_{21}}$$

$$D = \frac{I_1(s)}{-I_2(s)}\bigg|_{U_2(s)=0} = -\frac{1}{h_{21}}$$

A、B、C、D 统称为第一类传输参数,式(9.15)称为含第一类传输参数的网络参数方程。

2. 第二类传输参数(T' 参数)

如果选 $U_1(s)$ 和 $I_1(s)$ 为独立变量,得到双口网络的描述方程为

$$U_2(s) = A'U_1(s) + B'I_1(s) \tag{9.16}$$
$$-I_2(s) = C'U_1(s) + D'I_1(s) \tag{9.17}$$

或写成矩阵形式,即

$$\begin{bmatrix} U_2(s) \\ -I_2(s) \end{bmatrix} = \begin{bmatrix} A' & B' \\ C' & D' \end{bmatrix}\begin{bmatrix} U_1(s) \\ I_1(s) \end{bmatrix} = \mathbf{T}'\begin{bmatrix} U_1(s) \\ I_1(s) \end{bmatrix} \tag{9.18}$$

其中,A'、B'、C'、D' 4 个参数称为第二类传输参数,其构成的参数矩阵称为 $\mathbf{T}'$ 参数矩阵,其物理含义可根据方程(9.18)来确定,它们和 A、B、C、D 参数有大体相同的性质。

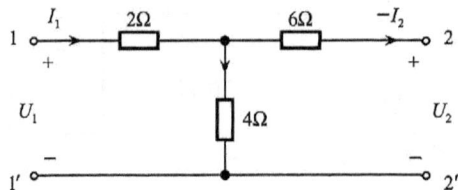

图 9-10　例 9.4 图

例 9.4　求图 9-10 所示二端口网络的 $\mathbf{T}$ 参数矩阵。

解　由定义有

$$A = \frac{U_1}{U_2}\bigg|_{I_2=0} = \frac{(2+4)I_1}{4I_1} = 1.5$$

$$B = \frac{U_1}{-I_2}\bigg|_{U_2=0} = \frac{(4 /\!/ 6 + 2) \times I_1}{\frac{4}{4+6} \times I_1} = 11(\Omega)$$

$$C = \frac{I_1}{U_2}\bigg|_{I_2=0} = \frac{I_1}{4 \times I_1} = 0.25(\text{S})$$

$$D = \left.\frac{I_1}{-I_2}\right|_{U_2=0} = \frac{10}{4} = 2.5$$

所以

$$T = \begin{bmatrix} 1.5 & 11\Omega \\ 0.25S & 2.5 \end{bmatrix}$$

9.1.5　双口网络参数之间的关系

在前面导出的 6 组参数中,对每个参数组都作了准确的定义,而且这些参数之间是可以相互转换的,即只要知道了其中一种参数组,则可转换为其他的参数组。现将所有的转换关系列入表 9-1 中,供读者查阅,表中行、列相交而成的方块代表用某种参数表达的参数矩阵。例如,由 Z 行与 Y 列相交而成的方块代表用 y 参数表达的 Z 矩阵,由 T 行与 Y 列相交而成的方块代表用 y 参数表达的 T 矩阵……6 种参数的换算是由位于表中非对角线上的矩阵的元素来体现的,因此参数之间的换算关系不难求出。现以 h 参数换算出其他参数为例来说明其求法。

表 9-1　网络参数间转换关系

	Z	Y	T	T'	H	G
Z	$\begin{matrix} z_{11} & z_{12} \\ z_{21} & z_{22} \end{matrix}$	$\begin{matrix} \dfrac{y_{22}}{\Delta_y} & -\dfrac{y_{12}}{\Delta_y} \\ -\dfrac{y_{21}}{\Delta_y} & \dfrac{y_{11}}{\Delta_y} \end{matrix}$	$\begin{matrix} \dfrac{A}{C} & \dfrac{\Delta_T}{C} \\ \dfrac{1}{C} & \dfrac{D}{C} \end{matrix}$	$\begin{matrix} \dfrac{D'}{C'} & -\dfrac{1}{C'} \\ \dfrac{\Delta_{T'}}{C'} & \dfrac{A'}{C'} \end{matrix}$	$\begin{matrix} \dfrac{\Delta_h}{h_{22}} & \dfrac{h_{12}}{h_{22}} \\ -\dfrac{h_{21}}{h_{22}} & \dfrac{1}{h_{22}} \end{matrix}$	$\begin{matrix} \dfrac{1}{g_{11}} & -\dfrac{g_{12}}{g_{11}} \\ \dfrac{g_{21}}{g_{11}} & \dfrac{\Delta_g}{g_{11}} \end{matrix}$
Y	$\begin{matrix} \dfrac{z_{22}}{\Delta_z} & -\dfrac{z_{12}}{\Delta_z} \\ -\dfrac{z_{21}}{\Delta_z} & \dfrac{z_{11}}{\Delta_z} \end{matrix}$	$\begin{matrix} y_{11} & y_{12} \\ y_{21} & y_{22} \end{matrix}$	$\begin{matrix} \dfrac{D}{B} & -\dfrac{\Delta_T}{B} \\ -\dfrac{1}{B} & \dfrac{A}{B} \end{matrix}$	$\begin{matrix} \dfrac{A'}{B'} & -\dfrac{1}{B'} \\ -\dfrac{\Delta_{T'}}{B'} & \dfrac{D'}{B'} \end{matrix}$	$\begin{matrix} \dfrac{1}{h_{11}} & -\dfrac{h_{12}}{h_{11}} \\ \dfrac{h_{21}}{h_{11}} & \dfrac{\Delta_h}{h_{11}} \end{matrix}$	$\begin{matrix} \dfrac{\Delta_g}{g_{22}} & \dfrac{g_{12}}{g_{22}} \\ -\dfrac{g_{21}}{g_{22}} & \dfrac{1}{g_{22}} \end{matrix}$
T	$\begin{matrix} \dfrac{z_{11}}{z_{21}} & \dfrac{\Delta_z}{z_{21}} \\ \dfrac{1}{z_{21}} & \dfrac{z_{22}}{z_{21}} \end{matrix}$	$\begin{matrix} -\dfrac{y_{22}}{y_{21}} & -\dfrac{1}{y_{21}} \\ -\dfrac{\Delta_y}{y_{21}} & -\dfrac{y_{11}}{y_{21}} \end{matrix}$	$\begin{matrix} A & B \\ C & D \end{matrix}$	$\begin{matrix} \dfrac{D'}{\Delta_{T'}} & \dfrac{B'}{\Delta_{T'}} \\ \dfrac{C'}{\Delta_{T'}} & \dfrac{A'}{\Delta_{T'}} \end{matrix}$	$\begin{matrix} -\dfrac{\Delta_h}{h_{21}} & -\dfrac{h_{11}}{h_{21}} \\ -\dfrac{h_{22}}{h_{21}} & -\dfrac{1}{h_{21}} \end{matrix}$	$\begin{matrix} \dfrac{1}{g_{21}} & \dfrac{g_{22}}{g_{21}} \\ \dfrac{g_{11}}{g_{21}} & \dfrac{\Delta_g}{g_{21}} \end{matrix}$
T'	$\begin{matrix} \dfrac{z_{22}}{z_{12}} & \dfrac{\Delta_z}{z_{12}} \\ \dfrac{1}{z_{12}} & \dfrac{z_{11}}{z_{12}} \end{matrix}$	$\begin{matrix} -\dfrac{y_{11}}{y_{12}} & -\dfrac{1}{y_{12}} \\ -\dfrac{\Delta_y}{y_{12}} & -\dfrac{y_{22}}{y_{12}} \end{matrix}$	$\begin{matrix} \dfrac{D}{\Delta_T} & \dfrac{B}{\Delta_T} \\ \dfrac{C}{\Delta_T} & \dfrac{A}{\Delta_T} \end{matrix}$	$\begin{matrix} A' & B' \\ C' & D' \end{matrix}$	$\begin{matrix} \dfrac{1}{h_{12}} & \dfrac{h_{11}}{h_{12}} \\ \dfrac{h_{22}}{h_{12}} & \dfrac{\Delta_h}{h_{12}} \end{matrix}$	$\begin{matrix} -\dfrac{\Delta_g}{g_{12}} & -\dfrac{g_{22}}{g_{12}} \\ -\dfrac{g_{11}}{g_{12}} & -\dfrac{1}{g_{12}} \end{matrix}$
H	$\begin{matrix} \dfrac{\Delta_z}{z_{22}} & \dfrac{z_{12}}{z_{22}} \\ -\dfrac{z_{21}}{z_{22}} & \dfrac{1}{z_{22}} \end{matrix}$	$\begin{matrix} \dfrac{1}{y_{11}} & -\dfrac{y_{12}}{y_{11}} \\ \dfrac{y_{21}}{y_{11}} & \dfrac{\Delta_y}{y_{11}} \end{matrix}$	$\begin{matrix} \dfrac{B}{D} & \dfrac{\Delta_T}{D} \\ -\dfrac{1}{D} & \dfrac{C}{D} \end{matrix}$	$\begin{matrix} \dfrac{B'}{A'} & \dfrac{1}{A'} \\ -\dfrac{\Delta_{T'}}{A'} & \dfrac{C'}{A'} \end{matrix}$	$\begin{matrix} h_{11} & h_{12} \\ h_{21} & h_{22} \end{matrix}$	$\begin{matrix} \dfrac{g_{22}}{\Delta_g} & -\dfrac{g_{12}}{\Delta_g} \\ -\dfrac{g_{21}}{\Delta_g} & \dfrac{g_{11}}{\Delta_g} \end{matrix}$
G	$\begin{matrix} \dfrac{1}{z_{11}} & -\dfrac{z_{12}}{z_{11}} \\ \dfrac{z_{21}}{z_{11}} & \dfrac{\Delta_z}{z_{11}} \end{matrix}$	$\begin{matrix} \dfrac{\Delta_y}{y_{22}} & \dfrac{y_{12}}{y_{22}} \\ -\dfrac{y_{21}}{y_{22}} & \dfrac{1}{y_{22}} \end{matrix}$	$\begin{matrix} \dfrac{C}{A} & -\dfrac{\Delta_T}{A} \\ \dfrac{1}{A} & \dfrac{B}{A} \end{matrix}$	$\begin{matrix} \dfrac{C'}{D'} & -\dfrac{1}{D'} \\ \dfrac{\Delta_{T'}}{D'} & \dfrac{B'}{D'} \end{matrix}$	$\begin{matrix} \dfrac{h_{22}}{\Delta_h} & -\dfrac{h_{12}}{\Delta_h} \\ -\dfrac{h_{21}}{\Delta_h} & \dfrac{h_{11}}{\Delta_h} \end{matrix}$	$\begin{matrix} g_{11} & g_{12} \\ g_{21} & g_{22} \end{matrix}$

$\Delta_z = z_{11}z_{22} - z_{12}z_{21}$　　$\Delta_h = h_{11}h_{22} - h_{12}h_{21}$　　$\Delta_T = AD - BC$

$\Delta_y = y_{11}y_{22} - y_{12}y_{21}$　　$\Delta_g = g_{11}g_{22} - g_{12}g_{21}$　　$\Delta_{T'} = A'D' - B'C'$

例9.5 试求图9-11所示双口网络的6种参数矩阵。

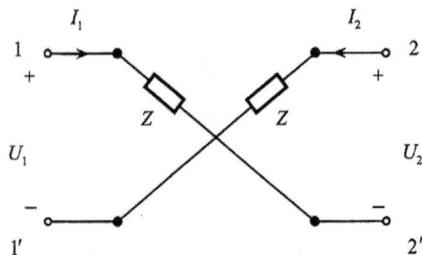

图9-11 例9.5图

解 根据图9-11可写出:$U_1=2ZI_1-U_2$,$I_2=I_1$,改写成矩阵形式有

$$\begin{bmatrix} U_1 \\ I_2 \end{bmatrix} = \begin{bmatrix} 2Z & -1 \\ 1 & 0 \end{bmatrix}\begin{bmatrix} I_1 \\ U_2 \end{bmatrix}$$

由上式可知,h参数为

$$\boldsymbol{H} = \begin{bmatrix} 2Z & -1 \\ 1 & 0 \end{bmatrix}$$

再根据表9-1中的第五列可求出

$$\boldsymbol{Y} = \begin{bmatrix} \dfrac{1}{2Z} & \dfrac{1}{2Z} \\ \dfrac{1}{2Z} & \dfrac{1}{2Z} \end{bmatrix}, \quad \boldsymbol{G} = \begin{bmatrix} 0 & 1 \\ -1 & 2Z \end{bmatrix}, \quad \boldsymbol{T} = \begin{bmatrix} -1 & -2Z \\ 0 & -1 \end{bmatrix}, \quad \boldsymbol{T'} = \begin{bmatrix} -1 & 2Z \\ 0 & -1 \end{bmatrix}$$

注意:$\boldsymbol{Z}$矩阵不存在,因为其元素为无穷大。

从例9.5可以看出,并非任何一个双口网络都具有6种网络参数,为了说明这一点,现列出了几种双口网络的参数矩阵,如表9-2所示。

表9-2 双口网络参数矩阵

双口网络的电路	Z 矩阵	Y 矩阵	H 矩阵	H' 矩阵	T 矩阵	T' 矩阵
			$\begin{bmatrix} 0 & 1 \\ -1 & 1 \end{bmatrix}$	$\begin{bmatrix} 0 & -1 \\ 1 & 0 \end{bmatrix}$	$\begin{bmatrix} 1 & 0 \\ 0 & 1 \end{bmatrix}$	$\begin{bmatrix} 1 & 0 \\ 0 & 1 \end{bmatrix}$
			$\begin{bmatrix} 0 & -1 \\ 1 & 1 \end{bmatrix}$	$\begin{bmatrix} 0 & 1 \\ -1 & 0 \end{bmatrix}$	$\begin{bmatrix} -1 & 0 \\ 0 & -1 \end{bmatrix}$	$\begin{bmatrix} -1 & 0 \\ 0 & -1 \end{bmatrix}$
Z		$\begin{bmatrix} \dfrac{1}{Z} & -\dfrac{1}{Z} \\ -\dfrac{1}{Z} & \dfrac{1}{Z} \end{bmatrix}$	$\begin{bmatrix} Z & 1 \\ -1 & 0 \end{bmatrix}$	$\begin{bmatrix} 0 & -1 \\ 1 & Z \end{bmatrix}$	$\begin{bmatrix} 1 & Z \\ 0 & 1 \end{bmatrix}$	$\begin{bmatrix} 1 & -Z \\ 0 & 1 \end{bmatrix}$

双口网络的电路	Z 矩阵	Y 矩阵	H 矩阵	H' 矩阵	T 矩阵	T' 矩阵
	$\begin{bmatrix} Z & Z \\ Z & Z \end{bmatrix}$		$\begin{bmatrix} 0 & 1 \\ -1 & \dfrac{1}{Z} \end{bmatrix}$	$\begin{bmatrix} \dfrac{1}{Z} & -1 \\ 1 & 0 \end{bmatrix}$	$\begin{bmatrix} 1 & 0 \\ \dfrac{1}{Z} & 1 \end{bmatrix}$	$\begin{bmatrix} 1 & 0 \\ -\dfrac{1}{Z} & 1 \end{bmatrix}$
			$\begin{bmatrix} 0 & n \\ -n & 0 \end{bmatrix}$	$\begin{bmatrix} 0 & -\dfrac{1}{n} \\ \dfrac{1}{n} & 0 \end{bmatrix}$	$\begin{bmatrix} n & 0 \\ 0 & \dfrac{1}{n} \end{bmatrix}$	$\begin{bmatrix} \dfrac{1}{n} & 0 \\ 0 & n \end{bmatrix}$
	$\begin{bmatrix} 0 & 0 \\ 0 & 0 \end{bmatrix}$					
		$\begin{bmatrix} 0 & 0 \\ 0 & 0 \end{bmatrix}$				
	$\begin{bmatrix} Z_1 & 0 \\ 0 & Z_2 \end{bmatrix}$	$\begin{bmatrix} \dfrac{1}{Z_1} & 0 \\ 0 & \dfrac{1}{Z_2} \end{bmatrix}$	$\begin{bmatrix} Z_1 & 0 \\ 0 & \dfrac{1}{Z_2} \end{bmatrix}$	$\begin{bmatrix} \dfrac{1}{Z_1} & 0 \\ 0 & Z_2 \end{bmatrix}$		

双口网络有互易与非互易之分,一个双口网络是否互易可利用互易性判据来判定,根据互易定理可以导出这些判据。

例9.6 求图9-12双口网络的各种参数矩阵。

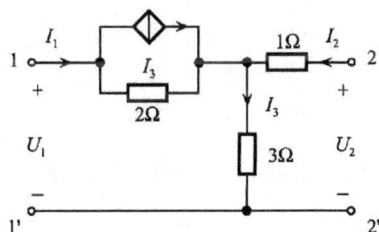

图9-12 例9.6图

解 在端口上施加电压 U_1 和 U_2，并作电路的等效变换，如图9-13所示。

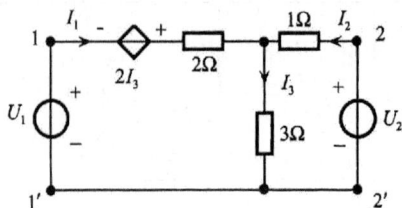

图 9-13　例 9.6 解图

有

$$U_1 = -2I_3 + 2 \times I_1 + 3 \times I_3 = I_3 + 2I_1$$

$$I_3 = I_2 + I_1$$

所以

$$U_1 = 3I_1 + I_2$$

$$U_2 = 1 \times I_2 + 3 \times I_3 = I_2 + 3(I_2 + I_1) = 3I_1 + 4I_2$$

所以 z 参数矩阵为

$$\boldsymbol{Z} = \begin{bmatrix} 3 & 1 \\ 3 & 4 \end{bmatrix}$$

可见，含受控源的线性双口网络不满足 $z_{12} = z_{21}$。

$$\boldsymbol{Y} = \boldsymbol{Z}^{-1} = \frac{1}{9} \begin{bmatrix} 4 & -3 \\ -1 & 3 \end{bmatrix}$$

$$\boldsymbol{H} = \begin{bmatrix} \dfrac{\Delta_z}{z_{22}} & \dfrac{z_{12}}{z_{22}} \\ -\dfrac{z_{21}}{z_{22}} & \dfrac{1}{z_{22}} \end{bmatrix} = \begin{bmatrix} \dfrac{9}{4} & \dfrac{1}{4} \\ -\dfrac{3}{4} & \dfrac{1}{4} \end{bmatrix}$$

$$\boldsymbol{T} = \begin{bmatrix} \dfrac{z_{11}}{z_{21}} & \dfrac{\Delta_z}{z_{21}} \\ \dfrac{1}{z_{21}} & \dfrac{z_{22}}{z_{21}} \end{bmatrix} = \begin{bmatrix} 1 & 3 \\ \dfrac{1}{3} & \dfrac{4}{3} \end{bmatrix}$$

$$\boldsymbol{G} = \begin{bmatrix} \dfrac{1}{z_{11}} & -\dfrac{z_{12}}{z_{11}} \\ \dfrac{z_{21}}{z_{11}} & \dfrac{\Delta_z}{z_{11}} \end{bmatrix} = \begin{bmatrix} \dfrac{1}{3} & -\dfrac{1}{3} \\ 1 & 3 \end{bmatrix}$$

例 9.7　已知图 9-14(a) 互易双口电路的 z 参数：$\boldsymbol{Z} = \begin{bmatrix} 5 & 3 \\ 3 & 7 \end{bmatrix}$，试求 I_1 和 U_2。

解　用 T 形网络等效如图 9-14(b) 所示。

$$R_1 = z_{11} - z_{12} = 5 - 3 = 2\Omega$$

$$R_2 = z_{22} - z_{12} = 7 - 3 = 4\Omega$$

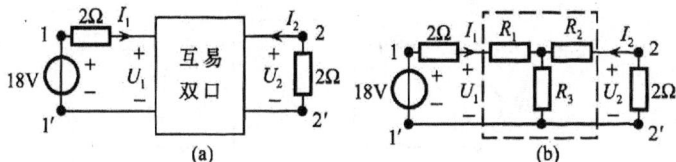

图 9-14 例 9.7 图

$$R_3 = z_{12} = 3\Omega$$

$$I_1 = \frac{18V}{R_1 + 2\Omega + R_3 \;//\; (R_2 + 2\Omega)} = 3A$$

$$U_2 = \frac{R_3 \;//\; (R_2 + 2\Omega)}{R_2 + 2\Omega} I_1 \times 2\Omega = 2V$$

例9.8 已知图 9-15 电路的 h 参数矩阵: $\boldsymbol{H} = \begin{bmatrix} 8 & 5 \\ 10 & 1 \end{bmatrix}$, 试求系统函数 $H(s) = U_2(s)/U_S(s)$。

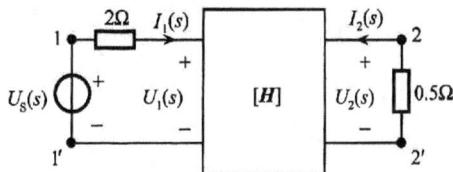

图 9-15 例 9.8 图

解 由已知的 h 参数矩阵写出对应的方程式

$$U_1(s) = 8I_1(s) + 5U_2(s) \tag{1}$$

$$I_2(s) = 10I_1(s) + U_2(s) \tag{2}$$

端口所接外电路方程满足

$$U_1(s) = -2I_1(s) + U_S(s) \tag{3}$$

$$I_2(s) = -\frac{1}{0.5}U_2(s) \tag{4}$$

将式(3)和式(4)分别带入式(1)和式(2)中, 整理后得

$$10I_1(s) + 5U_2(s) = U_S(s)$$

$$10I_1(s) + 3U_2(s) = 0$$

在上式中消去 $I_1(s)$, 得 $H(s)$, 即

$$H(s) = \frac{U_2(s)}{U_S(S)} = \frac{1}{2} = 0.5$$

例9.9 已知图9-16 电路的 T 参数矩阵: $\boldsymbol{T} = \begin{bmatrix} 4 & 20\Omega \\ 0.1S & 2 \end{bmatrix}$, 输出端口接上一个可变负载以得到最大的功率输送, 求 R_L 和输送的最大功率。

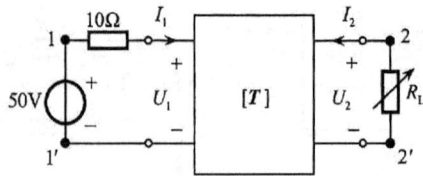

图 9-16 例 9.9 图

解 本题要求输出端口的戴维南等效参数 U_{OC}、R_O，等效电路如图 9-17(a)
所示。

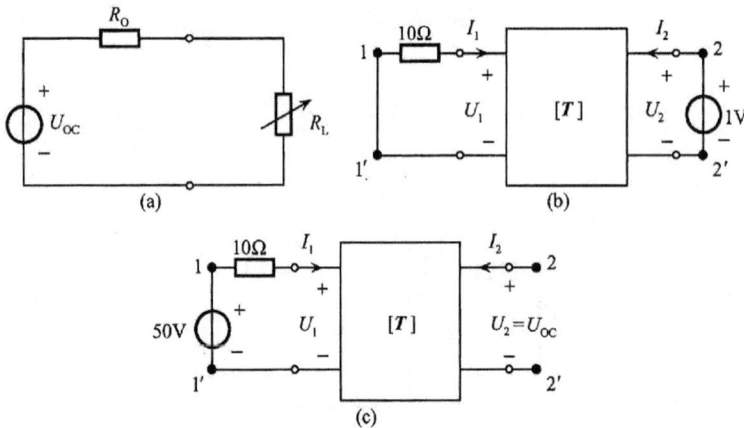

图 9-17 例 9.9 图

(1) 由已知的 **T** 参数矩阵写出对应的方程式

$$U_1 = 4U_2 - 20I_2 \tag{1}$$

$$I_1 = 0.1U_2 - 2I_2 \tag{2}$$

(2) 由图 9-17(b)求 R_O。

在输入端口有 $U_1 = -10I_1$，代入式(1)有

$$-10I_1 = 4U_2 - 20I_2 \quad 或 \quad I_1 = -0.4U_2 + 2I_2 \tag{3}$$

令式(2)、(3)左边相等，得 $0.1U_2 - 2I_2 = -0.4U_2 + 2I_2$，推出：$0.5U_2 = 4I_2$
所以

$$R_O = \frac{U_2}{I_2} = \frac{4}{0.5} = 8\Omega$$

(3) 由图 9-17(c)求 U_{OC}。

在输出端口有 $I_2 = 0$，而在输入端口有 $U_1 = 50 - 10I_1$，代入式(1)、(2)有

$$50 - 10I_1 = 4U_2 \tag{4}$$

$$I_1 = 0.1U_2 \tag{5}$$

式(5)代入式(4)有 $U_2 = 10V$，所以 $U_{OC} = U_2 = 10V$。

（4）求最大功率。

当 $R_L = R_O = 8\Omega$ 时，获得最大功率，为

$$P = \frac{U_{OC}^2}{4R_O} = \frac{100}{4 \times 8} = 3.125(\text{W})$$

双口网络的 y 参数方程

$$I_1(s) = y_{11}U_1(s) + y_{12}U_2(s) \tag{9.19}$$

$$I_2(s) = y_{21}U_1(s) + y_{22}U_2(s) \tag{9.20}$$

对式（9.19）来说，当端口1—1′短路时，有 $I_1(s) = y_{12}U_2(s)$；对式（9.20）来说，当端口2—2′短路时，有 $I_2(s) = y_{21}U_1(s)$。根据互易定理的陈述1可知若要网络互易，则当 $U_1(s) = U_2(s)$ 时，应有 $-I_1(s) = -I_2(s)$（取负号是因为现时的方向与互易定理所设的方向相反）。于是，双口互易时其 y 参数中应保持的条件为

$$y_{12} = y_{21}$$

同理，根据互易定理的陈述2和陈述3可分别得出在双口互易时，其 z 参数和 h 参数有

$$z_{12} = z_{21}$$
$$h_{12} = -h_{21}$$

根据上面三个关系，利用表9-1网络参数之间的转换公式，则可以导出

$$g_{12} = -g_{21}$$
$$AD - BC = 1$$
$$A'D' - B'C' = 1$$

利用上面6个判据中的任何一个即可判断该网络是否互易，根据这些判据还可得出一个结论：互易双口网络的每种参数中只有3个是独立的。

现将双口网络互易与对称的条件列表9-3所示。

表9-3　对于无源、互易网络某些参数的简化

参数	无源网络的互易条件	电路对称的条件
z	$z_{12} = z_{21}$	$z_{11} = z_{22}$
y	$y_{12} = y_{21}$	$y_{11} = y_{22}$
A、B、C、D	$AD - BC = 1$	$A = D$
A'、B'、C'、D'	$A'D' - B'C' = 1$	$A' = D'$
h	$h_{12} = -h_{21}$	$\Delta_h = 1$
g	$g_{12} = -g_{21}$	$\Delta_g = 1$

9.2　双口网络的等效电路

在电路理论中，为了分析含有双口网络的复杂网络，往往用不同的电路来代替

双口网络,作为原来双口网络的等效电路。当然,这种代替必须保证双口网络的外部特性不变,即端口特性约束方程不变。这样一来,对每个双口网络就可能建立 6 种等效电路。下面仅介绍在电子技术中最常用的 y 参数、z 参数、h 参数等效电路。

首先来建立 y 参数等效电路,y 参数方程为

$$\left.\begin{array}{l} I_1(s) = y_{11}U_1(s) + y_{12}U_2(s) \\ I_2(s) = y_{21}U_1(s) + y_{22}U_2(s) \end{array}\right\} \tag{9.21}$$

这是一个节点电压方程,根据这一方程即可得到图 9-18(a)所示的 y 参数等效电路,由于电路中含有两个受控源,所以又叫双源 y 参数等效电路。

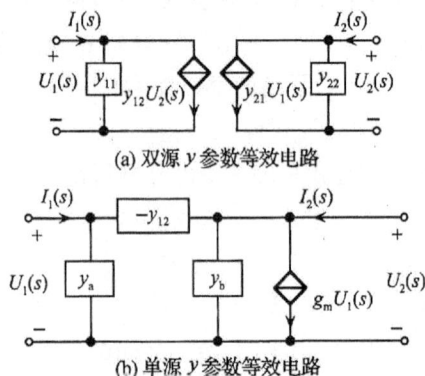

(a) 双源 y 参数等效电路

(b) 单源 y 参数等效电路

图 9-18 节点电压方程的等效电路

方程式(9.21)也可以写成如下形式,即

$$\left.\begin{array}{l} I_1(s) = (y_{11} + y_{12})U_1(s) - y_{12}[U_1(s) - U_2(s)] \\ I_2(s) = (y_{22} + y_{12})U_2(s) - y_{12}[U_2(s) - U_1(s)] + (y_{21} - y_{12})U_1(s) \end{array}\right\} \tag{9.22}$$

根据方程式(9.22)即可得到图 9-18(b)所示的单源等效电路。该电路中有

$$\left\{\begin{array}{l} y_a = y_{11} + y_{12} \\ y_b = y_{22} + y_{12} \\ g_m = y_{21} - y_{12} \end{array}\right.$$

如果双口网络具有互易性,即 $y_{12} = y_{21}$,则 $g_m = 0$,这时图 9-18(b)所示电路将成为一个典型的 Ⅱ 型等效电路。这就是说,对于具有互易性的双口网络可用不含受控源的 Ⅱ 型等效电路表示。

同样,由于双口网络 z 参数的端口特性方程实质是一组 KVL 方程,即

$$\left.\begin{array}{l} U_1(s) = z_{11}I_1(s) + z_{12}I_2(s) \\ U_2(s) = z_{21}I_1(s) + z_{22}I_2(s) \end{array}\right\} \tag{9.23}$$

根据这组 KVL 方程就可得到一个双源 z 参数等效电路,如图 9-19(a)所示。

若方程式(9.23)作适当变换,则得

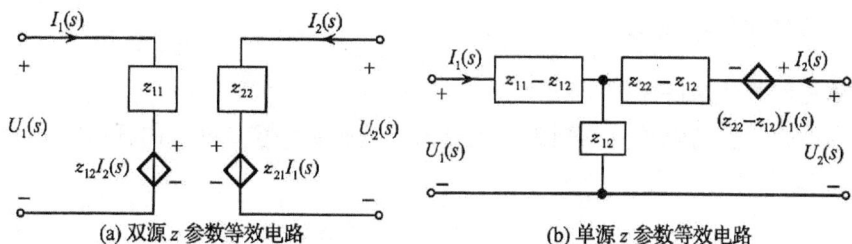

(a) 双源 z 参数等效电路　　　　(b) 单源 z 参数等效电路

图 9-19　一个典型的 Π 型等效电路

$$U_1(s) = (z_{11} - z_{12})I_1(s) + z_{12}[I_1(s) + I_2(s)]$$
$$U_2(s) = (z_{22} - z_{12})I_2(s) + z_{12}[I_1(s) + I_2(s)] + (z_{21} - z_{12})I_1(s)$$

$$(9.24)$$

根据式(9.24)即可得到图 9-19(b)所示的单源 z 参数等效电路,若双口网络满足互易条件 $z_{12} = z_{21}$,则图 9-19(b)就成为不含受控源的 T 形电路。

用类似的方法,根据 h 参数方程

$$U_1(s) = h_{11}I_1(s) + h_{12}U_2(s)$$
$$I_2(s) = h_{21}I_1(s) + h_{22}U_2(s)$$

$$(9.25)$$

即可得双口网络的 h 参数等效电路,如图 9-20(a)所示。

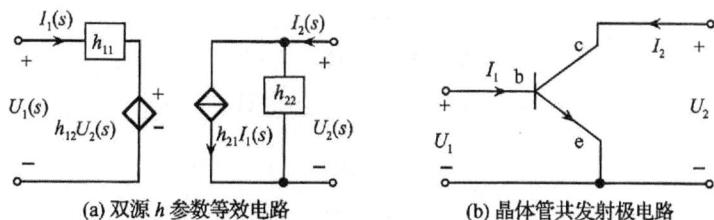

(a) 双源 h 参数等效电路　　　　(b) 晶体管共发射极电路

图 9-20　双口网络的 h 参数等效电路

在电子线路中,最广泛使用的晶体管共发射极电路[见图 9-20(b)]就是用这种双口 h 参数等效电路来描述的。这时,各 h 参数已有明确的物理意义:$h_{11} = \gamma_b + \gamma_e$称为晶体管的输入电阻,$h_{12}$为电压反馈系数,$h_{21} = \beta$,为电流放大系数,$h_{22}$为晶体管的输出电导。

9.3　双口网络的相互连接

一般说来,实际的网络总是较复杂的,但是可以把复杂网络看作是由一些简单的双口网络按一定的方式连接起来的。双口网络常用的互联方式有级联、并联和串联。当然双口网络互联必须保证每个双口网络都保持原有的端口特性,在此条件下,来讨论互联方式才有意义。

9.3.1 双口网络的串联

双口网络的串联如图9-21所示。

这时采用开路阻抗参数矩阵不难导出串联后所得双口网络的开路阻抗参数矩阵,它们之间的关系为

$$Z(s) = Z_1(s) + Z_2(s) \tag{9.26}$$

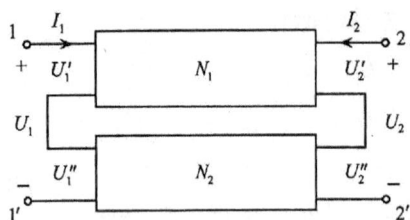

这就是说,串联双口网络的开路阻抗矩阵等于构成它的各个双口网络的开路阻抗矩阵之和。

例9.10 求图9-22(a)所示双口网络的 z 参数矩阵。

解 可看成两个网络的串联,如图9-22(b)、(c)所示。对(b)图网络有

图9-21 双口网络的串联

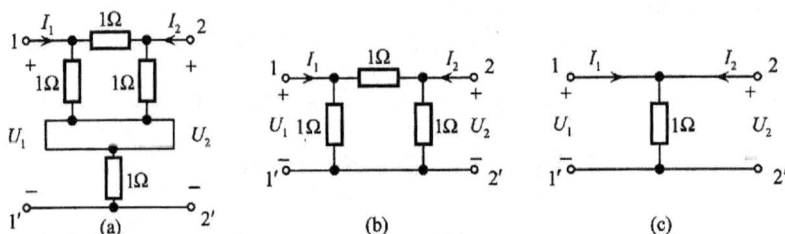

图9-22 双口网络的 z 参数矩阵

$$z_{11} = \frac{U_1}{I_1}\bigg|_{I_2=0} = \frac{2}{3}\Omega$$

$$z_{21} = \frac{U_2}{I_1}\bigg|_{I_2=0} = \frac{1}{3}\Omega$$

$$z_{12} = z_{21} = \frac{1}{3}\Omega$$

$$z_{22} = \frac{U_2}{I_2}\bigg|_{I_1=0} = \frac{2}{3}\Omega$$

对图9-22(c)网络查表9-2有

$$\mathbf{Z}_2 = \begin{bmatrix} 1 & 1 \\ 1 & 1 \end{bmatrix}(\Omega)$$

所以该双口网络的 z 参数矩阵为

$$\mathbf{Z} = \mathbf{Z}_1 + \mathbf{Z}_2 = \begin{bmatrix} \frac{2}{3}+1 & \frac{1}{3}+1 \\ \frac{1}{3}+1 & \frac{2}{3}+1 \end{bmatrix} = \begin{bmatrix} \frac{5}{3} & \frac{4}{3} \\ \frac{4}{3} & \frac{5}{3} \end{bmatrix}(\Omega)$$

9.3.2 双口网络的并联

双口网络的并联如图 9-23 所示。

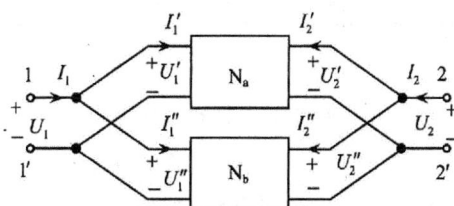

图 9-23　双口网络的并联

由并联关系知道

$$\begin{cases} I_1 = I'_1 + I''_1 \\ I_2 = I'_2 + I''_2 \end{cases}$$

于是根据 y 参数方程可得

$$\begin{bmatrix} I_1 \\ I_2 \end{bmatrix} = \begin{bmatrix} I'_1 \\ I'_2 \end{bmatrix} + \begin{bmatrix} I''_1 \\ I''_2 \end{bmatrix}$$

$$= \begin{bmatrix} y'_{11} & y'_{12} \\ y'_{21} & y'_{22} \end{bmatrix} \begin{bmatrix} U_1 \\ U_2 \end{bmatrix} + \begin{bmatrix} y''_{11} & y''_{12} \\ y''_{21} & y''_{22} \end{bmatrix} \begin{bmatrix} U_1 \\ U_2 \end{bmatrix}$$

$$= \begin{bmatrix} y'_{11} + y''_{11} & y'_{12} + y''_{12} \\ y'_{21} + y''_{21} & y'_{22} + y''_{22} \end{bmatrix} \begin{bmatrix} U_1 \\ U_2 \end{bmatrix}$$

$$= \begin{bmatrix} y_{11} & y_{12} \\ y_{21} & y_{22} \end{bmatrix} \begin{bmatrix} U_1 \\ U_2 \end{bmatrix}$$

即

$$Y(s) = Y'(s) + Y''(s) \tag{9.27}$$

这就是说,并联双口网络的短路导纳参数矩阵等于构成它的各个双口网络短路导纳参数矩阵之和。

例9.11　求图 9-24 双 T 电路的 y 参数矩阵。

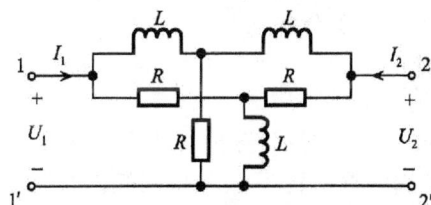

图 9-24　例 9.11 图

解　可看成两个 T 形网络的并联,如图 9-25(a)、(b)所示。

(1) 由图 9-25(a),求其 Y_1。

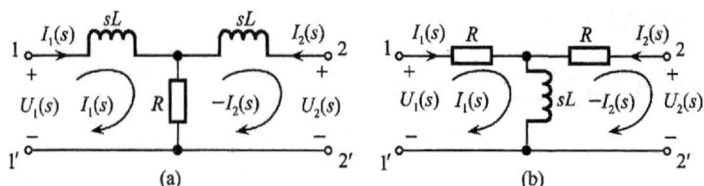

图 9-25　例 9.11 解图

由网孔方程有

$$U_1(s) = (sL + R)I_1(s) - R[-I_2(s)]$$

$$-U_2(s) = -RI_1(s) + (sL + R)[-I_2(s)]$$

$$\boldsymbol{Z}_1 = \begin{bmatrix} sL + R & R \\ R & sL + R \end{bmatrix}$$

$$\boldsymbol{Y}_1 = \boldsymbol{Z}_1^{-1} = \frac{1}{sL(sL + 2R)} \begin{bmatrix} sL + R & -R \\ -R & sL + R \end{bmatrix}$$

(2) 由图 9-25(b)，求 Y_2。

由网孔方程有 $\begin{cases} U_1(s) = (sL+R)I_1(s) - sL[-I_2(s)] \\ -U_2(s) = -sL \cdot I_1(s) + (sL+R)[-I_2(s)] \end{cases}$

所以

$$\boldsymbol{Z}_2 = \begin{bmatrix} sL + R & sL \\ sL & sL + R \end{bmatrix}$$

$$\boldsymbol{Y}_2 = \boldsymbol{Z}_2^{-1} = \frac{1}{R(R + 2sL)} \begin{bmatrix} sL + R & sL \\ sL & sL + R \end{bmatrix}$$

所以

$$\boldsymbol{Y} = \boldsymbol{Y}_1 + \boldsymbol{Y}_2 = \frac{\begin{bmatrix} sL + R & -R \\ -R & sL + R \end{bmatrix}}{sL(sL + 2R)} + \frac{\begin{bmatrix} sL + R & -sL \\ -sL & sL + R \end{bmatrix}}{R(R + 2sL)}$$

$$= \begin{bmatrix} \dfrac{(sL + R)}{sL(sL + 2R)} + \dfrac{(sL + R)}{R(R + 2sL)} & -\dfrac{R}{sL(sL + 2R)} - \dfrac{sL}{R(R + 2sL)} \\ -\dfrac{R}{sL(sL + 2R)} - \dfrac{sL}{R(R + 2sL)} & \dfrac{(sL + R)}{sL(sL + 2R)} + \dfrac{(sL + R)}{R(R + 2sL)} \end{bmatrix}$$

9.3.3　双口网络的级联

双口网络的级联如图 9-26 所示，这种互连也称连接。利用传输参数(即 $A, B,$ C, D 参数)很容易计算出级联后的复杂双口网络的传输参数，通过转换也就可得到其他网络参数。

因为 N_1 和 N_2 的传输参数端口方程为

$$\begin{bmatrix} U_1 \\ I_1 \end{bmatrix} = \begin{bmatrix} A_1 & B_1 \\ C_1 & D_1 \end{bmatrix} \begin{bmatrix} U_2 \\ -I_2 \end{bmatrix}$$

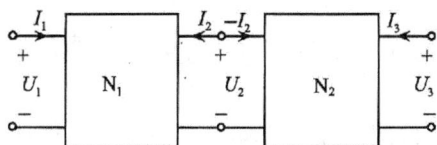

图 9-26 双口网络的级联

$$\begin{bmatrix} U_2 \\ -I_2 \end{bmatrix} = \begin{bmatrix} A_2 & B_2 \\ C_2 & D_2 \end{bmatrix} \begin{bmatrix} U_3 \\ -I_3 \end{bmatrix}$$

将 N$_2$ 的方程代入 N$_1$ 的方程,即得到级联后的端口方程为

$$\begin{bmatrix} U_1 \\ I_1 \end{bmatrix} = \begin{bmatrix} A_1 & B_1 \\ C_1 & D_1 \end{bmatrix} \begin{bmatrix} A_2 & B_2 \\ C_2 & D_2 \end{bmatrix} \begin{bmatrix} U_3 \\ -I_3 \end{bmatrix}$$

由上式即可得出结论:级联双口网络的传输参数矩阵等于构成它的各端口的传输参数矩阵的乘积,即

$$T = \begin{bmatrix} A & B \\ C & D \end{bmatrix} = T_1 T_2 = \begin{bmatrix} A_1 & B_1 \\ C_1 & D_1 \end{bmatrix} \begin{bmatrix} A_2 & B_2 \\ C_2 & D_2 \end{bmatrix} \tag{9.28}$$

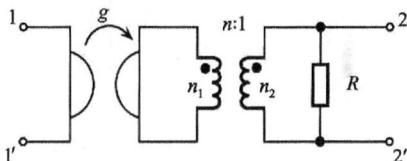

图 9-27 例 9.12 图

例 9.12 求图 9-27 双口网络的传输矩阵 T。

解 图 9-27 可看成三个网络的级联,由表 9-2 有

$$T = T_1 \cdot T_2 \cdot T_3 = \begin{bmatrix} 0 & \dfrac{1}{g} \\ g & 0 \end{bmatrix} \begin{bmatrix} n & 0 \\ 0 & \dfrac{1}{n} \end{bmatrix} \begin{bmatrix} 1 & 0 \\ \dfrac{1}{R} & 1 \end{bmatrix} = \begin{bmatrix} \dfrac{1}{ngR} & \dfrac{1}{ng} \\ ng & 0 \end{bmatrix}$$

9.3.4 双口网络的混联

若 1—1′ 端串联,2—2′ 端并联,即采用串-并式连接,这时用 h 参数矩阵计算有

$$H = H_1 + H_2 \tag{9.29}$$

与此对应,另一种并-串式连接,这时用 g 参数矩阵计算有

$$G = G_1 + G_2 \tag{9.30}$$

在电路理论中,6 种网络参数都是对同一线性时不变双口网络(无源、零初始条件下)的完全描述,因此原则上只要采用一种就够了。但是从上面的互连计算中可以看出,不同的互联方式采用不同的网络参数给计算带来了极大的方便,这就是要定义 6 种参数来描述的主要目的。当然,另一原因是有些双口网络不能用某些参数来描述,如理想变压器就只能用混合参数描述,所以必须灵活掌握和运用。

*9.4 双口网络有效连接的判别和实现

在9.3,曾经提到双口网络互连必须保证每个双口网络保持原有的端口特性,在此条件下,讨论总双口网络的参数矩阵与各分双口网络参数矩阵的关系才有意义,这种约定就是指双口网络的有效连接。为什么要作这样的约定呢？这可以从图9-28所示的网络得到说明。

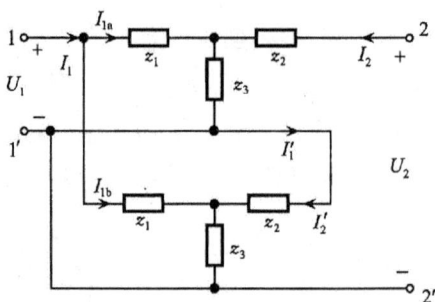

图 9-28 双口网络的有效连接

图9-28中有两个 z_1、z_2 和 z_3 组成的 T 形电路,每个 T 形电路都是一个双口网络,将它们进行并-串式连接后,总网络是四端网络,但是由图9-28可知,在上边的 T 形网络中 $I'_2 \neq I_2$(当令 $I_1 = 0$ 时,很容易看出这样的结果)。这表明,连接之后其中分双口网络的特性遭到破坏,因此式(9.26)已经不再适用,这种连接称为失效连接。

为了说明失效连接的情况,由图中的 T 形双口网络参数可知

$$G_A = G_B = \begin{bmatrix} \dfrac{1}{z_{11}} & -\dfrac{z_3}{z_{11}} \\[3mm] \dfrac{z_3}{z_{11}} & z_2 + \dfrac{z_1 z_3}{z_{11}} \end{bmatrix}$$

其中,$z_{11} = z_1 + z_3$。

如果根据式(9.30)可得总双口网络的 g 参数为

$$G = G_A + G_B = \begin{bmatrix} \dfrac{2}{z_{11}} & -\dfrac{2z_3}{z_{11}} \\[3mm] \dfrac{2z_3}{z_{11}} & 2z_2 + \dfrac{2z_1 z_3}{z_{11}} \end{bmatrix} \tag{9.31}$$

但是,直接根据双口网络 G 参数矩阵的定义计算的结果为

$$g'_{11} = \left. \frac{I_1}{U_1} \right|_{I_2=0} = \frac{1}{z_{11}} + \frac{z_2 + z_3}{z_1 z_2 + z_2 z_3 + z_1 z_3}$$

上式与式(9.31)比较,可知 $g'_{11} \neq g_{11}$,仅从这一点就可以知道式(9.30)对

图 9-28 所示的网络是失效的。

那么如何判断双口网络连接的有效性呢? 下面介绍的 Brune 实验方法可以判断出双口网络连接的有效性。

对于双口网络的并联,可以将双口网络按图 9-29(a) 和图 9-29(b) 的方式分别连接起来。

若 $U_s \neq 0$,而电压表的读数为零时,则在图 9-29(a) 中 $I_{1a} = I'_{1a}$,$I_{1b} = I'_{1b}$,这表明两个子双口网络的输入端口的并联是有效的;而图 9-29(b) 中则有 $I_{2a} = I'_{2a}$,$I_{2b} = I'_{2b}$,这表明输出端口的并联也是有效的,所以可以判断这时双口网络的并联是有效连接。

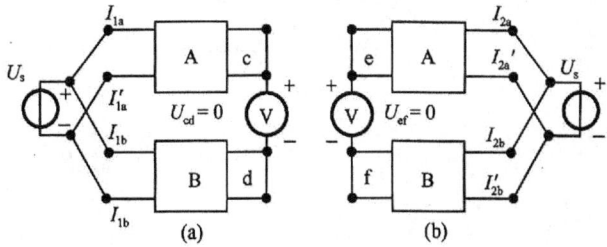

图 9-29 双口网络并联的两种连接方法

当双口网络的连接是串联时,可以将双口网络按图 9-30(a) 和图 9-30(b) 的方式分别连接起来,若 $I_s \neq 0$,而电压表的读数为零时,可以判断这时双口网络的并联是有效连接,其原理和上面分析类似。

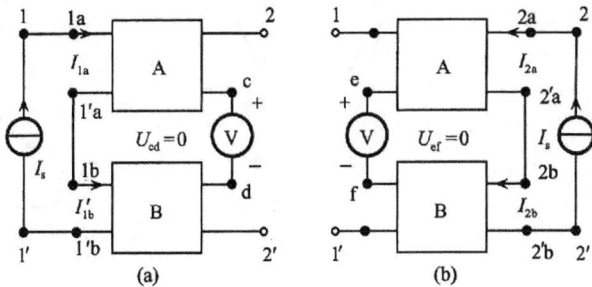

图 9-30 双口网络串联的两种连接方法

按照上述检验双口网络并联和串联的有效性实验方法,可以类推并-串式和串-并式混联的有效性检验方法。如对于并-串式混联,可以将双口网络按图 9-31(a) 和图 9-31(b) 的方式分别连接起来,若电压表的读数均为零,则可以判断这时双口网络的并-串式混联是有效连接。

上述 Brune 方法只能给出判断双口网络连接是否为有效连接的标志,并没有指出实现有效连接的措施。如果在电子工程技术中要求对已给的两个双口网络进行某种连接,经过 Brune 实验发现连接却是失效的,这时可以采取光电隔离、变压器隔离等方法来解决这个问题。这里主要介绍变压器隔离法,具体措施是在不满足有效连接的端口中,插入一个 $n:1$ 的理想变压器,使被连接的两个双口网络相互隔离后,再进行所要求的连接,图 9-32 中给出了这种方法的典型应用。

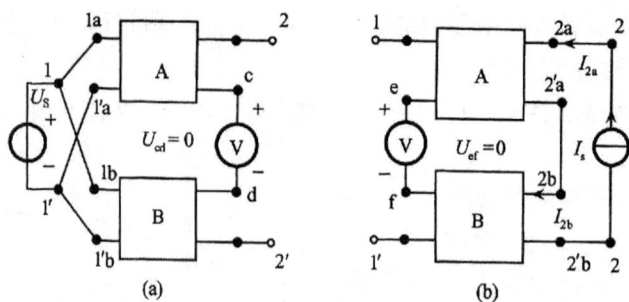

图 9-31 串-并混连的方法

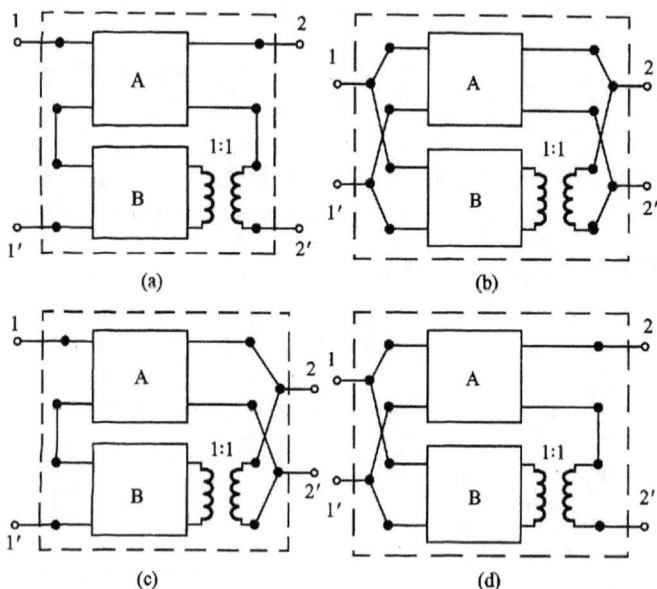

图 9-32 双口网络连接和变压器隔离方法

9.5 双口网络的黑箱分析法

对于任意一个LTI双口网络或多口网络,如果只需要求解其端口外部电路响应,或电路的系统函数,则可不必知道其内部结构,而只要将它看作一个黑箱,用网络参数来描述这个黑箱的端口特性,就可以求得外电路的响应或系统函数,这种分析方法叫作黑箱分析法。

黑箱分析法的步骤如下:

(1)列写电路系统外电路方程。

(2)写出黑箱的网络参数方程。

（3）对上述两组方程联立求解。

下面举例说明。

例 9.13 已知电路系统如图 9-33 所示，测得黑箱 N 的 y 参数

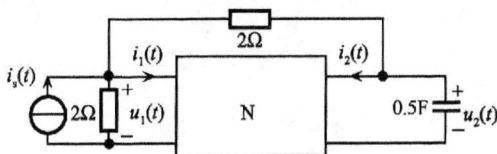

图 9-33　例 9.13 图

$$Y(s) = \begin{bmatrix} 0.5 + 0.5s & -0.5s \\ -0.5s & 1 + 0.5s \end{bmatrix}$$

电流源 $i_S(t) = 0.25\delta(t)$A，试求系统的零状态响应 $u_2(t)$。

解　（1）做出电路 s 域模型（此处从略），由此列出节点方程

$$\begin{cases} \left(\dfrac{1}{2} + \dfrac{1}{2}\right)U_1(s) - \dfrac{1}{2}U_2(s) = 0.25 - I_1(s) \\ -\dfrac{1}{2}U_1(s) + \left(\dfrac{1}{2} + \dfrac{s}{2}\right)U_2(s) = -I_2(s) \end{cases}$$

其中

$$I_s(s) = L\{i_S(t)\} = 0.25 \tag{A}$$

（2）写出黑箱的 y 参数方程

$$\begin{bmatrix} I_1(s) \\ I_2(s) \end{bmatrix} = \begin{bmatrix} 0.5 + 0.5s & -0.5s \\ -0.5s & 1 + 0.5s \end{bmatrix}\begin{bmatrix} U_1(s) \\ U_2(s) \end{bmatrix}$$

（3）联解上述两组方程得

$$U_2(s) = \frac{\Delta_2}{\Delta} = \frac{0.5 + 0.5s}{s^2 + 7s + 8} = \frac{0.053\,4}{s + 1.44} + \frac{0.553\,4}{s + 5.56}$$

所以

$$u_2(t) = L^{-1}\{U_2(s)\} = 0.553\,4e^{-5.56t} + 0.053\,4e^{-1.44t}(\text{V})$$

例 9.14 已知电路如图 9-34 所示，试用黑箱分析法求出系统函数 $H(s) = \dfrac{U_O(s)}{U_S(s)}$。

解　本题采用黑箱分析法最简便，将 X 形网络看作黑箱。

（1）求黑箱 z 参数方程：

因为 X 形网络互易对称，查表可得 z 参数

$$z_{11} = z_{22} = \frac{1}{2}\left(1 + \frac{1}{s}\right), \qquad z_{12} = z_{21} = \frac{1}{2}\left(1 - \frac{1}{s}\right)$$

所以 z 参数方程为

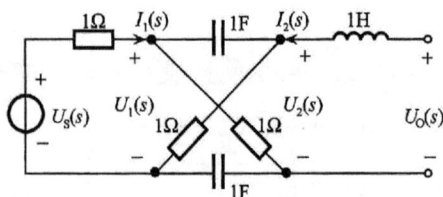

图 9-34 例 9.14 图

$$U_1(s) = \frac{1}{2}\left(1 + \frac{1}{s}\right)I_1(s) + \frac{1}{2}\left(1 - \frac{1}{s}\right)I_2(s) \left.\right\} \qquad \text{(a)}$$

$$U_2(s) = \frac{1}{2}\left(1 - \frac{1}{s}\right)I_1(s) + \frac{1}{2}\left(1 + \frac{1}{s}\right)I_2(s)$$

（2）对电路整体列网孔方程

$$I_1(s) \times 1 + U_1(s) = U_s(s) \left.\right\} \qquad \text{(b)}$$

$$(1 + s)I_2(s) + U_2(s) = 0$$

（3）将式（a）代入式（b），整理即得

$$\begin{cases} \left(\dfrac{3}{2} + \dfrac{1}{2s}\right)I_1(s) + \left(\dfrac{1}{2} - \dfrac{1}{2s}\right)I_2(s) = U_s(s) \\[2mm] \left(\dfrac{1}{2} - \dfrac{1}{2s}\right)I_1(s) + \left(\dfrac{3}{2} + \dfrac{1}{2s} + s\right)I_s(s) = 0 \end{cases}$$

求得

$$I_2(s) = \frac{\Delta_2}{\Delta} = \frac{1 - s}{2s^2 + 5s + 4}U_s(s)$$

$$U_O(s) = -1 \times I_2(s) = -I_2(s)$$

$$H(s) = \frac{U_O(s)}{U_s(s)} = \frac{s - 1}{2s^2 + 5s + 4}$$

9.6 总结与思考

9.6.1 总结

（1）双端口网络是有两个端口（或两对端点）的网络，两个端口是输入端口和输出端口。

（2）有6组参数可描述双端口的性质，阻抗[Z]、导纳[Y]、混合[H]、逆混合[G]、传输[T]和逆传输[T']。

（3）上述各参数与输入、输出端口变量的关系为 $\begin{bmatrix} U_1 \\ U_2 \end{bmatrix} = Z \begin{bmatrix} I_1 \\ I_2 \end{bmatrix}$，

$\begin{bmatrix} I_1 \\ I_2 \end{bmatrix} = Y \begin{bmatrix} U_1 \\ U_2 \end{bmatrix}$， $\begin{bmatrix} U_1 \\ I_2 \end{bmatrix} = H \begin{bmatrix} I_1 \\ U_2 \end{bmatrix}$， $\begin{bmatrix} I_1 \\ U_2 \end{bmatrix} = G \begin{bmatrix} U_1 \\ I_2 \end{bmatrix}$， $\begin{bmatrix} U_1 \\ I_1 \end{bmatrix} = T \begin{bmatrix} U_2 \\ -I_2 \end{bmatrix}$，

$\begin{bmatrix} U_2 \\ I_2 \end{bmatrix} = T' \begin{bmatrix} U_1 \\ -I_2 \end{bmatrix}$。

（4）双口网络参数计算：可由短路或开路相应的输入或输出端口来求参数，也可通过列双口网络的网孔方程等得出。

（5）如 $z_{12}=z_{21}$，$y_{12}=y_{21}$，$h_{12}=-h_{21}$，$g_{12}=-g_{21}$，则双口网络是互易网络。

（6）有受控源的双口网络不是互易的。

（7）双口网络有以下连接方式：串联，z 参数相加；并联，y 参数相加；级联，T 参数相乘；混联，串并式连接有：$H=H_1+H_2$；并串式连接有：$G=G_1+G_2$。

9.6.2　思考

（1）双口网络 N 的 z 参数矩阵为 $\boldsymbol{Z}=\begin{bmatrix} 2s+1/s & 2s \\ 2s & 2s+4 \end{bmatrix}$。

① 求 N 的 T 等效电路。

② 将网络 N 按照图 9-35 那样连接电源和负载，用 T 等效电路代替 N，求解 $i_1(t)$、$i_2(t)$、$u_1(t)$、$u_2(t)$。

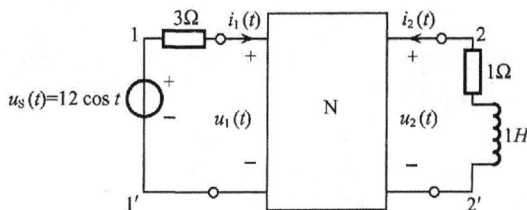

图 9-35　思考题(1)图

（2）对于小信号的双极性晶体管电路的简化模型如图 9-36 所示，求它的 h 参数矩阵。并说明存在哪些参数矩阵。

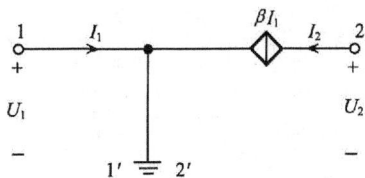

图 9-36　思考题(2)图

（3）你能推出用 h、g、T 参数矩阵表示的互易性准则吗？

习　题　9

9.1　图 9-37(a)所示双口网络的 z_{11} 是（　　）。

A. 0；　　　　　B. 5；　　　　　C. 10；　　　　　D. 20；　　　　　E. 不存在

9.2　图 9-37(a)所示双口网络的 y_{11} 是（　　）。

A. 0；　　　　　B. 5；　　　　　C. 10；　　　　　D. 20；　　　　　E. 不存在

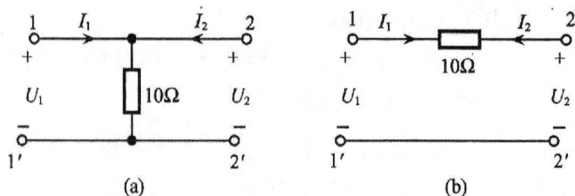

图 9-37 习题 9.1 图

9.3 图 9-37(b)所示双口网络的 h_{21} 是( )。

A. -0.1; B. -1; C. 0; D. 10; E. 不存在

9.4 图 9-37(a)所示双口网络的 B 是( )。

A. 0; B. 5; C. 10; D. 20; E. 不存在

9.5 图 9-37(b)所示双口网络的 B 是( )。

A. 0; B. 5; C. 10; D. 20; E. 不存在

9.6 若一个双端口电路其端口 1—1′短路,且 $I_1=4I_2$, $U_2=0.25I_2$,下面哪一个描述是正确的( )。

A. $y_{11}=4$; B. $y_{12}=16$; C. $y_{21}=16$; D. $y_{22}=0.25$

9.7 一个双口网络方程为( )。

$$U_1 = 50I_1 + 10I_2$$
$$U_2 = 30I_1 + 20I_2$$

下述哪一个是错误的( )。

A. $z_{12}=10$; B. $y_{12}=-0.0143$; C. $h_{12}=0.5$; D. $B=50$

9.8 若一个双端口是互易的,下面哪一个是错误的( )。

A. $z_{21}=z_{12}$; B. $y_{12}=y_{21}$; C. $h_{21}=h_{12}$; D. $AD=BC+1$

9.9 若图 9-37 所示的两个双口网络级联,则 D 为( )。

A. 0; B. 0.1; C. 2; D. 10; E. 不存在

9.10 图 9-38 所示双口网络 N 的 $\boldsymbol{H}=\begin{bmatrix} 1\text{k}\Omega & -2 \\ 3 & 2\text{mS} \end{bmatrix}$,则求 1—1′的输入电阻 R_{in}。

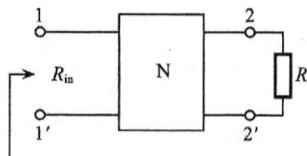

图 9-38 习题 9.10 图

9.11 若两个传输参数矩阵都为 $\boldsymbol{T}=\begin{bmatrix} 3 & 2\Omega \\ 4\text{S} & 3 \end{bmatrix}$ 的双端口网络级联,则求级联后的传输矩阵。

9.12 试求出图 9-39 所示的双口网络的 6 种矩阵。

9.13 试导出表 9-1 第四列所述的参数换算关系。

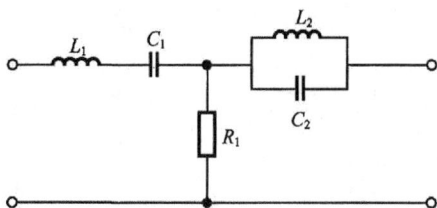

图 9-39　习题 9.12 图

9.14　试求出图 9-40 所示双口网络的 **Y** 矩阵和 **H** 矩阵。

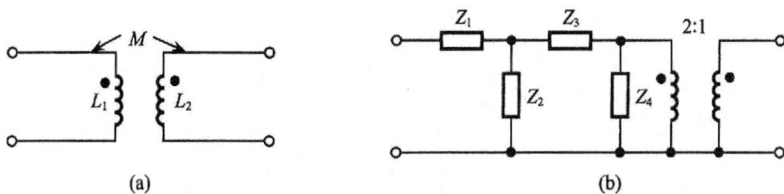

(a)　　　　　　　　　　　　　　　(b)

图 9-40　习题 9.14 图

9.15　已知图 9-41 所示双口网络的 z 参数矩阵为 $\boldsymbol{Z}=\begin{bmatrix} j3 & 6 \\ 6 & j6 \end{bmatrix}$，求开路电压 $\dot{U}_2$。

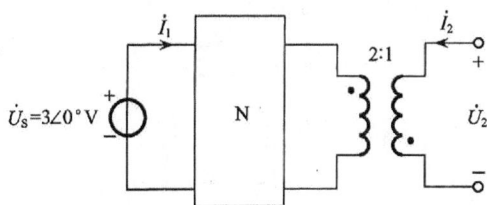

图 9-41　例题 9.15 图

9.16　已知 T 形桥网络如图 9-42 所示，试求：

(1) 网络的开路阻抗矩阵。

(2) 确定该网络开路电压传递函数 $H(j\omega)=0$ 的条件。

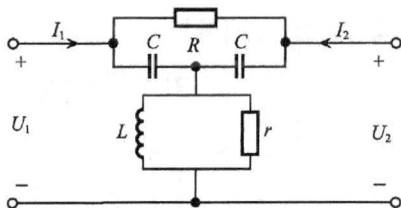

图 9-42　习题 9.16 图

9.17　试求图 9-43 所示双 T 网络的 y 参数矩阵。

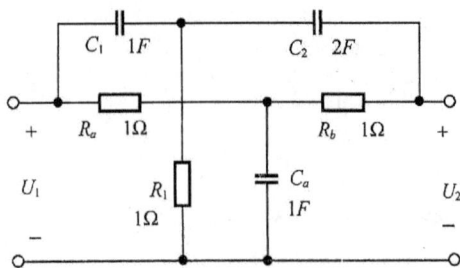

图 9-43 习题 9.17 图

9.18 试求图 9-44 所示双口网络的 T 参数矩阵。

9.19 图 9-45 电路为两个双口网络的串联,求 T 参数矩阵。

9.20 图 9-46 为一线性电阻网络,其

$$T = \begin{bmatrix} 2 & 30\Omega \\ 0.1S & 2 \end{bmatrix}$$,将电阻 R 并联在输出端时 [见图 9.46(b) 所示],输入电阻等于将该电阻并联在输入端时 [见图 9.46(c) 所示] 输入端电阻的 6 倍,求 R 的值。

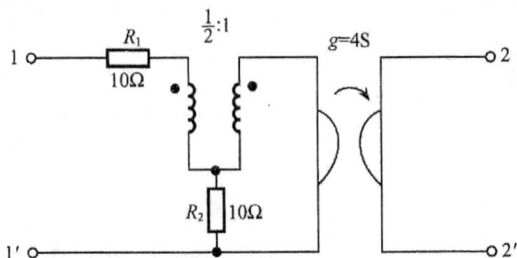

图 9-44 习题 9.18 图

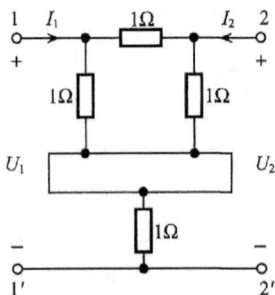

图 9-45 习题 9.19 图

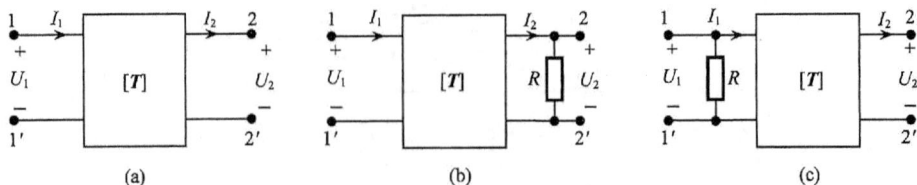

(a)   (b)   (c)

图 9-46 习题 9.20 图

9.21 图 9-47 所示的电路中,N 是互易网络,已知在图 9.47(a) 和图 9.47(b) 两种工作条件下的各电流、电压如下。

图 9.47(a)中,$\dot{U}_1=$j10V,$\dot{I}_1=$1A,$\dot{I}_2=$j2A;

图 9.47(b)中,$\dot{U}'_2=$5V,$\dot{I}'_2=$j1A;

求网络 N 的 y 参数。

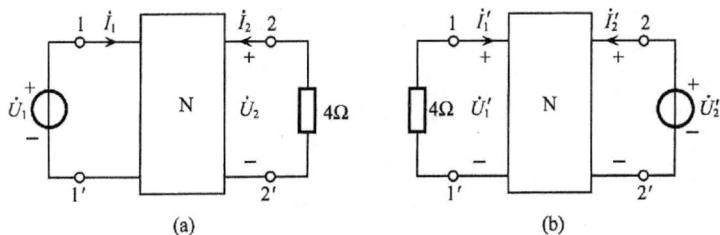

图 9-47   习题 9.21 图

9.22   已知电路由两个二端口网络并联组成,见图 9-48,试求电路的 y 参数。

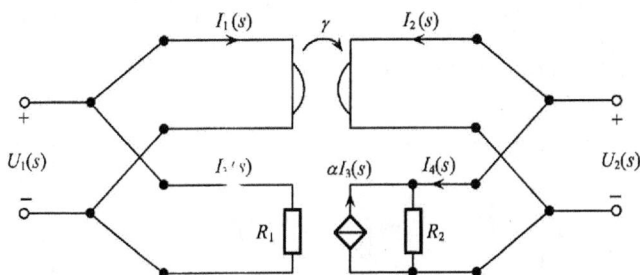

图 9-48   习题 9.22 图

9.23   已知电路如图 9-49 所示,且黑箱的 y 参数为

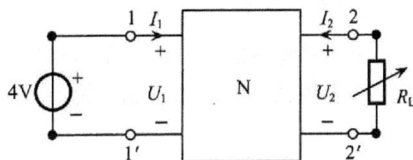

图 9-49   习题 9.23 图

$$Y(s) = \begin{bmatrix} 1 & 0.25 \\ -0.25 & 0.5 \end{bmatrix}。$$

试求:(1) $R_L=$? 时,负载 R_L 上可获得最大功率。

(2) $R_{Lmax}=$?

(3) 此时电源的功率为多少?

9.24   已知电路如图 9-50,且黑箱的 y 参数为 $Y(s)=\begin{bmatrix} 2s & 1 \\ 1 & -2s \end{bmatrix}$,试求其系统函数 $H(s)=$

$$\frac{U_2(s)}{I_S(s)}。$$

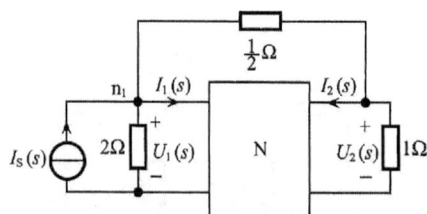

图 9-50 习题 9.24 图

9.25 已知其LTI双口网络(见图9-51),在端口1处加单位阶跃电流源激励信号$U(t)$,在下述两种情况下:(1)端口2短路,(2)端口2接上一个4Ω电阻,测得其零状态响应为

$$\begin{cases} u_{1a}(t) = \dfrac{2}{3}\left(1 - e^{-\frac{3}{2}t}\right)U(t) \\[2mm] i_{2a}(t) = \dfrac{1}{2}\left(1 - e^{-\frac{3}{2}t}\right)U(t) \end{cases}, \quad \begin{cases} u_{1b}(t) = \dfrac{6}{7}\left(1 - e^{-\frac{7}{6}t}\right)U(t) \\[2mm] i_{1b}(t) = \dfrac{4}{14}\left(1 - e^{-\frac{7}{6}t}\right)U(t) \end{cases}$$

试求双口网络 N 的短路导纳矩阵 $\boldsymbol{Y}(s)$。

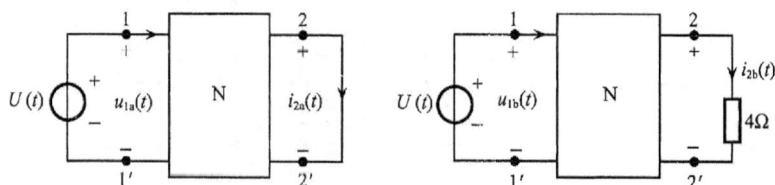

图 9-51 习题 9.25 图

9.26 在共射极模式中的晶体管参数为 $H = \begin{bmatrix} 200\Omega & 0 \\ 100 & 10^{-6}\text{S} \end{bmatrix}$,现有两个相同的晶体管级联组成一个二级音频放大器,若该放大器终端接4kΩ 的电阻,计算其总的 A_v 和 Z_{in}。

9.27 试用黑箱分析法(网络参数法)证明图9-52所示的回转电路,可以模拟实现一个浮地电感。

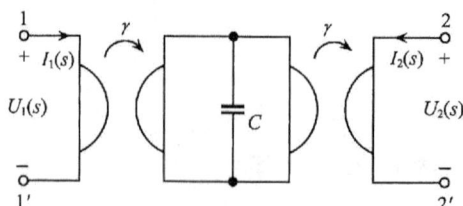

图 9-52 习题 9.27 图

第10章 图论及LTI电路系统的矩阵分析法

内 容 提 要

本章首先介绍了图论的基本概念、电路系统的图矩阵表示方法、支路方程和网络图矩阵之间的相互关系;然后系统地介绍了用网络拓扑建立大规模电路与系统方程的系统化方法,而这些系统化方法已广泛地应用于大规模电路的计算机辅助分析与辅助设计。

10.1 图 论 基 础

图论是近代数学的一个重要分支,它广泛应用于科学的许多领域。例如,将图论中拓扑学的观点应用于电路分析,就产生了电路网络的拓扑分析方法。

电路分析中的分析模型都是用具有特定元件特性的二端元件所组成的网络,要完整地描述这样的网络,就必须知道支路之间的连接特性、支路电压和电流的参考方向以及网络中元件的特性。而任何集中参数的电路网络都可用基尔霍夫电压和电流定律(KVL 和 KCL)以及支路特性方程来描述,其中 KVL 和 KCL 是对所连支路电压和电流的一种约束条件,而与支路中的元件特性无关。因此,只要着重讨论电路中各元件之间的连接关系,而不管支路元件的性质,则每一条支路都可以用一条有向的线段(线段的方向代表支路的电压、电流参考方向)来表示。这样,就可以把一个复杂的电路抽象转换为一个由点和线段集合成的图形(拓扑图)。例如,图10-1(a)所示的网络,就可抽象为图10-1(b)、图10-1(c)那样的拓扑图。以下首先介绍网络拓扑的一些基本概念。

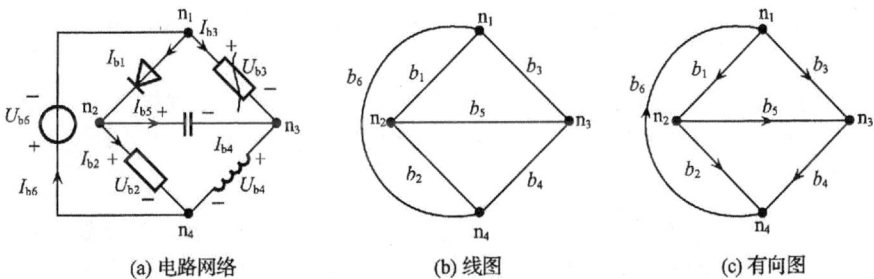

(a) 电路网络　　　　　　　(b) 线图　　　　　　　(c) 有向图

图10-1　电路网络及其拓扑

10.1.1 图

一条线段的端点,或者一个孤立的点称之为节点。例如,图 10-1 中的 n_1、n_2、n_3、n_4 均称之为节点,通常用 n_i 表示第 i 个节点。

与两个节点 n_i,n_j 相关联的线段,称为支路。例如,图 10-1 中 b_1、b_2、b_3、b_4、b_5、b_6 均称之为支路,通常用 b_i 表示第 i 条支路。

图(graph)就是由有限个节点(节点集)和有限条支路(支路集)组成的集合。在该集合中每条支路恰好连接着两个节点,而支路仅在节点上相交,通常用 G 表示图。

在一个图里所有的支路构成支路集,用 β 表示,即 $\beta \triangle \{b_1, b_2, \cdots, b_B\}$;而所有的节点构成节点集,用 γ 表示,$\gamma \triangle \{n_1, n_2, \cdots, n_N\}$。这里 B 是支路数,N 是节点数,因此一个图 G 可以用 $G=(\gamma, \beta)$ 表示。

如果图 G 中每条支路都不指明支路方向,则称之为无向图,用 G_n 表示,如图 10-1(b)所示;如果图 G 中每条支路都规定一定的方向,则称之为有向图,用 G_d 表示,如图 10-1(c)所示。

如果图 $G_S=(\gamma_S, \beta_S)$ 的节点集 γ_S 是图 G 的节点集 γ 的子集,支路集 β_S 是支路集 β 的子集,则称图 G_S 是图 G 的子图。例如,图 10-1 中,由 $\gamma_S=\{n_1, n_3, n_3\}$ 和 $\beta_S=\{b_1, b_3, b_5\}$ 构成的图就是该图的子图。若子图仅由一个孤立的节点组成,则称蜕化子图。与一个节点相关联的支路的数目称为该节点的维数。例如,图 10-2 中,节点 n_1、n_2、n_5、n_6 都是三维的,而节点 n_3 和 n_4 是四维的。零维节点称为孤立点。

由此通路可以作如下定义:长度为 m 的通路是 m 条不同支路与 $m+1$ 个不同节点依次连接而成的一条路径,在这条路径中除始点与终点两个节点为一维外,其余各节点都是二维的。例如,图 10-2 中,支路集 $\{b_4, b_8, b_9, b_2\}$ 在节点 n_1 和 n_2 之间构成通路,其相应节点为 n_1、n_5、n_4、n_6、n_2,其中 n_1 和 n_2 分别为始端节点与终端节点;而支路集 $\{b_5, b_7, b_{10}, b_6\}$ 就不能构成 n_1 和 n_2 之间的一条通路,因为在该支路集中节点 n_3 的维数超过了二维。因此也可以通俗地说:通路就是两个节点之间一条无岔道的路径。

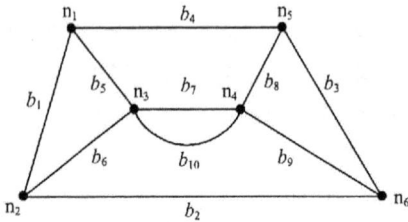

图 10-2 通路

如果一个图,在它的任意两个节点之间,至少存在一条通路,那么这样的图称为连通图。例如,图 10-3(a)是连通图,而图 10-3(b)是非连通图。

最后应该指出,网络拓扑图中,主要考察点和线段之间的内在连接关系。例如,图 10-3 中,节点之间用直线相连与用不同弯曲程度的弧线相连都是一回事。

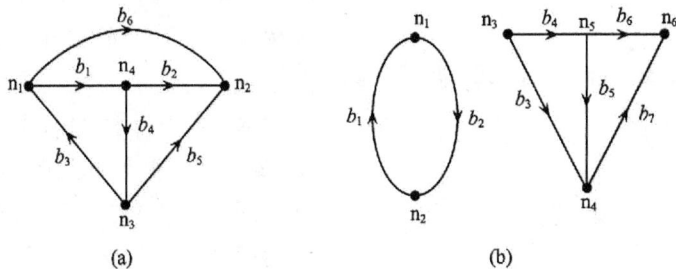

图 10-3 连通图和非连通图

10.1.2 回路

回路(loop)是一个连通图,在这个图中每个节点都是二维的,而每条支路恰好接到图中的两个节点上。或者说,长度为 m 而始端节点与终端节点相重合的通路称为长度为 m 的回路,长度为 1 的回路称为自回路。

例如,图 10-3(a)中,支路集 $\{b_1, b_4, b_5, b_6\}$ 形成回路,显然这个回路是图 10-3(a)这个图 G 的一个子图;而支路集 $\{b_1, b_2, b_3\}$ 不是回路,因为节点 n_2、n_3 未相连,或者说它们只是一维的。通过此例,可以通俗地认为,构成闭合路径的支路集就是回路。对于有向图给定的回路,常指定顺时针方向,或逆时针方向作为回路的参考方向。

10.1.3 树

在一个连通图 G_n 中取一个子图 G_s,当且仅当 G_s 满足下列 3 个条件时,则称子图 G_s 为 G_n 的树(tree),记为 T,这 3 个条件如下。

(1) G_s 是连通图。

(2) G_s 包含原图 G_n 中的全部节点。

(3) G_s 中不包含任何回路。

例如,图 10-4(a)所示的图 G_n,它的树如图 10-4(b)所示,但是图 10-4(c)、图 10-4(d)和图 10-4(e)则不是它的一个树,因为图 10-4(c)不是图 G_n 的一个子图,图 10-4(d)也不是图 G_n 的一个子图,而且图中包含一个回路,而图 10-4(e)是不连通的。同一连通图 G 具有许多不同的树,树的数目计算公式将在后面给出。

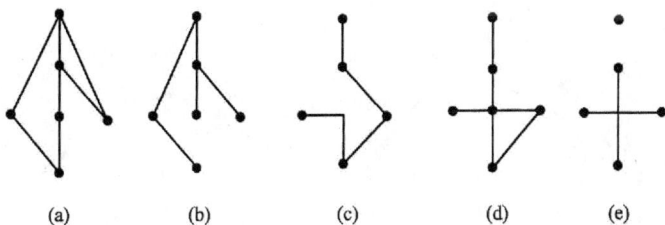

图 10-4　树

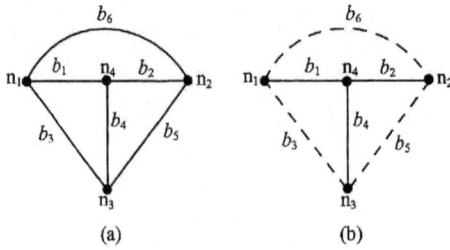

图 10-5　树支和连支

通常，人们把构成树的各条支路称为树支，图 G_n 中除去树以外的所有支路形成 G_n 的另一个子图称为反树，或叫树余，属于反树的各条支路称为连支，或称链。例如，图 10-5 中图 G_n 的树支如图 10-5(b) 实线所示，而图 10-5(b) 中的虚线称为连支。

如果一个连通图具 N 个节点和 B 条支路，则树 T 作为 G 的一个连通子图，其每两个节点之间至少有一条支路方能连在一起。如果要连通 N 个节点，则要有 $N-1$ 条支路，但又由于树 T 不能包含回路，所以 N 个节点之间支路数也不可能多于 $N-1$ 条。因此，对于一个具有 N 个节点和 B 条支路的连通图，它的树 T 含有 $N-1$ 条树支和 $B-(N-1)$ 条连支。

10.1.4　割集

割集(cut set)是连通图 G 的一个支路集合，把这些支路移去将使图 G 分离成两个部分，但是如果少移去其中一条支路，则图仍将是连通的。这就是说，割集是把一个连通图 G 分成两个分裂的子图所需割断数量最少的一组支路。通常用 c_i 表示第 i 个割集。

例如，图 10-6(a) 中，$\{b_1, b_5, b_6, b_3\}$ 构成一个割集，如图 10-6(b) 所示，因为是使线路图分成两个分离的子图所需删除的数量最小的支路的集合；支路集 $\{b_1, b_5, b_6\}$ 不是割集，因为删去支路集 $\{b_1, b_5, b_6\}$ 并未使线路图分离为两个子图，如图 10-6(c) 所示；删去 $\{b_5, b_1, b_2\}$ 也是使线路图分成两个分离的子图所需删除的数量最小的支路

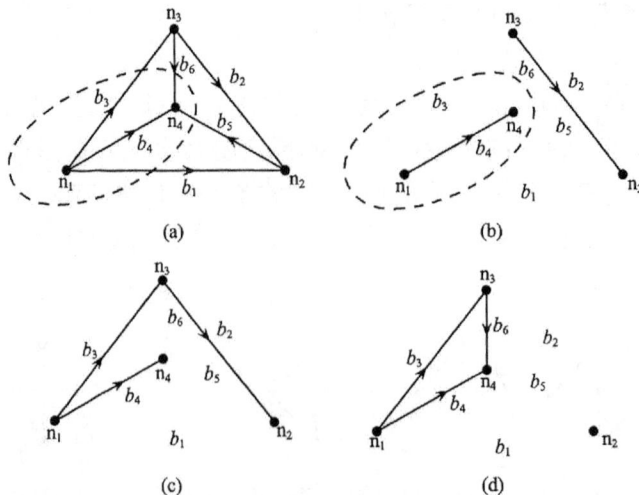

图 10-6　割集

的集合,如图10-6(d)所示,所以$\{b_5,b_1,b_2\}$也构成一个割集。

10.1.5 基本回路与基本割集

若在选定的连通图G的树T上加入一条连支,则可得到一个且仅仅一个回路;若依次加入所有的连支,则得到相应的各个回路l_i。所有的这些回路称为基本回路,或者更简单地说,基本回路就是单连支回路,例如,图10-7(b)中,选$\{b_1,b_2,b_3,b_4,b_5\}$为树T,l_1、l_2、l_3、l_4就是基本回路。

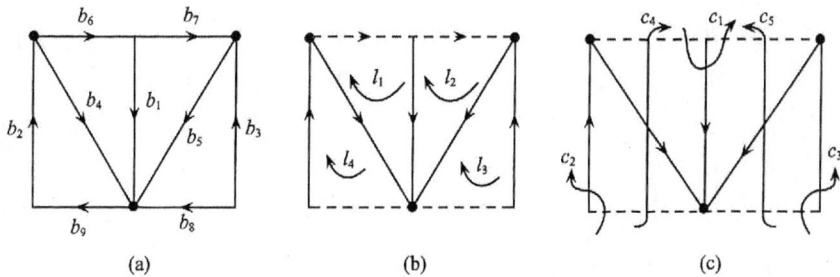

图10-7 基本回路和基本割集

若选定连通图树T,每次割断树T中一条树支和若干条连支可以得到一个且仅仅一个割集。依此方式,割断树T中所有的树支,就得到相应的各个割集c_i。所有这些割集称为基本割集,或叫单树支割集。例如,图10-7(c)中的c_1、c_2、c_3、c_4、c_5均为基本割集。

因为对应于树T的每一条树支有一个基本割集,对应于每一条连支有一个基本回路。因此,一个具有N个节点和B条支路的连通图G_n有$N-1$个基本割集、$B-(N-1)$个基本回路。

10.2 电路系统的图矩阵表示

因为当人们要想使用计算机辅助分析或设计网络时,在计算机里储存一个矩阵比储存一个图要容易得多。因此,本节将利用上节的定义和结论来引出图的矩阵表示,一个图的树、回路、割集都可以用一个矩阵表示。

10.2.1 关联矩阵

关联矩阵(incidence matrix)是描述有向图G_d的节点-支路关联关系的一种矩阵,是为了把KCL方程组表示成矩阵方程而引入的一个拓扑矩阵。下面首先定义增广关联矩阵。

一个由N个节点和B条支路组成的有向连通图G_d,其中增广关联矩阵是一个$N\times B$维的矩阵,用A_a表示,即

$$A_a = [a_{kj}]_{N \times B} \tag{10.1}$$

其中,各元素 a_{kj} 的值为

$$a_{kj} = \begin{cases} 1 & \text{当支路 } b_j \text{ 连接节点 } n_k, \text{且支路方向背离节点 } n_k \text{ 时;} \\ -1 & \text{当支路 } b_j \text{ 连接节点 } n_k, \text{且支路方向指向节点 } n_k \text{ 时;} \\ 0 & \text{当支路 } b_j \text{ 与节点 } n_k \text{ 不相连时.} \end{cases}$$

例如,图 10-8 的有向拓扑图 G_d,它的增广关联矩阵 A_a 为

$$
A_a = \begin{array}{c} \\ n_1 \\ n_2 \\ n_3 \\ n_4 \\ n_5 \\ n_6 \end{array}
\begin{array}{c} \overset{b_1 \quad b_2 \quad b_3 \quad b_4 \quad b_5 \quad b_6 \quad b_7 \quad b_8 \quad b_9 \quad b_{10}}{} \\
\left[\begin{array}{cccccccccc}
-1 & 1 & 1 & 0 & 0 & 0 & 0 & 0 & 0 & 0 \\
0 & -1 & 0 & 1 & 0 & 0 & 0 & 0 & 0 & -1 \\
1 & 0 & 0 & 0 & 1 & 0 & 0 & 0 & -1 & 0 \\
0 & 0 & -1 & 0 & -1 & 1 & 1 & 0 & 0 & 0 \\
0 & 0 & 0 & -1 & 0 & -1 & 0 & 1 & 0 & 0 \\
0 & 0 & 0 & 0 & 0 & 0 & -1 & -1 & 1 & 1
\end{array} \right]
\end{array}
$$

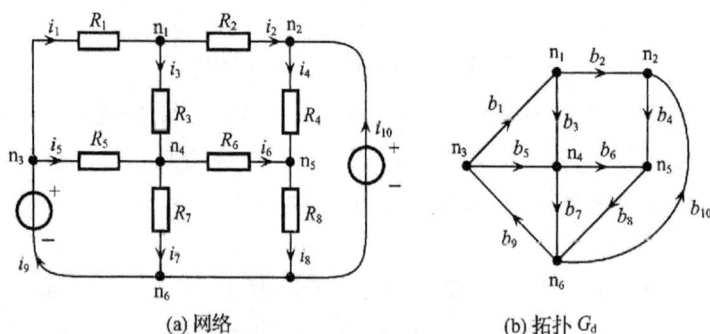

(a) 网络　　(b) 拓扑 G_d

图 10-8　网络及其拓扑

由此可见,有向图 G_d 的增广关联矩阵是反映图中各节点与支路之间相互连接关系的矩阵。它完整地把节点与支路的连接方式和支路参考方向表示出来。同时也看出在没有自回路的有向图 G_d 中,每条支路必须与两个不同节点相连。因此,A_a 的每一列向量仅有两个非零元素,一个是"1",另一个是"-1",其余的元素全部是零。还看出矩阵 A_a 的任一行向量等于其余各行向量之和,但符号相反。根据这些特点,任意给定一个增广关联矩阵,就可以画出它的有向拓扑图。

对于增广关联矩阵,如果将矩阵中所有的行相加到最后一行上,则得到一个元素全部为零的行,这意味着 A_a 中 N 行是线性独立的,即 A_a 的秩小于 N,A_a 是一个奇异矩阵。如果 A_a 中去掉任一行(即把这一行对应的节点视为参考点)则 A_a 中的其余 N 行是线性独立的,秩 (rank)$(A_a) = N-1$。因此,在 A_a 中删去任意行后得到一个 $(N-1)$ 行的矩阵 A,这就是关联矩阵,显然 A 是一个非奇异矩阵,称为 rank$(A) = N-1$。

关联矩阵 A 可将基尔霍夫电流定律(KCL)表示成矩阵形式。根据 KCL 定律,

对于任意的集中参数的电路网络，流进（指向）和流出（背离）一个节点的所有电流的代数和为零。

这个定律的正确性并不依赖于网络元件的性质，而仅仅与网络的内部结构有关。考虑一个具有 B 条支路，N 个节点的网络，选第 N 个节点作为参考点，用箭头指示每条支路中电流的方向，并且这样来规定电流的符号：对于一个节点，当电流指向它时为负，当电流离开它时为正。若支路 b_j 中的电流用 I_j 表示，那么在第 k 个节点上应用 KCL 定律得

$$\sum_{j=1}^{n} a_{kj} I_j = 0, \quad k = 1, 2, \cdots, N-1 \tag{10.2}$$

这里 a_{kj} 和前面 A_a 中定义的相同，对于其余节点的 KCL 方程也可以用同样的方法写出。现在将式（10.2）写成矩阵形式，则为

$$AI_b = 0 \tag{10.3}$$

这个方程的右边是一个 $N-1$ 维列矢量，它的元素全为零，而关联矩阵 A 为

$$A = [a_{kj}]_{(N-1) \times B} \tag{10.4}$$

I_b 是一个 B 维列矢量，即

$$I_b = [I_1, I_2, \cdots, I_B]^{\mathrm{T}} \tag{10.5}$$

方程式（10.3）就是网络的基尔霍夫电流定律，这个方程对于线性、时变网络均适用。

例如，考虑图 10-8（a）中的网络，选节点 n_6 作为参考点，根据 KCL 定律式（10.3）可得它的矩阵表示式为

$$
\begin{array}{c}
n_1 \\
n_2 \\
n_3 \\
n_4 \\
n_5
\end{array}
\begin{bmatrix}
-1 & 1 & 1 & 0 & 0 & 0 & 0 & 0 & 0 & 0 \\
0 & -1 & 0 & 1 & 0 & 0 & 0 & 0 & 0 & -1 \\
1 & 0 & 0 & 0 & 1 & 0 & 0 & 0 & -1 & 0 \\
0 & 0 & -1 & 0 & -1 & 1 & 1 & 0 & 0 & 0 \\
0 & 0 & 0 & -1 & 0 & -1 & 0 & 1 & 0 & 0
\end{bmatrix}
\begin{bmatrix}
I_1 \\
I_2 \\
I_3 \\
I_4 \\
I_5 \\
I_6 \\
I_7 \\
I_8 \\
I_9 \\
I_{10}
\end{bmatrix}
=
\begin{bmatrix}
0 \\
0 \\
0 \\
0 \\
0
\end{bmatrix}
$$

如果在有向拓扑图 G_d 中选取一个树 T，用 A_T 表示各列对应于该树的树支阵，用 A_L 表示各列对应于树余 L 的连支阵，则关联矩阵 A 还可以表示为分块形式，即

$$A = [A_T \mathrel{\vdots} A_L] \tag{10.6}$$

例如，图 10-3（a）所示，其关联矩阵 A 可写为（选 b_4、b_5、b_6 为树，n_4 为参考点）

$$A = [A_T \vdots A_L] = \begin{array}{c} \\ n_1 \\ n_2 \\ n_3 \end{array} \begin{array}{c} b_4 \quad b_5 \quad b_6 \quad b_1 \quad b_2 \quad b_3 \\ \begin{bmatrix} 0 & 0 & 1 & 1 & 0 & -1 \\ 0 & -1 & -1 & 0 & -1 & 0 \\ -1 & 1 & 0 & 0 & 0 & 1 \end{bmatrix} \end{array}$$

今后,当把矩阵的列(行)分块为对应于树和树余的两块时,总是把树的各列(行)写在先。利用关联矩阵 A 可以计算出任何复杂网络的树的个数,其计算公式为

$$\text{树数} = |AA_T| \tag{10.7}$$

这就是说,任一网络连通图树的数目与矩阵 A 的不等于零的最高阶子式相等。

10.2.2 基本割集矩阵(fundamental cut set matrix)

一个割集将一连通图分成两个不相连的子图,把其中一个子图流向另一个子图的电流方向取作割集方向,用虚线上的箭头标志它,规定支路方向和割集方向一致时取正号,支路方向与割集方向相反时取负号,若有向图 G_d 的 B 条支路用 b_1, b_2, $\cdots$, b_B 表示,它的割集用 c_1, c_2, $\cdots$, c_C 表示,则有向图 G_d 的增广割集矩阵为 $C \times B$ 的矩阵,即

$$Q_a = [q_{kj}]_{C \times B} \tag{10.8}$$

其中

$$q_{kj} = \begin{cases} 1 & \text{当支路 } b_j \text{ 在割集 } c_k \text{ 中并与 } c_k \text{ 同向}; \\ -1 & \text{当支路 } b_j \text{ 在割集 } c_k \text{ 中并与 } c_k \text{ 反向}; \\ 0 & \text{当支路 } b_j \text{ 不在割集 } c_k \text{ 中}。 \end{cases}$$

例如,图10-9的增广割集矩阵为

$$Q_a = \begin{array}{c} c_1 \\ c_2 \\ c_3 \\ c_4 \\ c_5 \\ c_6 \end{array} \begin{array}{c} b_1 \quad b_2 \quad b_3 \quad b_4 \quad b_5 \\ \begin{bmatrix} 1 & -1 & 0 & 0 & 0 \\ 0 & 1 & 1 & -1 & 0 \\ 1 & 0 & 1 & 0 & 1 \\ 0 & 0 & 0 & 1 & 1 \\ 0 & 1 & 1 & 0 & 1 \\ 1 & 0 & 1 & -1 & 0 \end{bmatrix} \end{array}$$

从上面的矩阵不难看出,其中有三行是线性独立的,后面的行可由前面三行的线性组合来得到。一般地说,具有 N 个节点的有向图的增广割集矩阵的秩是 $N-1$,与增广关联矩阵相比,任意地选取 $N-1$ 个线性独立的行是不可能的。但是如果在有向图中任意选定一个树 T 之后,用树 T 中的一条树支结合树余中的连支构成一个割集,且规定割集的方向与树支的方向相同,这就是前面定义过的基本割集,或单树支割集,则这时的基本割集矩阵是一个 $(N-1) \times B$ 维的矩阵。它的各行是线性独立的,称之为基本割集矩阵 Q_f,即

$$Q_f = [q_{kj}]_{(N-1) \times B} \tag{10.9}$$

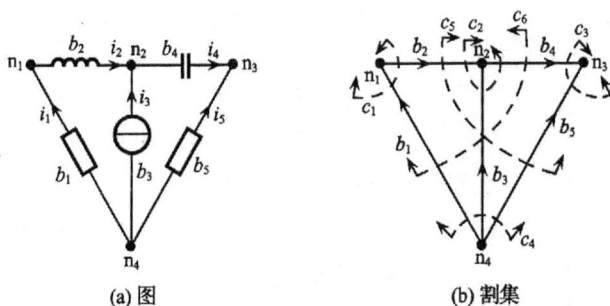

(a) 图　　　　　(b) 割集

图 10-9　割集

其中，q_{kj} 写法类同式(10.8)中的 $\boldsymbol{Q}_a$ 的写法。

广义的 KCL 表明，对于任何集中参数元件所组成的网络，通过一个割集的所有支路电流的代数和应该等于零，因此用基本割集矩阵也可以将 KCL 表示成矩阵形式，即

$$\boldsymbol{Q}_f \boldsymbol{I}_b = 0 \tag{10.10}$$

如图 10-10 所示，选 $\{b_1, b_2, b_3, b_4\}$ 为树，其基本割集的 KCL 可以用矩阵表示为

$$
\begin{array}{c}
\quad b_1\ \ b_2\ \ b_3\ \ b_4\ \ b_5\ \ b_6\ \ b_7 \\
\begin{array}{c} c_1 \\ c_2 \\ c_3 \\ c_4 \end{array}
\left[
\begin{array}{ccccccc}
1 & 0 & 0 & 0 & -1 & 0 & 0 \\
0 & 1 & 0 & 0 & 1 & 0 & 1 \\
0 & 0 & 1 & 0 & 0 & 1 & 1 \\
0 & 0 & 0 & 1 & 0 & 1 & 0
\end{array}
\right]
\left[
\begin{array}{c}
I_1 \\ I_2 \\ I_3 \\ I_4 \\ I_5 \\ I_6 \\ I_7
\end{array}
\right]
=
\left[
\begin{array}{c}
0 \\ 0 \\ 0 \\ 0
\end{array}
\right]
\end{array}
$$

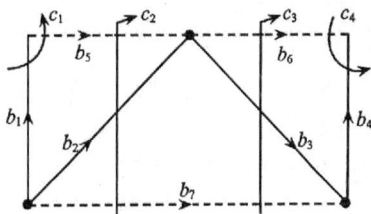

图 10-10　割集

这里 $\boldsymbol{Q}_f$ 是一个 4×7 的基本割集矩阵。

如果对有向拓扑图 G_d 任意选定了一个树 T 之后，则基本割集矩阵 $\boldsymbol{Q}_f$ 也可以表示为分块形式

$$\boldsymbol{Q}_f = [\boldsymbol{Q}_T \vdots \boldsymbol{Q}_L] = [\boldsymbol{I} \vdots \boldsymbol{F}] \tag{10.11}$$

其中，$\boldsymbol{Q}_f$ 为 $(N-1) \times B$ 维；$\boldsymbol{Q}_T$ 是一个单位矩阵，由于树 T 有 $N-1$ 条树支，所以 $\boldsymbol{Q}_T$ 是一个 $(N-1) \times (N-1)$ 方阵，而 $\boldsymbol{Q}_L = \boldsymbol{F}$ 是连支的 $(N-1) \times [B-(N-1)]$ 的矩阵，由式(10.10)给出了 $N-1$ 个线性独立的方程。

10.2.3　基本回路矩阵(fundamental loop matrix)

设一个有向拓扑图 G_d，它具有 B 条支路和 L 个回路，用 $b_1, b_2, \cdots, b_B$ 标记支路，用 $l_1, l_2, \cdots, l_L$ 标记回路，并且给每个回路任意规定一个绕行方向(顺时针方向或逆时针方向)，那么增广回路矩阵 $\boldsymbol{B}_a$，是一个 $L \times B$ 的矩阵，即

$$\boldsymbol{B}_\mathrm{a} = [b_{kj}]_{L \times B} \tag{10.12}$$

其中,各元素的 b_{kj} 的值为

$$b_{kj} = \begin{cases} 1 & \text{当支路 } b_j \text{ 在回路 } l_k \text{ 中,并且与回路 } l_k \text{ 方向相同;} \\ -1 & \text{当支路 } b_j \text{ 在回路 } l_k \text{ 中,并且与回路 } l_k \text{ 方向相反;} \\ 0 & \text{当支路 } b_j \text{ 不在回路 } l_k \text{ 中。} \end{cases}$$

例如,图 10-11 中的有向图 G_d,其增广回路矩阵为

$$\boldsymbol{B}_\mathrm{a} = \begin{array}{c} \\ l_1 \\ l_2 \\ l_3 \end{array} \begin{array}{c} \begin{array}{ccccc} b_1 & b_2 & b_3 & b_4 & b_5 \end{array} \\ \begin{bmatrix} 1 & 0 & 0 & -1 & -1 \\ 0 & 1 & 1 & -1 & 0 \\ 1 & -1 & -1 & 0 & -1 \end{bmatrix} \end{array}$$

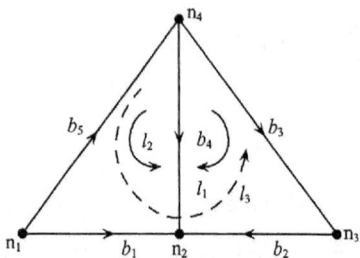

图 10-11　有向图 G_d

根据线性代数的知识,可以确定上式中 $\boldsymbol{B}_\mathrm{a}$ 的秩是2。一般地说,若有向图 G_d 具有 N 个节点,B 条支路,那么它的增广回路矩阵 $\boldsymbol{B}_\mathrm{a}$ 的秩是 $B - (N-1)$。与增广割集矩阵一样,任意地选取 $B - (N-1)$ 个线性独立的行是不可能的,但是如果在有向拓扑图中任意选定一个树 T 后,用树余中的一条连支结合树 T 中的一组树支构成一个回路,且规定回路的方向与连支的方向相同,则这时可以得到一个 $[B - (N-1)] \times B$ 维的矩阵,它的各行均是线性独立的。这个矩阵称为基本回路矩阵即

$$\boldsymbol{B}_\mathrm{f} = [b_{kj}]_{[B-(N-1)] \times B} \tag{10.13}$$

其中,各元素 b_{kj} 与式(10.12)的写法相同。

KVL 表明,对于任一集中参数网络中的任一回路,在任一时刻,沿着该回路的所有支路电压的代数和为零。例如,图 10-12 的网络拓扑图中,选 $\{b_1, b_2, b_3, b_4, b_5\}$ 为树,则其基本回路的 KVL 方程写成矩阵方程的形式为

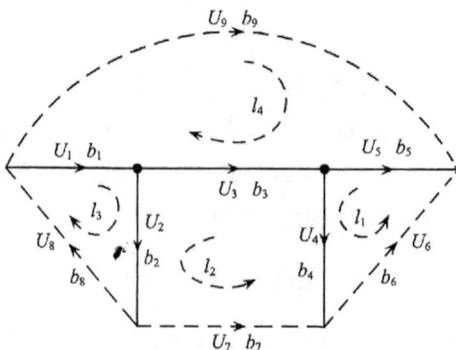

图 10-12　网络拓扑

$$\begin{array}{c} \\ l_1 \\ l_2 \\ l_3 \\ l_4 \end{array} \begin{array}{cccccccccc} b_1 & b_2 & b_3 & b_4 & b_5 & b_6 & b_7 & b_8 & b_9 \\ \left[\begin{array}{ccccccccc} 0 & 0 & 0 & 1 & -1 & 1 & 0 & 0 & 0 \\ 0 & 1 & -1 & -1 & 0 & 0 & 1 & 0 & 0 \\ 1 & 1 & 0 & 0 & 0 & 0 & 0 & 1 & 0 \\ -1 & 0 & -1 & 0 & -1 & 0 & 0 & 0 & 1 \end{array}\right] \end{array} \begin{bmatrix} U_1 \\ U_2 \\ U_3 \\ U_4 \\ U_5 \\ U_6 \\ U_7 \\ U_8 \\ U_9 \end{bmatrix} = \begin{bmatrix} 0 \\ 0 \\ 0 \\ 0 \end{bmatrix}$$

于是网络的基本回路基尔霍夫电压定律 KVL 可表示为

$$\boldsymbol{B}_\mathrm{f} U_\mathrm{b} = 0 \tag{10.14}$$

同样,从上例中也可以看出对有向拓扑图 G_d 任意选定一个树 T 之后,则其基本回路矩阵也可以表示为分块形式

$$\boldsymbol{B}_\mathrm{f} = \begin{bmatrix} \boldsymbol{B}_\mathrm{T} & \vdots & \boldsymbol{B}_\mathrm{L} \end{bmatrix} = \begin{bmatrix} -\boldsymbol{F}^\mathrm{T} & \vdots & \boldsymbol{I} \end{bmatrix} \tag{10.15}$$

这里单位阵 $\boldsymbol{B}_\mathrm{L}=\boldsymbol{I}$ 是一个 $[B-(N-1)]\times[B-(N-1)]$ 的方阵; $\boldsymbol{B}_\mathrm{T}=-\boldsymbol{F}^\mathrm{T}$ [其中 $\boldsymbol{F}$ 与式(10.11)中相同]。

由公式(10.15)可以得到一个结论:一个具有 N 个节点和 B 条支路的有向连通图,它的基本回路矩阵的秩是 $B-(N-1)$。这也说明了基本回路矩阵 $\boldsymbol{B}_\mathrm{f}$ 中各行是线性独立的,公式(10.14)给出了 $B-(N-1)$ 个线性独立方程。根据这个结论可以把求连通网络 π 的线性独立回路的 KVL 方程的方法归纳如下:

(1) 画出网络 π 的有向线图 G,选取一个树 T。

(2) 标出与树 T 连支相对应的基本回路,规定回路方向与连支方向相同。

(3) 把基尔霍夫电压定律 KVL 用于每一个基本回路,并且把所得方程写成矩阵形式,或直接根据公式(10.14)写基本回路的 KVL 方程

$$\boldsymbol{B}_\mathrm{f} U_\mathrm{b} = 0$$

若一个网络,与它相应的图可以画在一个平面上,并且任意两条支路在节点以外的地方相交,那么此网络称为平面网络;否则称为非平面网络。平面网络的图称为平面图,平面图中的一种特殊形式的回路称为网孔或窗。对网孔精确的定义为:若连通平面线路图的一个回路内部不存在任何支路,则此回路称为网孔。

可以证明:一个具有 N 个节点、B 条支路的连通的平面网络有 $B-(N-1)$ 个网孔。因此,平面网络的概念和前面所讲的回路概念是一致的,它也是能提供一组线性独立的 KVL 方程。此时网孔矩阵 $\boldsymbol{M}$ 代替了基本回路矩阵,即

$$\boldsymbol{M} U_\mathrm{b} = 0 \tag{10.16}$$

而

$$\boldsymbol{M} = [m_{kj}]_{[B-(N-1)]\times B} \tag{10.17}$$

$$m_{kj} = \begin{cases} 1 & \text{当支路 } b_j \text{ 在网孔 } m_k \text{ 中且取向相同;} \\ -1 & \text{当支路 } b_j \text{ 在网孔 } m_k \text{ 中且取向相反;} \\ 0 & \text{当支路 } b_j \text{ 不在网孔 } m_k \text{ 中。} \end{cases}$$

10.2.4 图矩阵间的关系

关联矩阵A、基本割集矩阵Q_f和基本回路矩阵B_f不仅适用于平面网络,而且也适用于非平面网络,其方法更具有规律性和唯一性。A、B_f、Q_f之间存在如下重要关系,即

$$\left. \begin{aligned} AB_f^T &= 0 \\ B_f A^T &= 0 \end{aligned} \right\} \tag{10.18}$$

以及

$$\left. \begin{aligned} B_f Q_f^T &= 0 \\ Q_f B_f^T &= 0 \end{aligned} \right\} \tag{10.19}$$

$$\left. \begin{aligned} A_a B_a^T &= 0 \\ B_a A_a^T &= 0 \end{aligned} \right\} \tag{10.20}$$

关于以上这些公式的证明从略。

10.2.5 支路变量之间的基本关系

设一个连通图G_d具有N个节点、B条支路,选定树为T,按先树支后连支次序排列的A、B_f、Q_f阵为

$$\begin{cases} A = \begin{bmatrix} A_T & \vdots & A_L \end{bmatrix} \\ B_f = \begin{bmatrix} B_T & \vdots & I \end{bmatrix} = \begin{bmatrix} -F^T & \vdots & I \end{bmatrix} \\ Q_f = \begin{bmatrix} I & \vdots & Q_L \end{bmatrix} = \begin{bmatrix} I & \vdots & F \end{bmatrix} \end{cases}$$

而支路电流电压为

$$I_b = \begin{bmatrix} I_T \\ \cdots \\ I_L \end{bmatrix}, \qquad U_b = \begin{bmatrix} U_T \\ \cdots \\ U_L \end{bmatrix}$$

(1) 连支电压U_L与树支电压U_T之间的基本关系如下

根据 KVL 有

$$B_f U_b = 0$$

可得

$$\begin{bmatrix} B_T & \vdots & I \end{bmatrix} \begin{bmatrix} U_T \\ \cdots \\ U_L \end{bmatrix} = B_T U_T + U_L = 0$$

所以

$$U_L = -B_T U_T \tag{10.21}$$

(2)树支电流I_T与连支电流I_L之间的关系如下

根据式(10.10)可得

$$Q_f I_b = \begin{bmatrix} I & \vdots & F \end{bmatrix} \begin{bmatrix} I_T \\ \cdots \\ I_L \end{bmatrix} = I_T + F I_L = 0$$

所以

$$I_T = - F I_L \qquad (10.22)$$

(3) 支路电压 U_b 与树支电压 U_T 之间的关系如下。

根据式(10.1)可得

$$U_b = \begin{bmatrix} U_T \\ \cdots \\ U_L \end{bmatrix} = \begin{bmatrix} U_T \\ \cdots \\ - B_T U_T \end{bmatrix} = \begin{bmatrix} I \\ \cdots \\ - B_T \end{bmatrix} U_T$$

其中

$$F = - B_T^T \qquad (10.23)$$

$$B_T = - F^T \qquad (10.24)$$

于是可得

$$U_b = \begin{bmatrix} I \\ \cdots \\ F^T \end{bmatrix} U_T = Q_f^T U_T \qquad (10.25)$$

(4) 支路电流 I_b 与连支电流 I_L 之间的关系如下。

根据式(10.22)和式(10.24)可得

$$I_b = \begin{bmatrix} I_T \\ \cdots \\ I_L \end{bmatrix} = \begin{bmatrix} - F I_L \\ \cdots \\ I_L \end{bmatrix} = \begin{bmatrix} B_T^T \\ \cdots \\ I \end{bmatrix} I_L = B_f^T I_L \qquad (10.26)$$

这个公式也称为回路转移公式。

(5) 支路电压 U_b 与节点电压 U_n 之间的关系如下。

对于一个具有 N 个节点、B 条支路的连通网络,当选定参考节点后,则可以写出其余 $N-1$ 个节点与参考节点的电位差,即 $N-1$ 个节点的节点电压,用向量表示为

$$U_n = \begin{bmatrix} U_1 \\ U_2 \\ \vdots \\ U_{(N-1)} \end{bmatrix}$$

若关联矩阵 A 的 $N-1$ 行的次序与节点 $1, 2, \cdots, (N-1)$ 相对应,则可得到支路电压与节点电压的变换关系为

$$U_b = A^T U_n \qquad (10.27)$$

证明如下:

对于第 k 条支路,形成此支路的方法只能是以下三种情况:第一种,从节点 i 到

节点 N;第二种,从节点 N 到节点 i;第三种,由节点 i 到节点 j,或者由节点 j 到节点 i, $i \neq N$, $j \neq N$。

对于第一种情况,在 A 的第 k 列中,只有一个非零元素 $a_{ik}=1$,则式(10.27)的第 k 个方程为

$$U_{bk} = U_i$$

对于第二种情况,以上类似,只是非零元素 $a_{ik}=-1$,则有

$$U_{bk} = -U_i$$

对于第三种情况,在矩阵 A 的第 k 列中会有两个非零元素 $a_{ik}=1$ 和 $a_{jk}=-1$,则式(10.27)的第 k 个方程为

$$U_{bk} = U_i - U_j$$

显然上述三种关系都是正确的,故式(10.27)正确。

上式也是 KVL 约束方程,其物理意义很明显,即支路电压等于支路所连接的两个节点电压之差,称为节点转换公式。

支路变量之间的基本关系如表 10-1 所示。

表 10-1　支路变量之间的基本关系

图矩阵	支路变量之间基本公式	
A	$AI_b = 0$	(KCL)
	$U_b = A^T U_n$	(KVL)
B_f	$B_f U_b = 0$	(KVL)
	$U_L = -B_T U_T$	(KVL)
	$I_b = B_f^T I_L$	(KVL)
Q_f	$Q_f I_b = 0$	(KCL)
	$I_T = -F I_L$	(KCL)
	$U_b = Q_f^T U_T$	(KVL)

10.3　支路电压电流关系——VCR 方程

电路网络与系统分析的关键是在给定其拓扑结构和元件参数的情况下,建立起描述它们的数字模型——电路与系统方程。由于现代网络与系统的规模越来越大,因此必须寻求建立这些方程的标准化、系统化的方法及其步骤,以便于编制计算机程序来进行分析和求解。

电路网络方程一般是以电压或电流作为变量。建立电路网络方程的依据是三个基本规律:基尔霍夫电流定律(KCL)、基尔霍夫电压定律(KVL)和元件定律(即支路电压电流关系——VCR 方程)。

通过前面的讨论,已经导出了前两个规律的矩阵方程,即

$$AI_b = 0, \qquad Q_t I_b = 0 \qquad \text{(KCL 方程)}$$

$$MU_b = 0, \qquad B_t U_b = 0 \qquad \text{(KVL 方程)}$$

为此,还必须导出第三个规律 VCR 方程。这是因为 KCL 和 KVL 仅仅决定了网络的拓扑结构,而与网络中各支路元件的性质无关,因此不能全面描述一个网络的特性;还因为对于一个具有 N 个节点、B 条支路的电路,要求出其支路电流和电压,就必须要有 $2B$ 个方程,而 KCL 和 KVL 仅仅给出了 B 个线性独立的方程,其余的 B 个线性独立方程则由 VCR 方程给出。因此必须导出描述支路电压电流关系的 VCR 方程。

设一般典型支路 b_k 如图 10-13 所示。

为了讨论问题的方便,将所有的初始条件包含在独立电源中,支路电流 $I_b(s)$ 是电流源 $I_{sk}(s)$ 和所有元件电流 $I_k(s)$ 之和,即

$$I_{bk}(s) = I_k(s) + I_{sk}(s) \quad (k = 1, 2, \cdots, B)$$

而支路电压 $U_{bk}(s)$ 是电压源的端电压 $U_{Sk}(s)$ 和所有元件的端电压 $U_k(s)$ 之代数和,即

$$U_{bk}(s) = U_k(s) - U_{Sk}(s)$$
$$(k = 1, 2, \cdots, B)$$

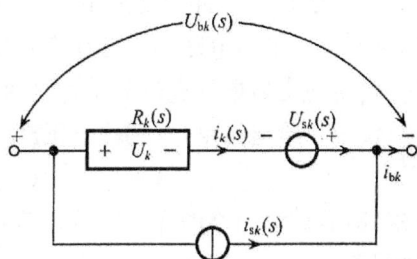

图 10-13　LTI 电路的一般典型支路

令 $I_b(s) = [I_{b1}(s) \quad I_{b2}(s) \quad \cdots \quad I_{bB}(s)]^T$

$$I_s(s) = [I_{S1}(s) \quad I_{S2}(s) \quad \cdots \quad I_{SB}(s)]^T$$

$$I(s) = [I_1(s) \quad I_2(s) \quad \cdots \quad I_B(s)]^T$$

于是得

$$I_b(s) = I(s) + I_s(s) \qquad (10.28)$$

同样令

$$U_b(s) = [U_{b1}(s) \quad U_{b2}(s) \quad \cdots \quad U_{bB}(s)]^T$$

$$U_s(s) = [U_{s1}(s) \quad U_{s2}(s) \quad \cdots \quad U_{sB}(s)]^T$$

$$U(s) = [U_1(s) \quad U_2(s) \quad \cdots \quad U_B(s)]^T$$

于是得

$$U_b(s) = U(s) - U_S(s) \qquad (10.29)$$

元件上电压 $U_k(s)$ 和电流 $I_k(s)$ 之间的关系可由下列方程确定:

(1) 如果元件 b_k 仅为一个纯电阻器,其阻值为 R_k,则

$$u_k(t) = R_k i_k(t) \qquad (10.30)$$

或表示为 s 域形式,即

$$U_k(s) = R_k I_k(s) \qquad (10.31)$$

(2) 如果 b_k 仅为一电容器,其电容量为 C_k,则

$$u_k(t) = \frac{1}{C_k} \int_{t_0}^{t} i_k(\tau) d\tau \qquad (10.32)$$

或表示为 s 域形式,即

$$U_S(s) = \frac{1}{sC_k}I_k(s) \tag{10.33}$$

(3) 如果 b_k 仅为一电感器,其自感量为 L_k,互感量为 M_{kj},则

$$u_k(t) = L_k\frac{\mathrm{d}}{\mathrm{d}t}i_k(t) + \sum_{\substack{j=1;\\j\neq k}}^{B}\left[M_{kj}\frac{\mathrm{d}}{\mathrm{d}t}i_j(t)\right] \tag{10.34}$$

或表示为 s 域形式,即

$$U_k(s) = sL_kI_k(s) + \sum_{\substack{j=1;\\j\neq k}}^{B}sM_{kj}\frac{\mathrm{d}}{\mathrm{d}t}I_j(s) \tag{10.35}$$

在正弦稳态条件满足的情况下,只要令 $s=\mathrm{j}\omega$,则可以得到电路元件的相量模型,从而可以求出电路的正弦稳态响应。由此可知,采用 s 域分析具有更普遍的意义。网络的支路电压电流关系可以用元件阻抗矩阵导出。

设一个给定网络,其元件电压 $U(s)$ 可以写为

$$U(s) = Z(s)I(s) \tag{10.36}$$

其中,$Z(s)$ 是该网络的元件阻抗矩阵,为了方便,有时也简称为 Z,通常定义元件阻抗矩阵为

$$Z(s) = R + \frac{1}{s}D + sL \tag{10.37}$$

其中,R 是一个 $B\times B$ 对角电阻方阵,这里第 k 个对角元素是 R_k;D 是 $B\times B$ 对角倒电容方阵,其对角元素 $d_k=\frac{1}{C_k}$ 是第 k 个支路的倒电容;L 是 $B\times B$ 方阵,其第 k 个对角元素是自感 L_k,而其第 j 行第 k 列个非对角元素是互感 M_{jk}。方程式(10.28)和方程式(10.29)表示网络的每个支路上的元件电压和电流关系,Z 可由各支路中已知的元件类型与数值确定,根据式(10.28)、式(10.29)、式(10.36)可以得到支路电压与电流关系(VCR 方程),即

$$\begin{aligned}U_b(s) &= Z(s)I_b(s) - U_S(s) - Z(s)I_S(s)\\ &= Z(s)I_b(s) - [U_S(s) + U'_S(s)]\end{aligned} \tag{10.38}$$

其中

$$U'_S(s) = Z(s)I_S(s) \tag{10.39}$$

网络的支路电压-电流关系也可以用元件导纳矩阵 $Y(s)$ 导出,现在考虑支路 b_k,它的电压电流关系如下:

(1) 若 b_k 是具有电导 G_k 的电阻器,则

$$i_k(t) = G_ku_k(t) \tag{10.40}$$

或

$$I_k(s) = G_kU_k(s) \tag{10.41}$$

(2) 若 b_k 是具有电容量 C_k 的电容器,则

$$I_k(s) = sC_kU_k(s) \tag{10.42}$$

(3)为了获得电感支路的VCR,假定电感矩阵 L 可以写为

$$L = \begin{bmatrix} 0 & 0 \\ 0 & L' \end{bmatrix}_{B\times B}$$

这里 L' 是 L 的一个 $m\times m$ 的子矩阵, m 是网络中电感数目,则有

$$L' = \begin{bmatrix} L_1 & M_{12} & \cdots & M_{1m} \\ M_{21} & L_2 & \cdots & M_{2m} \\ \vdots & \vdots & & \vdots \\ M_{m1} & M_{m2} & \cdots & L_m \end{bmatrix}$$

其中,对角线上的元素 L_k 是支路 b_k 的自电感,非对角线上的元素 M_{ij} 是支路 b_i 与 b_j 之间的互电感。如果 L 是非奇异的,倒电感矩阵 $\boldsymbol{\Gamma}$ 可以定义为

$$\boldsymbol{\Gamma} = \begin{bmatrix} 0 & 0 \\ 0 & L' \end{bmatrix}_{B\times B} \tag{10.43}$$

其中, $\boldsymbol{\Gamma}$ 是 L' 的逆矩阵,即

$$\boldsymbol{\Gamma} = \begin{bmatrix} \Gamma_1 & W_{12} & \cdots & W_{1m} \\ W_{21} & \Gamma_2 & \cdots & W_{2m} \\ \vdots & \vdots & & \vdots \\ W_{m1} & W_{m2} & \cdots & \Gamma_m \end{bmatrix} = \begin{bmatrix} L_1 & M_{12} & \cdots & M_{1m} \\ M_{21} & L_2 & \cdots & M_{2m} \\ \vdots & \vdots & & \vdots \\ M_{m1} & M_{m2} & \cdots & L_m \end{bmatrix}^{-1} \tag{10.44}$$

其中, Γ_k 为支路 b_k 的倒自感; W_{ij} 称为支路 b_i 与支路 b_j 之间的倒互感。因此,在第 k 个电感支路中的电流为

$$I_k(s) = \frac{1}{s}\Big[\Gamma_kU_k(s) + \sum_{\substack{j=1 \\ j\neq k}}^{m} W_{kj}U_j(s)\Big] \tag{10.45}$$

根据前述的规定,对一给定网络,可以得

$$\boldsymbol{I}(s) = \boldsymbol{Y}(s)\boldsymbol{U}(s) \tag{10.46}$$

其中,导纳矩阵 $\boldsymbol{Y}(s)$ 定义为

$$\boldsymbol{Y}(s) = \boldsymbol{G} + s\boldsymbol{C} + \frac{1}{s}\boldsymbol{\Gamma} \tag{10.47}$$

其中, $\boldsymbol{G}$ 为 $B\times B$ 对角电导矩阵; $\boldsymbol{C}$ 为 $B\times B$ 的电容矩阵; $\boldsymbol{\Gamma}$ 为式(10.43)所定义的 $B\times B$ 倒电感矩阵。

根据式(10.28),式(10.29)和式(10.46),可以写出相应的VCR为

$$I_b(s) = \boldsymbol{Y}(s)\boldsymbol{U}_b(s) + \boldsymbol{I}_S(s) + \boldsymbol{Y}(s)\boldsymbol{U}_S(s) \tag{10.48}$$

因为在许多实际应用中,电路系统均含有晶体管、运算放大器、回转器、负阻抗变换器、理想变压器和耦合电感等,而这些器件均可以用受控制模型来模拟,为此必须导出含有更广泛的典型支出路 b_k (如图10-14所示)的网络的VCR方程,显然这第 k 条支路含有受 j 支路元件电流 $I_j(s)$ 控制的CCCS和受 i 支路元件电压 $U_i(s)$ 控制的VCVS,因此 k 支路的电压和电流可表示为

$$U_{bk}(s) = U_k(s) - \mu_{ki}U_i(s) - U_{sk}(s)$$

$$I_{bk}(s) = I_k(s) + \alpha_{kj}I_j(s) + I_{sk}(s)$$

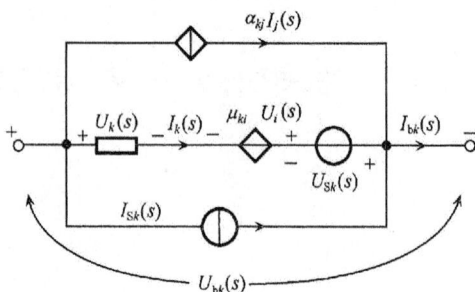

图 10-14   LTI 网络的典型支路 b_k

于是一个具有 B 条含受控源典型支路的 VCR 方程可表示为

$$U_b(s) = U(s) - PU(s) - U_S(s) = (I - P)U(s) - U_S(s) \qquad (10.49)$$

$$I_b(s) = I(s) + QI(s) + I_S(s) = (I + Q)I(s) + I_S(s) \qquad (10.50)$$

这里,假设了网络中所有的受控电流源都是流控的,所有的受控电压源都是压控的。如果不满足这个假设,则要应用戴维南定理或诺顿定理进行等效变换。式(10.49)中,P 是一个 $B \times B$ 维的 VCVS 控制系数矩阵,它的对角线元素为零,非对角线元素为控制系数 $\mu_{ij}(i \neq j)$;Q 是一个 $B \times B$ 维的 CCCS 控制系数矩阵,它的对角线元素为零,非对角线元素为控制系数 $a_{ij}(i \neq j)$。

因为 $I(s) = Y(s)U(s)$,将式(10.49)代入即得

$$I(s) = Y(s)(I - P)^{-1}[U_b(s) + U_S(s)]$$

将上式代入式(10.50)可得

$$I_b(s) = (I + Q)Y(s)(I - P)^{-1}[U_b(s) + U_S(s)] + I_S(s) \qquad (10.51)$$

同理,可求得

$$U_b(s) = (I - P)Z(s)(I + Q)^{-1}[I_b(s) - I_S(s)] - U_S(s) \qquad (10.52)$$

公式(10.51)和式(10.52)两式即为含受控源典型支路的VCR方程。这里假定 $(I-P)$ 和 $(I+Q)$ 的逆矩阵均存在。

10.4   节点分析法和基本割集分析法

10.4.1   节点分析法

在节点分析法中,把节点电压作为辅助变量,列出一组含有 $N-1$ 个未知量的 $N-1$ 个线性独立方程,当 $N-1$ 比 $2B$ 小得多时,这种方法显然比支路法优越得多。

现在选取第 N 个节点作为参考点,并且用 $U_{n1}, U_{n2}, \cdots, U_{n(N-1)}$ 表示其余节点对

参考点的电压,定义节点对参考点的电压矢量为

$$U_n(s) = [U_{n1}(s), U_{n2}(s), \cdots, U_{n(N-1)}(s)]^T \tag{10.53}$$

根据支路电压矢量和节点电压矢量之间的关系式:

$$U_b(s) = A^T U_n(s) \tag{10.54}$$

将式(10.54)中的$U_b(s)$代入式(10.29),得

$$U(s) - U_S(s) = A^T U_n(s) \tag{10.55}$$

同样,将式(10.28)代入式(10.3),得

$$AI(s) = -AI_S(s) \tag{10.56}$$

将式(10.46)代入式(10.56),有

$$AY(s)U(s) = -AI_S(s) \tag{10.57}$$

将式(10.55)中的$U(s)$代入式(10.57),得

$$AY(s)A^T U_n(s) = -AY(s)U_S(s) - AI_S(s)$$

或写为

$$Y_n(s)U_n(s) = -AY(s)U_S(s) - AI_S(s) \tag{10.58}$$

这里,$Y_n(s)$是$(N-1) \times (N-1)$节点导纳矩阵,即

$$Y_n(s) \triangleq AY(s)A^T \tag{10.59}$$

于是得

$$U_n(s) = -Y_n^{-1}(s)AY(s)U_S(s) - Y_n^{-1}(s)AI_S(s) \tag{10.60}$$

式(10.58)、式(10.60)就是所要求得的网络的节点电压方程组,它是关于节点电压 $U_n(s)$的$N-1$个线性独立的方程,由它可以得到唯一的一组解。求出$U_n(s)$后,支路电压矢量$U_b(s)$就可以根据式(10.54)求出,而支路电流矢量$I_b(s)$也可以根据下式求得

$$I_b(s) = Y(s)U_b(s) + I_S(s) + Y(s)U_S(s) \tag{10.61}$$

例10.1　已知电路网络如图10-15所示,假定$L_5L_6 \neq M^2$,其中M是电感L_5和 L_6之间的互感,并假定网络中所有元件均为线性时不变元件,试列出电路的节点 电压方程。

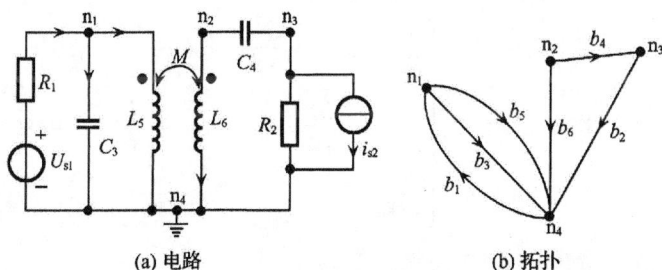

图10-15　例10.1图

解 (1)求 A。

选 n_4 为参考点,图10-15(a)的拓扑如图10-15(b)所示,其关联矩阵 A 为

$$A = \begin{array}{c} \\ n_1 \\ n_2 \\ n_3 \end{array} \begin{array}{cccccc} b_1 & b_2 & b_3 & b_4 & b_5 & b_6 \end{array} \\ \begin{bmatrix} -1 & 0 & 1 & 0 & 1 & 0 \\ 0 & 0 & 0 & 1 & 0 & 1 \\ 0 & 1 & 0 & -1 & 0 & 0 \end{bmatrix}$$

(2) 从支路 VCR 方程,求出元件导纳矩阵。

由图10-15可知这个网络的电导矩阵 G 是 6×6 方阵,此矩阵对角线上第一个和第二个元素分别为 $\frac{1}{R_1}$ 和 $\frac{1}{R_2}$ 外,其余各元素均为零。网络的电容矩阵 C 也是 6×6 方阵,此矩阵除对角线上第三个和第四个元素分别为 C_3 和 C_4 外,其余均为零。网络的倒电感矩阵 Γ 可以从电感矩阵 L' 的逆矩阵并应用式(10.43)求得。电感矩阵 L' 为

$$L' = \begin{bmatrix} L_5 & M \\ M & L_6 \end{bmatrix}$$

于是元件导纳矩阵 $Y(s)$ 可写成

$$Y(s) = \begin{bmatrix} \dfrac{1}{R_1} & 0 & 0 & 0 & 0 & 0 \\ 0 & \dfrac{1}{R_2} & 0 & 0 & 0 & 0 \\ 0 & 0 & sC_3 & 0 & 0 & 0 \\ 0 & 0 & 0 & sC_4 & 0 & 0 \\ 0 & 0 & 0 & 0 & \dfrac{L_6}{s\Delta} & -\dfrac{M}{s\Delta} \\ 0 & 0 & 0 & 0 & 0 & -\dfrac{L_5}{s\Delta} \end{bmatrix}$$

其中, $\Delta = L_5 L_6 - M^2$。

(3) 根据式(10.59)求出节点导纳矩阵 $Y_n(s)$

$$Y_n(s) = AY(s)A^{\mathrm{T}} = - \begin{bmatrix} \dfrac{1}{R_1} + sC_3 + \dfrac{L_6}{s\Delta} & -\dfrac{M}{s\Delta} & 0 \\ -\dfrac{M}{s\Delta} & sC_4 + \dfrac{L_5}{s\Delta} & -sC_4 \\ 0 & -sC_4 & \dfrac{1}{R_2} + sC_4 \end{bmatrix}$$

(4) 电压源矢量 $U_S(s)$ 和电流源矢量 $I_S(s)$

$$U_S(s) = \begin{bmatrix} U_{S1} & 0 & 0 & 0 & 0 & 0 \end{bmatrix}^{\mathrm{T}}$$

$$I_S(s) = \begin{bmatrix} 0 & I_{S1} & 0 & 0 & 0 & 0 \end{bmatrix}^{\mathrm{T}}$$

（5）写出节点电压方程：因为

$$U_n(s) = -Y_n^{-1}(s)AY(s)U_S(s) - Y_n^{-1}(s)AI_S(s)]$$
$$= -Y_n^{-1}(s)[AY(s)U_S(s) + AI_S(s)]$$

所以

$$U_n(s) = \begin{bmatrix} \dfrac{1}{R_1} + sC_3 + \dfrac{-L_6}{s\Delta} & \dfrac{-M}{s\Delta} & 0 \\[2mm] \dfrac{-M}{s\Delta} & sC_4 + \dfrac{L_5}{s\Delta} & -sC_4 \\[2mm] 0 & -sC_4 & \dfrac{1}{R_2} + sC_4 \end{bmatrix} \begin{bmatrix} \dfrac{U_{S1}(s)}{R_1} \\[2mm] 0 \\[2mm] -I_{S2}(s) \end{bmatrix}$$

这是一组关于节点电压 U_{n1}、U_{n2}、U_{n3} 的 3 个线性独立方程，有了它，根据式(10.54)和式(10.61)即可求出支路电压和支路电流。由此不难看出节点电压方程不仅是线性独立的，而且是完备的。只要 $Y_n(s) \neq 0$，它的解是存在且唯一的，所以节点分析法获得了广泛的应用。

综上所述，节点分析法的解题方法及步骤如下：

（1）选任意一节点作为参考节点，根据网络有向拓扑图写出关联矩阵 A。

（2）根据支路 VCR 方程，求出元件导纳矩阵 $Y(s)$。

（3）求出节点导纳矩阵 $Y_n(s)$

$$Y_n(s) = AY(s)A^T$$

（4）写出给定网络的激励电压源矢量 $U_S(s)$ 和电流源矢量 $I_S(s)$。

（5）列出节点电压方程组

$$U_n(s) = -Y_n^{-1}(s)AY(s)U_S(s) - Y_n^{-1}(s)AI_S(s)$$

（6）求出支路电压矢量 $U_b(s)$ 和支路电流矢量 $I_b(s)$

$$U_b(s) = A^T U_n(s)$$
$$I_b(s) = Y(s)U_b(s) + I_S(s) + Y(s)U_S(s)$$

（7）对节点电压方程、支路电压方程和支路电流方程所求得结果取拉普拉斯反变换，即得到所要求的解答 $u_n(t)$、$u_b(t)$、$i_b(t)$。

当电路中含有受控源（CCCS 和 VCVS）典型支路时，可以同样推导出节点方程公式，因为有

$$AI_b(s) = 0$$

将式(10.51)两边同乘 A 矩阵即得

$$A(I+Q)Y(s)(I-P)^{-1}[U_b(s) + U_S(s)] + AI_S(s) = 0$$

又因为 $U_b(s) = A^T U_n(s)$，于是代入上式得

$$A(I+Q)Y(s)(I-P)^{-1}A^T U_n(s) = -A(I+Q)Y(s)(I-P)^{-1}U_S(s) - AI_S(s)$$

$$(10.62)$$

令节点导纳矩阵为

$$Y_n(s) = A(I + Q)Y(s)(I - P)^{-1}A^T \qquad (10.63)$$

假定 $Y_n(s)$ 的逆矩阵存在，于是对式(10.62)两边同乘 $Y_n^{-1}(s)$ 即得节点电压方程公式为

$$U_n(s) = -Y_n^{-1}(s)A(I + Q)Y(s)(I - P)^{-1}U_S(s) - Y_n^{-1}(s)AI_S(s) \qquad (10.64)$$

根据公式(10.64)即可建立含受控源支路的节点方程组。显然，不含受控源支路的节点方程公式仅仅是它的特例。

例10.2 已知一运算放大器电路如图10-16所示，设电路初储能为零，试用节点分析法求节点电压 $u_{n1}(t)$ 和 $u_{n2}(t)$。

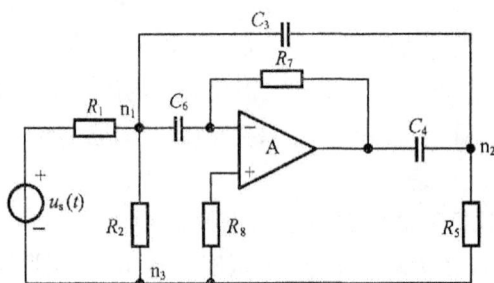

图10-16 例10.2图

解 应用运算放大器的等效模型，则此电路的 s 域模型如图10-17(a)所示，其受控电压源的端电压为 $-sC_6R_7U_2$，其有向拓扑图如图10-17(b)所示。

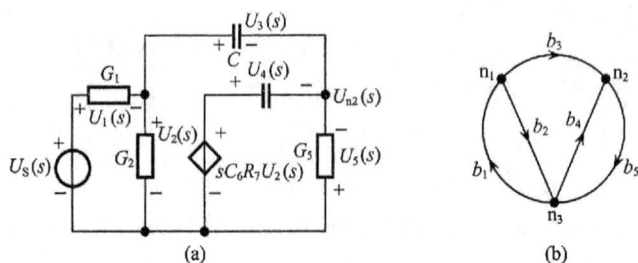

图10-17 例10.2解图

选取 n_3 作为参考点，其关联矩阵 A 为

$$A = \begin{array}{c} \\ n_1 \\ n_2 \end{array} \begin{array}{ccccc} b_1 & b_2 & b_3 & b_4 & b_5 \\ \left[\begin{array}{ccccc} -1 & 1 & 1 & 0 & 0 \\ 0 & 0 & -1 & -1 & 1 \end{array}\right] \end{array}$$

因为网络内没有受控电流源，Q 矩阵为零，并且因为只含有一个压控电压源，矩阵 P 是一个 5×5 的矩阵，它的元素除去 $\mu_{42} = -sC_6R_7$ 之外，其余均为零，故得

$$P = \begin{bmatrix} 0 & 0 & 0 & 0 & 0 \\ 0 & 0 & 0 & 0 & 0 \\ 0 & 0 & 0 & 0 & 0 \\ 0 & -sC_6R_7 & 0 & 0 & 0 \\ 0 & 0 & 0 & 0 & 0 \end{bmatrix}$$

$$Q = 0$$

根据电路,激励电源矢量为

$$I_S(s) = 0$$

$$U_S(s) = [U_S(s) \quad 0 \quad 0 \quad 0 \quad 0]^T$$

而元件导纳矩阵 $Y(s)$ 为

$$Y(s) = \text{diag}[G_1 \quad G_2 \quad sC_3 \quad sC_4 \quad G_5]$$

应用公式(10.63),可求得节点导纳矩阵 $Y_n(s)$ 为

$$Y_n(s) = \begin{bmatrix} G_1 + G_2 + sC_3 & -sC_3 \\ -sC_3 + s^2C_4C_6R_7 & sC_3 + sC_4 + G_5 \end{bmatrix}$$

将 $Y_n(s)$ 代入公式(10.64),即得电路的节点方程

$$U_n(s) = -\begin{bmatrix} G_1 + G_2 + sC_3 & -sC_3 \\ -sC_3 + s^2C_4C_6R_7 & sC_3 + sC_4 + G_5 \end{bmatrix}^{-1}\begin{bmatrix} -G_1 \\ 0 \end{bmatrix}U_S(s)$$

作为一个数字例子,设 $G_1 = G_2 = G_5 = 1\text{S}$, $C_3 = C_4 = C_6 = 1\text{F}$, $R_7 = 1\Omega$, $U_S(t)$ 为一单位阶跃函数,即 $U_S(s) = \dfrac{1}{s}$,于是得

$$U_n(s) = -\begin{bmatrix} 2+s & -s \\ -s+s^2 & 2s+1 \end{bmatrix}\begin{bmatrix} -\dfrac{1}{s} \\ 0 \end{bmatrix} = \begin{bmatrix} \dfrac{1+2s}{s(s^3+s^2+5s+2)} \\ \dfrac{-s+1}{s^3+s^2+5s+2} \end{bmatrix}$$

对上式作拉普拉斯反变换,即求得 $u_n(t)$。

以上所得出的分析方法和公式具有普遍的意义。

10.4.2 基本割集分析法

在电路理论中,还可以引入的另一组辅助变量是树支电压,利用这组变量来分析网络的方法,称为基本割集分析法。当基本割集数比基本回路少得多时,应用这种方法更为优越。

对于具有 N 个节点、B 条支路的网络任选一树 T,则有 $N-1$ 条树支,由此可以得到 $N-1$ 个基本割集。规定基本割集的方向与其相应的树支电压方向相同,定义树支电压矢量为

$$U_T(s) = [U_{T1}(s), U_{T2}(s), \cdots, U_{T(N-1)}(s)]^T \qquad (10.65)$$

根据式(10.25)可以知道,电压矢量 $U_b(s)$ 与树支电压矢量 $U_T(s)$ 之间的关系,

由下式确定

$$U_b(s) = Q_f^T U_T(s) \qquad (10.66)$$

而支路电流为

$$I_b(s) = Y(s)[U_b(s) + U_S(s)] + I_S(s) \qquad (10.67)$$

由式(10.10)可知

$$Q_f I_b(s) = 0 \qquad (10.68)$$

将式(10.66)代入式(10.67)得

$$I_b(s) = Y(s)Q_f^T U_T(s) + Y(s)U_S(s) + I_S(s) \qquad (10.69)$$

将式(10.69)代入式(10.68)得

$$Q_f Y(s)Q_f^T U_T(s) = - Q_f Y(s)U_S(s) - Q_f I_S(s) \qquad (10.70)$$

为了简化表达式,这里引入$(N-1) \times (N-1)$维的割集导纳矩阵$Y_T(s)$,即

$$Y_T(s) \triangleq Q_f Y(s)Q_f^T \qquad (10.71)$$

于是可以得到基本割集方程

$$Y_T(s)U_T(s) = - Q_f Y(s)U_S(s) - Q_f I_S(s) \qquad (10.72)$$

如果$Y_T(s)$的逆矩阵存在,用$Y_T^{-1}(s)$同乘式(10.72)两边,则得电路的基本割集方程组

$$U_T(s) = - Y_T^{-1}(s)Q_f Y(s)U_S(s) - Y_T^{-1}(s)Q_f I_S(s) \qquad (10.73)$$

求出$U_T(s)$之后,即可由式(10.66)求出所有的支路电压,由式(10.69)求出所有的支路电流。由此不难看出,基本割集方程组是线性独立和完备的,只要$Y_T(s) \neq 0$,它的解是存在且唯一的。

下面举例说明其应用。

例10.3 已知电路网络如图10-18(a)所示,试写出该网络的基本割集方程组。

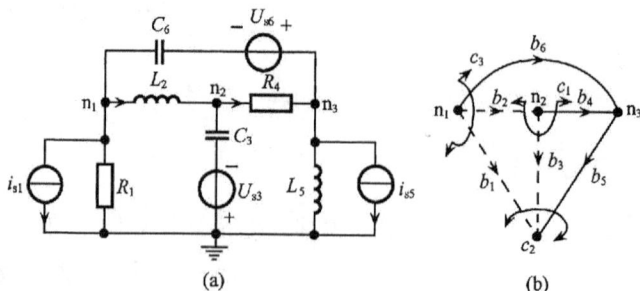

图10-18 例10.3图

解 (1)选支路b_4、b_5、b_6为树支,作出网络有向拓扑图,如图10-17(b)所示,则可得网络的基本割集矩阵Q_f(基本割集如图示c_1、c_2、c_3)。

$$Q_f = \begin{array}{c} \\ c_1 \\ c_2 \\ c_3 \end{array} \begin{array}{cccccc} b_1 & b_2 & b_3 & b_4 & b_5 & b_6 \\ \left[\begin{array}{cccccc} 0 & -1 & 1 & 1 & 0 & 0 \\ 1 & 0 & 1 & 0 & 1 & 0 \\ 1 & 1 & 0 & 0 & 0 & 1 \end{array}\right] \end{array}$$

(2) 根据 VCR 方程,写出支路导纳矩阵 $Y(s)$,由于电路不存在互感、回转器和受控源,所以支路导纳矩阵是一个对角阵,对角线以外的元素为零,即

$$Y(s) = \mathrm{diag}\left[\begin{array}{cccccc} \dfrac{1}{R_1} & \dfrac{1}{sL_2} & sC_3 & \dfrac{1}{R_4} & \dfrac{1}{sL_5} & sC_6 \end{array}\right]$$

(3) 求出割集导纳矩阵 $Y_T(s)$

$$Y_T(s) \triangleq Q_f Y(s) Q_f^T = \left[\begin{array}{ccc} \dfrac{1}{sL_2} + sC_3 + \dfrac{1}{R_4} & sC_3 & -\dfrac{1}{sL_2} \\[3mm] sC_2 & \dfrac{1}{R_1} + sC_3 + \dfrac{1}{sL_5} & \dfrac{1}{R_1} \\[3mm] -\dfrac{1}{sL_2} & \dfrac{1}{R_1} & \dfrac{1}{R_1} + \dfrac{1}{sL_2} + sC_6 \end{array}\right]$$

(4) 写出激励源矢量 $U_S(s)$,$I_S(s)$

$$U_S(s) = \begin{bmatrix} 0 & 0 & U_{s3}(s) & 0 & 0 & U_{s6}(s) \end{bmatrix}^T$$

$$I_S(s) = \begin{bmatrix} I_{S1}(s) & 0 & 0 & 0 & I_{s5}(s) & 0 \end{bmatrix}^T$$

(5) 写出基本割集方程

将 $Y_T(s)$,$Y(s)$,Q_f,$Y_S(s)$ 代入下式即得

$$U_T(s) = -Y_T^{-1}(s)Q_f Y(s) U_S(s) - Y_T^{-1}(s)Q_f I_S(s)$$

综上所述,可以把基本割集分析法的解题步骤归纳如下:

(1) 作出网络有向拓扑图,任选一树 T,求出相应的基本割集矩阵 Q_f。

(2) 根据支路 VCR 方程,写出元件导纳矩阵 $Y(s)$。

(3) 求出割集导纳矩阵

$$Y_T(s) \triangleq Q_f Y(s) Q_f^T$$

(4) 写出给定网络的激励电压源矢量 $U_S(s)$ 和电流源矢量 $I_S(s)$。

(5) 写出基本割集方程

$$U_T(s) = -Y_T^{-1}(s)Q_f Y(s) U_S(s) - Y_T^{-1}(s)Q_f I_S(s)$$

(6) 求出支路矢量 $I_b(s)$ 和支路电压矢量 $U_b(s)$

$$U_b(s) = Q_f^T U_T(s)$$

$$I_b(s) = Y(s)[U_b(s) + U_S(s)] + I_S(s)$$

当电路中含有受控源典型支路时,同样也可以由 KCL、KVL 和 VCR 方程推导出电路的基本割集方程

$$U_T(s) = -Y_T^{-1}(s)Q_f(I+Q)Y(s)(I-P)^{-1}U_S(s) - Y_T^{-1}(s)Q_f I_S(s)$$

(10.74)

根据公式(10.74),即可建立含受控源电路的基本割集方程。

10.5　网孔分析法和基本回路分析法

在电路理论中,还可以引入另一组辅助变量——回路电流或网孔电流,相应地可以得到基本回路分析法和网孔分析法。基本回路分析法不仅适用于平面网络而且也适用于非平面网络,所以重点讨论基本回路分析法。

在具有N个节点、B条支路的网络中任选一树T,那么网络应有$B-(N-1)$个基本回路,将这些回路用$l_1,l_2,\cdots,l_{B-(N-1)}$表示,选取连支电流$I_{l1}(s),I_{l2}(s),\cdots,$ $I_{l(B-N+1)}(s)$为回路电流,于是回路电流(即连支电流)矢量$I_l(s)$为

$$I_l(s) = [I_{l1}(s),I_{l2}(s),\cdots,I_{l(B-N+1)}(s)]^{\mathrm{T}} \tag{10.75}$$

根据对偶原理,基本回路分析法与基本割集分析法之间存在对偶关系,基本回路电流$I_l(s)$、基本回路矩阵B_f、元件阻抗矩阵$Z(s)$、回路阻抗矩阵$Z_l(s)$与$U_T(s)$、Q_f、$Y(s)$、$Y_T(s)$互为对偶量。因此通过对偶代换,可以由基本割集方程求得基本回路方程,即

$$U_T(s) = -Y_T^{-1}(s)Q_fY(s)U_S(s) - Y_T^{-1}(s)Q_fI_S(s)$$

由对偶代换得

$$I_l(s) = -Z_l^{-1}(s)B_fZ(s)I_S(s) + Z_l^{-1}(s)B_fU_S(s) \tag{10.76}$$

其中,回路阻抗矩阵$Z_l(s)$定义为

$$Z_l(s) \triangleq B_fZ(s)B_f^{\mathrm{T}} \tag{10.77}$$

求得基本回路电流$I_l(s)$后,支路电流矢量$I_b(s)$即可由回路转换公式(10.26)求得,而支路电压矢量为

$$U_b(s) = Z(s)I_b(s) - U_S(s) - Z(s)I_S(s) \tag{10.78}$$

下面举例说明基本回路分析法的应用。

例10.4　图10-19(a)为一桥式回转器网络,其相应的有向拓扑图如图10-19(b)所示,要求列出回路电流$I_{l1}(s)$、$I_{l2}(s)$、$I_{l3}(s)$、所必需的联立方程组。若已知各参数的值$C=1\mathrm{F},R_4=1\Omega,R_3=2\Omega,C_5=\dfrac{1}{2}\mathrm{F},C_6=\dfrac{1}{3}\mathrm{F}$,并设电压激励信号源$U_{s3}(t)$为单位阶跃函数,试求出在$t\geqslant0$时,$C_6$上的输出响应电压。

解　选支路$\{b_1,b_2,b_4\}$为树,则$\{b_5,b_6,b_3\}$为连支,而得基本回路l_1、l_2、l_3,其方向与连支方向相同,其回路电流为相应的连支电流,于是可以写出相应的基

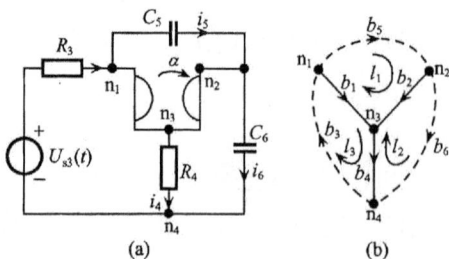

图10-19　例10.4图

本回路矩阵

$$\mathbf{B}_\mathrm{f} = \begin{array}{c} l_1 \\ l_2 \\ l_3 \end{array} \begin{bmatrix} \overset{b_1}{-1} & \overset{b_2}{1} & \overset{b_3}{0} & \overset{b_4}{0} & \overset{b_5}{1} & \overset{b_6}{0} \\ 0 & -1 & 0 & -1 & 0 & 1 \\ 1 & 0 & 1 & 1 & 0 & 0 \end{bmatrix}$$

而其元件阻抗矩阵 $\mathbf{Z}(s)$ 可直接从支路 VCR 方程中获得

$$\mathbf{Z}(s) = \begin{bmatrix} 0 & -\alpha & 0 & 0 & 0 & 0 \\ \alpha & 0 & 0 & 0 & 0 & 0 \\ 0 & 0 & R_3 & 0 & 0 & 0 \\ 0 & 0 & 0 & R_4 & 0 & 0 \\ 0 & 0 & 0 & 0 & \dfrac{1}{sC_5} & 0 \\ 0 & 0 & 0 & 0 & 0 & \dfrac{1}{sC_6} \end{bmatrix}$$

于是可求得回路阻抗矩阵 $\mathbf{Z}_l(s)$ 为

$$\mathbf{Z}_l(s) = \mathbf{B}_\mathrm{f}\mathbf{Z}(s)\mathbf{B}_\mathrm{f}^\mathrm{T} = \begin{bmatrix} \dfrac{1}{sC_3} & -\alpha & \alpha \\ \alpha & R_4 + \dfrac{1}{sC_6} & -\alpha - R_4 \\ -\alpha & \alpha - R_4 & R_3 + R_4 \end{bmatrix}$$

其电压源矢量与电流源矢量可根据给定网络写出

$$\mathbf{U}_\mathrm{S}(s) = \begin{bmatrix} 0 & 0 & U_{s3}(s) & 0 & 0 & 0 \end{bmatrix}^\mathrm{T}$$
$$\mathbf{I}_\mathrm{S}(s) = 0$$

于是根据式(10.76),将 $\mathbf{Z}_l(s)$, $\mathbf{U}_\mathrm{S}(s)$, $\mathbf{I}_\mathrm{S}(s)$ 代入回路方程,则得

$$\mathbf{I}_l(s) = \mathbf{Z}_l^{-1}(s)\mathbf{B}_\mathrm{f}\mathbf{U}_\mathrm{S}(s) = \begin{bmatrix} \dfrac{1}{sC_5} & -\alpha & \alpha \\ \alpha & R_4 + \dfrac{1}{sC_6} & -\alpha - R_4 \\ -\alpha & \alpha - R_4 & R_3 + R_4 \end{bmatrix}^{-1} \begin{bmatrix} 0 \\ 0 \\ U_{s3}(s) \end{bmatrix}$$

将网络元件的数值代入上式,则得

$$\mathbf{I}_l(s) = \begin{bmatrix} \dfrac{2}{s} & -1 & 1 \\ 1 & 1 + \dfrac{3}{s} & -2 \\ -1 & 0 & 3 \end{bmatrix}^{-1} \begin{bmatrix} 0 \\ 0 \\ \dfrac{1}{s} \end{bmatrix} = \begin{bmatrix} \dfrac{s-3}{2s^2 + 9s + 18} \\ \dfrac{4+s}{2s^2 + 9s + 18} \\ \dfrac{s^2 + 2s + 6}{s(2s^2 + 9s + 18)} \end{bmatrix}$$

现在,终端电容 C_6 上的端电压 $U_{C6}(s)$ 可以从下式求出

$$U_{C6}(s) = \frac{1}{sC_6}I_{l2}(s) = \frac{3}{s} \times \frac{4+s}{2s^2 + 9s + 18} = \frac{12 + 3s}{s(2s^2 + 9s + 18)}$$

$$= \frac{2}{3} \left[\frac{1}{s} - \frac{s + \dfrac{9}{4}}{\left(s + \dfrac{9}{4} \right)^2 + \left(\dfrac{3\sqrt{7}}{4} \right)^2} \right]$$

对上式方程两边取拉氏反变换,即得

$$U_{C6}(t) = \frac{2}{3} - \frac{2}{3}\mathrm{e}^{-\frac{9}{4}t}\cos\frac{3\sqrt{7}}{4}t, \quad t \geqslant 0$$

其实只要求得了基本回路电流 $I_l(s)$,就可以根据公式(10.26)和公式(10.78)求得所有的支路电流和支路电压。由此不难看出回路方程不仅是线性独立的,而且是完备的,只要 $Z_l(s) \neq 0$,它的解是存在且唯一的。所以,基本回路分析法也获得了广泛的应用。

综上所述,可以将基本回路分析法的解题步骤归纳如下:

(1) 任选一树 T,求其相应的基本回路矩阵 $\boldsymbol{B}_f$。

(2) 根据支路 VCR 方程,写出元件阻抗矩阵 $\boldsymbol{Z}(s)$。

(3) 根据 $\boldsymbol{Z}_l(s) = \boldsymbol{B}_f\boldsymbol{Z}(s)\boldsymbol{B}_f^T$,求出回路阻抗矩阵 $\boldsymbol{Z}_l(s)$。

(4) 写出给定网络的激励电压源矢量 $\boldsymbol{U}_S(s)$ 和电流源矢量 $\boldsymbol{I}_S(s)$。

(5) 写出网络的回路方程

$$\boldsymbol{I}_l(s) = \boldsymbol{Z}_l^{-1}(s)\boldsymbol{B}_f\boldsymbol{Z}(s)\boldsymbol{I}_S(s) + \boldsymbol{Z}_l^{-1}(s)\boldsymbol{B}_f\boldsymbol{U}_S(s)$$

(6) 求出支路电流矢量 $\boldsymbol{I}_b(s)$ 和支路电压矢量 $\boldsymbol{U}_b(s)$

$$\boldsymbol{I}_b(s) = \boldsymbol{B}_f^T\boldsymbol{I}_L(s)$$

$$\boldsymbol{U}_b(s) = \boldsymbol{Z}(s)\boldsymbol{I}_b(s) - \boldsymbol{U}_S(s) - \boldsymbol{Z}(s)\boldsymbol{I}_S(s)$$

(7) 对 $\boldsymbol{I}_S(s)$,$\boldsymbol{I}_b(s)$,$\boldsymbol{U}_b(s)$ 求拉普拉斯反变换,即得到所要求的解答 $i_l(t)$,$i_b(t)$ 和 $u_b(t)$。

其中只要选定了树,确定了基本回路后,也可以任意选定回路方向,直接将回路电流作为变量,而不一定非得是连支电流,则上述基本回路分析法照样使用,所得回路电流方程组仍然是线性独立的,其解仍然是存在且唯一的。网孔分析法就是采用这种思想,下面作简要介绍。

因为当网络是平面网络时,可以用网孔矩阵 $\boldsymbol{M}$ 代替基本回路矩阵 $\boldsymbol{B}_f$,用网孔电流 $\boldsymbol{I}_m(s)$ 代替回路电流 $\boldsymbol{I}_l(s)$,用网孔阻抗矩阵 $\boldsymbol{Z}_m(s)$ 去代替回路阻抗矩阵 $\boldsymbol{Z}_l(s)$,即可得到网孔方程

$$\boldsymbol{I}_m(s) = \boldsymbol{Z}_m^{-1}(s)\boldsymbol{M}\boldsymbol{Z}(s)\boldsymbol{I}_S(s) + \boldsymbol{Z}_m^{-1}(s)\boldsymbol{M}\boldsymbol{U}_S(s) \tag{10.79}$$

其中,网孔阻抗矩阵 $\boldsymbol{Z}_m(s)$ 可以定义为

$$\boldsymbol{Z}_m(s) \triangleq \boldsymbol{M}\boldsymbol{Z}(s)\boldsymbol{M}^T \tag{10.80}$$

显然,网孔方程只不过是回路方程的特例。网孔方程与节点方程之间存在对偶关系,所以也可以由节点方程通过对偶代换求得。

求得网孔电流之后,即可由 $\boldsymbol{I}_b(s) = \boldsymbol{M}^T\boldsymbol{I}_m(s)$ 求得支路电流,而由式(10.78)求得支路电压。

当电路中含有受控源(CCCS 和 VCVS)典型支路时若为 VCCS 和 CCVS 则应先进行等效变换,可以同理推导出基本回路方程和网孔方程。

基本回路方程为

$$\boldsymbol{I}_l(s) = \boldsymbol{Z}_l^{-1}(s)\boldsymbol{B}_f(\boldsymbol{I} - \boldsymbol{P})\boldsymbol{Z}(s)(\boldsymbol{I} + \boldsymbol{Q})^{-1}\boldsymbol{I}_S(s) + \boldsymbol{Z}_l^{-1}(s)\boldsymbol{B}_f\boldsymbol{U}_S(s)$$

(10.81)

其中,回路阻抗矩阵$\boldsymbol{Z}_l(s)$定义为

$$\boldsymbol{Z}_l(s) \triangleq \boldsymbol{B}_f(\boldsymbol{I} - \boldsymbol{P})\boldsymbol{Z}(s)(\boldsymbol{I} + \boldsymbol{Q})^{-1}\boldsymbol{B}_f^{\mathrm{T}}$$

(10.82)

网孔方程为

$$\boldsymbol{I}_m(s) = \boldsymbol{Z}_m^{-1}(s)\boldsymbol{M}(\boldsymbol{I} - \boldsymbol{P})\boldsymbol{Z}(s)(\boldsymbol{I} + \boldsymbol{Q})^{-1}\boldsymbol{I}_S(s) + \boldsymbol{Z}_m^{-1}(s)\boldsymbol{M}\boldsymbol{U}_S(s)$$

(10.83)

$$\boldsymbol{Z}_m(s) \triangleq \boldsymbol{M}(\boldsymbol{I} - \boldsymbol{P})\boldsymbol{Z}(s)(\boldsymbol{I} + \boldsymbol{Q})^{-1}\boldsymbol{M}^{\mathrm{T}}$$

(10.84)

根据公式(10.81)和公式(10.83)即可建立电路的基本回路方程和网孔方程。

例10.5 试建立图10-20所示电路的基本回路方程。

解 (1)选b_1、b_4、b_2为树支,作出拓扑图,写出基本回路矩阵$\boldsymbol{B}_f$

$$\boldsymbol{B}_f = \begin{array}{c} l_1 \\ l_2 \end{array}\begin{bmatrix} \overset{b_1}{-1} & \overset{b_2}{0} & \overset{b_3}{0} & \overset{b_4}{-1} & \overset{b_5}{1} \\ -1 & -1 & 1 & -1 & 0 \end{bmatrix}$$

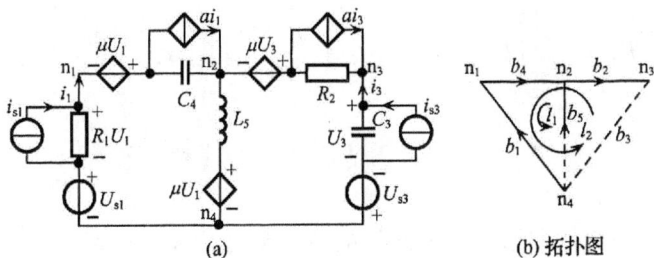

图10-20 例10.5图

(2)写出元件阻抗矩阵$\boldsymbol{Z}(s)$

$$\boldsymbol{Z}(s) = \mathrm{diag}\begin{bmatrix} R_1 & R_2 & \dfrac{1}{sC_3} & \dfrac{1}{sC_4} & sL_5 \end{bmatrix}_{5\times5}$$

(3)求出回路阻抗矩阵$\boldsymbol{Z}_l(s)$。因为

$$\boldsymbol{P} = \begin{array}{c} b_1 \\ b_2 \\ b_3 \\ b_4 \\ b_5 \end{array}\begin{bmatrix} \overset{b_1}{0} & \overset{b_2}{0} & \overset{b_3}{0} & \overset{b_4}{0} & \overset{b_5}{0} \\ 0 & 0 & \mu & 0 & 0 \\ 0 & 0 & 0 & 0 & 0 \\ \mu & 0 & 0 & 0 & 0 \\ \mu & 0 & 0 & 0 & 0 \end{bmatrix}_{5\times5}, \quad \boldsymbol{Q} = \begin{array}{c} b_1 \\ b_2 \\ b_3 \\ b_4 \\ b_5 \end{array}\begin{bmatrix} \overset{b_1}{0} & \overset{b_2}{0} & \overset{b_3}{0} & \overset{b_4}{0} & \overset{b_5}{0} \\ 0 & 0 & \alpha & 0 & 0 \\ 0 & 0 & 0 & 0 & 0 \\ \alpha & 0 & 0 & 0 & 0 \\ 0 & 0 & 0 & 0 & 0 \end{bmatrix}_{5\times5}$$

而

$$\mathbf{Z}_l(s) \triangleq \mathbf{B}_f(\mathbf{I} - \mathbf{P})\mathbf{Z}(s)(\mathbf{I} + \mathbf{Q})^{-1}\mathbf{B}_f^{\mathrm{T}}$$

于是将 $\mathbf{B}_f$、$\mathbf{P}$、$\mathbf{Q}$、$\mathbf{Z}(s)$ 代入上式即可求得

$$\mathbf{Z}_l(s) = \begin{bmatrix} R_1 - \dfrac{\alpha - 1}{sC_4} + sL_5 & R_1 - \dfrac{\alpha - 1}{sC_4} \\ R_1 - \mu R_1 - \dfrac{\alpha - 1}{sC_4} & R_1 - \mu R_1 + \alpha R_2 + R_2 + \dfrac{\mu + 1}{sC_3} - \dfrac{\alpha - 1}{sC_4} \end{bmatrix}$$

(4) 写出激励源矢量 $\mathbf{U}_S(s)$

$$\mathbf{U}_S(s) = \begin{bmatrix} U_{s1}(s) & 0 & -U_{s3}(s) & 0 & 0 \end{bmatrix}^{\mathrm{T}}$$

$$\mathbf{I}_S(s) = \begin{bmatrix} I_{s1}(s) & 0 & I_{s3}(s) & 0 & 0 \end{bmatrix}^{\mathrm{T}}$$

(5) 写出基本回路方程

$$\mathbf{I}_S(s) = \mathbf{Z}_l^{-1}(s)\,\mathbf{B}_f(\mathbf{I} - \mathbf{P})\mathbf{Z}(s)(\mathbf{I} + \mathbf{Q})^{-1}\mathbf{I}_S(s) + \mathbf{Z}_l^{-1}(s)\mathbf{B}_f\mathbf{U}_S(s)$$

即

$$\begin{bmatrix} I_{l1}(s) \\ I_{l2}(s) \end{bmatrix} = \begin{bmatrix} R_1 - \dfrac{\alpha - 1}{sC_4} + sL_5 & R_1 - \dfrac{\alpha - 1}{sC_4} \\ R_1 - \mu R_1 - \dfrac{\alpha - 1}{sC_4} & R_1 - \mu R_1 + \alpha R_2 + R_2 + \dfrac{\mu + 1}{sC_3} - \dfrac{\alpha - 1}{sC_4} \end{bmatrix}$$

$$\left\{ \begin{bmatrix} \left(-R_1 + \dfrac{\alpha}{sC_4}\right)I_{S1}(s) \\ \left((\mu - 1)R_1 + \dfrac{\alpha}{sC_4}\right)I_{S1}(s) + \left(\alpha R_2 + \dfrac{\mu + 1}{sC_3}\right)I_{S3}(s) \end{bmatrix} - \begin{bmatrix} U_{S1}(s) \\ U_{S1}(s) + U_{S3}(s) \end{bmatrix} \right\}$$

*10.6 改进节点分析法

改进节点法的基本思想是将网络的所有支路分成导纳型和非导纳型支路,并对每一个非导纳型支路将它的电流设为补充变量,对每一个节点按节点法列写节点方程。这时若遇到非导纳支路,将它的支路电流作为未知变量保留在节点方程中,这样所得节点方程的未知变量包括节点电压和非导纳支路电流。为此,必须对每一个非导纳支路写出一个支路方程作为补充方程,且补充方程必须用节点电压和非导纳支路电流来描述,进一步推广将难处理的支路(如 CCVS、CCCS)和待求的支路均设补充电流变量,再列出相应的补充方程,这样得到的一组方程组就是改进节点方程。下面举例说明。

例10.6 已知某晶体管放大电路如图10-21所示,试列出改进节点方程。

解 (1) 做出放大器等效电路模型,如图10-22(a)所示(设晶体管为CCCS,且内阻 r_{be} 忽略)。由此得到有向拓扑图,如图10-22(b)所示。

(2) n_5 为参考点,$I_3(s)$,$I_5(s)$,$I_7(s)$ 为补充电流变量,列出节点方程

$$\begin{cases} (sC_4 + G_1)U_{n1}(s) - sC_4U_{n2}(s) = I_3(s) \\ -sC_4U_{n1}(s) + (G_2 + sC_4)U_{n2} = I_5(s) \\ sC_6U_{n3}(s) - sC_6U_{n4}(s) = -I_3(s) - I_5(s) \\ -sC_6U_{n3}(s) + (sC_6 + G_8)U_{n4}(s) = -I_7(s) \end{cases}$$

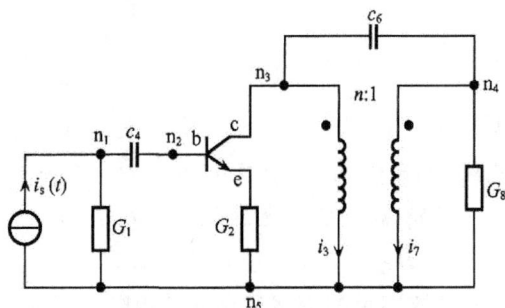

图 10-21　例 10.6 图

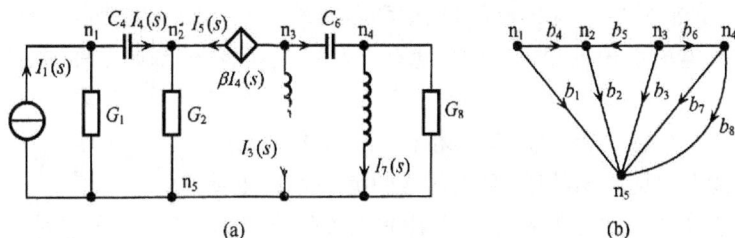

图 10-22　例 10.6 解图

(3) 列出各补充量方程

理想变压器

$$\begin{cases} U_{n3}(s) - nU_{n4}(s) = 0 \\ I_3(s) + \dfrac{1}{n}I_7(s) = 0 \end{cases}$$

受控电流源

$$\begin{cases} I_5(s) = -\beta I_4(s) \\ I_4(s) = sC_4[U_{n1}(s) - U_{n4}(s)] \end{cases}$$

两组方程统一为

$$\begin{bmatrix} 0 & 0 & 1 & -n \\ 0 & 0 & 0 & 0 \\ -\beta sC_4 & \beta sC_4 & 0 & 0 \end{bmatrix} \begin{bmatrix} U_{n1}(s) \\ U_{n2}(s) \\ U_{n3}(s) \\ U_{n4}(s) \end{bmatrix} + \begin{bmatrix} 0 & 0 & 0 \\ 1 & 0 & \dfrac{1}{n} \\ 0 & 1 & 0 \end{bmatrix} \begin{bmatrix} I_3(s) \\ I_5(s) \\ I_7(s) \end{bmatrix} = \begin{bmatrix} 0 \\ 0 \\ 0 \end{bmatrix}$$

(4) 将以上 9 个方程合起来写为矩阵形式,即为改进节点方程

$$\begin{bmatrix} G_1 + sC_4 & -sC_4 & 0 & 0 & \vdots & 0 & 0 & 0 \\ -sC_4 & G_2 + sC_4 & 0 & 0 & \vdots & 0 & -1 & 0 \\ 0 & 0 & sC_6 & -sC_6 & \vdots & 1 & 1 & 0 \\ 0 & 0 & -sC_6 & sC_6 + G_8 & \vdots & 0 & 0 & 1 \\ \cdots & \cdots & \cdots & \cdots & \vdots & \cdots & \cdots & \cdots \\ 0 & 0 & 1 & -n & \vdots & 0 & 0 & 0 \\ 0 & 0 & 0 & 0 & \vdots & 1 & 0 & \dfrac{1}{n} \\ -\beta sC_4 & \beta sC_4 & 0 & 0 & \vdots & 0 & 1 & 0 \end{bmatrix} \begin{bmatrix} U_{n1}(s) \\ U_{n2}(s) \\ U_{n3}(s) \\ U_{n4}(s) \\ \cdots \\ I_3(s) \\ I_5(s) \\ I_7(s) \end{bmatrix} = \begin{bmatrix} I_S(s) \\ 0 \\ 0 \\ 0 \\ \cdots \\ 0 \\ 0 \\ 0 \end{bmatrix}$$

总结分析上述实例,即可以得出改进节点方程的一般公式及规律

$$\begin{bmatrix} Y_n(s) & H_{12} \\ H_{21} & H_{22} \end{bmatrix} \begin{bmatrix} U_n(s) \\ I_n(s) \end{bmatrix} = \begin{bmatrix} I_S(s) \\ F_S(s) \end{bmatrix} \tag{10.85}$$

其中,$Y_n(s)$ 是断开非导纳支路后的网络节点导纳矩阵;H_{12} 是网络关联矩阵 A 中各非导纳支路所对应的各矩阵,例如,图 10-22(b)中 b_3、b_5、b_7 对应的矩阵;H_{21} 是补充方程中节点电压矢量对应的系数矩阵;H_{22} 是补充方程中补充电流变量对应的系数矩阵;$I_S(s)$ 是激励电流源矢量(可包括动态元件的初始条件的贡献);$F_S(s)$ 是补充方程中激励电压源矢量和电流源矢量(可包括动态元件的初始条件的贡献)。

根据公式(10.85),即可得到改进节点法的系统化方法及步骤如下:

(1) 选取节点电压变量 $U_n(s)$ 和补充电流变量 $I_n(s)$。

(2) 做出网络的拓扑图,写出网络的关联矩阵 A 及 H_{12}。

(3) 断开非导纳支路和已假设补充电流的难处理支路,求出这时余下的网络节点导纳矩阵 $Y_n(s)$。

(4) 写出描述补充电流变量的补充方程,并表示为矩阵形式

$$H_{21}U_n(s) + H_{22}I_n(s) = F_S(s)$$

求得 H_{21}, H_{22}, $F_S(s)$。

(5) 写出激励源矢量

$$K_m(s) = \begin{bmatrix} I_S(s) & F_S(s) \end{bmatrix}^T$$

(6) 将以上结果代入公式(10.85),即得改进节点方程

$$\begin{bmatrix} Y_n(s) & H_{12} \\ H_{21} & H_{22} \end{bmatrix} \begin{bmatrix} U_n(s) \\ I_n(s) \end{bmatrix} = \begin{bmatrix} I_S(s) \\ F_S(s) \end{bmatrix}$$

例 10.7 试列出图 10-23(a)所示电路的改进节点方程,设电路中所有动态元件无初始储能。

解 (1) 选 n_5 为参考点,$I_8(s)$,$I_9(s)$ 为补充电流变量,即

$$\begin{bmatrix} U_n(s) \\ I_n(s) \end{bmatrix} = [U_{n1}(s), U_{n2}(s), U_{n3}(s), U_{n4}(s), I_8(s), I_9(s)]^T$$

(2) 求出 H_{12}:

做出电路的有向拓扑图 G_d,如图 10-23(b)所示,则

$$\boldsymbol{H}_{12} = \begin{array}{c} \\ n_1 \\ n_2 \\ n_3 \\ n_4 \end{array} \begin{array}{cc} b_8 & b_9 \\ \left[\begin{array}{cc} 1 & 0 \\ -1 & 0 \\ 0 & 1 \\ 0 & 0 \end{array}\right] \end{array}$$

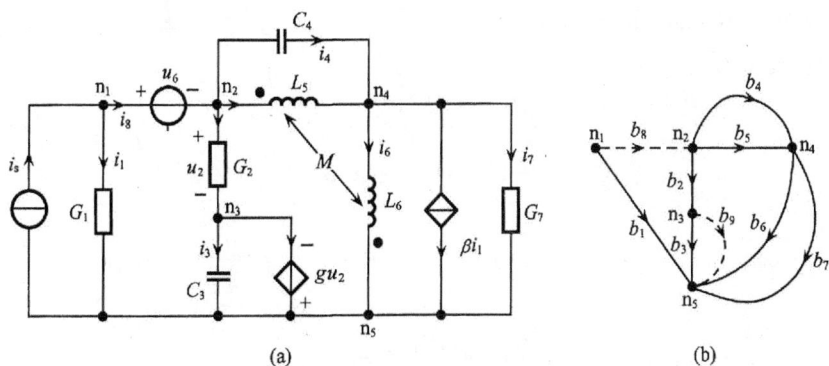

图 10-23　例 10.7 图

（3）求出 $\boldsymbol{Y}_n(s)$：

去掉 b_8、b_9 支路，即图 10-23(b) 中的虚线，写出此时的 $\boldsymbol{A}$ 矩阵及电路的控制参数矩阵 $\boldsymbol{Q}$（因为 $\boldsymbol{P}=0$）

$$\boldsymbol{A} = \begin{bmatrix} 1 & 0 & 0 & 0 & 0 & 0 & 0 \\ 0 & 1 & 0 & 1 & 1 & 0 & 0 \\ 0 & -1 & 1 & 0 & 0 & 0 & 0 \\ 0 & 0 & 0 & -1 & -1 & 1 & 1 \end{bmatrix}$$

$$\boldsymbol{Q} = \begin{bmatrix} 0 & 0 & 0 & 0 & 0 & 0 & 0 \\ 0 & 0 & 0 & 0 & 0 & 0 & 0 \\ 0 & 0 & 0 & 0 & 0 & 0 & 0 \\ 0 & 0 & 0 & 0 & 0 & 0 & 0 \\ 0 & 0 & 0 & 0 & 0 & 0 & 0 \\ 0 & 0 & 0 & 0 & 0 & 0 & 0 \\ \beta & 0 & 0 & 0 & 0 & 0 & 0 \end{bmatrix}, \quad \boldsymbol{Y}(s) = \begin{bmatrix} G_1 & 0 & 0 & 0 & 0 & 0 & 0 \\ 0 & G_2 & 0 & 0 & 0 & 0 & 0 \\ 0 & 0 & sC_3 & 0 & 0 & 0 & 0 \\ 0 & 0 & 0 & sC_4 & 0 & 0 & 0 \\ 0 & 0 & 0 & 0 & \dfrac{L_6}{s\Delta} & \dfrac{M}{s\Delta} & 0 \\ 0 & 0 & 0 & 0 & \dfrac{M}{s\Delta} & \dfrac{L_5}{s\Delta} & 0 \\ 0 & 0 & 0 & 0 & 0 & 0 & G_7 \end{bmatrix}$$

其中

$$\Delta = L_5 L_6 - M^2$$

所以

$$\boldsymbol{Y}_n(s) = \boldsymbol{A}(\boldsymbol{I} + \boldsymbol{Q})\boldsymbol{Y}(s)(\boldsymbol{I} - \boldsymbol{P})^{-1}\boldsymbol{A}^{\mathrm{T}}$$

即

$$\boldsymbol{Y}_\text{n}(s) = \begin{bmatrix} G_1 & 0 & 0 & 0 \\ 0 & G_2 + sC_4 + \dfrac{L_6}{s\Delta} & -G_2 & -sC_4 + \dfrac{M-L_5}{s\Delta} \\ 0 & -G_2 & G_2 + sC_3 & 0 \\ \beta G_1 & -sC_4 + \dfrac{M-L_6}{s\Delta} & 0 & G_7 + sC_4 + \dfrac{L_5+L_6-2M}{s\Delta} \end{bmatrix}$$

（4）求出 $\boldsymbol{H}_{21}$、$\boldsymbol{H}_{22}$ 和 $\boldsymbol{F}_\text{S}(s)$：

列补充方程为

$$\begin{cases} U_\text{S}(s) = U_\text{n1}(s) - U_\text{n2}(s) \\ gU_\text{n2}(s) = -U_\text{n3}(s) = g[U_\text{n2}(s) - U_\text{n3}(s)] \end{cases}$$

即

$$gU_\text{n2}(s) + (1-g)U_\text{n3}(s) = 0$$

则

$$\underbrace{\begin{bmatrix} 1 & -1 & 0 & 0 \\ 0 & g & 1-g & 0 \end{bmatrix}}_{\boldsymbol{H}_{21}} \begin{bmatrix} U_\text{n1}(s) \\ \vdots \\ U_\text{n4}(s) \end{bmatrix} + \underbrace{\begin{bmatrix} 0 & 0 \\ 0 & 0 \end{bmatrix}}_{\boldsymbol{H}_{22}} \begin{bmatrix} I_8(s) \\ I_9(s) \end{bmatrix} = \underbrace{\begin{bmatrix} U_\text{S}(s) \\ 0 \end{bmatrix}}_{\boldsymbol{F}_s(s)}$$

（5）写出激励 $\boldsymbol{I}_\text{S}(s)$

$$\boldsymbol{I}_\text{S}(s) = \begin{bmatrix} I_\text{S}(s) & 0 & 0 & 0 \end{bmatrix}^\text{T}$$

（6）将以上结果代入公式(10.85)得改进节点方程

$$\begin{bmatrix} \boldsymbol{Y}_\text{n}(s) & \boldsymbol{H}_{12} \\ \boldsymbol{H}_{21} & \boldsymbol{H}_{22} \end{bmatrix} \begin{bmatrix} \boldsymbol{U}_\text{n}(s) \\ \boldsymbol{I}_\text{n}(s) \end{bmatrix} = \begin{bmatrix} \boldsymbol{I}_\text{S}(s) \\ \boldsymbol{F}_\text{S}(s) \end{bmatrix}$$

10.7 总结与思考

10.7.1 总结

本章主要介绍电路网络图论的基本知识网络图论的基本概念：图、有向图、树、回路、割集以及描述网络的矩阵表示：关联矩阵、回路矩阵、割集矩阵，掌握网络计算的分析方法：节点法、回路电流法以及割集法。重点内容概要如下。

1. 图的基本定义和概念

（1）图。若将电路中的每一元件用一线段来代替，这些线称为支路，段的端点称为节点，这样得到的由节点（点）和支路（线段）组成的图形则称为网络拓扑图，简称图，用 G 表示。它仅表示电路的连接特点，与构成电路的元件性质无关。图中允许有孤立节点的存在，但任一条支路必须终端在节点上。

（2）有向图和无向图。标明了各支路参考方向的图称为有向图，否则称无向图。

（3）连通图和非连通图。当图的任意两个节点之间至少存在一条路径时，该图称为连通图，否则为非连通图。

（4）子图。若图 G_1 每个节点和支路都是图 G 中的节点和支路，则称图 G_1 为图 G 的一个子图。

（5）树、树支和连支。不包含回路，但包含图的所有节点的连通的子图称为树。组成树的支路称为树支，其余支路称为连支。若支路数为 B，则树支数为 N（节点数）-1；连支数为 $B-(N-1)$。

（6）回路和基本回路。由支路所成的一条闭合路径，且此路径中的多个节点所关联的支路数恰好是 2，则称闭合路径为一回路。只含一个连支的回路称为基本回路，也称单连支回路。

（7）割集和基本割集。割集是连通图的一些支路的集合，如果把这些支路移去，将使图分成两个分离部分，而少移去任一条支路，图仍是连通的。只含一个树支的割集称为基本割集，也称为单树支割集。

2. 图的矩阵表示

有向图中的节点与支路、回路与支路、割集与支路的关联性质可分别用矩阵表示。

（1）关联矩阵 $\boldsymbol{A}$。对任一具有 N 个节点、B 条支路的有向图，节点和支路的关联性质可用一个 $N \times B$ 阶的矩阵来描述，即

$$\boldsymbol{A}_\text{a} = [a_{ij}]_{N \times B}$$

其中

$$a_{kj} = \begin{cases} 1 & \text{当支路 } b_j \text{ 连接节点 } \text{n}_k \text{，且支路方向背离节点 } \text{n}_k \text{ 时；} \\ -1 & \text{当支路 } b_j \text{ 连接节点 } \text{n}_k \text{，且支路方向指向节点 } \text{n}_k \text{ 时；} \\ 0 & \text{当支路 } b_j \text{ 与节点 } \text{n}_k \text{ 不相连时。} \end{cases}$$

（2）回路矩阵 $\boldsymbol{B}$。对于任一个具有 N 个节点、B 条支路、L 个回路的有向图，回路与支路间的关联性质可用一个 $L \times B$ 阶矩阵来描述，即

$$\boldsymbol{B}_\text{a} = [b_{ij}]_{L \times B}$$

其中

$$b_{kj} = \begin{cases} 1 & \text{当支路 } b_j \text{ 在回路 } l_k \text{ 中，并且与回路 } l_k \text{ 方向相同；} \\ -1 & \text{当支路 } b_j \text{ 在回路 } l_k \text{ 中，并且与回路 } l_k \text{ 方向相反；} \\ 0 & \text{当支路 } b_j \text{ 不在回路 } l_k \text{ 中。} \end{cases}$$

选取一棵树 T 后，用树余中的一条连支和一组树支构成一个回路，且规定回路的方向与连支方向相同，可得到一个的 $B-(N-1) \times B$ 的回路矩阵，则这种回路矩阵称为基本回路矩阵 $\boldsymbol{B}_\text{f}$。

（3）割集矩阵 $\boldsymbol{Q}$：对于任一具有 N 个节点、B 条支路、K 个割集的有向图，其割集与支路的关联性质可用一个 $K \times B$ 阶矩阵来描述，即

$$\boldsymbol{Q}_\text{a} = [q_{ij}]_{K \times B}$$

其中

$$q_{kj} = \begin{cases} 1 & \text{当支路 } b_j \text{ 在割集 } c_k \text{ 中并与 } c_k \text{ 同向}; \\ -1 & \text{当支路 } b_j \text{ 在割集 } c_k \text{ 中并与 } c_k \text{ 反向}; \\ 0 & \text{当支路 } b_j \text{ 不在割集 } c_k \text{ 中}. \end{cases}$$

选取一棵树 T 后,用树 T 中的一条树支和一组连支构成一个割集,且规定割集的方向与树支方向相同,可得到一个 $(N-1) \times B$ 的割集矩阵,称为基本割集矩阵 Q_f。

(4) A、B、Q_f 之间的关系。

设一个连通图 G_d 具有 N 个节点、B 条支路,选定树为 T,按先树支后连支次序排列的 A、B_f、Q_f 阵为

$$\begin{cases} A = [A_T \ \vdots \ A_L] \\ B_f = [B_T \ \vdots \ I] = [-F^T \ \vdots \ I] \\ Q_f = [I \ \vdots \ Q_L] = [I \ \vdots \ F] \end{cases}$$

(5) 掌握表10-1支路变量之间的基本关系。

3. 网络的矩阵分析法

常用的矩阵分析法有3种:节点法、回路法和割集法。不论用哪种方法对电路进行分析,均需研究与元件性质有关的支路电流、电压关系。为此,引入复合支路,如图10-13所示。

(1) 节点电压方程的矩阵形式。节点法是以节点电压为未知量来列方程分析电路的方法。节点导纳矩阵定义为

$$Y_n(s) \triangleq AY(s)A^T$$

(2) 回路电流方程的矩阵形式。回路法是以回路电流为未知量来列方程分析电路的方法。回路阻抗矩阵 $Z_l(s)$ 定义为

$$Z_l(s) \triangleq B_f Z(s) B_f^T$$

当电路中不含有受控源支路时,支路电压矢量为

$$U_b(s) = Z(s)I_b(s) - U_S(s) - Z(s)I_S(s)$$

(3) 割集电压方程的矩阵形式。割集法是以割集电压为未知量来列方程分析电路的方法。设割集电压列向量为 $U_t(s)$,割集导纳矩阵定义为

$$Y_T(s) \triangleq Q_f Y(s) Q_f^T$$

当电路中不含有受控源支路时,支路矢量 $I_b(s)$ 和支路电压矢量 $U_b(s)$ 为

$$U_b(s) = Q_f^T U_T(s)$$

$$I_b(s) = Y(s)[U_b(s) + U_S(s)] + I_S(s)$$

(4) 改进的节点电压法。当电路中含有纯电压源构成的支路时,把该支路单独处理,则改进的节点电压方程为

$$\begin{pmatrix} Y_n(s) & H_{12} \\ H_{21} & H_{22} \end{pmatrix} \begin{pmatrix} U_n(s) \\ I_n(s) \end{pmatrix} = \begin{pmatrix} I_S(s) \\ U_S(s) \end{pmatrix}$$

10.7.2 思考

(1) ① 找出图10-24中有几个树? ②画出一个适当的树,用两个未知量写出两个方程,求 I_3; ③受控源提供的功率是多少?

(2) 图10-25 所示电路中, $C=0.2F$, $L=1H$,以 $u_C(t)$, $i_L(t)$ 为状态变量,列写电路的状态方程的矩阵形式。

(3) 在图10-26 中,

① 下列两种支路集合中( )是树支集合。

(a){1,2,4,5,10}; (b){1,2,3,7,8}

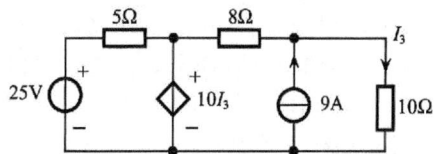

图 10-24 电路

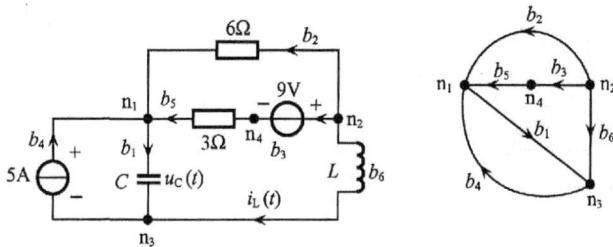

图 10-25 电路

②下列两种支路集合中( )是一组独立的完备的电流变量。

(a){3,4,7,8,10}; (b){1,2,3,4,8}

(4) 图10-27 所示电路中,选定树支集合为{7,8,9,10},写出该图的基本回路方程和基本割集方程

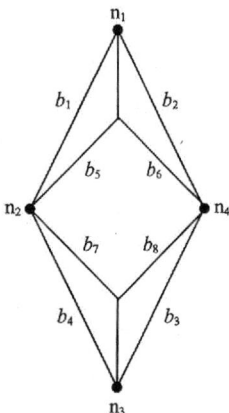

图 10-26 拓扑图

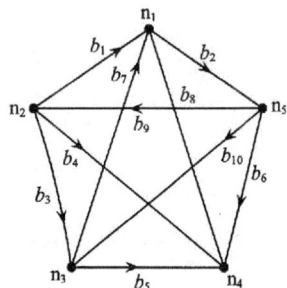

图 10-27 电路

习　题　10

10.1　基本割集中仅含有一条（　）支路，基本回路中仅含有一条（　）支路。

10.2　对网络的图任选一树，（　）支电压知道后，即可确定全部支路电压；（　）支电流知道后即可确定全部支路电流。

10.3　图10-28为有向图，选支路4、5为树支，则其基本回路矩阵为（　），关联矩阵为（　）。

10.4　若平面线图如图10-29所示，试画出：

(1) 此线路图中所有的树；

(2) 此线路图中所有的割集；

(3) 此线路图中所有的回路。

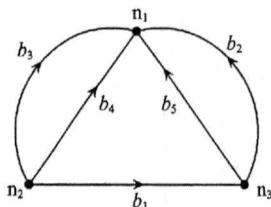

图10-28　习题10.3图

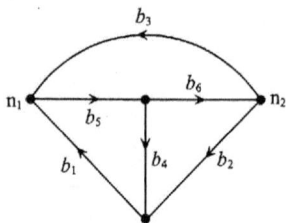

图10-29　习题10.4图

10.5　若选图10-29中支路b_6、b_5和b_2构成树T，试求：

(1) 此线路图中相应于树T的所有基本割集；

(2) 此线路图中相应于树T的所有基本回路。

10.6　若一有线图如图10-30所示，试写出其增广关联矩阵A_a和关联矩阵A。

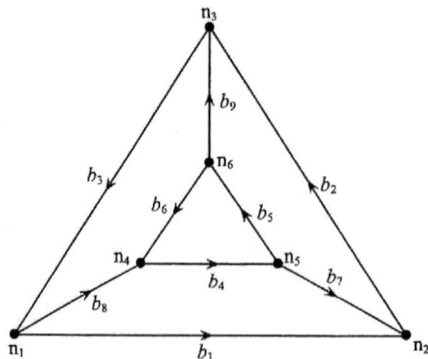

图10-30　习题10.6图

10.7　若一网络关联矩阵给定为

$$A = \begin{bmatrix} 0 & -1 & -1 & 1 & 0 \\ 0 & 0 & 0 & -1 & -1 \\ 1 & 0 & 1 & 0 & 1 \end{bmatrix}$$

(1) 试画出此网络的线路图;

(2) 求出该线路图的树的数目。

10.8 已知一个有向网络图的基本回路矩阵 B_f 给定如下,试写出对应于同一有向图、同一树的基本割集矩阵 Q_f,并画出相应的网络有向拓扑图及树。

$$B_f = \begin{bmatrix} 1 & 0 & 0 & -1 & 0 & 1 \\ 0 & 1 & 0 & -1 & -1 & 0 \\ 0 & 0 & 1 & 0 & -1 & 1 \end{bmatrix}$$

10.9 已知有一有向拓扑图的基本割集矩阵 Q_f 给定如下

$$Q_f = \begin{bmatrix} -1 & 1 & 1 & 0 & 1 & 0 & 0 \\ 0 & 1 & 1 & -1 & 0 & 1 & 0 \\ 0 & 1 & 0 & -1 & 0 & 0 & 1 \end{bmatrix}$$

(1) 试写出对应于该网络同一树的基本回路矩阵 B_f,并画出有向拓扑图及树;

(2) 试验证:$B_f Q_f^T = 0$。

10.10 已知某有向图 G_n 的关联矩阵为

$$A = \begin{matrix} & \begin{matrix} b_1 & b_2 & b_3 & b_4 & b_5 & b_6 & b_7 \end{matrix} \\ \begin{matrix} n_1 \\ n_2 \\ n_3 \\ n_4 \end{matrix} & \begin{bmatrix} 1 & 1 & 0 & 0 & 0 & 0 & 1 \\ -1 & -1 & 1 & 0 & 0 & 0 & 0 \\ 0 & 0 & -1 & 1 & 0 & 0 & 0 \\ 0 & 0 & 0 & -1 & -1 & -1 & 0 \end{bmatrix} \end{matrix}$$

(1) 不画图,完成以下要求。

① 证明支路集 $\{b_1, b_3, b_4, b_5\}$ 构成该图的树 T;

② 求出相应于 T 的基本回路矩阵 B_f 和基本割集矩阵 Q_f;

③ 求出 G_d 中含树的数目。

(2) 做出图 G_d,并验证上述结论。

10.11 如图 10-31 所示电路,以支路 3、4、5 为树:

(1) 画出电路的有向图;

(2) 写出基本回路矩阵;

(3) 写出基本割集矩阵;

(4) 写出支路阻抗矩阵;

(5) 写出回路方程的矩阵形式。

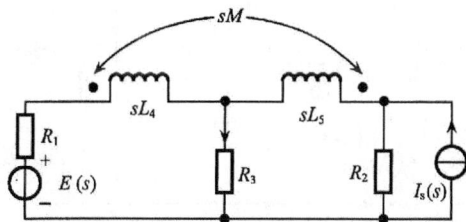

图 10-31 习题 10.11 图

10.12 已知电路网络如图 10-32 所示。

(1) 画出有向拓扑图,写出关联矩阵 A。

(2) 求出节点导纳矩阵 $Y_n(s)$。

(3) 列出节点方程。

(4) 求出节点电压 $u_{n1}(t)$, $u_{n2}(t)$。

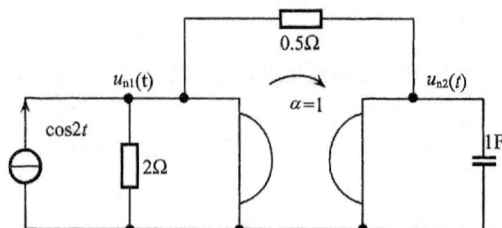

图 10-32 习题 10.12 图

10.13 已知电路网络如图 10-33 所示,其中 $i_{s1}(t)=i_{s2}(t)=U(t)$(单位阶跃)且各动态元件上的初始条件为零,$R_1=1\Omega$, $C_2=1F$, $C_3=2F$, $L_4=\dfrac{1}{2}H$, $L_5=\dfrac{1}{2}H$, $L_6=2H$, $M_1=1H$, $M_2=2H$。

(1) 若选 b_4、b_5、b_6 为树,试画出有向拓扑图,并写出 B_f。

(2) 求出基本回路阻抗矩阵 $Z_l(s)$。

(3) 写出基本回路方程。

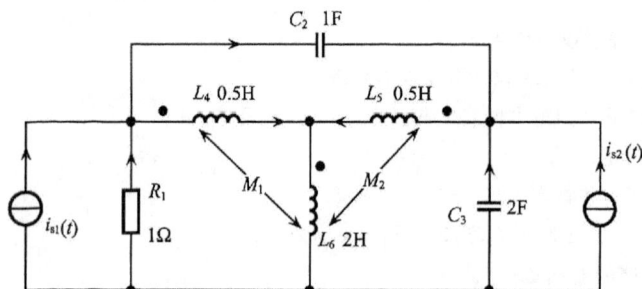

图 10-33 习题 10.13 图

10.14 已知一有源滤波器如图 10-34 所示,试用节点分析法求出其网络的 $u_2(t)$。

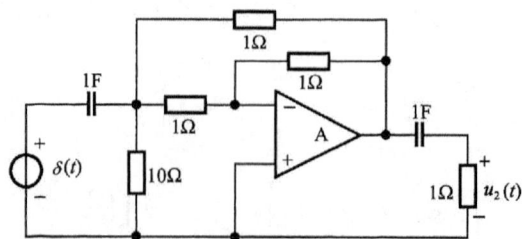

图 10-34 习题 10.14 图

10.15 对图 10-35(a) 电路列写节点电压方程的矩阵形式。

10.16 已知有负阻抗变换器的电路如图10-36所示,且设电容上初始电压为零,试证明

$$U_2(s) = \frac{(1-\alpha)s + 1}{s^2 + (3-\alpha)s + 2} U_1(s)$$

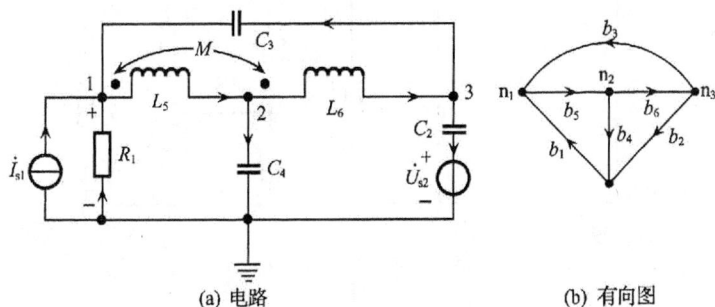

(a) 电路   (b) 有向图

图10-35   习题10.15 图

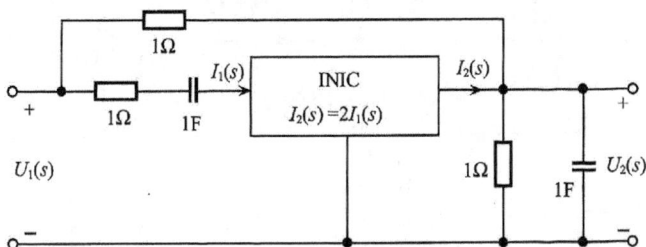

图10-36   习题10.16 图

10.17 已知电路如图10-37所示,试建立其改进节点方程(设电容上初始电压为零)。

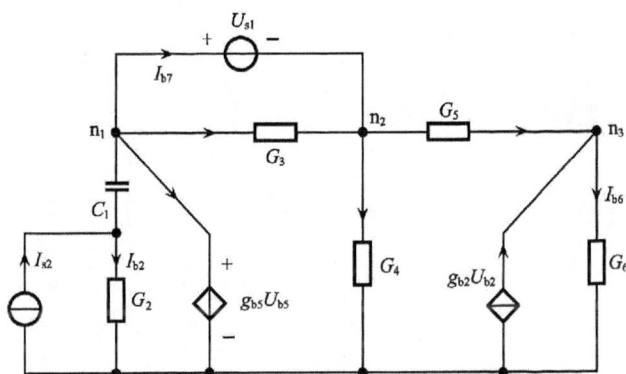

图10-37   习题10.17 图

10.18 已知电路如图10-38所示,试建立改进节点方程(设电容上初始电压为零)。

10.19 对于图10-39所示正弦交流网络,选一个含 R_4、R_5、R_6、R_7 及 R_8 支路的树,写出对应于此树的割集矩阵 $\boldsymbol{Q}_f$、割集导纳矩阵 $\boldsymbol{Y}_T$ 和其基本割集方程。

10.20 试证明 Tellegen 定理 $\boldsymbol{U}_b^T(s)\boldsymbol{I}_b(s) = 0$ 和广义 Tellegen 定理 $\boldsymbol{U}^T(s)\boldsymbol{I}_b'(s) = 0$。

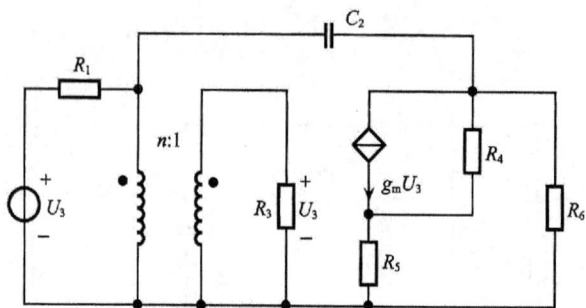

图 10-38 习题 10.18 图

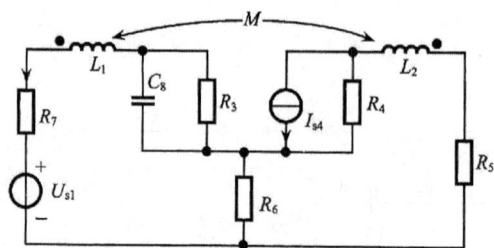

图 10-39 习题 10.19 图

第11章 滤波器设计

内 容 提 要

本章介绍了滤波器设计的基础知识，重点讨论了有源 RC 滤波器的设计方法，并结合 FilterLab 软件设计有源低通和高通滤波器的实例，对有源 RC 滤波器的计算机辅助设计作了简要介绍。

11.1 滤波器设计基础

11.1.1 滤波器的定义和分类

对于特定频率具有选择性的网络就称为滤波器，它只允许一些特定频率的信号通过，同时又阻止其他频率的信号通过。滤波器可以用来将信号的频谱限制在某个指定的频带宽度范围。在现代电子技术中滤波器应用非常广泛，如在电话、电报、电视、无线电、雷达、声呐和人造卫星等都离不开滤波器，因此研究滤波器的设计有很大实际意义。

滤波器按其工作频段可以分为集总参数元件滤波器和分布参数元件滤波器；按所使用的元件类型可以分为 LC 无源滤波器、RC 有源滤波器、机械滤波器、晶体滤波器等；按处理信号类型分类，滤波器可分为模拟滤波器和离散滤波器两大类，其中模拟滤波器又可分为有源和无源滤波器，离散滤波器又可分为数字、取样模拟、混合三个分类；按选择物理量分类滤波器可分为频率选择、幅度选择、时间选择（如 PCM 制式中的话路信号）和信息选择（如匹配滤波器）等四类滤波器；按其允许通过的信号的频率范围或者说按照滤波器不同的幅频特性又可以分为低通滤波器、高通滤波器、带通滤波器、带阻滤波器和全通滤波器五个类别；滤波器按照不同的相频特性又有相位均衡器和延时单元。

现代网络综合设计法，又称为工作参数设计法，是现在普遍使用的滤波器设计方法，它是网络综合理论的一个重要应用。根据转移（传输）特性要求，按照滤波器接在信号源和负载之间能量的实际传输过程，用现代网络综合的方法设计滤波器。这个方法的优点是，设计出的滤波器特性很好，节省元件，又符合实际工作情况。其缺点是计算复杂，不便于一般设计人员掌握。虽然这种方法在 20 世纪 40 年代就已研制出来，但长期未得到广泛应用。进入 20 世纪 60 年代，由于计算机技术的发展，人们按网络综合设计法，对于一些常用的特性，利用计算机完成了大量的数字计算，并把结果以表格的形式给出，这样大大简化了计算。工作参数设计法已经广泛应用于工程设计，这里主要介绍滤波器的网络综合设计法。

通过前面的学习大家已经知道,若系统激励为$F(s)$,网络函数为$H(s)$,则网络的响应$Y(s)$为

$$Y(s) = F(s)H(s) \tag{11.1}$$

它的稳态特性可令$s=j\omega$,于是得

$$H(j\omega) = |H(j\omega)|e^{j\phi(j\omega)} \tag{11.2}$$

$|H(j\omega)|$就是滤波器网络的幅频特性,$\phi(j\omega)$为滤波器网络的相频特性,通常还取幅频特性函数$|H(j\omega)|$的对数形式

$$A(j\omega) = 20\lg|H(j\omega)| \tag{11.3}$$

$A(j\omega)$称为滤波器网络的增益特性函数,单位为dB,有时也取它的负值,即

$$a(j\omega) = -A(j\omega) = -20\lg|H(j\omega)| = 20\lg\left|\frac{1}{H(j\omega)}\right| \tag{11.4}$$

$a(j\omega)$称为滤波器网络的损耗特性函数,单位也是分贝(dB)。由此可以得到以下几种不同幅频特性的滤波器:

(1) 低通滤波器:若$a(j\omega)\leqslant\varepsilon$,当$\omega\leqslant\omega_{c1}$;$a(j\omega)>k$,当$\omega>\omega_{c2}$(其中,$\omega_{c1}\leqslant\omega_{c2}$,$k$为一个足够大的量,$\varepsilon$为一个小量),则称为低通滤波器。

(2) 高通滤波器:若$a(j\omega)>k$,当$\omega<\omega_{c1}$;$a(j\omega)\leqslant\varepsilon$,当$\omega\leqslant\omega_{c2}$(其中$\omega_{c1}<\omega_{c2}$),则称为高通滤波器。

(3) 带通滤波器:若$a(j\omega)\leqslant\varepsilon$,当$\omega_{c1}\leqslant\omega\leqslant\omega_{c2}$;而$a(j\omega)>k$,当$\omega\leqslant\omega_{c3}$,$\omega\geqslant\omega_{c4}$(其中$\omega_{c3}<\omega_{c1}<\omega_{c2}<\omega_{c4}$),则称为带通滤波器。

(4) 带阻滤波器:若$a(j\omega)>k$,当$\omega_{c1}\leqslant\omega\leqslant\omega_{c2}$;而$a(j\omega)\leqslant\varepsilon$,当$\omega\leqslant\omega_{c3}$,$\omega\geqslant\omega_{c4}$,则称为带阻滤波器。

上面四种滤波器的衰减特性如图11-1所示。

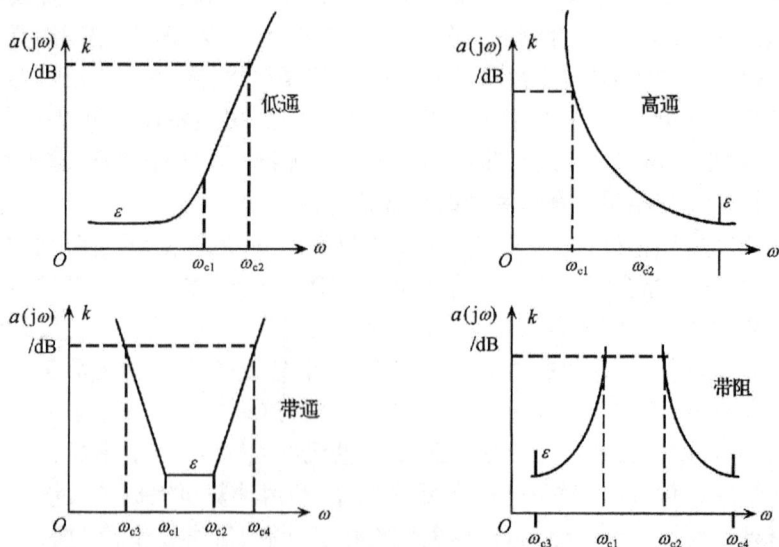

图11-1　四种典型滤波器的幅频特性曲线

对于滤波器的相位特性,有时还取网络的相频特性函数 $\phi(\mathrm{j}\omega)$ 对角频率的微分,即

$$T(\mathrm{j}\omega) = -\frac{\mathrm{d}\phi(\mathrm{j}\omega)}{\mathrm{d}\omega} \tag{11.5}$$

它称为滤波网络的延时特性函数或群延时特性,它的量纲为时间。

11.1.2 频率和阻抗的归一化

滤波器在电子设备中的应用极其广泛,不同的设备对滤波器的要求相差很大,有的要求工作频率高,有的要求工作频率低,负载阻抗也不一样,因此构成滤波器的各元件值的大小就可能有相当大的差异。这就给综合法设计滤波器带来不便,为了简化计算,通常先将频率和阻抗(即元件 R、L、C 的数值)归一化后再进行综合设计,待设计完毕再将计算所得的滤波器的各参数还原成实际数值。

归一化的频率 Ω 等于角频率 ω 除以截止频率 ω_c,即

$$\Omega = \frac{\omega}{\omega_c}$$

Ω 是无量纲的量,对应于截止频率时,$\Omega=1$。

归一化的阻抗 Z_n 等于原阻抗 Z 除以基准电阻 R_0,即

$$Z_n = \frac{Z}{R_0} \tag{11.6}$$

通过把负载电阻选取为基准电阻 R_0,这样各元件的归一化值如下:

(1) 电阻 R 的归一化值 R_n

$$R_n = \frac{R}{R_0} \tag{11.7}$$

显然,对负载电阻,归一化值 $R_n=1$。

(2) 电感 L 的归一化值 L_n

因为电感 L 的阻抗为 $Z=\mathrm{j}\omega L$,所以归一化值为

$$\frac{Z}{R_0} = \frac{\mathrm{j}\omega L}{R_0} = \mathrm{j}\frac{\omega}{\omega_c} \times \frac{\omega_c L}{R_0} = \mathrm{j}\Omega L_n$$

ω_c 为设计所需要的截止频率,Ω 为上述的归一化频率,所以归一化电感为

$$L_n = \frac{\omega_c L}{R_0} \tag{11.8}$$

(3) 电容 C 的归一化值为 C_n,它的阻抗为

$$Z = \frac{1}{\mathrm{j}\omega C}$$

则归一化后的阻抗为

$$\frac{Z}{R_0} = \frac{1}{\mathrm{j}\dfrac{\omega}{\omega_c}\omega_c C R_0} = \frac{1}{\mathrm{j}\Omega C_n}$$

归一化电容为

$$C_n = \omega_c C R_0 \tag{11.9}$$

网络综合设计的结果往往是直接得到了元件的归一化值 R_n、L_n 和 C_n,而在最后实现网络的具体结构时还必须将归一化值还原成实际元件值,从上面归一化的过程不难看出这些实际元件的值为

$$\begin{cases} L = L_n R_0 / \omega_c \\ C = C_n / R_0 \omega_c \\ R = R_n R_0 \end{cases} \tag{11.10}$$

归一化值都没有量纲,在同一类滤波器的设计中,能够方便地用同一些数表示中间结果,这样就简便了计算过程,为综合法设计滤波器创造了方便的条件。

11.1.3 滤波器的幅频特性设计

按滤波器不同的幅频特性虽然可以分为四种不同的典型滤波器,但实际工作中可以主要研究低通滤波器的幅频特性设计,而其他三种滤波器可以通过适当的频率变换来得到。

对于一个理想的低通滤波器,要求 $\varepsilon = 0$、$\Omega = 1$ 而 $k = \infty$,这样的滤波器实际上是无法实现的。因此只能在实际的要求下来近似理想滤波器的要求,那么怎样来近似损耗特性函数 $a(j\omega)$ 呢? 由(11.4)知 $a(j\omega) = -20\lg|H(j\omega)|$,所以它是由网络函数 $H(j\omega)$ 形成的,而一个集中参数的线性时不变网络函数必须是正实的有理分式,即

$$|H(s)|^2 = H(s)H^*(s)$$

当 $s = j\omega$ 时,则有

$$|H(j\omega)|^2 = H(j\omega)H(-j\omega)$$

因此衰减特性参数为

$$a(j\omega) = -10\lg|H(j\omega)|^2 = -10\lg H(j\omega)H(-j\omega) \tag{11.11}$$

它是 ω 的偶函数,所以必须用偶函数的有理分式来近似它,通常在低通滤波器的幅频特性设计中,近似的幅频特性可以表示为

$$M(\omega) = |H(j\omega)| = \frac{K_0}{[1 + f(\omega^2)]^{\frac{1}{2}}} \tag{11.12}$$

这里 K_0 是增益常数,$f(\omega^2)$ 称为特征函数,$f(\omega^2)$ 的值在通带里接近于零,在阻带里变得很大。可以看出(11.12)式是可实现函数的形式,它是滤波器设计的基本方程,$f(\omega^2)$ 为可供选择的多项式,根据对滤波器幅频特性的不同要求,可以选用不同形状的特征函数,从而得到以下几种常见的滤波器:

(1) 巴特沃思(Butterworth)滤波器。它的通带具有最大平坦的衰减性,阻带衰减是单调的随频率增大而增加的,在频率 $\omega = \infty$ 时衰减为无限大,这类滤波器又称为最大平坦型滤波器,其衰减特性用图 11-2(a)表示。因其平坦特性通常用于在

通带内对信号幅度要求很严格的场合。

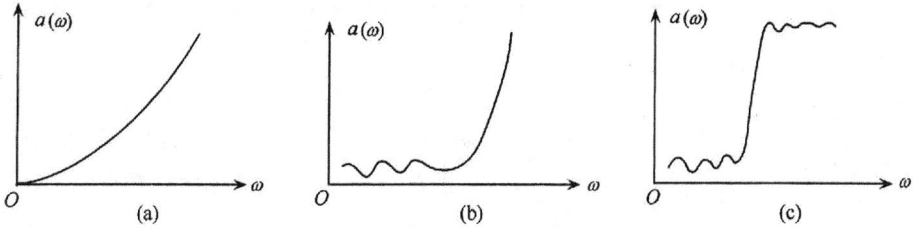

图 11-2　几种常见滤波器的衰减特性

（2）切比雪夫(Chebysev)滤波器。它的通带具有在零和一给定值之间的波动的衰减特性,阻带衰减是单调的,随频率的升高而上升,且在 $\omega=\infty$ 时衰减为无穷大,这类滤波器也称为均匀波动型滤波器或等波纹滤波器,其衰减特性如图 11-2(b)所示。通常用于要求过渡带较为陡峭,对过渡带中信号衰减较为严格的场合。

（3）椭圆函数(ecliptic)滤波器。它的阻带和通带都具有一个均匀波动的衰减特性。如图 11-2(c)所示。

本节主要讨论巴特沃思滤波器和切比雪夫滤波器,通过对它们的研究,了解网络综合设计滤波器的全过程,掌握用图表设计种类滤波器的方法。下面以两种典型的滤波器为例。分别讨论其频率特性和设计方法。

1. 巴特沃思滤波器

巴特沃思滤波器具有网络结构简单,通带内相移特性好的优点,它的特征函数为

$$f(\omega^2) = \omega^{2n} \tag{11.13}$$

这里 n 是函数的阶数,当信号内阻和负载电阻都归一化为 1 时,则增益常数 K_0 =1,于是式(11.12)可写为

$$M(\omega) = \frac{1}{(1 + \omega^{2n})^{\frac{1}{2}}} \tag{11.14}$$

当 $\omega < 1$ 时,式(11.14)可展开为收敛级数形式:

$$M(\omega) = 1 - \frac{1}{2}\omega^{2n} + \frac{3}{8}\omega^{4n} - \frac{5}{16}\omega^{6n} + \frac{35}{128}\omega^{8n} + \cdots \tag{11.15}$$

从式(11.15)可以看出,$M(\omega)$ 在原点 $\omega=0$ 的一阶导数到 $(n-1)$ 阶导数都是零,所以这个函数在低频时获得了最大平坦的频率响应。

再来看当时的情况,此时式(11.14)可以近似为

$$M(\omega) \approx \frac{1}{\omega^n} \tag{11.16}$$

所以当频率远高于截止频率时,巴特沃思滤波器是按 ω^{-n} 的规律衰减的,若对式(11.16)两边取对数,则有

$$20\lg M(\omega) = -\,20n\lg\omega \qquad (11.17)$$

这说明它的衰减是按 $20n$dB 每十倍频程递增的,衰减的陡度与 n 有关,如图 11-3 所示。

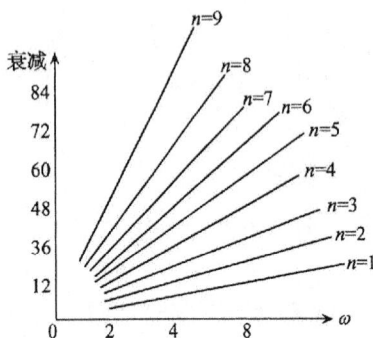

图 11-3 不同阶数的巴特沃思滤波器衰减响应

根据阻带衰减的要求,由式(11.17)可以得到特征函数的阶数 n,例如,希望确定一个巴特沃思滤波器特征函数的阶数 n,满足 $\omega=4$ 的频率处衰减大于 55dB,利用式(11.17)

$$55 = 20n\lg 4$$

解出 $n=4.6$,取 $n=5$ 即可求出阶数。

为了用综合法设计滤波器,还需从已知的 $M(\omega)$ 导出传递函数 $H(s)$。为此,首先应注意到式(11.3)中幅度响应 $M(\omega)$ 和复频率系统函数 $H(\mathrm{j}\omega)$ 有如下关系

$$M^2(\omega) = H(\mathrm{j}\omega)H(-\,\mathrm{j}\omega) \qquad (11.18)$$

如果定义一个新的函数 $H(s^2)$

$$H(s^2) = H(s)H(-s) \qquad (11.19)$$

对比式(11.18)和式(11.19)有

$$M^2(\omega) = H(-\,\omega^2) \qquad (11.20)$$

这说明只要用 $s^2 = -\,\omega^2$ 代入到函数 $H(\omega^2)$ 中就能够得到 $H(s^2)$,进而可将 $H(s^2)$ 分解成 $H(s)\cdot H(-s)$ 乘积的形式,因为 $H(s)$ 的极点与零点和 $H(-s)$ 的极点与零点镜像于虚轴,因此可以方便地得到 $H(s)$。例如,对于一个三阶($n=3$)的巴特沃思滤波器,有

$$M^2(\omega) = \frac{1}{1+\omega^6} = \frac{1}{1-(-\,\omega^2)^3}$$

因此 $H(s^2)$ 分解

$$H(s^2) = \frac{1}{1+2s+2s^2+s^3} \times \frac{1}{1-2s+2s^2-s^3}$$

于是立即可得

$$H(s) = \frac{1}{s^3+2s^2+2s+1}$$

$$= \frac{1}{(s+1)\left(s+\dfrac{1}{2}+\mathrm{j}\dfrac{\sqrt{3}}{2}\right)\left(s+\dfrac{1}{2}-\mathrm{j}\dfrac{\sqrt{3}}{2}\right)} \qquad (11.21)$$

通常,还可以由式(11.14)直接求出 $H(s^2)$ 的极点,利用这些极点再根据式(11.19)的关系得到 $H(s)$ 的极点,考虑 n 阶的一般情况,令式(11.14)的分母为零,得到极点方程

$$(-1)^n s^{2n} = -1 = e^{j(2k-1)\pi}, \quad k = 0,1,2,\cdots,2n-1 \tag{11.22}$$

式(11.22)的根即为各极点之值

$$S_k = \begin{cases} e^{j[(2k-1)2n]\pi} & (n \text{ 为偶数}) \\ e^{j(k/n)\pi} & (n \text{ 为奇数}) \end{cases} \tag{11.23}$$

或者

$$S_k = e^{j[(2k+n-1)/2n]\pi}, \quad k = 0,1,2,\cdots,2n-1 \tag{11.24}$$

注意到 $S_k = \delta + j\omega_k$，因此式(11.24)的实部和虚部分别为

$$\begin{cases} \delta_k = \cos\dfrac{2k+n-1}{2n}\pi = -\sin\left(\dfrac{2k-1}{n}\right)\dfrac{\pi}{2} \\ \omega_k = \sin\dfrac{2k+n-1}{2n}\pi = \cos\left(\dfrac{2k-1}{n}\right)\dfrac{\pi}{2} \end{cases} \tag{11.25}$$

式(11.25)说明，$H(s) \cdot H(-s)$ 的全部极点对称地分布在 s 平面的单位圆周上，图11-4是当 $n=3$ 时六个极点的分布，其中有三个分布在 s 平面上的左半部分，为了满足可实现条件，可以认为右半平面的极点为 $H(-s)$ 的极点，而左半平面的极点就是 $H(s)$ 的极点。

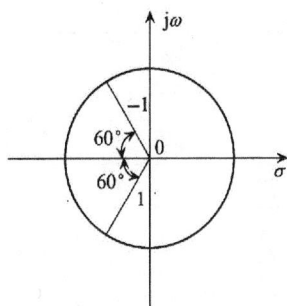

图11-4　极点分布

根据上面求极点的方法。可以较方便地写出 n 阶巴特沃思传递函数 $H(s)$。以 $n=4$ 为例，利用式(11.24)有

$$S_k = e^{j[(2k+3)/8]\pi}, \quad k = 1,2,3,4$$

那么 $H(s)$ 为

$$H(s) = \frac{1}{(s - e^{j\frac{5}{8}\pi})(s - e^{j\frac{7}{8}\pi})(s - e^{j\frac{9}{8}\pi})(s - e^{j\frac{11}{8}\pi})} \tag{11.26}$$

将分母的第一、四因式和第二、三因式分别相乘而得到两个二阶因式，则式(11.26)变为

$$H(s) = \frac{1}{(s^2 + 0.76536s + 1)(s^2 + 1.84776s + 1)} \tag{11.27}$$

用同样的方法可以求出 n 为任意值的巴特沃思传递函数，为了适应工程设计的需要，把各阶巴特沃思传递函数制成表格。表11-1列出了 $n=1$ 到 $n=8$ 的巴特沃思因子形式的多项式，此外，式(11.27)可写成如下形式，即

$$H(s) = \frac{1}{a_n s^2 + a_{n-1} s^{n-1} + \cdots + a_1 s + 1} \tag{11.28}$$

该分母为 n 阶多项式，其系数 a_1 到 a_n 已有表可查，如表11-2给出了 $n=1$ 到 $n=8$ 的各数值，设计滤波器可根据 n 值直接查表得出传递函数 $H(s)$。表11-3给出了巴特沃思滤波器不同节点数对应的元件数值。

表11-1　巴特沃思传递函数因子多项式

n	
1	$s+1$
2	$s^2+\sqrt{2}\,s+1$
3	$(s^2+s+1)(s+1)$
4	$(s^2+0.76536s+1)(s^2+1.84776s+1)$
5	$(s+1)(s^2+0.6180s+1)(s^2+1.6180s+1)$
6	$(s^2+0.5176s+1)(s^2+\sqrt{2}\,s+1)(s^2+1.9381s+1)$
7	$(s+1)(s^2+0.4550s+1)(s^2+1.24655s+1)(s^2+1.80220s+1)$
8	$(s^2+0.3896s+1)(s^2+1.1110s+1)(s^2+1.6630s+1)(s^2+1.9622s+1)$

表11-2　巴特沃思传递函数值

n	a_1	a_2	a_3	a_4	a_5	a_6	a_7	a_8
1	1							
2	$\sqrt{2}$	1						
3	2	2	1					
4	2.613	3.144	2.613	1				
5	3.236	5.236	5.236	3.236	1			
6	3.864	7.464	11.141	7.464	3.864	1		
7	4.494	11.103	14.606	14.606	11.103	4.494	1	
8	5.126	13.138	21.848	25.691	21.848	13.138	5.126	1

　　剩下的问题便是如何从已经得到的 $H(s)$ 去实现滤波器具体结构。对于单端接载的情况,可将 $H(s)$ 变换成转移阻抗(或导纳),用二端网络转移函数的综合方法求得滤波器的各元件数值。对于这种情况,已有许多现成的图表,图11-5 即是一个巴特沃思滤波器的电路结构,其对应的元件值可以从表11-3 中根据滤波器的阶数直接得出。需要注意的是,上述计算和查表得到的各元件数值均是相对于负载或截止频率的归一化值,由于实际的负载电阻和截止频率都不为1,因此,最后实现网络具体结构时还必须用式(11.10)还原成实际值,下面举例说明用图表设计滤波器的全过程。

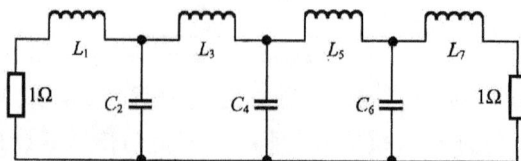

图11-5　巴特沃思滤波器电路结构

表11-3　巴特沃思滤波器不同节点数对应的元件数值(归一化值)

n	C_1	L_2	C_3	L_4	C_5	L_6	C_7	L_8	C_9	L_{10}
2	1.414	1.414								
3	1.000	2.000	1.000							
4	0.7654	1.848	1.848	0.7654						
5	0.6180	1.618	2.000	1.6180	0.6180					
6	0.5176	1.414	1.932	1.932	1.414	0.5176				
7	0.4450	1.247	1.802	2.000	1.802	1.247	0.4450			
8	0.3902	1.111	1.663	1.962	1.962	1.663	1.111	0.3902		
9	0.3473	1.000	1.532	1.879	2.000	1.879	1.532	1.000	0.3473	
10	0.3129	0.9080	1.414	1.782	1.975	1.975	1.782	1.414	0.9080	0.3129
n	L_1	C_2	L_3	C_4	L_5	C_6	L_7	C_8	L_9	C_{10}

例11.1　假设被求的滤波器端接着两负载R_1、R_2，且$R_1 = R_2 = 500\Omega$，3dB衰减的频率$\omega = 10^4 \mathrm{rad/s}$，$4\omega_c$处的衰减应大于55dB，根据式(11.17)可得出$n = 4.6$，取$n = 5$查表11-3立即得到$n = 5$的巴特沃思滤波器网络结构和归一化元件值，如图11-6所示。

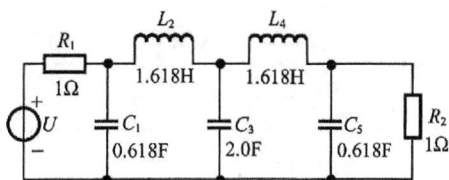

图11-6　例11.1图

由于实际负载电阻为500Ω，截止频率为$10^4 \mathrm{rad/s}$，故图11-6的归一化值应用式(11.10)还原成实际值。

$$R_1 = R_2 = 500\Omega$$

$$L_2 = L_4 = 1.618 \times \frac{500}{1000} = 0.809 (\mathrm{mH})$$

$$C_1 = C_3 = 0.618 \times 500 \times 10^4 = 0.124 (\mu \mathrm{F})$$

$$C_2 = 2/500 \times 10^4 = 0.4 (\mu \mathrm{F})$$

2. 切比雪夫滤波器

切比雪夫滤波器的通带具有在零和一给定值之间的波动的衰减特性，它在ω_c附近的截止速度比巴特沃思滤波器快。

切比雪夫低通滤波器的幅频特性函数取为

$$|H(\mathrm{j}\omega)|^2 = \frac{1}{1 + \varepsilon^2 C_n(\omega)} \tag{11.29}$$

这里特征函数为

$$f(\omega^2) = \varepsilon^2 C_n(\omega) \tag{11.30}$$

ε是一个小于1的常数，$C_n(\omega)$为切比雪夫余弦多项式，根据定义

$$C_n(\omega) = \begin{cases} \cos(n \, \text{arccos}\omega), & |\omega| \leqslant 1 \\ \cosh(n \, \text{arccosh}\omega), & |\omega| > 1 \end{cases} \tag{11.31}$$

若将 $C_n(\omega) = \cos(n \, \text{arccos}\omega)$ 展开得到

$$C_n(\omega) = \cos^n\varphi - C_n^2\cos^{n-2}\varphi(1 - \cos^2\varphi) + C_n^4\cos^{n-4}\varphi(1 - \cos^2\varphi)^2 \tag{11.32}$$

这里 $\varphi = \text{arccos}\omega$，而 C_n^m 代表由 n 中选 m 的组合数。显然，上式是一个 m 阶多项式。

利用式(11.32)可以计算出各阶切比雪夫多项式，但在实际中，往往还可以找到更直接的计算方法。例如，根据式(11.31)再借助于简单的三角函数运算可以得到如下的关系

$$C_n(\omega) = 2\omega C_{n-1} - C_{n-2}(\omega) \tag{11.33}$$

于是由于 $C_0(\omega) = 1$, $C_1(\omega) = \omega$，便可立即得到 $C_2(\omega)$

$$C_2(\omega) = 2\omega \cdot \omega - 1 = 2\omega^2 - 1$$

用同样方法，可以得到 $n = 3,4,5,\cdots$ 的各阶切比雪夫多项式，表11-4列出了 0~10 阶的切比雪夫多项式的计算结果。

表11-4 0~10阶切比雪夫多项式计算结果

n	切比雪夫多项式 $C_n(\omega)$
0	1
1	ω
2	$2\omega^2 - 1$
3	$4\omega^3 - 3\omega$
4	$8\omega^4 - 8\omega^2 + 1$
5	$16\omega^5 - 20\omega^2 + 5\omega$
6	$32\omega^6 - 48\omega^4 + 18\omega^2 - 1$
8	$128\omega^8 - 256\omega^6 - 32\omega^2 - 1$
9	$256\omega^9 - 576\omega^7 + 432\omega^5 - 120\omega^3 + 9\omega$
10	$512\omega^{10} - 1280\omega^8 + 1120\omega^6 - 400\omega^4 - 50\omega^2 - 1$

切比雪夫多项式应用到低通滤波器的近似中具有如下的性质：

(1) 多项式的零点分布在 $-1 \leqslant \omega \leqslant +1$ 的区间，图11-7 中 $C_3(\omega)$ 和 $C_4(\omega)$ 的曲线可以清楚地看到这一点。

(2) 在 $-1 \leqslant \omega \leqslant +1$ 的区间 $C_n(\omega)$ 的绝对值总是不大于1，即

$$|C_n(\omega)| \leqslant 1, \quad -1 \leqslant \omega \leqslant +1$$

这是很显然的，因为在这种情况下，$C_n(\omega)$ 是一个实数的余弦。

根据性质(2)，特征函数的平方 $\varepsilon^2 C_n^2(\omega)$ 在 $-1 \leqslant \omega \leqslant +1$ 区间总是小于1，其值在 $0 \sim \varepsilon^2$ 之间波动，因此 $1 + \varepsilon^2 C_n^2(\omega)$ 在 $1 \sim 1 + \varepsilon^2$ 之间波动，由此可知，对于式(11.29)所得出的切比雪夫幅频特性函数将在最大值为1，最小值为 $\dfrac{1}{\sqrt{1+\varepsilon^2}}$ 之间振动。

(3) 在阻带，即 $\omega \geqslant 1$，随着 ω 的增加，函数 $C_n^2(\omega)$ 陡峭增大，也就是幅频特性函数很快减小。

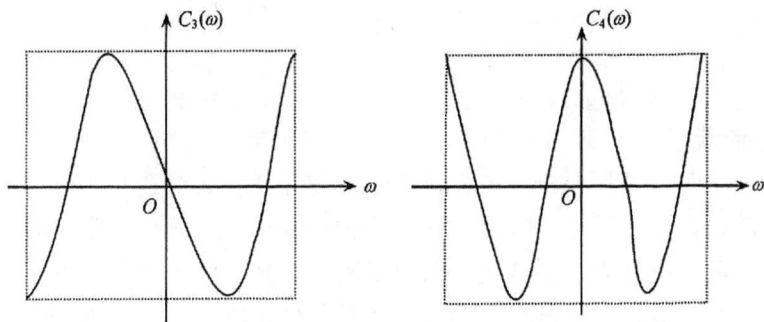

图 11-7 切比雪夫余弦多项式曲线

上述性质说明切比雪夫多项式适于作为低通滤波器的特征函数,用它所做成的滤波器与理想的低通滤波器的比较如图11-8所示,从图中可以看到,通带内波纹的高度为

$$1 - \frac{1}{\sqrt{(1+\varepsilon^2)}}$$

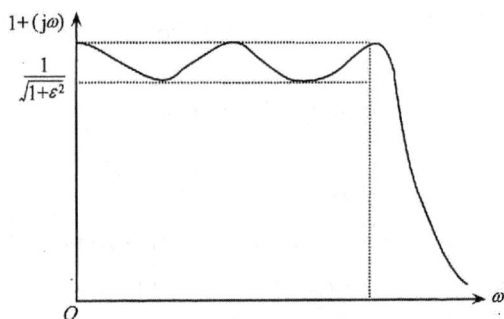

图 11-8 切比雪夫滤波器和理想低通
滤波器频响特性比较

在 $\omega = 1$ 时

$$|H(j\omega)| = \frac{1}{\sqrt{1+\varepsilon^2}} \tag{11.34}$$

由于在阻带中 $|H(j\omega)|$ 衰减得很快,因此当在某一个频率 ω_k 之后,有

$$\varepsilon^2 C_n \gg 1$$

所以

$$|H(j\omega)| \cong \frac{1}{\varepsilon C_n(\omega)}, \quad \omega > \omega_k \tag{11.35}$$

式(11.35)为阻带衰减的近似式。用分贝表示则为

$$-20\lg|H(j\omega)| \cong 20\lg\varepsilon + 20\lg C_n(\omega)$$

对于较大的 ω 值,$C_n(\omega)$ 可近似地只保留多项式的第一项 $2^{n-1}\omega^n$,此时上式简化成

$$- 20\lg|H(j\omega)| \cong 20\lg\varepsilon + 20\lg 2^{n-1}\omega^n$$

或者

$$- 20\lg|H(j\omega)| \cong 20\lg\varepsilon + 6(n-1) + 20n\lg\omega \qquad (11.36)$$

与巴特沃思阻带衰减式(11.17)比较,切比雪夫的阻带衰减多了两项即$20\lg\varepsilon+6(n-1)$,为了阻带衰减有显著的增加,选取大的 n 值是行之有效的。

以上的讨论说明,切比雪夫低通滤波器的近似取决于两个参数 ω 和 n,ω 通常与顶部的波动大小有关,n 值决定了阻带衰减的情况。在设计滤波器时,可以根据对滤波器通带中最大可允许的衰减波动的限制,由式(11.33)求出 ε,再根据阻带衰减的要求用式(11.36)求出 n 值。

为了用综合法设计滤波器,还必须找到切比雪夫滤波器的传递函数 $H(s)$,和巴特沃思传递函数导出的过程一样,也首先求它的极点,这里 $H(s)$ 的极点是方程

$$[1 + \varepsilon^2 C_n^2(\omega)]_{\omega=-js} = 0 \qquad (11.37)$$

在左半平面的根,注意到因 $\omega^2=-s^2$ 或 $\omega=\pm js$,故式(11.37)中用 $-js$ 代替了角频率 ω(频率都是以 ω^2 的形式出现,故 js 前选用负号是完全可以的)。式(11.37)还可以改写成

$$C_n(- js) = \pm j/\varepsilon \qquad (11.38)$$

令

$$\arccos(- js) = u + jv$$

亦即

$$\begin{aligned} - js &= \cos(u + jv) \\ &= \cos u \cos(jv) - \sin u \sin(jv) \\ &= \cos u \cosh v - j\sin u \sinh v \end{aligned} \qquad (11.39)$$

由切比雪夫多项式定义和式(11.38)有

$$\begin{aligned} C_n(- js) &= \cos n(u + v) \\ &= \cos nu \cosh nv - j\sin nu \sinh nv \\ &= \pm j\frac{1}{\varepsilon} \end{aligned}$$

比较等式的实部和虚部

$$\left. \begin{aligned} \cos nu \cosh nv &= 0 \\ - \sin nu \sinh nv &= \pm \frac{1}{\varepsilon} \end{aligned} \right\} \qquad (11.40)$$

由于 u 是实数,$\cosh nv \neq 0$ 故式(11.40)中的第一式必须有 $\cos nu=0$ 或者

$$u = u_k = \frac{(2k - 1)\pi}{2n}, \quad k = 1,2,3,\cdots,2n \qquad (11.41)$$

将式(11.41)代入式(11.40)第二式,注意到此时 $\sin nu_k=\pm 1$,所以有

$$\sinh nv = \frac{1}{\varepsilon}$$

或者

$$v = \frac{1}{n}\text{arc sinh}\frac{1}{\varepsilon} \tag{11.42}$$

至此 u 和 v 已经解出,因而传递函数的诸极点 s_k 可利用式(11.39)得到

$$s_k = \text{jcos}u\text{cosh}v + \text{sin}u\text{sinh}v$$

其中 $k=1,2,\cdots,2n$,在这些极点中位于 s 平面左半平面的那些是 $H(s)$ 的极点,根据上式,它们的实部和虚部分别为

$$\begin{cases} \sigma_k = -\sin\frac{(2k-1)\pi}{2n}\text{sinh}v \\ \omega_k = \cos\frac{(2k-1)\pi}{2n}\text{cosh}v \end{cases}, \qquad k=1,2,\cdots,n \tag{11.43}$$

因为

$$\text{cosh}nv = \sqrt{1+\text{sinh}^2nv}$$

考虑到式(11.42)则有

$$\text{cosh}nv = \sqrt{1+\frac{1}{\varepsilon^2}}$$

而且

$$\text{cosh}nv + \text{sinh}nv = \sqrt{1+\frac{1}{\varepsilon^2}}+\frac{1}{\varepsilon} = \text{e}^{nv}$$

所以

$$\text{e}^v = \left[\sqrt{1+\frac{1}{\varepsilon^2}}+\frac{1}{\varepsilon}\right]^{\frac{1}{n}}$$

注意到函数关系

$$\text{sinh}v = \frac{\text{e}^v-\text{e}^{-v}}{2}, \qquad \text{cosh}v = \frac{\text{e}^v+\text{e}^{-v}}{2} \tag{11.44}$$

最后得出

$$\text{sinh}v = \frac{1}{2}\left\{\left[\sqrt{1+\frac{1}{\varepsilon^2}}+\frac{1}{\varepsilon}\right]^{\frac{1}{n}}-\left[\sqrt{1+\frac{1}{\varepsilon^2}}+\frac{1}{\varepsilon}\right]^{-\frac{1}{n}}\right\}$$

$$\text{cosh}v = \frac{1}{2}\left\{\left[\sqrt{1+\frac{1}{\varepsilon^2}}+\frac{1}{\varepsilon}\right]^{\frac{1}{n}}+\left[\sqrt{1+\frac{1}{\varepsilon^2}}+\frac{1}{\varepsilon}\right]^{-\frac{1}{n}}\right\} \tag{11.45}$$

若已知 ε 和 n 的值,利用式(11.45)和式(11.43)就可以求得 $H(s)$ 的极点。例如,已知 $n=3,\varepsilon=0.5$,则首先将

$$\sqrt{1+\frac{1}{\varepsilon^2}}+\frac{1}{\varepsilon} = \sqrt{5}+2 = 4.236$$

代入式(11.45)有

$$\sinh v = \frac{1}{2}\left[(4.236)^{\frac{1}{3}} - (4.236)^{-\frac{1}{3}}\right] = 0.5$$

$$\cosh v = \frac{1}{2}\left[(4.236)^{\frac{1}{3}} + (4.236)^{-\frac{1}{3}}\right] = 1.118$$

再根据式(11.43)求得

当 $k=1$ 时,有

$$\sigma_1 = -0.5\sin\frac{\pi}{6} = -0.25$$

$$\omega_1 = 1.118\cos\frac{\pi}{6} = 0.968$$

当 $k=2$ 时,有

$$\sigma_2 = -0.5\sin\frac{\pi}{2} = -0.5$$

$$\omega_2 = 1.118\cos\frac{\pi}{2} = 0$$

当 $k=3$ 时,有

$$\sigma_3 = -0.5\sin\frac{5\pi}{6} = -0.25$$

$$\omega_3 = 1.118\cos\frac{5\pi}{6} = -0.968$$

因此,切比雪夫传递函数为

$$H(s) = \frac{K_0}{(s-0.5)(s+0.25-j0.968)(s+0.25+j0.968)}$$
$$= \frac{K_0}{s^3 + s^2 + 1.25s + 0.5}$$

这里 K_0 是常数,当频率及负载归一化后,$K_0=1$。

已知 $H(s)$ 求切比雪夫滤波器的具体网络结构的过程和巴特沃思滤波器完全相同,且有许多利用计算机算出的实用数据表。表11-5 中列出了通带波纹为 0.1dB 时各阶多项系数的计算结果。设计时不必追溯到基本理论或其中的数学细节,而是直接查表求解。例如,在切比雪夫滤波器中,如果指定通带波纹幅度为 0.1dB,则由表 11-5 可以查到 n 为 1～10 时诸元件数值,此时切比雪夫滤波器的结构如图 11-9 所示。

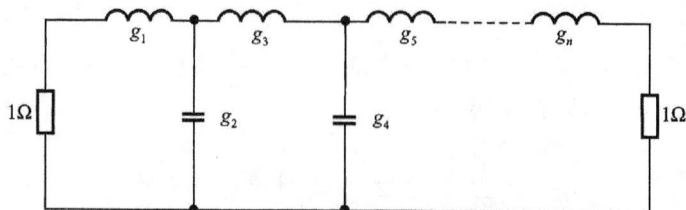

图 11-9　切比雪夫滤波器结构

表 11-5　通带波纹 0.1dB 时切比雪夫滤波器不同节点数对应的元件数值

表 11-5　通带波纹 0.1dB 时切比雪夫滤波器不同节点数对应的元件数值

归一化条件 $\omega=1, R_0=1, n$ 为滤波器的阶数

n	g_1	g_2	g_3	g_4	g_5	g_6	g_7	g_8	g_9	g_{10}	g_{11}
1	0.3052	1.0000									
2	0.8130	0.6220	1.3554								
3	1.0315	1.1474	1.0315	1.0000							
4	1.1088	1.3061	1.7703	1.8180	1.3554						
5	1.1466	1.3712	1.9750	1.3712	1.1468	1.0000					
6	1.1681	1.4039	2.0562	1.5170	1.9029	0.8618	1.3554				
7	1.1811	1.4228	2.0966	1.5733	2.0966	1.4228	1.1811	1.0000			
8	1.1897	1.4346	2.1199	1.6010	2.1699	1.5640	1.9444	0.8778	1.3554		
9	1.1956	1.4425	2.1345	1.6167	2.2053	1.6167	2.1345	1.4425	1.1956	1.0000	
10	1.1999	1.4481	2.1444	1.6265	2.2253	1.6418	2.2046	1.5821	1.9628	0.8853	1.3554

下面举例说明切比雪夫低通滤波器的设计过程。

例11.2 设信号源内阻为50Ω,要求滤波器在零频至100MHz 内具有0.1dB 的波纹,插入损耗在200MHz 处至少衰减55dB,试求滤波器的结构。

解 这一问题大体可分下列几步:

(1) 由题意,通带内波纹损耗为0.1dB,取截止频率 $\omega=1$,在 $\omega=\dfrac{200\text{MHz}}{100\text{MHz}}=2$ 处衰减为55dB,根据式(11.34)算出 $\varepsilon=0.1517$,再根据式(11.36)计算得 $n=6.4$,取 $n=7$。

(2) 由表 11-5 可知元件归一化值为

$$g_1=g_7=1.1811,\quad g_2=g_6=1.4228,\quad g_3=g_5=2.0966$$
$$g_4=1.573,\quad g_8=1.0000$$

(3) 由信号源内阻 $R_0=50\Omega, \omega_0=2\pi\times100\times10^6=6.2832\times10^{-8}\text{rad/s}$,上述归一化值应用式(11.10)还原为实际元件值,即

电导乘以

$$\frac{1}{R_0}=\frac{1}{50}$$

电感乘以

$$\frac{R_0}{\omega_0}=\frac{50}{6.2832\times10^8}7.96\times10^{-8}$$

电容乘以

$$\frac{1}{R_0\omega_0}=\frac{1}{50\times6.2832\times10^8}3.18\times10^{-11}$$

(4) 由此求得各元件的实际数值为

$$L_1 = L_7 = 1.1811 \times 7.96 \times 10^{-8} = 0.09(\mu H)$$

$$C_2 = C_6 = 1.4228 \times 3.18 \times 10^{-11} = 45.2(pF)$$

$$L_3 = L_5 = 2.0966 \times 7.96 \times 10^{-8} = 0.167(\mu H)$$

$$L_4 = 1.5733 \times 3.18 \times 10^{-11} = 50.0(pF)$$

$$g_8 = \frac{1}{50}(S)$$

11.2 有源 RC 滤波器的设计方法

11.2.1 有源 RC 滤波器的元件

滤波器电路按元件的组成可以分为两种。如果只由无源器件电阻、电感和电容组成,称为无源滤波器;如果还有有源器件,则称为有源滤波器。

无源滤波器有三个主要的限制:①电路增益不能大于1,无源器件不能增加网络的能量;②需要笨重和昂贵的电感元件;③在低于音频范围 $300 \sim 3000Hz$ 工作时,滤波性能不好,因为低频运用所需的电感元件体积过大,不易达到理想的性能,不能适应集成化技术。

有源滤波器由电阻、电容和有源器件以及相应的独立电源构成。一种常用的有源器件就是运算放大器,简称"运放"。运放在理想情况下的输入阻抗为无限大,输出阻抗为零,增益亦为无限大。分析电路时可假定运放两个输入端之间的偏置电压以及流进两输入端的电流均为零。

RC 有源滤波器比 RLC 无源滤波器有以下几个优点:①它不需要电感,这样使滤波器电路的集成化成为可能;②除了有 RLC 滤波器相同的频率响应之外还能提供增益放大;③有源滤波器可以和缓冲放大器(电压跟随器)结合使用,使滤波器每级与电源和负载阻抗的影响隔离开。这种隔离允许独立设计滤波器各级,然后级联起来实现所要求的传递函数。大多数有源滤波器其实际工作频率限制在100kHz 以下。

11.2.2 有源滤波器的级联实现

一般来说,所需设计的传递函数可以表示为

$$H(s) = \frac{B(s)}{A(s)} = k \frac{(s - z_1)(s - z_2) \cdots (s - z_m)}{(s - p_1)(s - p_2) \cdots (s - p_n)} = k \frac{\prod\limits_{i=1}^{m}(s - z_i)}{\prod\limits_{j=1}^{n}(s - p_j)}$$

$$(11.46)$$

由于 $A(s)$ 和 $B(s)$ 均为实系数的有理多项式,因此 $H(s)$ 的零点和极点只能是实

数或者共轭复数对,如果把相互对称的零点和极点两两组合起来,即可形成二次的分数形式

$$H(s) = \prod_{i=1}^{n/2} \frac{b_2^i s^2 + b_1^i s + b_0^i}{a_2^i s^2 + a_1^i s + a_0^i} = \prod_{i=1}^{n/2} H_i(s) \qquad \text{其中 } n \text{ 为偶数}$$

$$H(s) = \frac{b_1 s + b_0}{a_1 s + a_0} \prod_{i=1}^{(n-1)/2} \frac{b_2^i s^2 + b_1^i s + b_0^i}{a_2^i s^2 + a_1^i s + a_0^i} = H_0(s) \prod_{i=1}^{(n-1)/2} H_i(s) \quad \text{其中 } n \text{ 为奇数}$$

其中,$H_0(s)$ 为一阶滤波函数,$H_i(s)$ 为二阶滤波函数。因此,任意的传递函数均可由若干一阶滤波环节和二阶滤波环节构成,这便是滤波器的级联实现方法。

例如,一个有源二阶低通滤波环节的传递函数为

$$H_1(s) = \frac{d}{as^2 + bs + c}$$

一个有源一阶低通滤波环节的传递函数为

$$H_2(s) = \frac{l}{m + ns}$$

将其级联则可以构成一个七阶低通滤波器,如图11-10所示。

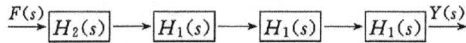

$$\xrightarrow{F(s)} \boxed{H_2(s)} \longrightarrow \boxed{H_1(s)} \longrightarrow \boxed{H_1(s)} \longrightarrow \boxed{H_1(s)} \xrightarrow{Y(s)}$$

图11-10 七阶低通滤波器构成框图

其传递函数为

$$H(s) = H_2(s) \cdot H_1(s) \cdot H_1(s) \cdot H_1(s)$$

因此,可以利用典型的一阶和二阶滤波环节构建任意高阶的滤波器。但是要注意,在以上推导过程中,是假定了每个滤波环节有很高的输入阻抗和很低的输出阻抗,以至两个相邻环节之间的相互作用可以忽略不计。表11-6为典型滤波器传递函数的标准形式。

表 11-6　典型滤波器传递函数的标准形式

类　型	传递函数	性能参数
一阶低通	$H(s) = \dfrac{A\omega_c}{s + \omega_c}$	A—电压增益
一阶高通	$H(s) = \dfrac{As}{s + \omega_c}$	ω_c—低通、高通滤波器截止频率
二阶低通	$H(s) = \dfrac{A\omega_c^2}{s^2 + \dfrac{\omega_c}{Q} \cdot s + \omega_c^2}$	ω_0—带阻、带通滤波器的中心角频率
二阶高通	$H(s) = \dfrac{As^2}{s^2 + \dfrac{\omega_c}{Q} \cdot s + \omega_c^2}$	Q—品质因数
二阶带通	$H(s) = \dfrac{A(s^2 + \omega_0^2)}{s^2 + \dfrac{\omega_0}{Q} \cdot s + \omega_c^2}$	$Q \approx \dfrac{\omega_0}{BW}$（当 $BW \ll \omega_0$）
二阶带阻	$H(s) = \dfrac{A(s^2 + \omega_0^2)}{s^2 + \dfrac{\omega_c}{Q} \cdot s + \omega_c^2}$	BW—带通、带阻滤波器的带宽

由于任意传递函数都可以由若干一阶和二阶函数构成,下面着重介绍一下典型的二阶有源滤波器的设计。

11.2.3 典型二阶有源滤波器设计

1. 电压控制电压源(VCVS)滤波电路(萨伦-加基滤波器)

利用一个运算放大器作为一个VCVS,组成如图11-11所示电路结构,这里理想电压放大倍数为

$$A = U_2(s)/U_b(s) = 1 + R_4/R_3 \tag{11.47}$$

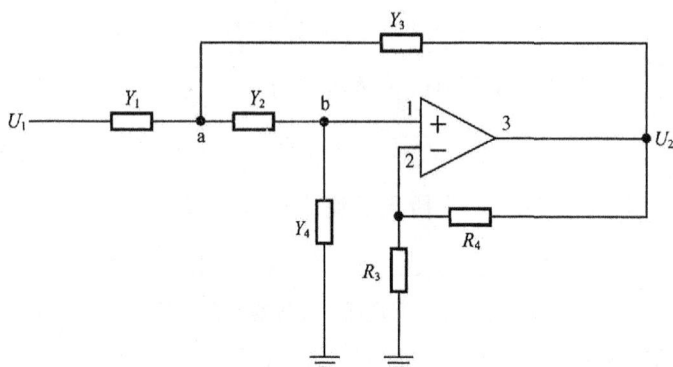

图 11-11 萨伦-加基滤波器结构

由电路原理相关知识,列出节点方程可得

对于节点a

$$(Y_1 + Y_2 + Y_3)U_a(s) - Y_1 U_1(s) - Y_2 U_b(s) - Y_3 U_2(s) = 0$$

对于节点b

$$(Y_2 + Y_4)U_b(s) = Y_2 U_a(s)$$

且有

$$U_2(s) = A U_b(s)$$

消去$U_a(s)$和$U_b(s)$可得到电压传递函数

$$H(s) = \frac{U_2(s)}{U_1(s)} = \frac{A Y_1 Y_2}{Y_3 Y_4 + (1 - A)Y_2 Y_3 + Y_2 Y_4 + Y_1 Y_2 + Y_1 Y_4} \tag{11.48}$$

采用不同的导纳元件,就可以分别得到低通、高通和带通等不同的滤波类型。

1) 低通滤波电路

如图11-12所示,当Y_1和Y_2取电阻,Y_3和Y_4取电容时,代入式(11.48)即可得二阶低通滤波器的传递函数

$$H(s) = \frac{U_2(s)}{U_1(s)} = \frac{\dfrac{A G_1 G_2}{C_1 C_2}}{s^2 + \left[\dfrac{C_1(G_1 + G_2) + C_2 G_2(1 - A)}{C_1 C_2}\right]s + \dfrac{G_1 G_2}{C_1 C_2}} \tag{11.49}$$

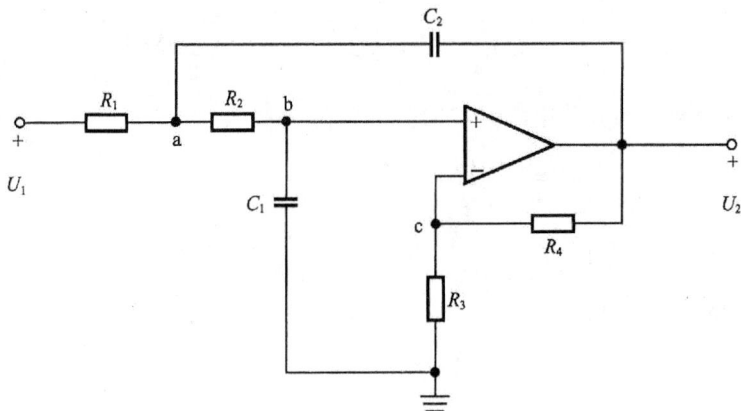

图 11-12　低通滤波电路

和表 11-6 中的网络函数相比较,则可得网络参数和电路元件值的关系为

$$\begin{cases} \omega_c^2 = \dfrac{G_1 G_2}{C_1 C_2} = \dfrac{1}{R_1 R_2 C_1 C_2} \\[3mm] \dfrac{\omega_c}{Q} = \dfrac{1}{C_2}\left(\dfrac{1}{R_1} + \dfrac{1}{R_2} \right) + \dfrac{1}{R_2 C_1}(1 - A) \end{cases} \tag{11.50}$$

其电压放大倍数为

$$A = 1 + R_4/R_3$$

该低通滤波器截止频率为

$$f_0 = \frac{\omega_c}{2\pi} = \frac{1}{2\pi \sqrt{R_1 R_2 C_1 C_2}} \tag{11.51}$$

2) 高通滤波电路

当 Y_1 和 Y_2 取电容,Y_3 和 Y_4 取电阻值,则可得二阶高通滤波电路,如图 11-13 所示,其网络传递函数为

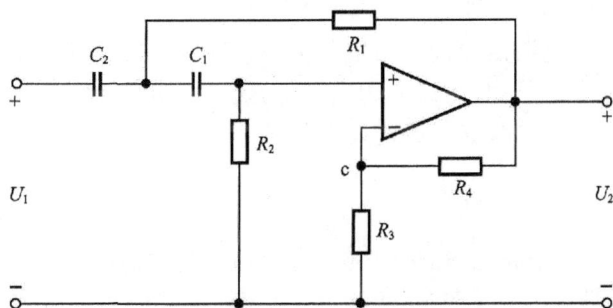

图 11-13　高通滤波电路

$$H(s) = \frac{U_2(s)}{U_1(s)} = \frac{As^2}{s^2 + \left[\dfrac{G_2(C_1 + C_2) + C_1 G_1(1 - A)}{C_1 C_2}\right]s + \dfrac{G_1 G_2}{C_1 C_2}} \quad (11.52)$$

同样可得网络参数和电路元件的关系为

$$
\begin{cases}
\omega_c^2 = \dfrac{G_1 G_2}{C_1 C_2} = \dfrac{1}{R_1 R_2 C_1 C_2} \\[3mm]
\dfrac{\omega_c}{Q} = \dfrac{1}{R_2}\left(\dfrac{1}{C_1} + \dfrac{1}{C_2}\right) + \dfrac{1}{R_1 C_2}(1 - A)
\end{cases}
\quad (11.53)
$$

其电压放大倍数为

$$A = 1 + R_4/R_3 \quad (11.54)$$

3) 带通滤波电路

若在图11-11中，Y_1 和 Y_4 取电阻 R_1 和 R_2，而 Y_2 和 Y_3 取电容 C_2 和 C_1 时，则可得二阶带通滤波网络，其电路如图11-14所示，其传递函数为

$$H(s) = \frac{U_2(s)}{U_1(s)} = \frac{\dfrac{A}{1-A}\dfrac{G_1}{C_1}s}{s^2 + \left(\dfrac{1}{1-A}\right)\left[\dfrac{G_2}{C_2} + \dfrac{G_1 + G_2}{C_1}\right]s + \dfrac{G_1 G_2}{(1-A)C_1 C_2}}$$

$$(11.55)$$

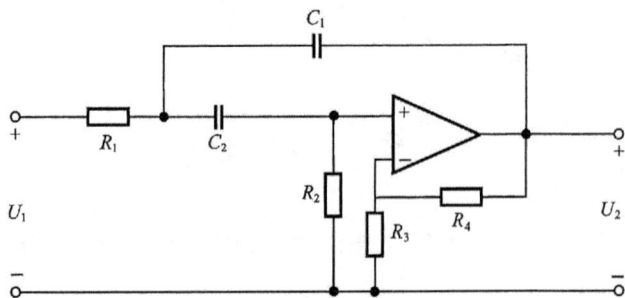

图 11-14　带通滤波电路

同理，可以求得网络参数与电路元件的关系，此处从略。

萨伦-加基滤波电路是一种正相增益电路，它有输出阻抗低、元件差值范围小和放大能力高的优点。这种电路还比较容易调整，如其增益值可用电位器微调 R_3 和 R_4 而精确得到。但它的 Q 值通常只能在10以下。

2. 单T多反馈滤波电路

单T多反馈(multiple feedback filter)滤波电路的结构如图11-15所示，它仅用了一个运算放大器，利用 Y_4 和 Y_5 两路进行反馈。它是一种常用的反相增益滤波器，具有稳定性好和输出阻抗低等优点。

对节点a列节点方程

$$(Y_1 + Y_2 + Y_3 + Y_4)U_a(s) - Y_1U_1(s) - Y_4U_2(s) = 0$$

这里假设了运放的放大倍数很大，b 为虚地，对 b 点有

$$Y_3U_a(s) + Y_5U_2(s) = 0$$

以上两式中联立求解，消去 $U_a(s)$ 则可得该电路的电压传递函数为

$$H(s) = \frac{U_2(s)}{U_1(s)} = -\frac{Y_1Y_3}{Y_5(Y_1 + Y_2 + Y_3 + Y_4) + Y_3Y_4} \tag{11.56}$$

采用不同的导纳元件，也可以分别得到不同类型的滤波电路。

1）低通滤波电路

若图 11-15 中，Y_1、Y_3、Y_4 取为电阻，Y_2、Y_5 取为电容，则可得到如图 11-16 所示二阶低通滤波器，其传递函数为

$$H(s) = \frac{U_2(s)}{U_1(s)} = -\frac{\dfrac{G_1G_3}{C_1C_2}}{s^2 + \left(\dfrac{G_1 + G_2 + G_3}{C_2}\right)s + \dfrac{G_2G_3}{C_1C_2}} \tag{11.57}$$

因此，可得网络参数与电路元件的关系为

$$\begin{cases} \omega_c^2 = \dfrac{1}{R_1R_3C_1C_2} \\ \dfrac{\omega_c}{Q} = \dfrac{1}{C_2}\left(\dfrac{1}{R_1} + \dfrac{1}{R_2} + \dfrac{1}{R_3}\right) \end{cases} \tag{11.58}$$

低通滤波电路的电压放大倍数

$$A = -\frac{R_2}{R_1}$$

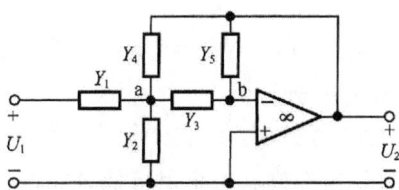

图 11-15　单 T 多反馈滤波电路

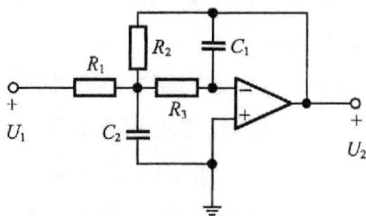

图 11-16　低通滤波电路

2）高通滤波电路

若 Y_1、Y_3、Y_4 取电容，Y_2、Y_5 取电阻，则可得到如图 11-17 所示的高通滤波器，其传递函数为

$$H(s) = \frac{U_2(s)}{U_1(s)} = -\frac{\dfrac{C_1}{C_2}s^2}{s^2 + \left(\dfrac{C_1 + C_2 + C_3}{R_2C_2C_3}\right)s + \dfrac{1}{R_1R_2C_2C_3}} \tag{11.59}$$

而网络参数与电路元件的关系为

$$\begin{cases} \omega_c^2 = \dfrac{1}{R_1 R_2 C_2 C_3} \\[2mm] \dfrac{\omega_c}{Q} = \dfrac{C_1 + C_2 + C_3}{R_2 C_2 C_3} \end{cases} \tag{11.60}$$

高通滤波电路的电压放大倍数为

$$A = -\frac{C_1}{C_2}$$

3) 带通滤波电路

若使图 11-15 中，Y_3、Y_4 为电容，Y_1、Y_2、Y_5 为电阻，则可得如图 11-18 所示二阶带通滤波网络，其传递函数为

$$H(s) = \frac{U_2(s)}{U_1(s)} = -\frac{\dfrac{1}{R_1 C_1} s}{s^2 + \left(\dfrac{C_1 + C_2}{R_3 C_1 C_2}\right) s + \dfrac{1}{C_1 C_2 R_3}\left(\dfrac{1}{R_1} + \dfrac{1}{R_2}\right)} \tag{11.61}$$

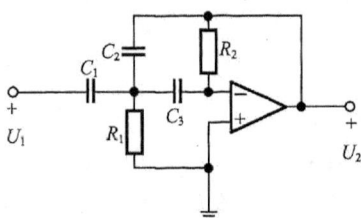

图 11-17　高通滤波电路　　　　图 11-18　带通滤波电路

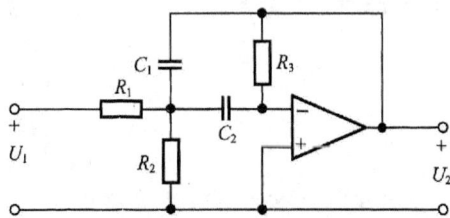

同理，可求得其网络参数与电路元件值间的关系，此处从略。单 T 多反馈滤波电路的主要特点如下：

（1）对运放的放大倍数要求不高，对增益带宽积为 $2\pi \times 10^6 \mathrm{rad/s}$ 的一般运放，这一电路可以正常运用于数千赫，而不考虑运放的影响。

（2）这一类型的电路的 Q 值不能太大，通常在 20 以下。

（3）它是一种常用的反相增益滤波器，具有稳定性好和输出阻抗低等优点。但它对参数变化比较敏感。

以上介绍了两种常用的二阶滤波电路的综合设计。一个高阶有源滤波器可以分解成多个二阶滤波器，而每个二阶滤波电路的调整比较方便，这种电路的缺点是整个滤波电路的滤波特性受二阶电路参数的影响较大。

在设计滤波器电路时，常给定截止频率 f_c 或截止角频率 ω_c、电压增益 A 以及滤波器的品质因数 Q。对于二阶低通或高通滤波电路，通常取 $Q = 0.707$。如果仅由 f_c、A 和 Q 三个参数求出电路中的所有 R 和 C 元件的数值是很困难的。通常是先设定一个或几个元件的值，再由网络参数与电路元件值的关系建立方程组，求其他元件值。现在已经用计算机完成了方程组的求解，并将 $n = 2, 3, \cdots, 8$ 阶各种类型的有源

滤波器的电路及其 RC 元件的值设计成表格,设计人员只需要查表就能得到滤波器的电路及 RC 元件的取值。

11.3 有源 RC 滤波器的计算机辅助设计

近10多年来,计算机辅助分析和设计在电路系统中得到了广泛的应用,针对有源 RC 滤波器的设计,一些集成电路生产厂商开发了相应的设计软件,目前比较流行的有源滤波器设计软件有 MAXIM 和 FilterLab,利用这些软件可以很方便地设计出各种结构的有源 RC 滤波器。MAXIM 软件是由美国MAXIM 公司开发的有源滤波器设计软件。它的功能是根据滤波器的性能指标,如通带内的最大衰减、阻带内的最小衰减、截止频率、带宽、Q 值等,迅速算出经典的巴特沃思、切比雪夫、贝赛尔滤波器的极点、零点、阶数等,并针对 MAX274/275 器件完成滤波器电路设计。MAX274 模拟集成有源滤波器是由4个2阶状态变量滤波器组成(MAX275 为两个),其极点频率范围从100Hz 到150kHz。用±5V 双电源或用5V 单电源供电。它能快速设计出高达 8 阶的巴特沃思、切比雪夫、贝赛尔滤波器三种相应模型的有源低通和带通滤波器。但是它的局限性在于:①只限于偶数阶的有源滤波器设计;② 运行在 DOS 环境下,操作使用较复杂;③它最大的局限性是必须使用 MAXIM 公司专用的 MAXIM274/275 模拟集成器件。

相比之下,另一滤波器设计软件FilterLab 在使用上更具优势。FilterLab 可以设计出1~8 阶有源低通滤波器,它不像MAXIM 运行在DOS 环境下,其窗口是一个标准的 Windows 应用程序界面,界面友好,操作简单,而且不必使用专用的器件。

FilterLab 是 Windows 的应用程序,利用该软件可以设计频响从 0.1~10MHz、最高 8 阶的切比雪夫和巴特沃思有源低通滤波器,其电路形式有萨伦-加基(Sallen-Key)滤波器和单 T 多反馈(multiple feedback)滤波器;该软件还可以将设计结果转化为PSPICE 格式的电路网表文件,从而对设计结果进行时域仿真。

11.3.1 低通滤波器的计算机辅助设计

例11.3 设计一个切比雪夫有源 RC 滤波器,要求在零频至 1MHz 内具有 0.5dB 的波纹,线性增益为1。

解 从题意可知,其截止频率 cut-off frequency 为 1MHz,ripple 为 0.5,Gain 为 1,滤波器形式为切比雪夫(Chebyshev)电路结构。

打开 FilterLab 程序,其主窗口如图 11-19 所示。

选取滤波器阶数 Order 为 4,将设计参数输入主窗口可以得到频响特性 Response(幅频特性 Attenuation 和相频特性 Phase),如图 11-20 所示。

在这里,有两种滤波器结构可供选择。双击图11-20 所示窗口中的Circuit 按钮

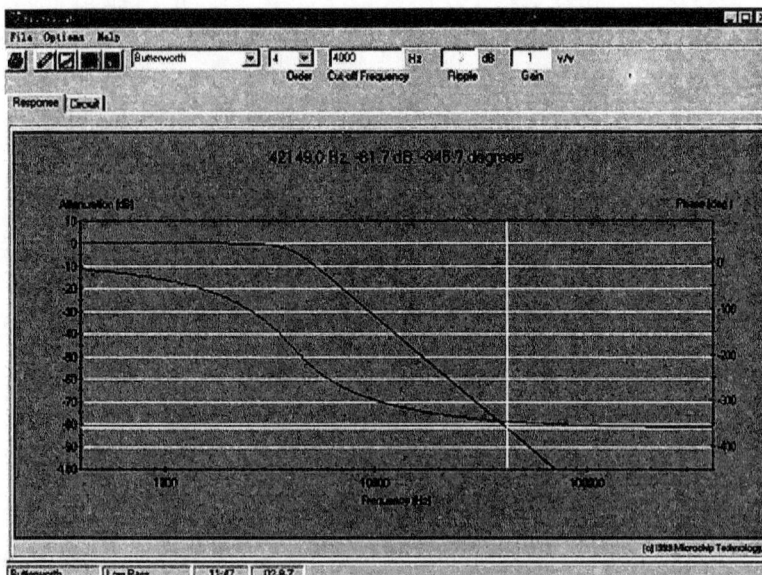

图 11-19　FilterLab 运行主窗口

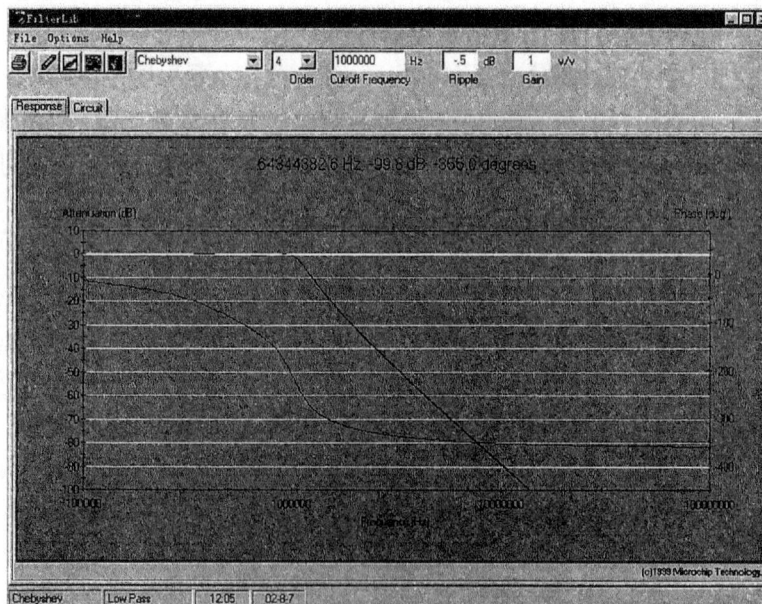

图 11-20　频响特性曲线

则得到萨伦-加基(Sallen-Key)结构的滤波器电路(如图 11-21 所示),显然,电路中的电容和电阻值均可以调整;双击图 11-21 所示窗口中的 Multiple Feedback(MFB)按钮,可以得到 MFB 结构(即单T多反馈)的滤波器,如图 11-22 所示。

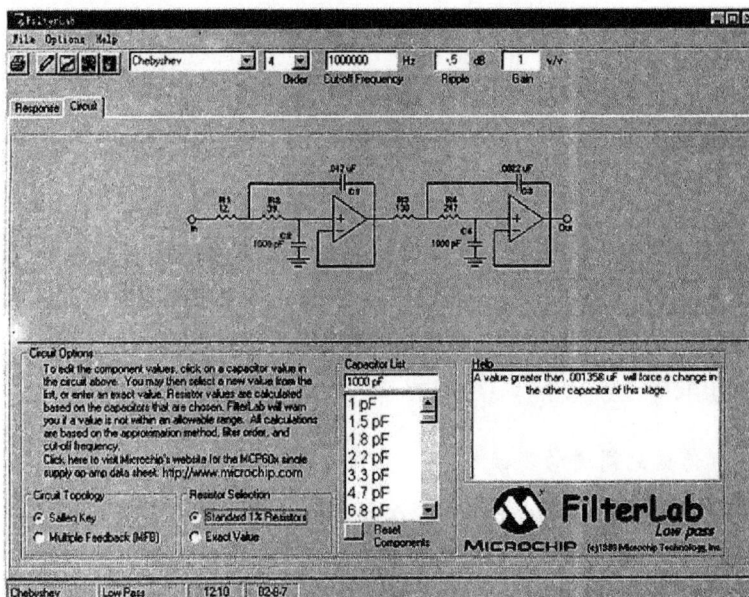

图 11-21　萨伦-加基滤波器电路结构和参数

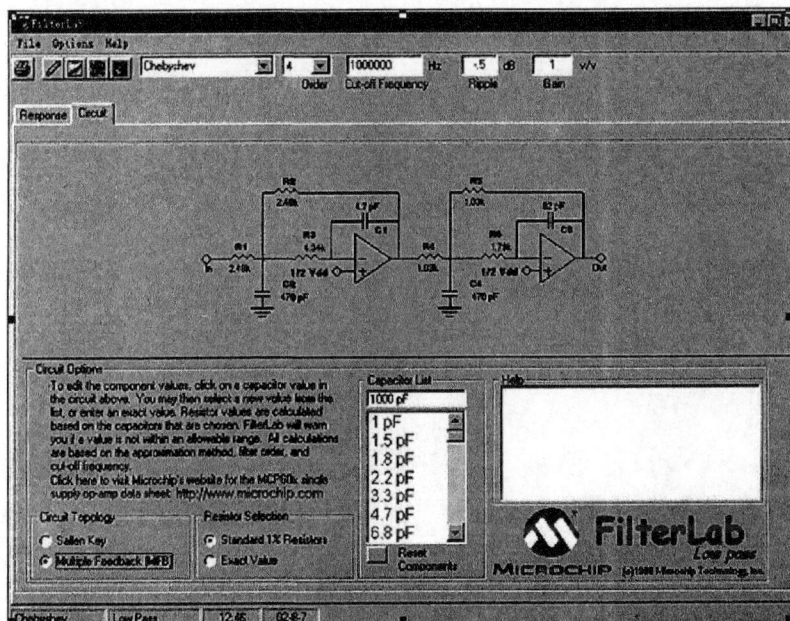

图 11-22　单 T 多反馈滤波器电路结构和参数

11.3.2　高通滤波器的计算机辅助设计

设计一个2阶巴特沃思有源RC高通滤波器,要求截止频率为500Hz,线性增益为1。设计步骤如下:

1. 总体构思

用FilterLab软件设计出2阶巴特沃思低通滤波器,截止频率为500Hz,增益Gain为1,选择MFB电路模型,如图11-23所示。该低通滤波器的频率响应曲线如图11-24所示。从图中可以读出低通各元件值

$$R_1 = 589.1\Omega, \quad R_2 = 589.1\Omega, \quad R_3 = 965.5\Omega, \quad C_1 = 0.18\mu\text{F}, \quad C_2 = 1\mu\text{F}$$

2. 进行低通到高通的变换

低通变换成高通只需将低通电路的电阻和电容互换位置就可以得到。当低通滤波器的增益A和截止频率ω_c与高通滤波器相同时,将二阶低通传输函数与二阶高通传输函数的标准模型相比较可以得出低通和高通滤波器的元件值之间的转换关系如下式(加上引号的表示高通,未加的为低通)

$$A = -\frac{R_2}{R_1} = -\frac{C'_1}{C'_2}$$

$$\omega_c^2 = \frac{1}{R_2 R_3 C_1 C_2} = \frac{1}{R'_2 R'_1 C'_3 C'_2}$$

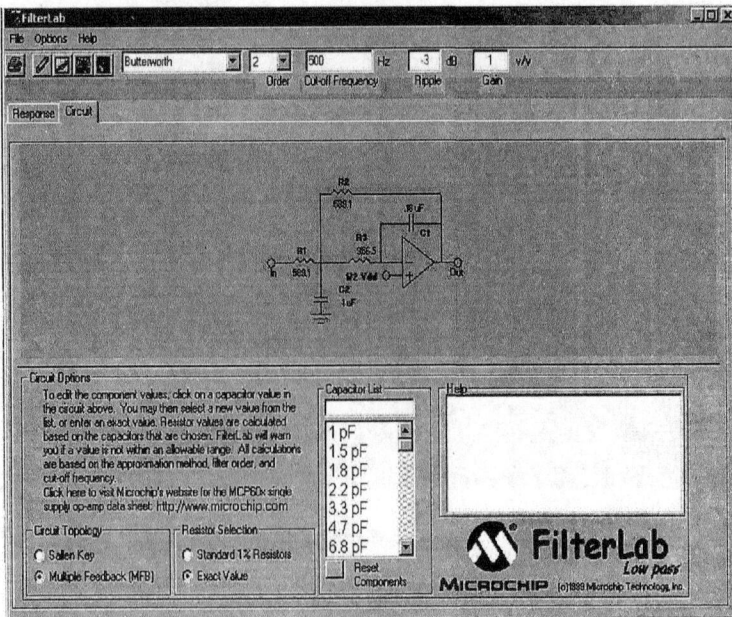

图11-23　FilterLab软件设计出的2阶巴特沃思低通滤波器

$$\frac{\omega_c}{Q} = \frac{1}{C_2}\left(\frac{1}{R_1} + \frac{1}{R_2} + \frac{1}{R_3}\right) = \frac{1}{C'_2 C'_3 R'_1}(C'_1 + C'_2 + C'_3)$$

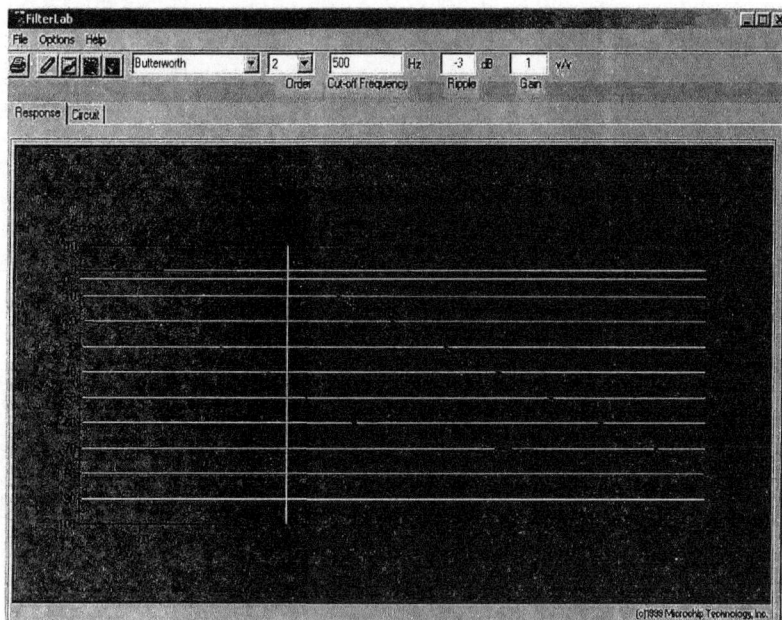

图11-24 FilterLab 设计出的 2 阶巴特沃思低通滤波器频响曲线

根据常规的经验,在二阶高通滤波电路中一般可以取

$$C'_1 = 10/f_c \mu F, \qquad C'_1 = C'_3$$

有了上述关系式,在设计高通滤波器时,先用 FilterLab 软件得到低通各元件值后,通过上面公式即可以确定高通各元件参数值,将低通电路的电阻和电容互换位置就可以得到高通滤波器的电路结构。

3. 完成元件参数值的计算

高通滤波器的各元件参数值经过以上公式计算可以得到

$$R'_1 = 7.5k\Omega, \quad R'_2 = 33.7k\Omega, \quad C'_1 = C'_2 = C'_3 = 20nF$$

则 2 阶高通滤波器电路就设计完成(见图 11-25)。

对以上所设计的高通滤波器用电路仿真软件 Multisim2001 进行仿真分析,如图 11-26 所示,从图中可以看到当频率为 501.2kHz 时,电压幅值为 $-3.18dB$,幅频响应曲线平滑,在通带有最大的平坦度,即符合巴特沃思类型,满足设计要求。

根据以上的仿真分析,可以证实如下结论:设计某指定的 2 阶 RC 有源高通滤波器,可以先按照 2 阶高通滤波器的技术指标由 FilterLab 软件设计出相应的 2 阶低通滤波器,然后通过低通到高通电路元件值的变换,从而实现高通滤波器设计。

通过以上的例子,可以看出虽然 FilterLab 软件只能够设计低通滤波器,但是

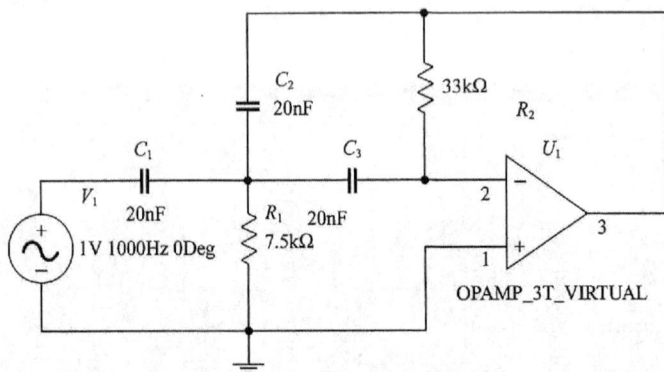

图 11-25 2 阶巴特沃思高通滤波器电路

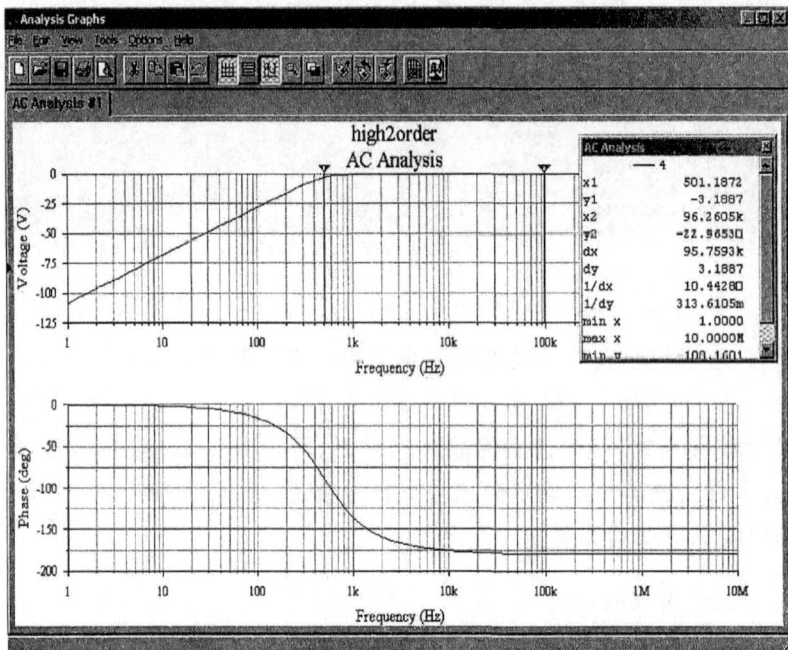

图 11-26 2 阶 Butterworth 高通滤波器频响曲线

其他三种形式的滤波器通过频率变换都可以转化为低通滤波器,因此通过 FilterLab 实际上也可以完成高通、带通、带阻形式的有源 RC 滤波器的设计。限于篇幅,带通和带阻的类型这里不再讨论。

11.4 总结与思考

11.4.1 总结

本章在介绍了滤波器设计知识的基础上,着重讨论了有源 RC 滤波器的设计

方法,并对有源 RC 滤波器的计算机辅助设计作了简要介绍。通过本章的学习,读者应掌握以下基本点:

(1)滤波器的定义、分类以及应用。

滤波器是由电阻器、电容器、电感器和晶体管等电子元件相互连接构成的一种选频网络。

按处理信号类型分类,滤波器可分为模拟滤波器和离散滤波器两大类。其中模拟滤波器又可分为有源和无源滤波器;离散滤波器又可分为数字、取样模拟、混合三个分类。

按其工作频段分类,滤波器可以分为集总参数元件滤波器和分布参数元件滤波器。

按选择物理量分类滤波器可分为频率选择、幅度选择、时间选择和信息选择等四类滤波器。

按通带频率范围分类滤波器可分为低通、高通、带通、带阻、全通五种滤波器。

(2)频率、阻抗归一化的过程和基本元件的归一化公式。

基本元件	归一化值
电阻	$R_n = \dfrac{R}{R_0}$
电感	$L_n = \dfrac{\omega_c L}{R_0}$
电容	$C_n = \omega_c C R_0$

(3)典型滤波器传递函数的标准形式。

(4)巴特沃思和切比雪夫滤波器的特点和性质。

(5)有源 RC 滤波器的设计方法以及萨伦-加基和单 T 多反馈滤波器的电路结构。

(6)FilterLab 软件的特点,利用 FilterLab 软件设计高通有源 RC 滤波器的基本步骤。

11.4.2 思考

(1)无源 LC 滤波器和有源 RC 滤波器的各自的优势以及应用范围。

(2)萨伦-加基和单 T 多反馈滤波器的特点。

习 题 11

11.1 已知网络的幅频特性为 $|H(\mathrm{j}\omega)|^2 = \dfrac{1}{1+\omega^2}$,试决定传递函数 $H(s)$。

11.2 已知阻抗频率归一化网络如图 11-27 所示,$\omega_t = 10^3$,$R_0 = 600\Omega$,试求网络中各元件的实际值。

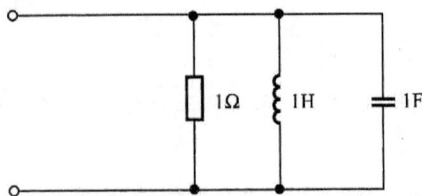

图 11-27 习题 11.2 图

11.3 给定网络的最平响应特性为 $|H(j\omega)|^2 = \dfrac{1}{1+\omega^{2n}}$,试决定网络的传递函数 $H(s)$。

11.4 设计一个巴特沃思低通滤波器,要求当 $\omega=1$ 时,衰减 $a_t=3dB$,当 $\omega=4$ 时,衰减 $a_t=55dB$,信号源和负载电阻 $R_3=R_2=1k\Omega$。

11.5 设计一个切比雪夫滤波器,要求波动带宽是 1rad/s,通带波纹 $A_{max}=0.1dB$,$\omega \geqslant 1rad/s$ 处阻带衰减至少是 40dB。

11.6 试设计具有如下传递函数的滤波器。

(1) 巴特沃思滤波器

$$H(s) = \frac{1}{(s+1)(s+0.5+j0.866)(s+0.5-j0.866)}$$

(2) 切比雪夫滤波器

$$H(s) = \frac{1}{(s+0.348)(s+0.697+j0.868)(s+0.697-j0.868)}$$

11.7 设计一有源 RC 二阶低通滤波器的结构和元件值,截止频率为 1rad/s,直流增益为 5。

11.8 已知网络传递函数如下,试实现其单 T 多反馈滤波器电路结构

(1) $H(s) = \dfrac{s^2+1}{s^2+2s+2}$;

(2) $H(s) = \dfrac{s^2+4}{s^2+\sqrt{2}\,s+1}$。

第12章 计算机辅助设计

内容提要

本章在简要介绍计算机辅助设计(computer-aided design,CAD)和电子设计自动化(electronic design automation,EDA)的基本概念的基础上,重点介绍了电子电路设计软件Multisim 2001的功能和特点,并具体说明了使用该软件进行电路设计和仿真的步骤。

12.1 计算机辅助设计基础

12.1.1 计算机辅助设计技术简介

电路的计算机辅助设计是在计算机技术、模拟理论和应用数学等基础上发展起来的一门新技术。它为电路的分析和设计带来了新的生命力,使电路设计走向了更高的阶段。现在几乎所用较为复杂的电路,特别是大规模和超大规模集成电路的设计都是离不开计算机辅助设计技术。

传统的电路设计过程是:首先设计人员根据实际需要及具体要求提出设计指标,然后根据经验,初步确定电路方案和元件参数,最后将电路及元器件模型进行简化,根据已知的参数对电路指标进行检验。检验的方法分为解析法和物理模拟法两种。

解析法就是利用数学的方法进行数学模拟。先画出等效电路图,在图上标出有关的数据。然后根据电路理论列出电路方程组进行人工求解。求解后得到初始设计电路的性能参数,与设计要求进行比较,看是否符合要求。原则上讲,这种方法可以适用于任何电路,实际上,它只能适用于较小规模的简单电路。如果没有有效的计算工具,人工计算是相当费时的。特别是需要进行重复计算时,所花的时间更长。因此这种方法不仅要求电路简单,元件类型也要求比较简单,而且还要受到计算精度的限制。

物理模拟法就是设计人员根据初始设计方案,用实际元件在实验室搭接一个实验电路进行实验。然后利用仪器仪表来测试电路性能,以此来检验设计的正确性。如果性能参数与设计要求不符,或偏差较大,则需要修改元件参数或电路结构反复进行测试检验,直到电路性能满足指标要求为止。此法对一般较为简单的电路还是有效的,但它所用的实验时间一般较长,因为它是在元器件的等效电路和模型做了大量的近似和简化的理想条件下进行的,忽略了寄生参量的影响,从而使得实验结果与实验性能之间差距往往很大。在实验过程中,特别是要对多种方案和元件参数进行分析比较时,实验时间更长,同时实验的精度不可能做得高,因为获得精确的元件值是有困难的。

从上面可以看出,传统的设计方法效率低、周期长。特别是随着电子技术的飞跃发展,电子设备与系统日趋复杂,电路规模越来越大,集成度也越来越高,对它们的准确度、稳定性、可靠性等指标的要求也越来越严格,传统的设计方法已不能再适应要求,这就必须采用电路CAD技术。

CAD技术从根本上改革了电路的设计方式,这一新技术的开发不仅发展了经典的电路理论,而且将计算机的高速运算,优良的数据处理能力与人的创造性思维有机地联系起来。利用计算机帮助设计人员设计产品,加快了设计进程,提高设计质量,缩短设计周期,加速产品的更新换代,因此具有广阔的发展前景。采用CAD技术模拟电路的各种特性,无需任何实际元件,各种功能的计算机应用程序代替了实验中的各种仪器仪表,是电路设计中的一项革命性变革。

电路CAD一般是指计算机根据设计人员的指令执行各种数据分析和模拟实验过程,并输出结果。

电路的计算机辅助设计包括电路的计算机辅助分析(computer aided analysis,CAA)和电路的最优化设计。CAA是整个电路的重要环节,也就是说,电路的CAD是以CAA为基础的,CAA是在给定电路结构和元件参数的条件下,计算电路的性能指标,而电路的优化设计则是在给定电路结构和性能指标的条件下,求出电路中各元件的最佳值。

在电子行业中,CAD技术不但应用面广,而且发展迅速,在实现电子设计自动化(EDA)方面取得了突破性的进展。目前在电子设计中,设计技术正处于从CAD到EDA的过渡的进程中。

12.1.2 SPICE 简介

SPICE程序是计算机辅助电路分析中最具有代表性的电路分析程序之一。SPICE(simulation program with integrated circuit empohasis)程序是由CANCER程序发展而来的。其第一版于1972年由美国加利福尼亚大学伯克利(Berkeley)分校为适应集成电路CAD的需要完成的,主要用于集成电路的电路分析程序,第二版即SPICE-2G版完成于1975年,得到了推广,第二代程序SPICE2G.5版本发表于1981年,源程序用FORTRAN语言书写,共有17510条语句。第三代程序SPICE-3计算比第二代快2~3倍以上。下面对SPICE程序进行简单的介绍。

SPICE中含有电阻(R)、电容(C)、电感(L)、独立电压源(V)、独立电流源、四种受控电源、四个常用的半导体元件、二极管(D)、双极型晶体管(BJT)、结型场效应管(JFET)、MOS管。

SPICE含有上述通常使用的电路元件模型,可以进行直流分析、交流分析和瞬态分析。这是对一个电子电路所需要的三种基本分析,因此它具有模拟大部分电子电路的功能。此外,它还具有温度分析等的一些辅助分析功能。

1)直流分析(.DC)

SPICE 程序可以进行直流工作点的分析(.OP),分析决定电路的静态工作点。其分析结果是程序输出电路的节点电压、独立电压源的电流和电路中的总的静态功耗。还可以进行小信号转移函数(.TF)分析,在输入变量和输出变量已被定义的情况下,SPICE 可以得到直流小信号的转移函数值。同时 SPICE 中还有可供用以计算和打印规定的直流灵敏度,用以分析小信号灵敏度(.SENS)。

2)交流分析(.AC)

SPICE 可分析小信号频率响应,可用来设计小信号输入时的模拟电路。在频率变化时,可得到电路转移特性的频率响应,并能打印出曲线(.PLOT)。SPICE 还可以进行噪声分析(.NOISE),分析输出的总噪声时电路中各种元件产生噪声的均方根值。此外,SPICE 还具有失真分析的能力(.DISTO),它通过逼近每个非线性元件的模型来估计二次谐波失真和三次谐波失真以及二次和三次交调失真的功能,其总的失真是每单个失真的矢量和。

3)瞬态分析(.TRAN)

应用瞬态分析可以确定指定的时域输入下的时域响应。

SPICE 输出程序中含有傅里叶分析(.FOUR)程序,可以确定指定输出的 9 个系数;可用它来估计接近正弦波的谐波失真分量。

此外,SPICE 程序还可以进行温度分析(.TEMP),可在不同的指定温度下对电路进行模拟(温度低于 −223℃ 时不予模拟)。

在电路方程的建立上,SPICE 采用了改进的节点分析法列方程。在进行非线性电路的直流分析上,对非线性方程的求解,SPICE 采用的迭代方法是用牛顿-拉夫森方法(NR 法)的改进算法来进行非线性分析。对于求解线性方程组,SPICE 应用了稀疏矩阵技术,在求解方法上采用了改进的高斯消元法,即是利用具有行变换选主元的LU 分解法求解。在瞬态分析上应用了变阶变步长的隐式积分法。SPICE的输入语言是自由格式语言,比较直观而且易于掌握。

12.2　Multisim2001 软件基础

12.2.1　Multisim2001 简介

Multisim2001 是电子线路分析与设计的优秀仿真软件,它主要完成设计的原理图输入、电路仿真和PLD 设计功能。它是Electronic WorkBench(EWB)的升级版本。IIT 公司在 20 世纪 80 年代后期就推出了用于电路仿真与设计的 EDA 软件EWB。随着技术的发展,EWB 也经过了多个版本的演变,目前国内常见的版本有

4.0d 和 5.0c。从 6.0 版本开始，IIT 公司对 EWB 进行了较大规模的改动，仿真设计模块被改名为 Multisim，Electronic WorkBench Layout 模块经重新设计并被更名为 Ultiboard。新的 Ultiboard 模块是以 Ultimate 软件为核心开发的新的 PCB 软件，为了加强 Ultiboard 的布线能力，还开发了一个 Ultiroute 布线引擎。最近 IIT 公司又推出了一个专门用于通信电路分析与设计的模块——Commsim。Multisim、Ultiboard、Ultiroute 及 Commsim 是现今 EWB 的基本组成部分，能完成从电路的仿真设计到电路板图生成的全过程。这些模块彼此相互独立，可以单独使用。目前，这 4 个 EWB 模块中最具特色的是 EWB 仿真模块 Multisim。Multisim2001 与其他电路仿真软件相比，具有如下一些特点：

1）系统高度集成，界面直观，操作方便

Multisim2001 将原理图的创建，电路的测试分析和结果的图表显示等全部集成到同一个电路窗口中。整个操作界面就像一个实验工作台，又存放仿真元件的元件箱，又存放测试仪表的仪器库，还有进行仿真分析的各种操作命令。测试仪表和某些仿真元件的外形与实物非常接近，操作方法也基本相同。

2）具有数字、模拟和数字/模拟混合电路的仿真能力

在电路窗口中既可以分别对数字或模拟电路进行仿真，也可以将数字元件和模拟元件连接在一起进行仿真分析。

3）电路分析手段完备

Multisim2001 除了提供 11 种常用的测试仪表用来对仿真电路进行测试之外，还提供了电路的直流工作点分析、瞬态分析、傅里叶分析、噪声和失真分析等 15 种常用的电路仿真分析方法。这些分析方法基本能够满足一般电子电路的分析设计要求。

4）提供多种输入输出接口

Multisim2001 可以输入 PSpice 等其他电路仿真软件所创建的 Spice 网表文件，并自动形成相应的电路原理图。也可以把 EWB 环境下创建的电路原理图文件输出给 Protel 等常见的 PCB 软件进行印刷电路板设计。为了拓宽 EWB 软件的 PCB 功能，IIT 也推出了自己的 PCB 软件——Electronic Workbench Layout，可使 EWB 电路图文件更直接方便地转换成 PCB。

5）具备射频电路仿真功能

Multisim2001 具有射频电路仿真功能，这是现有众多通用电路仿真软件所不具有的。

6）使用方便快捷

在 Multisim2001 中，与现实元件对应的元件模型丰富，增强了仿真电路的实用性。元件编辑器给用户提供了自行创建或修改所需的元件模型的工具。元件之间的连接方式灵活，允许连线任意走向。可根据电路图的大小，自动调整电路窗口尺寸。

12.2.2　Multisim2001 基本操作

　　Multisim2001 的基本操作界面如图12-1 所示,在窗口界面中主要包含了以下几个部分:菜单栏、系统工具栏、元器件库、仪表工具栏、主操作窗口等。

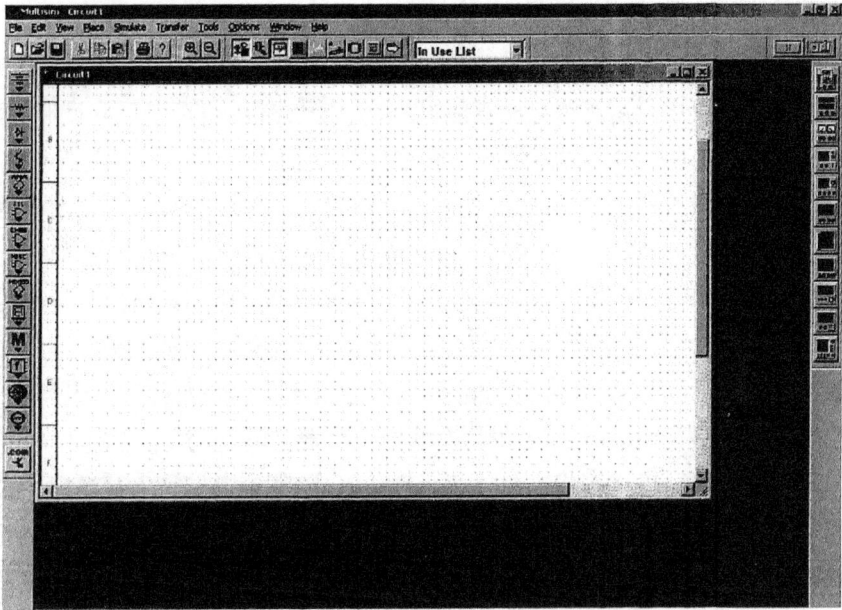

图12-1　Multisim2001 的基本操作界面

　　Multisim2001 的菜单栏、系统工具栏等与 Windows 风格类似,这里就不一一介绍了。下面就来重点看看元件库和仪表工具栏。

　　元件库提供了用户在电路仿真中所需的所有元件。如图12-2 所示。

图12-2　Multisim2001 的元件库界面

　　元件库从左到右依次为电源库、基本元件库、二极管库、三极管库、模拟元件库、TTL 元件库、CMOS 元件库、其他数字元件库、混合芯片库、指示部件库、其他部件库、控制部件库、射频器件库和机电类元件库。

　　仪表工具栏位于窗口的最右边一栏,它提供了用户所需的所有仪器仪表,如图12-3 所示。

　　仪表工具栏从左到右分别为数字万用表、函数信号发生器、示波器、波特图仪、

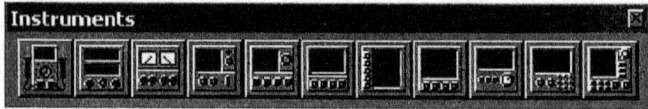

图 12-3 Multisim2001 的仪表工具栏界面

字信号发生器、逻辑分析仪、瓦特表、逻辑转换器、失真分析仪、网络分析仪和频谱分析仪。数字万用表可用于测量交直流电压、电流和电阻,也可以用分贝形式显示电压和电流。示波器可用于观察信号波形并测量信号幅度、频率和周期等参数。函数信号发生器可用于产生正弦波、方波和三角波信号。瓦特表可用于测量电路交、直流功率。波特图仪可用于测量现实一个电路或放大器的幅频特性和相频特性,类似于实验室的频率特性测试仪。失真分析仪可用于测试电路总谐波失真与信噪比。字信号发生器(又称为数字逻辑信号源)可用于产生32位同步逻辑信号。逻辑分析仪可用于同步记录和显示16路逻辑信号,对数字逻辑信号进行高速采集和时序分析。逻辑转换仪是Multisim2001中特有的虚拟仪器,实验室并不存在这样的实际仪器。逻辑转换仪可以将逻辑电路转换为真值表,将真值表转换为逻辑表达式,将逻辑表达式转换成真值表和逻辑电路等。频谱分析仪主要用于测量和显示信号所包含的频率和频率所对应的幅度。网络分析仪主要用于测量电路的 S、H、Y、Z 参数,是高频电路中最常用的仪器之一。

下面用一个例子说明如何在Multisim2001中创建和连接电路,以及如何调用Multisim2001提供的虚拟仪器来进行电路仿真。所要建立和仿真的电路如图12-4所示。

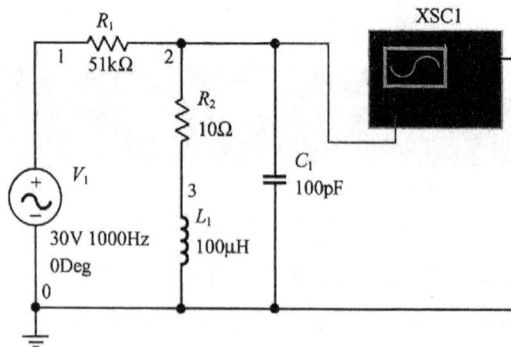

图 12-4 典型的 RLC 电路

建立该电路,通常可分为以下几个步骤:

(1) 在菜单栏File中点击New,新建一个空白的电路图,如图12-5所示。

(2) 从元件库中调用所需要的元件,如图12-6 所示。

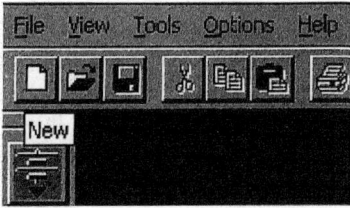

图12-5 建立空白的电路图

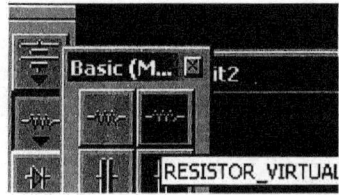

图12-6 放置所需元件

对于电阻、电容和电感等基本元件有现实元件和虚拟元件两种模型。虚拟元件是指元件的大部分模型参数是该元件的理想值。现实元件是根据实际存在的元器件参数设计的,与实际数值存在的元件相对应。使用现实元件仿真的结果比理想元件准确可靠,但其选取的速度要比理想元件慢。以上两种元件可根据情况进行选择,此例选择现实元件。点击基本元件库的电容图标,出现如图12-7 所示窗口,在左边的元件取值菜单中选择100pF,点击OK 按钮,拖动鼠标到操作窗口中合适的位置单击,即可以将电容放入图中。电阻和电感元件的选取方法和电容一样。

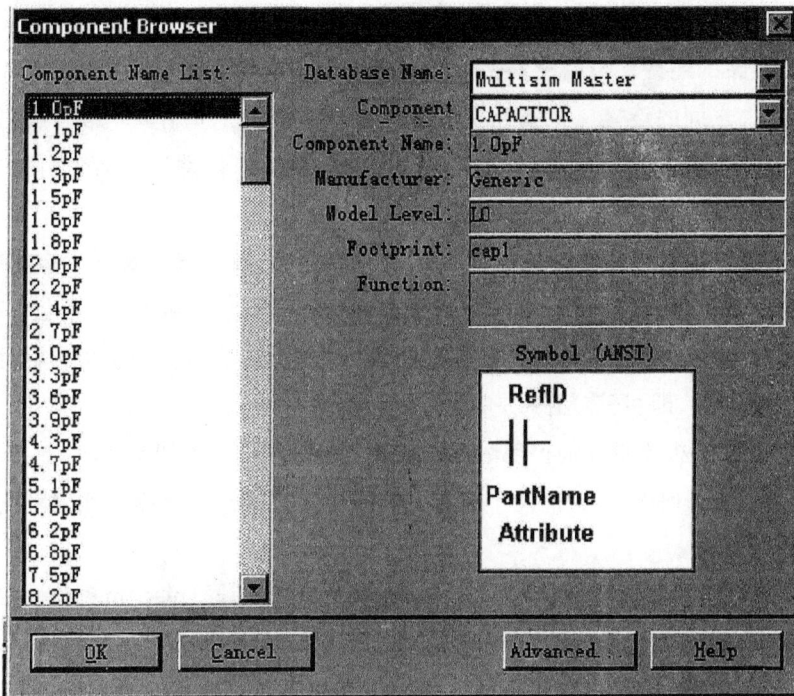

图12-7 元件参数设置窗口

然后在电源库选取电源元件。在库中选择交流电源和地，即完成所需元件的选取。完成选取后的电路如图12-8所示。

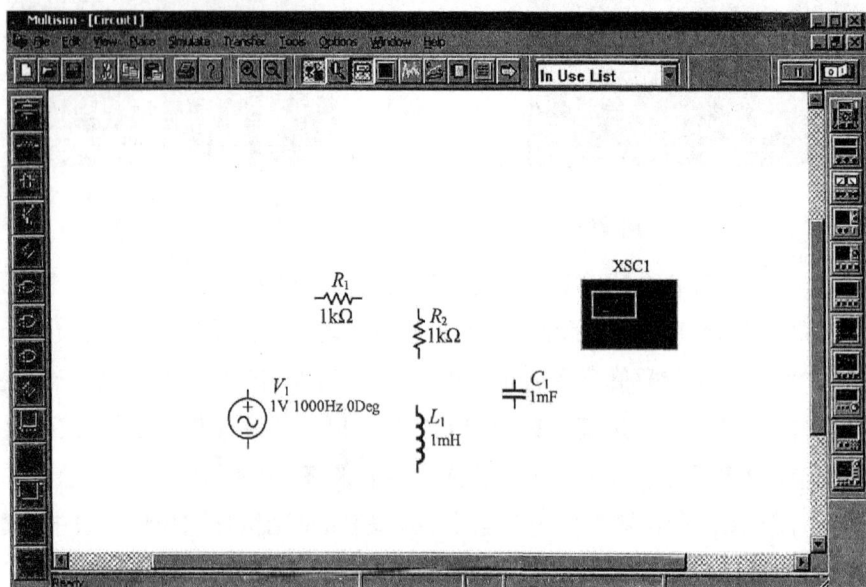

图12-8　完成放置后的电路

（3）电路的连接。电路的连接一般可分为如下两类：

① 元件之间的连接。将鼠标指针指向所要连接的元件引脚一端，点击并拖动鼠标，使鼠标指针到另一元件的引脚，再次点击，系统将自动连接两个引脚之间的线路。

② 元件与线路的连接。从元件引脚的一端开始，点击该引脚然后拖向所要连线的线路上再点击，系统将自动连接两个点，同时在连接线路的交叉点上自动放置一个节点。或者现在已连接好的线路上放置一个节点，然后从该点引出，指到元件引脚的一端点击，即可完成连接。

需要删除某根连线时，选定该连线，点击鼠标右键，出现快捷菜单，选择Delete即可；也可以选中连线后直接使用键盘上的Delete按键完成删除操作。删除节点的方法同连线一样。

（4）虚拟仪器的放置和连接。Multisim2001的仪器库（instruments）中共有11种虚拟仪器：数字万用表、函数信号发生器、瓦特表、示波器等。这些仪器可用于电路基础、模拟电路、数字电路和高频电路的仿真和测试。使用时只需拖动所需仪器的图标，再双击该图标就可以得到该仪器的控制面板。在此电路图中，要连接一个示波器，用于分析和观察电压的波形。选择仪表工具栏中的示波器（oscilloscope），拖动鼠标到电路中合适的空白位置,单击后示波器就会出现在图中。将示波器A端和电压源正端相连,G端与电路接地端相连即可完成虚拟仪器的连接。

(5)电路的运行和仿真。电路连接完成后,此时电路并未工作,按下工作界面右上角的Run按钮,电路即可开始工作。双击示波器的图标即可看到波形显示,如图12-9所示。

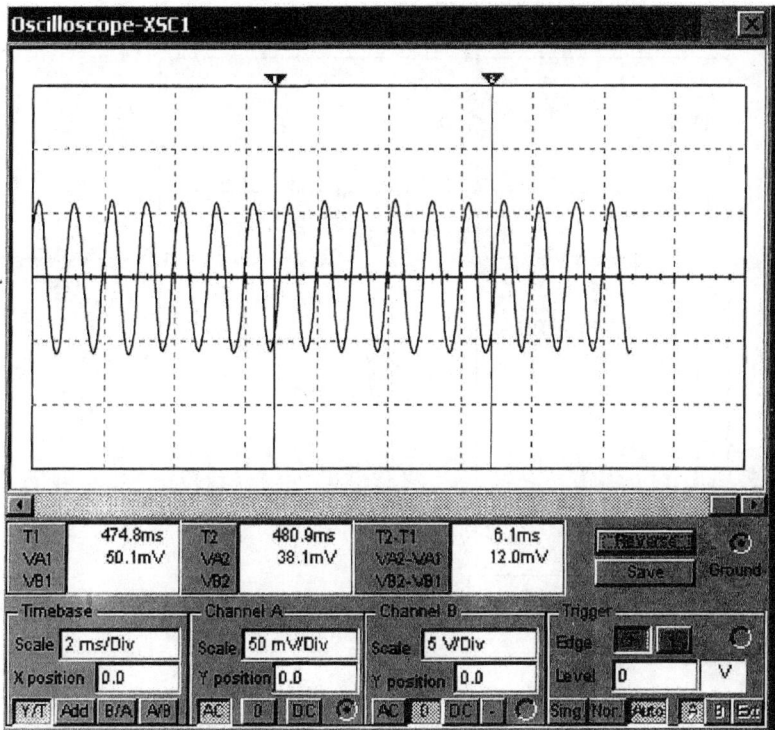

图12-9 电路的仿真界面

12.3 Multisim2001 高级应用

Multisim2001提供了18种基本分析方法。分别为直流工作点分析、交流分析、瞬态分析、傅里叶分析、噪声分析、失真分析、直流扫描分析、灵敏度分析、参数扫描分析、温度扫描分析、零-极点分析、传递函数分析、最坏情况分析、蒙特卡罗分析、批处理分析、自定义分析、噪声图形分析和RF分析。下面介绍几种常用的仿真分析方法。

12.3.1 直流工作点分析

直流工作点分析(DC operating point analysis)主要用来计算电路的静态工作

点。进行直流工作点分析时,Multisim2001自动将电路分析条件设为电感短路、电容开路、交流电压源短路。下面就使用图12-10所示的差分对电路来举例说明电路的直流工作点分析方法。

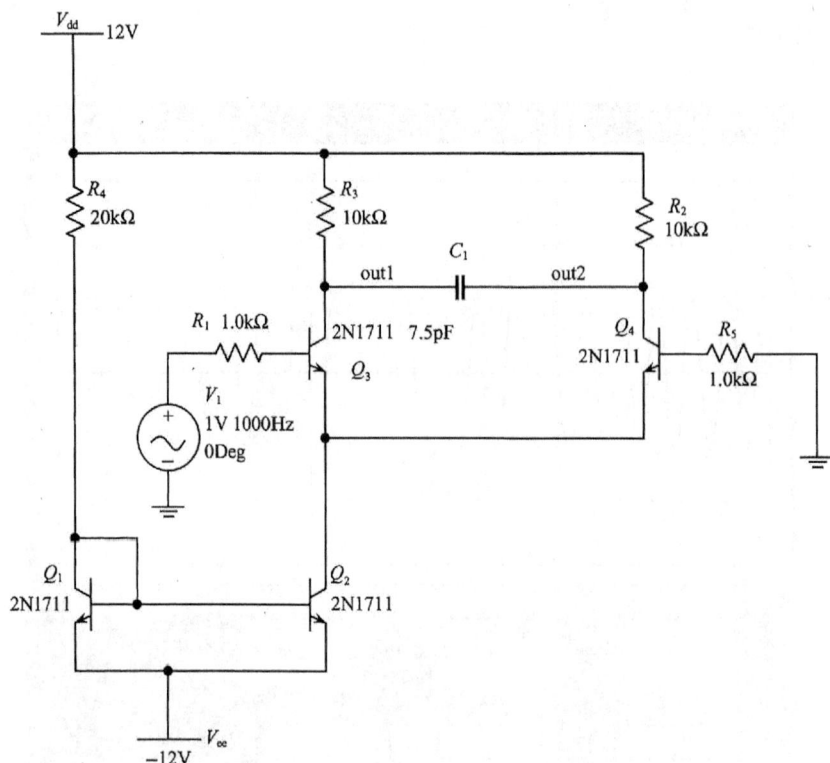

图12-10　差分对电路

执行Simulate菜单中的Analysis命令下的DC Operating Point命令,将弹出如图12-11所示的对话框。该对话框包含Output variables、Miscellaneous Options和Summary共3个选项。

Output variables页的选项用于选择所要分析的节点或变量。其中的Variables in circuit一栏用于列出所有可供分析的节点电压和支路电流。Selected variables for一栏用于显示用户已选择需要分析的变量。选中Variables in circuit栏内的变量,点击Plot during simulation按钮,即可把需要分析的变量加入到Selected variables for一栏中。

Miscellaneous Options页的选项是与仿真分析有关的其他分析选项设置页,如图12-12所示。Use this custom analysis用来选择程序是否采用用户所设定的分析选项。大部分可供选取的设定应该采用默认值。

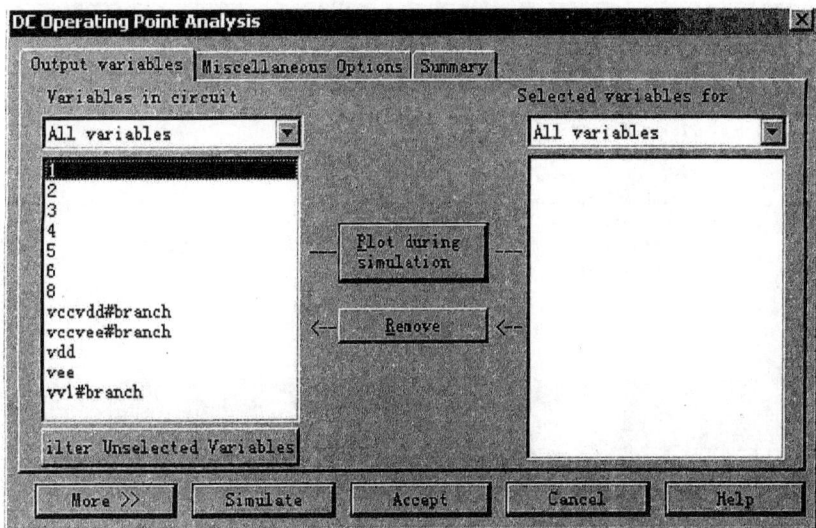

图 12-11　直流工作点分析设置对话框

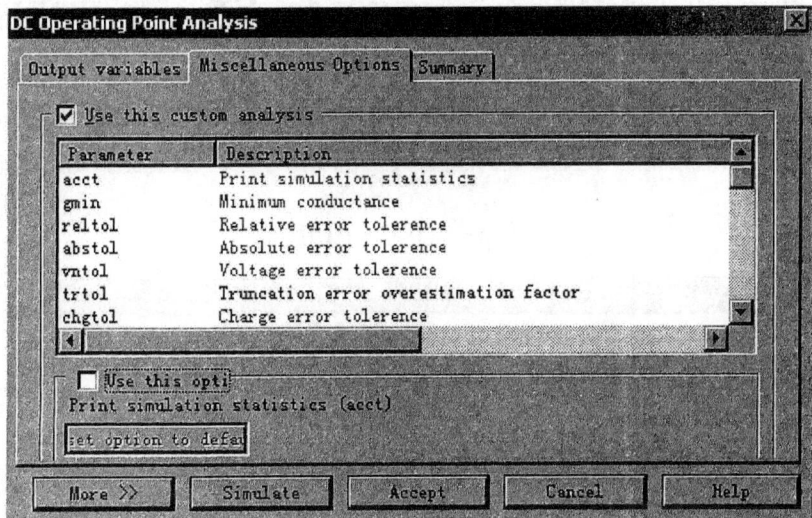

图 12-12　Miscellaneous Options 页

Summary 页的选项是对上面的设置进行总结。在 Summary 中显示了所设定的参数和选项,可以确认并检查所要进行的分析设置是否符合要求,如图 12-13 所示。

经过以上的设置,点击下方的 Simulate 键即可进行直流工作点分析。分析结果如图 12-14 所示。

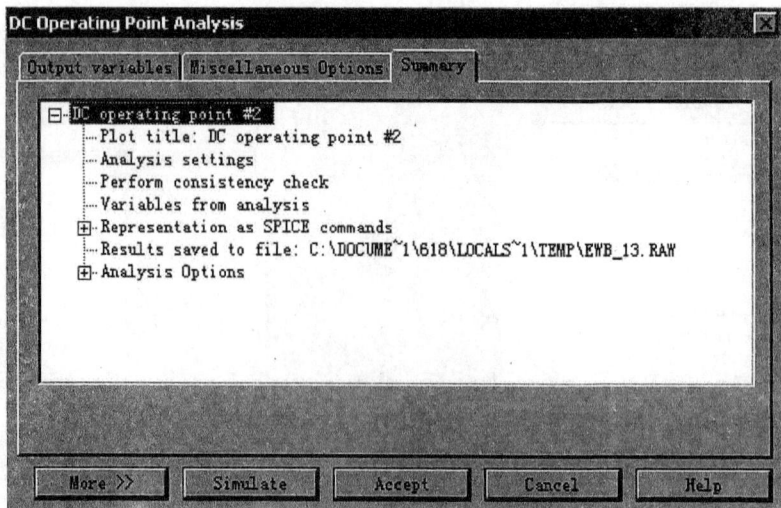

图 12-13　Summary 页

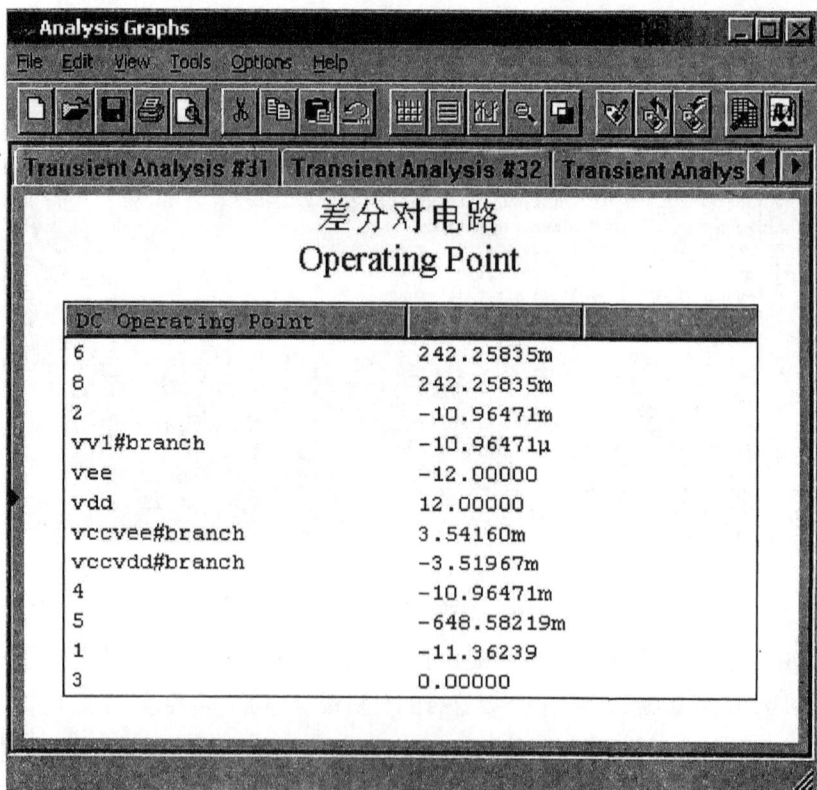

图 12-14　差分对电路分析结果

12.3.2 瞬态分析

瞬态分析(transient analysis)是一种非线性时域分析方法,可以分析在激励信号作用下电路的时域响应。通常以分析节点电压波形作为瞬态分析的结果。

执行Simulate菜单中的Analysis命令下的Transient Analysis命令,将弹出如图12-15所示的对话框。该对话框包含Analysis Parameters、Output variables、Miscellaneous Options和Summary共4个选项。后三个选项的设置方法与直流工作点分析中的设置相同。

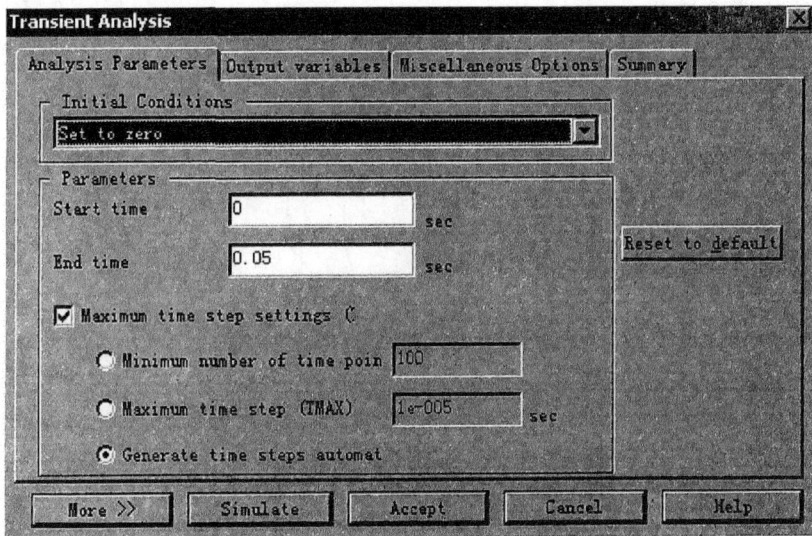

图12-15 瞬态分析设置对话框

Analysis Parameters页由3个部分组成,功能如下:

(1) Initial Conditions部分用于设置初始条件。其下拉菜单中包括Automatically Determine Initial Conditions(程序自动设置),Set to zero (设置初始值为0),User Define(由用户自定义),Calculate DC Operating Point(计算直流工作点作为初始值)。

(2) Parameters部分用于设置分析的时间参数。Start time设置分析的起始时刻,End time设置分析的终止时刻。Maximum time step settings设置最大时间步长。

(3) 单击Reset to default键将使Analysis Parameters页的所有设置恢复为缺省值。

点击Simulate按钮,即可得到瞬态分析的结果,如图12-16所示。

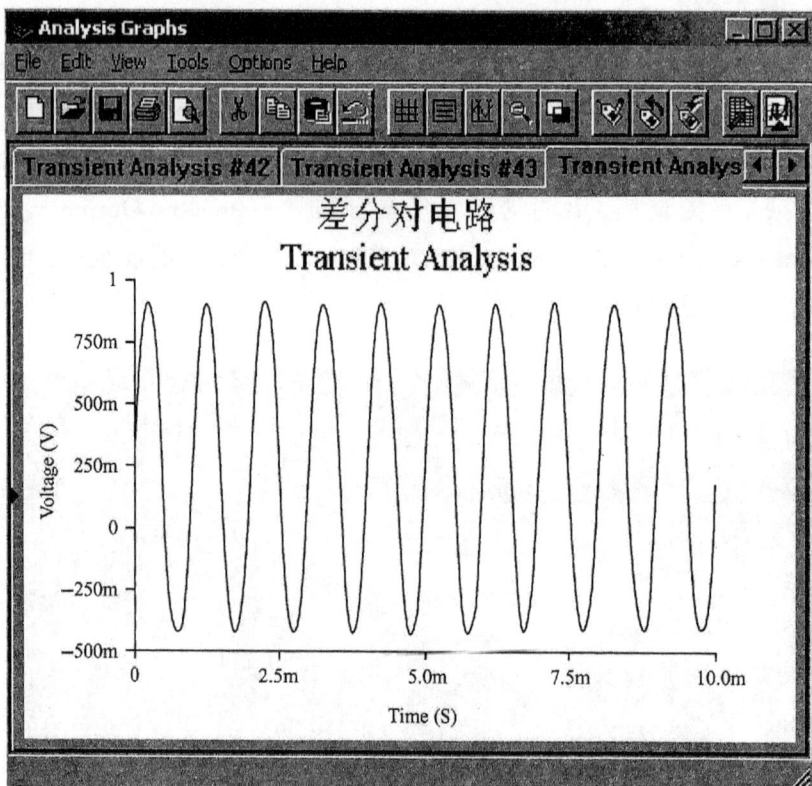

图 12-16　瞬态分析结果

12.3.3　交流分析

交流分析(AC analysis)可以对模拟电路进行交流频率响应分析,可以得到模拟电路的幅频响应和相频响应。再对交流小信号进行分析时,要求直流电压源短路,耦合电容短路。

执行 Simulate 菜单中的 Analysis 命令下的 AC Analysis 命令,将弹出如图12-17所示的对话框。

该对话框包含 Frequency Parameters、Output variables、Miscellaneous Options 和 Summary 共4个选项。后三个选项的设置方法与直流工作点分析中的设置相同。Frequency Parameters 页用来设置AC分析的频率的参数。下面就来重点看看Frequency Parameters 选项中的内容。

Start frequency:设置起始频率。

Stop frequency:设置终止频率。

Sweep type:设置扫描方式。可选择线性(Liner)、十倍频(Decade)和八倍频(Octave)三种模式。

Number of points per decade:每十倍频中计算的频率点数。

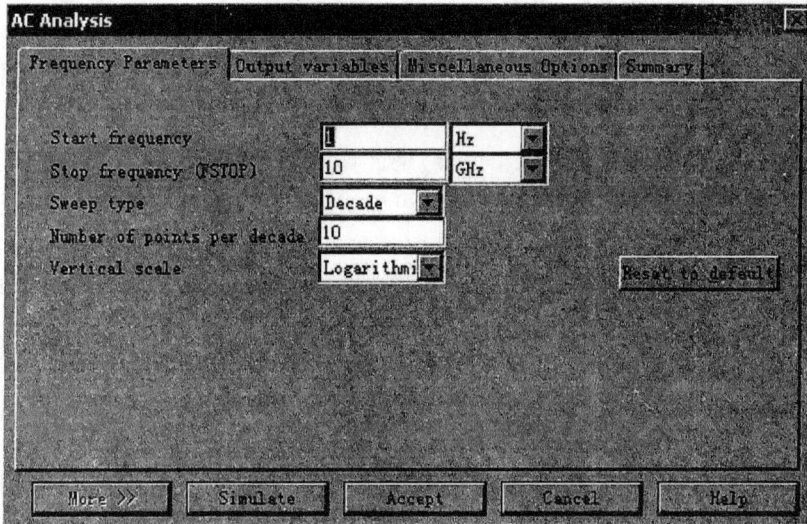

图12-17　交流分析设置对话框

Vertical scale：纵坐标。可以选择线性（Liner）、分贝（Decibel）、对数（Logarithmic）或八倍频程（Octave）作为纵坐标的取值。

点击 Simulate 按钮即可进行交流仿真分析，分析结果如图12-18所示。

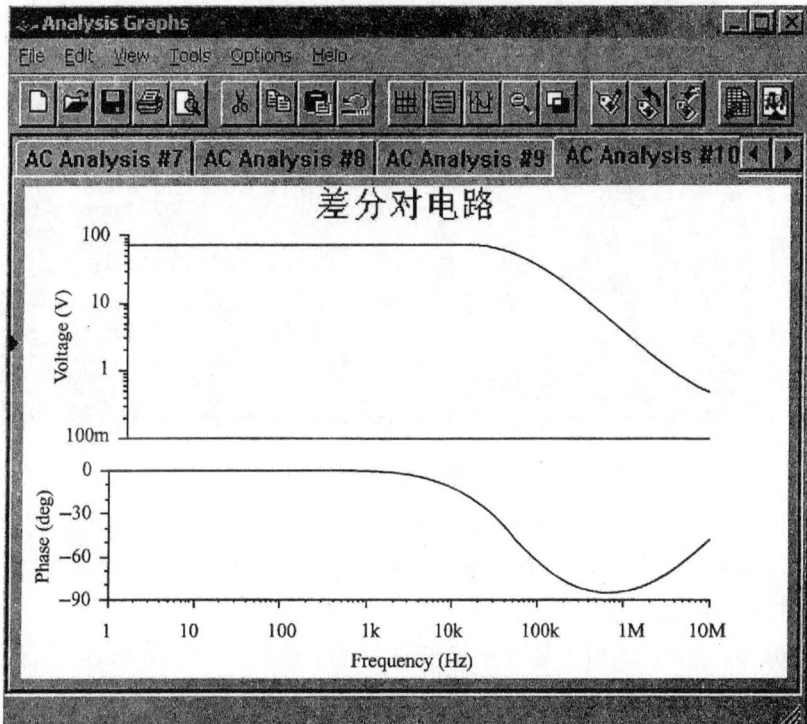

图12-18　交流分析结果

12.3.4 扫描分析

Multisim2001 提供了三种扫描分析法:直流扫描分析、参数扫描分析和温度扫描分析,通过扫描分析可以看到扫描参数的变化对仿真输出的影响。

直流扫描分析(DC sweep analysis)是计算电路某一节点的直流工作点随直流电压源变化的情况。利用直流扫描分析,可以快速地根据直流电源的变动范围来确定电路的直流工作点。

参数扫描分析(parameter sweep analysis)是通过对电路中某个元件的参数在一定范围内变化时,观察它对电路的直流工作点、瞬态特性、交流特性的影响,从而对电路的指标进行优化。

温度扫描分析(temperature sweep analysis)可用于分析温度变化对电路性能的影响。

下面以图12-4中RLC电路为例,介绍参数扫描分析的使用。

启动Simulate菜单中的Analysis命令下的Parameter Sweep Analysis命令项,即可弹出如图12-19所示的对话框。

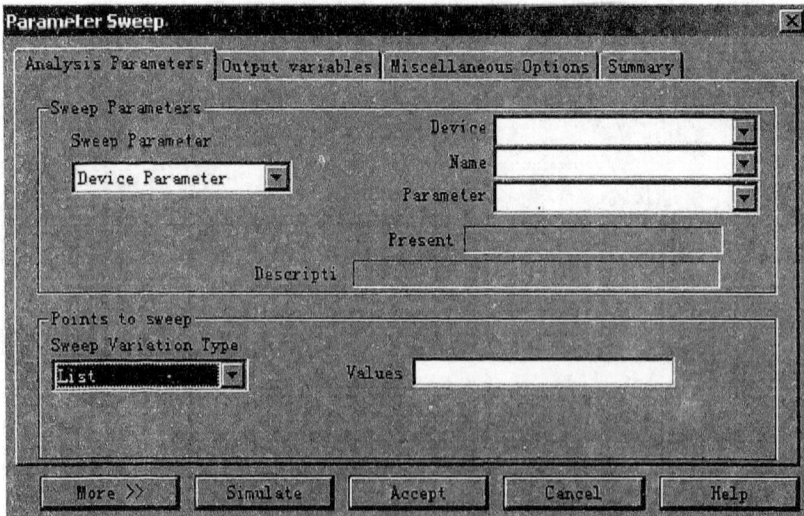

图12-19　参数扫描分析设置对话框

Analysis Parameters 页中的 Sweep Parameter 区用于选择扫描的元件和参数。选择下拉菜单中的Device Parameter项之后,右边的选项可以选择需要扫描的元件种类、序号以及参数。

Points to sweep 区用于选择扫描方式。有十倍频扫描(Decade)、八倍频扫描(Octave)、线性刻度扫描(Linear)及列表取值扫描。选定好扫描类型后,在Point to sweep右部设定扫描的起始值、终止值和扫描时间间隔。

点击 More 按钮可在 More Options 选项里选择扫描的分析类型。有直流工作点分析、交流分析和瞬态分析三种类型可选。

对 RLC 电路中的 R_1 进行扫描分析,分别取电阻 R_3 为 51kΩ、41kΩ、31kΩ,选择交流分析法(AC analysis)类型,点击 Simulate 按钮,可得到如图 12-20 所示结果。

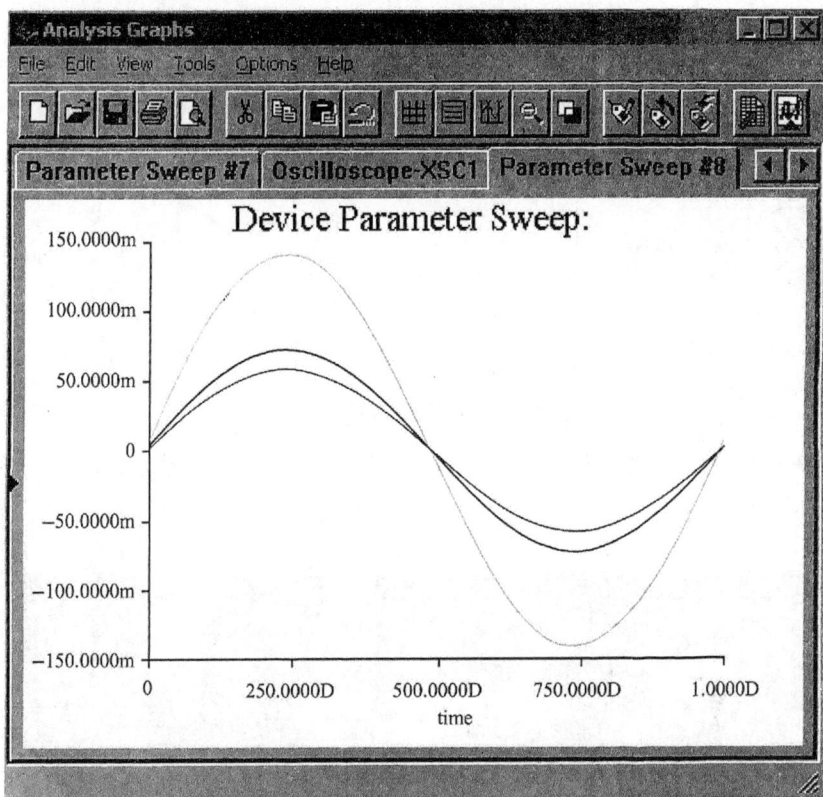

图 12-20　元件参数扫描分析结果

12.4　Multisim2001 应用实例——有源带通滤波器的仿真

在本小节中,将综合运用 Multisim2001 的分析功能,完成有源带通滤波器的分析和仿真。设计基本要求如下:中心频率约为 10MHz,品质因数不低于 30,增益不低于 10。

根据要求设计和分析可分为如下几个步骤:

(1)首先按要求的指标,选定带通滤波器的结构,计算出各元件的参数值(设计和计算过程不是本章讨论重点,相关细节可参考本书有关章节)。

(2)在 Multisim2001 中按照设计要求设置好各元件的参数,并完成电路的连接,如图 12-21 所示。

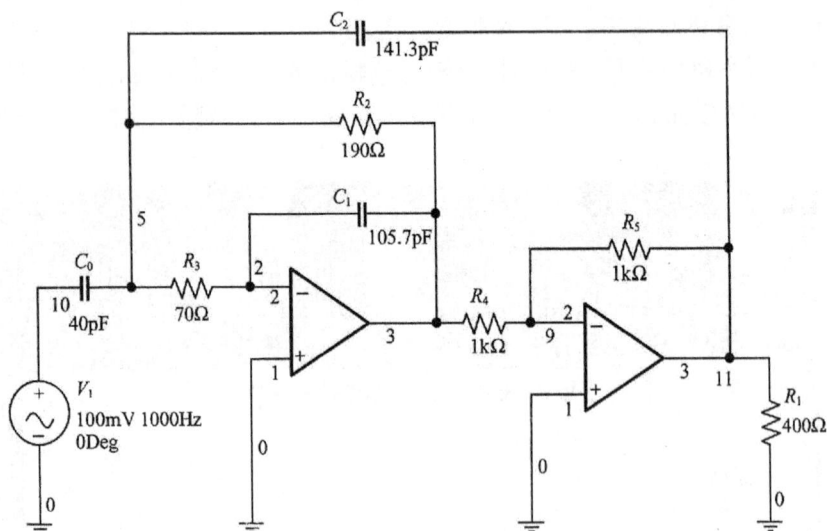

图 12-21　有源带通滤波器电路

（3）完成交流特性分析（AC analysis）相关选项设置，设置分析的频率范围为 1～100MHz，并选择分析节点，如图 12-22 所示。

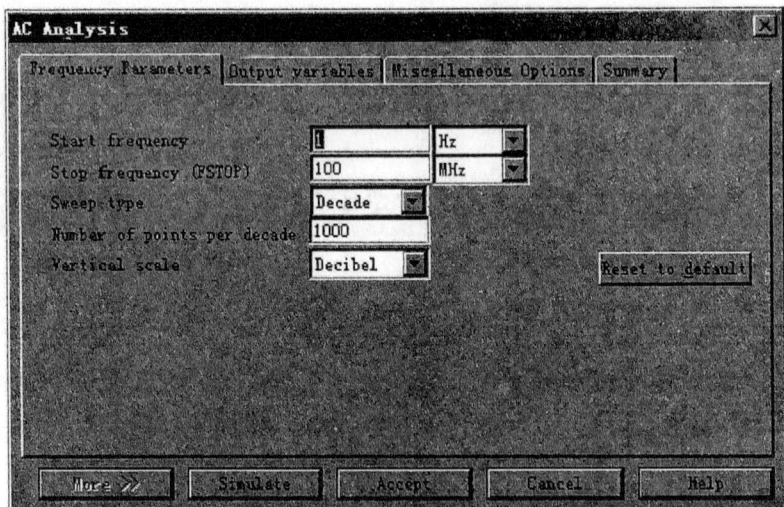

图 12-22　交流特性分析设置对话框

（4）进行交流特性分析，得出该滤波器的幅频特性曲线，如图12-23所示。由图可知，$f_0 \approx 10\text{MHz}$，$Q \approx 32$，$BW \approx 310\text{kHz}$，$A_{\text{GAIN}} \approx 12$，基本满足设计指标。

（5）进行参数扫描分析，观察电阻值变化对幅频特性的影响。

首先，假设R_2一定，分析R_3的变化对电路性能的影响。启动Simulate菜单中的

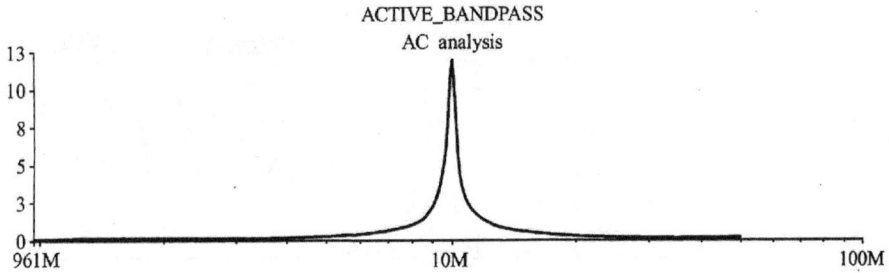

图 12-23　幅频特性曲线

Analysis 命令下的 Parameter Sweep Analysis 命令项,弹出参数扫描对话框。设置参数扫描的方式为 List 方式,其值为 40～90Ω,间隔为 10Ω。设置参数扫描的分析方式,仍为交流特性分析,频率范围为 1～100MHz,如图 12-24 所示。设置好扫描方式后,运行仿真,得到相应曲线,如图 12-25 所示。

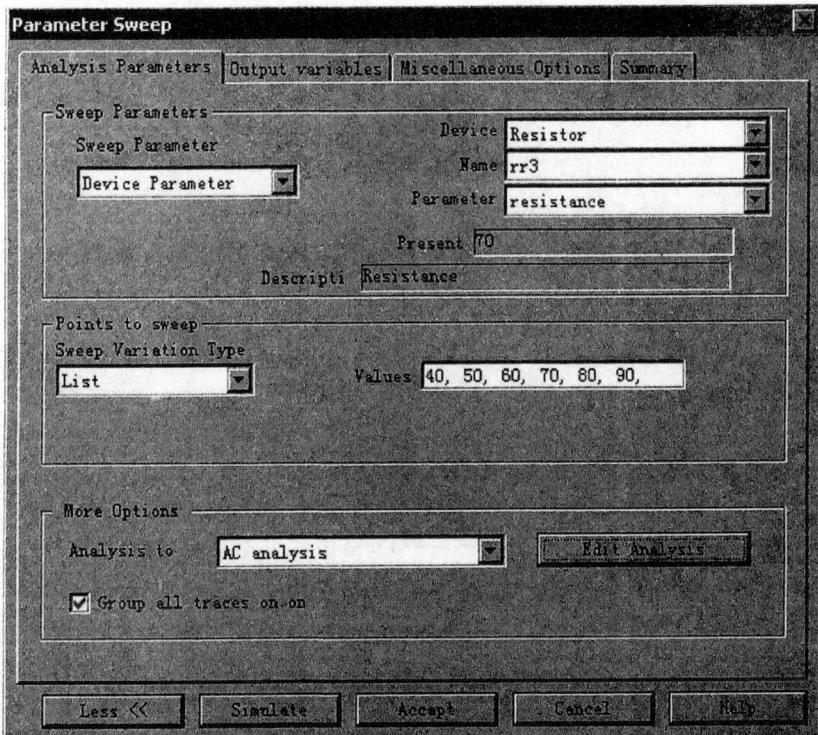

图 12-24　参数扫描分析选项设置

　　观察图中对应曲线可知,当 R_2 一定,分析 R_3 的变化时,该滤波器的增益、Q 值和中心频率均发生了变化。

　　然后,假设 R_3 一定,分析 R_2 的变化对电路性能的影响。同样地,需要首先完成

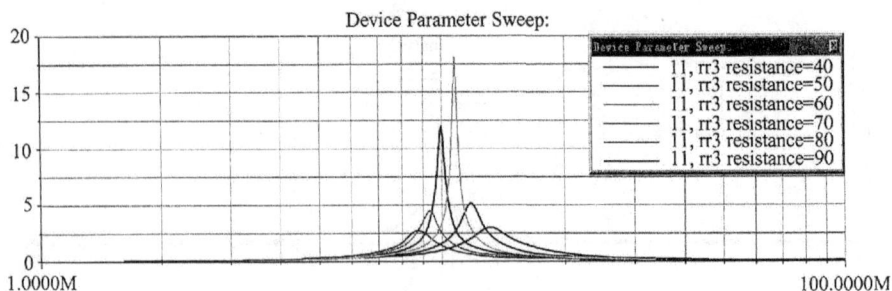

图 12-25　电阻 R_3 变化对幅频特性曲线的影响

参数扫描分析的设置。这里,设置参数扫描的方式仍为 List 方式,其值为 170～210Ω,间隔仍为10Ω。设置参数扫描的分析方式,仍为交流特性分析,频率范围仍为 1～100MHz,如图 12-26 所示。设置好扫描方式后,运行仿真,得到相应曲线,如图 12-27 所示。

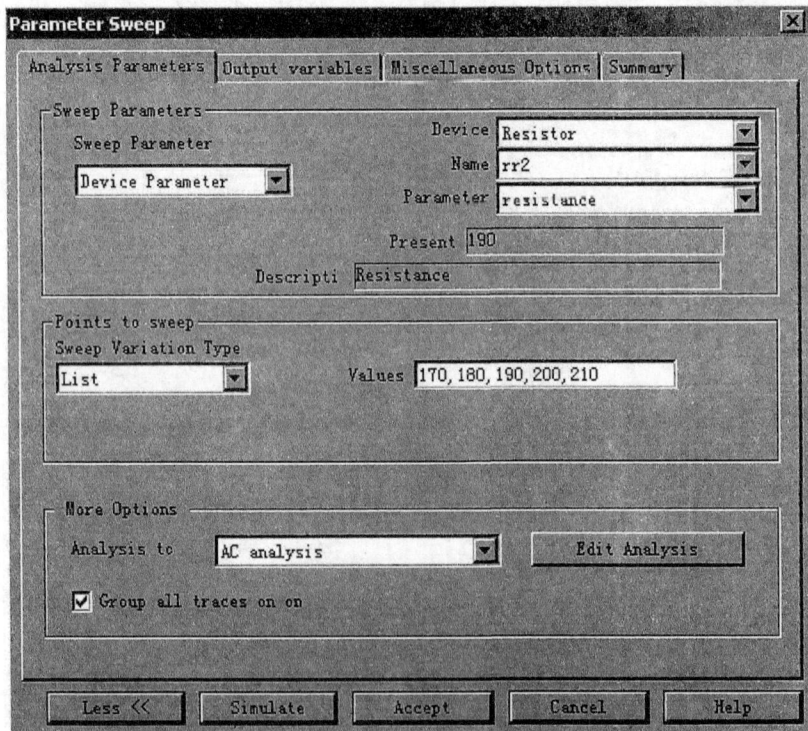

图 12-26　参数扫描分析选项设置

　　观察图中对应曲线可知,当 R_3 一定,分析 R_2 的变化时,该滤波器的增益、Q 值和中心频率同样的发生了变化。因此,可以知道,对电阻 R_2 和 R_3 调整会同时改变该滤波器的增益、Q 值和中心频率,从图中还可以看出,当电阻 R_2 和 R_3 调整到一适当

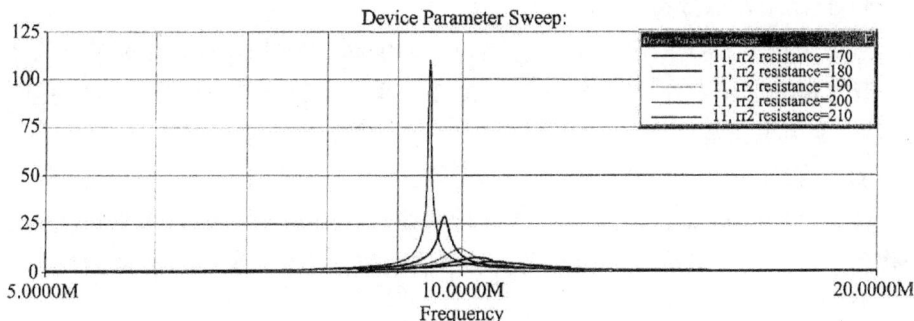

Device Parameter Sweep:

	Device Parameter Sweep:
	11, rr2 resistance=170
	11, rr2 resistance=180
	11, rr2 resistance=190
	11, rr2 resistance=200
	11, rr2 resistance=210

图 12-27　电阻 R_2 变化对幅频特性曲线的影响

值时可以得到较为理想的滤波器特性。

综合上面 Multisim2001 仿真得到的曲线,可以看出设计出的滤波器符合设计要求,从而验证了滤波器电路设计方法的正确性。通过以上滤波器仿真实例,可以看到 Multisim2001 在电路辅助设计中的作用。

12.5　总结与思考

12.5.1　总结

随着计算机技术和电子技术的不断发展,计算机辅助设计技术在现代电子设计中发挥着重要的作用。本章的重点包括:计算机辅助设计的概念、SPICE 的基本原理、Multisim2001 软件的使用及其各种仿真分析方法。

1)基本概念
包括计算机辅助设计、SPICE、直流工作点分析、瞬态分析、交流分析及扫描分析。

2)计算机辅助设计
计算机辅助设计一般是指计算机根据设计人员的指令执行各种数据分析和模拟实验过程,并输出结果。电路的计算机辅助设计包括电路的计算机辅助分析(computer aided analysis,CAA)和电路的最优化设计。

3)SPICE
SPICE 程序是计算机辅助电路分析中最具有代表性的电路分析程序之一。SPICE 中含有电阻(R)、电容(C)、电感(L)、独立电压源(V)、独立电流源、四种受控电源、四个常用的半导体元件、二极管(D)、双极型晶体管(BJT)、结型场效应管(JFET)、MOS 管。SPICE 含有上述通常使用的电路元件模型,可以进行直流分析、交流分析和瞬态分析。这是对一个电子电路所需要的三种基本分析,因此它具有模拟大部分电子电路的功能。此外,它还具有温度分析等的一些辅助分析功能。

4) 直流工作点分析

直流工作点分析(DC operating point analysis)主要用来计算电路的静态工作点。进行直流工作点分析时,Multisim2001自动将电路分析条件设为电感短路、电容开路、交流电压源短路。

5) 瞬态分析

瞬态分析(transient analysis)是一种非线性时域分析方法,可以分析在激励信号作用下电路的时域响应。通常以分析节点电压波形作为瞬态分析的结果。

6) 交流分析

交流分析(AC analysis)可以对模拟电路进行交流频率响应分析,可以得到模拟电路的幅频响应和相频响应。在对交流小信号进行分析时,要求直流电压源短路,耦合电容短路。

7) 扫描分析

Multisim2001提供了三种扫描分析法,即直流扫描分析、参数扫描分析和温度扫描分析,通过扫描分析可以看到扫描参数的变化对仿真输出的影响。

12.5.2 思考

(1) Multisim2001软件进行仿真分析的基本原理。
(2) 元件参数扫描分析的应用。

习 题 12

12.1 SPICE程序包含了哪几种常用的分析功能?

12.2 Multisim2001与其他电路仿真软件相比具有哪些典型的特点?

12.3 使用Multisim2001进行电路分析包括哪些典型的步骤?

12.4 使用Multisim2001绘制如图12-28所示电路。

12.5 使用Multisim2001绘制如图12-29所示电路。

12.6 使用Multisim2001求解图12-28所示电路的工作点。

12.7 使用Multisim2001求解图12-28所示电路的输出电压波形,若发现输出波形失真,试分析其原因?

12.8 使用Multisim2001求解图12-29所示电路的输出电压波形。

12.9 使用Multisim2001分析如图12-28所示电路中电阻元件R_1、R_2、R_3单独变化时对输出波形的影响。

12.10 使用Multisim2001分析如图12-29所示电路中电阻元件R_3、R_4、R_5单独变化时对输出波形的影响。

12.11 使用Multisim2001绘制如图12-28所示电路的幅频特性曲线和相频特性曲线,试分析其原因?

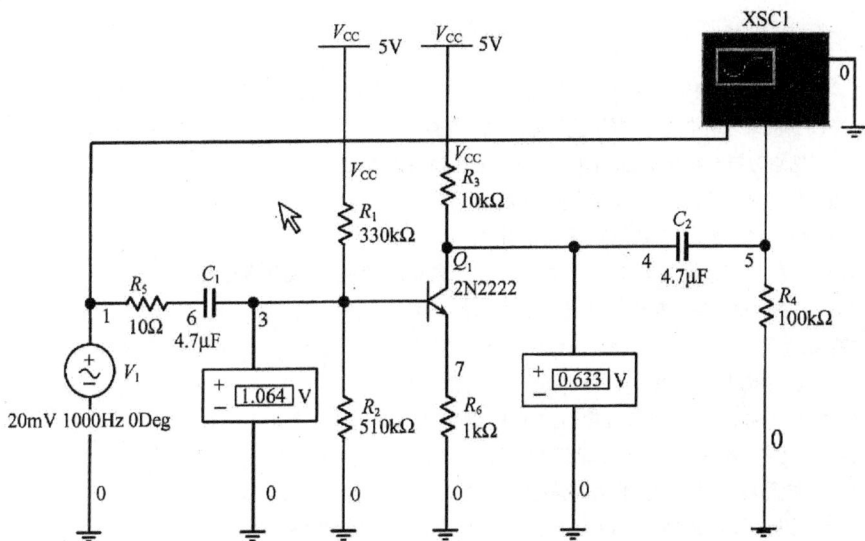

图 12-28　习题 12.4 图

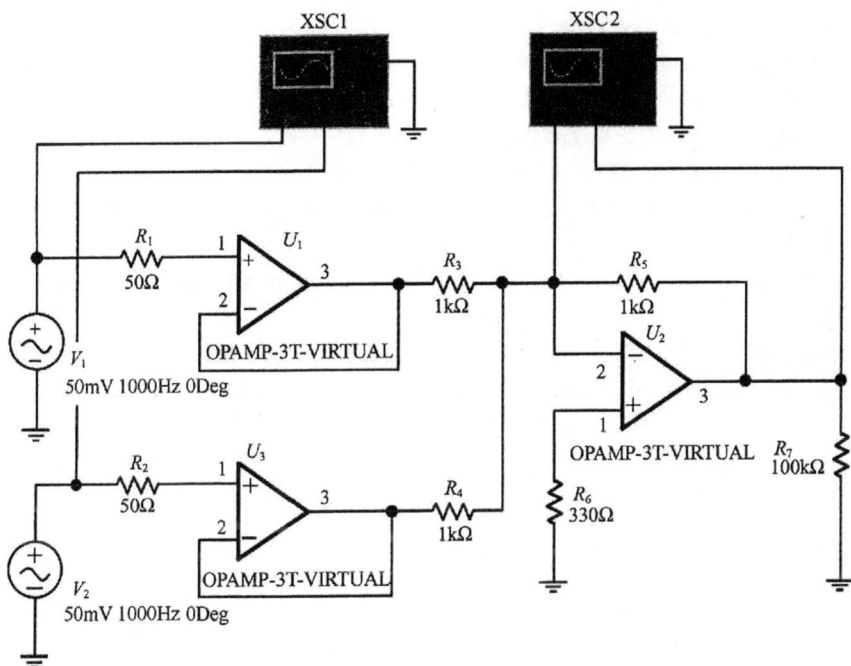

图 12-29　习题 12.5 图

主要参考文献

阿坦斯 M. 1979 . 系统、网络与计算:多变量法. 宗孔德等译. 北京:人民教育出版社

巴拉巴尼安 N 1983. 电网络理论. 夏承铨等译. 北京:高等教育出版社

贝卡利. 1979. 网络分析与综合基础. 陈大培等译. 北京:人民教育出版社

陈树柏. 1984. 网络图论及其应用. 北京:科学出版社

程少痕. 1993. 电网络分析. 北京:机械工业出版社

德陶左 M L. 1978. 系统、网络与计算:基本概念. 江辑光等译. 北京:人民教育出版社

狄苏尔 C A. 1979. 电路基本理论. 葛守仁,林争辉译. 北京:人民教育出版社

法肯伯尔格 M E 范. 1982. 网络分析. 杨行峻等译. 北京:科学出版社

姜卜香,高敦堂. 1987. 电路与系统理论. 北京:高等教育出版社

赖先聪,韩文昭. 1988 . 电路与系统理论. 北京:高等教育出版社

李瀚荪. 1993 . 电路分析基础. 第三版. 北京:高等教育出版社

林争辉. 1988 . 电路理论. 第一卷. 北京:高等教育出版社

龙建忠,王勇,方勇,李军. 2002. 电路系统分析与设计. 成都. 四川大学出版社

裴留庆. 1983. 电路理论基础. 北京:北京师范大学出版社

邱关源. 1982. 网络理论分析. 北京:科学出版社

邱关源. 1999. 电路. 北京:高等教育出版社

王蔼. 1987 . 基本电器理论. 上海:上海交通大学出版社

徐士良. 1994. C 常用算法程序集. 北京:清华大学出版社

绪方胜彦,1980. 现代控制工程. 卢伯英等译. 北京:科学出版社

郑君里. 2000. 信号与系统(第二版). 北京:高等教育出版社

周昌. 1984. 电路理论机助分析方法. 沈志广译. 北京:人民邮电出版社

Charles K Alexander and Matthew N O Sadiku. 2000. Fundamentals of Electric Circuits. 北京:清华大学出版
  社，McGraw-Hill

Charles K Alexander and Matthew N O Sadiku. 2003. 电路基础. 刘巽亮,倪国强译. 北京:电子工业出版社,
  McGraw-Hill

Hayt W H . 2002. 工程电路分析. 王大鹏等译. 北京:电子工业出版社，McGraw-Hill

Leon O Chua,Pen Min Lin. 1975. Computer-Aided Analysis of Electronic Circuits. Prentice-Hall Inc

附　　录

常用函数的拉普拉斯变换表

序号	$f(t)(t>0)$	$F(s)=L[f(t)]$
1	冲击 $\delta(t)$	1
2	阶跃 $U(t)$	$\dfrac{1}{s}$
3	$b_0 e^{-at}$	$\dfrac{b_0}{s+a}$
4	t^n（n 是正整数）	$\dfrac{n!}{s^{n+1}}$
5	$\sin\omega t$	$\dfrac{\omega}{s^2+\omega^2}$
6	$\cos\omega t$	$\dfrac{s}{s^2+\omega^2}$
7	$e^{-at}\sin\omega t$	$\dfrac{w}{(s+a)^2+\omega^2}$
8	$e^{-at}\cos\omega t$	$\dfrac{s+a}{(s+a)^2+\omega^2}$
9	te^{at}	$\dfrac{1}{(s-a)^2}$
10	$t^n e^{-at}$（n 是正整数）	$\dfrac{n!}{(s+a)^{n+1}}$
11	$t\sin\omega t$	$\dfrac{2\omega s}{(s^2+\omega^2)^2}$
12	$t\cos\omega t$	$\dfrac{s^2-\omega^2}{(s^2+\omega^2)^2}$
13	$\sinh(at)$	$\dfrac{a}{s^2-a^2}$
14	$\cosh(at)$	$\dfrac{s}{s^2-a^2}$